PREMIER ET SECOND CYCLES UNIVERSITAIRES

GRAND AMPHI GÉOGRAPHIE

ÉLÉMENTS DE GÉOGRAPHIE PHYSIQUE

SOUS LA COORDINATION DE CH. LE CŒUR

J.-P. AMAT

L. DORIZE

CH. LE CŒUR

Bréal éditions 1, rue de Rome - 93561 - Rosny Cedex

DANS LA MÊME COLLECTION

HISTOIRE

Histoire ancienne tome 1 : Le Monde grec, sous la coordination de N. RICHER

Histoire ancienne tome 2 : Le Monde romain, sous la coordination de N. RICHER

Histoire médiévale tome 1 : Le Moyen Âge, IVe-Xe siècle, sous la direction de M. KAPLAN

Histoire médiévale tome 2 : Le Moyen Âge, XIe-XVe siècle, sous la direction de M. KAPLAN

Histoire moderne tome 1 : Les XVIe et XVIIe siècles, sous la coordination de R. MUCHEMBLED

Histoire moderne tome 2 : Le XVIIIe siècle, 1715-1815, sous la coordination de R. MUCHEMBLED

Histoire contemporaine tome 1 : Le XIXe siècle, sous la direction de J.-L. ROBERT

Histoire contemporaine tome 2 : Le XXe siècle, sous la direction de J.-L. ROBERT

LITTÉRATURE

Le roman, sous la direction de C. BECKER

Le théâtre, par D. BERTRAND, J.-L. HAQUETTE, L. HÉLIX, M.-C. HUBERT, S. MARCHAL, P. MARÉCHAUX, J.-C. TERNAUX

Édition : Jean-Charles Gauvin
Couverture : François Lemaire
Croquis et cartographie : auteurs, Alain Balthazard, Bertrand Sampeur
Composition : Arapao et éditions Bréal
Les auteurs remercient Christine Chauviat et Martine Marandola pour leur aimable collaboration à la réalisation de la cartographie.

CRÉDITS PHOTOGRAPHIQUES
Photos des chapitres 1, 2 et 3 : Lucien Dorize. Photos des chapitres 4, 5 et 6 : Charles Le Cœur. Photos des chapitres 7 ,8, 9 et 10 : Jean-Paul Amat. © Météo-France, image satellite : METEOSAT 11, 19/04/85. © IGN 1996, autorisation n° 90-6072.

Dépôt légal : juillet 1996.
ISBN 2 85394 812 9

LISTE DES AUTEURS

Jean-Paul AMAT	Assistant agrégé à l'université Paris XII
Lucien DORIZE	Maître de conférences à l'université Paris IV
Charles LE CŒUR	Professeur à l'université Paris VIII
Emmanuelle GAUTIER (participation au chapitre 4)	Maître de conférences à l'université d'Orléans

« L'histoire d'un ruisseau, même celui qui naît et se perd dans la mousse, est l'histoire de l'infini. Ces gouttelettes qui scintillent ont traversé le granit, le calcaire et l'argile ; elles ont été neige sur la montagne froide, molécules de vapeur dans la nuée, blanche écume sur la crête des flots ; [...] la foudre en a fait de l'hydrogène et de l'oxygène, puis un nouveau choc a fait ruisseler en eau ces éléments primitifs. Tous les agents de l'atmosphère et de l'espace, toutes les forces cosmiques ont travaillé de concert à modifier incessamment l'aspect et la position de la gouttelette imperceptible ; elle est aussi un monde comme les astres énormes qui roulent dans les cieux, et son orbite se développe de cycle en cycle par un mouvement sans repos. »

Élisée Reclus, *Histoire d'un ruisseau*, 1869, (éd. Actes Sud, 1995).

AVANT-PROPOS

Au cœur des paysages, l'eau est la matière primordiale qui relie en permanence les éléments de l'air, du sol et du vivant : sa présence ou son absence règlent les grandes répartitions et offrent des conditions variées aux sociétés.

La présence de l'eau dans sa phase liquide crée des conditions tout à fait exceptionnelles qui font l'originalité de la Terre par rapport aux autres planètes. Rappelons en effet que si la congélation de l'eau se fait à 0 °C, quelle que soit la pression, la température d'ébullition reste sous la dépendance de celle-ci ; c'est pourquoi la pression atmosphérique et la distance qui sépare la Terre du Soleil (qui détermine le bilan thermique) entretiennent une conjonction favorable à l'existence de l'eau dans ses trois états (solide, liquide et gazeux).

Le cycle de l'eau sera donc le fil directeur de cet ouvrage : il occupe une place importante dans les processus atmosphériques ; les phénomènes météorologiques apparaissent à tout moment dans l'évolution morphologique de notre planète ; l'eau est encore au centre de tous les systèmes biologiques – sans elle les synthèses organiques puis les réactions biochimiques eussent été impossibles.

Cet ouvrage est d'abord destiné aux étudiants de premier cycle de géographie. Il présente les notions élémentaires de la géographie physique avant de proposer les clés des grandes répartitions sur la Terre. Il s'agit en quelque sorte d'un dictionnaire raisonné proposant des définitions et un itinéraire logique de réflexion. Cet objectif conduit à séparer les trois éléments qui composent les milieux physiques : le climat, le relief et les couvertures vivantes.

Cette démarche simplificatrice permet d'analyser les processus élémentaires, successivement dans l'atmosphère, sur le sol et dans les plantes, puis l'organisation des dynamiques sur l'espace, enfin les principes de répartition des formes ou des formations. Les documents et exercices qui accompagnent chaque chapitre fournissent des explications complémentaires mais aussi des exemples permettant d'explorer quelques interactions dans les milieux « naturels ». Toutefois, ce petit livre ne prétend pas être exhaustif : l'océan, réservoir liquide qui tient une place centrale dans le cycle de l'eau, n'est abordé qu'indirectement, à travers ses échanges avec l'atmosphère, par la configuration des grands bassins ou ses marges littorales ; l'infinie diversité des milieux, qui mérite de multiples développements à plusieurs échelles d'analyse, n'a pas trouvé une place suffisante, mais la formule implique des choix. C'est pourquoi cet ouvrage qui rassemble des connaissances de base est un appel à l'observation de terrain, à la réflexion et à la lecture de livres plus spécialisés que nous proposons en bibliographie.

Les auteurs.

SOMMAIRE

INTRODUCTION : ÉLÉMENTS ET COMPLEXITÉS

La géographie physique s'applique à l'étude des objets naturels observés sur la planète et à l'analyse des processus responsables des répartitions actuelles ou passées. Elle s'attache à caractériser les formes suivant leur nature mais aussi suivant leurs dimensions spatiales. Elle propose une démarche naturaliste fondée sur la reconnaissance et la classification raisonnée des objets ; ensuite, elle s'appuie sur la science des processus physiques, chimiques ou biologiques pour comprendre l'évolution des phénomènes ; enfin, c'est un savoir qui envisage les interactions complexes qui s'exercent à différentes échelles sur la Terre. La géographie physique fournit donc des outils efficaces pour comprendre les multiples relations entre les sociétés et leur environnement « naturel ». La démarche passe par l'analyse d'exemples caractéristiques.

1 - La Terre est une planète originale

Voilà un peu plus de 4 milliards et demi d'années, la Terre se constituait par accrétion au sein d'un nuage intragalactique à l'image des autres planètes, alors que l'effondrement de ce nuage en son centre donnait naissance au Soleil, entouré désormais de son cortège planétaire. Le champ de gravité terrestre a opéré alors une sorte de décantation qui a fixé les éléments les plus denses à l'intérieur, rejetant vers la périphérie les corps les plus légers ; par dégazage du manteau, l'eau est parvenue à la surface surmontée d'une enveloppe atmosphérique. La diversité des milieux physiques résulte de trois facteurs combinés : la présence de l'eau, la transformation constante de la surface terrestre et le développement de la vie sous des formes extrêmement variées.

L'eau est présente dans les enveloppes externes de la planète sous ses trois états, liquide, solide et gazeux qui répondent aux conditions de température et de pression de l'atmosphère. C'est là une originalité majeure par rapport aux planètes froides entourées d'une enveloppe gazeuse très ténue, comme Mars, ou à des planètes chaudes, comme Vénus, voire gazeuses, comme Jupiter. La vapeur d'eau est un composant important de l'atmosphère terrestre, la circulation des masses d'air assure le transfert entre différentes parties du globe. L'eau liquide est stockée dans les bassins océaniques et pour une faible part dans les lacs. Distribuée par les pluies sur les continents, elle s'écoule sur les pentes et dans les rivières ou bien elle alimente des nappes phréatiques qui constituent des réservoirs plus ou moins profonds. Enfin, l'eau devient glace dans les régions froides de la haute atmosphère, et surtout sur le sol gelé des régions polaires : les calottes glaciaires conservent les plus importantes réserves d'eau douce de la planète, tandis que les montagnes portent couvertures de neiges, parfois permanentes, et des glaciers aux volumes réduits.

Les transformations de la surface de la Terre résultent à la fois des mouvements profonds du globe et des transferts de matière opérés par l'eau sur les continents. Car la ségrégation de la matière à l'intérieur de la planète a différencié par leur densité des unités internes d'inégale plasticité et une croûte externe rigide ; le déplacement des plaques modifie la configuration des continents et des océans et induit des déformations tectoniques qui donnent naissance aux reliefs. D'autre part, l'érosion redistribue progressivement les matériaux des parties élevées vers les régions basses et les bassins océaniques. C'est la conjugaison de ces deux dynamiques interne et externe dans la très longue durée qui préside aux changements de physionomie de la planète.

Le développement de la vie a donné à la Terre son caractère de renouvellement permanent. La biodiversité, qui mesure la multiplicité des espèces végétales et animales, résulte d'évolutions complexes dans le temps et dans l'espace. Les individus, les espèces, les populations sont associés dans des combinaisons écologiques dont la variété répond à la diversité des conditions physiques. Ce monde n'est pas figé en une sorte d'« équilibre de la nature », mais il forme des systèmes d'interactions entre des espèces fixes ou mobiles, entre des populations conquérantes ou en repli. La vie qui se renouvelle de manière continue constitue des équilibres changeants sur la terre comme dans l'océan. Ainsi, les associations de plantes et d'animaux se manifestent par des répartitions souvent typées qui varient dans le temps et dans l'espace.

2 - Les cycles de l'eau

La circulation de l'eau sur la planète correspond au mouvement de masses liquides, comme le brassage par les courants marins et l'écoulement dans les rivières. Elle implique aussi des changements d'état physique qui s'organisent en circuit complexe activé par l'énergie solaire. Le cycle de l'eau relie l'océan, l'atmosphère, la surface des continents et les couvertures végétales. C'est un système de transferts permanents qui règlent en bonne partie les mécanismes du climat, les phénomènes d'érosion et la croissance du vivant. Les échanges s'organisent en trois étapes : l'évaporation sur les surfaces liquides et l'évapotranspiration dans les milieux vivants prélèvent l'eau que les précipitations redistribuent sur la mer ou sur le sol ; les circulations continentales assurent un retour direct ou indirect vers le réservoir océanique.

L'océan mondial constitue la principale masse d'eau de la planète, il représente 97,4 % du volume liquide. Sa surface occupe les 7/10 du globe, elle permet les échanges thermiques avec l'enveloppe gazeuse, nécessaires à l'évaporation. Le passage direct de l'océan à l'atmosphère fournit 86 % de la vapeur d'eau, l'évaporation sur les continents procure le reste (14 %).

Les mouvements de l'atmosphère diffusent largement l'eau sur la planète : la circulation générale assure des transferts à grande distance entre des zones d'intense évaporation et des secteurs dominés par les phénomènes de précipitation. La condensation restitue le liquide principalement sous forme de pluies qui s'abattent tant sur les mers (76 %) que sur les continents (24 %). Ces valeurs impliquent un flux d'eau vers les continents, correspondant à 10 % des échanges totaux.

Le retour à la mer des eaux continentales résulte du ruissellement sur les pentes et de l'écoulement dans les rivières qui acheminent les 2/3 des eaux précipitées. Une partie des eaux continentales est retenue, plus ou moins longtemps, dans les lacs et les nappes phréatiques (27 %), ou dans les glaciers qui stockent des volumes importants dans les régions polaires et sur les hautes montagnes. Enfin, la végétation absorbe une partie de l'eau du sol, incorporée dans la matière organique ou restituée dans l'atmosphère par l'évapotranspiration des plantes (qui fournit 14 % de la vapeur d'eau de l'atmosphère).

Il existe donc trois cycles de l'eau. Un **cycle court** restitue directement à la mer 90 % de l'eau évaporée sur les océans. Le temps de séjour moyen de l'eau dans l'atmosphère est de l'ordre de 10 à 12 jours. Un **cycle long** fait intervenir des cheminements complexes à la surface des continents. Le temps de retour des eaux vers la mer est en moyenne supérieur à 5 années, il dépasse 300 ans lorsque les précipitations s'accumulent dans des glaciers. Les transferts d'eau sur les terres sont régulés par les conditions de pente et de végétation des bassins versants. Les écoulements sont parfois interrompus par des lacs, d'autres se perdent dans des cuvettes fermées et s'évaporent progressivement. L'eau infiltrée dans les sols est retenue dans des nappes phréatiques, qui constituent des stocks au renouvellement lent ; ainsi les nappes fossiles des déserts ne sont plus rechargées, elles témoignent de climats plus humides du passé dans ces régions. La végétation commande un **cycle dérivé** entre la surface terrestre et l'atmosphère : les plantes prélèvent une partie de l'eau infiltrée dans les sols, qu'elles exsudent par leur feuillage. L'évapotranspiration, régulée par l'activité végétale, renouvelle la vapeur d'eau dans les basses couches de l'atmosphère. Elle entretient l'ambiance humide des sous-bois et réduit le ruissellement sur les surfaces couvertes.

3 - Les interactions et les rythmes d'évolution

Dans le système extrêmement complexe du fonctionnement physique de la planète, les circuits de l'eau sont principalement activés par les apports caloriques produits par le rayonnement solaire ; ils sont largement responsables des grandes répartitions naturelles. La diversité des milieux reflète la complexité des interactions : les mouvements de l'atmosphère règlent la distribution des pluies sur les continents, la circulation de l'eau sur les versants et dans les rivières commande en bonne partie les processus d'érosion, tandis que les réserves hydriques du sol assurent le développement des couvertures végétales. La très grande diversité des milieux physiques exprime donc les multiples combinaisons et interférences entre les phénomènes du climat, du relief et de la vie.

À l'échelle locale, les milieux physiques apparaissent comme une résultante variable des interactions de processus qui s'exercent suivant des modalités et des rythmes différents : c'est la succession des types de temps et les changements de saisons ; c'est le développement de groupements végétaux où règnent complémentarités et concurrences pour l'espace, l'eau et la lumière ; ce sont aussi les parcours et les chaînes alimentaires de la vie animale ; enfin, sur les pentes, les déplacements élémentaires de matière minérale présentent des mouvements discontinus aux multiples relais, mais aussi l'intervention occasionnelle de phénomènes intenses qui peuvent transformer la couverture des versants. Les nombreuses interférences accentuent les caractères propres des grands types de milieux. On retiendra, par exemple, les zones humides aux écosystèmes régis par les fluctuations du niveau de l'eau, les montagnes marquées par la déclivité des pentes, l'étagement du climat et de la végétation, ou encore les littoraux battus par les vagues et les marées, les berges des rivières, les parois rocheuses...

À l'échelle continentale ou dans les grandes unités régionales, la répartition des écosystèmes traduit aussi des évolutions plus longues qui intègrent souvent des phases contrastées. Les interactions sur les milieux peuvent amortir ou amplifier la variation de tel ou tel paramètre. D'où l'opposition entre des transformations lentes, accompagnées de remaniements ou d'adaptations, et des ruptures brutales, véritables crises déstabilisant les milieux lorsqu'un seuil critique est franchi.

La répétition d'un même phénomène peut engendrer des transformations progressives qui se répercutent sur l'ensemble de l'écosystème : par exemple, les sécheresses successives sur les marges des déserts ont parfois provoqué la substitution d'une couverture végétale par une autre plus ouverte et, par voie de conséquence, la déstabilisation des surfaces exposées aux processus d'érosion. De même, une remontée du niveau des mers peut submerger les littoraux, sapant les plages et les cordons, bousculant les dunes, inondant les marais maritimes.

Rapportées dans la durée, les interactions naturelles sont compliquées par des inerties très différentes. Ainsi, les mouvements de l'atmosphère qui commandent les climats ne procèdent absolument pas des mêmes vitesses que les déformations de la surface provoquées par la tectonique des plaques : d'un côté, ce sont des changements quotidiens ou saisonniers, de l'autre, des déplacements continus de quelques centimètres par an.

Il y a un temps de l'atmosphère commandé par les alternances quotidiennes et saisonnières ; il induit la variabilité interannuelle qui se marque dans des séries d'années plus sèches ou plus humides, plus froides ou plus chaudes, plus tempétueuses ou plus calmes. À l'échelle du siècle, les bilans climatiques présentent des variations marquées, comme le Petit Âge glaciaire entre le XVe et le XVIIIe siècle ; à l'échelle de la dizaine, voire de la centaine de milliers d'années, se placent des oscillations importantes, comme les phases froides ou pluviales du quaternaire qui ont bouleversé durablement les dynamiques du sol et l'évolution des végétations.

Il y a un temps du sol et du relief qui répond à l'action de l'érosion sur les versants. Ce sont des phénomènes complexes qui s'inscrivent dans la longue durée. Car les processus, variables par leur intensité comme par leur fréquence, agissent en relais sur les pentes : des modifications imperceptibles répétées chaque année, comme des mouvements brusques affectant de gros volumes, se combinent pour façonner des modelés au cours de dizaines, voire de centaines de milliers d'années. Le relief exprime aussi dans ses formes le combat continu entre les déformations de la croûte et le travail de l'érosion pendant des dizaines de millions d'années.

Il y a un temps de la vie qui obéit aux rythmes biologiques des espèces et des communautés : individus ou groupements éphémères ou durables, fixes ou mobiles, proies ou prédateurs. Le renouvellement des générations traduit des stratégies de conservation variées : c'est le cycle des éclosions et des hécatombes d'insectes, la rapidité de germination des plantes annuelles, la lente transformation de forêts multiséculaires. La répartition des groupes sur des territoires met aussi en jeu des durées différentes qui répondent aux variations des milieux. On opposera ainsi le parcours annuel de migrateurs à la progression lente de populations pionnières colonisant les marges de leur domaine. À très long terme, l'évolution des espèces vivantes accompagne les bouleversements de la planète ; l'histoire biologique rejoint l'histoire géologique.

Ainsi, le climat, le relief et les couvertures vivantes procèdent de rythmes très différents. Les interactions entre ces domaines ne sont pas simples : la variation d'un facteur peut provoquer des répercussions en chaîne, elle peut entraîner des réactions immédiates ou différées. Car, par nature, les seuils ne sont pas semblables dans l'air, sur le sol ou sur les êtres vivants.

La géographie physique se propose de comprendre les répartitions des objets et des formes à différentes échelles, à travers des chaînes causales comprenant des interférences complexes, des actions en relais, des inerties différentes. La complexité des systèmes impose la nécessité de présenter des analyses juxtaposées de climatologie, de géomorphologie, de biogéographie et d'hydrologie. Cette démarche élémentaire permet de comprendre, dans chaque domaine, les relations entre les agents, les processus et les formes. La synthèse ne pourra s'élaborer qu'à partir d'exemples choisis dans différents domaines et à différentes échelles. Car les systèmes fonctionnels qui rendent compte des configurations locales ne sont pas directement transposables aux mécanismes physiques évoqués pour l'ensemble du globe.

4 - La planète des hommes

Les sociétés humaines ont progressivement imprimé leurs marques sur les milieux « naturels ». Depuis les premiers groupes de chasseurs jusqu'au temps des sociétés industrielles à haute technologie, l'empreinte des hommes sur l'espace s'est alourdie. Les paysages traduisent l'action des sociétés sur leur territoire : dans les campagnes comme dans les villes, l'agencement des cultures ou des habitations, l'organisation des lieux de production et des voies de circulation, la disposition des lieux de pouvoir sont des signes forts qui inscrivent le monde social dans un espace préexistant.

Le paysage. La perception d'un paysage, comme celle d'un tableau, s'attache d'abord aux objets concrets qui structurent la perspective : l'ossature du relief accroche la vision, articule des plans proches et lointains, dégage des lignes de force ; l'architecture végétale habille les formes, qu'elle atténue ou souligne par des textures, des couleurs et des ombres ; mais rien ne prendrait chair sans le ciel, sa lumière changeante, et ses nuages qui donnent une « atmosphère ». C'est aussi la présence des hommes, forte ou ténue, qui retouche au fil des siècles le décor de la nature : la géométrie des constructions et des aménagements sur les pentes, le dessin des parcelles de végétation mettent en scène les activités actuelles ou passées des populations. Ainsi le paysage figure de manière implicite ou explicite les enjeux des sociétés sur leur territoire ; c'est la manifestation physique des interactions complexes entre les phénomènes naturels et l'histoire des hommes aux inerties si différentes.

La croissance des populations a étendu et densifié des territoires socialisés à partir de marges pionnières ; l'explosion démographique du XXe siècle, l'urbanisation et l'évolution des techniques ont provoqué des changements profonds sur les milieux habités, et des répercussions indirectes sur l'ensemble de la planète. Prélèvements occasionnels sur la faune et la flore, à l'origine, les appels aux ressources se sont accrus et diversifiés. Les sociétés néolithiques ont organisé les productions sur leurs territoires par les défrichements et les cultures, la domestication de plantes et d'animaux, la maîtrise progressive de l'eau. Les sociétés industrielles ont multiplié les extractions minières, intensifié les traitements des sols agricoles, développé les surfaces bâties des villes. La réalisation de travaux d'infrastructure, mais aussi le déroulement des activités sociales modifient de manière plus ou moins évidente et profonde le fonctionnement des processus physiques. Les aménagements perturbent les systèmes naturels mais ils ne les éliminent pas. Les écosystèmes deviennent des géosystèmes.

Il n'existe plus de nature vierge, c'est-à-dire indemne des activités humaines, puisque les hommes ont parcouru tous les espaces terrestres ou maritimes, que leurs activités ont émis des poussières caractéristiques jusque sur les solitudes de l'Antarctique et les plus hauts sommets. Les sociétés régulent en partie l'évolution de leurs territoires lorsqu'ils présentent des conditions naturelles « maniables », pour reprendre l'expression de Jean Demangeot (cf. bibliographie) : pentes cadastrées et aménagées, rivières encadrées, cultures et bêtes sélectionnées, espaces réservés à une vie sauvage surveillée. En revanche, le contrôle des hommes est réduit ou épisodique sur les milieux naturels « difficiles » comme les océans, les milieux polaires, les déserts arides, les grands domaines forestiers ou les hautes montagnes. Ce sont des espaces de parcours à travers les immensités vides, ce sont des sites isolés consacrés à l'exploitation du milieu ou à l'extraction minérale, ou encore des bases pionnières aux marges des territoires.

Néanmoins, la nature ne perd pas ses droits. D'une part, l'humanité appartient au biologique, d'autre part, des systèmes « naturels » modifiés interviennent sur l'espace physique quelle que soit l'intensité de la présence humaine. Par exemple, la ville est un espace social par excellence, aux surfaces revêtues, au paysage bâti, aux fonctions complexes. Mais elle reste exposée au climat, aux phénomènes du sol, aux dynamiques vivantes : elle subit les saisons, elle connaît la sécheresse, les pluies qui peuvent transformer les rues en rivières temporaires, la neige ou le brouillard auquel s'ajoutent parfois les résidus de combustion ; le sol n'est pas seulement un substrat aux conditions géotechniques plus ou moins stables, c'est aussi des pentes exposées aux processus de surface, aux risques du sous-sol ; enfin, des biocénoses originales s'organisent avec des populations importées capables de s'adapter à des milieux spécifiques, comme les végétations spontanées poussant dans les interstices du bâti, les divers animaux commensaux ou parasites. Et la ville se construit des parcs et des jardins matérialisant les représentations sociales de la nature. Par un large glissement de sens, on va jusqu'à parler d'« écosystèmes » urbains.

L'environnement désigne le milieu physique dans son contexte social. En effet, l'impact des activités humaines sur l'espace « naturel » est devenu tel que celui-ci apparaît désormais comme un enjeu d'aménagement.

Naguère, les sociétés considéraient leur territoire principalement comme un espace de production et d'échange, dont les caractères physiques, au-delà du pittoresque, pouvaient se comprendre en termes de **ressources** et éventuellement de **risques**. Des seuils alarmants ont été atteints dans divers domaines non seulement dans les états industriels du « Nord » mais aussi dans les pays moins développés du « Sud » : l'accumulation de déchets durables et la diffusion de toxiques, la dégradation irréversible de sols et de couvertures végétales, la pollution de nappes d'eau, l'épuisement de ressources (comme la surpêche) manifestent l'inconséquence d'activités peu soucieuses de la préservation de leur cadre physique. A l'échelle de la planète émergent les questions « globales » d'une modification de la composition de l'atmosphère, d'un changement du niveau des mers, d'une possible diminution de la biodiversité. S'il est facile de mettre en évidence un tas d'ordures, une marée noire, ou l'extinction d'une espèce, il est très délicat de faire la part des évolutions naturelles dans ces transformations « globales » comme d'évaluer les impacts des activités humaines à l'échelle de la planète. Car les rythmes sociaux sont d'un autre ordre que les rythmes « naturels ».

Les modifications de l'environnement procèdent d'abord d'aménagements directs, individuels ou collectifs, comme les défrichements, les barrages, les excavations et les constructions diverses qui perturbent localement les interactions naturelles. Ensuite, des processus indirects se combinent dans des dynamiques complexes ; les effets se répercutent et se diffusent souvent à travers les cycles de l'eau. Les transformations ne sont en général perçues que lorsqu'elles produisent des effets indésirables. Ainsi un barrage n'est pas seulement un réservoir, il devient un piège qui bloque le transit des sédiments ou le passage des poissons dans la rivière ; le développement de périmètres irrigués peut en contrepartie assécher des cuvettes d'évaporation comme la mer d'Aral ou induire la salinisation progressive des surfaces ; un pâturage mal contrôlé sur des marges arides peut enclencher l'érosion des sols et la désertification ; la déforestation massive favorise le ruissellement sur les pentes et, lorsqu'elle détruit les mangroves, peut mettre le rivage en péril. Si les chaînes causales et les responsabilités demeurent assez claires à l'échelle locale ou régionale, la question reste ouverte en ce qui concerne les perturbations sur l'ensemble de la planète. Comprendre **les changements du globe** suppose une connaissance des transferts indirects d'énergie ou de matière, c'est-à-dire de phénomènes de diffusion opérant suivant des modalités et des vitesses différentes sur le sol, dans l'eau, dans l'air. La géographie physique, qui propose une lecture des répartitions, est un outil efficace pour appréhender les dynamiques en relais et étudier leurs interférences avec les activités des sociétés.

BIBLIOGRAPHIE GÉNÉRALE

BIROT, P., *Les Régions naturelles du globe*, Paris, 1970, Masson.

BIROT, P., *Précis de géographie physique générale*, Paris, 1965, A. Colin.

BRIGGS, D. et SMITHSON, P., *Fundamentals of Physical Geography*, Londres, 1989, Routledge.

DEMANGEOT, J., *Les Milieux « naturels » du globe*, Paris 1982 (6e éd. 1996), A. Colin.

De MARTONNE, E., *Abrégé de géographie physique*, Paris, 1922, A. Colin.

DOUGLAS, I., *The Urban Environment*, Londres, 1983, Arnold.

GEORGE, P., *Dictionnaire de la géographie*, Paris, 1970 (3e éd. 1991), PUF.

GOUDIE, A. (édit.), *The Encyclopedic Dictionary of Physical Geography*, Oxford, 1985, Blackwell.

JOURNAUX, A., DEFFONTAINES, P., JEAN-BRUNES DELAMARE, M., *Géographie générale*, Paris, 1966, Gallimard, coll. La Pléiade.

PECH, P., et REGNAULD, H., *Géographie physique.*, Paris, 1992, PUF.

PINCHEMEL, Ph. et G., *La Face de la Terre*, Paris, 1988, A. Colin.

RAMADE, F., *Éléments d'écologie, écologie appliquée, 1982*, Paris, Mac Graw Hill.

ROUGERIE, G. et BEROUTCHACHVILI, N., *Géosystèmes et paysages : bilan et méthodes*, Paris, 1991, A. Colin.

STRAHLER, A.H., et STRAHLER, A.N., *Introducing Physical Geography*, Londres, 1994, Willey.

VANNEY, J.R., *Introduction à la géographie de l'océan*, Paris, 1991, Océanis.

VEYRET, Y., et PECH P., *L'Homme et l'environnement*, Paris, 1993, PUF.

ENCYCLOPÆDIA UNIVERSALIS, *Rubriques de géographie physique et leurs corrélats de climatologie et météorologie, géomorphologie et géologie, biogéographie et biologie.*

LE GLOBE VU PAR MÉTÉOSAT

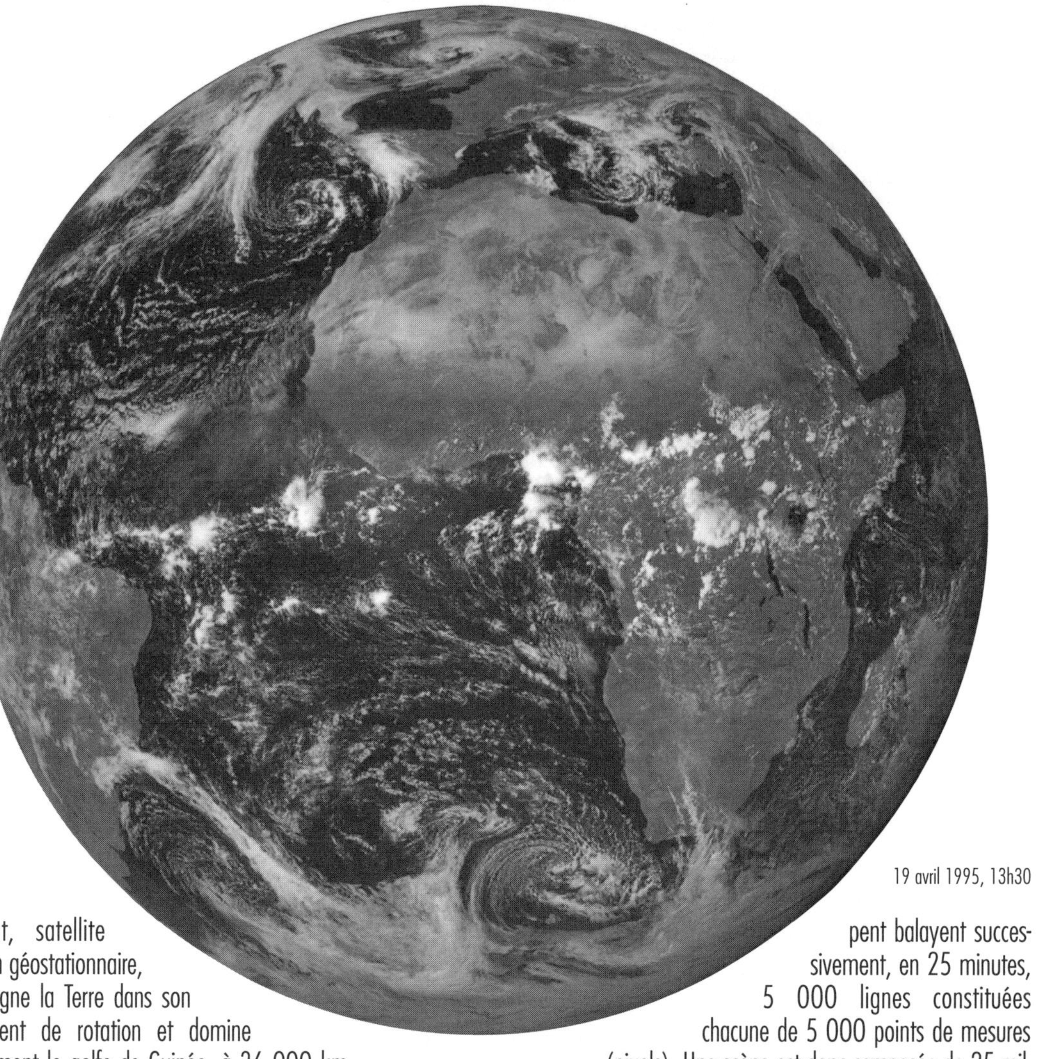

19 avril 1995, 13h30

Météosat, satellite européen géostationnaire, accompagne la Terre dans son mouvement de rotation et domine constamment le golfe de Guinée, à 36 000 km d'altitude environ, aux coordonnées (lat. 0°, long. 0°), ce qui lui confère un large domaine de vision, ouvert sur 140° en latitude comme en longitude. L'espace exploré englobe l'Afrique, l'Europe et l'Atlantique de la mer de Weddell à l'Islande (les très hautes latitudes, au-delà de 82°, échappent à son champ d'observation).

Équipé d'un radiomètre à balayage, il détecte les ondes électromagnétiques provenant de la Terre et de son atmosphère, classées en trois bandes spectrales. L'une d'elles correspond au canal visible (longueurs d'ondes comprises entre 0,4 et 1,1 µm) qui traduit à peu près la sensibilité de l'œil humain (0,4 - 0,8 µm). Les signaux captés par ce canal ont permis d'obtenir l'image présentée ici. Les deux détecteurs qui l'équipent balayent successivement, en 25 minutes, 5 000 lignes constituées chacune de 5 000 points de mesures (pixels). Une scène est donc composée de 25 millions de pixels juxtaposés. Le décodage des différentes valeurs radiométriques enregistrées aboutit à une image (et non une photographie). Le pixel est un carré de 2,5 km de côté à la verticale du satellite, mais sa taille augmente progressivement de part et d'autre de ce point en raison de la rotondité de la Terre. Chaque demi-heure, Météosat réalise une image.

Les données du canal visible traduisent la réflectance des objets, c'est-à-dire la fraction de l'énergie solaire incidente qu'ils réfléchissent (dans le spectre visible) exclusivement pendant le jour, évidemment. Les variations de la réflectance sont exprimées sur l'image par une palette de 32 niveaux de gris étagés dans une gamme allant du noir (absence de réflexion) au blanc (réflexion totale).

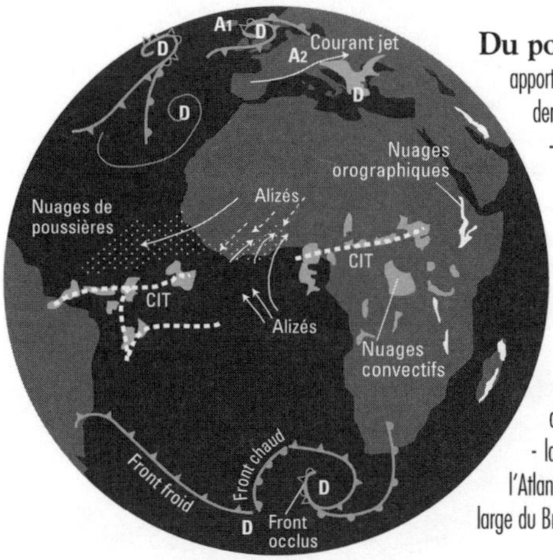

Du point de vue du climatologue. La disposition des systèmes nuageux, révélée par l'image, apporte au climatologue des informations sur l'atmosphère, ses centres d'action et sa dynamique. Elle met en évidence 3 grands ensembles :

- les hautes et moyennes latitudes, au Nord comme au Sud, sont caractérisées par de vastes spirales nuageuses (fronts des perturbations) enroulées autour d'une dépression (D) ; ces perturbations éjectent de l'air froid vers les basses latitudes (éventails de nuages) et les grands « ponts » nuageux des fronts froids matérialisent des transferts d'énergie. On remarque un anticyclone (A1) sur l'Islande (ciel dégagé), un autre (A2) sur l'Europe (arc alpin enneigé) limité vers le sud, par un courant-jet (filet nuageux) qui isole l'air continental de l'air méditerranéen ;
- les anticyclones subtropicaux apparaissent nettement sur le Sahara, l'Arabie, le Kalahari (absence de nuages) ; l'alizé saharien expulse un nuage de poussières (structure laiteuse) sur l'Atlantique, au sud-ouest de Dakar ;
- la convergence intertropicale (CIT), jalonnée par des amas de cumulo-nimbus, est bien individualisée sur l'Atlantique (affrontement vigoureux des alizés), mais s'étale sur le bassin du Congo (doldrums) et se dédouble au large du Brésil, (subsidence sur le Nordeste) ; des nuages soulignent les reliefs du rift africain et du Yémen.

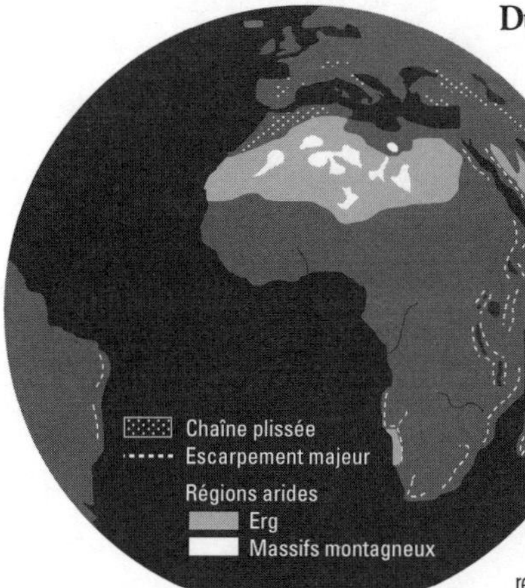

Du point de vue du géomorphologue. L'image permet une lecture des formes continentales et de certains états de surface lorsqu'ils ne sont pas masqués par les nuages. D'où une vision plus précise dans le domaine aride. La configuration des continents est bien visible : le coin de l'Amérique du Sud, les plates-formes africaine et arabique, les contours de l'Europe. Les grandes cassures continentales sont soulignées par un liseré de nuages *orographiques* : ce sont les escarpements montagneux qui encadrent le couloir de la mer Rouge (du Sinaï au Yémen), le triangle des Afars et les fossés du rift de l'Est africain ; apparaissent aussi le bourrelet marginal de l'Afrique australe et le rebord du plateau brésilien. En revanche, le relief compartimenté de l'Europe hercynienne est plus estompé. Les chaînes plissées se dessinent autour de la Méditerranée : les grands plis de l'Atlas et les montagnes du levant espagnol tracent des lignes sombres, tandis que les chaînes des Pyrénées et des Alpes sont enneigées ; à l'est du bassin, les guirlandes montagneuses du Taurus et du Zagros accrochent les nuages.

Dans le Sahara, les reliefs montagneux, le Hoggar, l'Aïr et le Tibesti, s'individualisent par des teintes sombres traduisant des surfaces rocheuses presque nues. Ces massifs émergent de plages claires qui figurent les grands ergs, immenses champs de dunes. D'autres modelés sont visibles, comme d'anciens chenaux perdus dans le désert, les cuvettes salées des chotts algéro-tunisiens, les rives humides du lac Tchad rétréci par une série de sécheresses, la boucle du Sénégal, le delta du Nil.

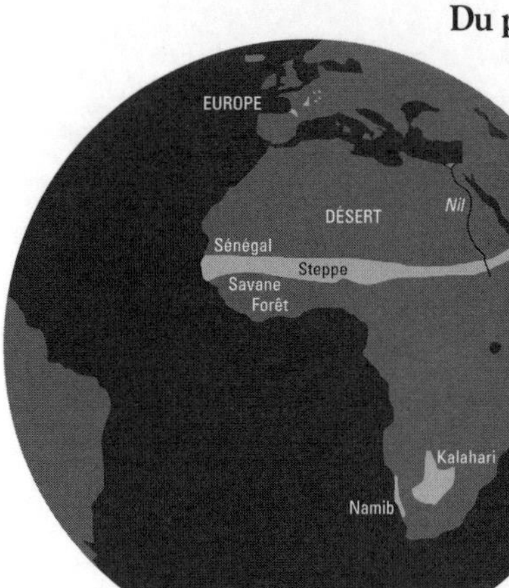

Du point de vue du biogéographe. Pour une lecture des états de surface du couvert végétal, la date du cliché est importante. Le 19 avril, le printemps s'installe dans l'hémisphère nord, le soleil est proche du zénith sur le tropique du Cancer. Sur la France, la saison végétative est bien avancée dans le midi, amorcée dans le nord-est, en attente sur les chaînes alpines et pyrénéennes encore enneigées. Le commentaire doit éviter les interprétations univoques ; une plage sombre peut aussi bien être un espace agricole en activité chlorophyllienne (delta du Nil) qu'un massif rocheux nu (Tibesti). La photo-interprétation exige une grille d'identification qui s'appuie sur des documents externes à l'image : « vérité de terrain », cartes de la trame physique, de l'occupation du sol, etc. Comme pour les milieux minéraux, deux dispositions s'identifient aisément, les grandes surfaces homogènes, les longs linéaments. Sur l'Europe, des massifs forestiers apparaissent en gris foncé : le triangle de la pinède des Landes (plus de 800 000 ha), les pastilles des Vosges – Hardt et de la Forêt-Noire – Oden Wald, de part et d'autre du fossé rhénan. Le croissant de la Champagne sèche s'individualise en gris clair : les sols crayeux, légers et superficiels, sont encore peu couverts par la biomasse. Sur l'Afrique boréale, s'impose à l'œil un gradient de teinte. Autour du lac Tchad, aux gris très clairs des ensembles sableux du désert (Ténéré) succèdent vers le sud des bandes longitudinales qui s'assombrissent ; c'est la zone sahélo-soudanienne. Cette gradation associe des réflectances de couvertures végétales de plus en plus couvrantes (steppes, puis savanes et forêts claires), mais en fin de saison sèche, et de sols qui s'épaississent et se structurent. Sur l'Afrique australe, taches claires du désert côtier du Namib et des brousses du Kalahari au sortir de la saison humide estivale. Un fort contraste découpe le delta irrigué du Nil et le cordon agricole des rives du fleuve dans leur environnement désertique.

PARTIE 1

CLIMATOLOGIE

La climatologie a pour objet l'étude du climat ou plutôt des climats de la Terre. C'est donc une « géoscience », voisine de la météorologie dans ses préoccupations mais qui s'en démarque cependant par sa finalité et ses méthodes. En effet, la météorologie s'intéresse au temps « qu'il fait » (précisons-le puisqu'une déficience de notre langue ne permet pas d'utiliser un autre terme pour désigner le temps « qui passe »). Or, le temps (météorologique) exprime l'état de l'atmosphère en un point et à un instant donnés, combinaison éphémère d'éléments aussi divers que la température, la pression atmosphérique, l'hygrométrie, la nébulosité, la vitesse et la direction du vent... Assortie d'un tel luxe d'informations quantifiables, la notion de « temps » est à la fois précise et restrictive. Cette conception rigoureuse mais étroite qui satisfait les exigences du puriste apparaît sclérosante au géographe et ne répond pas à ses besoins. D'un point de vue pragmatique, il se contente d'une notion plus élargie et grossière sachant que les combinaisons fugitives de l'atmosphère se reproduisent approximativement dans un certain nombre de situations et sur des espaces plus ou moins étendus. Dès lors, une typologie de ces situations peut être entreprise : elle conduit à un catalogue de « types de temps » spécifiques d'une région donnée (les séquences orageuses d'été succédant à des périodes anticycloniques, les épisodes pluvieux liés au passage d'une famille de perturbations, les giboulées printanières... en sont autant d'exemples qui frappent l'ensemble de l'Europe occidentale).

Face à ces réalités vécues, aisément identifiables, le climat se présente, en revanche, comme une notion floue et abstraite, difficile à définir par une formule lapidaire. Si le temps n'est qu'un instantané, une sorte de cliché, le climat suggère plutôt un film qui intègre la variété infinie de ces états successifs dont les multiples séquences s'organisent en un scénario logique et relativement répétitif au fil des différentes saisons. Car le climat s'inscrit dans la durée et se réalise selon un cycle annuel, celui de la révolution terrestre autour du soleil. Au cours de ce cycle, les divers points de la planète présentent une exposition plus ou moins favorable à la réception du rayonnement solaire et à l'énergie qu'il apporte avec tous les effets climatiques que l'on devine. L'étymologie trouve ici sa justification physique puisque, rappelons-le, *climatis,* en grec, signifie « inclinaison ».

Par commodité, le climat est généralement exprimé par les valeurs statistiques classiques (la « moyenne » principalement) de ses paramètres les plus représentatifs sur une base d'observations de 30 années appelée « normale ». Le caractère analytique de cette méthode ne peut traduire correctement une réalité vivante, faite tout entière de combinaisons. En partant de la notion de types de temps et en précisant la fréquence de leur apparition, la climatologie dynamique propose une démarche synthétique, complémentaire de la précédente.

Discipline géographique, la climatologie s'insère dans un réseau hiérarchisé d'échelles spatiales : entre le climat global (concernant la Terre entière) et les microclimats, s'intercalent les climats zonaux, régionaux et locaux. En tant que science, la climatologie ne peut être limitée à un inventaire des climats exclusivement descriptif. Encore doit-elle s'efforcer de mettre en évidence les mécanismes qui expliquent leur répartition et leur diversité.

BIBLIOGRAPHIE GÉNÉRALE DE LA PARTIE

Ouvrages généraux

DURAND-DASTES, F., *Géographie des airs,* Paris, 1969, PUF.
GODARD, A., TABEAUD, M., *Les Climats, mécanismes et répartition,* Paris, 1993, Armand Colin.
PAGNEY, P., *Les Climats de la Terre,* Paris, 1976, Masson.
PAGNEY, P., *La Climatologie,* Paris, 1993, PUF.
VIERS, G., *Éléments de climatologie,* Paris, 1968, Nathan.

Ouvrages de références

ESCOURROU, G., *Climatologie pratique,* Paris, 1978, Masson.
FOUCAULT, A., *Climat, histoire et avenir du milieu terrestre,* Paris, 1993, Fayard.
PEDELABORDE, P., *Introduction à l'étude scientifique du climat,* Paris, 1983, SEDES.
PÉGUY, Ch.- P., *Précis de climatologie,* Paris, 1970, Masson.
PÉGUY, Ch.- P., *Jeux et enjeux du climat,* Paris, 1989, Masson.

Ouvrages spécialisés

HUFTY, A., *Introduction à la climatologie,* Paris, 1976, PUF.
QUENEY, P., *Éléments de météorologie,* Paris, 1974, Masson.

En anglais

BARRY, R.G., CHORLEY, R.J., *Atmosphere, Weather And Climate,* London, 1992, Methuen.
TREWARTHA, G.T., *An Introduction To Climate,* London, 1968, Mac Graw Hill.

Les domaines climatiques du globe

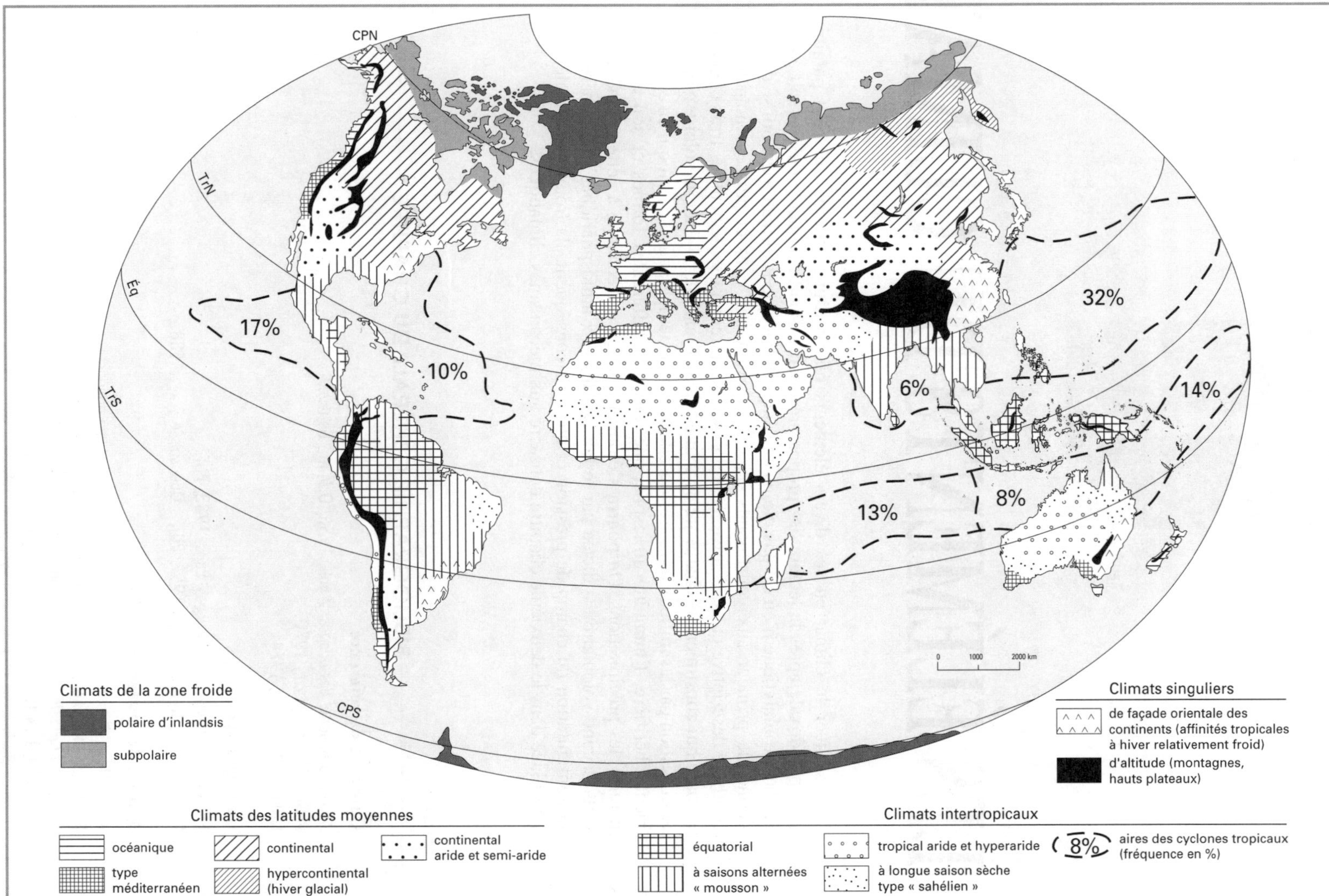

1

LES ÉLÉMENTS DU CLIMAT

Disséquer le climat en ses divers éléments relève d'une attitude qui peut paraître paradoxale après la lecture des propos précédents. Pour critiquable qu'elle soit, cette démarche analytique n'en est pas moins une étape obligée de la climatologie qui se doit de donner la primeur aux constituants du climat avant que ceux-ci puissent nourrir une synthèse descriptive et explicative. Cette présentation réunira seulement les trois éléments de base qui constituent la charpente de tout édifice climatique : l'énergie solaire incidente et sa gestion par les milieux terrestres qu'elle atteint, la température de l'air qui en est largement l'héritière, l'humidité atmosphérique sous ses différentes formes et son exutoire naturel, les précipitations. On pourra s'étonner que le vent échappe à cette énumération. Cette lacune volontaire est dictée par le fait que les flux atmosphériques sont générés par la configuration du champ de pression et que, par conséquent, ils trouvent normalement leur place dans le deuxième chapitre consacré aux mécanismes climatiques.

BIBLIOGRAPHIE GÉNÉRALE DU CHAPITRE

Ouvrages de référence

Atlas international des nuages, 2 vol., 1956, O.M.M., Genève.
PÉGUY, Ch.- P., *op. cit.,* 1970.
QUENEY, P., *op. cit.,* 1974.

Ouvrages spécialisés

BRICARD, J., *Physique des nuages,* Paris, 1953, PUF.
PEGUY, Ch.- P., *La Neige, Paris,* 1952, PUF, « Que- sais-je ? », n° 538.

Articles de revues spécialisées

« La grêle », *Mémorial,* n° 48, Paris, 1961, Météorologie nationale.
PERRIN de BRICHAMBAUT, C., et LAMBOLEY, G., « Le rayonnement solaire au sol et ses mesures », Paris, 1974, *Cahiers de l'AFEDES,* n° 1, Éd. Europ. Thermique et Industrie.
ROULLEAU, J., « La formation de la pluie », *La Météorologie, Paris,* juil.- sept. 1954.
La revue *Sécheresse,* n° 1, vol.1, 1990, John Libbey.

A

LE RAYONNEMENT ET LES PHÉNOMÈNES RADIATIFS

Précisons quelques éléments de physique du rayonnement

La physique classique assimile le rayonnement à un phénomène électromagnétique qui permet le transport de l'énergie rayonnante sans support matériel. De nature vibratoire, le rayonnement se transmet sous forme d'ondes caractérisées par leur longueur L, leur fréquence f (nombre de vibrations/s) et leur vitesse V (voisine de 300 000 km/s). V étant constante, la **relation** fondamentale V = L x f montre que L et f sont inversement proportionnelles ; en d'autres termes, aux plus petites longueurs d'onde correspondent les plus fortes fréquences, et vice versa. Tout corps dont la température est supérieure au zéro absolu (0 °K) émet des rayonnements qui constituent son « spectre ». Selon la température de la source d'émission, on distingue plusieurs régions spectrales. Notre intérêt se limitera à deux plages spectrales (fig. 1) correspondant à l'émission solaire (entre 0,1 et 5 µm) et à celle de la Terre (entre 5 et 100 µm mais dont l'essentiel de l'énergie se situe dans l'intervalle 8-15 µm).

Fig. 1 : Comparaison des flux d'énergie émis par le Soleil et la Terre

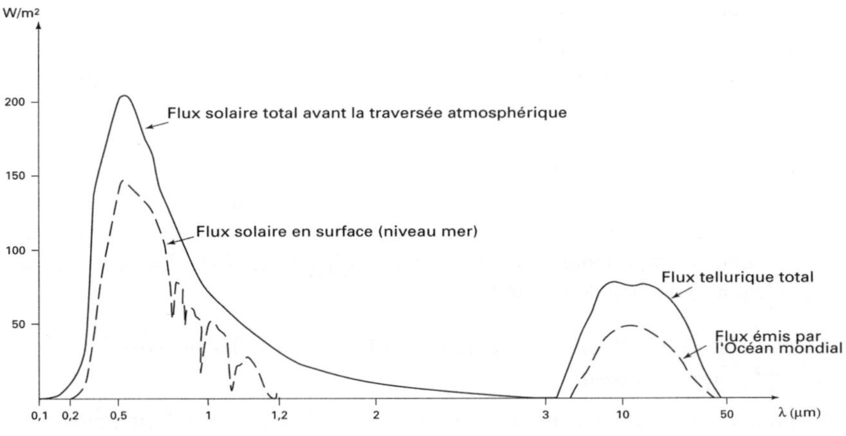

On retiendra surtout l'importance de deux relations réservées théoriquement au « corps noir » (corps idéal, pas forcément de couleur noire, qui est capable d'émettre ou d'absorber un maximum d'énergie rayonnante) mais dont l'application peut s'étendre à certains corps de notre environnement :

– le pouvoir émissif d'un corps noir est proportionnel à la 4e puissance de sa température absolue (0 °C = 273 °K) ;

– l'intensité de son rayonnement atteint un maximum d'énergie pour une certaine longueur d'onde (Lmax) associée à la température de son émission (T) telle que : Lmax x T = constante (cette constante vaut 2 900 si Lmax est en µm, T étant en °K). Cette relation (loi de Wien) montre que L et T sont inversement proportionnelles et que la connaissance de l'un de ces facteurs permet de calculer l'autre. La surface terrestre, assimilable à un corps noir ayant une température moyenne d'environ 14 °C (287 °K), émet un maximum d'énergie à : L = 2 900 : 287 = 10 µm environ, dans la gamme de l'infrarouge.

La disparition de 600 tonnes d'H aboutit à la formation de 596 t d'He. Le « défaut de masse » de 4 t est converti en ***énergie.*** Cette réaction s'entretient d'elle-même depuis près de 5 milliards d'années et se poursuivra encore très longtemps. Gigantesque pile thermonucléaire, le soleil s'use donc (à petit feu !) en modifiant très lentement son rayonnement. Ce n'est en somme qu'une étoile bien banale parmi les myriades qui émaillent le ciel.

1 Le Soleil, source d'énergie primordiale

La chaleur reçue par la surface terrestre provient exclusivement du rayonnement solaire, le flux de chaleur interne de la Terre et le flux stellaire, insignifiants, pouvant être négligés. Au cœur du soleil, comme dans la plupart des brasiers stellaires, l'hydrogène (H) se transforme en hélium (He). Cette nucléosynthèse se caractérise par une destruction partielle de matière (moins de 1 % de la masse initiale) qui donne naissance à de l'***énergie rayonnante.***

En raison de sa température, le soleil émet l'essentiel de son rayonnement entre 0,1 et 3 μm, réparti entre les domaines de l'IR (48 %), du VIS (43 %) et de l'UV (9 %). La courte période de mesures dont nous disposons suggère que ce gisement est quasi uniforme à tel point que les physiciens parlent de « constante solaire ». Aux confins supérieurs de l'atmosphère, celle-ci équivaut à 2 cal/cm^2/mn (= 2 langleys/mn) ou, si l'on préfère, 0,14 W/cm^2.

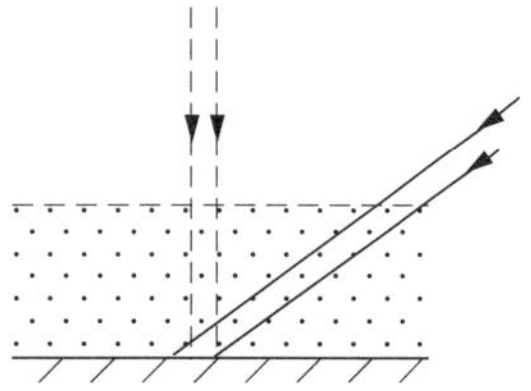

Fig. 2 : variation de l'énergie solaire au sol selon l'angle d'incidence du rayonnement

Il est facile de contrôler cet *effet* avec un miroir que l'on oriente diversement devant le soleil de manière à projeter l'image de celui-ci sur un mur par exemple : la plage lumineuse la plus vive correspond à la plus petite image possible ; toute variation angulaire tend à déformer l'image en la rendant d'autant plus pâle qu'elle est plus étalée.

2 L'interception de l'énergie solaire par la Terre

L'énergie solaire, au sol, est sous la dépendance étroite de l'angle d'incidence du rayonnement. À quelque 150 millions de km du Soleil, la Terre ne reçoit qu'une infime partie de ce prodigieux gisement en raison de la distance considérable qui la sépare de son étoile et de la faible superficie qu'elle lui présente. C'est pourtant cet apport d'énergie qui assure le fonctionnement de la machine climatique ; encore faut-il souligner que les valeurs citées plus haut s'appliquent au flux d'énergie avant sa pénétration dans les couches denses de l'atmosphère. Arrivé au sol, ce flux a en effet perdu de son intensité car il subit deux types d'altération (fig. 2) :

- **un effet de filtrage,** exercé par l'atmosphère et proportionnel à l'épaisseur de la masse traversée ; cet effet est donc minimal dans le cas d'une pénétration verticale à la surface (cas du soleil au zénith*) ; en revanche, il est maximal lorsque les rayons sont rasants sur l'horizon (au lever ou au coucher du soleil) ;
- **un effet de projection** qui dégrade, à son tour, cette énergie déjà appauvrie par le filtrage atmosphérique ; cet ***effet de projection*** est d'autant plus défavorable que les rayons solaires sont obliques, le flux d'énergie incident s'étalant alors sur une surface importante ; une projection orthogonale à la surface n'assure évidemment aucune déformation.

Le contrôle de l'incidence du rayonnement solaire par les facteurs astrophysiques ou cosmiques

En premier lieu, à chaque instant, la forme quasi sphérique de la Terre (géoïde) ne permet pas de recevoir le rayonnement solaire sous le même angle dans les divers points de la demi-surface du globe éclairée par le soleil (fig. 3).

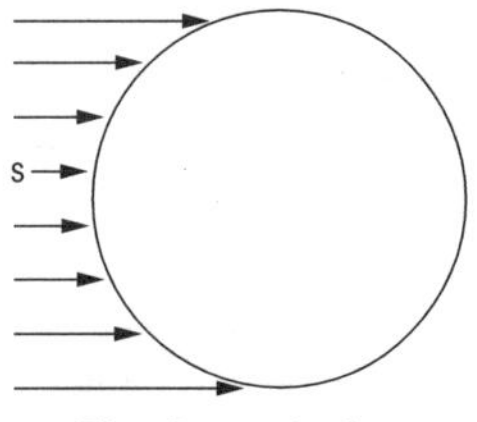

Fig. 3 : variation de l'incidence du rayonnement solaire sur le méridien de midi

Le mouvement de rotation terrestre autour de l'axe polaire entraîne, dans un cycle diurne, l'alternance jour/nuit. Entre son lever et son coucher, le soleil, en tout point de la Terre, décrit un mouvement apparent qui l'amène à sa culmination (sommet de sa courbe) : il est alors « midi solaire » (on dit encore que le soleil « passe au méridien » ; c'est évidemment à ce moment que le rayonnement solaire est le plus énergétique.

Le mouvement de révolution terrestre qui s'accomplit dans un cycle annuel, est une vaste translation sur une orbite* quasi circulaire autour du soleil.

Le plan de révolution (ou de l'écliptique) ne coïncide pas avec le plan équatorial mais le recoupe suivant un angle de 23° 27'qui fixe la latitude des tropiques de part et d'autre de l'équateur (fig. 4).

Cette situation, aux multiples conséquences, explique les variations saisonnières de l'incidence du rayonnement solaire et de la durée du jour pour tous les points de la planète. Elle privilégie la zone intertropicale et pénalise les hautes latitudes (se reporter aux documents commentés, p. 41, 45 et 47).

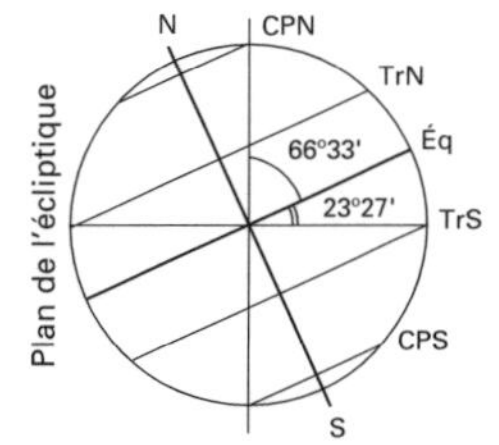

Fig. 4 : plan équatorial et plan de l'écliptique

L'inclinaison du plan équatorial sur le plan de l'écliptique fixe la position de l'équateur, des tropiques (Tr) et des cercles polaires (CP)

3 Les réactions radiatives de la Terre et de son atmosphère

Le rayonnement solaire traversant l'atmosphère et parvenant à la surface de la Terre subit diverses modifications. Trois d'entre elles jouent un rôle climatologique important : l'absorption, la réflexion et la diffusion.

L'absorption d'un rayonnement par un corps, presque toujours partielle, transmet à celui-ci de l'énergie et se traduit par une élévation de sa température. Plusieurs gaz contenus dans l'atmosphère présentent des bandes d'absorption correspondant à des longueurs d'onde caractéristiques :

- **l'ozone***, dont le maximum de concentration se situe vers 30 km d'altitude, absorbe pratiquement tout le spectre U.V. inférieur à 0,3 µm (d'où un fort réchauffement de la stratosphère à ce niveau) de sorte qu'au sol le rayonnement solaire effectif est compris entre 0,3 et 3 µm ; faiblement présent dans la troposphère (basse atmosphère), l'ozone y absorbe l'I. R vers 10 µm, captant cette fois le rayonnement émis par la Terre ;
- **la vapeur d'eau** absorbe un peu le rayonnement solaire (4-5 µm) mais retient surtout celui de la Terre (I.R. > 11µm) évitant ainsi son refroidissement ; c'est ce qu'on appelle ***l'effet de serre*** dont il est fréquemment fait état aujourd'hui ;
- **le gaz carbonique** (CO_2) renforce cet effet en captant l'I. R tellurique vers 12-15 µm ; présent depuis longtemps dans l'atmosphère terrestre, sa teneur augmente en raison des activités humaines au même titre que d'autres composants gazeux (oxydes d'azote et de soufre, méthane, CFC...) qui présentent un comportement radiatif similaire ; ce sujet, qui est l'objet de débats passionnés, trouvera sa place dans la partie consacrée aux changements climatiques.

D'une façon générale, ***l'effet de serre*** se manifeste pour tous les composants de l'atmosphère qui laissent filtrer les rayonnements solaires (de faible longueur d'onde) mais absorbent les rayonnements telluriques.

Le rayonnement solaire est aussi partiellement absorbé par certains milieux de la surface planétaire :

- **les nappes d'eau** (océans, mers, lacs) se caractérisent par une absorption d'autant plus forte que le soleil est haut dans le ciel et réalisent ainsi un capital énergétique considérable ;
- **le tapis végétal** réagit de façon identique, l'absorption étant fonction de sa nature et de sa densité, importante pour une épaisse forêt de feuillus, faible pour une steppe maigre ;
- **le sol nu** a des réactions plus variées, dépendantes des caractéristiques du matériel rocheux (nature, teinte, porosité).

La réflexion est le phénomène inverse de l'absorption puisqu'elle s'applique à des corps qui réfléchissent le rayonnement incident, sans assimiler, par suite, son énergie. L'**albedo** (de *alba*, blanc) désigne la fraction d'énergie incidente qui est réfléchie. Réservée à l'origine au spectre visible, la notion a été étendue parfois à l'I.R., d'où une certaine ambiguïté. L'albedo (a) varie avec la longueur d'onde et la nature des corps. Les cas extrêmes peuvent être définis comme suit : a = 1 (réflecteur absolu) ; a = 0 (absorbeur intégral = corps noir), ces valeurs théoriques n'étant jamais atteintes dans la réalité.

La neige, très réflexive dans le VIS (a = 0,80 à 0,85), d'où sa blancheur, absorbe au contraire l'I.R. Les nuages présentent un albedo de 0,6 en moyenne dans le VIS. Les nappes d'eau présentent les valeurs moyennes suivantes : a = 0,15 dans le VIS (mais atteint 0,4 lorsque le soleil frôle l'horizon) et 0,1 dans l'IR. Les roches claires et sèches (sable, calcaire…) : a = 0,3 (VIS). La végétation accuse de fortes variations de l'albedo dans le VIS (a < 0,1 pour une forêt dense peut atteindre 0,3 pour une prairie).

La diffusion peut être assimilée à de multiples réflexions s'exerçant dans toutes les directions de l'espace et assurées au sein de l'atmosphère par les molécules des gaz, les aérosols et les gouttelettes d'eau. Selon la taille de ces particules et la longueur d'onde du rayonnement qui les atteint, la diffusion conduit à des phénomènes optiques variés et permet d'expliquer les différentes couleurs prises par le ciel et par les nuages. L'effet le plus spectaculaire est l'illumination générale de l'atmosphère à partir du soleil, source lumineuse ponctuelle. En conséquence, il est intéressant de séparer ***la radiation solaire directe (Rs) et la radiation diffuse (Rd)*** qui, bien que moins importante par ciel clair, fournit une énergie appréciable par temps nébuleux. L'association de ces deux types de radiation constitue le ***rayonnement global (Rg).***

Par un temps ensoleillé, un observateur situé à l'ombre ne reçoit que ***Rd.*** S'il vient « au soleil », il est soumis à la fois à ***Rs*** et à ***Rd,*** c'est-à-dire au ***rayonnement global***

4 Le bilan radiatif de la Terre et de son atmosphère

Dresser un bilan revient à comptabiliser les entrées et les sorties (d'énergie, dans le cas présent) afin de comparer bénéfices et pertes. Cette notion est importante. Elle conditionne toute analyse climatologique ultérieure. Réflexions, absorptions, émissions (des corps terrestres) se poursuivent continuellement en tout point de l'espace planétaire en un jeu subtil difficile à appréhender dans le détail.

L'élément positif du bilan : le rayonnement global (Rg)

Il varie en fonction de la hauteur du soleil au-dessus de l'horizon et de l'état de l'atmosphère (nuages, aérosols…). Ainsi, à Paris, les valeurs quotidiennes de Rg peuvent dépasser 3 kJ/cm^2 en juin par ciel clair mais deviennent très faibles en décembre par temps couvert (0,05 kJ/cm^2). De fortes disparités apparaissent aussi en montagne entre les vallées profondes, peu ensoleillées (faibles valeurs de Rg) et les pentes bien exposées (adrets) que les rayons solaires peuvent atteindre verticalement à nos latitudes (fortes valeurs de Rg). D'une façon générale, la diminution du filtrage atmosphérique au-dessus de 3 500 m et la plus grande limpidité de l'air expliquent la vigueur du rayonnement direct qui atteint alors des valeurs records, proches du maximum théorique de la constante solaire.

Un bilan équilibré à l'échelle globale

Des considérations qui précèdent, il ressort que la Terre, qui assimile en partie le rayonnement solaire de courtes longueurs d'onde, le réémet sous la forme de radiations de grandes longueurs d'onde. Elle est donc assimilable à une gigantesque machine thermodynamique* qui transforme et dégrade l'énergie. L'analyse des différentes mesures effectuées fait ressortir une stabilité de leurs valeurs moyennes et suggère qu'au sein du système Terre-atmosphère l'énergie émise est égale à l'énergie reçue (fig. 5).

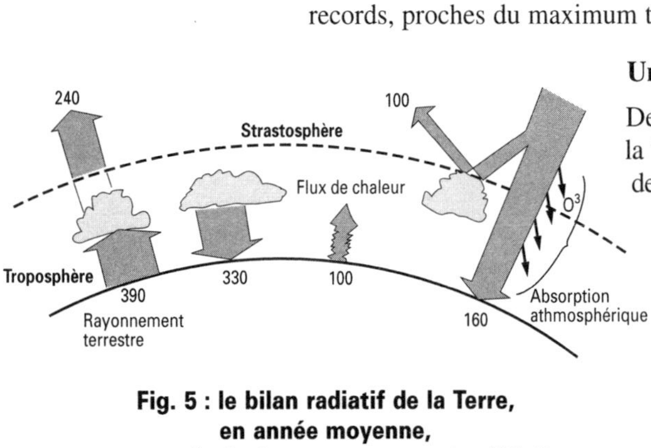

Fig. 5 : le bilan radiatif de la Terre, en année moyenne, et ses principales composantes (en W/m^2)

Des disparités géographiques importantes

Ce bilan radiatif, nul au niveau global, masque des déséquilibres importants à l'échelle régionale. On admet généralement qu'en moyenne annuelle le changement de signe se situe vers 35° de latitude dans chaque hémisphère, isolant une bande centrale à bilan positif et deux zones externes à bilan négatif (fig. 6).

Fig. 6 : bilan radiatif en fonction de la latitude dans l'hémisphère Nord (d'après H.G. Houghton)

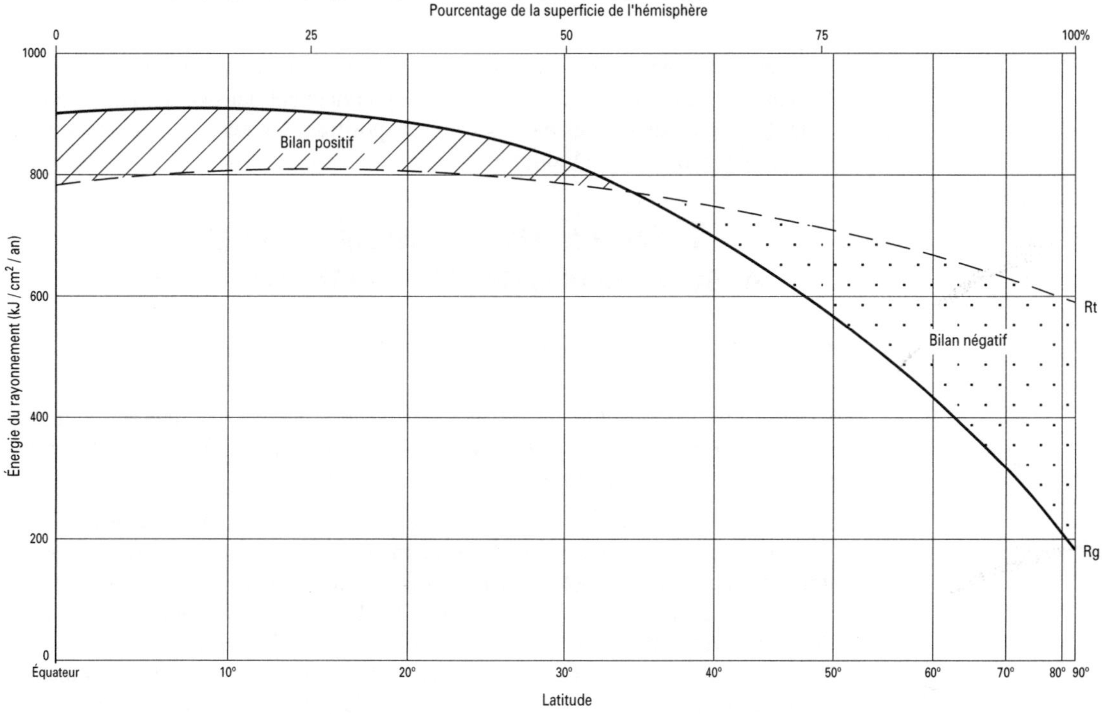

Moyenne annuelle de l'énergie du rayonnement global (Rg) absorbé par la Terre et son atmosphère et de celle du rayonnement terrestre (Rt) émis vers l'espace (l'énergie est exprimée en kilojoules par cm² et par an).

Un examen plus minutieux fixant les partitions au niveau des cercles polaires et des tropiques aboutit aux résultats suivants (toujours à l'échelle de l'année moyenne) dont on ne retiendra que les ordres de grandeur.

Le bilan moyen est négatif dans les calottes polaires (– 250 kJ/cm²) et même dans les deux anneaux tempérés (– 80 kJ/cm²) ;

Il est positif dans la ceinture intertropicale (+ 120 kJ/cm²).

On remarquera que ces valeurs s'appliquent à des zones dont les superficies respectives ne sont pas identiques, le seul anneau où l'énergie est excédentaire compensant, par sa taille, le déficit qui affecte tout le reste de la planète. Il est curieux de constater que ce déséquilibre s'entretient sans s'aggraver puisqu'il ne conduit pas à un réchauffement continu des basses latitudes, ni à un refroidissement progressif des autres zones de la Terre. Ce paradoxe ne peut s'expliquer que par des échanges méridiens d'énergie mettant en jeu les deux milieux fluides de la planète : l'atmosphère et l'océan. Les processus impliqués dans cette dynamique seront étudiés plus loin.

B

LA TEMPÉRATURE DE L'AIR

L'étude des phénomènes radiatifs introduit celle de la température mais ne l'éclaire qu'en partie car d'autres facteurs interviennent dans ce domaine : transferts d'énergie par l'air et par les eaux, disposition des masses continentales et océaniques, influence de l'altitude…

1 De la température observée à son exploitation climatologique

Une réalité mouvante, difficile à saisir correctement

Si la température ne suffit pas à elle seule à définir le comportement de l'atmosphère, elle en constitue néanmoins l'élément privilégié qui fixe les grandes divisions climatiques du globe, rythme la vie végétative et modifie les états physiques de l'eau quand certains seuils sont franchis.

Inventé au cours du XVIIIe siècle et basé sur le principe de dilatation des liquides (alcool ou mercure dans ses formes usuelles), le thermomètre a subi depuis lors des améliorations techniques qui lui ont apporté précision et fidélité à la fois. Les appareils qui équipent les stations du réseau mondial de l'O.M.M. et les observatoires de physique du globe permettent de repérer la température à 0,1 °C près. Ils doivent être placés à 2 m du sol (afin de les soustraire à son rayonnement) et à l'intérieur de l'abri météorologique pour éliminer les effets parasites du vent. Ces conditions d'homogénéité étant satisfaites, les températures, prises en divers endroits, sont alors comparables. À chaque point d'observation, on relève quotidiennement les températures extrêmes sur le thermomètre minima-maxima. Ces données brutes, compilées sur de longues périodes, font l'objet d'un traitement statistique rigoureux qui permet de dégager la physionomie thermique moyenne (ou « normale ») d'une station. La saisie automatique des paramètres météorologiques tend à se généraliser actuellement. Les valeurs entrent directement dans les mémoires des calculateurs où elles sont analysées en fonction des besoins des utilisateurs. Cette collecte prodigieuse alimente des fichiers à support magnétique, de sorte que le climatologue devra désormais se faire informaticien s'il veut analyser dans le détail ces données d'un genre nouveau.

En toute rigueur, la ***moyenne*** devrait être déduite d'un ajustement graphique à partir d'une courbe d'enregistrement. De nombreuses stations – mais pas toutes ! – fournissent des données trihoraires (0 h, 3 h, 6 h, 9 h, 12 h, 15 h, 18 h, 21 h). La moyenne diurne calculée à partir de ces huit valeurs fournit un résultat légèrement inférieur à la moyenne tirée des extrêmes.

Le traitement statistique des températures

Le but de l'analyse climatologique consiste à mettre en évidence quelques paramètres caractéristiques qui définissent le climat thermique de tel ou tel site.

Les relevés journaliers mettent en évidence un cycle diurne caractérisé par un maximum thermique (en début d'après-midi) et un minimum (en fin de nuit).

Ces données élémentaires (températures minimales et maximales quotidiennes) constituent la base de tous les calculs ultérieurs puisque, par une convention de l'OMM qui sacrifie à la facilité, on admet que la ***température moyenne*** diurne est correctement représentée par la demi-somme algébrique de ces valeurs extrêmes.

Le même procédé de calcul conduit à la température moyenne mensuelle. Afin de lui donner une signification climatologique, celle-ci doit être extraite d'une série de 30 années consécutives d'observations, selon les recommandations de l'O.M.M. Plusieurs centaines de mesures individuelles se trouvent alors réduites à une valeur unique. Ainsi, la moyenne du mois de janvier, par exemple, nécessite le traitement de 1 860 données élémentaires (2 quotidiennes x 31 jours x 30 mois).

Des fichiers où figurent les minima et maxima diurnes, il est facile d'extraire les valeurs extrêmes, à l'échelle du mois, de l'année, d'une « normale » ou d'une série complète qui peut s'étendre sur un siècle et plus. Dans ce dernier cas, on parvient à isoler le minimum et le maximum absolus de la station. Sur la période de 120 ans (1872-1991) à l'Observatoire de Paris-Montsouris, ces records sont respectivement – 23,9 °C (10/12/1879) et 40,4 °C (28/7/1947) et à l'échelle de la France métropolitaine, on a relevé – 35 °C à Mouthe (à moins de 1 000 m, dans le Jura), le 3/1/1971 et 44 °C à Toulouse (8/8/1923). Le minimum absolu de la Terre est actuellement détenu par la station Vostok, au centre de l'Antarctique (– 89,2 °C le 21/7/1983) et le maximum absolu par El Azizia, en Libye, et San Luis, au Mexique (environ 58 °C). Ces records planétaires, qui restent à battre, sont d'ailleurs discutables car ils n'ont pas été obtenus dans les conditions standards précisées plus haut.

Le nombre de jours au cours de l'année moyenne où la température a franchi certains seuils présente un intérêt pour l'agroclimatologie, l'économie touristique et énergétique (nombre moyen de jours de gelée ou de température dépassant 25-30 °C, par exemple). Une place particulière doit être faite au seuil 0° puisque son franchissement induit un changement de phase de l'eau dont les conséquences sont importantes dans des domaines aussi divers que l'hydrologie (un gel intense et prolongé peut paralyser les cours d'eau), la géomorphologie (l'alternance du gel et du dégel constitue un facteur d'érosion puissant), la biosphère végétale (qui résiste plus ou moins bien à ce type d'agression).

La notion d'amplitude thermique*, enfin, apporte une information supplémentaire qui permettrait même, à elle seule, de dresser une typologie climatique. L'amplitude thermique diurne (écart séparant le minimum du maximum diurne) est un élément qui caractérise déjà une situation météorologique aux moyennes latitudes. Un air humide, une forte nébulosité empêchent le rayonnement solaire d'échauffer le sol pendant le jour alors que, la nuit, ces mêmes circonstances freinent l'évasion de l'énergie tellurique vers l'espace. C'est aussi ce qui explique la faiblesse des variations thermiques diurnes dans les régions équatoriales et tropicales humides. À l'inverse, ces variations s'amplifient par ciel clair et atteignent leur maximum dans les déserts subtropicaux et à l'intérieur de continents. L'amplitude thermique diurne varie enfin selon les saisons (minimale en hiver, maximale au printemps et en été, aux latitudes moyennes).

En climatologie, on utilise fréquemment l'amplitude thermique moyenne annuelle, différence entre les températures moyennes des mois extrêmes. Enfin, en considérant les températures extrêmes des records planétaires signalées plus haut, l'amplitude thermique absolue de la Terre atteint 147 °C et dans le cadre d'une même station, elle dépasse encore 100 °C (101,7 °C à Verkhoïansk, dans le Nord-Est sibérien).

2 LES FACTEURS GÉOGRAPHIQUES DE LA TEMPÉRATURE

La distribution de la température à la surface du globe présente une physionomie originale (fig. 7 et 8) qui résulte de l'intervention simultanée de diverses causes.

Fig. 7 : répartition de la température moyenne en janvier (d'après Blüthgen)

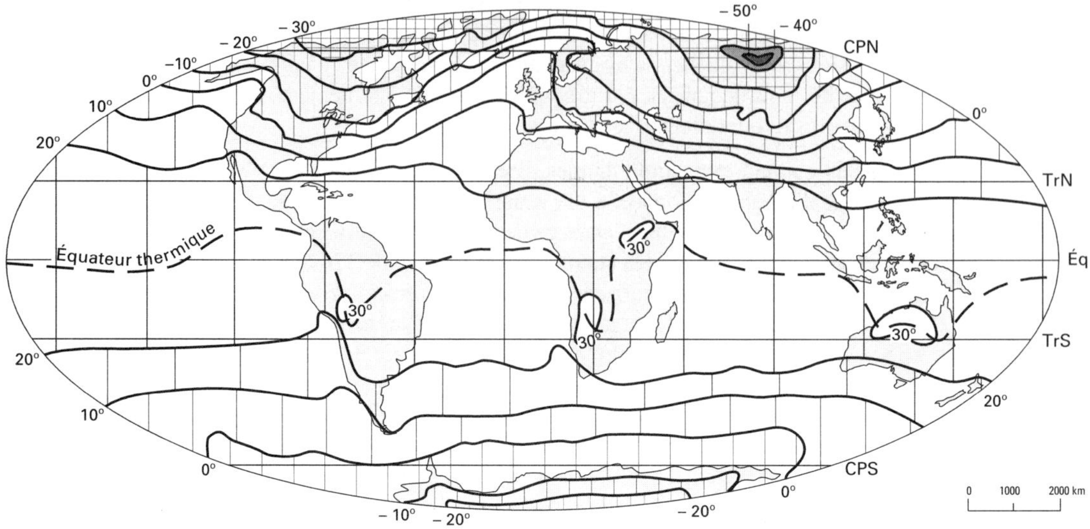

La température de l'air est prise sous abri et réduite à 0 m ; les isothermes sont cotés en °C.

Fig. 8 : répartition de la température moyenne en juillet (d'après Blüthgen)

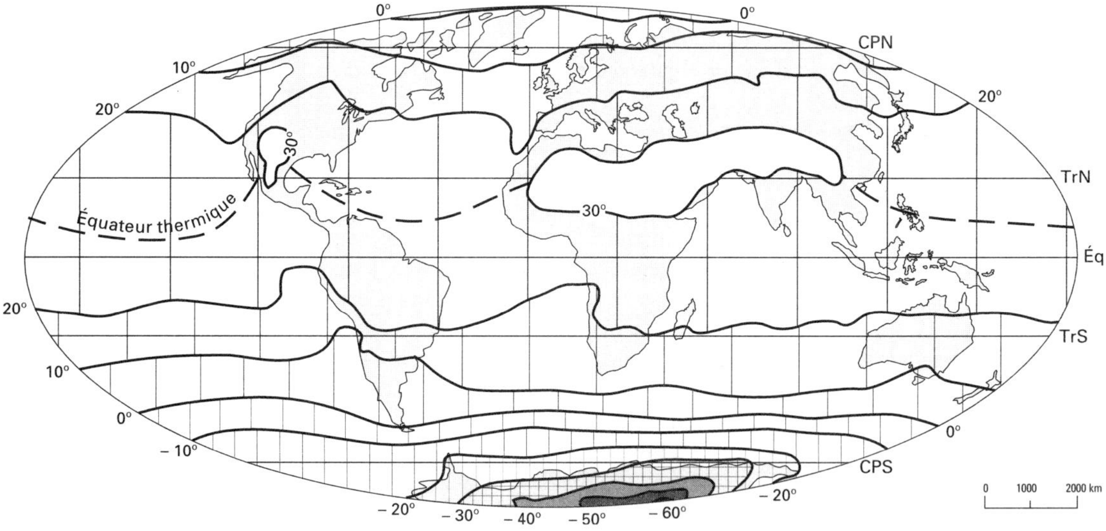

La température de l'air est prise sous abri et réduite à 0 m ; les isothermes sont cotés en °C.

La latitude : un rôle déterminant mais non exclusif

À l'échelle planétaire, la latitude devrait régir la répartition de la température en raison des facteurs cosmiques évoqués précédemment. Quelques anomalies importantes viennent cependant contredire ce postulat. Il est probable que sur un globe présentant une surface de nature homogène et une atmosphère parfaitement limpide, la température serait sous la dépendance étroite de la latitude. Mais tel n'est pas le cas. La juxtaposition des océans et des continents au comportement radiatif très différent, la disposition des blocs montagneux et des grands axes orographiques, la présence ou l'absence d'une couverture nuageuse, perturbent l'influence de la latitude, à l'échelle régionale tout au moins.

Les plus basses températures de l'hémisphère boréal ne sont pas observées dans l'environnement du pôle ni même dans le bassin arctique mais bien en deçà, entre 60 et 70° de latitude, en Alaska et en Sibérie, si l'on élimine les conditions rigoureuses de l'inlandsis groenlandais où l'altitude élevée, voisine de 3 000 m dans la partie centrale, constitue un facteur aggravant. La zone équatoriale, quant à elle, ne monopolise pas les records absolus de chaleur, relevés à des latitudes subtropicales, vers 32° Nord, en Afrique comme en Amérique. Ces particularités se trouvent confirmées par la disposition des isothermes moyennes de janvier et de juillet. Les contrastes régionaux qui affectent la couverture nuageuse expliquent en partie ce paradoxe apparent, dans les basses latitudes tout au moins. La permanence d'une couverture nuageuse épaisse prive les régions équatoriales du rayonnement solaire direct alors que la pureté du ciel permet à la zone subtropicale d'assimiler cette énergie (comparer les fig. 7, 8 et 26), de sorte que l'absence de nébulosité compense largement ici l'effet de latitude. Un autre facteur intervient dans les régions subpolaires arctiques où les continents sont refroidis par des pertes radiatives considérables alors que les mers, même gelées, sont moins froides.

Océans et continents : un duel d'influences de dimension planétaire

Sur les cartes des températures moyennes ramenées au niveau de la mer pour janvier et juillet (fig. 7 et 8), il est clair que la juxtaposition des océans et des continents introduit un déséquilibre profond dans le dispositif du champ thermique planétaire : les isothermes s'incurvent au contact des littoraux et présentent des tracés continentaux très contrastés entre ces deux mois. Ainsi, l'équateur thermique* ne coïncide pas avec l'équateur géographique. Il s'en écarte de peu sur les océans alors que ses divagations saisonnières sont importantes en milieu continental. On sait qu'à latitude égale les différences de température entre continents et océans peuvent être considérables, en particulier dans l'hémisphère boréal. À titre d'exemple, Thorshavn, dans les îles Féroé et Yakoutsk, en Sibérie orientale, situées toutes deux à 62° Nord, présentent les caractéristiques thermiques suivantes (respectivement les moyennes de janvier, de juillet ainsi que l'amplitude entre ces deux mois) : 3,2 °C, 10,6 °C, 7,4 °C pour la première, – 43 °C, 19 °C, 62 °C pour la seconde. L'intervention des courants marins (fig. 9) explique en partie cette situation mais la cause essentielle réside dans l'inertie thermique, très forte pour l'océan (dont la température des eaux superficielles varie peu tout au long de l'année), extrêmement faible au contraire sur les continents qui s'échauffent et se refroidissent rapidement.

Fig. 9 : représentation simplifiée des principaux courants océaniques de surface

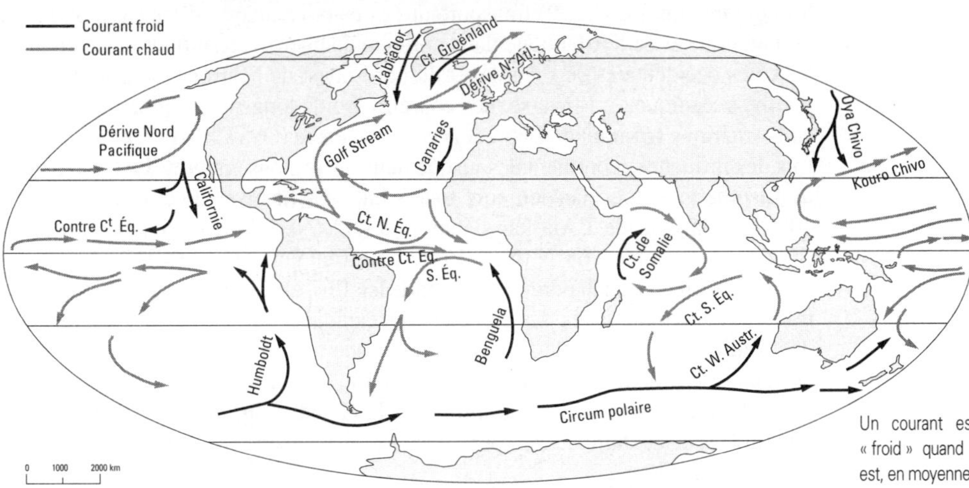

Un courant est classé de type « froid » quand l'eau qu'il véhicule est, en moyenne, plus froide que l'air.

La répartition planétaire de l'amplitude thermique moyenne annuelle (fig. 10) traduit bien cette réalité. Elle reste inférieure à 5 °C dans les basses latitudes et dépasse rarement 10 °C en milieu océanique, sauf aux latitudes élevées. Le développement des blocs continentaux en Amérique du Nord et surtout en Eurasie entraîne des valeurs très élevées de l'amplitude (40 °C à Omsk, en Sibérie occidentale) ; elles dépassent même 60 °C dans le Nord-Est sibérien. Cette différence de comportement fera l'objet d'une analyse plus détaillée par la suite.

Fig. 10 : répartition de l'amplitude thermique moyenne annuelle

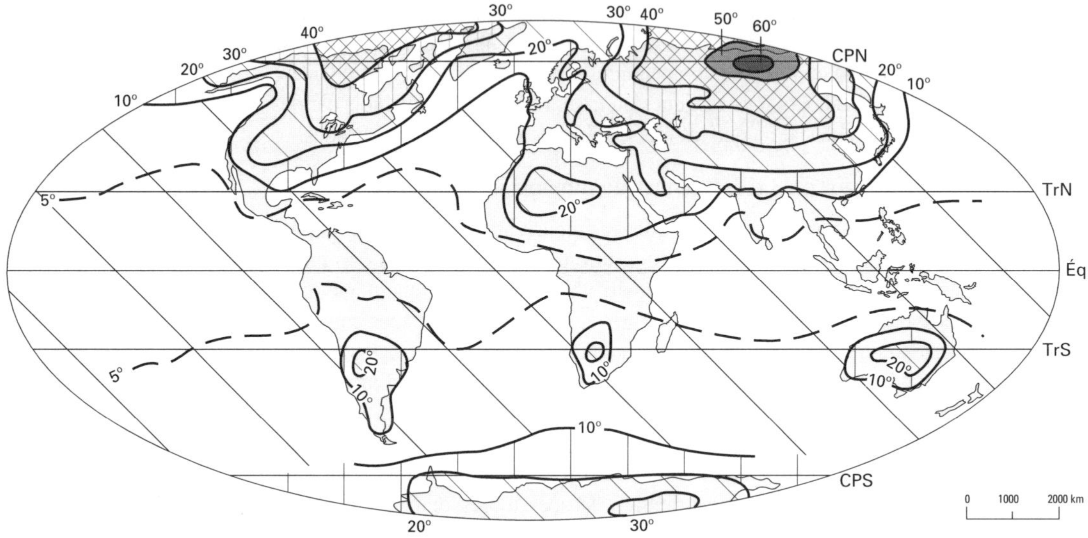

Les isolignes sont cotées en °C.

Les anomalies thermiques méridiennes

Le jumelage de vastes espaces océaniques et de masses continentales importantes crée également d'autres déséquilibres thermiques qui opposent les façades occidentale et orientale d'un même continent et d'un même océan. Cette dissymétrie a une double origine. D'une part, aux latitudes moyennes et élevées, les courants marins (fig. 9) transportent des eaux chaudes sur les rives orientales du Pacifique et de l'Atlantique dans notre hémisphère, réchauffant ainsi, en hiver, les côtes occidentales de l'Alaska et du nord-ouest de l'Europe, déjà soumises au régime océanique ; à l'inverse, des courants froids longent les littoraux orientaux de l'Amérique (courant du Labrador) et de l'Eurasie (Oya Chivo), renforçant, cette fois, les influences continentales jusque dans les régions côtières. Les fluctuations de l'isotherme 0°, en janvier, sont tout à fait significatives à cet égard. Il atteint 60°N sur la côte de l'Alaska, s'abaisse à 41° (New York) sur la côte Est des États-Unis, remonte à 68°N (Narvik) sur le littoral norvégien et s'infléchit jusqu'à 38°N en Corée et au Japon. D'autre part, les flux atmosphériques véhiculent des masses d'air imprégnées des caractères océaniques, sur les façades occidentales des continents alors que le flux zonal, bien que moins vigoureux à l'est de ceux-ci, répand néanmoins l'air hivernal, glacé, qui a transité sur des surfaces enneigées ; l'été apporte, au contraire, un souffle chaud venu du sud qui entraîne une remontée spectaculaire des températures. Les mécanismes de ce phénomène seront examinés plus loin.

On remarquera qu'aux basses latitudes les courants marins inversent leurs effets puisqu'ils refroidissent les côtes occidentales des continents et réchauffent leurs côtes orientales (pour s'en convaincre, il suffit de suivre le tracé de l'isotherme 20 °C, en juillet, sur la figure 8).

L'altitude : le rôle du relief et de l'exposition

En règle générale, la température de l'air décroît régulièrement quand l'altitude augmente, c'est-à-dire quand la pression atmosphérique diminue. La physique classique (théorie cinétique des gaz) explique cette particularité par l'agitation moléculaire qui libère d'autant plus d'énergie (autrement dit de chaleur) que la pression est forte. C'est bien ce qui arrive dans les basses couches de l'atmosphère, au voisinage du sol, où la fréquence des collisions entre les molécules est très élevée, en raison de leur grand nombre. À l'inverse, au sein d'une atmosphère raréfiée (aux hautes altitudes), la diminution des chocs moléculaires s'accompagne d'une réduction de la chaleur dégagée. Dans l'air libre, on estime que le gradient* thermique vertical est d'environ 0,65 °C pour 100 m ; c'est, en tout cas, la valeur standard couramment adoptée pour réduire la température d'une station au niveau de la mer quand on cherche à s'affranchir de l'effet d'altitude afin de privilégier l'influence des autres facteurs géographiques (latitude, répartition des océans et des continents…) dans le tracé des isothermes du champ thermique planétaire (fig. 7 et 8). En réalité, le gradient thermique vertical s'écarte souvent de cette moyenne. Il varie avec la nature et la température de surface (mer, sol recouvert de végétation ou dénudé), la saison, le taux d'humidité de l'air, les anomalies de la décroissance de pression en altitude… Les données aérologiques provenant des radiosondages en apportent la preuve mais cette question concernant la thermodynamique fera l'objet d'une analyse plus détaillée au chapitre suivant. Toutefois, en dehors de l'air libre, les régions montagneuses offrent des exemples de cette variabilité. Dans le Haut-Jura suisse, entre La Chaux-de-Fonds et la Brévine, le gradient thermique moyen dépasse 3 °C pour à peine 100 m (Primault, 1972) ; entre Nice et Vence, il est égal ou supérieur à 1 °C, 5 mois sur 12 (Pena, 1968). Mais il arrive parfois que ce gradient devienne négatif, autrement dit, qu'il y ait inversion de température. Ce phénomène est assez fréquent en montagne où l'air froid qui s'écoule, par densité, au long des versants, remplit les vallées jusqu'à un certain niveau matérialisé par une nappe de brouillard. À 1 000 m, au Sappey, dans le massif de la Chartreuse, il arrive que les températures soient plus élevées qu'à Grenoble, à 220 m d'altitude ; cela se vérifie aussi entre Huez et Bourg-d'Oisans et en bien d'autres endroits encore, y compris en plaine. À Paris, on note plusieurs fois par an de telles inversions entre la base de la tour Eiffel et son sommet mais, là comme ailleurs, ces situations paradoxales ne se réalisent que dans des conditions aérologiques stables, en l'absence de tout brassage atmosphérique.

En montagne, des effets topographiques introduisent d'autres anomalies dans la distribution verticale de la température. Il est facile de remarquer que certains versants bénéficient d'un ensoleillement plus ou moins prolongé alors que d'autres en sont privés. C'est l'opposition fameuse de l'adret* et de l'ubac*, qui privilégie même l'altitude (si le versant est bien exposé) au fond de vallée, visité plus difficilement par le soleil (fig. 11). Ces particularités tendent à disparaître dans les basses latitudes où le soleil culmine chaque jour au voisinage du zénith.

Fig. 11 : variations de l'angle d'incidence du rayonnement solaire aux équinoxes et aux solstices en fonction de la pente et de l'exposition

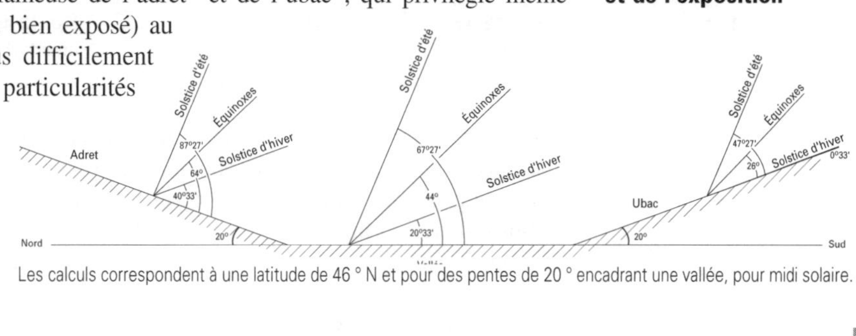

Les calculs correspondent à une latitude de 46 ° N et pour des pentes de 20 ° encadrant une vallée, pour midi solaire.

3 Le « régime thermique » : une notion chère aux climatologues

L'observation montre que la température varie de façon incessante. Les physiciens l'assimilent à un phénomène turbulent. Afin de typer le comportement thermique d'une station, il convient donc d'analyser les modalités de ces variations à différentes échelles.

La variation annuelle s'organise selon un cycle quasi périodique qui fait ressortir le poids des influences cosmiques. Cette relation apparaît très nettement dans le profil thermique issu d'une longue période d'observations. La recherche de la valeur moyenne de toutes les données se rapportant à chacun des jours de l'année permet de fixer les résultats acquis sur un graphique. La courbe d'ajustement des 365 points obtenus par le calcul adopte une forme sinusoïdale dont les extremums correspondent approximativement au 20 janvier et au 16 juillet pour Saint-Maur, près de Paris, sur la période 1874-1923 (C. Limb). Cette courbe rappelle la sinusoïde représentant la variation annuelle de la déclinaison solaire avec toutefois un défaut de synchronisme (décalage d'un mois environ). Plus grossièrement, les douze moyennes mensuelles portées sur un graphique (fig. 12 a) restituent le régime thermique annuel d'une manière convenable et permettent des comparaisons utiles entre les divers domaines climatiques.

Les climats océaniques subissent la forte inertie inhérente au milieu maritime (extremums de température déportés en février et en août) qui s'accompagne d'une amplitude faible (fig. 12 b).

À l'inverse, les régimes continentaux des latitudes moyennes et hautes présentent une forte amplitude (fig. 12 c) et une faible inertie (en Sibérie comme dans le centre de l'Amérique du Nord, la séquence la plus froide semble occuper statistiquement la première décade de janvier).

Les régions équatoriales et subéquatoriales sont placées sous le signe de la monotonie thermique précédemment confirmée par une amplitude annuelle insignifiante (fig. 12 d). D'où l'allure pseudo-horizontale des courbes qui présentent souvent, mais de façon non exclusive, deux maxima centrés sur les équinoxes. Le régime tropical (fig. 12 e) est plus contrasté (l'amplitude atteint 10 °C environ) mais le niveau de température reste constamment élevé.

Fig. 12 : types de régimes thermiques sur l'hémisphère boréal

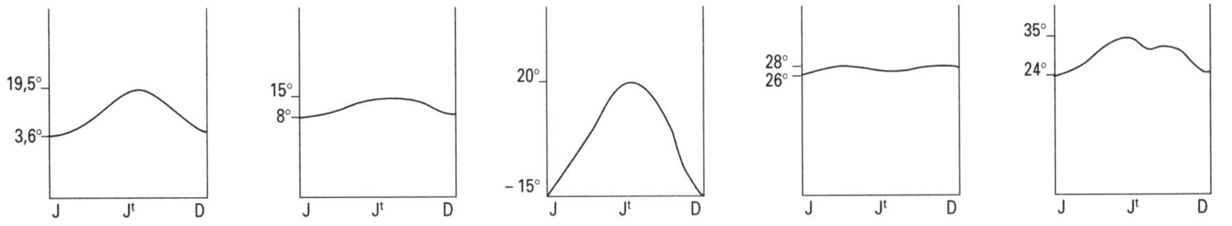

Fig. 12 a : Paris — **Fig. 12 b : océanique** — **Fig. 12 c : continental** — **Fig. 12 d : équatorial** — **Fig. 12 e : tropical**

En ordonnées sont portées les températures moyennes des mois extrêmes.

La variation diurne est plus délicate à analyser car elle exige un suivi de l'évolution thermique qu'on ne peut guère atteindre si l'on ne dispose pas d'enregistrements. En règle générale, cette évolution dépend étroitement du cycle diurne de l'illumination solaire : le minimum se situe quelques minutes après le lever du soleil, le maximum entre une et deux heures après son passage au méridien. Notons toutefois deux exceptions à cette règle. La première concerne les séquences de nuit ou de jour continu, à l'intérieur des calottes polaires : pour des raisons évidentes, la température ne peut subir, dans ces conditions, l'effet du cycle solaire diurne, ce qui ne signifie pas pour autant qu'elle se stabilise à un niveau donné car des invasions de masses d'air étrangères à ces régions surviennent n'importe quand et de façon éphémère. Et c'est là le second point. Ces phénomènes, totalement aléatoires, interviennent souvent aux latitudes moyennes, où ils provoquent parfois de violents contrastes thermiques auxquels nous sommes habitués. Comme ces événements sont intégrés à la dynamique de l'atmosphère, leur étude détaillée interviendra au chapitre suivant mais on peut remarquer dès maintenant que, s'ils perturbent le profil théorique de l'évolution thermique diurne, ils apparaissent clairement dans la traduction graphique des séries de moyennes quotidiennes (fig. 13).

Fig. 13 : évolution des températures moyennes quotidiennes à Paris-Montsouris en juin 1995

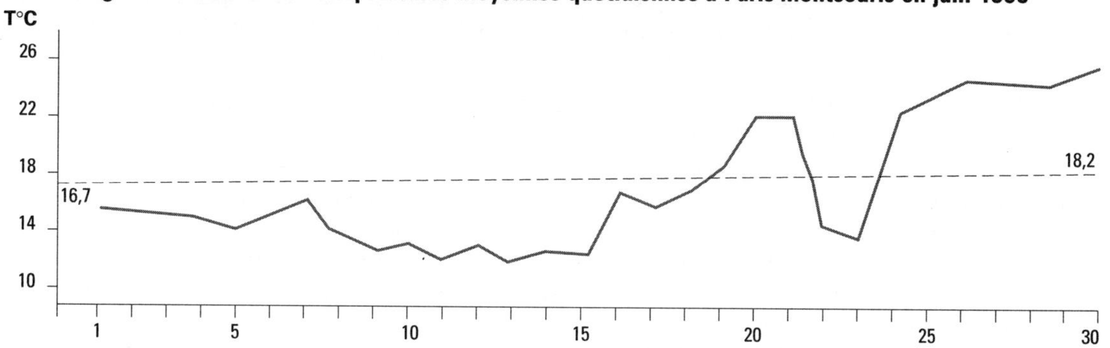

La ligne pointillée indique l'évolution théorique de la température moyenne quotidienne entre le 1er et le 30 juin (d'après une période séculaire d'observations). Température moyenne de juin : 17,6 °.

La combinaison des variations moyennes aux deux échelles (diurne et annuelle) présente l'avantage de fournir une vision concrète de l'évolution thermique pour un site déterminé et d'en saisir sa structure intime. On doit au géographe allemand Carl Troll une technique d'expression graphique de cette combinaison, connue sous le nom de « thermo-isoplèthes », où les dates figurent en abscisses, les heures en ordonnées (fig. 14). Elle permet de discriminer aisément deux grandes familles de régimes thermiques : les régimes intertropicaux où l'amplitude diurne l'emporte sur l'amplitude annuelle et les régimes extratropicaux caractérisés par l'importance des écarts saisonniers. Cette représentation qui exige l'acquisition d'un grand nombre de données apporte un complément précieux d'informations à qui veut entreprendre une étude fine du climat local.

Fig. 14 : thermo-isoplètes de Sagastyr, Oxford et Belem (d'après C. Troll)

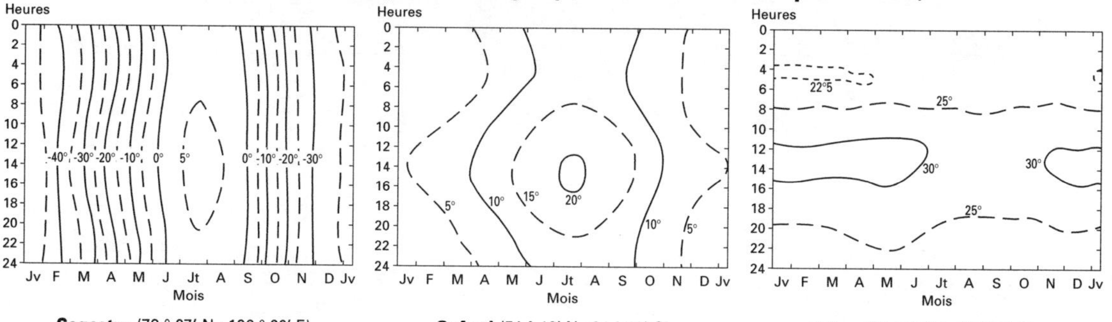

Sagastyr (73 ° 27′ N ; 126 ° 20′ E) **Oxford** (51 ° 46′ N ; 01 ° 15′ O) **Belem** (01 ° 27′ S ; 48 ° 29′ O)

C

L'EAU DANS L'ATMOSPHÈRE

1 Une étape importante du cycle de l'eau

Au sein de l'atmosphère, l'eau existe dans ses trois états physiques : les nuages, formés de fines gouttelettes ou de cristaux de glace en suspension, concrétisent sa phase condensée (liquide ou solide) tandis que la vapeur d'eau, gaz incolore, est omniprésente, en quantités très variables toutefois selon les régions.

L'eau résidant dans l'atmosphère ne renferme qu'une infime partie (un millionième environ) de l'hydrosphère terrestre mais elle exerce un rôle climatologique essentiel.

Si toute **l'eau** de notre planète était réduite à l'état liquide, elle emplirait un volume de 1,4 milliard de km³. Les différents postes occupés par l'hydrosphère se décomposent ainsi : eaux océaniques (97 % du total), glaciers (à peine 2 %), nappes souterraines (0,98 %), mers continentales, lacs et rivières (0,01 %) ; les bribes restantes rassemblent l'eau contenue dans l'air, juste avant l'eau qui imbibe le sol et les organismes vivants. Ce ne sont là que des estimations dont il faut seulement retenir les ordres de grandeur.

Avec 13 500 km³, l'eau présente dans l'atmosphère fait piètre figure dans cette énumération puisqu'elle en occupe l'avant-dernière place. Si les parts relatives de ces divers termes ne semblent pas avoir beaucoup varié au cours des temps géologiques, des transferts internes s'effectuent continuellement de sorte que l'eau transite d'un milieu à l'autre selon un gigantesque cycle commandé par des mécanismes physiques dont les moteurs essentiels sont l'évaporation, la condensation et les précipitations (fig. 15).

Fig. 15 : le cycle atmosphérique de l'eau

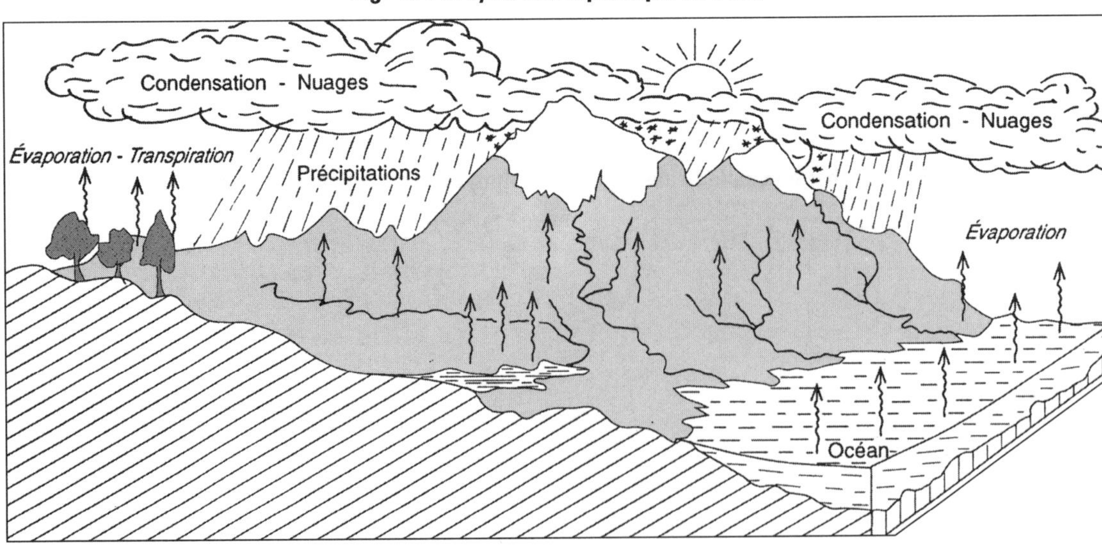

2 L'ÉVAPORATION, PREMIER STADE D'UNE SÉRIE DE MUTATIONS

L'évaporation traduit le passage de l'état liquide à l'état gazeux. Se manifestant sur les nappes d'eau (océans, lacs...) ou sur les sols humides, l'évaporation est un phénomène purement physique. En revanche, elle s'apparente à une réaction physiologique quand il s'agit de la transpiration des végétaux (on parle alors d'évapotranspiration).

Ce phénomène est difficile à mesurer. Les divers types d'appareils utilisés à cet effet (évaporomètre Piche, bac rempli d'eau, lysimètre...) n'en fournissent que des évaluations grossières. Il paraît plus simple de calculer l'évaporation à partir de formules intégrant les facteurs qui la suscitent (Penman, Turc, Thornthwaite...), mais l'exposé de ces méthodes sort du cadre de cet ouvrage (se reporter à Hufty ou Péguy, cités en bibliographie).

Les effets climatologiques de l'évaporation revêtent deux aspects

L'évaporation approvisionne l'atmosphère en vapeur d'eau. Les conditions optimales sont réalisées au-dessus des mers tropicales (eaux chaudes) et lorsque l'air, brassé par le vent, est constamment renouvelé. L'indigence de l'évaporation aux hautes latitudes s'explique par la présence d'eaux froides (ou d'une couverture glaciaire), la faiblesse du rayonnement solaire incident, la basse température de l'air qui favorise rapidement sa saturation.

Cette ***fourniture de vapeur d'eau*** est principalement assurée par les surfaces maritimes, et pour environ 20 % seulement par les continents et la végétation qu'ils portent.

L'évaporation consomme de l'énergie. Toute surface évaporante se refroidit donc : les océans tropicaux en premier lieu, mais aussi les sols humides, les végétaux. L'énergie ainsi accaparée se trouve restituée intégralement lors de la condensation et réapparaît sous forme de chaleur latente*.

Cette ***consommation*** s'élève à 2 500 joules environ par gramme d'eau évaporée qui est nécessaire pour vaincre les forces de cohésion entre les molécules qui s'échappent du liquide.

La vapeur d'eau et l'énergie qui lui est liée sont exportées à distance au gré des courants atmosphériques. Ce double transfert corrige partiellement les déséquilibres hydriques et thermiques sur le globe.

3 L'HUMIDITÉ ATMOSPHÉRIQUE ET SES DIVERSES EXPRESSIONS

L'évaporation introduit dans l'atmosphère une certaine quantité de **vapeur d'eau** qui ne peut dépasser des valeurs limites dictées par la température de l'air et secondairement par la pression : l'air est alors saturé (fig. 16). Cette capacité hygrométrique est par suite très faible dans l'air glacé des hivers continentaux (de l'ordre du dixième de gramme par m^3 d'air) mais elle peut atteindre 30 g/m^3 dans des conditions optimales réalisées en milieu tropical. C'est évidemment les basses couches de l'atmosphère, proches des surfaces évaporantes, qui renferment l'essentiel de la vapeur d'eau. Celle-ci disparaît donc progressivement en altitude, d'autant que l'air froid qui y règne a une capacité hygrométrique réduite.

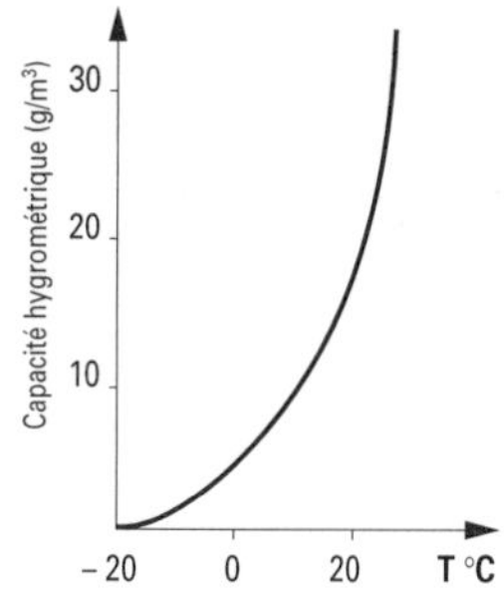

Fig. 16 : capacité hygrométrique de l'air en fonction de la température

L'humidité relative est faible dans les déserts subtropicaux mais dépasse souvent 80 % dans les régions équatoriales où l'air est chaud ainsi que sur les espaces maritimes subpolaires où la saturation est rapidement atteinte en raison des basses températures.

La teneur de l'air en vapeur d'eau peut s'exprimer de plusieurs façons. L'humidité absolue (Ha) est la quantité de vapeur d'eau qui entre dans la composition du mélange gazeux atmosphérique. Selon l'objectif poursuivi, elle se définit en g/m^3 ou, ce qui semble préférable, en g/kg d'air, car ce rapport de mélange est indépendant de la pression. Les physiciens préfèrent l'exprimer en termes de pression partielle qu'elle exerce au sein de l'ensemble atmosphérique. Enfin, le rapport de la pression observée à la pression saturante, pour une température donnée, exprime l'humidité relative (Hr en %). On trouve approximativement le même résultat en faisant le rapport de l'humidité absolue observée à l'humidité absolue saturante (Has). La mesure de Hr se déduit généralement des températures obtenues au psychromètre. Cet appareil se compose de deux thermomètres juxtaposés, le réservoir de l'un d'eux étant entouré d'une mousseline constamment humidifiée par de l'eau pure. Ce dernier thermomètre indique une température plus basse que l'autre puisqu'il est le siège d'une évaporation qui prélève de l'énergie. La différence de température (dT) entre les deux thermomètres est donc fonction de l'état d'humidité de l'air : de fortes valeurs de dT traduisent un air sec ; à l'inverse, le cas limite où dT est nul indique une absence d'évaporation et, par suite, un air saturé d'humidité. Des tables psychrométriques et des abaques permettent d'acquérir Hr quand les deux températures sont connues.

4 La saturation, prélude à la condensation

L'air contenant une certaine charge de vapeur d'eau parvient à se saturer s'il se refroidit, puisque tout abaissement de sa température se traduit par une diminution de sa capacité hygrométrique (fig. 16). Les modalités de ce refroidissement surviennent dans des conditions diverses : invasion d'air maritime en milieu continental froid, ascendance liée soit à des conditions d'instabilité (air surchauffé au sol et froid en altitude), soit à des passages de fronts, soit encore au franchissement d'obstacles orographiques.

Les traînées de condensation qui s'échappent des réacteurs des avions volant à haute altitude matérialisent l'apparition d'un nuage, expression concrète d'une ***sursaturation*** qui cesse brusquement par condensation de toute la vapeur d'eau excédentaire qui s'était concentrée précédemment.

Dès que le niveau de saturation est atteint, la condensation s'amorce, du moins en théorie car le passage de la vapeur d'eau à la phase liquide exige, dans la pratique, la présence de noyaux de condensation (aérosols continentaux divers, d'origine minérale ou organique, micro-cristaux de sel marin libérés par les embruns en milieu océanique…). L'absence de ces noyaux est fréquente en altitude en raison de la pureté de l'atmosphère. L'air continue alors de se charger en vapeur d'eau jusqu'à 200 et 300 % parfois : il est dit ***« sursaturé »***.

5 Les nuages, une réalité physique complexe

On retiendra pour l'instant que les nuages restent en suspension dans l'air parce qu'ils sont constitués de minuscules gouttelettes d'eau (de 1 à 20 µm de diamètre en général) ou de cristaux de glace ultralégers. Mais ces structures sont instables. Au gré des conditions atmosphériques, l'évaporation les efface, la condensation les reforme… Un nuage représente donc une sorte d'état transitoire qui explique ses changements incessants d'aspect. La quantité d'eau condensée qu'il transporte est souvent dérisoire (de l'ordre du g/m3) par rapport à la masse de vapeur d'eau ambiante. En fonction de quelques critères simples (nature, physionomie…), les nuages peuvent être classés en quelques grandes familles (se reporter aux photographies commentées).

6 Les précipitations, aboutissement météorologique du cycle de l'eau

Pluie, neige, grêle… sont les variantes les plus communes des précipitations qui mettent un terme à un parcours et à un séjour atmosphériques plus ou moins longs des molécules d'eau.

La genèse des précipitations

Ce sujet comporte des difficultés techniques parce qu'il met en jeu des **processus physico-chimiques complexes.** Il s'agit en effet de comprendre par quels mécanismes les minuscules gouttelettes et cristaux des nuages vont se transformer, dans certaines circonstances, en flocons de neige ou en gouttes de pluie de taille suffisante pour qu'ils soient entraînés vers le sol.

Deux processus très différents peuvent conduire à ce résultat : 1) L'effet Bergeron, présenté en 1933 à la communauté scientifique, s'appuie sur le fait que dans certains nuages, à température négative, cohabitent des cristaux de glace et des gouttelettes d'eau surfondues, le tout « noyé » dans de la vapeur d'eau. Le maintien de l'eau dans sa phase liquide jusqu'à – 39 °C s'explique par une déficience de l'air en noyaux de congélation. Or, à température identique, les cristaux de glace présentent une tension de vapeur d'équilibre plus faible que les gouttelettes voisines. Celles-ci émettent donc un flux de vapeur vers les cristaux qui s'accroissent ainsi au détriment des gouttelettes au point de devenir des flocons de neige entraînés par leur poids vers le sol où ils parviennent sous forme de pluie si la température est positive. **2)** Le phénomène de coalescence : la pluie qui provient de nuages « chauds » (T > 0 °C) ne peut être imputée à cet effet. Dans de tels nuages, des gouttelettes plus grosses que les autres tombent et engloutissent celles-ci sur leur passage. On n'est pas encore parvenu à expliquer clairement cette hétérogénéité de la taille des gouttelettes.

La géographie des précipitations

Signalons tout de suite un fait majeur : alors que la température est une qualité continue de l'atmosphère comme de toute matière, les précipitations sont des phénomènes sporadiques, parfois étendus à de vastes régions, parfois aussi très localisés. Ce qui rend hasardeuse toute représentation spatiale de la pluviométrie où la part des interpolations, fatalement subjectives, est importante. Les réseaux de mesures sont denses sur certains domaines alors que d'immenses espaces (le milieu océanique notamment) sont dépourvus de pluviomètres. L'appareil lui-même n'est pas exempt de reproches et en dépit des améliorations qui lui ont été apportées, il n'apprécie probablement qu'à 10 % près la ***hauteur d'eau précipitée*** sur un site donné.

À partir de déductions diverses, et notamment des contrôles opérés sur l'écoulement, on peut admettre que les ***hauteurs de pluie*** sont mesurées par défaut ; la responsabilité en revient principalement à l'action du vent.

La distribution pluviométrique à la surface du globe (fig. 17) montre, sur l'année moyenne, des disparités considérables qui dépendent du contenu en eau de l'atmosphère et surtout des mouvements qui l'animent (cf. chap. 2).

Fig. 17 : répartition des précipitations sur le globe, en moyenne annuelle

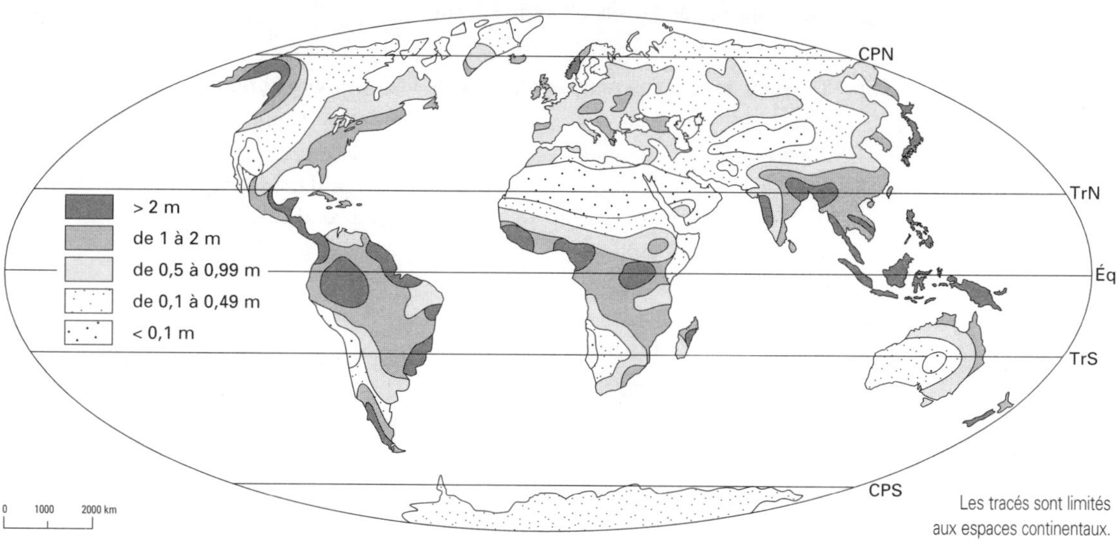

Les tracés sont limités aux espaces continentaux.

La zone intertropicale est la mieux servie avec des totaux dépassant le plus souvent 1 200 mm/an. En revanche, les déserts subtropicaux et côtiers, le centre des continents aux latitudes moyennes et les régions polaires reçoivent généralement moins de 300 mm/an et, dans les cas extrêmes, quelques millimètres seulement. Les effets orographiques introduisent des anomalies importantes dans cette répartition (renforcement des précipitations jusqu'à un certain seuil d'altitude et principalement sur les pentes exposées aux flux humides, diminution de celles-ci dans les secteurs abrités).

Les régimes pluviométriques

Cette distribution spatiale de la tranche pluviométrique moyenne annuelle n'a qu'une valeur indicative et doit être complétée par l'analyse de sa répartition temporelle. Comme à propos de la température, on aboutit à la notion de régime pluviométrique à une échelle mensuelle qui exige, là encore, la base statistique d'une « normale » climatologique. Cette approche plus fine permet de ramener à quelques types simples la grande diversité des diagrammes pluviométriques singuliers (fig. 18).

Le cas particulier des précipitations neigeuses

La neige parvient au sol par température négative ou faiblement positive (1 à 2° au-dessus de 0). On mesure la hauteur de la couche et dans le cas le plus général on évalue son équivalent en eau. Du point de vue climatologique, la neige ne présente une singularité que si elle se maintient au sol pendant une période plus ou moins longue. Les conditions favorables à cette persistance dépendent directement de la température ambiante. Elles sont réalisées de façon quasi permanente dans les très hautes latitudes, en hiver dans les domaines continentaux des latitudes moyennes, et dans les régions montagneuses, y compris en milieu tropical si l'altitude est suffisamment élevée. Le maintien d'une couverture neigeuse entraîne des effets radiatifs qui entretiennent et accentuent le froid. Il représente aussi un stockage de l'eau sous forme solide, rétention saisonnière, pluriannuelle, multiséculaire... Dans ces derniers cas, la neige subit une lente transformation conduisant aux névés et aux glaciers.

La sécheresse, anomalie météorologique et climatique

Très différente de l'aridité qui traduit un état chronique, la sécheresse est un phénomène accidentel généré par une déficience pluviométrique plus ou moins longue et accusée. Elle finit par perturber les divers éléments du cycle hydrologique. En fonction des mécanismes qu'elle implique, elle fera l'objet d'un développement dans le chapitre suivant.

Fig. 18 : types de régimes pluviométriques de l'hémisphère boréal

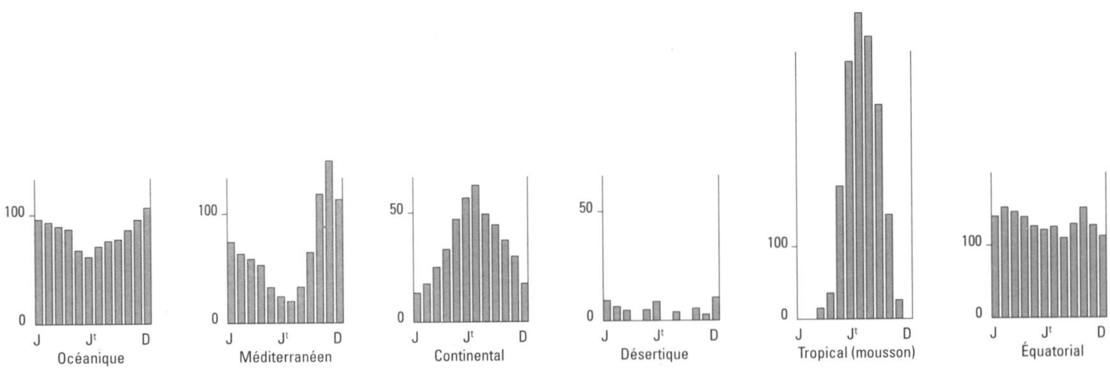

Hauteur des précipitations en mm

Document commenté

La Terre au rythme des saisons

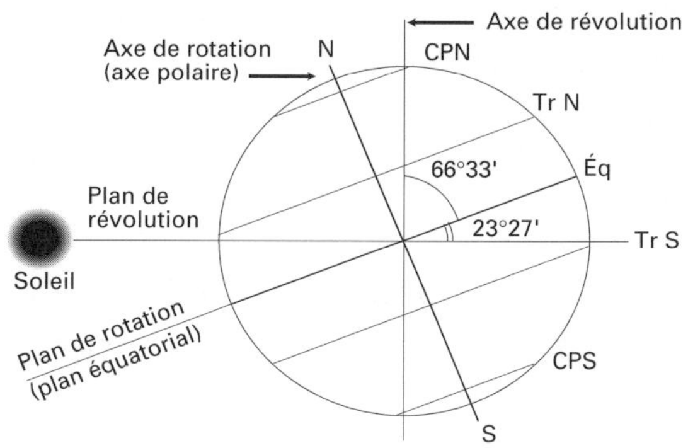

Fig. 19 :
L'intersection, selon un angle de 23°27', des plans de rotation et de révolution de la Terre détermine la position des Tropiques (Tr) et des cercles polaires (CP). La figure représente la situation du solstice d'été (21 juin).

Fig. 20 : La Terre dans quatre positions privilégiées de son orbite (équinoxes, solstices)

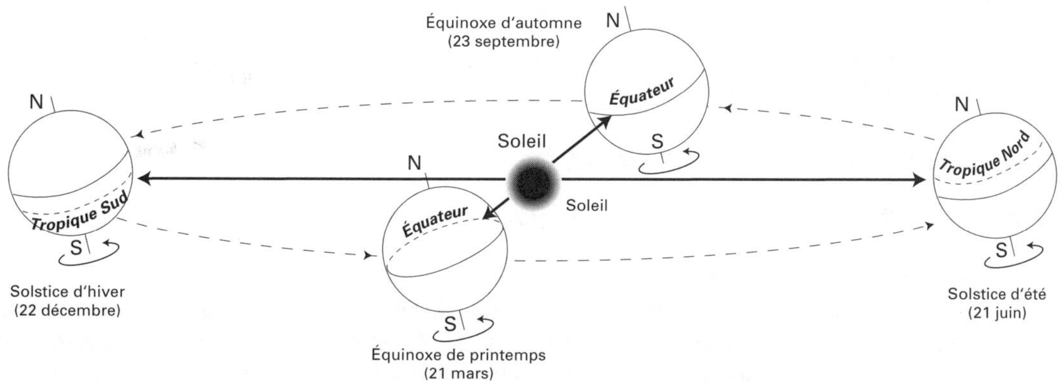

Fig. 21 : Évolution de la déclinaison solaire au cours du cycle annuel

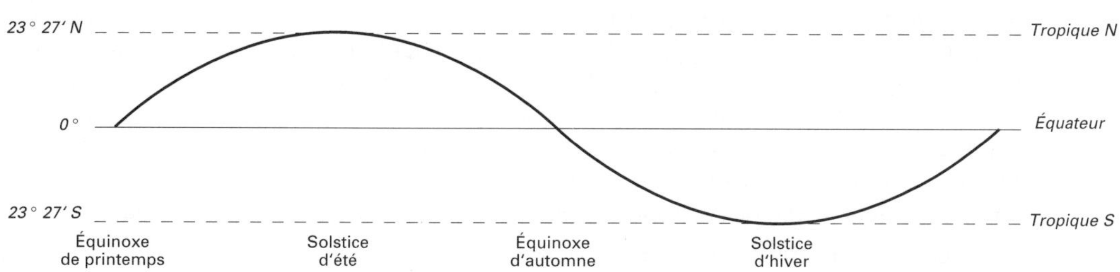

1 - PRÉSENTATION DES DOCUMENTS

Quelle est la nature des documents ?

- Croquis représentant le globe terrestre avec son réseau de parallèles caractéristiques (fig. 19).
- Schématisation de la Terre sur son orbite de révolution dans les situations correspondant aux solstices et aux équinoxes (fig. 20).
- Représentation graphique du cycle annuel de la déclinaison solaire, d'après les données de l'Annuaire du Bureau des longitudes (fig. 21).

Ces trois documents sont complémentaires dans la mesure où ils traduisent, à travers les positions relatives Terre/Soleil, les variations saisonnières de l'illumination solaire sur notre planète.

2 - MÉTHODE

A/ Objectifs

Il s'agit de comprendre la signification astronomique de l'équateur, des tropiques, des cercles polaires, et de souligner leur importance au plan climatologique.

B/ Problématique

Ces parallèles particuliers sont liés aux relations Terre/Soleil. On pourrait penser que ces considérations sont exclusivement réservées aux spéculations des astrophysiciens. Comme elles traduisent les modalités de la répartition du rayonnement solaire sur le globe, elles entrent également, par voie de conséquence, dans le champ d'intérêt de la climatologie.

C/ Mise en garde

L'analyse de ces croquis fait appel à des notions élémentaires de cosmographie, étape préalable à la compréhension des phénomènes climatiques.

3 - ANALYSE ET COMMENTAIRE

A/ Les repères géophysiques fondamentaux, héritiers de la mécanique céleste (fig. 19)

a/ La rotation de la Terre

La rotation de la Terre sur elle-même s'effectue autour d'un axe immatériel (axe polaire) dont l'intersection avec la surface du géoïde détermine le pôle Nord et le pôle Sud. Le plan perpendiculaire à cet axe et passant par le centre de la Terre coupe la surface de celle-ci selon un grand cercle appelé équateur. En conséquence, les deux pôles sont donc équidistants de l'équateur.

b/ Le plan équatorial

Le plan équatorial ainsi défini sépare la Terre en deux hémisphères (boréal vers le nord, austral vers le sud). Or, ce plan dans lequel s'effectue la rotation terrestre (cycle diurne) est différent du plan de révolution (encore appelé plan de l'écliptique) dans lequel la Terre se meut autour du Soleil selon un cycle annuel. Le centre de la Terre appartient à ces deux plans qui se coupent suivant un angle de 23° 27'. On notera toutefois que cet angle n'est pas immuable : il évolue entre des valeurs extrêmes, voisines de 22° et de 26°, au cours d'un cycle de 40 000 ans environ. Cet angle fixe la latitude des tropiques de part et d'autre du plan équatorial (Tr N ou du Cancer, Tr S ou du Capricorne), la latitude étant, rappelons-le, la distance angulaire d'un point au plan équatorial.

Il est facile de mettre en évidence un autre angle remarquable, de 66° 33' (complémentaire à 23° 27'), qui détermine la latitude des cercles polaires (CPN ou arctique, CPS ou antarctique) de part et d'autre du plan équatorial.

Ainsi, pôles, équateur, tropiques et cercles polaires sont des données géophysiques et en tant que telles, leur tracé devrait figurer en trait renforcé sur les représentations cartographiques et non en pointillé, ainsi que l'usage l'a établi. Les autres parallèles et tous les méridiens portés sur les cartes ont été choisis arbitrairement dans le seul but de matérialiser un canevas de coordonnées géographiques.

B/ Conséquences climatologiques : à chacun son soleil !

Ces considérations géophysiques entraînent deux effets qui conditionnent les grandes divisions climatiques de notre planète : variabilité de l'incidence du rayonnement solaire et de la durée du jour selon les lieux et les saisons (fig 20 et 21).

a/ L'incidence du rayonnement solaire

On désigne, par cette expression, l'angle formé par la direction du soleil et l'horizontale au lieu considéré. En un point donné, cet angle varie continuellement entre le lever et le coucher de l'astre, la culmination étant atteinte à « midi solaire » lorsque, nous l'avons vu, le soleil passe « au méridien » du lieu. Cette situation particulière permet de distinguer des zones planétaires originales :

- La ceinture intertropicale (anneau limité par les deux tropiques) est caractérisée par le passage du soleil au zénith. Cet événement fixe la valeur de la déclinaison solaire qui varie à tout instant, oscillant entre deux positions extrêmes : le tropique Nord (atteint lors du solstice d'été, le 21 juin) et le tropique Sud (atteint au solstice d'hiver, le 22 décembre) de sorte que tout l'espace intermédiaire reçoit le soleil au zénith, à deux reprises, au cours de l'année. L'équateur, occupant une position médiane, bénéficie de ces circonstances aux équinoxes de printemps et d'automne, respectivement les 21 mars et 23 septembre.
- À l'extérieur de l'anneau intertropical, sur tout le reste de la planète, le soleil passant au méridien apparaît d'autant moins haut dans le ciel que la latitude est plus élevée. Entre le tropique Nord et le pôle Nord, la culmination solaire est maximale au solstice d'été, minimale au solstice d'hiver. Une situation totalement inversée se manifeste entre le tropique Sud et le pôle Sud.
- Les calottes polaires (entre le cercle polaire et le pôle) présentent un cas particulier puisque, à certaines périodes de l'année, le soleil reste au-dessous de l'horizon, même lors de sa culmination. Ce dernier point pose le problème des variations géographiques de la durée du jour.

b/ La durée (astronomique) du jour

C'est la période diurne d'illumination solaire et par suite d'apport énergétique. Elle subit des variations tout au long de l'année, variations d'autant plus importantes qu'on s'éloigne de l'équateur (où elles deviennent nulles). Ainsi, pour tout l'hémisphère Nord, le jour le plus long correspond au solstice d'été, le plus court à celui d'hiver. C'est l'inverse dans l'hémisphère Sud. Au moment des équinoxes, le jour et la nuit s'équilibrent en durée sur toute la planète.

Les cercles polaires représentent une position limite, intéressante à considérer, qui impose aux calottes polaires un statut particulier. Très éloignées de l'équateur, elles subissent des variations de la durée du jour de forte amplitude, à tel point que l'illumination (ou l'obscurité) y est continue sur plusieurs semaines, voire plusieurs mois. C'est le fameux « jour polaire » avec le soleil de minuit, ou encore la « nuit polaire »... moins spectaculaire ! (fig. 19). On remarquera cependant qu'à l'échelle annuelle la durée totale d'illumination solaire est la même pour tous les points de la planète : 4 400 heures environ.

4 - SYNTHÈSE ET PROLONGEMENT

A/ Signification de l'exercice

Cette analyse fait ressortir que les deux variables (incidence du rayonnement solaire et durée du jour) cumulent leurs effets énergétiques. C'est bien au cours de la période où les jours sont les plus longs que la culmination solaire est maximale. À cette combinaison favorable s'oppose l'association des jours les plus courts et de la culmination minimale. On notera que dans le cas des calottes polaires, l'avantage procuré par une illumination continue plus ou moins prolongée est altéré par l'incidence faible du rayonnement solaire. De toute évidence, la longue période de nuit pénalise fortement ces régions.

B/ Pour aller plus loin

Ce qui précède suggère quelques remarques et des réflexions.

a/ La valeur angulaire

La valeur angulaire de la culmination solaire en un point donné du globe peut être aisément calculée au moyen de la formule suivante :

$$\hat{\imath} = 90° - L \pm \partial$$

où $\hat{\imath}$ est l'incidence, L la latitude de ce point et ∂, la valeur de la déclinaison (∂ est positif quand le point considéré est situé dans l'hémisphère où le soleil est au zénith ; ∂ est négatif dans le cas inverse).

Exemples de calculs

- Le 6 novembre, ∂ = 15° 48' S (∂ australe), autrement dit, le soleil est au zénith à 15° 48' S.
- À Paris (48° 50' N) : $\hat{\imath}$ = 90° – 48° 50' – 15° 48' = 25° 22'.
- À Sydney (33° 52' S) : $\hat{\imath}$ = 90° – 33° 52' + 15° 48' = 71° 56'.
- À Pontianak (Indonésie), situé sous l'équateur, on prendra de préférence $\partial < 0$ afin de maintenir $\hat{\imath} < 90°$; on obtient alors : $\hat{\imath}$ = 90° – 0° – 15° 48' = 74° 12'.
- Au pôle Sud : $\hat{\imath}$ = 90° – 90° + 15° 48' = 15° 48'.
- À quelle latitude le soleil parvient-il alors sur l'horizon terrestre lors de sa culmination ?

Réponse : 90° – 15° 48' = 74° 12' N.

Rappelons que cette formule n'est valable qu'à midi solaire. Pour obtenir l'heure civile correspondante à Paris, il faut ajouter 1 h (heure d'hiver). Avec l'heure d'été en vigueur de fin mars à fin septembre, on devrait ajouter 2 h. En somme, il faut aller chercher midi (solaire) à 14 heures !

On peut multiplier ces exercices à loisir et rechercher par exemple les valeurs extrêmes de la culmination à Paris :

- culmination maximale (solstice d'été) : 90° – 48° 50 + 23° 27' = 64° 37'
- culmination minimale (solstice d'hiver) : 90° – 48° 50' – 23° 27' = 17° 43'

Garder à l'esprit qu'il s'agit d'opérer avec des nombres complexes. Difficulté mineure !

b/ Dans quelle direction s'opère la culmination ?

Toujours vers le sud pour toutes les régions situées au nord du tropique Nord et toujours vers le nord pour celles qui se trouvent au sud du tropique Sud. Ce sont là des repères astronomiques toujours fiables alors que la direction indiquée par le soleil à son lever (est) et à son coucher (ouest) n'est rigoureusement vraie qu'aux équinoxes. Chacun est à même de constater que, dans nos régions, aux alentours des solstices, ces directions ne sont plus du tout respectées : en été, le mouvement apparent du soleil dessine une grande courbe entre son lever (au N-E) et son coucher (au N-O) alors qu'en hiver un petit arc de cercle le conduit du S-E (à son lever) vers le S-O (à son coucher).

À l'intérieur de la ceinture intertropicale, le soleil peut culminer aussi bien au nord qu'au sud. Ainsi, à Tombouctou (16° 50' N), le soleil passe au zénith le 7 mai et le 5 août ; entre ces deux dates (pendant trois mois environ), la déclinaison étant comprise entre 16° 50' N et 23° 27' N, le soleil indique le nord au moment de sa culmination diurne. Cette particularité explique que, dans les basses latitudes, aucun versant montagneux n'est épargné par le soleil, quelle que soit son orientation.

c/ Les caprices de la mécanique céleste et ses incidences climatologiques.

Kepler et Newton ont donné à la mécanique céleste ses lettres de noblesse et ont montré que la Terre, comme toutes les autres planètes du système solaire, parcourt une orbite elliptique autour du soleil. La distance de la Terre à son étoile varie donc au cours d'un cycle annuel : elle est minimale le 2 janvier (périhélie), où elle dépasse légèrement 147 millions de km, et maximale, le 3 juillet (aphélie), avec un peu plus de 152 millions de km. Cette faible différence relative entraîne cependant des modifications de la vitesse de translation terrestre en vertu de la seconde loi de Kepler. Ainsi, la Terre accélère sa vitesse sur sa trajectoire lorsqu'elle se rapproche du soleil et la ralentit quand elle s'en éloigne. En conséquence, les saisons n'ont pas la même durée. Pour s'en convaincre, il suffit de relever les moments précis (jour, heure, minute) des solstices et équinoxes afin de mesurer la durée de l'intervalle qui les sépare. Ce décompte donne les résultats suivants, exprimés en jours et dixièmes : printemps (92,81), été (93,62), automne (89,82), hiver (89,00). Cette situation crée un déséquilibre énergétique entre les deux hémisphères terrestres, à l'avantage de l'hémisphère boréal pour lequel la saison défavorable (l'hiver) est raccourcie alors que l'été dure plus longtemps. L'hémisphère austral en est d'autant pénalisé car les saisons qui lui sont bénéfiques sont plus courtes que les autres. Un calcul simple montre que le cumul automne-hiver (c.-à-d. la période de l'année au cours de laquelle le soleil est au zénith de l'hémisphère Sud) compte presque huit jours de moins que le printemps et l'été réunis. La revanche viendra. En effet, périhélie et aphélie se déplacent lentement sur le calendrier pour occuper successivement tous les jours de l'année : ce cycle, dit de précession des équinoxes, est d'environ 26 000 ans. La situation sera donc totalement inversée dans 13 000 ans !

EXERCICE PROPOSÉ

Évolution de la durée du jour au cours du cycle annuel

Document à rechercher

- Un calendrier de la Poste indiquant, pour chaque jour de l'année, l'heure astronomique (arrondie à la minute) du lever et du coucher du soleil, à Paris
- À défaut, on trouve ces informations dans l'Annuaire du Bureau des Longitudes, accessible par Minitel (code 36.16 BDL).

Quels sont ses centres d'intérêt ?

- Ce document permet de calculer la durée du jour par simple soustraction (de nombres complexes cependant !) de l'heure du lever solaire à celle de son coucher. Cette notion de durée est importante en climatologie car elle exprime la période diurne au cours de laquelle l'énergie solaire réchauffe l'atmosphère et le sol.
- L'objectif est d'aboutir à une expression graphique du phénomène en se bornant à déterminer la durée du jour, un jour sur trois, en conservant ce rythme. Pour des raisons pratiques, il est conseillé de partir du 18 ou du 19 mars (le jour dure alors 12 heures, en valeur approchée). Comme il s'agit de l'année « moyenne », on songera à raccorder janvier à décembre, de sorte qu'on devra obtenir un total de 121 valeurs, à une unité près, quand la boucle est terminée.
- Pour la construction du graphe, utiliser un papier millimétré ; disposer les dates en abscisses, les durées du jour en ordonnées en adaptant les échelles à la taille de la feuille dont on dispose (ex. : 2 mm = 3 jours en abscisses et 12 mm = 1 heure en ordonnées). En joignant tous les points, on doit obtenir une courbe très régulière (l'apparition de décrochements traduirait des erreurs de calcul ou de pointage).

Synthèse et prolongement

- Cette courbe rappelle une autre courbe vue précédemment et qui exprime une réalité différente. Laquelle ? Comment peut-on expliquer cette parenté de forme entre les deux courbes ?
- Recherchez les valeurs extrêmes de la durée du jour. Déduisez-en l'amplitude, la valeur moyenne.
- Cette durée moyenne est supérieure à 12 h 00, ce qui semble illogique. Le jour est donc, en moyenne, plus long que la nuit. Ceci est dû à l'effet de la réfraction atmosphérique qui entraîne une déviation des rayons lumineux. Autrement dit, le soleil qui apparaît sur l'horizon est en réalité (géométriquement parlant) sous l'horizon. On dit encore que la réfraction « relève » les astres. C'est le même phénomène optique qui explique l'impression de rupture d'une règle dont une partie est immergée dans l'eau et l'autre émergée (baignée par l'air).
- Aux dates des équinoxes (21 mars, 23 septembre), on devrait trouver l'égalité entre la durée du jour et celle de la nuit. Cela se vérifie-t-il ? Sinon, pourquoi ?
- Considérez les effets de la réfraction aux hautes latitudes : la période d'illumination continue y est plus longue que celle de la nuit continue. Le gain est de 13 à 14 jours (à 75° N, on note respectivement 107 jours contre 93 ; à 85° N, 163 jours contre 150). On comprend que, dans ces conditions, le pôle soit soumis à moins de 6 mois de jour et 6 mois de nuit ; des périodes transitoires (aurore et crépuscule prolongés) assurent une clarté non négligeable.
- Reprenez la courbe relative à Paris. La durée du jour augmente-t-elle (ou diminue-t-elle) régulièrement entre les deux solstices (où l'inversion de tendance se manifeste) ?
- Complétez cet exercice en construisant la courbe d'évolution de la durée du jour pour les latitudes 20° et 60° de l'hémisphère Nord à raison d'une donnée mensuelle correspondant au centre du mois (le 15, sauf pour février, le 14). Les valeurs sont fournies en heures et dixièmes, de janvier à décembre :

	Janv.	Fév.	Mars	Avril	Mai	Juin	Juill.	Août	Sept.	Oct.	Nov.	Déc.
20°	11,0	11,4	12,0	12,5	13,0	13,3	13,2	12,8	12,2	11,6	11,2	10,9
60°	6,3	8,9	11,6	14,5	17,0	18,8	18,0	15,6	12,9	10,2	7,5	5,8

- Recherchez les valeurs correspondantes pour Paris et portez-les sur le même graphe (après réduction en dixièmes d'heure).
- Analysez ces trois courbes : localisez leurs intersections, calculez leur amplitude respective.
- Imaginez l'allure de la courbe qui représenterait une latitude de la calotte polaire arctique, 80° N, par exemple. Même exercice de réflexion avec la courbe représentant l'équateur.
- Tirez-en les conclusions.
- Sur le tableau ci-dessus, on remarque que les durées du jour sont identiques le 15 mars à 60° et le 15 octobre à 20°. Cette similitude traduit-elle, selon vous, une même quantité d'énergie solaire incidente dans ces deux cas (en admettant les mêmes qualités de transparence du ciel) ? Pour fixer les idées, on représentera 20° N par Mexico et 60° N par Bergen.
- L'avantage dont bénéficie la calotte polaire arctique quant à la durée relative du jour et de la nuit continus se retrouve dans son homologue antarctique mais à un degré moindre (à latitude égale, le gain est de 9 à 10 jours au lieu de 13 à 14). Pourquoi ?

DOCUMENT COMMENTÉ

Le « croissant énergétique »

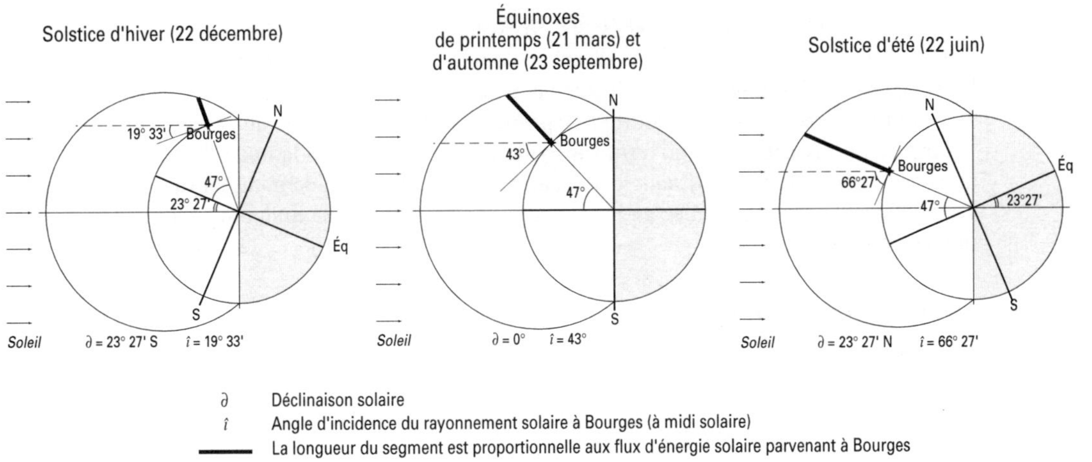

Fig. 22 : L'évolution de l'ensoleillement selon les saisons à Bourges

1 - PRÉSENTATION DES DOCUMENTS

Quelle est la nature des documents ?

Coupes du globe terrestre dans le plan du méridien de midi solaire (fig. 22).

2 - MÉTHODE

A/ Objectif

Exprimer graphiquement l'énergie solaire parvenant au sol, sur une surface horizontale, lors du passage du soleil au méridien du lieu considéré, dans les situations particulières des solstices et des équinoxes.

B/ Construction des croquis

La Terre est représentée en coupe selon un plan renfermant son axe polaire et le centre du soleil. Ainsi apparaissent les deux méridiens appartenant à ce plan : celui de « midi solaire », tourné vers le soleil (qui « passe » au méridien) et son opposé, le méridien de minuit. En outre, la Terre est partiellement coiffée d'un croissant, arc de cercle qui englobe dans ce plan le secteur angulaire terrestre qui intercepte le rayonnement solaire.

Soit un point sur la Terre à une latitude donnée (Bourges, à 47° N dans l'exemple retenu). Si l'on prolonge le rayon terrestre qui passe par ce point jusqu'au bord externe du croissant, le segment traversant le croissant a une longueur proportionnelle à l'énergie solaire incidente.

C/ Mise en garde

Afin de rendre plus aisée l'interprétation des croquis, le lecteur ne devra pas être désorienté de ne pas retrouver une représentation conforme à celle de la figure 20. Ici, le rayonnement solaire provenant d'une direction fixe, c'est l'axe polaire qui adopte une orientation variable, oscillant de 23° 27' de part et d'autre d'une position médiane correspondant aux équinoxes. Ce qui revient au même !

3 - ANALYSE ET COMMENTAIRE

Au solstice d'hiver, la déclinaison (23° 27' S) explique la faible incidence (19° 33') du rayonnement solaire à Bourges, situé à 47° N. On se souvient de la formule qui la fournit : $\hat{\imath} = 90° - L \pm d$. Le segment symbolisant l'énergie incidente est court. Sur ce croquis, on distingue la partie de la Terre qui est plongée dans la nuit (demi-sphère grisée). On remarque que dans l'hémisphère Nord la corne du croissant atteint la Terre sur le méridien de midi (à la latitude du cercle polaire) alors que dans l'hémisphère Sud, l'autre corne parvient sur le méridien de minuit jusqu'au cercle polaire. La calotte antarctique, soumise au jour continu, reçoit donc le maximum d'énergie solaire compatible avec la latitude.

4 - PROLONGEMENT

Réutilisez les trois coupes de la figure 22 en les reportant sur plusieurs calques pour ne pas les surcharger.

- Mesurez la longueur du segment appliqué à Bourges dans les trois situations proposées.
- Comparez les résultats et évaluez leur rapport entre les situations extrêmes offertes par les solstices.
- D'après le modèle de Bourges, construisez les segments relatifs à Bergen (60° N) et comparez les résultats en évaluant le rapport d'énergie entre les solstices.
- Élargissez l'exercice à Mexico (20° N), l'île Maurice (20° S), Bluff (Nouvelle-Zélande) à 47° S, aux Orcades du Sud (60° S).
- Déterminez, dans chacun de ces cas, l'angle d'incidence du rayonnement solaire.
- Comparez les résultats obtenus au niveau des différentes stations dans chacune des situations analysées (solstice d'hiver, solstice d'été, équinoxes).
- Construisez le segment d'énergie relatif au pôle Sud lors du solstice d'hiver et comparez-le à celui de Bourges au même moment. Commentez vos résultats.
- À quelle latitude de l'hémisphère Sud obtiendrait-on un segment identique à celui de Bourges ? Justifiez la démarche suivie.

DOCUMENT COMMENTÉ

Interception de l'énergie solaire selon l'incidence du rayonnement

Fig. 23 : variation de l'épaisseur d'atmosphère traversée selon l'angle d'incidence du rayonnement solaire

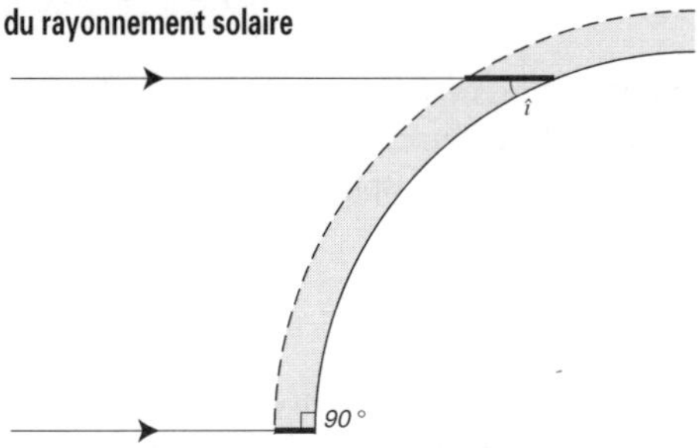

Fig. 24 : variation de l'intensité de l'énergie solaire au sol en fonction de l'angle d'incidence du rayonnement (comparer les aires projetées a et b)

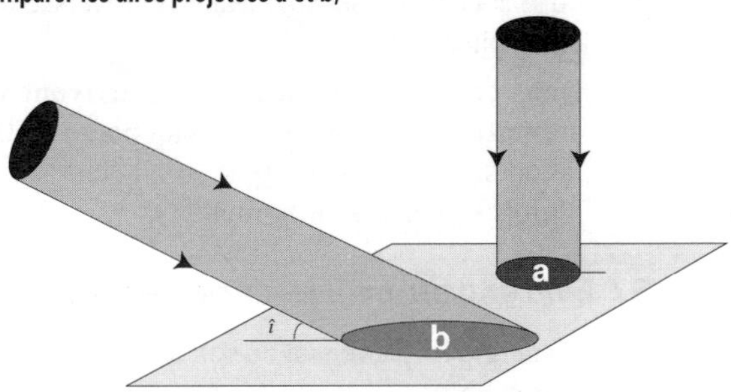

1 - PRÉSENTATION DES DOCUMENTS

Quelle est la nature des documents ?

Croquis schématisant un rayon solaire qui traverse l'atmosphère et se projette sur le sol (fig. 23 et 24).

2 - MÉTHODE

A/ Objectif

Évaluation de l'énergie solaire parvenant au sol en fonction de l'incidence du rayonnement.

B/ Problématique

Le rayonnement solaire est porteur d'une énergie qui a été mesurée. La valeur moyenne de la « constante solaire » est légèrement inférieure à 2 cal/cm^2/mn, soit 8,2 J/cm^2/mn ou encore 1,4 watt (cette valeur, arrondie par excès, est applicable à une surface d'interception orthogonale au rayonnement et située au-dessus des couches denses de l'atmosphère). La connaissance de cette valeur n'a un intérêt pratique que si l'on est capable d'apprécier l'effet d'atténuation lié à la traversée atmosphérique et à la projection du rayonnement sur une surface plus ou moins oblique.

C/ Mise en garde

Cet exercice fait appel à des connaissances élémentaires de trigonométrie.

3 - ANALYSE ET COMMENTAIRE

A/ Évaluation de l'effet de filtrage atmosphérique (fig. 23)

Deux variables interviennent ici : le coefficient de transparence de l'atmosphère (c) et l'épaisseur d'atmosphère traversée (e). La transparence n'est jamais parfaite, par suite (c) n'est donc jamais égal à 1, même dans le meilleur des cas (c évolue généralement entre 0,2 et O,8, valeurs limites concrétisées par un ciel obscurci par des nuages épais d'une part, par une atmosphère totalement limpide ou peu chargée d'aérosols, d'autre part). L'épaisseur d'atmosphère traversée est fonction de l'angle d'incidence du rayonnement, ou plus exactement de son sinus. Bouguer a proposé la formule suivante :

$$E' = E \cdot c^e$$

où E = énergie mesurée avant la traversée atmosphérique, E' = énergie mesurée après la traversée atmosphérique.

Dans ces deux cas, les rayons arrivent verticalement sur la surface de réception. On peut admettre que : $e = 1/\sin \hat{\imath}$, sauf pour $\hat{\imath} < 30°$ car la rotondité de la Terre entraîne une forte augmentation de e (lorsque $\hat{\imath} = 0$, le soleil étant sur l'horizon, la couche d'atmosphère traversée représente 35 fois son épaisseur normale !).

B/ Évaluation de l'effet de projection (fig. 24)

L'énergie E' parvenant au sol, déjà altérée par sa traversée atmosphérique, subit une nouvelle dégradation en se dispersant sur une surface d'autant plus vaste que les rayons sont obliques. L'énergie E" arrivant sur une surface horizontale est proportionnelle à sinus $\hat{\imath}$: $E'' = E' \sin \hat{\imath}$.

4 - SYNTHÈSE ET PROLONGEMENT

A/ Signification de l'exercice

On remarque que ces deux effets s'ajoutent pour pénaliser toute interception d'un rayonnement qui s'écarte notablement de la verticale. Ces effets conjoints peuvent s'exprimer par la formule condensée :

$$E'' = E \cdot c^{\frac{1}{\sin \hat{\imath}}} \cdot \sin \hat{\imath}$$

On voit clairement que dans le cas du soleil au zénith, les conditions optimales sont réalisées. On a en effet : $\hat{\imath} = 90°$ et $\sin \hat{\imath} = 1$. L'énergie parvenant au sol sur une surface horizontale ne dépend plus que de l'état de l'atmosphère. En prenant le maximum théorique (c = 0,8), E" = 0,8 E, soit 6,5 J/cm²/mn, ce qui peut se manifester en plaine, dans les déserts subtropicaux, en l'absence de nuages et de vents de sable. En revanche, une couverture nuageuse épaisse, fréquente aux latitudes équatoriales, réduit considérablement le coefficient de transparence atmosphérique et par suite l'apport d'énergie au sol. Dans les mêmes conditions (soleil au zénith), avec c = 0,3, E" = 0,3.E, soit moins de 2,5 J/cm²/mn.

B/ Pour aller plus loin

Reprenons le cas de Bourges (exercice précédent), situé à 47° N, le 27 novembre (∂ = 21° S). Au moment de sa culmination (midi solaire), le soleil passe au-dessus de l'horizon terrestre à : $\hat{\imath} = 90° - 47° - 21° = 22°$ ===> $\sin \hat{\imath} = 0{,}37$.

Avec cette incidence et en adoptant c = 0,8 (maximum rarement réalisé), le calcul montre que l'énergie solaire (E) après sa traversée atmosphérique serait réduite de moitié (0,56 environ) et qu'en tenant compte de l'effet de projection sur une surface horizontale le sol recevrait en définitive : E" = 0,37. 0,56 = 0,207, soit moins de 21 % de E

En adoptant une hypothèse plus réaliste (c = 0,6), on aboutirait à une valeur nettement plus faible, de l'ordre de 8 % de E (un peu plus du tiers du précédent résultat).

L'étalement de l'énergie projetée sur le sol constitue une circonstance aggravante que les fabricants de capteurs solaires ont cherché à corriger (quand les conditions d'installation s'y prêtent) en aménageant des panneaux orientables qui suivent la course diurne du soleil de manière à recevoir ses rayons verticalement. Les performances technologiques s'arrêtent là... car agir sur l'épaisseur de l'atmosphère reste un problème incontournable.

EXERCICE PROPOSÉ

Interception de l'énergie solaire selon la pente topographique

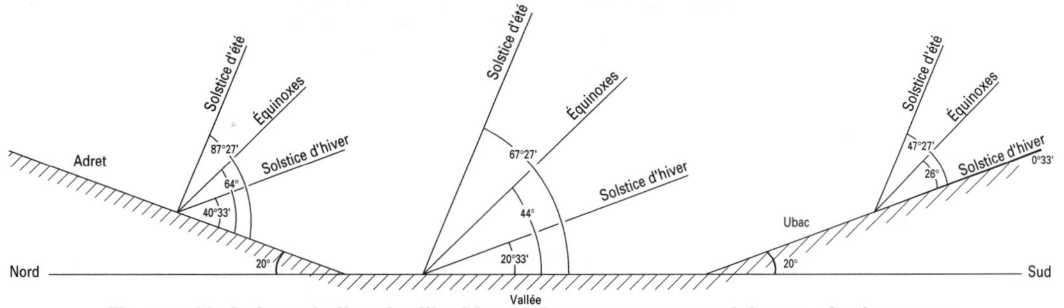

Fig. 25 : Variations de l'angle d'incidence du rayonnement solaire aux équinoxes et aux solstices en fonction de la pente et de l'exposition.

Les calculs correspondent à une latitude de 46° N et, pour des pentes de 20° encadrant une vallée, à midi solaire.

Quelle est la nature du document ?

– La figure proposée servira de base de réflexion et de modèle pour la construction d'autres croquis.

Quel est son centre d'intérêt ?

– Mise en évidence des relations qui s'établissent entre l'angle d'incidence du rayonnement solaire, la pente topographique et l'exposition.

Synthèse et prolongement

Entraînez-vous à résoudre quelques petits problèmes pratiques. Sur le modèle représenté par la fig. 25 qui s'applique concrètement à la vallée des Confins, dans la chaîne des Aravis, calculez la hauteur angulaire (incidence) du soleil lors de sa culmination pour chacun des solstices et pour les équinoxes dans les cas de figure suivants (exécutez les croquis).

- Vallée orientée ouest-est, encadrée de versants présentant des pentes identiques de 24° par rapport à l'horizontale, à 48° N (Rocheuses, États-Unis). À cette même latitude, que devrait être la valeur de la pente sur l'adret pour que ce versant soit exposé orthogonalement au rayonnement solaire lors de sa culmination, au moment du solstice d'été ?
- Mêmes questions pour une vallée méridienne, encadrée de versants à 20°, dans les Andes chiliennes, par 46° S. Comparez les résultats avec ceux de l'exemple analysé pour le 46° N. Faites part de vos réflexions.
- Questions identiques concernant les pentes nord et sud du mont Cameroun, par 5° N. Dénoncez l'originalité de cette situation par rapport aux cas précédents.
- Considérez maintenant, à 60° N, les versants du Telemark (Norvège), orientés au sud. Quelle inclinaison (par rapport à l'horizontale) ces versants devraient-ils avoir, au moins localement, pour être frappés verticalement par le rayonnement solaire, au moment du solstice d'été, lors du passage du soleil au méridien ?

Exercice Proposé

Analyse de la distribution géographique du rayonnement global, au sol

Fig. 26 : moyenne annuelle de l'énergie du rayonnement solaire sur une surface horizontale, au sol

L'unité utilisée est le kilolangley ; multiplier ces valeurs par 4,18 pour obtenir des kJ/cm²/an ; les mutiplier par 1,328 pour obtenir des KW/m²/an.

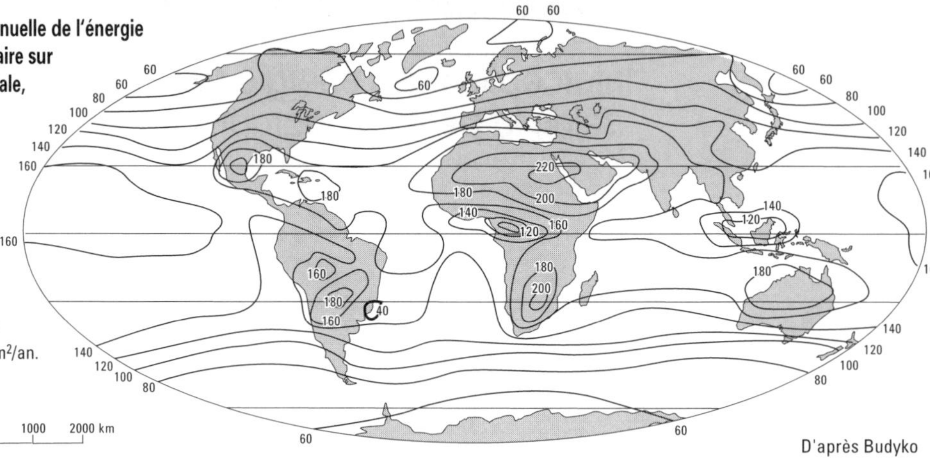

D'après Budyko

Quelle est la nature du document ?

– N'oubliez pas qu'il s'agit d'une représentation simplifiée du champ du rayonnement global, à l'échelle de l'année moyenne, à la surface de la Terre, sur un plan horizontal.

Quels sont ses centres d'intérêt ?

– Rappelez ce qu'est le rayonnement global (Rg) et en quoi cette notion est importante.

– Dans quelles circonstances le rayonnement diffus (Rd) prend-il de l'importance? Rappelons que Rd est dû à l'action des molécules et des atomes des gaz de l'atmosphère ainsi qu'à celle de l'eau condensée (nuages) et des aérosols qui réfléchissent le rayonnement solaire dans toutes les directions. Cette énergie est très atténuée dans le cas d'une couche nuageuse épaisse.

– L'énergie des divers types de rayonnement est mesurée par des appareils sophistiqués, à haute sensibilité, à lecture directe ou enregistreurs. Les variations de Rg peuvent avoir une amplitude importante sur des « pas de temps » courts quand il y a alternance d'éclaircies et de passages nuageux. Une moyenne quotidienne de Rg est donc nécessairement dégagée.

– Les mesures et leur expression cartographique : pointage des résultats issus des sites de mesures ; construction d'isolignes cotées en kcal/cm2/an (= kilolangley/an) nécessitant de nombreuses interpolations car les mailles du réseau d'observations sont larges et irrégulières. Cette compilation de données et sa traduction cartographique, entreprises par Budyko, sont relativement anciennes mais font toujours autorité.

Synthèse et prolongement

– Analysez l'organisation du phénomène à l'échelle globale sur l'année moyenne.

– Quels en sont les traits majeurs, les valeurs extrêmes, les particularités géographiques (il est indispensable de travailler avec un Atlas) ?

– Interprétez les résultats.

– Quels sont les divers facteurs qui permettent d'expliquer la distribution de Rg sur le globe?

– Si les faibles valeurs de Rg aux hautes latitudes s'expliquent facilement, pourquoi les trouve-t-on également aux latitudes équatoriales, principalement sur le golfe de Guinée et en Indonésie ?
– Pourquoi Rg est-il maximum dans les régions tropicales continentales?

Ne pas oublier :

– Par souci d'homogénéité, les résultats concernent des mesures effectuées sur des surfaces horizontales, la topographie n'intervenant donc pas.
– La durée d'insolation théorique, à l'échelle annuelle, est la même en tout point du globe.
– L'énergie du rayonnement global ne doit pas être confondue avec le bilan énergétique.

Document commenté

Entraînons-nous à identifier les nuages

Les nuages formés de cristaux de glace

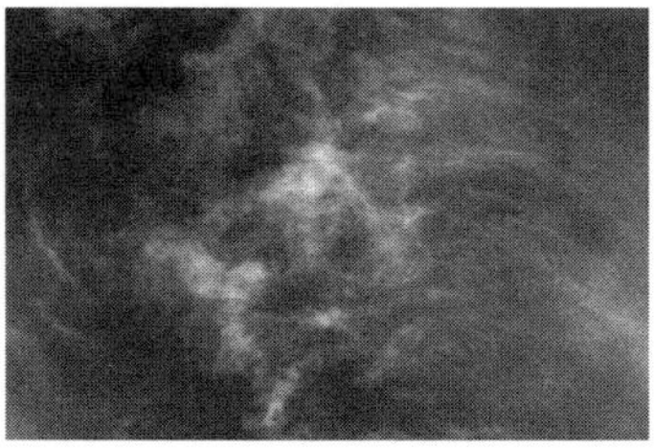

Photo 1 : Cirrus

Photo 2 : Cirro-stratus

Photo 3 : Cirro-cumulus

Les nuages de moyenne altitude et les nuages bas

Photo 4 : Altocumulus

Photo 5 : Nimbo-stratus

Photo 6 : Strato-cumulus

Photo 7 : *Cumulus humilis*

Photo 8 : *Cumulus congestus*

Photo 9 : Cumulo-nimbus et son enclume

1 - PRÉSENTATION DES DOCUMENTS

Quelle est la nature des documents ?

Photographies de nuages, classés en 2 catégories (nuages de cristaux de glace, autres nuages).

2 - MÉTHODE

A/ Objectifs

Les nuages font partie de notre environnement visuel et à travers leurs divers aspects, ils reflètent, en somme, l'état d'âme de l'atmosphère. Il est donc important de savoir les identifier puisqu'ils ont une signification météorologique et climatologique.

« J'aime les nuages… les nuages qui passent… là-bas… les merveilleux nuages »… (Baudelaire, *Le Spleen de Paris*). Il est vrai qu'un ciel uniformément bleu finit par être aussi monotone qu'un voile nuageux tenace. Mais il s'agira moins ici de considérer l'esthétique des nuages que de se familiariser avec leurs différentes espèces.

B/ Problématique : la conception d'une typologie des nuages

Les critères de classification

On peut classer les nuages en fonction de leur forme, de leur nature, de l'altitude à laquelle ils se trouvent. L'OMM a fixé les principes d'une classification et a fourni une définition précise de chaque individu nuageux. L'Atlas international des nuages a subi des améliorations successives depuis sa première publication en 1896. La dernière édition (1975) regroupe 224 planches photographiques assorties de commentaires. Ce document officiel peut être consulté à la bibliothèque de Météo France, 2, avenue Rapp, Paris (8e).

La physionomie d'un nuage et sa signification

La forme d'un nuage est révélatrice de l'état d'équilibre (ou de déséquilibre) de l'atmosphère : les nuages plats indiquent la stabilité de l'air ; les nuages bourgeonnants, l'instabilité.

La teinte plus ou moins foncée d'un nuage rend compte de son épaisseur et de la densité de la condensation : un nuage opaque est épais ou présente localement de fortes concentrations de gouttelettes ; un nuage translucide est mince et peu chargé en humidité.

La texture fibreuse est l'indice d'un nuage formé de cristaux de glace.

La couleur adoptée par les nuages est liée aux effets de la diffusion atmosphérique ; elle peut engendrer des spectacles féeriques mais n'apporte pas de renseignements particuliers sur les qualités propres du nuage.

La typologie officielle des nuages reconnaît une dizaine de genres, subdivisés en espèces et en variétés. On peut discerner quelques grandes catégories quant à la forme : nuages en voile ou en couche, nuages en damiers assemblant des sortes de dalles plus ou moins vastes, nuages isolés, nettement séparés les uns des autres. En fonction de l'altitude, il est possible de distinguer trois étages de nuages : bas, moyens, élevés. Mais les seuils d'altitude qui les différencient sont flous car ils varient avec la latitude. D'ailleurs, pour certains types de nuages dont l'extension verticale est considérable (10 km ou plus), cette distinction fondée sur l'altitude perd tout son sens. On retiendra surtout que tous les nuages (sauf rares exceptions) se situent dans la première couche d'atmosphère, de 7 à 16 km d'épaisseur, appelée troposphère.

3 - ANALYSE ET COMMENTAIRE

L'inventaire suivant s'arrête aux types nuageux essentiels. La terminologie latine conventionnelle peut paraître rébarbative à première vue mais on prend vite conscience de sa simplicité.

On peut classer en trois groupes les principaux types de nuages.

a/ Les nuages formés de cristaux de glace

Ils appartiennent à la famille des cirrus (du latin *cirrus,* filament) ; ils sont très fins et voilent à peine la lumière solaire.

- **Les cirrus (Ci)** (photo 1) proprement dits sont des « nuages séparés, en forme de filaments blancs et délicats ou de bandes étroites ». Fibreux et soyeux, ils ressemblent fréquemment à de petites mèches de cheveux qui se détachent nettement sur le bleu du ciel.
- **Les cirro-stratus (Cs)** (photo 2) forment un « voile nuageux transparent et blanchâtre, d'aspect fibreux ou lisse, couvrant entièrement ou partiellement le ciel et donnant généralement lieu à des phénomènes de halo » (cercle lumineux autour du soleil ou de la lune).
- **Les cirro-cumulus (Cc)** (photo 3) sont composés de très petits éléments en forme de granules, rides... soudés ou non et disposés plus ou moins régulièrement.

Lorsqu'ils envahissent progressivement le ciel, les cirrus annoncent l'arrivée d'une perturbation (ils balisent son front chaud en altitude). En amas isolés, ils proviennent le plus souvent de cumulo-nimbus (voir plus loin) qui se sont désagrégés.

b/ Les nuages de moyenne altitude

Les nuages situés à une altitude « moyenne » sont signalés par le préfixe « alto ». Constitués de gouttelettes d'eau, ils regroupent plusieurs types :

- **Les altocumulus (Ac)** (photo 4) sont formés de petites plaques de nuages ordonnées régulièrement à la manière des pavés d'une rue. Selon l'expression populaire, « le ciel est pommelé » ; ce type nuageux signale habituellement la marge d'une perturbation.
  - Les *altocumulus lenticularis* ont la forme de lentilles aux contours bien délimités ; ils sont assez fréquents dans les régions montagneuses qui contrarient l'écoulement du flux atmosphérique en créant des ondulations (les Ac lenticulaires concrétisent les crêtes de ces ondes).
  - Les *altocumulus castellanus* bourgeonnent à leur sommet et rappellent les tours des châteaux ; ils traduisent une instabilité atmosphérique annonciatrice d'orages.
- **L'altostratus (As)** se présente comme un voile nuageux continu. Il ne peut être confondu avec le cirro-stratus car il n'engendre pas de halo mais il estompe les contours de la lune et du soleil à la manière d'un verre dépoli ; ce nuage accompagne le front chaud d'une perturbation et constitue le prolongement logique du cirro-stratus ; les précipitations sont proches : « la lune boit, il va bientôt pleuvoir » (dicton populaire).

c/ Les nuages bas

- **Le nimbo-stratus (Nb)** (photo 5) est une « couche nuageuse grise, souvent sombre, dont l'aspect est rendu flou par des chutes plus ou moins continues de pluie ou de neige, atteignant le sol ». Les nimbo-stratus défilent rapidement sous les altostratus devenus de plus en plus épais : le front chaud est alors parvenu au contact du sol.
- **Le stratus (St)** se présente comme une « couche nuageuse, généralement grise, à base assez uniforme, pouvant donner lieu à de la bruine, ou de la neige en grains. Le stratus peut se présenter parfois sous forme de bancs déchiquetés ».
- **Le brouillard** est généralement un stratus qui se forme à la surface du sol par refroidissement nocturne (brouillard de rayonnement), par une arrivée d'air humide sur un substratum (sol ou mer) plus froid (brouillard de mélange) ; son opacité plus ou moins forte tient à la densité des gouttelettes qui le constituent.
- **La brume** est un brouillard léger qui permet une visibilité horizontale supérieure à 1 km.
- **Le strato-cumulus (Sc)** (photo 6) ressemble étrangement à l'altocumulus, à la différence près que ses éléments constitutifs (en forme de dalles) sont plus gros.

- **Le cumulus (Cu)** est le nuage type représenté par les caricaturistes parce qu'il est le plus familier, sinon le plus fréquent des nuages à peupler le ciel ; il présente une base horizontale et se développe plus ou moins verticalement en formant des mamelons ; en fonction de son extension verticale, on distingue trois variétés :
  - Le *cumulus humilis* (photo 7), peu développé, accompagne le beau temps ; il apparaît en cours de matinée et disparaît le soir.
  - Le *cumulus congestus* (photo 8) se caractérise par un « développement vertical important » et un « aspect bouillonnant », révélateur de puissants mouvements verticaux ; il prend l'aspect d'un chou-fleur.
  - Le *cumulo-nimbus* **(Cb)** (photo 9) ne peut se contempler qu'à distance car son extension verticale, considérable, atteint parfois 10 km à nos latitudes, 15 km dans les régions équatoriales ; il ressemble à une montagne, très blanche, et de son sommet aplati s'échappent des nappes de cirrus qui finissent par prendre la forme d'un vaste éventail ou d'une enclume. En dessous de lui, le ciel est très sombre et agité ; il provoque de violentes averses de pluie ou de grêle et presque toujours des orages. De tels développements verticaux traduisent la vigueur des courants ascendants. Le cumulo-nimbus représente le stade ultime de l'évolution d'un cumulus quand une couche d'air épaisse est instable. Aux latitudes moyennes, il marque le passage des fronts froids et, en milieu tropical, la convergence des alizés.

d/ Remarques

- **Les nuages** qui viennent d'être passés en revue s'organisent, pour la plupart d'entre eux, en associations qui correspondent à des processus d'évolution. Ces scénarios seront rapidement décrits à propos des fronts chauds et des fronts froids, lors de l'étude des perturbations (Cf. chap. 2).
- **Les gouttelettes** d'eau de très petite taille (du millième au centième de millimètre) qui constituent un nuage ne restent en suspension dans l'atmosphère qu'au prix d'un équilibre instable (compromis entre leur poids et les mouvements ascendants). Si les gouttelettes s'alourdissent, elles « tombent » lentement, leur chute étant freinée par la résistance de l'air. Si la vitesse de chute dépasse 15 cm/s, on admet que le nuage s'est transformé en précipitation : il « bruine ». Les plus grosses gouttes de pluie peuvent s'abattre à une vitesse de plusieurs mètres par seconde.

EXERCICE PROPOSÉ

Régimes thermiques et régimes pluviométriques

Objectif

Les moyennes mensuelles des températures, d'une part, et des hauteurs de précipitations, d'autre part, permettent d'identifier les régimes thermiques et pluviométriques. Par commodité de lecture, il est nécessaire de transcrire les données graphiquement.

les régimes thermiques

- **Construction du graphe :** sur un système d'axes orthonormés, on dispose les mois en abscisses de manière à obtenir douze colonnes mensuelles (ex. : de 4 mm de large chacune), de janvier à décembre, et les températures en ordonnées en ayant soin de choisir une échelle convenable, la même pour toutes les stations, afin de faciliter les comparaisons. Pointer dans l'axe central de chaque colonne la température moyenne du mois correspondant et joindre les douze points. La courbe ainsi obtenue fournit la physionomie du régime thermique de la station.
- **Réalisation de l'exercice :** en respectant la méthode qui vient d'être indiquée, construire les courbes représentant l'évolution mensuelle de la température moyenne pour des stations anonymes signalées par des lettres. Pour leur interprétation, se reporter au chap. 3, p. 103 à 125.

Pour chacune de ces stations, on apportera les précisions suivantes (avec leurs justifications) :

– hémisphère concerné (boréal, austral, latitude équatoriale) ;
– régime thermique, en choisissant parmi les identifications suivantes : polaire maritime, polaire continental (inlandsis), océanique, méditerranéen, continental, tropical de mousson, équatorial.

On notera que si l'altitude des stations n'est pas précisée, celle-ci est inférieure à 300 m et, par suite, négligeable.

Station	Janv.	Fév.	Mars	Avril	Mai	Juin	Juill.	Août	Sept.	Oct.	Nov.	Déc.
A	– 12	– 11	– 4	5	12	18	21	17	11	4	– 2	– 7
B	9	10	13	15	20	23	25	24	22	18	14	10
C	6,5	6	8	9	12	14	15	16	15	12	9	7
D	16	16	15	12	10	8	8	9	11	12	14	15
E	– 35	– 37	– 33	– 22	– 14	– 2	1	1	– 11	– 24	– 28	– 31
F	26	26	27	27	26,5	26	26	26,5	27	27	26	26
G	23	25	29	32	34	34	32	30	31	30	28	23
H (2 600 m)	13	13	14	15	14	14	13	13	14	15	14	13
I	23	24	22	19	15	12	11	14	15	16	19	22

Les régimes pluviométriques

- **Construction du graphe :** le principe est identique à celui des régimes thermiques ; pour les hauteurs de précipitations (en mm) qui figurent en ordonnées, on ne pourra harmoniser l'échelle en raison de la grande diversité des valeurs d'une station à l'autre (il suffira de préciser l'échelle dans chaque cas). Pour les divers mois, on adoptera de préférence la représentation en « bâtonnets » (« marches d'escalier ») de façon à différencier ce marquage de celui des températures.
- **Réalisation de l'exercice :** les stations sont signalées par des chiffres. On identifiera leur régime pluviométrique respectif en choisissant l'un des types suivants (avec justifications à l'appui) : océanique, méditerranéen, continental des latitudes moyennes, tropical de mousson, équatorial, désertique (toutes les stations sont situées à faible altitude).

Station	Janv.	Fév.	Mars	Avril	Mai	Juin	Juill.	Août	Sept.	Oct.	Nov.	Déc.	Ann.
1	130	210	280	300	200	120	110	160	250	190	170	140	2 090
2	140	100	90	60	50	45	65	70	100	110	120	150	1 100
3	0	0	0	0	15	550	600	470	300	70	20	2	2 027
4	90	60	50	45	35	20	15	25	70	140	120	100	770
5	20	25	30	40	50	60	70	55	30	25	20	15	460
6	10	4	1	0	0	2	0	1	0	0	5	7	30
7	45	70	75	100	120	130	150	140	110	90	70	55	1155
8	15	30	70	150	130	100	95	65	50	40	35	20	800
9	540	580	460	250	80	30	5	0	0	0	0	70	2 015

Les stations 1 à 6 sont situées dans l'hémisphère boréal et l'une d'entre elles est proche de l'équateur. Les stations 7, 8 et 9 sont situées dans l'hémisphère austral, il faut donc tenir compte de l'inversion des saisons pluviométriques.

2

LE SYSTÈME CLIMATIQUE ET SON FONCTIONNEMENT

L'analyse précédente a permis d'identifier les facteurs essentiels du climat : le rayonnement solaire intercepté par la Terre, la température de l'air, les phénomènes divers liés au cycle de l'eau et principalement les précipitations. Cette approche constitue une étape préparatoire à la compréhension des mécanismes climatiques mais elle ne rend pas compte des relations qui unissent, à tout moment, ces différents facteurs. Il est donc nécessaire d'envisager l'ensemble des processus physiques qui interviennent dans le fonctionnement d'un système extrêmement complexe au point qu'il n'existe, à ce jour, aucune théorie générale du climat. Ici, l'état de l'atmosphère n'est plus la seule préoccupation, comme en météorologie, laquelle porte son intérêt sur l'évolution du temps à très court terme. Le climat se définit, au contraire, sur une longue période. Le comportement de l'atmosphère dépend alors des réactions des divers milieux qui constituent la surface terrestre : les masses océaniques, les étendues couvertes de neige et de glace, les sols et la végétation qui les recouvre. Chacune de ces entités mérite donc d'être analysée séparément sans perdre de vue toutefois que la variation de l'une d'entre elles peut provoquer des réactions en chaîne, capables de déstabiliser les autres à leur tour. La circulation atmosphérique joue un rôle important dans cette dynamique car elle assure le transport de masses d'air et atténue le déséquilibre énergétique à l'échelle planétaire. Les anomalies climatiques, enfin, s'inscrivent dans cette trame comme des accidents de parcours qui affectent un phénomène voué à subir des variations incessantes.

BIBLIOGRAPHIE GÉNÉRALE DU CHAPITRE

Ouvrages de référence

BERROIR, A., *La Météorologie,* Paris, 1986, PUF.
DHONNEUR, G., *Traité de météorologie tropicale,* Paris, 1985, Direction de la Météorologie nationale.
JOLY, A., *Les Tempêtes, les dépressions, comment elles se forment, comment elles évoluent. Idées actuelles sur les perturbations aux latitudes tempérées,* Toulouse, 1992, École nationale de la météorologie, Météo France.
LE BORGNE, J., *Les Cyclones,* Paris; 1986, PUF.
DE MOOR, G., VEYRE, P., *Les Bases de la météorologie dynamique,* Toulouse, 1991, École nationale de la météorologie, Météo France.
PÉDELABORDE, P., *Les Moussons,* Paris, 1970, Armand Colin, collection U2.

Articles de revues

PÉDELABORDE, P., « Théorie de la propagation de la chaleur dans le sol », Saint-Cloud, 1981, *Géographie et recherche,* n° 37.
PÉDELABORDE, P., « L'importance climatique de quelques propriétés essentielles des éléments du substratum géographique », Saint-Cloud, 1982, *Géographie et recherche,* n° 41.

Ouvrages en anglais

PALMEN, E., NEWTON, C.W., *Atmospheric Circulation Systems,* New York, 1969, Int. Geo. Ser., Acad. Press.
ROSSBY, K., *On The Nature Of The General Circulation Of The Atmosphere,* Chicago, 1949, in *The Atmosphere Of The Earth And Planets.*

A

LES DIVERSES COMPOSANTES DU SYSTÈME CLIMATIQUE, LEUR RÔLE RESPECTIF ET LEURS RELATIONS

1 Les pièces détachées du système climatique

La démarche analytique est là encore indispensable si l'on veut tenter ensuite une synthèse explicative du fonctionnement de cet assemblage dynamique. Il englobe plusieurs « milieux » physiques sous-jacents à l'atmosphère (pellicule essentiellement gazeuse de notre planète) et qui entrent en contact avec elle : l'hydrosphère (ensemble des eaux présentes sous forme liquide à la surface de la Terre), la cryosphère (regroupant l'eau à l'état solide : neige et glace), la lithosphère (les roches et les sols), la biosphère (ensemble des êtres vivants et spécialement la flore) ; la présence de l'espèce humaine et les manipulations qu'elle inflige à son environnement accordent à l'anthroposphère* une place de moins en moins négligeable au sein de cet ensemble.

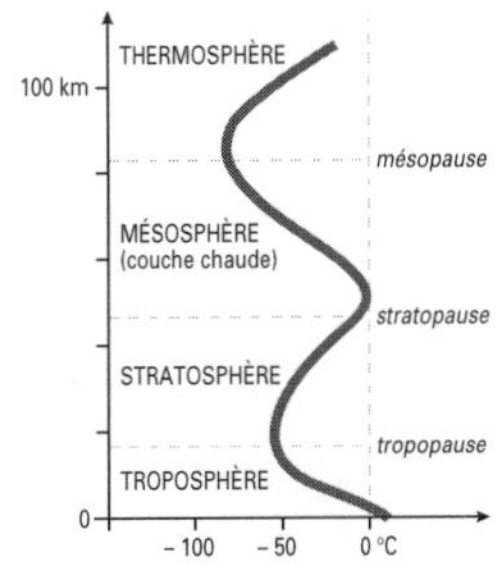

Fig. 1 : coupe verticale de l'atmosphère vers le 50e parallèle, aux équinoxes

Le trait gras figure l'évolution de la température avec l'altitude.

L'atmosphère, une mince enveloppe gazeuse au centre du système climatique

Sa masse est légèrement supérieure à 5 milliards de tonnes, ce qui explique qu'elle exerce à la surface de la Terre un certain poids ou plus exactement une pression qui diminue progressivement en altitude selon une décroissance exponentielle de sorte qu'à 100 km elle n'atteint pas le millionième de sa valeur moyenne relevée au niveau de la mer. Dans ces conditions, on comprend facilement que vouloir assigner une épaisseur à l'atmosphère n'a pas de signification pratique puisqu'on s'achemine progressivement vers l'espace interplanétaire presque totalement privé d'atomes, baignant lui-même dans l'atmosphère solaire, fluide ionisé, en expansion permanente.

L'évolution verticale de la température (fig. 1) a permis aux physiciens de distinguer quatre couronnes successives (troposphère, stratosphère, mésosphère, thermosphère) avec leurs limites supérieures correspondantes (tropopause, stratopause, mésopause). L'intérêt du climatologue est centré sur la troposphère où se déroulent les phénomènes météorologiques. Épaisse de 6 à 18 km, elle est caractérisée par une décroissance relativement régulière de la température jusqu'à la tropopause, discontinuité thermique, élevée et très froide (– 70 à – 85 °C) aux latitudes équatoriales, basse et moins froide (– 35 à – 45 °C) dans les régions polaires (fig. 2). Ces différences semblent traduire l'importance de la convection aux basses latitudes qui tend à créer une homogénéisation de l'air jusqu'à des altitudes élevées. En dehors des valeurs moyennes qui viennent d'être signalées, des variations accidentelles de température et d'altitude de la tropopause se manifestent fréquemment dans les zones tempérées où elles correspondent à des changements de masses d'air. Ajoutons que l'inversion thermique qui caractérise la tropopause n'en fait pas une surface étanche pour autant car des courants d'échanges s'établissent entre troposphère et stratosphère. La tropo-

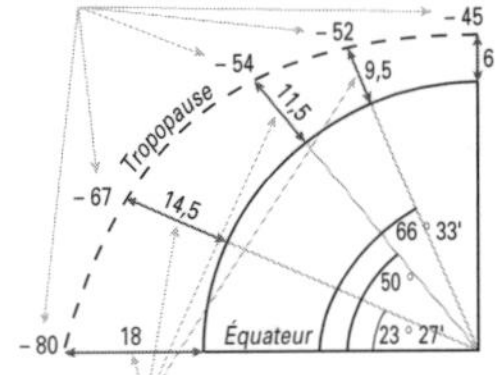

Fig. 2 : variations moyennes de l'épaisseur de la troposphère et de la température de la tropopause en fonction de la latitude.

sphère réunit les trois quarts de la masse atmosphérique. Elle monopolise la vapeur d'eau et les nuages dont les propriétés radiatives permettent à la Terre de conserver une température assez élevée en surface. Enfin, dans sa partie inférieure, elle est fortement influencée par le sol et très turbulente jusqu'à la péplopause*, située à 2 ou 3 km d'altitude. Au-dessus, les vents sont à la fois plus rapides et plus réguliers.

En raison de sa nature gazeuse et de sa faible **chaleur spécifique,** l'atmosphère réagit plus rapidement à des contraintes externes que les autres éléments du système climatique.

La chaleur spécifique (Cs) d'un corps est la quantité d'énergie calorifique nécessaire pour élever de 1 °C une masse-unité de ce corps. On adopte comme unité de Cs celle de l'eau à 15 °C. La Cs des autres corps est inférieure à 1, à l'exception de celles de l'hydrogène (3,4) et de l'hélium (1,25) sans importance en climatologie. En revanche, voici quelques Cs relatives à des corps dont les conséquences climatiques sont évidentes : air sec (0,24), vapeur d'eau (0,46), neige fraîche et glace (0,5), granit (0,19), calcaire (0,22), sable sec (0,20), sable humide (0,30), marécage (0,80). L'eau de mer, renfermant des sels dissous, a une Cs inférieure à 1 (0,93 pour une salinité de 35 ‰). Deux conséquences importantes découlent de ces Cs variables selon les corps : – Les corps à faible Cs s'échauffent et se refroidissent très vite ; on contrôle ceci facilement entre l'air, à faible inertie thermique, et l'eau, douée d'une forte inertie ; entre l'air sec (faible inertie) et l'air humide (inertie relativement forte). – Les sols humides qui retiennent l'eau ont une Cs plus élevée que les sols secs et leur inertie thermique est aussi plus grande.

On retiendra surtout quelques faits majeurs :

- **L'air qui s'échauffe localement tend à devenir rapidement instable** et à engendrer des mouvements de convection (verticaux) qui dureront aussi longtemps que leurs causes se maintiendront (de quelques heures à quelques jours).
- **Les phénomènes de grande échelle ont une longévité supérieure,** de 8 à 10 jours pour une perturbation classique, de l'ordre du mois ou de la saison pour un type de circulation atmosphérique, un régime de mousson...
- **L'atmosphère n'a pas la capacité de stocker de l'énergie** (calorifique ou cinétique) ; on dit encore que son inertie est faible.
- **L'air immobile est mauvais conducteur de la chaleur** et, par suite, bon isolant thermique (il ne s'échauffe pas, ne se refroidit pas) ; c'est l'inverse pour l'air agité (la turbulence conduit la chaleur dans toute sa masse et cette chaleur est absorbée ensuite).
- **L'air subit des variations de température** beaucoup plus **importantes** que les autres composantes du système climatique.

L'hydrosphère, la « mémoire » du système climatique

Elle joue un rôle considérable au sein de ce système à cause de son étendue (72 % de la surface planétaire si l'on ajoute aux mers et océans les nappes d'eau continentales) et de son volume énorme (1,3 milliard de km^3). Elle fournit à l'atmosphère la majeure partie de la vapeur d'eau qu'elle recèle et qui alimente ultérieurement le cycle hydrologique.

En raison de sa superficie, l'océan mondial, à lui seul, intercepte plus des deux tiers du rayonnement solaire destiné à la surface terrestre et cette énergie est absorbée dans une tranche superficielle de quelques mètres d'épaisseur. Si sa température de surface évolue peu, c'est principalement à cause des brassages verticaux qui répartissent cette énergie dans sa masse. La chaleur spécifique de l'eau étant très supérieure à celle de l'air, les océans constituent donc un gigantesque réservoir de chaleur mis à la disposition de l'atmosphère. Par ailleurs, les courants marins véhiculent d'énormes quantités d'eau chaude des régions tropicales vers les hautes latitudes alors que des eaux froides, d'origine polaire, se dirigent vers les basses latitudes (cf. chap. 1, fig. 9). Ces mouvements sont beaucoup plus lents que dans l'atmosphère mais ils transportent probablement plus de chaleur que l'air. En somme, l'océan corrige partiellement le déséquilibre énergétique de la planète en restituant la chaleur qu'il a accumulée de façon différée, à diverses échelles de temps (diurne, saisonnière, multiannuelle, séculaire, géologique). Des temps de réponse aussi variés s'expliquent par la diversité des mécanismes qui mettent en relation les eaux profondes avec les couches superficielles. Sa très forte inertie thermique fait de l'hydrosphère le véritable climatiseur du globe.

La cryosphère comprend des milieux aussi différents que **les neiges continentales**, ***la banquise**** des mers polaires, la glace des ***inlandsis****.

Couverture saisonnière dans les deux premiers cas, manteau durable pour le troisième, la cryosphère exerce un rôle climatologique important par ses propriétés thermiques, par l'eau qu'elle stocke sous forme solide, et surtout par son comportement radiatif original (albedo élevé dans le spectre visible (VIS), forte émissivité dans l'I.R.) qui en fait un milieu réfrigérant par excellence.

La banquise est formée par la congélation de l'eau de mer et se présente comme un assemblage de blocs (le pack) qui se disjoignent lors de la débâcle alors que ***l'inlandsis*** est un glacier continental étendu (Antarctique, Groenland) qui libère des icebergs.

Le glacier représente par ailleurs un bon intégrateur climatique. La constitution d'un édifice glaciaire réclame des conditions favorables de température et d'humidité au cours d'une longue période. Sa disparition nécessite également des circonstances appropriées et durables. Il faut noter que la fusion de la glace exige de l'énergie : le seul changement de phase (transfert de la glace à 0 °C à l'eau à 0 °C) réclame approximativement 330 joules par gramme, énergie prélevée à l'atmosphère ambiante. Il n'est pas surprenant qu'un dégel efficace maintienne la température de l'air au voisinage de 0 °C. Les grandes calottes glaciaires (Groenland et surtout Antarctique) représentent ainsi un gigantesque stock de frigories* et engendrent de la sorte un état durable, même quand le contexte climatique ne semble plus tout à fait correspondre à leur maintien. En ce sens, la cryosphère présente aussi une certaine inertie.

La lithosphère ne s'intègre au système climatique que dans sa partie superficielle, en contact avec l'atmosphère, et correspond donc aux terres émergées qui agissent sur le comportement de l'atmosphère par leurs particularités topographiques, leurs réactions radiatives et leur participation au cycle de l'eau.

Les reliefs de quelque importance perturbent fortement l'écoulement du flux et l'altitude modifie localement le champ thermique.

Les phénomènes radiatifs dépendent étroitement de la nature du substrat. Il faut se limiter ici aux éléments minéraux, c'est-à-dire aux roches et aux sols nus ou soumis à une couverture végétale très discontinue. L'albedo d'un sol nu est compris entre 0,07 et 0,20. Cette marge importante tient, pour une large part, à la teinte du sol : les terres noires (a = 0,10 en moyenne) s'opposent aux calcaires clairs (a > 0,20). Les records sont détenus par les déserts (a > 0,25) et en certains endroits du Sahara, l'albedo atteint 0,35 (relevés satellitaires).

Les autres variables physiques des sols (chaleur spécifique, degré de perméabilité…) expliquent leurs particularités thermiques (sols « chauds », sols « froids ») et hydriques (aptitude à stocker ou, au contraire, à filtrer l'eau des précipitations.

La biosphère végétale dépend étroitement du climat. Les cycles biologiques des végétaux correspondent aux rythmes saisonniers du rayonnement solaire incident, de la durée du jour, de la nébulosité, de la température, des pluies… La végétation représente donc un bon intégrateur climatique (la phénologie et la dendroclimatologie* apportent une contribution efficace à la reconstitution du passé climatique). Mais à leur tour, les végétaux sont en relation avec l'atmosphère qu'ils humidifient et le sol où ils puisent l'eau nécessaire à leur métabolisme. Agents actifs du cycle hydrique, ils modifient en outre l'albedo de surface et le bilan radiatif. Ils s'incorporent donc au système climatique et leurs effets dépendent de la densité et de la nature du couvert végétal : importants dans les milieux forestiers tropicaux, ils deviennent nuls en domaine désertique.

L'homme ne devrait pas être dissocié de la biosphère si ses activités n'entraînaient des modifications à la surface de la planète, dans l'atmosphère et sur la biosphère elle-même. Devant la croissance rapide de la population humaine et l'ampleur des moyens technologiques dont elle dispose, l'« anthroposphère* » (du grec *anthrôpos*, homme) est devenue une des composantes du système climatique. Reste à déterminer son rôle exact au sein de cet ensemble mais il paraît évident que plusieurs siècles d'activités agricoles ont déjà modifié d'importants espaces dans la plupart des milieux continentaux (défrichement des terres, substitution d'espèces cultivées à la végétation naturelle, pâturage). Leurs effets sur le climat ont peut-être été plus marqués que ceux de l'industrialisation, apparue récemment mais souvent mise en accusation. Il est certain qu'à l'échelle locale, voire régionale, l'homme exerce un impact sur son environnement, capable de modifier certains paramètres climatiques qui peuvent à leur tour se répercuter sur des sphères beaucoup plus larges. En ce sens, il n'est pas excessif de dire que l'intervention humaine sur le climat a d'ores et déjà atteint une dimension planétaire. Cette question qui anime de vives polémiques aujourd'hui sera examinée dans le cadre de l'évolution climatique.

2 Le moteur du climat : les relations entre ses composantes

Le comportement particulier de chacun des éléments du système climatique résulte des processus physiques dont il est le siège. Les relations entre les diverses composantes du système font ressortir un jeu complexe d'influences réciproques qui entraînent des temps de réponse variés (fig. 3). Il s'agit de phénomènes radiatifs, de transferts de masses (cycle de l'eau), de chaleur (sensible, latente) et d'énergie mécanique (qu'on évalue en quantité de mouvement). Nous ne reviendrons pas sur la fourniture énergétique externe apportée par le rayonnement solaire incident dont les caractéristiques ont été signalées dans le premier chapitre. C'est le carburant du moteur climatique qui alimente l'atmosphère et son substrat. La gestion de cette énergie est assurée par les divers éléments de cet ensemble. L'atmosphère représentant le pilier central du système, le climat peut être considéré comme la réponse qu'elle fournit aux multiples contraintes que lui imposent les autres composantes en relations avec elle.

Fig. 3 : les échanges océan-atmosphère

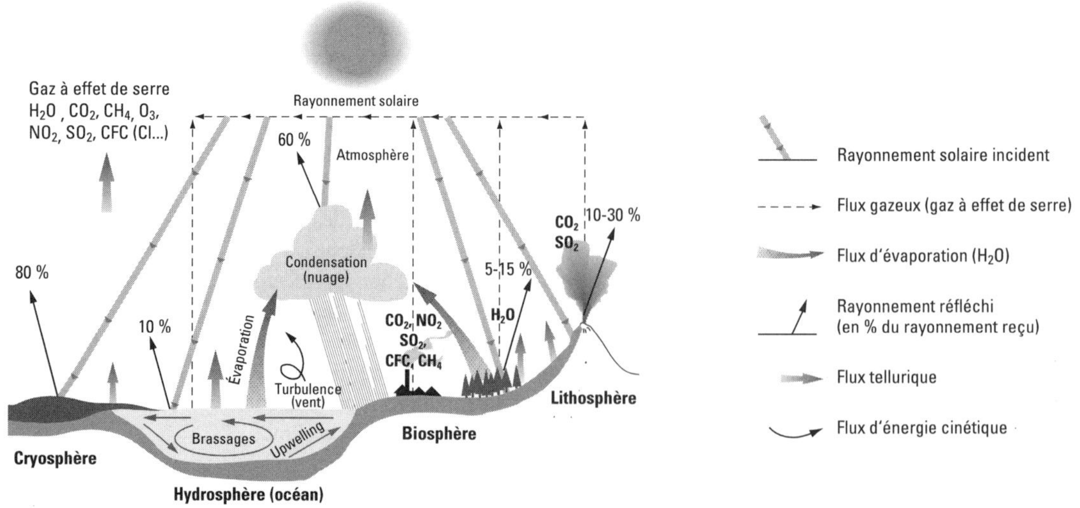

Le couple atmosphère-hydrosphère : une association dynamique

Les multiples interactions qui interviennent dans les processus climatiques se déroulent pour une large part entre l'air et l'océan. Ce couple original réunit deux fluides caractérisés par leur mobilité, et qui entrent en contact sur près des trois quarts de la surface planétaire. Cela signale déjà l'importance de cet ensemble au sein duquel des mécanismes incessants animent des échanges thermiques, hydriques et cinétiques (fig. 4).

Les échanges thermiques. On sait déjà que l'océan absorbe la quasi-totalité du rayonnement solaire qui lui parvient après avoir subi le filtrage atmosphérique. Cette absorption s'effectue sur quelques dizaines de mètres tout au plus et n'échauffe donc directement qu'une faible épaisseur d'eau. La chaleur se propage ensuite en profondeur par le phénomène de conductibilité turbulente (c'est-à-dire par les brassages importants qui affectent la mer) et non par conductibilité moléculaire (qui est très faible dans l'eau calme). Or, les processus de convection qui déclenchent des mouvements verticaux dans la masse d'eau sont provoqués par des différences de densité sous la dépendance de la température et du taux de salinité. Ils permettent à l'océan d'absorber des quantités énormes de chaleur sur une tranche épaisse alors que, paradoxalement, l'eau est un mauvais conducteur. Cela explique l'originalité des variations thermiques à la surface de la mer : infimes à l'échelle diurne (entre le jour et la nuit), elles « climatisent » l'air ambiant ; cet effet se renouvelle à l'échelle saisonnière (entre l'été et l'hiver) et sa portée climatique est alors considérable en raison des dimensions de l'accumulateur d'énergie. Aux latitudes moyennes, la quantité de chaleur sensible cédée par l'océan à l'atmosphère se mesure à la douceur hivernale des façades occidentales des continents baignées majoritairement par les masses d'air maritime.

Fig. 4 : les échanges énergétiques (radiatifs et thermiques) au sein du couple océan-atmosphère

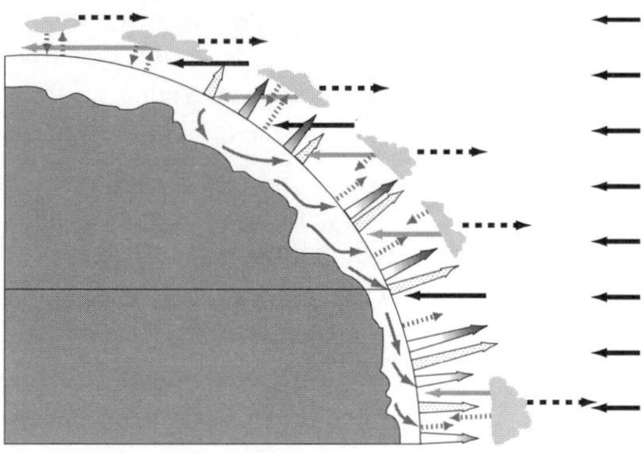

Rayonnement solaire direct
Rayonnement solaire diffus
Rayonnement solaire réfléchi
Rayonnement tellurique (émission d'IR)
Eau atmosphérique (nuages et vapeur d'eau)
Transfert de chaleur latente de l'océan vers l'atmosphère
Évaporation (transfert de masse)
Brassage océanique

La situation est schématisée au moment de l'équinoxe.

Les transports de chaleur s'effectuent aussi par les **courants marins** qui parcourent en permanence les mêmes trajets sur de vastes étendues sous l'action du vent qui constitue leur principale force d'impulsion.

Le plus célèbre des **courants marins,** le Gulf Stream, véhicule des quantités énormes de chaleur depuis le golfe du Mexique jusqu'en Europe occidentale et dans le bassin arctique par l'intermédiaire de son prolongement, la dérive nord-atlantique. Au maximum de sa puissance, entre Norfolk et Baltimore, il fournit à l'atmosphère près de 500 kJ/cm^2 en moyenne annuelle, ce qui est supérieur au bilan radiatif au voisinage des tropiques. Au large de Terre-Neuve, où il rencontre le courant froid du Labrador, le Gulf Stream active la fusion des icebergs et la dérive qui le prolonge réchauffe les côtes d'Islande et de Norvège avant d'aboutir en mer de Barentz, où le port de Mourmansk reste libre de glaces. En hiver, l'anomalie positive du champ thermique sur l'Atlantique Nord (cf. chap. 1, fig. 7) illustre l'ampleur du phénomène. Quoique moins spectaculaire, le Kouro Chivo exerce une action identique sur le nord-est du Pacifique.

L'importance de la chaleur accumulée dans l'océan et restituée à l'atmosphère apparaît encore plus évidente dans le cas où l'air glacé en provenance du continent effleure, en hiver, ces eaux relativement chaudes (la différence de température à l'interface air/mer peut atteindre 40 °C). Des calculs ont montré que cet apport d'énergie dépasse celui de la constante solaire mesurée aux confins supérieurs de l'atmosphère. Des transferts de cette ampleur sont évidemment saisonniers et les échanges de chaleur entre les couches superficielles et les eaux océaniques profondes s'inversent selon les périodes de l'année. Dans une moindre mesure, les lacs profonds des latitudes moyennes jouent également ce rôle de climatiseur. Au cours de l'automne, alors que l'air s'est déjà fortement refroidi sur l'Asie centrale, le Baïkal cède en moyenne 2 kJ/cm^2 par jour à l'air ambiant (valeur supérieure à celle du rayonnement global en juin à Irkoutsk !

Plus localisées que les courants, les remontées d'eaux froides (upwellings*) sont provoquées par des vents relativement réguliers qui entraînent une lame d'eau superficielle. Par rééquilibrage hydrostatique, de l'eau fraîche sous-jacente vient compenser les pertes de surface pour maintenir le niveau, ce qui rafraîchit l'air et le stabilise. Certains littoraux des régions tropicales doivent leur aridité à ce phénomène (cf. carte de partie 1, p. 21).

Rappelons que ces échanges thermiques entre l'atmosphère et l'océan doivent leur originalité au fait que ces deux milieux ont des chaleurs spécifiques et des masses volumiques très différentes, disproportion qui apparaît à travers ces quelques chiffres : 1 m^3 d'eau qui se refroidit de 1 °C cède 10^6 cal (4,18 x 10^6 J) capables d'élever de 1 °C un volume d'air de 3 200 m^3.

Les échanges hydriques entre l'océan et l'atmosphère réalisent une part importante du cycle de l'eau. La vapeur d'eau contenue dans l'atmosphère (qui recouvrirait la surface de la Terre d'une lame de 25 mm d'épaisseur si on la condensait totalement) provient pour 86 % des océans contre 14 % des continents. En contrepartie, l'océan mondial recueille directement 76 % du total des précipitations sur son bassin alors que les 24 % restants arrosent les continents. Un flux d'humidité équivalant à 10 % du total s'écoule donc de l'océan vers les continents. La lame d'eau précipitée en moyenne annuelle, répartie uniformément sur notre planète, représentant 800 mm environ, on en déduit que le temps de séjour de l'eau dans l'atmosphère n'excède pas 10 à 12 jours (autrement dit, le recyclage est rapide). L'excédent continental (10 %) retourne vers l'océan mondial par les cours d'eau.

Les transferts de chaleur latente. L'importance de l'évaporation sur les océans aboutit à un prélèvement énorme d'énergie qui refroidit leur surface. On se souvient que l'évaporation d'un gramme d'eau nécessite 2 500 joules environ. Cette énergie (chaleur latente) est transférée à l'atmosphère et réapparaît sous forme de chaleur sensible quand la condensation la libère, c'est-à-dire lors de la naissance des nuages. Les masses d'air maritime véhiculent donc cette énergie depuis les régions de forte évaporation (principalement les océans tropicaux aux eaux chaudes) jusqu'aux régions plus froides où la condensation s'effectue. L'effet climatique induit est évidemment considérable.

Les transferts d'énergie cinétique. L'énergie solaire absorbée par la Terre et son atmosphère est en partie convertie en énergie mécanique concrétisée par les vents et les courants marins qu'ils entraînent. On retrouve ici les caractères d'une machine thermique dont l'efficacité est très faible toutefois puisqu'elle transforme un peu moins de 1 % de l'énergie incidente pour mettre en mouvement l'air et les eaux.

Ce couplage dynamique règle en grande partie le climat du globe, l'océan participant pour l'essentiel aux réajustements indispensables imposés par l'inconstance de l'atmosphère.

Les réactions entre l'atmosphère et les milieux continentaux

La lithosphère ainsi que la végétation, les neiges et les glaces qui la recouvrent, freinent l'écoulement de l'air et échangent avec l'atmosphère chaleur et humidité.

Les flux thermiques et leurs conséquences. La température du substrat dépend de ses propriétés radiatives. La neige et la glace, caractérisées par leur albedo élevé dans le spectre VIS (0,80 à 0,85) et leur forte émissivité dans l'I.R., offrent des surfaces très froides à l'atmosphère et refroidissent l'air ambiant qu'elles stabilisent. Les grands inlandsis (Groenland, Antarctique) élaborent ainsi des masses d'air glacé que les courants éoliens exportent vers les latitudes moyennes. À l'inverse de la cryosphère, les sols absorbent une part importante du rayonnement solaire incident mais la chaleur s'accumule sur une faible épaisseur car leur ***conductibilité moléculaire*** est médiocre. L'échauffement superficiel en est d'autant plus important et se communique à l'air sous-jacent en le rendant instable (cas fréquent dans les régions continentales en période chaude). Un sol fortement refroidi conduit évidemment à des effets totalement inversés.

La conductibilité moléculaire est l'aptitude plus ou moins grande d'un corps à propager la chaleur à travers sa masse, sans l'intervention de mouvements convectifs qui caractérisent exclusivement les fluides. Cette transmission de la chaleur s'effectue grâce à la turbulence des molécules qui se manifeste dans tout corps, solide, liquide ou gazeux. L'énergie thermique se transmet du corps le plus chaud vers le corps le plus froid jusqu'à égalisation des températures.

Les échanges hydriques s'effectuent dans le cadre du cycle précipitations/évaporation, la biosphère végétale jouant un rôle décisif dans cette restitution (évapotranspiration).

Les transferts d'énergie cinétique (ou de quantité de mouvement) s'exercent, sous forme de frottement, de l'atmosphère (turbulente) sur les surfaces sous-jacentes, plus ou moins rugueuses. La lithosphère et la cryosphère, selon les aspérités qu'elles présentent, offrent une résistance variable à l'écoulement horizontal du flux (advection) qu'elles transforment généralement en mouvements verticaux (convection), favorisant les précipitations. L'énergie cinétique propre au milieu atmosphérique se trouve donc dissipée et reconvertie. La présence de reliefs élevés (massifs montagneux, chaînes allongées...) accentue cet effet de rugosité qui perturbe le flux, contraint à franchir l'obstacle (ascendance forcée) ou à le contourner (phénomène hydrodynamique* de courbure dont les conséquences seront analysées plus loin) ou encore à subir un effet de canalisation (en suivant l'axe des vallées).

En somme, le climat est un état transitoire, résultat d'un équilibre interactif entre les éléments d'un système interne (l'atmosphère et les divers milieux de la surface terrestre) excités par un facteur externe, le rayonnement solaire, qui les atteint en leur communiquant son énergie. Privée de ce carburant, la Terre se refroidirait constamment et deviendrait un milieu inerte.

B

LA DYNAMIQUE ATMOSPHÉRIQUE

La fluidité de l'atmosphère est concrétisée par le vent qui l'agite en permanence sur la majeure partie du globe. Cette mobilité permet d'atténuer le déséquilibre énergétique terrestre dont les caractères régionaux ont été mis en évidence précédemment. Ainsi, à la faveur des brassages atmosphériques, des bouffées d'air tropical parviennent jusqu'à des latitudes élevées qu'elles concourent à réchauffer tandis que des incursions d'air froid issu des régions polaires atteignent sporadiquement les tropiques. Ces transits de grande ampleur auxquels participent les courants océaniques comblent partiellement la pénurie d'énergie consécutive au déficit radiatif dont souffrent les hautes latitudes.

Restent à analyser les modalités de ces vastes transferts qui se concrétisent par deux types de processus : des mouvements horizontaux matérialisés par les vents dont la portée couvre des échelles spatiales très diverses et des mouvements verticaux engendrés par une instabilité de l'air plus ou moins localisée. Dans l'un comme dans l'autre cas, ces manifestations trahissent des anomalies de densité au sein de la masse atmosphérique, qui s'expriment en termes de pression.

1 La pression atmosphérique

En climatologie, **la pression atmosphérique** ne présenterait guère d'intérêt à étudier si elle n'était liée à la dynamique même de l'atmosphère, depuis l'échelle des vents locaux jusqu'à celle des grands flux quasi permanents qui caractérisent la circulation générale. Ces phénomènes tirent en effet leur origine des déséquilibres qui interviennent dans la distribution spatiale de la pression.

Le champ* de pression au sol

Les molécules d'air se concentrent dans les basses couches de l'atmosphère du fait de l'attraction terrestre et de la compressibilité du milieu gazeux. « Au sol » (entendons par là, « à la surface de la Terre »), les mesures de la ***pression*** atmosphérique effectuées dans les stations d'observation sont réduites au niveau de la mer avant d'être reportées sur les cartes.

La réduction de la ***pression*** au niveau de la mer (0 mètre) est nécessaire sinon ces cartes refléteraient avant tout le relief, autrement dit l'influence écrasante de l'altitude. Celle-ci doit donc être éliminée afin de faire ressortir les seuls facteurs d'intérêt météorologique qui concernent la densité de l'air et dont dépendent les mouvements de l'atmosphère.

À ce niveau de référence et dans l'hypothèse d'une parfaite répartition de la masse atmosphérique, celle-ci exerce une pression équivalant à 1 013,25 ***hectopascals.***

L'hectopascal (hPa) correspond au millibar employé auparavant et le remplace officiellement afin de respecter les normes du système international d'unités.

Les variations de la pression et leurs causes. La pression, réduite à 0 mètre, peut s'écarter fortement de cette valeur caractérisant l'atmosphère standard puisque l'amplitude entre les extrêmes observés dépasse 200 hPa. Les records « actuels » semblent appartenir à la Sibérie orientale avec 1 084 hPa pour le maximum et au Pacifique occidental (près des Philippines) pour le minimum avec environ 870 hPa au centre d'un typhon.

La pression varie en fonction de la densité de l'air et celle-ci est elle-même sous la dépendance de la température (l'air chaud est plus léger que l'air froid) et de sa teneur en vapeur d'eau (plus l'air est humide, plus il est léger parce que la vapeur d'eau a une densité plus faible que les autres constituants gazeux de l'atmosphère ; réalité souvent difficile à faire admettre !). Par ailleurs, des mouvements de l'atmosphère à composante verticale contribuent à faire varier la répartition de la pression : l'air subsident (qui s'écoule vers le bas en se tassant) entraîne une hausse du champ de pression au sol alors que l'ascendance de l'air détermine un effet inverse.

Fig. 5 : la topographie isobarique

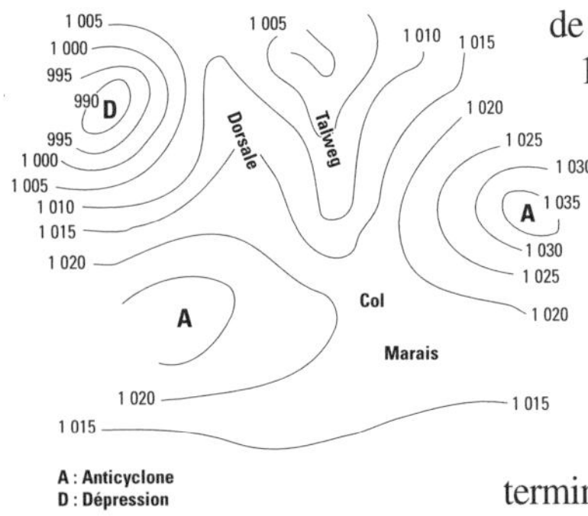

La représentation cartographique du champ de pression « au sol » se fait au moyen d'isobares (lignes d'égale pression) dont l'équidistance est généralement de 5 hPa de part et d'autre de l'isobare de référence 1 015 hPa (expression arrondie de 1 013,25). L'étude de situations météorologiques s'appuie sur des champs de pression où les isobares correspondent à un instant donné (observations synchrones pour tout l'espace cartographié). Sur les cartes climatologiques, les isobares représentent des pressions moyennes, à l'échelle mensuelle, en général. Dans chacun de ces deux cas, on constate aisément que le champ de pression présente une organisation où s'individualisent des cellules de hautes pressions (anticyclones) et de basses pressions (dépressions). À ces individus isobariques majeurs s'ajoutent des éléments secondaires (talwegs, cols, dorsales, marais…), appellations empruntées à la terminologie géomorphologique (fig. 5).

Les éléments majeurs du champ de pression global

Fig. 6 : pression moyenne (en hPa) réduite à 0 m, centres d'action et circulation atmosphérique en janvier

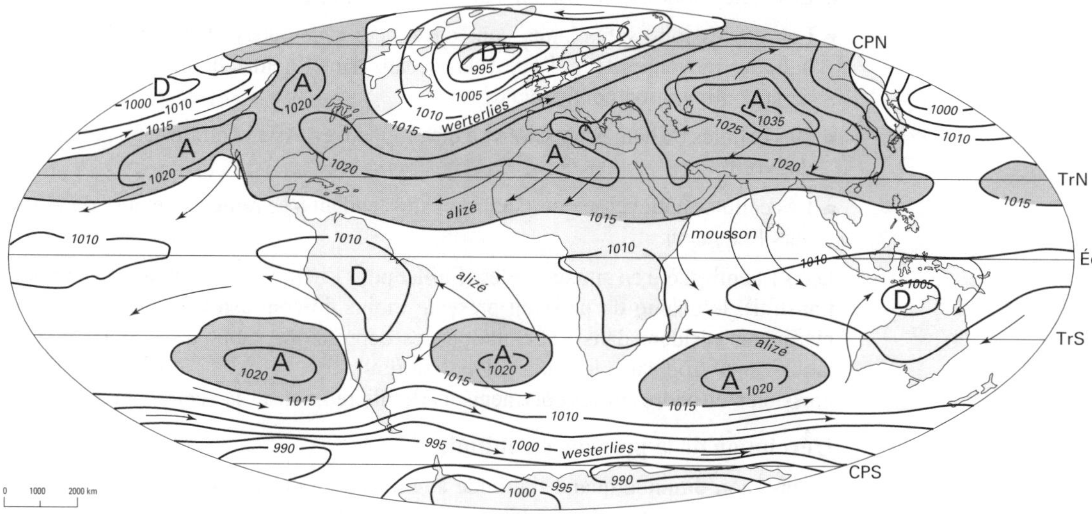

Fig. 7 : pression moyenne (en hPa) réduite à 0 m, centres d'action et circulation atmosphérique en juillet

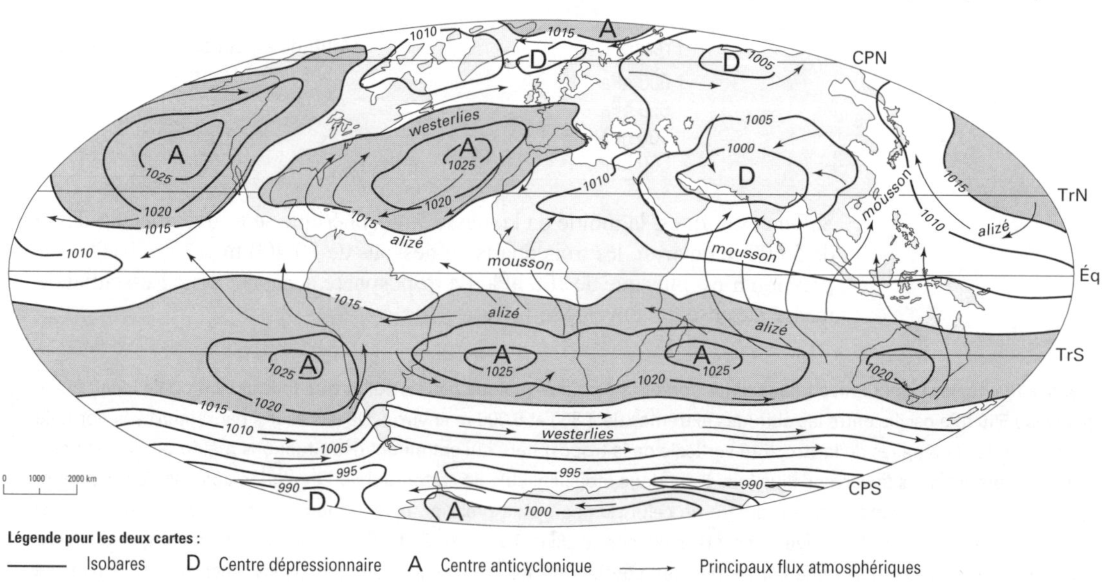

Légende pour les deux cartes :

——— Isobares D Centre dépressionnaire A Centre anticyclonique ——→ Principaux flux atmosphériques

L'analyse des pressions moyennes de janvier (fig. 6) et de juillet (fig. 7) révèle, pour chaque hémisphère, de grands ensembles agencés selon une structure grossièrement zonale : hautes pressions polaires, dépressions subpolaires (d'Islande et des Aléoutiennes au large de l'Arctique, anneau plus homogène cernant l'Antarctique), anticyclones subtropicaux, renforcés sur les océans (Açores et Sainte-Hélène pour l'Atlantique, au large de la Californie et de l'île de Pâques pour le Pacifique, Mascareignes pour l'océan Indien), dépressions faiblement marquées aux latitudes équatoriales ponctuées de zones à faible gradient (marais ou « doldrums* »). Ce dispositif général subit quelques modifications saisonnières qui apparaissent clairement sur les deux mois retenus, symbolisant l'hiver ou l'été selon l'hémisphère concerné.

Dans l'hémisphère en situation d'hiver (janvier pour l'hémisphère boréal, juillet pour l'hémisphère austral), le champ de pression est très contrasté :

- Les anticyclones se renforcent sur le pôle et ses marges.
- Les dépressions subpolaires sont davantage accentuées et débordent sur les latitudes moyennes (vers l'ouest des océans dans l'hémisphère boréal en raison de la configuration continentale).
- Des cellules de hautes pressions se développent en Asie centrale et en Amérique du Nord.
- Les cellules anticycloniques subtropicales tendent à se renforcer et à se déporter vers l'équateur.

Dans l'hémisphère en situation d'été (juillet pour l'hémisphère boréal, janvier pour l'austral), le champ de pression présente moins de contrastes. Les faits les plus marquants résident dans l'atténuation des dépressions subpolaires alors qu'aux latitudes subtropicales les anticyclones se renforcent sur les océans tandis que la pression s'effondre sur les continents, particulièrement sur le centre-sud de l'Asie.

L'évolution de la pression en altitude

La pression diminue quand l'altitude augmente, ce qui est conforme aux lois de l'hydrostatique : cette décroissance, exponentielle, entraîne une répartition verticale caractérisée par quelques niveaux de référence (avec leur altitude approximative en mètres qui définissent l'atmosphère standard) :

Pression	Altitude en atmosphère standard
1 000 hPa	110 m
850 hPa	1 460 m
700 hPa	3 000 m
500 hPa	5 560 m

Selon ces normes, la moitié de la masse atmosphérique se trouve donc au-dessous de 5 600 m environ, les trois quarts au-dessous de 10 400 m... Vers 16 000 m, la pression n'est plus que de 100 hPa. La troposphère accapare donc l'essentiel de la masse gazeuse qui enveloppe la Terre.

Dans la réalité, les valeurs mesurées par les sondes s'écartent quelque peu de celles que fournit ce modèle idéal. Ainsi, le niveau 500 hPa oscille entre les altitudes extrêmes de 4 800 et 6 000 m environ. De tels écarts par rapport à la normale traduisent des anomalies de la structure verticale de la troposphère qui entraînent des situations météorologiques particulières, comme nous le verrons plus loin. Il est donc indispensable de cartographier l'évolution spatiale de ces phénomènes. Le mode de représentation diffère de celui du champ de pression niveau-mer car on cherche à exprimer ici les variations d'altitude d'un niveau de pression donné (850, 700, 500, 300 hPa...). La surface isobarique analysée (500 hPa par exemple) est matérialisée par des courbes de même niveau d'altitude (isohypses) qui expriment, en somme, la topographie de cette surface (cf. chap. 3, p. 128).

2 La circulation atmosphérique

Si l'atmosphère était en parfait équilibre hydrostatique, la pression qu'elle exercerait au niveau de la mer serait partout la même (1 013,25 hPa) et la décroissance de la pression avec l'altitude serait régulière et sous la seule dépendance des forces de gravité. Les particules d'air resteraient donc immobiles par rapport à la Terre. Autrement dit, les mouvements verticaux de l'air et le vent n'existeraient pas.

Les mécanismes généraux de la circulation

Ce sont les inégalités se manifestant dans le champ de pression qui entraînent une partie du fluide atmosphérique, excédentaire dans les anticyclones (A), vers les dépressions (D), en situation de déficit. La vitesse du vent est directement proportionnelle au ***gradient*** de pression et à la densité de l'air.

Le flux qui quitte l'anticyclone devrait se diriger vers la dépression en suivant la ligne de plus grande pente (isobarique) à la manière de l'eau qui s'écoule du flanc de la montagne vers la vallée. Mais l'observation montre que, le plus souvent, le flux suit approximativement le tracé des isobares quand le substrat est peu rugueux (surface des océans) et en altitude où l'air échappe aux contraintes du relief terrestre. La rotation de la Terre est responsable de cette déviation (vers la droite dans l'hémisphère Nord, vers la gauche dans l'hémisphère Sud), d'où le nom de ***vent géostrophique*** que l'on donne au flux résultant (cf. chap. 2, p. 82).

En conséquence, les filets d'air décrivent des mouvements tourbillonnaires. Pour l'hémisphère boréal, dans le sens des aiguilles d'une montre autour d'un anticyclone, en sens inverse autour d'une dépression. Le sens de ces girations est totalement opposé dans l'hémisphère austral. Comme ***la force de Coriolis*** est proportionnelle au sinus de la latitude, elle s'exprime pleinement aux pôles (sin 90 ° = 1) et dans leur environnement immédiat, puis elle s'affaiblit progressivement jusqu'à l'équateur où elle devient nulle (sin 0 ° = 0). Tout mouvement rotatif de l'air est alors mécaniquement impossible. D'où l'absence de cyclones dans les très basses latitudes.

Toutefois, le vent géostrophique ne se réalise que si tout effet de frottement a disparu, ce qui se manifeste dans l'atmosphère libre, à des niveaux relativement élevés de la troposphère, hors de l'influence perturbatrice des grands massifs montagneux. À proximité du sol, la rugosité plus ou moins accusée du substrat vient modifier ce schéma : le vent perd de sa force et subit une ***déviation*** (vers la gauche dans l'hémisphère boréal, vers la droite dans l'hémisphère austral).

Autrement dit, l'effet de la rugosité contrarie celui de la rotation terrestre et vise à uniformiser le champ de pression en tendant à vider les anticyclones de leur surplus et à combler les dépressions. L'observation montre que les anticyclones et les dépressions sont plus puissants et plus tenaces sur les océans que sur les continents où ils se démantèlent.

Les grands courants atmosphériques et leurs propulseurs

C'est précisément sur les milieux océaniques que le profil moyen du champ de pression à l'échelle planétaire (fig. 6 et 7, p. 69) met en évidence des dépressions et des anticyclones caractérisés par leur vigueur et leur maintien sur des aires géographiques particulières (cf. plus haut). Ces centres d'action, véritables piliers de la circulation atmosphérique, fractionnent chaque hémisphère en plusieurs ceintures à l'intérieur desquelles les vents adoptent une composante déterminée.

Les vents d'est, dirigés par les anticyclones polaires, sont mieux individualisés dans l'Antarctique que dans l'Arctique où les hautes pressions sont fragmentées en plusieurs cellules.

Les vents d'ouest balaient une large couronne entre 35 ° et 65 ° de latitude environ (c'est le domaine des « *westerlies** ») mais leur relative constance en altitude disparaît, au sol, sur les continents. Leur vigueur est en effet fonction du gradient de pression entre les anticyclones subtropicaux et les dépressions subpolaires. Elle s'exprime donc pleinement quand ces deux types de cellules se rapprochent et sont centrées approximativement sur la même longitude. La giration inversée qu'elles animent rappelle le mécanisme d'un laminoir et l'air est pulsé violemment vers l'est (fig. 8).

Le gradient exprime l'écart de pression par unité de distance. Concrètement, on peut se faire une idée de la vitesse du vent en considérant la disposition des isobares. Plus celles-ci sont serrées, plus le vent est fort.

Vent géostrophique : étymologiquement, vent issu de « la Terre qui tourne », mot forgé à partir des racines grecques *gê*, Terre, et *strophein*, tourner. La force déviante, qui n'est qu'apparente, est appelée « ***force de Coriolis*** », du nom du savant français qui a exposé la théorie mathématique du phénomène.

Cette ***déviation*** du vent réel par rapport à la direction du vent géostrophique représente un écart angulaire de 15° environ au-dessus de la mer, de 30° et plus sur les continents. Sur un axe vertical, ces directions variées se superposent selon une sorte de spirale qui rappelle un escalier en colimaçon. Il est facile de vérifier que des nuages situés sur plusieurs niveaux suivent des trajectoires différentes, dissemblables elles-mêmes de celle du vent au sol.

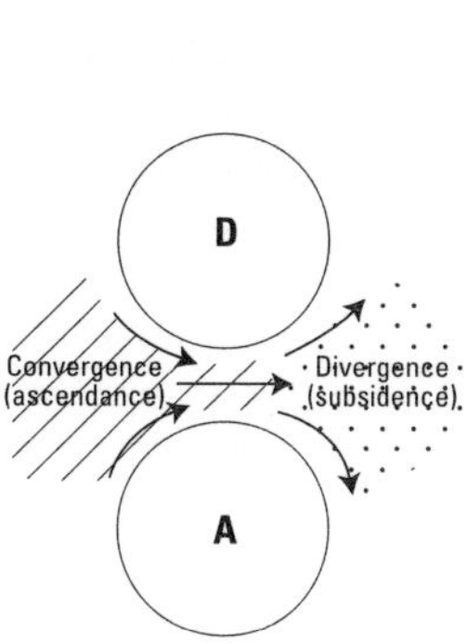

Fig. 8 : convergence et divergence

Effets de convergence et de divergence sur un plan horizontal induits par deux centres d'action, A et D. Exemple pris dans l'hémisphère Nord.

Les alizés soufflent du nord-est dans l'hémisphère boréal, du sud-est dans l'hémisphère austral et balaient près du tiers de la surface du globe. Issus des anticyclones subtropicaux, ils se dirigent vers le « creux » équatorial où ils convergent avec plus ou moins de vigueur en fixant **l'équateur météorologique.**

L'équateur météorologique est sinueux et le plus souvent situé au nord de l'équateur géographique, comme le suggèrent les développements nuageux qui le balisent sur les images fournies par les satellites. Notion importante car il matérialise la frontière entre les deux hémisphères météorologiques sous l'angle de leur contenu énergétique. Il est clair que l'hémisphère météorologique austral empiète sur l'hémisphère géographique boréal pour compenser par un gain en superficie sa déficience énergétique. La comparaison de ces deux surfaces hémisphériques traduit donc l'état de ce déséquilibre.

Remarque : des vents locaux et régionaux très variés viennent diversifier ce schéma moyen. Les particularités de la surface terrestre (reliefs, contacts des mers et des terres) expliquent leur grande diversité qui ne permet pas de les étudier séparément, même les plus familiers d'entre eux.

Les vents liés à la topographie se développent dans un contexte météorologique adéquat. La présence de reliefs canalise leur écoulement (le mistral, le vent d'autan et à un moindre degré la tramontane) ou modifie leurs caractéristiques thermodynamiques (fœhn)...

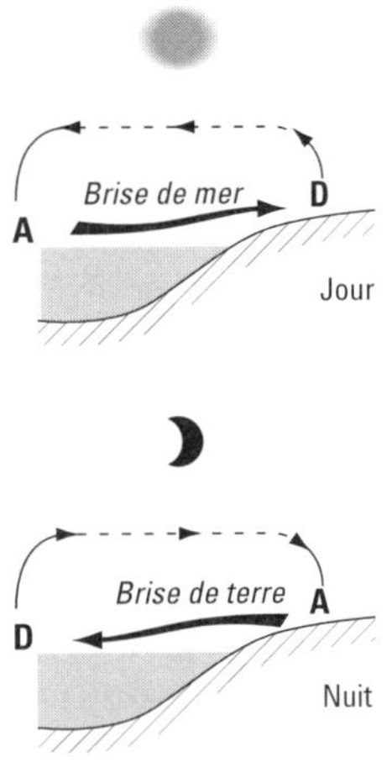

Fig. 9 : mécanisme des brises littorales

Les brises soufflent sur des trajets restreints, par journées chaudes et dans un contexte général de temps calme. Qu'elles soient littorales, orographiques ou urbaines, elles s'établissent chaque fois que se manifeste un gradient thermique appréciable, générateur d'un courant de densité. En effet, l'air chaud est léger et tend à s'élever alors que l'air froid, plus lourd, descend et s'étale. Un flux compensateur s'établit donc entre la source froide et la source chaude. Ainsi, pendant le jour, la terre, au voisinage de la côte, s'échauffant davantage que la mer, devient le siège d'une dépression relative et aspire l'air marin plus frais et plus dense qui s'étale à la surface de l'eau : c'est la brise de mer. Un circuit de sens opposé s'établit en altitude entre l'air chaud ascendant et l'air frais qui se tasse, comblant ainsi le vide partiel laissé par ce dernier. Ce cycle s'inverse durant la nuit car la terre se refroidit plus intensément que la mer dont l'inertie thermique est forte : c'est alors la brise de terre (fig. 9).

Des mécanismes similaires animent les brises de vallées et les brises de montagnes. Les brises urbaines ont la même origine : elles naissent des contrastes thermiques qui se manifestent entre les grandes agglomérations accumulant la chaleur et leur périphérie qui reste plus fraîche.

La circulation générale en altitude

Elle est également tributaire du champ de pression dont la configuration est plus simple qu'au sol puisque l'influence du substratum disparaît progressivement quand on s'élève.

La décroissance de la pression avec l'altitude ne suit pas un taux identique en tout point du globe. Elle est rapide dans l'air froid, plus lente dans l'air chaud. Ainsi, l'altitude d'un niveau de pression peut-elle s'écarter notablement de celle de l'atmosphère standard. Si elle lui est nettement inférieure, elle signale une dépression ; dans le cas inverse, un anticyclone. On en déduit aisément la relation suivante : en altitude, l'air froid engendre une dépression et l'air chaud, un anticyclone. On ne s'étonnera donc pas qu'aux latitudes moyennes et hautes une surface isobare subisse des variations saisonnières importantes. Celle-ci est plus élevée l'été dans l'air chaud que l'hiver où la troposphère s'est refroidie.

La topographie moyenne à 500 hPa pour l'hémisphère nord (fig. 10 et 11) montre l'abaissement sensible de la surface aux hautes latitudes (air froid) et son relèvement vers le tropique (air chaud). Le tracé des isohypses indique un flux d'ouest dominant sur toute la calotte située au nord du 20ᵉ parallèle en janvier, du 40ᵉ en juillet. Ce vaste courant circumpolaire est très rapide en hiver (isohypses resserrées) sur certains fuseaux (ouest et centre de l'Atlantique et du Pacifique). Au niveau de la tropopause, la vitesse est alors maximale (il s'agit d'un courant-jet, souvent matérialisé par de longues traînées nuageuses sur les images acquises par satellites). L'identification de ce phénomène est importante car c'est sur l'axe des jets que les perturbations parviennent à se développer. Le ralentissement de la circulation, bien marqué en été, s'exprime par un relèvement général de la surface, une diminution de la pente isobarique et le renforcement des cellules anticycloniques subtropicales.

Fig. 10 : topographie moyenne de la surface 500 hPa pour l'hémisphère boréal en janvier

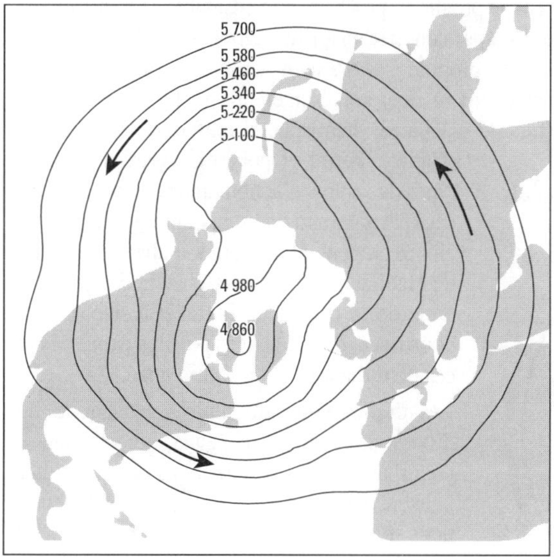

Fig. 11 : topographie moyenne de la surface 500 hPa pour l'hémisphère boréal en juillet

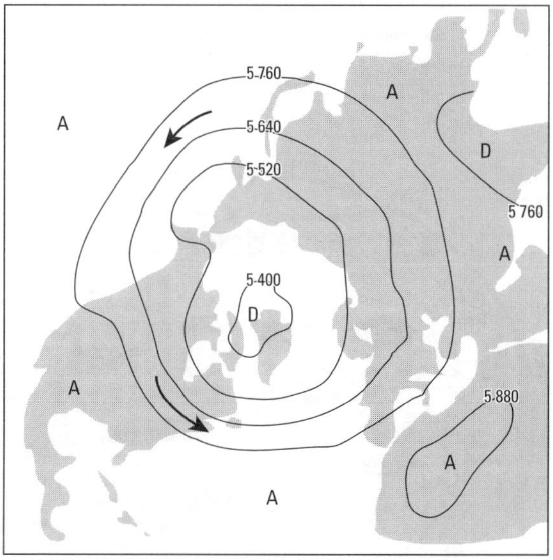

Note : La circulation atmosphérique rapide est fléchée.

Le courant circumpolaire austral est généralement très rapide en altitude en raison de l'abaissement des surfaces isobares au-dessus de l'Antarctique fortement refroidi, comme au niveau de la mer d'ailleurs (il suffit d'évoquer les « quarantièmes rugissants ») !

Enfin, ce schéma moyen incorpore certaines situations de circulation très lente dont il ne rend pas compte car des ondulations d'amplitude variable se développent temporairement dans la troposphère. L'alternance de « vallées » et de « crêtes » détermine respectivement des aires d'instabilité (ascendance) et de stabilité (subsidence) qui juxtaposent des types de temps totalement opposés (cf. chap. 3, p. 138).

Relations entre les grands ensembles de la circulation atmosphérique

L'analyse séparée des centres d'action et de la circulation, au sol et en altitude, ne doit pas faire oublier que les différents niveaux de la troposphère sont étroitement solidaires. L'atmosphère est une entité indissociable et sa dynamique, dans son ensemble, n'est que le réajustement imposé par la permanence de déséquilibres.

Les mouvements verticaux, ascendants et subsidents, sont toujours couplés, de l'échelle du cumulo-nimbus à celle d'une circulation de type Hadley.

Les mouvements horizontaux répondent également à des systèmes bouclés (le contre-alizé est la réplique de l'alizé).

Dans un anticyclone, l'air est subsident (il s'affaisse) et s'étale au niveau du sol (où il ne peut plus suivre le modèle géostrophique) en libérant des vents divergents. En altitude, l'écoulement de l'air vers le bas crée un appel d'air compensateur et les flux sont alors convergents ou tendent à l'être.

Fig. 12 : mécanisme des brassages verticaux dans l'atmosphère

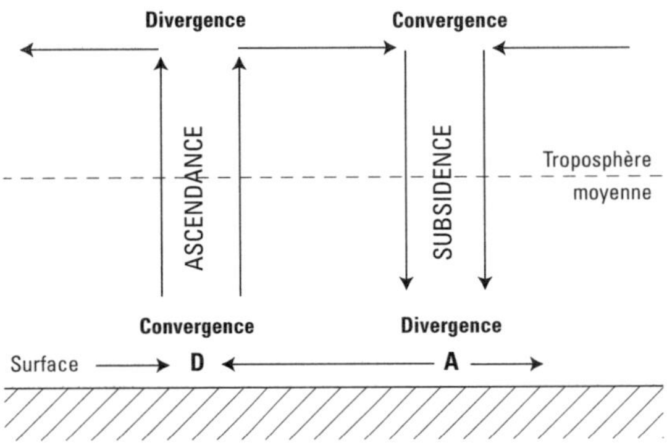

Cette synchronisation de déplacements horizontaux et de mouvements verticaux suggère l'image d'une courroie qui entraîne une suite de mécanismes : la subsidence s'accompagnant d'une divergence au sol et d'une convergence en altitude (fig. 12). Il est évident que si le rééquilibrage ne se réalise pas correctement, l'anticyclone se renforce en surface tandis qu'une dépression se creuse en altitude.

Convergence et divergence se manifestent aussi sur un plan horizontal et construisent respectivement des aires d'ascendance et des aires de subsidence (fig. 8).

Les interrelations entre hautes et basses latitudes se réalisent de proche en proche par un ensemble de transmissions qui suggère un mécanisme d'engrenage. Le schéma tricellulaire proposé par Palmen semble le plus satisfaisant actuellement pour représenter une réalité très complexe (fig. 13). Chaque hémisphère renferme trois cellules (Hadley, Ferrel et polaire), séparées par deux types de centres d'action (anticyclones subtropicaux et dépressions subpolaires). Ces anticyclones alimentent le courant d'alizé de la cellule de Hadley et les secteurs chauds des perturbations de la cellule de Ferrel. En retour, ils se nourrissent des décharges polaires expulsées par ces perturbations et du contre-alizé.

Les dépressions subpolaires activent le flux d'ouest des latitudes moyennes qui véhicule des perturbations. Les perturbations de ces latitudes naissent dans l'axe du jet polaire quand les conditions requises sont réalisées (cf. chap. 2, p. 99).

Les jets d'ouest (polaire et subtropical) apparaissent en altitude au niveau des décrochements de la tropopause. Le jet tropical d'est offre un cas particulier puisqu'il s'écoule en sens inverse de la rotation terrestre. C'est en fait un courant d'ouest « retardé » (la vitesse de rotation terrestre est supérieure à la sienne). Il ne se manifeste qu'entre le Tibet et le littoral sénégalais où il s'épanouit en une sorte de delta pour s'évanouir totalement ensuite.

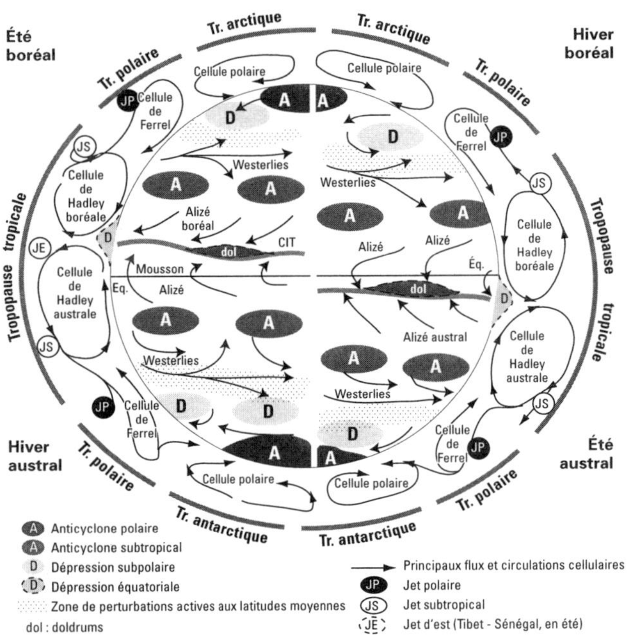

Fig. 13 : schématisation de la circulation atmosphérique générale

Des interconnexions apparaissent aussi entre des longitudes différentes sur une bande équatoriale relativement étroite. Ces échanges d'énergie se réalisent par l'intermédiaire de cellules juxtaposées, dites de Walker (fig. 14). La branche ascendante (convective) correspond aux continents et la branche subsidente, à la partie orientale des océans tropicaux (cf. chap. 3, p. 139).

Fig. 14 : les cellules de Walker (d'après Wyrtki)

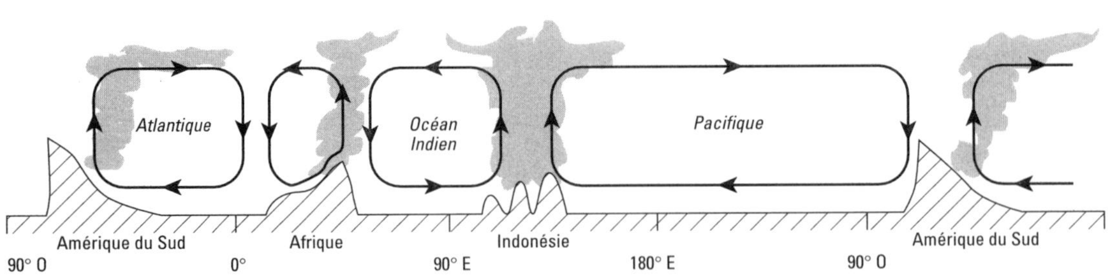

C

LES PERTURBATIONS ATMOSPHÉRIQUES

La circulation générale telle qu'elle vient d'être schématisée rend compte des mouvements de l'air à grande échelle mais doit incorporer également des phénomènes météorologiques, d'extension variable, liés à la présence de dépressions et générateurs de précipitations : ce sont les perturbations, appelées ainsi en raison des troubles qu'elles entraînent. On ne peut analyser leur mécanisme sans étudier les masses d'air auxquelles elles sont intimement associées.

1 Les masses d'air

La notion de masse d'air a été envisagée par V. Bjerknes, un des fondateurs de la théorie norvégienne au début du XXe siècle. Une masse d'air peut être considérée comme un immense volume d'air englobant plusieurs millions de km^2 et quelques milliers de mètres d'épaisseur (toute la couche troposphérique, à la limite) dont les propriétés physiques (température et hygrométrie principalement) restent approximativement semblables sur un plan horizontal. La source d'une masse d'air est une région où l'air stagne suffisamment longtemps pour que toutes ses particules puissent acquérir des caractéristiques identiques. On mesure ici l'importance que prend le substrat dans ce concept assez formel et qui comporte une certaine part d'arbitraire. Mais à notre échelle d'analyse, cela permet de dégager les grands traits d'une classification fondée sur des critères thermiques (air chaud ou air froid) et hygrométriques (air sec ou air humide). Lorsqu'une masse d'air quitte ses quartiers d'origine, elle se dénature progressivement au contact du substratum où elle transite. Elle devient alors une masse d'air dérivée ou secondaire. La typologie des masses d'air repose donc sur deux critères : la latitude qui permet d'opérer un clivage thermique (caractère principal signalé par une initiale majuscule) et la nature du substrat, maritime ou continental (caractère complémentaire se rapportant à l'hygrométrie, traduit par une initiale minuscule). L'intérêt doit se porter également sur l'évolution thermodynamique de la masse d'air au cours des péripéties de sa trajectoire.

Identification des principales masses d'air

L'air arctique s'élabore sur le bassin arctique et ses marges immédiates :

– L'air arctique maritime ***(Am)*** prend naissance sur un océan plus ou moins envahi par les glaces ; il est donc très froid et, par suite, relativement sec, mais lorsqu'il s'écoule vers le sud en s'échappant plus volontiers par les échancrures qui ébrèchent la bordure du bassin (seuil nord-Atlantique, détroits de Davis et de Behring), il se réchauffe par la base et s'humidifie au contact d'un océan de moins en moins froid. Il devient alors très instable : des cumulo-nimbus provoquant de violentes averses de grésil ou de neige se détachent sur un fond de ciel d'un bleu vif. Ce type de temps froid et perturbé frappe la façade occidentale de l'Europe au cours du printemps, au moins pendant quelques jours. Il se caractérise encore par une tropopause très basse (7 à 8 km).

Côté austral, on remarquera que l'Antarctique ne peut qu'engendrer ***un air continental sec et d'un froid intense.*** Lorsque celui-ci s'éloigne de sa source, il subit le sort de l'air Am et devient instable en voyageant sur l'océan.

– L'air arctique continental ***(Ac)*** se forme sur la banquise et les îles de l'océan Glacial recouvertes de glaces. Il est donc ***très froid et sec*** dans les basses couches où une inversion thermique se manifeste. Il envahit l'Europe continentale par le nord de la Russie ou la Finlande en y donnant quelques chutes de neige fine (nuages plats de type strato-cumulus).

L'air polaire, baptisé ainsi par les météorologistes norvégiens du début de ce siècle, est dérivé de l'air arctique qui a subi une lente évolution au cours de ses errances vers les 60-70es parallèles. Il revêt deux aspects très différents :

– L'air polaire maritime ***(Pm)*** a voyagé plus ou moins longtemps sur l'Atlantique ou le Pacifique où il s'est humidifié avant d'atteindre le milieu continental. Cette masse d'air baigne l'Europe occidentale en toutes saisons. Il parait donc doux en hiver et il se stabilise sur le continent plus froid que lui. La situation s'inverse en été où l'instabilité se traduit par des averses, éventuellement des orages.

La disposition des continents dans l'hémisphère austral limite les possibilités de formation d'une masse d'***air Pc.***

– L'air polaire continental ***(Pc)*** provient de masses d'air Pm ou Am qui se sont aventurées sur le continent où elles stagnent dans un champ de hautes pressions. Froid et sec en hiver, il est, au contraire, chaud mais toujours très sec en été (l'instabilité qu'il engendre alors est contrariée en altitude par la subsidence de l'air qui limite le développement des cumulus).

L'air tropical s'est élaboré dans le calme des anticyclones subtropicaux, vers 30 ° de latitude, ce qui explique ses températures élevées.

– L'air tropical maritime ***(Tm)*** provient des cellules de hautes pressions océaniques (Açores, Sainte-Hélène...). Fatalement humide, il manifeste néanmoins une grande stabilité (tant qu'il ne s'incorpore pas à un système cyclonique) et la conserve en migrant vers des latitudes plus élevées puisqu'il transite sur des surfaces de plus en plus fraîches. Sa tropopause élevée (14 à 15 km) permet de l'identifier facilement.

– L'air tropical continental ***(Tc)*** provient essentiellement de deux sources, Sahara-Arabie et Australie centrale. Très sec et stable à l'origine, il se gorge d'humidité en traversant les mers. On le constate aisément avec l'air saharien qui, après avoir franchi la Méditerranée, déverse d'énormes quantités d'eau sur les reliefs qu'il rencontre (Cévennes, Pyrénées orientales...).

L'air équatorial *(E)* prend naissance dans une zone étroite, océanique ou continentale, ce qui importe peu d'ailleurs car la forêt ombrophile l'humidifie tout autant que la mer. Chaud et saturé, il est forcément très instable.

2 Les surfaces frontales

La notion de front (cf. chap. 2, p. 101). Après avoir identifié les masses d'air fondamentales qui se partagent le globe, on peut se demander si elles ne finissent pas par perdre leur individualité en s'éloignant de leur source au point de se confondre avec les masses d'air adjacentes. Cette éventualité survient parfois mais, dans le cas général, on constate des démarcations plus ou moins accusées entre ces masses d'origine diverse à cause de leur différence de densité (induite par une température et une hygrométrie dissemblables), de leur dynamique propre et de la rotation de la Terre qui font obstacle à leur mélange. Ces frontières aérologiques ne sont plus considérées aujourd'hui comme des lieux d'affrontement, des « fronts » (selon l'appellation norvégienne) capables, par leur seule présence, de susciter des cyclogenèses. Ce ne sont pas évidemment des « surfaces » au sens mathématique du terme, mais plutôt des volumes de transition (où un mélange se réalise néanmoins). Le repérage de leur localisation conserve cependant un intérêt car les perturbations naissent et se développent à l'intérieur de ces zones floues quand les conditions favorables sont réunies (fig. 15).

Fig. 15 : principales bandes d'activité des perturbations aux latitudes moyennes

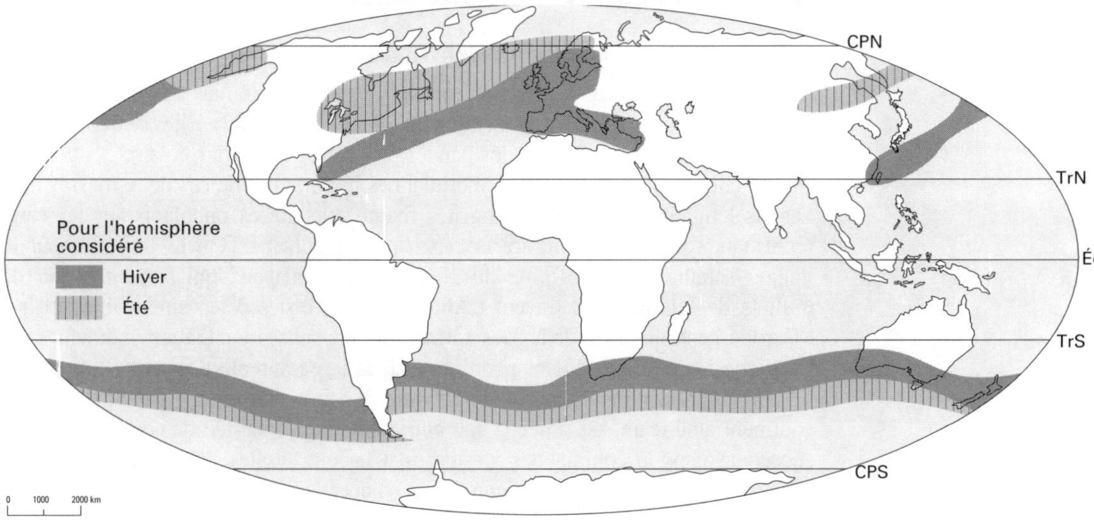

Les océans des latitudes extratropicales présentent plusieurs de ces zones ressemblant davantage à des ***bandes*** diagonales orientées sud-ouest/nord-est dans l'hémisphère boréal, inclinées du nord-ouest au sud-est dans l'autre, qui séparent les masses d'air Pm et Tm.

Ces ***bandes*** évoquent, en moins rigide, les « fronts polaires » de la théorie norvégienne, le pluriel signifiant par ailleurs que des dédoublements, ou encore des dérivations, les affectent à l'occasion.

La frontologie traditionnelle a fixé également le front arctique (ou antarctique), limite entre l'air polaire et l'air arctique (ou antarctique). Le balancement saisonnier des centres d'action explique les oscillations méridiennes de ces limites et l'apparition plus ou moins éphémère de nouvelles discontinuités comme le front méditerranéen marquant, au cours de certaines séquences hivernales, la séparation entre l'air Pc européen froid et l'air méditerranéen doux et humide. Cette masse d'air peut encore s'opposer à l'air atlantique frais (front atlantico-méditerranéen). Une analyse détaillée révélerait ainsi de multiples variantes régionales aux types principaux qui viennent d'être identifiés.

La zone intertropicale présente des masses d'air relativement homogènes en milieu océanique. La notion même de discontinuité aérologique perd donc son sens mais d'autres mécanismes interviennent. La rencontre des alizés des deux hémisphères provoque une ascendance d'autant plus dynamique que les anticyclones subtropicaux, pulseurs des flux, sont étendus et puissants : c'est le domaine de la Convergence Intertropicale (CIT). Celle-ci est étroite et très active quand les alizés se heurtent avec vigueur (une ligne de cumulo-nimbus la matérialise, nettement visible sur les images obtenues à partir des satellites géostationnaires). Elle devient une zone élargie et inerte (les doldrums des auteurs anglais) quand les alizés y parviennent affaiblis, ce qui n'exclut pas des formations nuageuses d'instabilité.

La confrontation d'un alizé océanique et d'un alizé continental offre un cas de figure différent, assez bien schématisé en Afrique occidentale et qui illustre le phénomène de la « mousson » Les contrastes hygrométriques entre les deux masses d'air rappellent certaines structures qui nous sont familières aux latitudes moyennes. Il s'agit alors du Front Intertropical (FIT), limite de l'air tropical saharien très sec et de l'air océanique humide qui envahit le continent par le sud à partir du golfe de Guinée (fig. 16). L'alternance de régime entre l'alizé sec et l'alizé humide rythme le climat de mousson qui s'étend sur une partie du domaine intertropical.

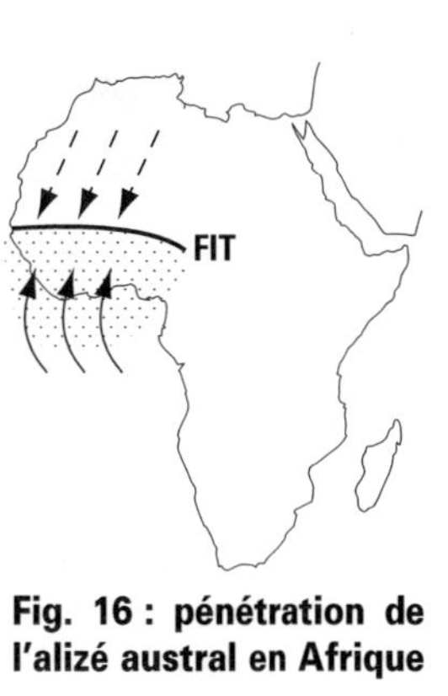

Fig. 16 : pénétration de l'alizé austral en Afrique

3 Les types de perturbations atmosphériques

Les perturbations des latitudes moyennes

Elles furent décrites par les Norvégiens dans les années 20 mais l'explication de leur genèse a été totalement révisée récemment (cf. chap. 2, p. 102). Elles se traduisent par de vastes ondulations affectant les bandes de contact entre l'air polaire et l'air tropical qui entraînent des migrations méridiennes importantes de ces deux masses d'air. Depuis longtemps, les météorologistes fixent leurs tracés ondulants sur les cartes représentant la situation au sol (« cartes norvégiennes »). On les retrouve sur les images satellite sous la forme de grands rubans nuageux qui serpentent sur des milliers de kilomètres à travers l'Atlantique Nord, des côtes américaines jusqu'à l'Europe centrale et au-delà. Des formations nuageuses analogues ondulent sur le Pacifique Nord. Dans l'hémisphère austral, la large auréole océanique qui entoure l'Antarctique jusqu'aux environ de 35° Sud, à peine interrompue par l'extrémité du continent américain, est ornée d'une guirlande quasi continue de ces vagues qui se succèdent dans le courant des westerlies. Chacune d'elles constitue un « cyclone norvégien », perturbation classique des moyennes latitudes.

Le cyclone norvégien et les types de temps associés (fig. 17)

Un cyclone norvégien est une perturbation caractérisée par la présence d'une langue d'air chaud, le secteur chaud, entourée d'air froid et séparée de celui-ci par le front chaud (dans sa partie antérieure), par le front froid (dans sa partie postérieure). Le point de rencontre de ces deux fronts correspond au centre d'une dépression qui se creuse de plus en plus alors que le système frontal tend à s'enrouler autour d'elle. On distingue alors les trois parties de la perturbation : la tête (précédant le front chaud), le corps (rassemblant l'essentiel du système nuageux), la traîne (postérieure au front froid et constituée elle-même d'air froid). Sous l'effet de la ***poussée*** de l'air froid postérieur, le front froid avance plus rapidement que le front chaud et finit par étrangler le secteur chaud en créant une occlusion (rejet de l'air chaud en altitude).

Cette ***poussée*** reflète le dynamisme de l'air froid auquel l'air chaud, plus élastique, n'oppose qu'une faible résistance. L'inclinaison du front chaud explique par ailleurs la lenteur de sa progression.

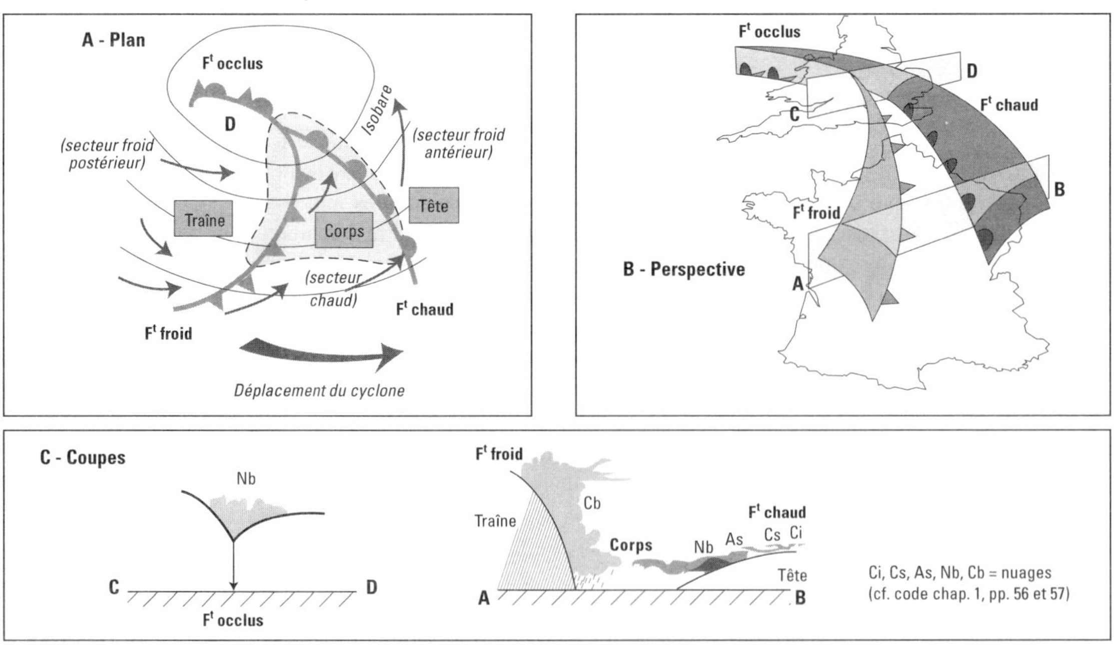

Fig. 17 : schématisation d'un cyclone « norvégien »

À la représentation du champ de pression au sol, les cartes norvégiennes adjoignent le tracé des fronts. Le front occlus y figure de façon fictive puisqu'il représente la projection, au sol, du talweg de la vallée chaude d'altitude. En somme, le tourbillon cyclonique ainsi engendré puise son énergie dans le contraste thermique des masses d'air en présence, ce qui explique aussi sa dégénérescence et son extinction lorsque la totalité de l'air chaud est expulsée en altitude, l'air froid ayant reconquis entièrement les basses couches. Corrélativement, les structures frontales disparaissent (frontolyse). À travers les **phénomènes** météorologiques qui accompagnent le passage d'une perturbation, on reconnaît aisément les trois parties qui la constituent. Elles se traduisent concrètement par des modifications de l'état du ciel et de la direction du vent.

Schématisons un de ces **phénomènes** qui traverse la France d'ouest en est. Un observateur voit d'abord défiler quelques cirrus (Ci) assez clairsemés puis un voile de cirrostratus (CiSt) balisant le front chaud à une altitude élevée. Des altostratus (As) apparaissent ensuite et, enfin, sous cette toile de fond, se profilent des nimbo-stratus (NbSt) donnant les premières précipitations (pluie ou neige), fines mais continues. Une baisse de la pression atmosphérique accompagne ce défilé nuageux, emporté par un vent de sud-ouest, ainsi qu'une hausse de la température qui marque généralement la fin des précipitations. Après le passage de la tête, les précipitations cessent ou deviennent insignifiantes en dépit d'un ciel chargé, caractérisant le corps (secteur chaud de la perturbation). Puis le ciel s'obscurcit. Une averse souvent violente, avec quelques coups de tonnerre à l'occasion et des rafales de vent, signalent le passage du front froid qui introduit la traîne. Le gros cumulo-nimbus s'éloigne, l'éclaircie arrive. La visibilité est excellente. La teinte du ciel vire au bleu vif. Le vent qui s'oriente au nord-ouest apporte des bouffées d'air frais, vivifiant. La pression remonte... jusqu'à l'apparition des premiers cirrus, précurseurs d'un nouveau cyclone car le phénomène qui vient d'être décrit s'incorpore presque toujours à une famille de perturbations. La séquence se termine généralement par une expulsion d'air frais vers l'anticyclone subtropical qu'elle recharge. La chaîne perturbée est provisoirement rompue. Une nouvelle se reformera au large des côtes américaines, un peu plus au nord que la précédente. L'originalité de ce type de temps réside dans le passage des fronts qui rythment les précipitations et dans l'alternance de l'air tiède et de l'air frais qui complètent cet effet de « douche écossaise ».

Les perturbations de fronts froids

Pour fréquent qu'il soit, le cyclone norvégien n'a pas l'exclusivité des temps perturbés. Ceux-ci surviennent encore au passage de fronts froids isolés qui accompagnent souvent des invasions d'air arctique en fin de saison froide. L'instabilité est la règle avec averses de neige ou de grésil.

Les orages de saison chaude éclatent volontiers au passage du front froid d'un cyclone norvégien mais ils peuvent aussi prendre naissance au sein d'un marais barométrique où une masse d'air chaud et humide, potentiellement instable, trouve localement des facteurs favorables à son soulèvement (***relief,*** thermoconvection, goutte froide d'altitude…).

Le ***relief*** crée, en toutes régions du globe, des obstacles orographiques propices au déclenchement d'ascendances. Il réveille souvent une instabilité latente et, dans certains cas, il génère ses propres perturbations.

Les perturbations en zone intertropicale

Très différentes de celles des autres latitudes par les mécanismes qui les animent, elles conduisent pourtant aux mêmes effets, c'est-à-dire à des précipitations mais dont l'importance et l'intensité sont beaucoup plus fortes ici que partout ailleurs.

La convergence intertropicale, quand elle est bien marquée, représente en soi une perturbation dont la mobilité méridienne reflète la puissance des alizés qui s'y affrontent. Elle est ponctuée par les cheminées des cumulo-nimbus et, vue des satellites, elle ressemble à une grande guirlande. Il s'agit donc d'une ***convection*** purement dynamique commandée par les réserves d'énergie cinétique que recèle l'hémisphère en hiver, et qui déportent la CIT dans l'hémisphère d'été.

À la ***convection*** dynamique s'ajoute probablement la contribution de l'énergie libérée par la chaleur latente lors de la condensation qui intervient à basse altitude. Il est même vraisemblable que cette source d'énergie soit quasi exclusive dans les poches de doldrums.

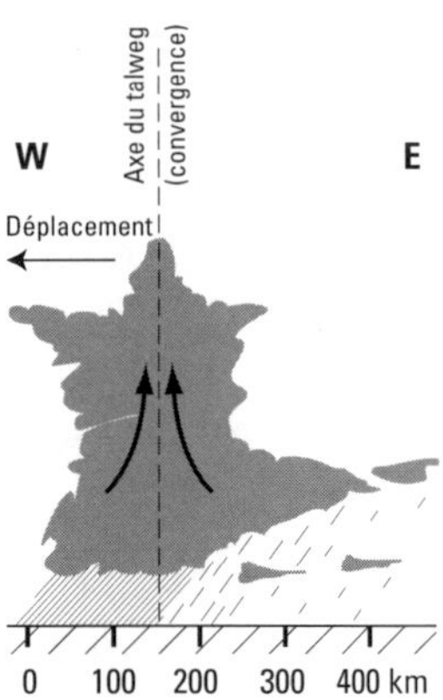

Fig. 18 : structure schématique d'une ligne de grains

Les lignes de grains sont des perturbations purement cinématiques qui se propagent d'est en ouest dans le domaine de l'alizé, emportées par les ondes d'est d'altitude décelables principalement aux alentours de 3 000 - 3 500 m. Ces ondulations du flux, matérialisées sur les cartes de la surface 700 hPa, présentent des bandes méridiennes où la convergence alterne avec la divergence (fig. 18). Si leur genèse demeure encore imparfaitement élucidée, leurs manifestations sont bien connues et le passage d'une aire de convergence n'est pas sans évoquer celui d'un front froid aux latitudes moyennes : forte instabilité avec pluies orageuses et bourrasques violentes puis, après le paroxysme correspondant au flanc postérieur du talweg, le calme revient avec le retour à la subsidence de l'air, un air plus agréable puisque rafraîchi par l'évaporation. Sur la bordure externe de la zone de l'alizé, l'instabilité ne soulève plus que des tourbillons de poussière, seuls indices de l'existence d'une ligne de grains.

Le cyclone tropical est le phénomène météorologique le plus spectaculaire en raison de l'énergie cinétique qu'il libère et des risques qui lui sont liés. C'est une gigantesque machine thermodynamique qui déverse des quantités d'eau impressionnantes sur son passage. Les cyclones tropicaux apparaissent toujours sur un océan où les eaux chaudes superficielles (26 à 27 °C au minimum) sont livrées à une évaporation intense. Un gros cumulo-nimbus constitue l'embryon du cyclone. La pression baisse graduellement vers son centre jusqu'à des valeurs souvent inférieures à 950 hPa). Comme le phénomène est très circonscrit (200 à 300 km de diamètre), le gradient de pression élevé anime un tourbillon d'une extrême violence (les vents dépassent fréquemment 200 km/h). C'est pour cette raison que les cyclones épargnent les très basses latitudes où la force de Coriolis est insignifiante. Leur zone de prédilection s'étend entre 7 et 20 ° de latitude dans chaque hémisphère et sur l'ouest des océans en particulier, Atlantique austral exclu (Cf. carte de partie 1 p. 21).

Document commenté

De la mécanique avant toute chose...

Centres d'action, rotation terrestre et vent résultant

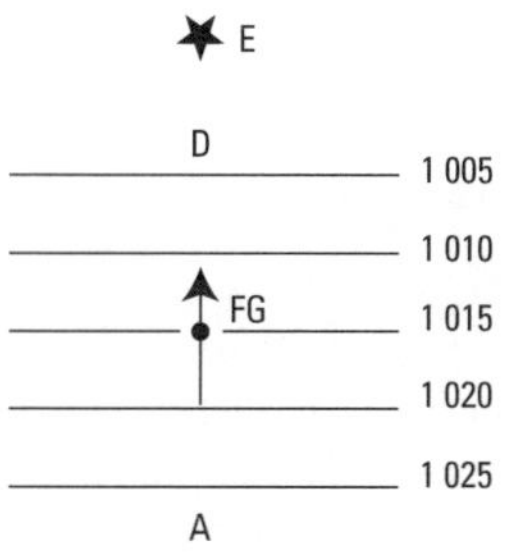

Fig. 19 :

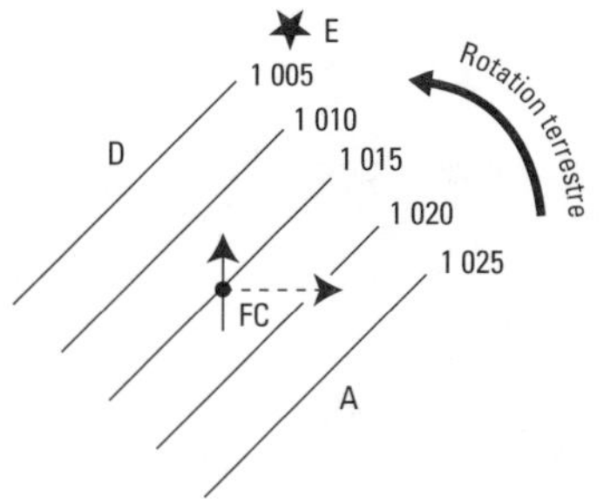

Fig. 20 :

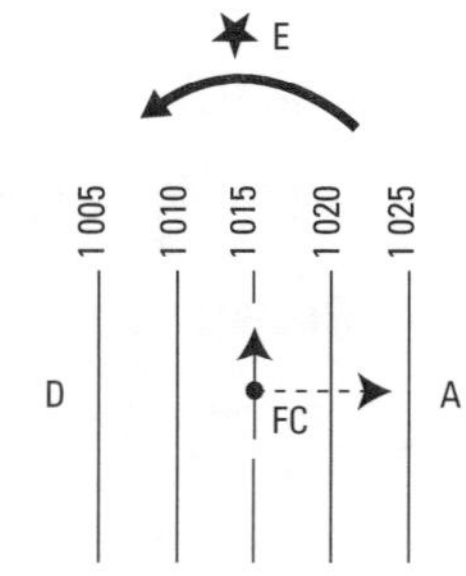

Fig. 21 :

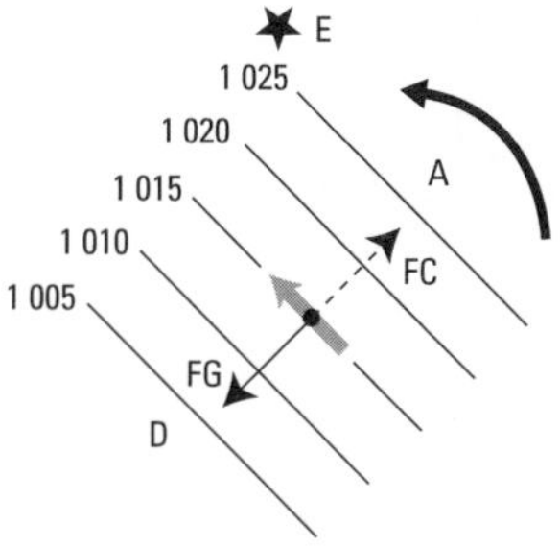

Fig. 22 a :

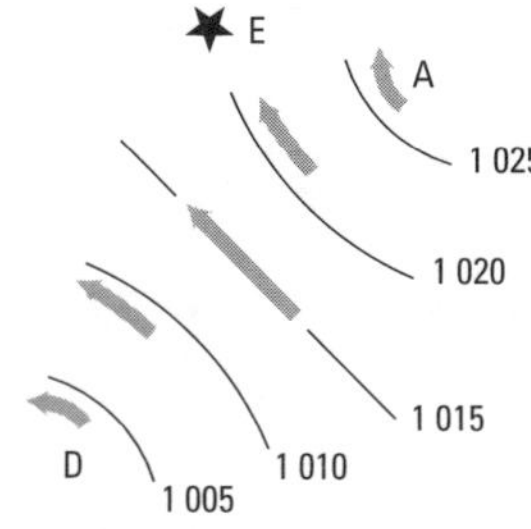

Fig. 22 b :

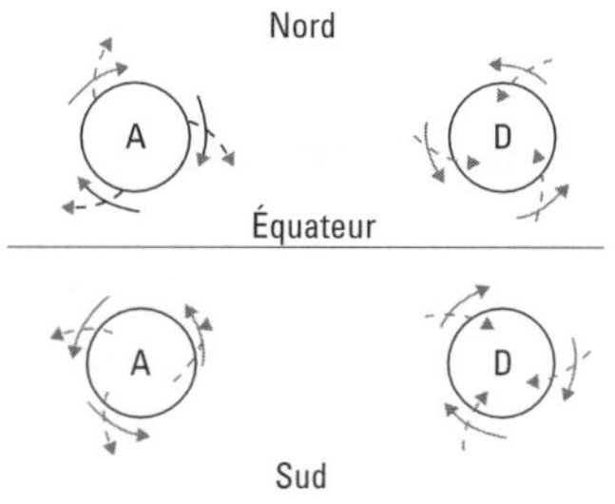

Fig. 23 :

A Centre de l'anticyclone
D Centre de la dépresssion
E Étoile (repère absolu)

Direction du vent résultant
Sens de la rotation terrestre
FG Force du gradient
FC Force de Coriolis

Vent dû à l'effet de rugosité
Vent géostrophique

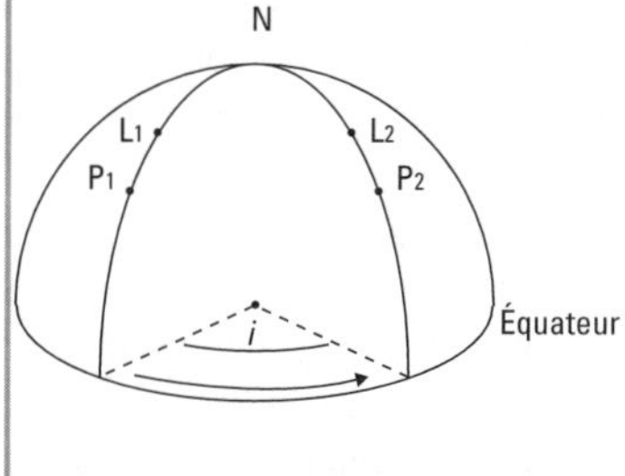

Fig. 24 :

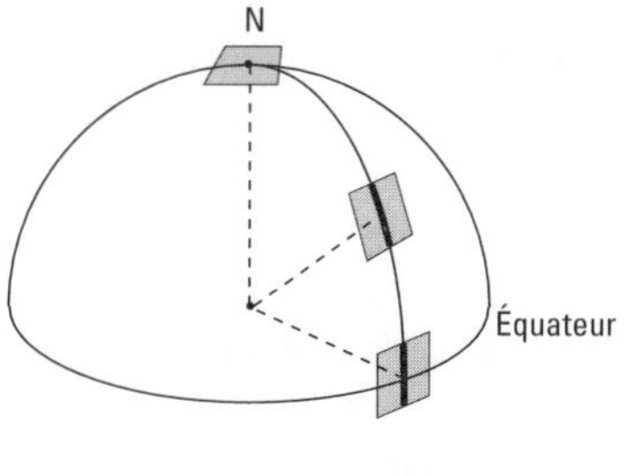

Fig. 25 :

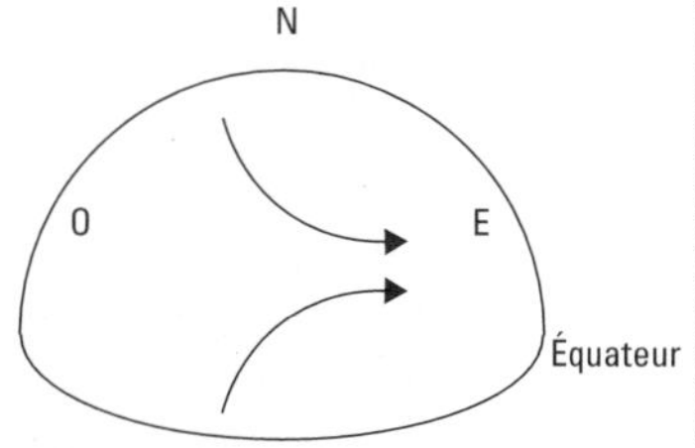

Tourbillon terrestre et déviation des flux méridiens

Fig. 26 :

1 - PRÉSENTATION DES DOCUMENTS

Quelle est la nature des documents ?

Texte et croquis (Fig. 19, 20, 21, 22a, 22b, 23, 24, 25, 26).

Les graphiques présentés pour l'analyse mettent en évidence les centres d'action, la rotation terrestre et les vents qui en résultent.

2 - MÉTHODE

A/ Objectif

Rappel de quelques notions de mécanique appliquée aux flux atmosphériques.

B/ Problématique

La dynamique atmosphérique est soumise à des lois ou plutôt à des principes qui relèvent du domaine de la mécanique des fluides, domaine subdivisé lui-même en deux branches, la thermodynamique et l'hydrodynamique dont l'objet est d'étudier les relations entre l'écoulement, l'énergie et la pression concernant les fluides (liquides et gaz). Les développements scientifiques n'ont pas leur place dans cet ouvrage mais le lecteur curieux pourra les trouver dans P. Quesney (*op. cit.*) ou dans des manuels de physique. Il est cependant possible de saisir quelques mécanismes essentiels sous un angle uniquement qualitatif avec le support du croquis, en dehors de toute considération mathématique.

3 - ANALYSE ET COMMENTAIRE

A/ La force de Coriolis et le vent géostrophique

Cette présentation est inspirée de P. Pédelaborde, « Les données de la climatologie » *in Géographie générale,* Encyclopédie de La Pléiade, 1966, Paris.

Soit un champ de pression au sol, qu'on supposera réalisé à la surface de la mer (fig. 19). Il est caractérisé par un anticyclone A, une dépression D et un gradient de pression tel que la force du gradient fG déclenche un flux de A vers D selon la pente des isobares. La vitesse de cet écoulement est proportionnelle à la vigueur de cette pente qui matérialise le gradient (penser à l'eau qui ruisselle selon la ligne de plus grande pente). Mais la rotation de la Terre va dévier ce mouvement. En effet, elle déplace le champ de pression en bloc (puisque les pressions s'appliquent à sa surface) alors que le flux s'en affranchit (il est libre au-dessus de cette surface). L'air s'écoule donc, fidèle à sa direction primitive dans l'espace absolu (celle-ci étant définie par un repère stellaire E), en vertu du principe d'inertie (fig. 20). Ce principe, fondamental en mécanique, implique que tout mobile lancé sur une trajectoire donnée la conserve aussi longtemps qu'une force ne viendra pas l'en détourner. Le flux qui, primitivement, s'écoulait perpendiculairement aux isobares (A, D, E étaient alignés) s'incurve progressivement dans leur direction (AD et AE forment désormais un angle qui s'ouvre de plus en plus) ; autrement dit, en considérant des repères terrestres, le flux semble rabattu vers la droite par une force « déviante », appelée force de Coriolis (fC) et dont la cause est la rotation terrestre qui emporte le champ de pression sans entraîner l'air qui le domine.

Cette situation est « bloquée » lorsque le flux s'écoule parallèlement aux isobares (fig. 21). Désormais, il ne s'écarte plus de cette direction et s'éloigne alors de l'axe AE, alors même que le champ de pression continue à être entraîné par la rotation de la Terre (fig. 22 a et 22 b). On conçoit aisément que s'il n'en était pas ainsi, le vent remonterait la pente des isobares, ce qui est mécaniquement impossible. En effet, la force du gradient intervient à nouveau et le vent résultant (qui s'écoule à vitesse constante) traduit l'équilibre réalisé entre deux forces, de sens contraire : fG, force réelle dirigée vers D, et fC, force virtuelle dirigée vers A. En somme, le vent souffle en laissant les hautes pressions à sa droite, les basses pressions à sa gauche. Cette règle, familière aux navigateurs et formulée par Buys-Ballot, s'applique exclusivement à l'hémisphère Nord ; elle s'inverse pour l'hémisphère Sud. Le vent qui s'écoule parallèlement aux isobares (ou aux isohypses, en altitude) est qualifié de « géostrophique » (des racines grecques : *gê,* Terre, et *strophein,* tourner).

Lorsque l'air qui s'écoule subit un effet de frottement – c'est le cas dans les basses couches de l'atmosphère où la rugosité du sol se manifeste, et en altitude dans les régions montagneuses – le vent ne suit plus la règle géostrophique. Il est d'autant plus entraîné vers la gauche dans l'hémisphère Nord, vers la droite dans l'hémisphère Sud, que la rugosité est forte (cas des brises qui s'écoulent perpendiculairement aux isobares). Cet effet est important parce qu'il contribue à égaliser le champ de pression, en comblant les dépressions aux dépens des anticyclones (fig. 23). On comprend alors qu'anticyclones et dépressions se maintiennent beaucoup mieux sur les océans qu'en milieu continental.

B/ Le problème des déviations des flux méridiens

Les « coulées » polaires qui descendent vers les latitudes moyennes et les transgressions tropicales qui y remontent subissent des déviations de trajectoires qui trouvent leur justification dans les effets mécaniques de la rotation terrestre. L'explication des processus nécessite de faire appel à la notion de « tourbillon ». On appelle « tourbillon » la rotation d'un corps (dans le cas présent, une colonne atmosphérique) autour d'un axe vertical. En raison de son mouvement de rotation, la Terre crée en chaque point du globe un tourbillon qui lui est propre.

Afin de concrétiser ce mécanisme, prenons deux points de l'hémisphère Nord situés sur un même méridien, par exemple Lille et Perpignan (fig. 24). Quand la Terre a tourné d'un certain angle *î,* L1 et P1 sont venus respectivement en L2 et P2, ce qui ne change rien par rapport aux cordonnées terrestres (pour un Lillois, Perpignan sera toujours situé au sud !). Mais en dehors de l'espace terrestre, un observateur affranchi totalement du mouvement de rotation verrait L se déplacer vers l'est plus lentement que P, autrement dit, il constaterait que L et P pivotent sur un cercle de diamètre LP dans le sens inverse des aiguilles d'une montre. Ceci matérialise le tourbillon propre de la Terre. Ce tourbillon s'effectue à des vitesses variables en fonction de la latitude. On saisit aisément qu'une colonne d'air immobile et centrée sur le pôle fasse, comme la Terre qui l'emporte, un tour complet (360°) en 24 heures. En revanche, une colonne d'air située à l'équateur, dans un plan perpendiculaire à celui-ci et par suite parallèle à l'axe polaire, ne sera animée d'aucun mouvement de rotation. Dans ce plan, le tourbillon est nul (0° en 24 heures). Entre le pôle et l'équateur, la vitesse du tourbillon prend des valeurs intermédiaires (fig. 25). À Paris (49° de latitude N), l'expérience du pendule réalisée par Foucault au Panthéon, en 1851, a montré que le tourbillon local s'effectue en 32 heures. On démontre en mécanique que la vitesse du tourbillon est proportionnelle au sinus de la latitude. Maximale aux pôles (sin 90° = 1), elle diminue jusqu'à l'équateur où elle devient nulle (sin 0° = 0), et la rotation change de sens d'un hémisphère à l'autre.

En conséquence, supposons qu'une colonne d'air située sur le pôle Nord et immobile par rapport à la Terre s'écoule vers le sud telle une « coulée » polaire et qu'elle ne modifie pas ses caractéristiques géométriques (rayon et hauteur). Elle conserve par inertie le tourbillon absolu du pôle qui est plus rapide que le tourbillon local des régions qu'il traverse. Cette colonne d'air garde donc une rotation cyclonique dont la vitesse relative est la différence entre celle qu'il a acquise au pôle et celle du tourbillon local du lieu où il est parvenu. À l'inverse, une colonne d'air quittant l'équateur (ici le tourbillon est nul) trouve, en remontant vers le nord, des régions où le tourbillon local, cyclonique, n'est plus nul. Pour un observateur terrestre (qui ne ressent pas le tourbillon local), cette colonne d'air lui semblera tourner dans le sens des aiguilles d'une montre, c'est-à-dire le sens anticyclonique.

Les exemples choisis représentent des points de départ extrêmes mais l'observation satellitaire saisit fréquemment des amorces de coulées froides dès le 75e parallèle et des embryons de remontées chaudes vers le 25 ou 30e. Le mécanisme décrit plus haut n'en demeure pas moins valable ici.

Concrètement, la conservation du tourbillon entraîne les conséquences suivantes : toute masse d'air s'écoulant vers des latitudes plus basses emporte avec elle un tourbillon cylonique générateur d'instabilité et toute masse d'air gagnant des latitudes plus élevées génère une rotation anticyclonique entraînant sa stabilité. En somme, tous les courants méridiens semblent condamnés à adopter une courbure qui les dévie vers l'est (fig. 26). Cette règle admet pourtant des exceptions. Nous avons supposé dans le raisonnement précédent que les colonnes d'air ne modifiaient ni leur rayon ni leur épaisseur tout au long de leur déplacement. La réalité s'écarte souvent de ce point de vue théorique. Ainsi, une coulée polaire qui s'étale au cours de sa progression diminue son épaisseur, s'affaisse (phénomène de divergence) et son rayon (r) augmente, ce qui implique une diminution de sa vitesse de rotation (v). En effet, le produit (v. r), appelé « moment de rotation », reste constant si la colonne d'air tourne symétriquement par rapport à la verticale. Par suite, cette coulée polaire peut acquérir une vitesse de rotation plus faible que le tourbillon local et s'incliner alors vers l'ouest en adoptant une courbure anticyclonique. L'effet inverse apparaît dans une coulée polaire quand le tourbillon subit une contraction latérale (convergence) lors de sa canalisation dans un couloir orographique, par exemple. La diminution du rayon s'accompagne d'une augmentation de la vitesse de rotation et accentue la courbure cyclonique vers l'est (cas du mistral débouchant en Méditerranée). Un flux d'air tropical soumis à un mécanisme identique de convergence conduit à des effets totalement opposés : sa vitesse de rotation peut être accrue au point de dépasser celle du tourbillon local de la planète, ce qui lui confère une rotation cyclonique relative qui le dévie vers l'ouest.

4 - GÉNÉRALISATION ET MISE EN GARDE

Les mécanismes décrits dans le cadre de l'hémisphère boréal s'appliquent point par point à l'hémisphère austral.

Au terme de cette incursion dans la mécanique, évitons de confondre les notions de tourbillon et de vitesse linéaire. La rotation terrestre engendre un tourbillon maximum aux pôles et nul à l'équateur alors que sa vitesse linéaire, nulle aux pôles, devient maximale à l'équateur (465 m/s contre 326 m/s à 45°, 233 m/s à 60° et évidemment 0 m/s aux pôles). Cette diminution, à partir de la référence équatoriale, est fonction du cosinus de la latitude. La vitesse angulaire de rotation est, bien entendu, la même pour toute la planète (360° en 24 heures, soit 15° par tranche horaire). On ne s'étonnera pas que la vitesse de translation terrestre sur son orbite de révolution, bien que beaucoup plus forte (32 km/s environ), n'entraîne aucune conséquence mécanique sur l'atmosphère puisque celle-ci reste solidaire du globe.

DOCUMENT COMMENTÉ

L'analyse thermodynamique

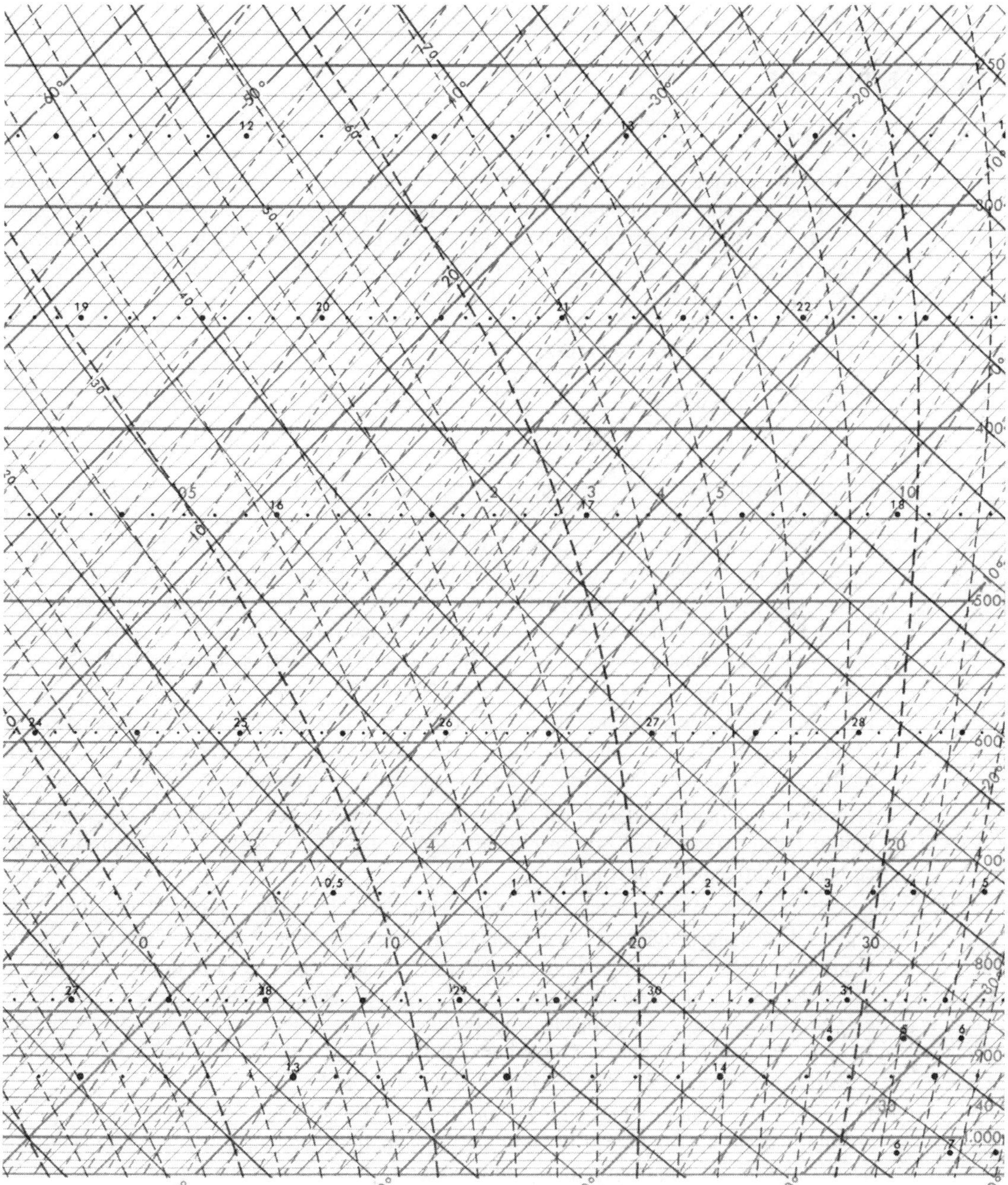

Fig. 27 : émagramme actuel de la météorologie nationale

1 - PRÉSENTATION DU DOCUMENT

Quelle est la nature du document ?

L'émagramme, outil d'analyse thermodynamique. Le modèle présenté ici (fig. 27) est conçu et utilisé par la Météorologie nationale française.

L'émagramme est un papier fonctionnel, sorte d'abaque, qui permet de calculer l'énergie liée à chaque gramme d'air déplacé verticalement. D'où l'étymologie de ce diagramme aérologique : é = énergie, ma = masse, gramme (« j'écris », en grec)

2 - MÉTHODE

A/ Objectifs

La thermodynamique étudie les rapports entre les phénomènes thermiques et les phénomènes mécaniques. Le cadre de cet ouvrage ne réserve pas de place à des développements théoriques de thermodynamique appliquée au milieu atmosphérique. L'utilisation de l'émagramme permet, par la pratique, d'acquérir des bases suffisantes dans ce domaine pour résoudre quelques problèmes simples auxquels sont confrontés les climatologues.

B/ Description de l'émagramme

L'émagramme édité par la M.N. utilise des teintes qui n'ont pu être reproduites sur la figure 27. Sur celle-ci, plusieurs réseaux de courbes apparaissent, qu'il faut distinguer par leurs fonctions respectives.

- Les droites horizontales représentent des isobares, cotées en hPa à leurs deux extrémités (à droite seulement sur la figure 27) entre 1 050 et 220 hPa environ. Les isobares, renforcées par un trait gras, signalent les niveaux pour lesquels des cartes de surface isobare sont établies. On remarque que la pression est décroissante du bas de la feuille vers le haut selon une échelle logarithmique. L'échelle linéaire figurant sur la marge droite représente des kilomètres (divisés en hectomètres) et rappelle les correspondances entre pression et altitude, valables uniquement dans les conditions idéales de l'atmosphère standard (on vérifie aisément la correspondance de 1013,25 hPa avec 0 m, de 700 hPa avec 3 km). Cette échelle est portée sur la figure 31.
- Les droites inclinées à 45° sont des isothermes tracées de degré en degré et cotées tous les 10° (droites renforcées). L'échelle est linéaire avec des valeurs décroissantes de la droite vers la gauche. L'inclinaison à 45° permet d'utiliser la surface du diagramme de façon optimale.

  Remarque : un point se définit sur l'émagramme à partir de ses coordonnées (pression, température). On conviendra de l'exprimer ainsi : par exemple, *î* (1 050 hPa ; 40 °C) représente l'angle en bas et à droite de l'émagramme.
- Les droites discontinues, moins inclinées à droite que les isothermes, sont des lignes d'égal rapport de mélange saturant. Elles expriment la masse maximale de vapeur d'eau (en g) qu'un kg d'air peut contenir en fonction de sa température et de sa pression. Il s'agit donc d'un rapport g/kg qui traduit la capacité hygrométrique de l'air. Les cotes apparaissent auprès des niveaux 700 et 450 hPa. On notera que l'équidistance des droites n'est pas respectée : pour les valeurs inférieures à 1 g, l'écart vaut 0,1 g, entre 1 et 3 g il devient 0,2 g, entre 3 et 5 g, il passe à 0,5 puis à 1 g entre 5 et 10 g, ensuite à 2 g au-delà du rapport de mélange 10 g.
- Les courbes continues inclinées vers la gauche, sont des adiabatiques* sèches, tracées pour tous les multiples de 5 °C au niveau 1 000 hPa. Elles s'appliquent à l'air non saturé et rendent compte de sa variation thermique en fonction de la pression.
- Les courbes discontinues sont des adiabatiques saturées, encore appelées pseudoadiabatiques*. Tracées tous les multiples de 2 °C au niveau 1 000 hPa (et cotées à la température de ce niveau), elles traduisent le comportement thermique de l'air saturé soumis à une variation de pression.

C/ Mise en garde

Ces nombreux tracés, issus de cinq réseaux, suscitent souvent quelque trouble chez l'utilisateur profane mais la pratique des exercices lui permet de se familiariser rapidement à l'usage de l'émagramme. Les écueils classiques sont liés à l'étourderie (on oublie que la décroissance de pression s'effectue du bas vers le haut, que les équidistances entre les droites de rapports de mélange ne conservent pas une valeur fixe…). Par ailleurs, le maillage des tracés, aussi dense soit-il, ne permet pas de fixer toutes les valeurs des paramètres utilisés sur des lignes existantes. L'interpolation est donc nécessaire mais elle ne comporte pas plus de difficultés que la lecture d'une carte topographique. Dans la réalisation des exercices qui suivent, on raisonnera souvent à l'échelle de la particule d'air. Plutôt que cette abstraction, l'imagination peut se représenter un petit volume d'air.

Exercices proposés

Rapports de mélange saturant et adiabatiques

Fig. 28 :

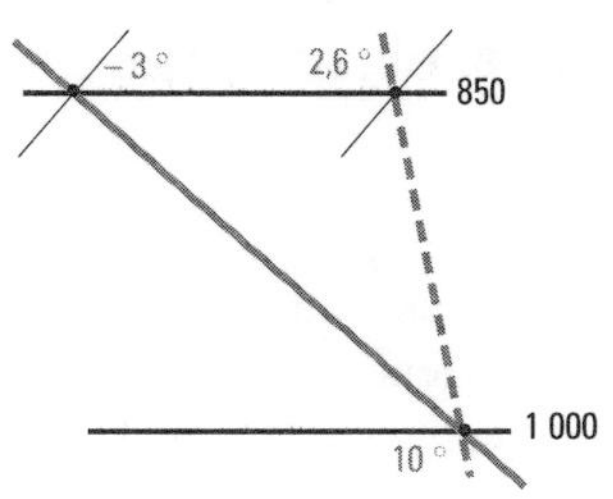

Fig. 29 :

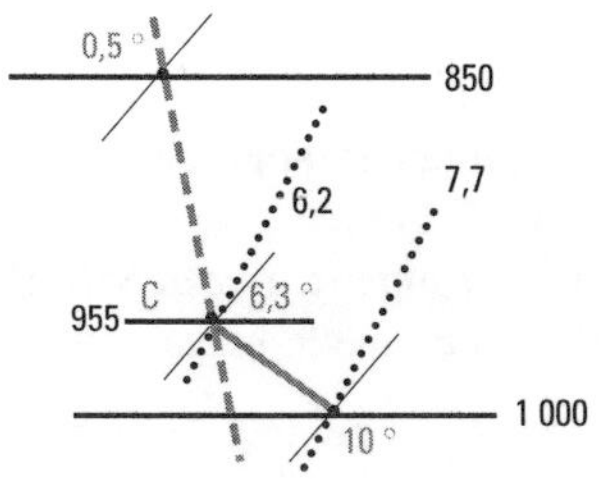

Fig. 30 :
Le fœhn dans les Dolomites

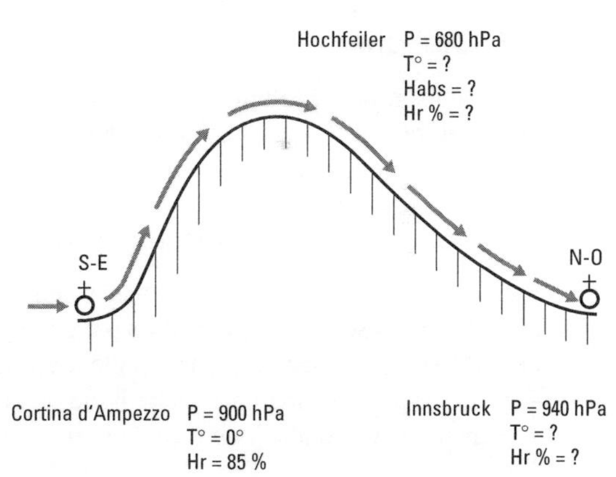

Dans tous les exercices suivants, vous utiliserez l'émagramme (fig. 27). Il serait souhaitable d'appliquer un calque sur ce document afin d'effectuer les tracés sans l'altérer.

Quelle est la nature des documents ?

Le fragment d'émagramme présenté précédemment permet de résoudre graphiquement les exercices proposés. La coupe des Dolomites fixe les données du problème.

Quels sont leurs centres d'intérêt ?

Ils sont nombreux et variés et apparaîtront au travers des divers exercices proposés.

Exercice n° 1 : traduisez graphiquement la variation du rapport de mélange saturant en fonction de la température de l'air.

A/ Objectif

Il s'agit, en somme, de représenter d'une façon plus rigoureuse ce que la figure 16 suggère très succinctement.

B/ Procédure de construction

- Utilisez une feuille de papier millimétré sur laquelle vous disposerez un système d'axes orthogonaux. Portez les températures (T) en abscisses et les rapports de mélange (Rm) en ordonnées. Étudiez le phénomène à pression constante (ex : 1 000 hPa). Repérez toutes les intersections des lignes de Rm avec cette isobare et noter la valeur de T pour chaque intersection. Pointez sur le graphe les résultats en ayant soin de choisir une échelle convenable (les valeurs extrêmes doivent réunir les couples suivants : 1,6 g/kg avec – 11,2 °C et 40 g/kg avec 36 °C.
- Étudiez maintenant le phénomène à température constante (ex. : 0 °C), la pression (P) sera alors la variable. Notez les coordonnées des diverses intersections de Rm et de P sur l'isotherme 0 °C. Construisez le nouveau graphe en conservant Rm en ordonnées et en plaçant P en abscisses (les couples extrêmes sont 3,8 g/kg pour 1 000 hPa et 10 g/kg pour 385 hPa).
- Commentez brièvement les deux courbes.

Exercice n° 2 : les deux taux d'adiabatique et leurs applications aérologiques.

A/ Objectif

Comparaison de l'évolution thermique de deux particules de même pression (1 000 hPa) et de même température (10 °C) mais d'humidité relative différente : l'une (p1) renferme très peu d'humidité (elle est assimilable à une particule sèche), l'autre (p2) étant au contraire saturée d'humidité.

B/ Procédure de construction (à l'aide d'un exemple)

Supposons que ces deux particules soient emportées par un mouvement ascendant vers le niveau 850 hPa. Elles se refroidissent alors par détente (diminution de 150 hPa par rapport à leur pression originelle). Leur sort respectif, sous l'angle thermique, est fixé ainsi (fig. 28) :
– pour p1, par l'adiabatique sèche issue de (1 000 hPa, 10 °C) qui coupe le niveau 850 hPa à – 3 °C ;
– pour p2, par l'adiabatique saturée issue de (1 000 hPa, 10 °C) qui coupe le niveau 850 hPa à 2,6 °C.

C/ Analyse

On constate que p2 s'est moins refroidie que p1 puisqu'elle a condensé son excédent de vapeur d'eau au cours de sa détente en libérant de la chaleur latente. À 850 hPa, la différence de température entre p2 et p1 traduit donc l'énergie libérée par la particule p2. Il est même possible de calculer la masse de vapeur d'eau qu'elle a condensée au cours de sa détente « pseudo-adiabatique ». En effet, à 1 000 hPa, 10 °C, le rapport de mélange saturant (Rm) représente 7,7 g/kg d'air. À 850 hPa, il n'est plus que 5,5 g/kg environ. La différence (2,2 g) traduit donc la masse de vapeur d'eau condensée dans chaque kg d'air, à condition d'étendre la notion de particule à celle d'une certaine masse d'air.

D/ Exercices d'application

- Même exercice que le précédent avec les données suivantes : p1 (sèche) et p2 (saturée) ont une température de 6 °C. Elles se détendent de 740 à 600 hPa. Estimez graphiquement les températures respectives de p1 et de p2 à 600 hPa et calculez la masse de vapeur d'eau condensée par p2 en g par kg d'air, au cours de sa détente.

- Exercice identique mais comportant une difficulté supplémentaire : p1 et p2 sont à une température T = 10 °C et se détendent entre 1 000 et 850 hPa ; supposez maintenant que p2 ne soit plus saturée, son humidité relative (Hr) étant de 80 % à 1 000 hPa. La situation pour p1 est inchangée (T = – 3 °C à 850 hPa) mais celle de p2 se modifie ainsi : n'étant pas saturée à 1 000 hPa, p2 se détend comme p1, au taux de l'adiabatique sèche tant qu'elle n'est pas saturée. Il faut donc calculer l'humidité absolue de p2, soit 80 % de la valeur du Rm lue à 1 000 hPa et 10 °C (7,7 g/kg) : 7,7 x 80/100 = 6,16 arrondi à 6,2 g/Kg.
- On détermine ensuite le Rm 6,2 par interpolation (fig. 29) ; p2 se détend au taux de l'adiabatique sèche jusqu'à l'intersection avec le Rm = 6,2. On obtient ainsi le point de condensation (C), localisé par ses coordonnées : C (955 hPa ; 6,3 °C). Désormais, p2 est saturée et poursuit sa détente jusqu'à 850 hPa au taux de l'adiabatique saturée que l'on peut interpoler facilement. À 850 hPa, on détermine la température de p2 : 0,5 °C environ.
- Appliquez cette démarche aux données primitives : p1 et p2 sont à 740 hPa et à 6 °C et se détendent à 600 hPa en admettant que p2 n'est plus saturée (Hr = 70 %). Que devient sa température à 600 hPa ? Quelle masse de vapeur d'eau (en g/kg) a été condensée ? Comparez ces résultats à ceux obtenus par une particule qui serait saturée à 740 hPa.
- Expliquez pourquoi, sur l'émagramme, en bas et à droite, les adiabatiques sèches et les adiabatiques saturées présentent des pentes très différentes alors qu'en haut et à gauche leurs tracés sont presque parallèles.

E/ Application pratique : analyse de l'effet de fœhn

L'existence de deux types d'adiabatique explique la disparité de comportement de l'atmosphère qui se manifeste entre deux versants différemment exposés aux flux humides.

- Prenons le cas d'une masse d'air d'origine maritime envahissant la France par l'ouest et qui, lors de son écoulement vers l'est, atteint le massif vosgien. À Gérardmer, on note les paramètres suivants : P = 960 hPa, T = 2 °C et Hr = 85 % La détente sur le versant lorrain des Vosges va entraîner le refroidissement de la masse d'air, sa saturation et la condensation de l'excédent de vapeur d'eau (apparition de nuages et de précipitations). Cette masse d'air franchit le sommet des Vosges (P = 835 hPa) puis s'écoule sur le versant alsacien où elle atteint Colmar (P = 1 000 hPa).
- Traduisez graphiquement sur l'émagramme le « parcours » thermodynamique de la masse d'air en précisant les coordonnées du point de condensation (C) sur le versant lorrain.
  Évaluez la masse de vapeur d'eau condensée (g/kg) entre le niveau C et le sommet des Vosges. On supposera que cette eau a été précipitée de sorte qu'elle ne peut réapparaître sur le versant alsacien.
  Précisez les paramètres suivants pour le sommet des Vosges et pour Colmar : T °C, Ha (Humidité absolue en g/kg), Hr %.

Remarques : on admettra que l'air n'a absorbé aucune humidité sur le versant alsacien, ce qui est évidemment utopique, mais cette hypothèse permet de calculer facilement Hr % à Colmar (il suffit de comparer la valeur de Rm à Colmar à celle de Ha au sommet et d'évaluer ce rapport en % ; la Hr calculée sera, bien entendu, une valeur minimale théorique).

- Interprétez les résultats en mettant en évidence l'ambiance atmosphérique très différente qui oppose les deux versants.
- Expliquez le mécanisme du fœhn en faisant ressortir les conditions aérologiques particulières de la détente et de la compression (on remarquera que l'effet de fœhn ne peut affecter le versant « sous le vent » que dans la mesure où des précipitations se sont manifestées sur le versant « au vent »).
  Colmar subirait-il encore le fœhn si l'on modifiait les conditions initiales de Hr à Gérardmer (adopter Hr = 50 %, le reste étant inchangé) ?
- Exercice identique dans le cadre des Alpes par flux humide de secteur SE entre Cortina d'Ampezzo (Dolomites italiennes) et Innsbruck (Autriche). Les données de l'exercice sont portées sur la figure 30.

DOCUMENT COMMENTÉ

Le radiosondage aérologique

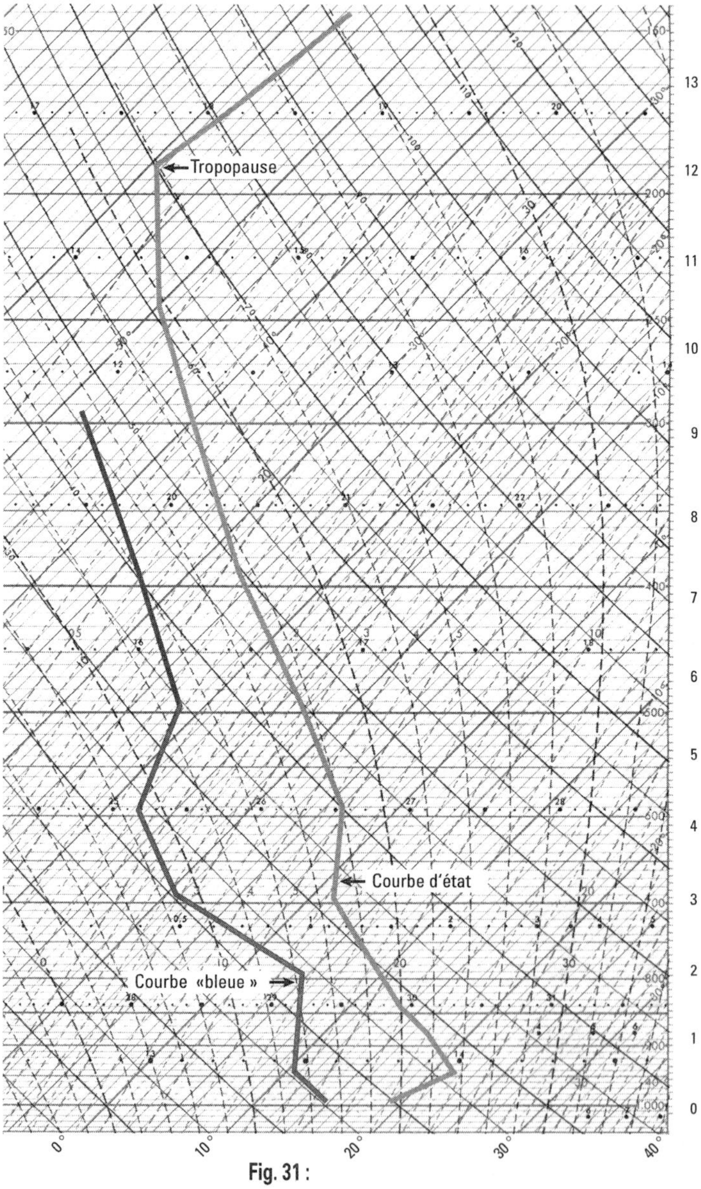

Fig. 31 :

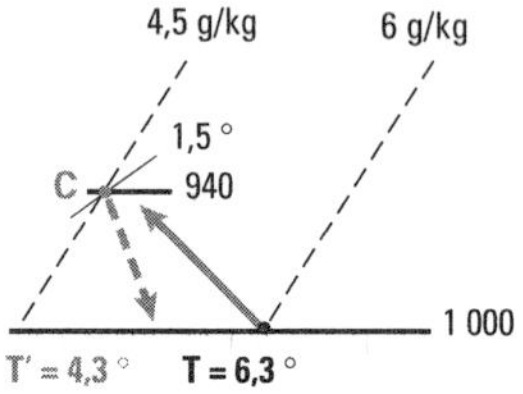

Fig. 32 :

1 - PRÉSENTATION DU DOCUMENT

Quelle est la nature du document ?

Pointage d'un radiosondage aérologique effectué d'après les données recueillies par la Météorologie nationale (fig. 32).

Émagramme portant les deux courbes thermiques d'une coupe de la troposphère au-dessus de Trappes, le 28/8/90 à 23 h (fig. 31).

2 - MÉTHODE

A/ Objectif

Construction des courbes de radiosondage.

L'évolution altitudinale de la température et de l'humidité permet de construire les courbes correspondantes qui fixent les caractères thermodynamiques de l'atmosphère traversée par la sonde.

B/ Problématique

a/ La technique du sondage

Le radiosondage aérologique est une technique qui permet de mesurer en altitude les paramètres P, T et Hr sur tout le parcours atmosphérique suivi par un ballon-sonde et de transmettre directement les données recueillies à des stations équipées à cet effet (principe de la télémesure).

L'exploitation des données : le sondage permet d'analyser la structure verticale de l'atmosphère au-dessus du lieu de lancement (ou presque au-dessus... puisque le vent entraîne une dérive de la sonde), ce qui permet de construire une coupe thermique et hygrométrique de l'atmosphère sondée. En outre, la collecte des données issues de tous les radiosondages effectués au même instant sur le globe conduit à l'élaboration de cartes de surface isobare, publiées par les services météorologiques.

b/ Construction d'une coupe aérologique sur l'émagramme

Elle revient à construire deux courbes qui définissent l'état de l'atmosphère : la courbe d'état et la courbe « bleue ». La courbe d'état (thermique) est une coupe qui traduit l'évolution de la température sur le trajet de la sonde. Elle se construit aisément en réunissant les différents points définis par leurs coordonnées (P, T). Cette courbe peut présenter un ou plusieurs coudes qu'il faut interpréter (sol froid ou surchauffé contaminant l'air des basses couches, superposition de masses d'air différentes, tropopause suivie d'un palier thermique...). La courbe « bleue » (ou des températures du thermomètre mouillé) réunit les différentes températures qu'on lirait si la sonde pouvait embarquer un psychromètre*, ce qui est techniquement impossible. Cet appareil, uniquement utilisable en lecture directe, est constitué de deux thermomètres rigoureusement identiques mais le réservoir de l'un d'eux est entouré d'une mousseline constamment imbibée d'eau ayant la même température que l'air ambiant. La température (T') lue à ce thermomètre « mouillé » est inférieure à celle (T) de l'autre et ce, d'autant plus que l'évaporation (qui absorbe de l'énergie) est importante. En somme, plus l'air est sec, plus la différence (T – T') est grande. Elle devient nulle quand l'air est saturé puisque l'évaporation ne se manifeste plus. Connaissant T et T', il est possible d'en déduire la valeur de l'humidité relative (Hr) correspondante (tables et abaques psychrométriques). De même, T et Hr étant des données du radiosondage, la valeur de T'qui leur correspond peut se déduire en utilisant l'émagramme.

3 - ANALYSE

Considérons un exemple fixant les diverses étapes de la démarche. Les paramètres connus sont : P = 1 000 hPa, T = 6,3 °C et Hr = 75 % (fig. 32).

- On évalue sur l'émagramme le Rm correspondant à (P, T) : 6 g/kg.
- On calcule Ha de la particule Ha = Rm x 75/100, ici 4,5 g/kg.
- On détend la particule au taux de l'adiabatique sèche (car elle n'est pas saturée à l'origine) jusqu'à sa saturation (C) qui sera atteinte à l'intersection de cette adiabatique et de la Rm = 4,5.
- Depuis C dont on repère les coordonnées (940 hPa ; 1,5 °C), on comprime la particule au taux de l'adiabatique saturée jusqu'à la pression initiale (1 000 hPa). La température lue (4,3 °C) correspond à T'.
- On procède ainsi pour les autres couples (P, T).
  Cette technique restitue en effet les conditions du psychromètre (l'utilisation de l'adiabatique saturée simule l'ambiance du thermomètre mouillé qui doit être ramené à la pression P de l'autre thermomètre afin de comparer T et T').

4 - SYNTHÈSE ET PROLONGEMENT

A/ Signification de l'exercice

En reliant tous les points (P, T), on matérialise la coupe thermique de l'atmosphère. Dans l'exemple retenu (fig. 31), on distingue un brusque crochet dans les très basses couches de l'atmosphère : la température est plus basse près du sol (19,5 °C) qu'à 950 hPa (environ 500 m), où l'on note 22 °C. Le refroidissement nocturne du sol explique cette anomalie. Ensuite, le refroidissement de l'air s'effectue régulièrement jusqu'à la tropopause (195 hPa), marquée par la plus basse température (– 57,8 °C). Un palier thermique caractérise la basse stratosphère.

En reliant les points (P, T'), on réalise la courbe « bleue » (du thermomètre mouillé).

La confrontation des deux courbes fait apparaître ici un air relativement sec, surtout entre 700 et 600 hPa (courbes écartées l'une de l'autre). La sonde n'a jamais rencontré un air saturé puisque les deux courbes n'ont aucun point commun.

B/ Pour aller plus loin

Ces courbes permettent de préciser la structure verticale de la troposphère et d'identifier la (les) masse (s) d'air qu'elle renferme (reportez-vous au document, p. 95).

EXERCICES PROPOSÉS

Exploitation des radiosondages

Tableau 1 : données d'un radiosondage effectué à Trappes le 25/3/1980 à 12 h

Niveau	P (hPa)	T (°C)	Hr (%)	Rm	Ha	C	T′
1	990	8	80	....	....	....	....
2	950	5	76	....	....	....	....
3	900	1,5	79	....	....	....	....
4	850	– 0,9	64	....	....	....	....
5	800	– 3,7	55	....	....	....	....
6	750	– 6,9	65	....	....	....	....
7	700	– 10,4	68	....	....	....	....
8	600	– 19,7	73	....	....	....	....
9	500	– 29,3	50	....	....	....	....
10	400	– 42,9	–	....	....	....	....
11	300	– 56,6	–	....	....	....	....
12	250	– 55,3	–	....	....	....	....
13	240	– 54,8	–	....	....	....	....

Tableau 2 : données d'un radiosondage effectué à Trappes à 0 h

Niveau	P (hPa)	T (°C)	Hr (%)	Rm	Ha	C	T′
1	1000	– 5,6	82	....	....	....	....
2	950	– 4,3	75	....	....	....	....
3	900	– 6,0	85	....	....	....	....
4	850	– 8,5	92	....	....	....	....
5	800	– 11,4	100	....	....	....	....
6	700	– 16,8	74	....	....	....	....
7	600	– 22,1	58	....	....	....	....
8	500	– 31,0	32	....	....	....	....
9	400	– 40,5	22	....	....	....	....
10	300	– 49,4	–	....	....	....	....
11	250	– 49,2	–	....	....	....	....

Tableau 3 : données d'un radiosondage effectué à Bordeaux à 12 h

Niveau	P (hPa)	T (°C)	Hr (%)	Rm	Ha	C	T′
1	1000	25,5	70	....	....	....	....
2	970	21,5	80	....	....	....	....
3	850	15,2	92	....	....	....	....
4	750	7,0	100	....	....	....	....
5	650	0,5	100	....	....	....	....
6	570	– 5,4	35	....	....	....	....
7	500	– 12,3	20	....	....	....	....
8	450	– 16,4	15	....	....	....	....
9	370	– 28,0	–	....	....	....	....
10	250	– 50,5	–	....	....	....	....
11	230	– 49,8	–	....	....	....	....

Quelle est la nature des documents ?

Données de radiosondages effectués :

- Tableau 1 : à Trappes (25 km à l'ouest de Paris), le 25 mars 1980, à 12 h ;
- Tableau 2 : à Trappes, à 0 h (date non précisée) ;
- Tableau 3 : à Bordeaux, à 12 h (date non précisée).

Exercice n° 1 : exploiter les données du Tableau 1

A/ Objectifs

- Recherchez T'pour les neuf premiers niveaux en complétant le tableau.
- Construisez la courbe d'état sur l'émagramme. Relevez les accidents (crochets) de son tracé et interprétez-les.
- À quel niveau et à quelle pression (P) se situe la tropopause ? Pourquoi ?
- Construisez la courbe bleue (des T') jusqu'au niveau 9 inclus et interprétez-la.

B/ Synthèse et prolongement

- Un test facile à appliquer permet de vérifier si la masse d'air sondée est (ou n'est pas) homogène. Si la courbe bleue suit approximativement une adiabatique saturée, la masse d'air est homogène ; sinon, il y a superposition de plusieurs masses d'air. Dans le cas présent, on constate que la courbe bleue s'écarte peu de l'adiabatique saturée cotée 4 °C, sauf entre 850 et 750 hPa où un crochet vers la gauche signale un air plus sec : il y a donc intercalation d'un filet d'air étranger au reste de la masse sondée. On notera que ce test est utilisé pour classer les masses d'air et les identifier en fonction de leur origine. En effet, au cours de son déplacement une masse d'air conserve pendant 3 à 4 jours au plus les caractéristiques thermodynamiques qu'elle a acquises là où elle s'est élaborée. Celles-ci sont contenues dans sa température pseudoadiabatique potentielle du thermomètre mouillé (T'w) qui n'est autre que la valeur de T' ramenée à 1 000 hPa par une compression pseudoadiabatique fictive. Cette notion théorique, imaginée par Petterssen, présente donc un intérêt pratique à condition de négliger les T'w issues des basses couches, peu significatives, car la masse d'air se dénature progressivement au contact du substrat où elle transite.

Exercice n° 2 : exploiter les données des Tableaux 2 et 3

A/ Objectifs

- Pour chacun de ces cas, pratiquez une analyse identique à celle du premier exercice.

B/ Prolongement

- Précisez en outre la saison à laquelle le sondage correspond en y apportant les justifications nécessaires.

DOCUMENT COMMENTÉ

Analyse de la stabilité/instabilité de l'air

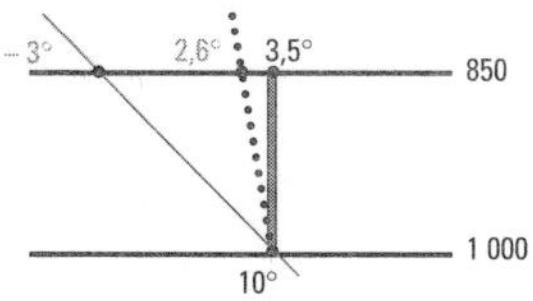

Fig. 33 :

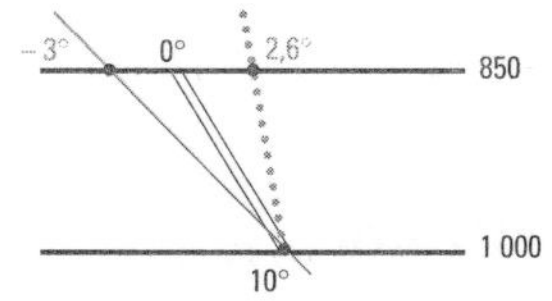

Fig. 35 :

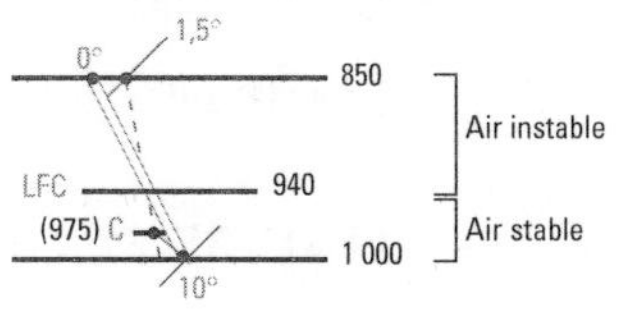

Fig. 37 :

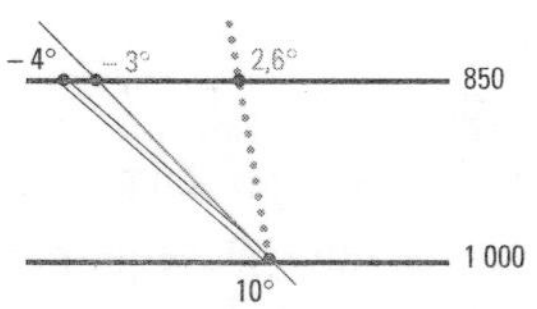

Fig. 34 :

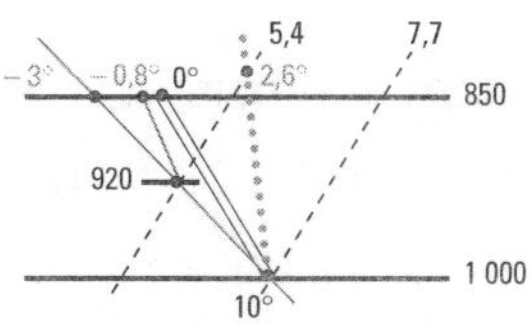

Fig. 36 :

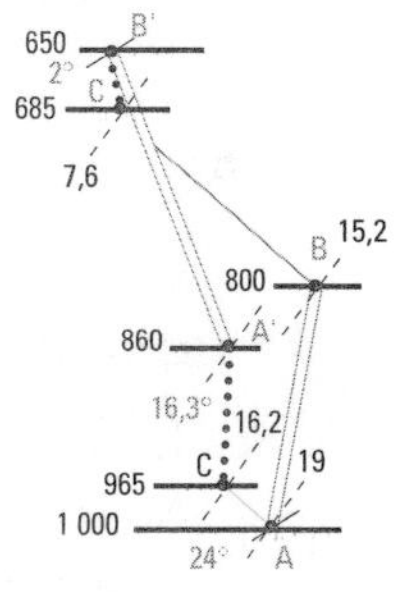

Fig. 38 :

1 - PRÉSENTATION DES DOCUMENTS

Quelle est la nature des documents ?

Croquis exécutés sur support d'émagramme et traduisant la position de la courbe d'état par rapport à l'adiabatique et à la pseudoadiabatique correspondantes.

2 - MÉTHODE

A/ OBJECTIF

Analyse de l'équilibre vertical de l'air.

B/ PROBLÉMATIQUE

Cette notion concerne l'équilibre thermodynamique de l'air, c'est-à-dire les mouvements verticaux agitant la troposphère et qui, selon leur sens, entraînent des conditions favorables ou non au déclenchement des précipitations. L'analyse des radiosondages montre que la troposphère est constituée d'une superposition de couches d'air de température et d'humidité variables. Si une particule est obligée de s'élever (franchissement d'un relief, par exemple), elle se refroidit soit au taux de l'adiabatique sèche tant qu'elle n'est pas saturée, soit au taux de la pseudoadiabatique si elle est saturée.

Elle traverse donc des couches d'air plus chaudes ou plus froides qu'elle. Dans le premier cas, elle est plus lourde que l'air ambiant (car la densité de l'air froid est supérieure à celle de l'air chaud). Elle tend donc à revenir à son niveau d'origine et amorcera sa descente dès que les contraintes mécaniques qui l'ont soulevée auront disparu : on dit alors que l'air est stable. Dans le second cas, la particule, étant plus chaude que l'air qui l'entoure, est donc plus légère que lui et poursuit son ascendance : l'air est alors instable. En termes de mécanique, cela revient à comparer les deux forces antagonistes auxquelles la particule est soumise : son poids, dirigé vers le bas, et la poussée d'Archimède, dirigée vers le haut. L'émagramme permet une résolution graphique de ce problème.

C/ Mise en garde

La courbe bleue n'intervient pas ici.

3 - ANALYSE ET COMMENTAIRE

A/ La conduite pratique de l'analyse

Au sein d'une couche atmosphérique limitée par les deux niveaux de pression (inférieur et supérieur) qui l'encadrent, on envisage l'évolution thermique d'un petit volume d'air (assimilé à une particule) contraint à s'élever de la base vers le sommet de cette couche. L'analyse cherche à déterminer si cette particule, au cours de son ascension, devient plus froide ou plus chaude que l'air ambiant dont la variation verticale de température se lit sur la courbe d'état du sondage. En somme, comparer des températures revient ici à comparer des densités.

B/ Application du raisonnement à plusieurs cas d'espèce

- Soit la couche (1 000-850 hPa), avec T = 10 °C à 1 000 hPa. Plusieurs cas se présentent :
  - Supposons T = 3,5 °C à 850 hPa (fig. 33). Une particule saturée qui s'élèverait parviendrait à 850 hPa à 2,6 °C. Elle serait donc plus froide que l'air ambiant et par conséquent plus lourde que lui. Elle ne pourrait se maintenir à ce niveau et redescendrait dès que l'impulsion mécanique d'ascendance aurait cessé. A fortiori, le soulèvement d'une particule qui resterait non saturée jusqu'à 850 hPa la refroidirait encore plus (– 3 °C). Selon sa Hr à 1 000 hPa, la température de la particule à 850 hPa serait donc comprise entre 2,6 °C et – 3 °C, ce qui est toujours inférieur à T = 3,5 °C de l'air sondé. Cet exemple illustre la stabilité absolue de l'air qui se manifeste chaque fois que la courbe d'état est située « à droite » de la pseudoadiabatique qui correspond à sa T (ici 10 °C) du niveau inférieur.
  - Supposons maintenant T = – 4 °C à 850 hPa (fig. 34). La courbe d'état est alors plus inclinée vers la gauche que l'adiabatique sèche (l'air a un gradient thermique suradiabatique, ce qui se produit quand le sol est nettement plus chaud que lui). Dans ces conditions, on voit clairement qu'une particule (sèche ou saturée) qui s'élèverait parviendrait à 850 hPa plus chaude que l'air ambiant. Moins dense que son environnement atmosphérique, elle continuerait de s'élever par la seule énergie de la poussée d'Archimède. L'air est en situation d'instabilité absolue quand la courbe d'état est « à gauche » de l'adiabatique sèche (issue elle-même de 1 000 hPa et de 10 °C).

C/ Complication du problème

Le problème se complique quand la courbe d'état présente une pente intermédiaire à celles de l'adiabatique sèche et de la pseudoadiabatique, pour T = 0 °C à 850 hPa, par exemple (fig. 35). On parle alors d'instabilité sélective. Le cas est fréquent et nécessite une analyse.

1/ Si la particule qui s'élève est déjà saturée à 1 000 hPa, elle se refroidit au taux de la pseudo adiabatique et parvient à 850 hPa plus chaude (2,6 °C) que l'air ambiant (0 °C). On retrouve les conditions de l'instabilité absolue.

2/ Si la particule ne se sature pas lors de son soulèvement entre 1 000 et 850 hPa, son refroidissement selon l'adiabatique sèche l'amène à – 4 °C à 850 hPa. Plus froide que son environnement (0 °C), on reconnaît les critères de la stabilité absolue.

3/ Enfin, si la particule, non saturée à 1 000 hPa, se sature au cours de son soulèvement avant d'atteindre 850 hPa, l'analyse doit déterminer si cette situation engendrera la stabilité ou l'instabilité. Tout dépend de l'humidité relative (Hr) de la particule à 1 000 hPa qu'il faut maintenant envisager.

- Reprenons les mêmes conditions que précédemment en précisant Hr = 70 % à 1 000 hPa et à 10 °C (fig. 36). En s'élevant, la particule se détend au taux de l'adiabatique sèche tant qu'elle n'est pas saturée, à celui de la pseudoadiabatique ensuite. Il faut donc rechercher le niveau auquel elle se sature et où s'amorce le processus de condensation (C). Calculons son humidité absolue (Ha) en tenant compte du rapport de mélange (Rm) à 10 °C et 1 000 hPa, déterminé sur l'émagramme, soit 7,7 g/kg, d'où : Ha = 7,7 x 70/100 = 5,4 g/kg.

  Le refroidissement de la particule s'effectue d'abord au taux de l'adiabatique sèche jusqu'à ce que celle-ci recoupe le Rm = 5,4 (920 hPa environ), puis au taux de la pseudoadiabatique qui l'achemine à 850 hPa à T = – 0,8 °C. Plus froide que l'air ambiant (0 °C), la stabilité prévaut.

- Admettons cette fois Hr = 90 % pour 1 000 hPa et 10 °C (fig. 37). La particule est plus humide : Ha = 7,7 x 90/100 = 6,9 g/kg. Le niveau C est atteint dès 975 hPa. Le refroidissement ultérieur est assuré par la pseudoadiabatique issue de C qui recoupe la courbe d'état au LFC (*Level of Free Convection* de Petterssen). À partir de ce niveau de libre convection (940 hPa), la particule est plus chaude que l'atmosphère ambiante (elle est à 1,5 °C à 850 hPa). Conséquences : entre 1 000 et 940 hPa, l'air est stable ; entre 940 et 850 hPa, il est instable. L'instabilité est dite « sélective » alors et non plus absolue. En somme, plus l'air est humide, plus il est instable.

4 - SYNTHÈSE ET PROLONGEMENT

- Cette analyse peut paraître théorique. Elle rend cependant assez bien compte de la réalité et notamment des phénomènes nuageux. Il est possible, en effet, de déterminer graphiquement le niveau d'apparition des nuages qui est fixé par l'intersection du Rm passant par C avec la courbe d'état. On obtient un nouveau point : le CCL (*Convection Condensation Level* de Petterssen), qui représente le niveau de condensation d'origine thermoconvective. Venue du sol en ce point, la particule continuera de s'élever librement. Cette dernière notion qui met en relief le rôle du substrat présente un intérêt évident pour le météorologue prévisionniste mais elle alourdirait encore cette présentation. Le lecteur peut se reporter aux exemples analysés dans Pédelaborde, Introduction.
- Reprenez les données des radiosondages fournies dans l'exercice précédent et analysez graphiquement, en les interprétant, les conditions de stabilité/instabilité dans les couches limitées par les niveaux précisés entre parenthèses :
  - pour Trappes (25/3/80) : (1-2), (2-3), (3-4) ;
  - pour Trappes (sondage de 0 h) : (1-2), (2-3), (4-5) ;
  - pour Bordeaux (sondage de 12 h) : (1-2), (2-3), (3-4).
- Autre prolongement : plutôt qu'une ascendance partielle n'engageant qu'une bulle d'air (ramenée ici à une particule), considérons maintenant le cas d'un soulèvement en bloc de la masse d'air qui peut se manifester au passage d'un front froid.

  Soit un sondage ayant fourni les données suivantes définissant deux points A et B (fig. 38) : A, 1 000 hPa, 24 °C, 85 % ; B, 800 hPa, 17 °C, 50 %.

  Cet élément de courbe d'état situé à droite de la pseudoadiabatique répond au critère de la stabilité absolue. Admettons que cette tranche d'atmosphère se soulève en bloc de 150 hPa. A passe en A' à 850 hPa et B passe en B'à 650 hPa. La particule partant de A se détend selon l'adiabatique sèche jusqu'au Rm correspondant à son Ha (85 % de 19, Rm en A, soit 16,2). De ce point (C) situé vers 965 hPa, la particule se détend au taux de la pseudoadiabatique et parvient en A'(850 hPa ; 16,3 °C).

De même, la particule issue de B se détend au taux de l'adiabatique sèche jusqu'au Rm représentant son Ha (50 % de 15,2 qui est le Rm en B, soit 7,6). De C situé vers 685 hPa, la particule étant saturée se détend selon la pseudoadiabatique jusqu'à 650 hPa et 2 °C. On constate que la nouvelle courbe A'B', située entre adiabatique et pseudoadiabatique, signale l'instabilité de cette couche puisque, en A'l'air est saturé. Le soulèvement en bloc a inversé les conditions initiales. Cette situation se présente fréquemment en Aquitaine au cours de la saison chaude où elle déclenche de violents orages quand l'air frais venu de l'Atlantique bouscule l'air chaud et humide stagnant sur le bassin de la Garonne. D'une façon générale, les cumulo-nimbus qui jalonnent souvent les fronts froids doivent leur existence à la vigueur de ce soulèvement.

Dans l'exemple précédent, l'instabilité semble potentiellement présente dans les conditions originelles (entre 1 000 et 850 hPa). En comparant les valeurs de T° et de Hr % entre ces deux niveaux, mettez en évidence les facteurs favorables à cette instabilité et traduisez-les en un principe généralisable.

Quelles parties de la planète semblent prédisposées à ce type de situation ?

- Reprenez les données des trois radiosondages fournies plus haut. Lequel d'entre eux paraît le mieux correspondre à cette situation ? Recherchez, parmi ses couches successives, celles qui sont potentiellement instables.

Document commenté

L'évolution des conceptions sur la dynamique de l'atmosphère

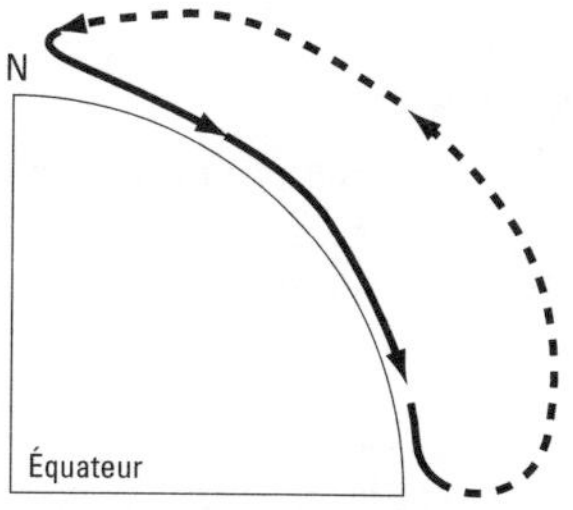

Fig. 39 La circulation selon Halley

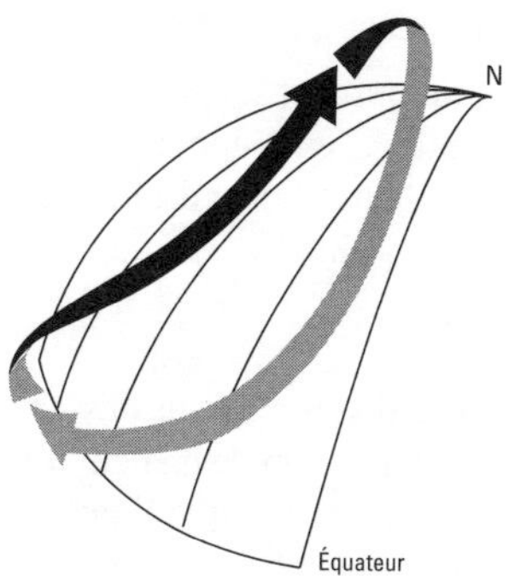

Fig. 40 : la circulation selon Hadley

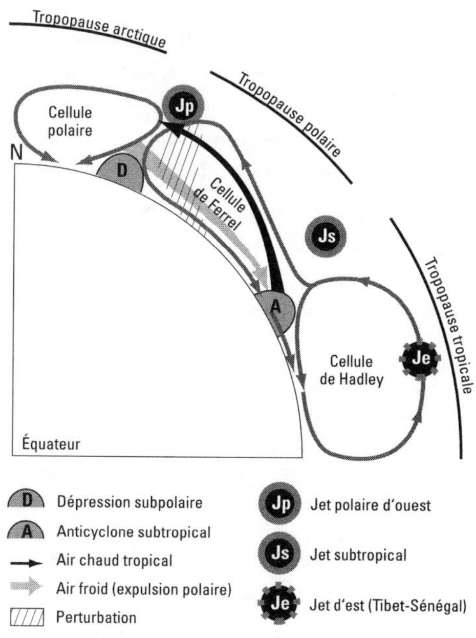

Fig. 42 : le modèle de Palmen

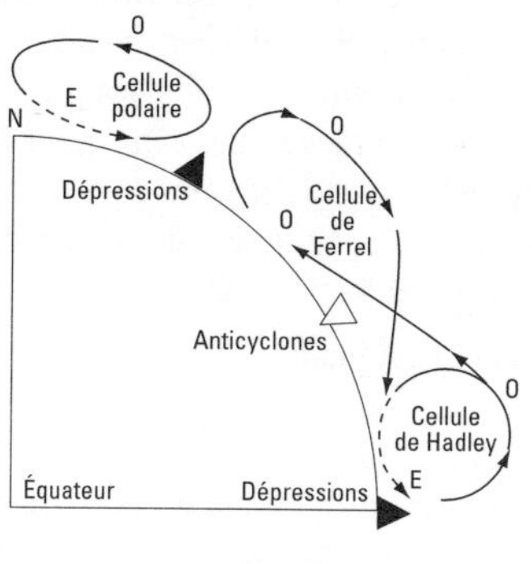

Fig. 41 : le modèle de Rossby

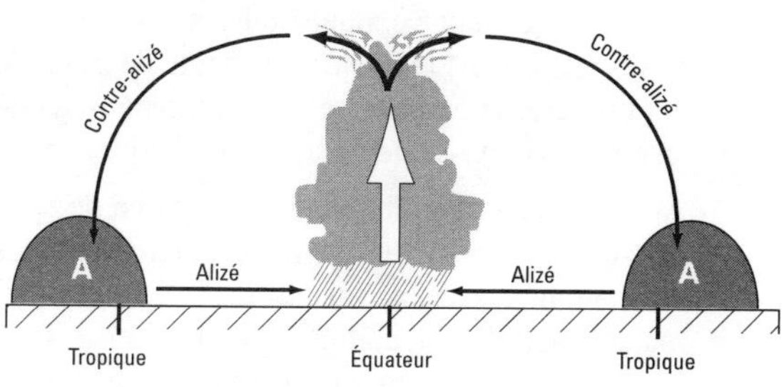

Fig. 43 : la théorie de la « cheminée équatoriale »

1 - PRÉSENTATION DES DOCUMENTS

Quelle est la nature du document ?

Texte assorti de croquis explicatifs.

2 - LES DOCUMENTS ET LEURS ENSEIGNEMENTS

Le texte suivant présente les étapes de la connaissance en physique de l'atmosphère, une analyse critique des diverses conceptions tour à tour en faveur, une esquisse des théories récentes.

A/ Un peu d'Histoire

a/ Les débuts de l'interprétation des phénomènes météorologiques

Pendant longtemps ce sont les mêmes savants qui observèrent le ciel proche (celui des météorologistes) et le ciel lointain (celui des astronomes, déguisés en astrologues le plus souvent). Il n'est pas surprenant que, durant des millénaires, les phénomènes météorologiques aient été ressentis comme des manifestations de forces surnaturelles.

Grâce à certains esprits libérés du joug mystique, la recherche d'une explication scientifique a fini par triompher. C'est ainsi qu'Aristophane refuse d'attribuer à la puissance de Zeus le déclenchement de la pluie et de l'orage, provoqué par les nuées placées dans des conditions particulières. Quelques décennies plus tard, Aristote (IVe siècle avant notre ère) présente dans ses *Météorologiques* une interprétation cohérente de nombreux phénomènes physiques qui dépassent d'ailleurs largement le cadre de l'atmosphère. Même si les thèses avancées peuvent paraître naïves souvent, sa science fit autorité jusqu'à la fin du Moyen Âge.

La célèbre expérience de Pascal au Puy-de-Dôme (1647) marque un tournant scientifique important car elle représente la première exploration de l'atmosphère en altitude. C'est l'époque de la mise au point du thermomètre et du baromètre, instruments indispensables à la naissance d'une authentique mécanique des fluides et des théories concernant les mouvements de l'air.

b/ La circulation atmosphérique

En 1686, Halley conçoit le premier modèle de circulation générale. Il s'appuie sur des considérations essentiellement thermiques. Il estime que l'équateur détient le maximum de chaleur. En conséquence, il en fait le siège d'une convection thermique qui doit conduire en altitude l'air chaud vers les pôles, l'air froid de retour transitant vers l'équateur par les basses couches (fig. 39). Ce schéma est contredit par les faits. La permanence, au sol, d'un flux méridien de secteur nord ne se remarque pas dans l'hémisphère boréal entre pôle et équateur.

En 1735, Hadley modifie le modèle de Halley en tenant compte des effets de la rotation terrestre sur les flux (fig. 40). Schéma encore peu réaliste pour les latitudes moyennes et élevées mais satisfaisant en revanche sur l'espace intertropical où la direction de l'alizé est conforme aux faits. Progrès notable de la théorie en une époque où les navigateurs utilisaient judicieusement les *trade winds* pour parcourir les mers. Mais la faiblesse majeure de ce modèle réside dans le fait que le flux des alizés de chaque hémisphère, à composante est, exerce sur le globe une force de frottement qui devrait ralentir progressivement sa vitesse de rotation car elle n'est pas compensée par un courant d'ouest.

Au XIXe siècle, Ferrel reste dans la ligne de ses devanciers, mais l'originalité revient à Dove, moins connu, qui élabore un schéma de la circulation générale en retenant pour le domaine intertropical une circulation bouclée méridienne (cellule de Hadley) et, pour les autres latitudes, une circulation d'un type totalement différent, dominée par la présence de tourbillons emportés par le courant d'ouest. En somme, il est le premier à mettre l'accent sur les perturbations des latitudes moyennes. Il faut attendre un siècle pour que Jeffreys, en 1933, en fasse des éléments essentiels de la circulation générale alors qu'auparavant on les réduisait à de simples anomalies atmosphériques générées par le flux d'ouest. Leur rôle dans les divers transferts (chaleur sensible et latente, énergie cinétique et énergie potentielle) a pu être précisé de façon quantitative après la Seconde Guerre mondiale lors de la réorganisation du réseau aérologique.

c/ Les conceptions contemporaines

C'est dans ce contexte scientifique que se situent les expériences de Rossby. L'atmosphère terrestre est simulée par un cylindre de faible profondeur, rempli d'eau, refroidi en son centre (représentant le pôle) et chauffé sur sa périphérie (figurant l'équateur). Dans une situation statique ou pour une rotation faible du cylindre, on voit se développer des mouvements convectifs. En accélérant la vitesse de rotation, des ondulations apparaissent (« ondes de Rossby »), semblables à celles que l'on détecte en altitude, aux latitudes moyennes. Ces méandres finissent par créer une alternance de cellules anticycloniques et dépressionnaires qui redistribuent l'énergie selon un mode qui n'avait pas encore été imaginé (fig. 41).

Le modèle global qui semble le plus satisfaisant à l'heure actuelle a été proposé par Palmen qui améliore le schéma tricellulaire de Rossby (cellules de Hadley, de Ferrel, polaire) en donnant plus de poids à la dynamique des « jets » d'altitude qui se situent à chaque décrochement de tropopause (fig. 42). Les *jet streams* des auteurs anglo-saxons sont des courants aériens rapides mis en évidence par les radiosondages, au même titre que les ondulations du flux, sortes de brise-vitesse qui le ralentissent ou plutôt qui attestent de son ralentissement. Dès lors, on sait que ces phénomènes qui se réalisent entre 5 000 et 12 000 m environ ont des effets décisifs sur les situations météorologiques ressenties au sol. La cartographie du champ de vent à ces niveaux élevés montre en outre que le flux s'écoule d'ouest en est sur toute la planète, sauf aux très basses latitudes et près des pôles. Comme l'on sait que la décroissance altitudinale de pression est plus faible dans l'air chaud (donc léger) des basses latitudes que dans l'air polaire froid et lourd, des conditions anticycloniques s'affirment sur un anneau équatorial au-dessus de 5 000 m alors qu'une dépression coiffe les calottes polaires. En altitude, la circulation zonale généralisée répond donc bien au gradient de pression dirigé de l'équateur vers le pôle.

B/ Beaucoup d'histoires...

a/ À propos de la « cheminée équatoriale »...

L'ascendance de l'air dans l'environnement équatorial a souvent été interprétée comme le résultat d'une convection thermique qui conduit l'air chaud en altitude où, en se refroidissant, il se condense et se libère de son humidité (pluies équatoriales). Désormais sec et froid, il est devenu plus lourd mais ne peut retomber sur place puisque les poussées ascendantes se poursuivent. Cet air s'épanche donc de part et d'autre de l'équateur (contre-alizé) et retombe vers les tropiques, dans la zone de subsidence des anticyclones subtropicaux d'où partent les alizés qui rejoignent la dépression équatoriale. La cellule de Hadley est donc bouclée (fig. 43).

L'image est séduisante. Elle a été colportée par tous les manuels scolaires. Malheureusement, la logique de ce schéma est fondée sur un postulat erroné. On admet en effet que l'équateur est plus chaud que son environnement tropical et qu'il représente un foyer qui va activer le tirage de la « cheminée ». Ce mécanisme est contredit par les faits : la forte nébulosité des régions équatoriales les prive d'une part importante de l'énergie solaire incidente. Elles apparaissent donc comme une source fraîche alors que le ciel clair des tropiques y entretient des températures très élevées.

Le moteur de ce mouvement de convection est d'origine cinétique et doit être recherché dans l'affrontement dynamique des alizés dont l'exutoire ne peut être qu'un mouvement ascendant. La contribution thermique à ce mécanisme semble limitée à la libération de chaleur latente de condensation.

b/ À propos du front polaire...

Le front polaire est cette surface abstraite, démarcation plus ou moins ondulée et continue, séparant l'air polaire de l'air tropical, qui évolue dans chaque hémisphère entre 40° et 60° de latitude environ. Depuis Bjerknes et les théoriciens de l'école norvégienne, tous les météorologistes du monde entier l'ont tracé sur leurs cartes en lui donnant parfois l'allure d'un accent circonflexe pour figurer une des nombreuses perturbations qui l'affectent, provoquées par le contraste thermique entre l'air froid et l'air chaud en présence. En somme, cette limite aérologique est traditionnellement présentée comme une zone de conflit (un « front », au sens que lui donnent les militaires) où apparaissent –

quand les conditions sont favorables – les ondulations frontales et les tourbillons cycloniques qui leur sont associés. Les climatologues ont emprunté aux spécialistes de l'atmosphère ce schéma classique et son interprétation, de sorte qu'aux côtés des ouvrages de météorologie, manuels scolaires et revues de vulgarisation les ont largement répandus.

Pourtant, depuis une trentaine d'années, les progrès de l'automatisation de la prévision météorologique ont amené les chercheurs à améliorer leurs modèles mathématiques, entendons par là à mieux simuler la vie de l'atmosphère et à reconsidérer le concept même du « front » qui était la clef de voûte de toutes les démarches ultérieures. On est parvenu à la conclusion que le front (polaire, en l'occurrence) ne correspond à aucune manifestation concrète, c'est-à-dire que le passage de l'air « polaire » à l'air « tropical » (en retenant la terminologie des Norvégiens) s'effectue par des transitions fines, à faible gradient thermique. Les météorologistes de la vieille école auraient-ils fondé leurs prévisions sur un leurre ? Beaucoup d'entre elles (uniquement à court terme alors) étaient pourtant satisfaisantes ! Il est vrai que cette époque où primait l'approche naturaliste comptait d'habiles synopticiens...

c/ À propos de la genèse des perturbations...

La « révolution » qui a amené le front polaire à l'échafaud de la météorologie conduit à rechercher sur des bases nouvelles les conditions dans lesquelles naissent les perturbations, ces cyclones d'ouest qui nous sont si familiers. La mise au point de A. Joly (cf. bibliographie) fait part des théories « actuelles » qui associent énergie thermique et énergie mécanique.

L'élément essentiel se situe dans le jet d'altitude qui isole, de part et d'autre de ses rives, l'air froid (côté pôle) et l'air chaud (côté tropical), mais là encore le gradient thermique est modeste. La rotation de la Terre empêche les masses d'air de se mélanger, contraste qui contribue à entretenir le jet. Cette configuration constitue un gigantesque réservoir d'énergie. Enfin, le jet, tel un torrent, emporte avec lui des tourbillons, reliques de vieilles dépressions qui survivent longtemps en altitude alors que la rugosité du sol les a anéanties dans les basses couches de l'atmosphère. Ces tourbillons vont jouer le rôle de déclencheur de cyclogenèses s'ils s'accouplent à des petites dépressions de la basse atmosphère. Les conditions optimales sont réalisées quand le tourbillon de surface se trouve en aval du tourbillon d'altitude. Ce décalage permet le transfert de l'énergie thermique en énergie cinétique avec d'autant plus d'efficacité que le jet est rapide. C'est alors que la convergence des vents rapproche les isothermes qui font naître les fronts, auparavant inexistants. Les fronts sont donc la conséquence de la dépression et non sa cause.

Le schéma du cyclone norvégien (association d'une dépression, d'un front chaud et d'un front froid) qui correspond en réalité au stade de maturité du phénomène (fig. 17 du cours) n'en reste pas moins correct. C'est la logique de sa formation qui a subi une révision totale. On notera que l'ascendance de l'air chaud provoquée par la dépression entraîne sa condensation et une libération de chaleur latente, source supplémentaire d'énergie.

Cette conception « nouvelle » est réaliste, féconde, séduisante, même si des ajouts doivent encore lui être apportés. En germe depuis un bon nombre d'années, le projet de sa diffusion en France (fin des années 80) semble tardif. Craignait-on de choquer les esprits attachés aux thèses anciennes ? Cela n'a pas manqué. La parution récente de cette théorie dans une revue scientifique a soulevé une polémique assez vive chez les météorologistes eux-mêmes (cf. les n°s 273 et 276 de la revue *La Recherche*, 1995). La querelle des Anciens et des Modernes est toujours d'actualité...

3

LA GÉOGRAPHIE DES CLIMATS

Le fonctionnement du système climatique vient d'être exposé sommairement. Ce n'était là qu'un préalable – nécessaire au demeurant – car la finalité de la climatologie est bien de mettre en évidence la grande diversité des climats qui se partagent la surface terrestre et de circonscrire leur domaine respectif. Après l'approche analytique et explicative des deux premiers chapitres, la troisième partie se veut principalement descriptive et synthétique. Cette description ne reflète cependant que l'état « actuel » d'une réalité qui n'est pas figée puisque le climat subit d'incessantes variations.

BIBLIOGRAPHIE GÉNÉRALE DU CHAPITRE

Outre les manuels généraux de climatologie signalés à la suite de l'introduction de la partie, des ouvrages de méthodologie ou traitant de climats régionaux méritent d'être consultés :

ARLERY, R., *Le Climat de la France,* Paris, 1979, Météorologie nationale.
ARLERY, R., GRISOLLET, H., GUILMET, B., *Climatologie, méthodes et pratiques,* Paris, 1973, Gauthier-Villars.
CHEMLA, G., *Statistique appliquée à la géographie,* Paris, 1995, Nathan.
DHONNEUR, G., *Traité de météorologie tropicale,* Paris, 1985, Direction de la météorologie nationale.
DUBIEF, J., Le Climat du Sahara, t.I et II, Alger 1959 et 1963, Publ. Inst. rech. sah..
LEROUX, M., *Le Climat de l'Afrique tropicale,* Paris, 1983, Champion.
PÉDELABORDE, P., *Le Climat du bassin Parisien,* Paris, 1957, Génin.
PÉDELABORDE, P., *Les Moussons,* Paris, 1970, Armand Colin, collection « U2 ».
On peut également se référer à l'*Atlas climatologique mondial,*Genève, OMM.

Ouvrages spécialisés

BAGNOULS, F., et GAUSSEN, H., *Les Climats biologiques et leur classification,* Paris, 1957, in *Annales de géographie,* t. LXVI.
DETTWILLER, J., *Évolution séculaire du climat de Paris. Influence de l'urbanisation,* Paris, 1970, Météorologie nationale, Mémorial.
ESCOURROU, G., *Climat et environnement,* Paris, 1980, Masson.
ESCOURROU, G., *Le Climat et la ville,* Paris, 1991, Nathan.
GAUSSEN, H., *L'Indice xérothermique,* 1952, B.A.G.F..

Ouvrages en langues étrangères

KÖPPEN, W., *Handbuch der Klimatologie,* Berlin, 1930.
LAMB, H.H., *Climate Present, Past And Future,* 2 vol., London, 1972, Methuen.
RIEHL, H., *Tropical Meteorology,* New York, 1954, McGraw-Hill.
THORNTHWAITE, C.W., *An Approach Toward A Rational Classification Of Climate,* 1948, *Geographical Review.*
TREWARTHA, G., *The Earth's Problem Climates,* Madison, 1966.

A

PRINCIPES GÉNÉRAUX DE LA DESCRIPTION CLIMATIQUE

La recherche d'une méthode objective doit guider toute présentation de la répartition géographique des climats. Mais cette démarche repose elle-même sur un certain nombre de critères qui engagent une part inévitable de subjectivité. Il convient en effet de **caractériser** les climats pour pouvoir les **classer** par espèces et enfin de **délimiter** leur domaine d'influence. Ce triple objectif pose trois sortes de problèmes et les solutions retenues comportent forcément des faiblesses.

1 Caractériser le climat

Dans l'introduction de cet essai climatologique, il est apparu deux conceptions, très différentes, pour traduire le climat. L'une, **analytique,** s'appuie sur les valeurs moyennes des divers paramètres qui caractérisent l'atmosphère en un lieu donné. Cette méthode séparative garde une certaine faveur en raison de sa simplicité mais elle dissèque la réalité climatique pour privilégier chacun de ses éléments, étudiés isolément. Son caractère abstrait n'a pas échappé à ses détracteurs qui lui opposent une autre conception, **synthétique** cette fois puisque, rejetant l'artifice des moyennes, elle envisage la succession des types de temps et des masses d'air qui les accompagnent. L'examen des plus représentatifs d'entre eux, par leur fréquence, restitue les combinaisons vivantes du temps. C'est la méthode adoptée par la plupart des géographes, ralliés à la suite de P. Pédelaborde à l'école de la climatologie dynamique. Toutefois, ces deux approches ne s'excluent pas mais se complètent plutôt. Leur complémentarité nous permettra de les associer dans cette étude.

La représentation graphique du climat

La sélection des paramètres représentatifs. Dans l'optique séparative, on ne retient généralement que les deux paramètres climatiques les plus importants : la **température** de l'air et la **hauteur des précipitations.** On y ajoute parfois le vent (direction et force) et plus rarement la durée d'ensoleillement, la nébulosité… Les valeurs mensuelles de ces paramètres sur l'année moyenne (« normale ») constituent la base statistique de cette étude. Deux modes classiques d'expression graphique permettent d'illustrer l'évolution conjointe de la température et de la pluviométrie, mois par mois (cf. fig. 1).

Le climogramme est constitué d'un système d'axes orthogonaux, l'un portant l'échelle thermique (T) et l'autre, l'échelle pluviométrique (P). Chaque couple mensuel (T, P) est ainsi figuré par un point. La réunion des douze points mensuels forme une courbe fermée dont la physionomie traduit le climat de la station.

Paris - St-Maur

	Jv	F	Ms	A	M	J	Jt	At	S	O	N	D	An.
T °C	3,2	4,1	7,7	10,9	14,4	17,6	19,4	19,0	16,4	11,6	7,1	4,1	11,3
P mm	56	4,6	35	42	55	54	58	66	55	52	54	51	624

Buenos Aires

	Jv	F	Ms	A	M	J	Jt	At	S	O	N	D	An.
T °C	23,7	23,0	20,7	16,6	13,7	11,1	10,5	11,5	13,6	16,5	19,5	22,1	16,9
P mm	104	82	122	90	79	68	61	68	80	100	90	83	1 027

Paris - St-Maur
(1931-1960)
48°49'N; 2°30'E

Buenos Aires
(1931-1960)
34°35'S; 58°29'W

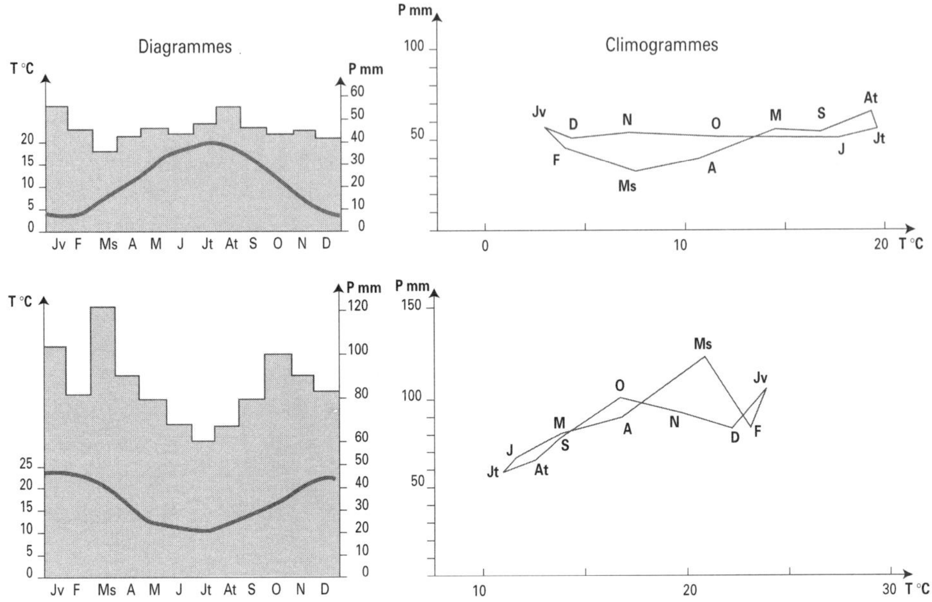

Fig. 1 : Deux types de représentation graphique du climat

Le diagramme ombrothermique (ou pluviothermique) utilise un système d'axes identiques, les mois étant portés en abscisses alors que T et P occupent les ordonnées. Cette représentation paraît plus lisible que la précédente, d'autant que, pour cette dernière, il est indispensable d'identifier chaque point par le mois qui lui correspond.

Un essai d'expression quantitative du climat : les indices

La combinaison température/pluviométrie met indirectement en évidence un troisième facteur, l'**évaporation,** dont l'importance est capitale pour la connaissance du bilan de l'eau. D'où les nombreuses tentatives d'élaboration d'indices (de sécheresse, d'aridité, d'humidité...) qui témoignent de la diversité des intérêts scientifiques en cause (botanique, agronomie, hydrologie...).

Retenons le plus simple d'entre eux (mais qui n'est pas à l'abri de la critique !), l'**indice xérothermique** de Gaussen. Pour cet auteur, un mois est « sec » si : $P < 2\,T$, où P représente la tranche pluviométrique en millimètres et T, la température moyenne en degrés Celsius (fig. 1). La linéarité de cette fonction ne paraissant pas traduire correctement la réalité, Gaussen a réaménagé sa formule en fixant des seuils pluviométriques pour un intervalle thermique donné : un mois devient sec dans les conditions suivantes : $P < 10$ mm pour $T < 10$ °C ; $P < 25$ mm pour $10\,°C < T < 20\,°C$; $P < 50$ mm pour $20\,°C < T < 30\,°C$; $P < 75$ mm pour $T > 30$ °C. Cette relation subit elle-même une correction en fonction de la valeur de l'humidité relative moyenne des jours sans précipitations.

La notion d'**évapotranspiration potentielle** (ETp), définie par Tornthwaite, retient l'importance de la capacité évaporante de l'air, dépendante uniquement, selon lui, de sa température. ETp est l'évaporation maximum réalisable par le substrat (nappes d'eau, sols, plantes) dans l'hypothèse où le stock d'eau disponible est illimité. Elle ne doit pas être confondue avec l'**évapotranspiration réelle** (ETr), réalité difficilement mesurable d'ailleurs. L'ETp est donc totalement indépendante des précipitations. En revanche, la température, seul paramètre retenu par cet auteur, est censée intégrer tous les autres facteurs qui participent à l'ETp. En opérant une double comparaison, l'ETp à l'ETr et les précipitations à l'ETr, il est possible de calculer, à l'échelle annuelle, les **excédents** ou les **déficits** en eau.

2 Classer les climats

La caractérisation du climat permet de regrouper dans un même ensemble tous les types présentant des similitudes. C'est le fondement de la classification climatique. L'aboutissement d'une analyse minutieuse des facteurs thermiques et pluviométriques a conduit certains climatologues à multiplier les catégories en les identifiant soit par des symboles (Köppen), soit en utilisant les noms des régions de référence où ils ont été primitivement définis (de Martonne, Viers). Cet effort conduit à une marqueterie climatique très détaillée qui ne peut être suivie ici, dans le cadre d'un manuel général de géographie physique. On refusera donc l'atomisation pour se limiter à treize types jugés essentiels.

Les facteurs astronomiques fournissent les axes majeurs du découpage climatique du globe sous forme de larges bandes latitudinales : ce sont les **grandes zones thermiques de la Terre.** Entre la zone froide et la zone chaude, un anneau intermédiaire s'interpose dans chaque hémisphère et se caractérise par une alternance plus ou moins accusée de saisons thermiques. À cette armature maîtresse, les **facteurs géographiques** – qui expriment la disposition relative des étendues océaniques et des masses continentales hérissées par endroits de reliefs vigoureux – tendent à opposer un découpage longitudinal par bandes diversement étirées. Ce clivage secondaire met en évidence des particularismes de régimes, aussi bien pluviométriques que thermiques. L'aboutissement de cette fragmentation conduit à un quadrillage dont les mailles irrégulières juxtaposent des individualités climatiques qui vont être passées en revue. Une telle structuration de l'espace terrestre suppose l'adhésion, au moins implicite, à la notion de frontière climatique.

3 Délimiter les climats

L'atmosphère, siège du climat, est à la fois un continuum de matière et une réalité mouvante. À priori, il semble arbitraire, sinon illogique, de la soumettre à un **découpage rigide.** Ce caractère changeant s'exprime à travers les migrations incessantes des masses d'air qui perdent elles-mêmes leur individualité au hasard de leur cheminement.

La recherche de seuils caractéristiques (les limites thermiques de Köppen, par exemple) doit s'appuyer sur des données fiables issues d'un réseau de mesures suffisamment dense pour ne pas faire de l'interpolation un facteur subjectif supplémentaire. Cette entreprise soulève déjà un problème de fond : dans quelle mesure les sites d'observations retenus, qui permettent d'aboutir à des valeurs statistiques, sont-ils représentatifs d'un espace plus ou moins vaste ? La question des échelles spatiales du climat est posée. Entre les grandes aires, les régions et les stations, on passe du général au particulier. Ce dernier intéresse le physicien mais séduit moins le géographe. Pourtant, dans ce qui suit, il sera fait abondamment usage de données stationnelles mais leur utilisation n'a d'autre but que de fournir des éléments quantitatifs dont on ne retiendra que l'ordre de grandeur. Ainsi, Perpignan, Le Cap, San Diego et Perth rentrent dans la même catégorie, quitte ensuite à faire ressortir les nuances régionales du type climatique méditerranéen auxquelles elles appartiennent.

B

LA TRAME CLIMATIQUE DU GLOBE

1 Les climats polaires et subpolaires

Une tonalité générale : la tyrannie du froid

La domination du froid et sa permanence admettent cependant des variantes imposées par la diversité des conditions géographiques : au bassin polaire arctique majoritairement océanique s'oppose la continentalité de l'Antarctique, véritable *freezer* de la planète.

Des limites climatiques assignées par les facteurs astronomiques. L'analyse des conditions d'interception du rayonnement solaire par la Terre (cf. chap. 1, p.24 et 49) fait ressortir l'importance du déséquilibre énergétique provoqué par l'absence d'un rythme diurne d'illumination solaire. Les variations journalières de la température ne peuvent lui être imputées. Ce déséquilibre s'amorce au cercle polaire et s'aggrave évidemment quand la latitude augmente au point d'être maximal au pôle. La cryosphère s'exprime donc pleinement ici.

L'opposition jour/nuit et les effets induits. Rappelons seulement que sur toute la période où le jour est ininterrompu, le soleil reste bas sur l'horizon et l'énergie de son rayonnement est épuisée par sa longue traversée atmosphérique et par son étalement à la surface du sol. L'albedo élevé de la neige et de la glace accentue encore ces conditions défavorables de sorte que les calottes polaires ne tirent qu'un maigre avantage de leur éclairement estival. Lorsque l'obscurité les envahit à nouveau, la banquise atteint progressivement son maximum d'extension et l'ensemble de la couverture glaciaire rayonne vers l'espace : les pertes radiatives restent seules en jeu puisque l'apport de l'énergie solaire a évidemment disparu. En somme, les régions polaires doivent à des conditions astronomiques particulières l'installation du froid que l'englacement contribue à entretenir et à accentuer.

Le climat polaire austral et ses divers aspects

Le domaine du climat polaire austral est facile à circonscrire, à première vue. Le continent antarctique est approximativement centré sur le pôle et l'océan le cerne de toutes parts. Mais des îles périphériques comme les Orcades, South Georgia, Bouvet, Macquarie et même les Kerguelen, par 50° Sud, rentrent dans l'orbite subpolaire australe en raison de leurs étés extrêmement frais. Une approche grossière amène à distinguer trois ensembles climatiques disposés en auréoles autour du pôle.

Le climat polaire continental sévit sur la majeure partie de cet énorme inlandsis de 14 millions de km^2 environ. C'est le domaine de l'éternel hiver. Entre 30 et 120° Est, le plateau central est soumis à un froid intense. Sur le site même du pôle (station Amundsen-Scott), la température moyenne annuelle est d'environ – 51 °C.

Elle est encore plus basse (– 56 °C) à Vostok, à 79° Sud, où des minima inférieurs à – 90 °C ont été notés à plusieurs reprises sur 35 années d'observations. Il est vrai que l'altitude (3 500 m) s'ajoute à l'hypercontinentalité pour faire de cette station le pôle planétaire du froid (températures moyennes des mois extrêmes : – 33 °C et – 68 °C). L'extrême sécheresse de l'air explique l'insignifiance des ***précipitations*** (de 50 à 100 mm/an tout au plus).

Précipitations réelles ou apparentes ? Comment différencier les minuscules cristaux qui tombent du ciel de ceux que les blizzards violents arrachent au sol ? Les dépôts de givre assurent probablement l'essentiel de la croissance du glacier central.

Des perturbations pénètrent pourtant jusqu'au pôle, en coupant au plus court, suivant l'axe mer de Ross-mer de Weddell (fig. 2).

Le climat du littoral, en bordure d'inlandsis, reste très rigoureux mais les températures y sont moins excessives. À Halley Bay, sur la côte orientale de la mer de Weddell, la moyenne annuelle accuse – 19 °C, la température moyenne des mois extrêmes, – 5 et – 29 °C. Il faut atteindre l'extrémité de la presqu'île antarctique, par 60° Sud, pour trouver des conditions moins sévères (les températures moyennes mensuelles s'échelonnent entre 1 °C et – 10 °C). Mais ces moyennes reflètent difficilement une réalité complexe faite de contrastes brutaux de masses d'air. La variabilité thermique interdiurne, maximale en hiver, peut dépasser 25 °C au passage des perturbations les plus violentes. Aux brefs « redoux » qui signalent l'influence maritime s'opposent les irruptions continentales d'air glacé. La turbulence est à son comble : blizzards et vents catabatiques soufflent couramment à plus de 100 km/h. Les précipitations annuelles dépassent localement le mètre.

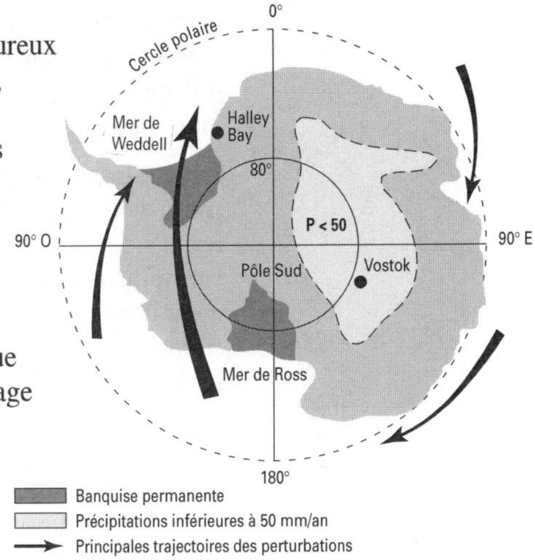

Fig. 2 : l'Antarctique

Le climat subpolaire océanique, un climat sans saisons d'une extrême monotonie. Il s'étend sur une vaste auréole entre 60 et 50° Sud, baignée par l'océan, d'où émergent quelques îles désolées. Le passage quasi quotidien des perturbations entretient à longueur d'année des temps troublés et maussades. Si le gel hivernal devient moins sévère, l'été reste d'une extrême fraîcheur, voire froid. D'où une amplitude thermique très faible (à peine 4 °C aux Macquaries, pour des extrêmes moyens mensuels de 3 °C et 6,7 °C. Dans cette atmosphère perpétuellement agitée, les précipitations sont généralement abondantes (1 300 mm à Grytviken, par 54° Sud).

Le climat polaire arctique et ses variantes

Les limites du climat polaire arctique paraissent plus floues que celles de son homologue austral. Sa configuration géographique est moins simple aussi : les bordures continentales de l'Amérique du Nord et de l'Eurasie s'effritent sur le bassin polaire en une multitude d'îles. L'une d'elles, le Groenland, est la plus vaste du monde. Elle s'étire de 60 à 83° de latitude Nord. C'est aussi, en raison de sa taille, le deuxième inlandsis du globe, qui joue un rôle essentiel dans le climat de l'Atlantique Nord et de ses entours. Cette disposition d'ensemble suggère que les hautes latitudes boréales en milieu océanique sont soumises, selon leur situation, au jeu complexe des influences continentales ou maritimes de leur périphérie. Une simplification de ce contexte climatique aboutit à distinguer trois ensembles (fig. 3).

Fig. 3 : l'Arctique

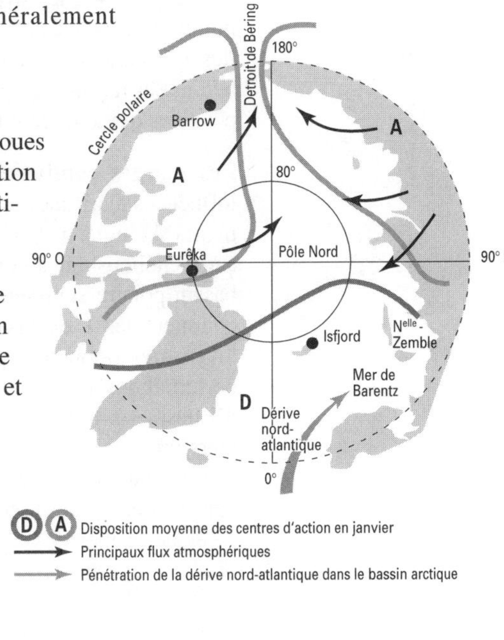

Le Groenland, ou tout au moins l'inlandsis groenlandais, soit 85 % environ de la surface de l'île, est une sorte de mini-continent antarctique. On y relève les températures les plus basses de la calotte polaire boréale. Sur une courte période d'observations, Eismitte, par 71° Nord, accuse une température moyenne annuelle de – 30 °C, avec, pour les mois extrêmes, des moyennes de – 11 °C et de – 47 °C. Là encore, l'effet de l'altitude (3 000 m) s'ajoute à celui de la continentalité. Plus au nord, à Northice, la température est descendue jusqu'à – 70 °C. En dépit d'une variabilité interannuelle importante, les hivers restent très rigoureux et une forte inversion thermique de surface génère un anticyclone pelliculaire, bousculé de temps à autre par le passage de cellules dépressionnaires. Mais les perturbations n'y apportent que de faibles précipitations (110 mm/an à Eismitte, répartis sur 200 jours !), uniquement sous forme de neige et principalement d'octobre à janvier.

Le bassin polaire proprement dit. L'extension de la banquise hivernale ne réussit pas à construire un puissant anticyclone de surface sur l'océan Arctique. En revanche, celui-ci apparaît au cours de l'hiver, de l'Alaska à la Yakoutie et verrouille par là même le détroit de Béring. Or, une dépression centrée statistiquement dans les parages de l'Islande se situe à l'endroit même où l'océan Arctique communique avec l'Atlantique Nord par le seuil largement ouvert du Groenland à la Scandinavie. Les masses d'air venues du sud et les eaux tièdes entraînées par une branche de la dérive nord-Atlantique pénètrent aisément dans le bassin polaire et y apportent leur influence adoucissante jusqu'au Spitzberg et à la mer de Barentz pour le moins. D'où une dissymétrie climatique marquée entre le secteur atlantico-européen du bassin, bénéficiaire de cet adoucissement, et le reste, soumis à des conditions continentales beaucoup plus sévères. Le pôle lui-même, pour lequel les observations font défaut, paraît avoir une température moyenne annuelle de – 20 °C, de – 38 °C et 0 °C environ pour les moyennes correspondant aux mois extrêmes. À Isfjord-Radio (Spitzberg), à 78° Nord, quatre mois ont une température moyenne positive (maximum en juillet de 5 °C) et l'hiver n'y est guère plus froid qu'à Moscou, seulement plus long. Au cœur de la saison froide, des redoux fugitifs mais spectaculaires signalent le passage des secteurs chauds qui s'insinuent jusqu'en mer de Barentz à la faveur de perturbations dont l'occlusion n'a pu totalement s'accomplir. Ces phénomènes ne sont pas exceptionnels. Ils supposent une invasion rapide des masses d'air maritime pulsées par le minimum d'Islande et bloquées par un dispositif anticyclonique subméridien (axe îles Britanniques-Scandinavie) qui les infléchit vers le nord-est. Pour quelques heures, la façade occidentale de la Nouvelle-Zemble accueille des températures positives qui amorcent un dégel fugace.

Les marges continentales et leur sphère d'influence. Cette soumission aux influences maritimes qui s'étend jusqu'à des latitudes très élevées distingue nettement l'Arctique de l'Antarctique. Il faut toutefois se garder des généralisations. Du cap Tchéliouskine au détroit de Béring et au Grand Nord canadien, les confins du bassin polaire subissent vigoureusement l'empreinte climatique de leurs marges continentales. L'extension des anticyclones continentaux vers le nord y rendent les hivers très rigoureux qui engendrent froid intense et sécheresse de l'air car les perturbations n'y parviennent plus. À Eurêka (80° Nord), à l'ouest de la terre d'Ellesmere, la température moyenne se maintient inférieure à – 30 °C pendant cinq mois consécutifs (de novembre à mars inclus) et ne devient faiblement positive qu'au cours des trois mois d'été (maximum de 5,7 °C en juillet) qui reçoivent l'essentiel des précipitations dont le total annuel est insignifiant (69 mm). Au cœur de la mer des Tchouktches, à peine libérée de sa banquise, l'île Wrangel (72° Nord) compte encore, en moyenne, quinze jours de gel en juillet. Barrow, à la même latitude mais au nord de l'Alaska, a des étés aussi brefs et brumeux, des hivers longs et rudes (minimum absolu de la station : – 50 °C). Précipitations indigentes là encore (75 mm/an) mais, fait paradoxal, les moustiques pullulent en été car les flaques d'eau parsèment la toundra subpolaire, le permafrost* rendant le sol totalement imperméable.

2 Les climats des latitudes moyennes

La ceinture des latitudes moyennes assure dans chaque hémisphère la transition entre la calotte froide et la zone chaude. On l'appelle communément la zone « tempérée » mais cette étiquette est à proscrire car elle suggère une idée de modération que certains des climats qu'elle regroupe ne méritent pas : le comportement thermique des types continentaux est excessif au même titre que la violence des averses méditerranéennes…

Autant dire que la palette climatique de cette zone présente des tonalités variées. Elle s'exprime dans toute son amplitude en Amérique du Nord et en Eurasie mais elle est mutilée dans l'hémisphère austral où les masses continentales s'amenuisent considérablement au-delà du 40 e parallèle. Le caractère dominant aux latitudes moyennes réside dans le jeu complexe d'influences antagonistes que se livrent océans et continents.

Les caractères généraux du climat océanique

Du 40e parallèle jusqu'au cercle polaire parfois (c'est le cas pour l'Europe), les **façades occidentales des continents** sont essentiellement soumises à l'influence maritime. Cette influence s'exprime au plus haut degré dans les presqu'îles et les milieux insulaires. Elle s'explique avant tout par le dynamisme de la circulation atmosphérique. Le grand courant d'ouest qui balaie ces latitudes assure le transport des masses d'air maritime vers les continents. C'est aussi dans le lit des *westerlies** que se développent et s'écoulent les perturbations porteuses de la pluie. Le climat océanique doit son originalité à ses caractères thermiques et pluviométriques.

Le régime thermique de l'air tend à épouser celui de l'océan et se manifeste par la fraîcheur de l'été (la moyenne mensuelle la plus élevée oscille selon les lieux entre 11 et 16 °C, la douceur relative de l'hiver et, en corollaire, la faible amplitude annuelle de la température. Les eaux voisines communiquent encore à l'air leur inertie thermique, comme l'atteste le décalage du minimum et du maximum des températures par rapport aux solstices, février et août devenant les mois extrêmes.

Le régime pluviométrique se caractérise par la fréquence élevée des jours pluvieux, l'importance des précipitations et leur répartition saisonnière. Par année moyenne et selon les lieux, il pleut de 180 à 300 jours et la hauteur d'eau cumulée atteint 800 à 2 000 mm en général. Elle augmente avec la latitude et l'exposition aux flux humides, ce qui explique des différences importantes suivant les stations : Copenhague reçoit moins de 600 mm de pluie en moyenne annuelle alors que Valentia (52° Nord) en totalise 1 400, Bergen presque 2 000, Brest 1 100. Sur le littoral pacifique, Prince-Rupert (54° Nord) est nettement plus arrosé que Vancouver (49° Nord), respectivement 2 500 et 1 500 mm. L'hémisphère austral présente des divergences régionales identiques, avec un décalage de latitude d'une dizaine de degrés par rapport à l'hémisphère Nord. Comparer les 1 100 mm de Auckland (37° Sud) sur le littoral occidental de la Nouvelle-Zélande aux 630 mm de Christchurch (43° Sud) situé sur la côte orientale.

Tous les mois sont arrosés avec toutefois un fléchissement au printemps et en été, et un maximum de saison froide très accusé. Cela tient au renforcement de l'activité cyclonique en hiver, à l'extension des dépressions subpolaires vers les latitudes moyennes et au contraste thermique plus marqué des masses d'air. Le passage des perturbations fait alterner les « crachins » interminables avec les brusques averses du front froid et des traînes instables, ponctuées d'éclaircies apportant une visibilité parfaite. Ce profil est original car, hormis le climat méditerranéen, tous les autres climats de la Terre placent leur maximum pluviométrique en saison chaude. Des variations interannuelles notables sont masquées par les valeurs moyennes mais l'intérêt de celles-ci est de mettre en relief certaines variantes régionales.

Les types de climat océanique

Sans trop simplifier la réalité, il paraît possible de distinguer trois sous-types de climat océanique par un bref examen des régimes thermiques et pluviométriques.

Le climat océanique frais, pour ne pas dire froid, jouxte le domaine subpolaire. Maussade en toutes saisons, il est nébuleux et venteux avec des étés très frais. La température moyenne mensuelle à Reykjavik (64° Nord) oscille entre – 0,5 et 12 °C, à Punta Arenas (53° Sud), entre 1,5 et 11 °C. La neige n'est donc pas rare et l'importance des pluies d'été provient du fait que la partie active des perturbations traverse alors ces latitudes proches des dépressions subpolaires. Appartiennent à cette catégorie : l'Islande, la Norvège centrale (région de Trondheim), le littoral septentrional de la Colombie-Britannique, le Sud chilien.

Le climat océanique doux se démarque du précédent par ses températures plus élevées en toutes saisons. Le gel nocturne survient parfois en hiver, mais la turbulence de l'atmosphère et la forte nébulosité écartent généralement cette éventualité. La température moyenne du mois le plus froid atteint 6 °C à Brest, 6,8 °C à Valentia et 7,4 °C à Isla Guafo, au Chili. Néanmoins, ces relevés opérés sous abri ne traduisent pas une réalité beaucoup plus rude à supporter physiologiquement quand la violence du vent et une humidité relative élevée se combinent. L'été reste frais et nettement moins pluvieux que l'hiver. Les épisodes troublés deviennent moins fréquents et sont séparés par les séquences calmes et ensoleillées que procurent les situations anticycloniques.

La façade occidentale de l'Europe, du Jutland au nord de la péninsule Ibérique (îles Britanniques incluses), le littoral de l'Oregon et de l'État de Washington, le Chili central (entre 38 et 43° de latitude Sud environ), la Tasmanie et la Nouvelle-Zélande correspondent à ce que Viers dénomme le « climat breton ».

Le climat semi-océanique (ou océanique « atténué »). Avec l'éloignement des masses maritimes, le climat océanique perd progressivement ses caractères spécifiques. Cette dégradation affecte à la fois le profil thermique et le régime pluviométrique. Cela suppose un arrière-pays continental dépourvu de reliefs importants qui confineraient l'influence océanique à une frange littorale étroite, comme c'est le cas en Amérique du Nord et au Chili, où des chaînes côtières gigantesques fixent des limites climatiques précises. En revanche, l'Europe moyenne, au nord du 48e parallèle, n'oppose aucun obstacle orographique notable à la circulation des masses d'air provenant de l'océan comme du continent. On peut donc y suivre les degrés d'atténuation des caractères océaniques. Les étés deviennent plus chauds, les hivers plus froids et l'amplitude thermique moyenne annuelle augmente. Les précipitations ne diminuent que progressivement mais leur régime évolue beaucoup plus vite. Paris présente déjà deux maxima, l'un, principal, situé en été, l'autre, secondaire et hivernal. Circonstances locales ou amorce d'un changement ? Strasbourg et surtout Colmar confirment cette évolution, les pluies d'été représentant plus du tiers du total annuel (cf. exercice, p. 135).

Les caractères généraux du climat continental

Sur d'immenses espaces de l'Eurasie et de l'Amérique du Nord, les influences océaniques ne parviennent pas à pénétrer et la **continentalité** s'exerce alors avec plus ou moins de vigueur. Cette transition est brutale au Canada et aux États-Unis car les Rocheuses dressent un écran efficace, plus progressive en Europe où les complicités de la géographie ne facilitent pas la tâche du climatologue en quête de frontières. Quoi qu'il en soit, le régime thermique continental s'exprime par une **forte amplitude thermique annuelle** qui croît de l'ouest vers l'est en Eurasie, du sud-ouest vers le nord-est en Amérique. Ainsi, de la Hongrie à la Yakoutie, le crescendo est saisissant : 23 °C à Budapest, 26,5 °C à Kiev, 33,5 °C à Kazan, 4O °C à Omsk, 62,7 °C à Yakoutsk, 66 °C à Verkhoïansk. Et en Amérique du Nord, des plaines centrales au Yukon, 26,1 °C à Saint-Louis (États-Unis), 38,9 °C à Winnipeg, 46,4 °C à Dawson City. Dans l'un comme dans l'autre cas, l'accentuation du froid hivernal explique à elle seule la croissance de l'amplitude annuelle bien que les étés soient très marqués jusqu'à des latitudes relativement élevées. La plus forte moyenne mensuelle à Verkhoïansk (67° Nord) s'élève à 15,6 °C et à 15 °C à Dawson (64° Nord). C'est autant qu'à Valentia, à 52° Nord. À des latitudes plus basses, la chaleur de l'été (moyenne du mois le plus chaud supérieure à 25 °C) maintient l'amplitude à un niveau élevé en dépit d'un hiver nettement moins rigoureux. En retenant les températures moyennes de janvier, de juillet et l'amplitude correspondante, on peut comparer les données de Tachkent (42° Nord) en Ouzbékistan (– 1,5 °C ; 25,5 °C ; 27 °C) à celles de Salt Lake City (41° Nord), centre-sud des États-Unis (– 1,7 °C ; 25 °C ; 26,7 °C).

L'importance de l'amplitude annuelle se traduit par une **forte variabilité intermensuelle de la température,** plus sensible encore aux intersaisons. Printemps et automne deviennent des transitions éphémères entre les deux saisons extrêmes. La différence atteint 8,9 °C à Moscou et 11 °C à Kazan entre mars et avril, 16,2 °C à Verkhoïansk entre avril et mai. Autant dire que le retour brutal à des températures positives déclenche soudainement le dégel (la *raspoutitsa* des Russes) qui transforme les étendues neigeuses d'hier en un véritable bourbier. La nature s'éveille et reverdit en l'espace de deux à trois semaines. On s'enlise dans l'hiver aussi rapidement. Le passage à des températures négatives s'opère dès octobre en Sibérie orientale, en novembre en Russie centrale et sur la majeure partie du Canada où la première chute de neige succède vite à l'« été indien ».

La continentalisation entraîne une **réduction des précipitations** (575 mm à Moscou, 420 à Sverdlovsk à l'est de l'Oural, 220 à Yakoutsk) qui s'accentue encore dans les régions situées à l'abri des reliefs (de la Caspienne au Gobi en Asie, le Grand Bassin aux États-Unis). L'été détient le maximum pluviométrique grâce à l'instabilité thermoconvective mais celle-ci disparaît pendant toute la période froide où une forte inversion thermique affecte l'atmosphère inférieure. La faiblesse du rayonnement global, l'importance du rayonnement tellurique et l'albedo élevé du sol enneigé se conjuguent pour engendrer un froid intense. La densité élevée de l'air glacé crée un anticyclone pelliculaire puissant qui se constitue au cours de la longue période d'enneigement (160 à 210 jours de la Sibérie centrale à la Yakoutie, presque autant du Saskatchewan canadien à la province du Yukon). Des brouillards givrants tenaces alternent avec de belles séquences ensoleillées. Quelques périodes troublées avec des tourmentes de neige interrompent momentanément le froid vif et sec mais elles interviennent peu dans la tranche pluviométrique annuelle. Les cinq mois ayant une température négative à Moscou ne recueillent en moyenne que 28 % de ce total et seulement 18 % à Calgary, au Canada).

Les différents visages du climat continental

Entre le climat océanique dégradé et le climat continental excessif, un classement subtil pourrait dégager une gamme plus ou moins étendue de types intermédiaires à la condition d'adopter des critères et des limites plus ou moins arbitraires. Une classification grossière met en évidence quelques grandes tendances.

Le climat continental modéré peut être considéré comme un type hybride s'écartant plus ou moins des paramètres moyens qui prétendent le définir. Les températures restent négatives pendant quatre à cinq mois, les moyennes de janvier évoluant de – 4 à – 12 °C selon les régions. Les périodes anticycloniques de froid sec alternent avec les « redoux » des passages perturbés. De novembre à mars, la neige couvre le sol. L'été est relativement long, assez chaud (de 18 à 21 °C en juillet) et orageux. Mais les précipitations présentent des irrégularités interannuelles et spatiales importantes. Toute la saison peut être « pourrie » (comme en Ukraine en 1956) ou marquée par la sécheresse (qui s'est étendue à une bonne partie de la Russie en 1959). Ce climat s'étend de la Pologne à l'Oural, en Europe et des Grands Lacs aux Rocheuses en Amérique du Nord.

Le climat continental affirmé se caractérise par la relative régularité de son comportement thermique, la longueur de ses hivers (5 à 6 mois) et leur rudesse (– 20 à – 30 °C de moyenne de janvier mais les vagues de froid font chuter la température jusqu'à – 45 ou – 50 °C). Les temps anticycloniques dominent largement mais des passages perturbés apportent des tempêtes de neige. L'été ressemble à celui du climat continental modéré, en moins orageux. Ce climat s'étend sur la Sibérie occidentale et centrale, la majeure partie du Canada à l'ouest du Québec.

Le climat hypercontinental apparaît en Sibérie du Nord-Est (Yakoutie) qui a longtemps détenu le record du froid (– 70 °C à Oïmekon et à Verkhoïansk) avant d'être détrônée par certaines stations des inlandsis polaires. Le froid est intense en hiver et les températures sont très inférieures à celles du bassin arctique. À Verkhoïansk, la température moyenne se maintient en dessous de – 43 °C pendant trois mois consécutifs. Sa remontée est spectaculaire en été (Yakoutsk est aussi chaud que Paris en juillet) et des vagues de chaleur ont apporté des maxima absolus approchant 40 °C. Entre ces extrêmes, l'écart atteint presque 110 °C ! En Yakoutie, les précipitations, essentiellement estivales, restent inférieures à 200 mm en général.

De tels excès se reproduisent, à un moindre degré toutefois, dans certains secteurs abrités du territoire du Yukon.

Le climat continental « oriental » est un curieux mélange de caractères océaniques et continentaux.

Aux latitudes moyennes, les marges maritimes de l'est des continents échappent à l'emprise océanique par leur profil thermique mais s'y soumettent par leur humidité. Les hivers restent anormalement froids. L'extrême-orient sibérien et la majeure partie de la péninsule du Labrador illustrent cette particularité climatique sans équivalent austral.

À la latitude de Biarritz, Vladivostok compte cinq mois de température moyenne négative (janvier : – 13,7 °C) et l'été est aussi chaud et aussi pluvieux que celui du Pays basque. À 60° Nord, Okhotsk a une moyenne de janvier de – 24 °C (à latitude identique, celle de Bergen s'élève à 1,5 °C) et l'été est de type océanique frais. À Montréal, la continentalité s'exprime dans les températures (hiver froid, été chaud) mais le régime pluviométrique est hybride. Tous les mois sont copieusement arrosés. Aux pluies orageuses d'été répondent les perturbations neigeuses de l'hiver accompagnées de bourrasques qui construisent des congères dans les Laurentides, Terre-Neuve, la Nouvelle-Écosse… C'est dans une de ces « poudreries » que s'est « écarté » François Paradis, l'amoureux de Maria Chapdeleine !

Le climat continental aride. Lorsqu'une situation d'abri s'ajoute à la continentalité, l'aridité se développe. C'est le cas en Asie de tout l'ensemble régional qui s'étend de la Caspienne à la Mongolie incluse. La longue muraille montagneuse (Pamir, Tian-Chan… jusqu'au Grand Khingan) fait chuter la hauteur des précipitations annuelles à moins de 150 mm souvent et probablement n'excède-t-elle pas 50 mm à l'ouest du désert de Gobi. Le régime pluviométrique subit une évolution en fonction de la latitude. Au nord du Kazakhstan, l'essentiel des pluies tombe en été alors qu'au sud du Turkménistan, le maximum pluviométrique survient l'hiver et l'été est totalement sec. L'aridité s'y manifeste d'autant mieux qu'une forte évapotranspiration est attisée par une chaleur estivale élevée (température moyenne comprise entre 24 et 30 °C). L'hiver devient moins froid. Tourgaï, à 50° Nord dans le Kazakhstan, a encore une moyenne de janvier de – 17,5 °C, alors qu'au sud de la Caspienne elle passe à 1 °C.

En Amérique du Nord, l'aridité prend possession d'une bande méridienne (du Grand Bassin au plateau du Colorado) délimitée par les Rocheuses et la Sierra Nevada. L'altitude pénalise les températures d'hiver mais n'empêche pas les étés d'être très chauds. La moyenne de juillet s'élève à 25 °C à Salt Lake City (1 350 m d'altitude) et à 32,5 °C à Las Vegas (36° Nord) où la hauteur annuelle de pluie dépasse de peu 100 mm.

La version australe de cette classe climatique est représentée par la Patagonie, asséchée par effet de fœhn sous l'abri andin. Annuellement, les précipitations restent en dessous de 200 mm. Mais la continentalité ne parvient pas à s'affirmer réellement ici. Le profil thermique de Sarmiento (44° Sud) est de type océanique (les moyennes de juillet et de janvier sont respectivement 4,1 et 17,8 °C) comme la répartition saisonnière des pluies dont le total annuel n'atteint que 182 mm.

Le climat de type « méditerranéen »

Il est difficile de trouver un climat mieux typé que le méditerranéen. C'est le climat des contrastes : douceur et violence y alternent. Sur les rives de cette mer intérieure et sur ses îles évidemment, règne une ambiance atmosphérique particulière. La faible fréquence des jours nébuleux laisse la place à un fort ensoleillement et à une luminosité du ciel peu commune aux latitudes moyennes. On frôle les 3 000 heures d'ensoleillement par an à Saint-Raphaël alors que, dans le nord de la France, on dépasse de peu la moitié de ce total. En conséquence, des étés brûlants et des hivers doux pour ne pas dire tièdes de sorte que l'amplitude thermique annuelle est modérée, de 12 à 15 °C en général. Un regard sur les températures moyennes de janvier et de juillet et sur leur amplitude donne une idée approximative de la physionomie thermique : Antibes (9,1 °C ; 23,5 °C ; 14,4 °C) ; cap Corse comme Alger (10 °C ; 24,4 °C ; 14,4 °C), Athènes (9,3 °C ; 27,6 °C ; 18,3 °C), Tel-Aviv (13,6 °C ; 26,9 °C ; 13,3 °C)… Mais ces valeurs voilent des caprices passagers. Il faut compter en effet avec les assauts fugitifs du froid et les vagues de chaleur plus durables. À Saint-Raphaël, on a noté les extrêmes suivants : – 12 °C et 41,5 °C. En février 1956, Nice a compté 17 jours de gelée. La température est montée jusqu'à 47 °C à Éleusis, près d'Athènes.

Le régime pluviométrique rappelle celui du climat océanique par son ***maximum*** de saison froide mais le minimum estival est si accusé que la sécheresse de l'été semble reproduire les conditions arides du milieu subtropical voisin au moment même où les fortes chaleurs dessèchent l'air et renforcent son pouvoir évaporant.

Le maximum pluviométrique se place en automne et début d'hiver en Méditerranée occidentale et tend à se déporter vers le printemps dans le bassin oriental.

Au cours des trois mois d'été, Porquerolles ne recueille que le dixième du volume annuel (612 mm), comparable à celui de Paris ; c'est encore plus faible à Ajaccio

Le tourisme méditerranéen a évolué dans sa forme et ses manifestations. De la fin du XIXe siècle à la Seconde guerre mondiale, la fréquentation touristique est essentiellement aristocratique et hivernale : on vient se reposer et se distraire dans l'atmosphère calme et douce des rivieras. La deuxième moitié du XXe siècle a vu se développer un tourisme de masse, exclusivement estival, qui porte son intérêt sur le soleil, la plage et la mer.

(47 mm sur un total annuel de 672 mm), à Athènes (27 mm sur 402), à Alger (12 mm sur 700) et à Haïfa (1 mm sur 500) ! Aux portes mêmes de l'Europe continentale et océanique, souvent nébuleuse, cette oasis de charme a suscité un afflux massif de ***touristes*** en quête de soleil et de rivages enchanteurs.

Il faut cependant tempérer cette impression idyllique. Le climat méditerranéen connaît des périodes troublées. Des vents continentaux, s'engouffrent en accélérant leur vitesse dans les couloirs orographiques, font irruption sur le littoral et déclenchent de violentes tempêtes en mer : le mistral en basse vallée du Rhône, la tramontane dans le Roussillon, la bora sur la côte dalmate, le vardar en Macédoine, etc., font brutalement chuter les températures en hiver mais ils contribuent aussi, en toutes saisons, à maintenir la pureté du ciel.

Autre calamité : la violence des orages qui déversent en quelques heures des quantités d'eau impressionnantes : plus de 400 mm à Nîmes, le 3 octobre 1988 ; 435 mm à Perpignan (26/10/1915). Des abats de l'ordre du mètre, en 24 heures, ont probablement été atteints en altitude dans les Pyrénées Orientales et le sud de l'Italie. De telles intensités ne se retrouvent qu'en milieu tropical, au passage des cyclones ou lors des assauts de la mousson. On comprend aisément qu'en un faible nombre de jours pluvieux on parvienne à des hauteurs annuelles parfois comparables à celles de l'Europe océanique.

Le contexte géographique du bassin méditerranéen se prête à l'éclosion de ces violences subites. Elles surgissent précisément après de longues périodes de calme estival où l'air chaud a eu le temps de s'humidifier sur une mer soumise à une évaporation intense et dont la ***température des eaux*** superficielles oscille entre 24 et 28 °C.

Cette ***température*** élevée s'explique par le fait qu'elle concerne une pellicule très mince, les eaux sous-jacentes se stabilisant aux environs de 13 °C sur toute leur épaisseur.

Le rôle protecteur des reliefs de bordures, vers le nord, joue ici un rôle décisif. Il place la Méditerranée dans une situation d'**abri aérologique** qui la protège de la circulation perturbée qui affecte principalement l'Europe occidentale, y compris en été.

Par contre, la proximité du continent africain assure une réserve d'air chaud toute proche. Les **invasions froides,** profitant des défaillances du rempart orographique, déclenchent rapidement des **cyclogenèses.** C'est en effet lorsque le mistral a commencé à souffler qu'une dépression se creuse sur le golfe de Gênes, aspire l'air chaud du sud et construit un système perturbé.

Le mauvais temps éclate aussi, de façon plus insidieuse, quand des coulées polaires s'aventurent au-dessus de la Méditerranée en creusant une vallée planétaire. Cette invasion froide en altitude, surplombant l'air chaud et humide des basses couches, accroît le gradient thermique vertical et convertit l'instabilité potentielle en instabilité réelle. Elle suscite surtout une remontée d'air saharien, à forte capacité hygrométrique, qui se sature en traversant la mer et provoque des déluges au contact des premiers reliefs rencontrés.

Le Midi français est le plus exposé à ce genre d'événements mais le versant occidental des Apennins et même la péninsule grecque sont accessoirement touchés. Les médias se font l'écho de ces accidents ravageurs par leurs effets hydrologiques. Chaque année en apporte des exemples.

Le creusement d'une dépression sur la Méditerranée engendre aussi, le plus souvent, un scénario classique de « retours d'est » qui déborde largement ce cadre régional puisque l'air chaud méditerranéen, expulsé en altitude, opère un mouvement de rotation vers l'Europe centrale et l'est de la France en y déversant des pluies ou des neiges d'occlusion (fig. 4).

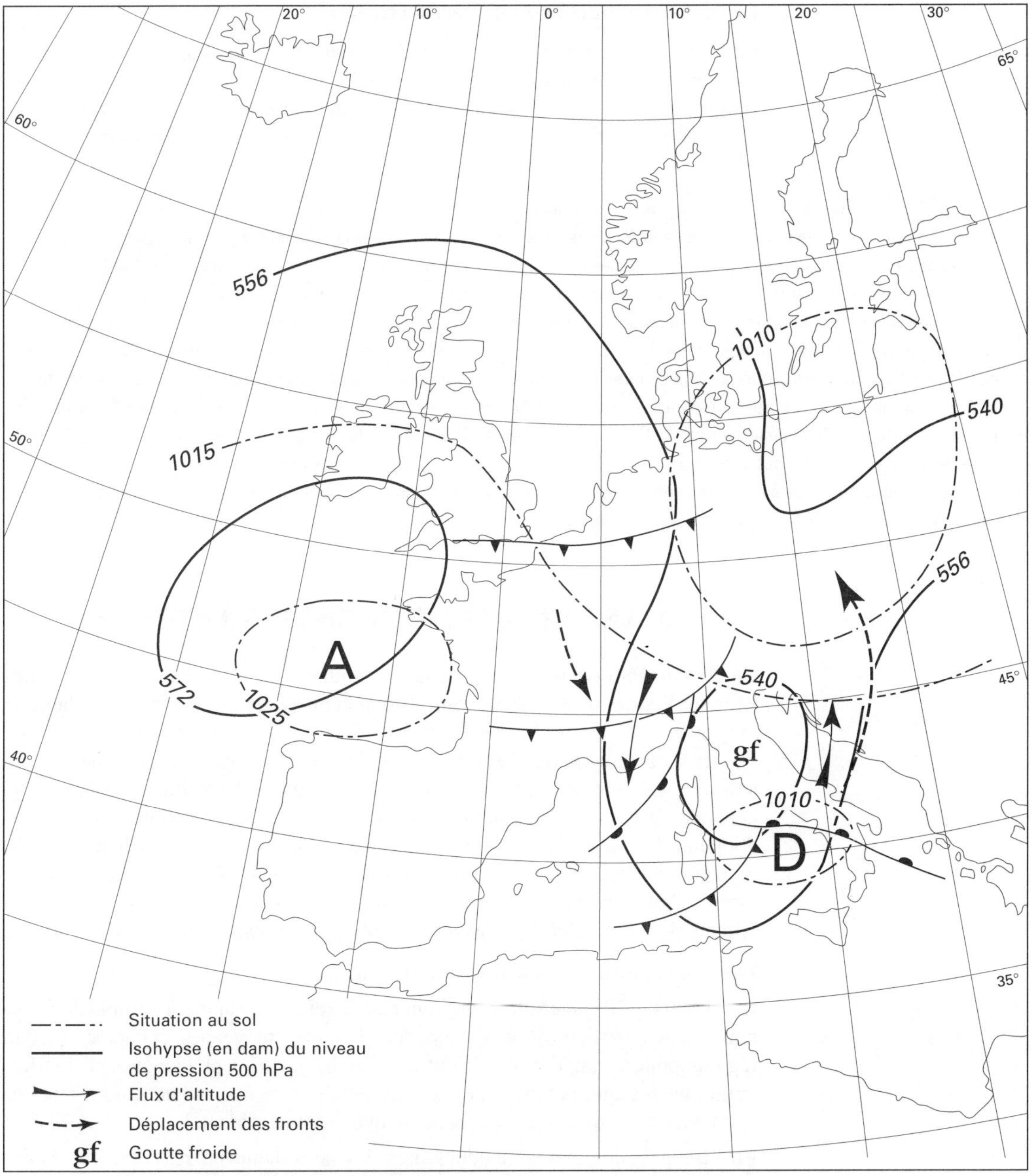

Fig. 4 : invasion froide et cyclogenèse en Méditerranée occidentale

L'extension du domaine méditerranéen a développé des visages climatiques régionaux sous la dépendance de facteurs aérologiques et géographiques : la partie orientale est plus chaude et moins arrosée que l'ouest du bassin. Du golfe de Gabès à Suez, le littoral africain n'appartient plus déjà à ce domaine climatique alors que des affinités méditerranéennes (précipitations concentrées sur l'hiver) pénètrent profondément en milieu continental de la Turquie jusqu'en Afghanistan.

Les « sosies » du climat méditerranéen

Le bassin méditerranéen offre un cadre inimitable. Si le climat qui le caractérise réapparaît en plusieurs endroits de la planète, à l'ouest des continents et sur des franges littorales étroites bordées par l'océan, on ne retrouve nulle part sa copie exacte. Tout au plus des types régionaux présentant quelques **similitudes.**

Les similitudes tiennent essentiellement à une situation géographique commune, entre 30 et 40° de latitude environ, à la jonction de deux grandes entités climatiques : la zone chaude et la zone improprement appelée « tempérée ». Cette situation charnière fait du climat méditerranéen une sorte d'hybride. Le balancement saisonnier des anticyclones subtropicaux assure tour à tour la sécheresse estivale qui rappelle les conditions sévères du désert voisin et l'instabilité hivernale quand le retrait des hautes pressions libère la circulation perturbée des westerlies. Le climat de type méditerranéen opère donc la transition entre un climat aride sur son flanc tropical et un climat océanique (voire continental) sur son flanc polaire. Des bordures littorales étroites répondent à ces caractéristiques, en Californie, dans le Chili central. On notera que, dans ces deux cas, des courants marins froids ou des *upwellings*, stabilisent l'air et réduisent fortement les précipitations (300 mm à San Diego en Californie, 340 mm à Santiago du Chili). Ils expliquent aussi la fraîcheur relative des étés (à peine 21 °C pour la moyenne du mois le plus chaud). L'extrémité méridionale de l'Afrique et le Sud-Ouest australien présentent des types mixtes, mi-méditerranéens (hivers tièdes et étés chauds), mi-océaniques par leurs caractères pluviométriques.

3 Les climats des basses latitudes

Ce domaine climatique est très vaste. Il ceinture le globe selon une large bande, axée sur l'équateur et bornée, dans chaque hémisphère, par l'anneau des latitudes moyennes. Les limites, évidemment fluctuantes selon les longitudes, sont fixées par les caractères particuliers de la dynamique atmosphérique. Le chapelet des anticyclones subtropicaux forme une césure dans le dispositif de la circulation générale. Il constitue une sorte de frontière épaisse et discontinue qui isole le domaine des westerlies de celui des alizés, dans chaque hémisphère. Au plan climatologique, il se rattache aux basses latitudes par le niveau élevé des températures. C'est d'ailleurs là le trait commun de toute cette zone qui regroupe les climats chauds du globe que les rythmes pluviométriques permettent de distinguer.

Les climats arides tropicaux et subtropicaux

Les déserts qu'ils déterminent ne sont pas l'exclusivité du monde tropical puisque nous en avons identifié également aux latitudes moyennes et même dans les régions polaires (si l'on ne retient que l'indigence des précipitations). L'aridité traduit un déséquilibre profond et permanent du bilan hydrologique qu'il faut bien distinguer de la sécheresse qui reste un événement accidentel.

Elle frappe d'immenses étendues dans les deux hémisphères : Sahara, Arabie, Iran, Thar, sud-ouest des États-Unis et nord-ouest du Mexique, Kalahari, Australie centrale et occidentale. Cette disposition correspond à l'axe des hautes pressions subtropicales responsables de l'affaissement lent mais continu de l'air, ce qui le comprime et le dessèche.

Les mécanismes de l'aridité. L'installation de l'aridité est la conséquence de plusieurs facteurs.

La faible nébulosité qui se traduit par des records de durée d'ensoleillement, frôlant le maximum théorique dans le Sahara oriental.

L'intensité du rayonnement solaire qui engendre des températures très élevées ; les moyennes de juillet dépassent 37 °C à Reggan et à Aoulef sur le plateau de

Tademaït (Sahara occidental) et les maxima absolus sont parfois supérieurs à 50 °C sur l'ensemble de ces déserts ; en hiver, la chute des températures consécutive au rayonnement nocturne entraîne des gelées (des minima absolus de l'ordre de – 7 °C ont été relevés dans les plaines du Sahara occidental et en Arabie) ; les amplitudes thermiques diurne et saisonnière s'en trouvent renforcées en raison de la sécheresse de l'air.

L'humidité relative devient très basse aux heures les plus chaudes et dans les parties les plus continentales ; elle est en moyenne relativement élevée sur les littoraux où rosées et brouillards nocturnes sont localement fréquents (Namibie, désert d'Atacama…).

L'évaporation, intense, est attisée par les fortes chaleurs et épisodiquement par des vents desséchants (sirocco, khamsin au Sahara) ; elle prélève annuellement un peu plus de 4 mètres d'eau au lac Nasser, en Nubie égyptienne ; une telle ablation au profit de l'atmosphère compromet le succès des aménagements hydrauliques dans les déserts chauds et venteux.

Les précipitations ne peuvent être que dérisoires au sein d'un air voué à la subsidence ; la vaste enquête de Dubief consacrée au Sahara montre que la pluviométrie moyenne annuelle reste inférieure à 50 mm de la Mauritanie à la Nubie, à l'exception des reliefs un peu plus arrosés ; ***l'irrégularité*** des pluies enlève parfois toute signification statistique à la notion de moyenne ; il s'agit presque toujours de pluies sporadiques (dont certaines s'évaporent totalement avant leur arrivée au sol) qui suivent le régime de leur bordure (hivernal sur les marges « méditerranéennes », estival sur le flanc équatorial).

Cette ***irrégularité*** est à son comble dans le domaine hyperaride. Ainsi, à Ounianga, au nord du Tchad, le total annuel moyen est légèrement inférieur à 3 mm pour 13 ans d'observations. L'examen des fichiers quotidiens de cette station montre que ce résultat provient uniquement de douze jours de pluie sur toute la période qui a compté six années dont cinq consécutives sans la moindre précipitation !

Les types génétiques et géographiques des climats arides

En dehors des variables dues à l'altitude qui sont étudiés en fin de chapitre, une classification grossière peut être entreprise en fonction des **mécanismes générateurs de l'aridité** et de l'intensité de celle-ci.

Les cellules anticycloniques, mieux marquées en altitude qu'au sol où elles sont souvent remplacées par une dépression thermique en été, représentent la cause principale mais non unique de la subsidence de l'air.

Courants froids et *upwellings** côtiers parviennent aux mêmes effets mais sur d'étroites bandes littorales au Sahara occidental, en Mauritanie, en Namibie, du Chili central au nord du Pérou, en Californie. Ils cumulent parfois leurs effets à ceux des hautes pressions.

Les situations d'abri, en milieu tropical comme ailleurs, entraînent une diminution de la pluviosité. Au pied des monts Souleïman, Jacobabad (Pakistan) reçoit à peine 100 mm de pluie en moyenne annuelle.

Une divergence aérologique, par la subsidence qu'elle génère, détermine en partie l'aridité somalienne, en dépit de la proximité équatoriale.

Les degrés de l'aridité

Selon son ampleur, 3 types climatiques peuvent être distingués.

Le climat semi-aride fait la transition entre la zone aride proprement dite et les climats périphériques ; les variations pluviométriques interannuelles restent fortes mais la moyenne dépasse largement 100 mm, répartie principalement sur 4 à 5 mois. La bordure nord du Sahara (Laghouat et Gabès reçoivent environ 170 mm/an), le Sahel au sud (Agadès au Niger et Khartoum avec 165 mm/an), la quasi-totalité du ***désert australien*** (à l'exception de la cuvette du lac Eyre) illustrent ce type.

Le désert australien ne peut se comparer au Sahara. Les températures y sont élevées (Alice Springs, à 578 m d'altitude, compte 3 mois supérieurs à 27 °C), mais la pluviosité annuelle atteint 240 mm à cette station.

Le climat aride peut être grossièrement circonscrit par l'isohyète 100 mm/an compte tenu d'une extrême irrégularité, avec au moins 2 mois dont la température moyenne dépasse 30 °C (par exemple, la majeure partie du Sahara et de l'Arabie).

Le climat hyperaride (plus d'une année sans pluie) est représenté dans le Sahara oriental (Libye, Nubie, nord du Tchad et du Niger) et dans le désert d'Atacama, au nord du Chili où Arica n'enregistre aucune pluie notable (0,5 mm de moyenne annuelle) mais seulement des brumes qui se forment dans une atmosphère très fraîche pour une latitude aussi basse (18° Sud).

Les climats intertropicaux à saisons alternées

La translation latitudinale des centres d'action au cours de l'année explique l'alternance d'une saison sèche et d'une saison humide. C'est le domaine de l'alizé et du régime de la « mousson » si l'on accepte de prendre ce terme dans son sens originel le plus large (issu d'un mot arabe signifiant « saison »). On parlait autrefois de pluies zénithales parce qu'elles semblent grossièrement accompagner le déplacement apparent du soleil au zénith. Toutefois, l'amplitude de ces oscillations varie selon les longitudes car elle subit le poids des facteurs géographiques.

L'Afrique offre un cas de figure relativement simple en raison de la symétrie des masses continentales par rapport à l'équateur et de la localisation des cellules anticycloniques subtropicales sur l'Atlantique (Açores au nord, Sainte-Hélène au sud). La saison pluvieuse est centrée sur l'été, la saison sèche, sur l'hiver. En avril-mai, l'air humidifié sur l'océan et pulsé par l'alizé austral qui a franchi l'équateur pénètre lentement en Afrique occidentale. C'est l'amorce de la saison des pluies vers le 12e parallèle mais cette incursion d'air océanique est contenue plus au nord par l'alizé continental (harmattan) de sorte que la masse humide s'amenuise et parvient fin juin-début juillet vers le 16e parallèle. Le profil thermique moyen est calqué sur la courbe de déclinaison solaire. À Bamako (12° 38'Nord) la température moyenne de janvier, mois le plus frais, s'élève à 25,5 °C. Elle atteint un maximum en avril (34,1 °C) puis fléchit ensuite à cause de la couverture nuageuse et de l'évaporation au cours de la saison des pluies qui apporte 1 080 mm en 6 mois. Les précipitations s'effectuent au cours de séquences de 4 à 5 jours, marquées par le passage de lignes de grains (ondes d'est). À Nema (16° 36'Nord), au sud de la Mauritanie, l'amplitude thermique annuelle augmente (janvier : 22,7 °C ; mai : 35,7 °C) et la saison pluvieuse, réduite à 3 mois (juillet-septembre), n'apporte que 274 mm ; le reste de l'année est presque totalement sec. À Lubumbashi (12° Sud), au sud du Zaïre, la pluviométrie annuelle (1 050 mm) est uniquement due à la période qui s'étend d'octobre à mars (c'est la traduction australe du régime de Bamako, avec l'inversion des saisons) mais l'alimentation en air humide provient ici de l'océan Indien.

En Amérique centrale et du Sud, l'équateur météorologique, matérialisé par un axe dépressionnaire, subit une oscillation saisonnière de faible amplitude. La configuration géographique oppose la masse continentale de l'Amérique du sud tropicale au milieu insulaire des Antilles. À latitude égale, la saison sèche est bien moins marquée qu'en Afrique et la pluviométrie annuelle beaucoup plus forte, sauf dans le Ceará (« polygone de la sécheresse ») qui, en dépit de sa proximité avec l'équateur, connaît des pluies irrégulières concentrées sur 3 à 4 mois.

Le domaine indien et ses prolongements birmans ont rendu célèbre le phénomène de la mousson qui se déroule ici dans un cadre géographique particulier : au sud, une large façade sur l'océan Indien qui s'ouvre sur des réserves d'air humide et, au nord, la barrière himalayenne, qui bloque sa progression. L'hiver, l'alizé continental apporte la sécheresse. De décembre à mai inclus, Bombay (19° Nord) ne reçoit que 20 mm pour une pluviosité annuelle moyenne qui approche 2 000 mm. C'est dire que lorsque la mousson (humide) éclate, les pluies diluviennes font un peu chuter les températures, qui se maintiennent au cours d'une année moyenne entre 24,5 et 30,3 °C. Au fond du golfe du Bengale, Calcutta (22° 32'Nord) reçoit encore plus de 1 600 mm de pluies annuelles (entre mai et octobre principalement) où la contribution des typhons n'est pas négligeable. Là encore, la saison pluvieuse est entrecoupée de périodes calmes, assauts et retraits de « mousson » oscillant comme le flux et le reflux.

Le climat équatorial

À première vue, cette étiquette classique fait référence à l'équateur géographique, évidemment stable, c'est-à-dire aux très basses latitudes. Le climatologue prend plutôt en considération l'équateur météorologique (fixé par l'axe plus ou moins bien marqué de la convergence des alizés) soumis à des migrations saisonnières. Afin de le démarquer du climat de « mousson », entendons par « équatorial », un climat dont l'humidité est constante, ce qui peut nous écarter de l'équateur géographique si des facteurs régionaux y entretiennent une pluviosité soutenue. Le bassin amazonien et son extension en Amérique centrale, le massif des Guyanes, la cuvette congolaise, l'Indonésie et la Mélanésie subissent un climat équatorial. La notion de saison perd son sens ici tant les situations météorologiques semblent uniformes tout au long de l'année.

Les pressions, inférieures de peu à la normale se situent presque toujours entre 1 005 et 1 010 hPa, ce qui favorise l'écoulement des brises ; en mer, au sein des *doldrums**, des vents irréguliers et éphémères peuvent surgir au moment des orages.

La monotonie thermique constitue le trait essentiel ; l'amplitude diurne, déjà faible, l'emporte cependant sur l'amplitude saisonnière qui est généralement inférieure à 2 °C (0,6 °C seulement à Singapour) ; en dehors des régions élevées, les moyennes mensuelles oscillent aux environs de 26 ou 27 °C, niveau faible à l'égard de la latitude ; ce paradoxe s'explique par un ensoleillement déficient (à peine le tiers du maximum théorique, le plus souvent) que les images satellite permettent de saisir aisément (amas de cumulo-nimbus).

L'importance des précipitations s'exprime par le total annuel (presque toujours supérieur à 1 800 mm en plaine) comme par le nombre de jours de pluie (250 à 300 jours) ; la régularité des averses, souvent signalée, n'est pas une généralité (les orages en fin d'après-midi n'ont pas l'exclusivité) ; tous les mois ne sont pas non plus également arrosés : Brazzaville (5° Sud) connaît une longue période sèche de juin à septembre mais des phénomènes aussi marqués sont assez rares.

D'une façon générale, la pluviosité s'intensifie sur la zone de convergence et là où, pour des raisons diverses, les mécanismes d'ascendance sont fréquents (Indonésie, Mélanésie, le littoral de Colombie...). Avec l'éloignement de l'équateur, la saison sèche s'affirme et s'allonge alors que l'amplitude thermique augmente. On passe insensiblement du climat équatorial au climat tropical à deux saisons.

Le climat tropical humide

Il est assimilable au climat équatorial. Il se rencontre dans les régions tropicales sur les côtes orientales des continents et des îles soumises constamment à ***l'alizé*** humide : températures élevées toute l'année (25 à 27 °C), faible amplitude thermique, pluies abondantes et régulières. À l'extérieur d'une bande de 8 à 10° de latitude de part et d'autre de l'équateur, ces régions sont visitées occasionnellement par les cyclones qui apportent une contribution notable à la tranche pluviométrique annuelle.

L'alizé arrose copieusement les côtes « au vent » : Mozambique, Antilles, Hawaï, La Réunion (plus de 3 m par an de Saint-Benoît à Sainte-Rose), l'Australie (1 800 mm à Cairns, 17° Sud), Madagascar (1 400 mm à Taolagnaro, 22° Sud, où la température s'écarte peu de 27 °C).

C

LES SINGULARITÉS CLIMATIQUES

L'esquisse climatologique qui vient d'être présentée repose sur une classification zonale qui a permis de dégager trois grandes catégories de climats répondant principalement à des critères thermiques : entre le domaine du froid permanent et celui de la chaleur constante, s'intercale une série de types climatiques où la variation saisonnière de la température est plus ou moins accusée. La diversité des régimes pluviométriques a permis, par ailleurs, d'opérer des subdivisions internes, de sorte que la zonalité s'est trouvée plus d'une fois bafouée. Elle l'est totalement dans deux cas de figure qui ne peuvent se mouler dans le cadre précédent.

1 Le climat des bordures orientales des continents

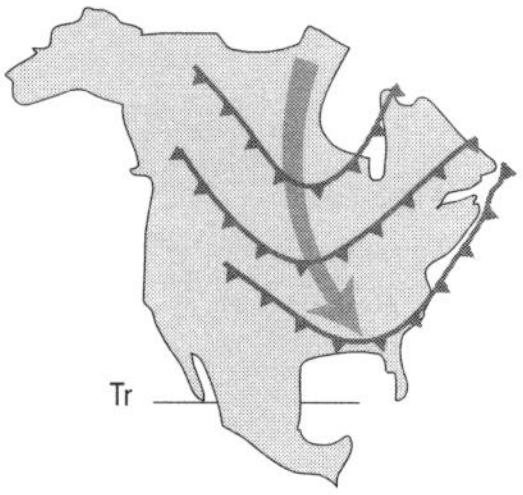

Fig. 5 : déferlement des *cold waves* sur l'est des États-Unis

Souvent identifié dans la littérature géographique sous le nom de « climat chinois » parce que cette partie du globe en offre le prototype, on le retrouve avec des nuances diverses entre 30 et 40° de latitude environ à l'est du continent américain et dans le Sud-Est australien. C'est en quelque sorte le « pendant » oriental du type méditerranéen. Sa caractéristique essentielle tient aux grandes migrations méridiennes des masses d'air qui se traduisent par des invasions « polaires » porteuses d'un froid vif en hiver et des bouffées tropicales chaudes et humides en été. Les mois extrêmes présentent des températures moyennes de – 4,2 °C et 27,1 °C à Tianjin (39° Nord) au sud de Pékin, de 3,5 °C et 27,5 °C à Shanghai (31° Nord), de 4 °C et 26,5°C à Tokyo (36° Nord), de 2,5 °C et 25,5 °C à Washington (39° Nord), de 7,9 °C et 22,8 °C à Bahia Blanca (39° Sud) en Argentine. Ces valeurs moyennes amalgament en réalité des types de temps variés et ne rendent pas compte de la brutalité des *cold waves* qui déferlent sur l'est des États-Unis en janvier et février en entraînant des chutes spectaculaires de la température, avec des minima de – 30 °C dans le sud du Tennessee, à la latitude d'Alger (fig. 5). Le gel frappe encore le nord de la Floride, tout comme le sud-est du Brésil où, de temps à autre, les *friagem* anéantissent les caféiers jusque sous le tropique, comme lors de la nuit du 16 au 17 juillet 1975 (fig. 6).

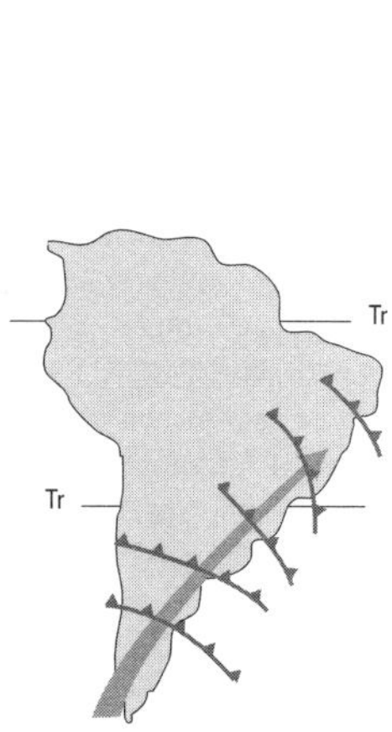

Fig. 6 : déferlement du *friagem* sur le sud-est du Brésil

Les précipitations présentent un maximum de saison chaude très marqué. À Shanghai, les deux tiers de la tranche annuelle (1 250 mm) tombent en 5 mois, même proportion à Charleston (33° Nord) aux États-Unis. La participation éventuelle des restes de cyclones tropicaux explique la variabilité pluviométrique interannuelle, sur les littoraux en particulier, sauf en Amérique du sud où ces phénomènes sont inconnus. À l'intérieur, dans les plaines des États-Unis notamment, on redoute plutôt les sécheresses. La récurrence d'étés secs (1925, 1930, 1933) a porté un grave préjudice à l'agriculture dans l'Alabama, le nord du Mississippi et l'Arkansas, d'autant que ces événements se sont accompagné de fortes chaleurs et de vents.

2 Les climats de montagne

Les montagnes et, d'une façon générale, les régions élevées apparaissent sur tous les continents et à toutes les latitudes.

Elles créent un obstacle à l'écoulement du flux atmosphérique, le détournent ou le canalisent, génèrent des courants de densité (brises) ; plongés dans l'atmosphère libre, les sommets élevés et isolés subissent souvent des vents violents.

L'altitude entraîne une baisse de la pression et par suite de la température ; en conséquence, une diminution de la capacité hygrométrique de l'air, un abaissement du seuil de saturation, une nébulosité et des précipitations accrues, sous forme de neige notamment.

Les réactions radiatives de la neige et de la glace accentuent le refroidissement de l'air ambiant, pourtant soumis à un rayonnement solaire moins filtré et plus intense.

Cette modification des paramètres climatiques par rapport aux régions périphériques basses n'est pas uniforme sur toute la planète et nécessite de traiter séparément deux ensembles :

Les montagnes des hautes et moyennes latitudes présentent des versants exposés différemment au soleil (adrets et ubacs) et aux vents humides, ce qui crée des effets de fœhn et multiplie les particularités thermiques et pluviométriques. La physionomie de la végétation traduit concrètement ces oppositions.

L'évolution des paramètres moyens en fonction de l'altitude fournit les grands traits de la tendance générale, comme le montre cet exemple pris dans le sud-ouest de la France, où figurent respectivement altitude, température, nombre de jours de gel et pluviométrie sur l'année moyenne :

Ville	Altitude (en m)	Température (en °C)	Nombre de jours de gel	Pluviométrie (en mm)
Toulouse	150	12,7	41	650
Tarbes	360	11,6	52	1 070
Bagnères de B.	535	11,3	71	1 150
Pic du Midi de B.	2 860	– 1,4	257	1 700

Mais ces valeurs moyennes informent peu sur des particularités propres au milieu montagnard. Sur les inversions de température d'abord, qui pénalisent les fonds de vallées voilés par les nuages, et où s'accumule l'air froid, au bénéfice des versants plus élevés mais ensoleillés. Sur l'optimum pluviométrique aussi, situé à des altitudes variables (entre 3 500 à 4 000 m dans les Alpes du Nord, semble-t-il), seuil au-delà duquel la nivosité se stabilise ou commence à diminuer. Sur la répartition pluviométrique saisonnière enfin : les **influences océaniques** se conservent mieux en altitude que dans les vallées abritées pour toutes les montagnes situées à l'ouest des continents (le Puy-de-Dôme a son maximum pluviométrique de saison froide, soit 62 % de la tranche annuelle, entre octobre et avril inclus, alors que sur la même période, Clermont-Ferrand ne reçoit que 38 % de sa pluviosité annuelle). Cette opposition réapparaît encore nettement entre les hauteurs des Vosges et de la Forêt-Noire avec la plaine d'Alsace et de Brisgau.

En régions continentales, les pentes « sous le vent », réchauffées par le fœhn, sont souvent libérées de la neige avant les plaines voisines. C'est le cas des bas-versants orientaux des Rocheuses canadiennes, vers Banff, près de Calgary, soumis au souffle du chinook* et qui reverdissent plus tôt au printemps que les plateaux de l'Alberta.

L'altitude semble peu changer la situation des **déserts continentaux** quant à la pluviométrie. Au Cachemire, Leh (34° Nord), à 3 460 m d'altitude, ne reçoit que des précipitations dérisoires (90 mm/an) avec – 8,5 °C et 17,6 °C de température moyenne des mois extrêmes.

Dans les **régions polaires,** l'altitude ne fait qu'accentuer la rigueur du climat (cf. p. 109 et 110 les données concernant Vostok et Eismitte).

Les montagnes intertropicales sont des oasis de fraîcheur relative par rapport aux régions basses qui les environnent. Dans l'air libre, le gradient thermique vertical augmente dans les basses latitudes. Il dépasse 0,5 °C par 100 m entre les tropiques, contre 0,3 °C vers 60° de latitude. Les températures deviennent tolérables. Elles évoluent en moyenne entre 15,2 et 22,2 °C à León (1 800 m) au Mexique, entre 13 et 17 °C, à 2 200 m sur les collines des Nilgiri au sud de Mysore (Inde), entre 8,8 et 12,4 °C à La Paz (3 600 m), en Bolivie. Par ailleurs, les situations d'adret et d'ubac disparaissent ici puisque, dans sa course apparente, le soleil vient visiter tous les versants.

La pluviométrie est renforcée sur les pentes exposées à l'est dans les régions soumises à l'alizé et doit dépasser largement 6 m par an sur le versant oriental de la Fournaise à la Réunion. Elle atteint 11,5 m en moyenne annuelle en Inde, à Cherrapunji (1 300 m) où le flux de mousson, canalisé par le golfe du Bengale, rencontre les premiers reliefs préhimalayens !

Mais la haute montagne tropicale a un **optimum pluviométrique** assez bas (entre 1 800 et 2 200 m en général) et au-dessus de la couverture nuageuse, les hauts sommets des Andes au même titre que le Kenya, le Ruwenzori et le Kilimandjaro ne reçoivent qu'une mince couche de neige annuelle. Ce désert relatif est probablement imputable au contre-alizé sec et frais qui circule en altitude. La latitude impose par ailleurs un rythme thermique diurne (avec alternances gel/dégel) et non plus saisonnier comme sur le reste de la planète. Au cœur du domaine aride, les reliefs jouent le rôle de condenseurs : l'Asekrem (2 700 m) dans le Hoggar doit recevoir, selon J. Dubief, 125 mm environ de pluies annuelles, soit trois fois plus que Tamanrasset, 1 300 m plus bas.

Au regard des particularités régionales qui s'imbriquent dans les grandes divisions climatiques pour les nuancer, la répartition des climats du globe évoque plutôt l'image d'un puzzle ou d'un vaste patchwork que celle d'une grille ou d'une trame.

Les diverses valeurs moyennes qui ont été utilisées s'égrènent au fil de ces pages comme autant d'arguments objectifs destinés à étayer la description et la réflexion qu'elle implique. Ces moyennes sont issues de séries d'observations plus ou moins longues mais l'hétérogénéité de la documentation disponible n'est pas très dommageable ici car il s'agit essentiellement de saisir **le profil du climat « actuel »**, c'est-à-dire des 5 à 6 dernières décennies. Dans le détail, on sait que cette physionomie évolue sans cesse. Il est vrai qu'au cours de cette période des « oscillations » ont pu se manifester, des tendances se préciser, au moins localement. La température s'élève en effet dans la plupart des grandes agglomérations, quels que soient le type de climat et la latitude. C'est là une réalité incontestable mais limitée – pour l'instant au moins – aux périmètres fortement urbanisés et qui s'estompe à mesure que l'on s'éloigne du centre des villes au point de devenir à peine perceptible dans les campagnes périphériques. L'extrapolation de ce phénomène à l'ensemble de la planète relève d'une généralisation abusive. Elle trouve sa justification dans le fait que les stations d'observations sont fixées, pour leur majorité, dans des sites urbains ou sur leurs marges immédiates. D'immenses espaces océaniques et les régions continentales les moins peuplées échappent aux mesures.

Il est donc nécessaire de tempérer l'ampleur du **réchauffement contemporain** et de nuancer les propos alarmistes concernant les décennies futures. Au cœur de tous les débats qui s'engagent sur l'évolution climatique, l'homme est mis en accusation. Il modifie l'environnement en raison même de son essor démographique et des moyens technologiques dont il dispose : déforestation, substitution de plantes cultivées aux espèces naturelles (modification de l'albedo de surface et du cycle de l'eau), introduction dans l'atmosphère de gaz à effet de serre, pollution des eaux océaniques (par une fine pellicule d'hydrocarbures notamment) qui peut altérer le phénomène d'évaporation (flux énergétiques et de masses...). À vrai dire, les scientifiques sont incapables de séparer les effets **anthropiques** sur le climat des **processus naturels** (cosmiques, autovariation interne des éléments physiques du système planétaire) puisque la nature mêle les diverses composantes. Le programme mondial de recherche sur l'évolution climatique (Global Change) se heurte à de multiples difficultés d'observation et d'interprétation en dépit des méthodes et des moyens mis en œuvre (veille satellitaire, modélisations par ordinateurs...). La connaissance du climat futur ne se réduit pas à un objet de curiosité. Les perspectives d'aménagement dépendent des résultats – peu tangibles – qui sont actuellement acquis. Là encore, l'homme devra apprendre à gérer l'incertitude.

Document commenté

L'utilisation des divers documents météorologiques

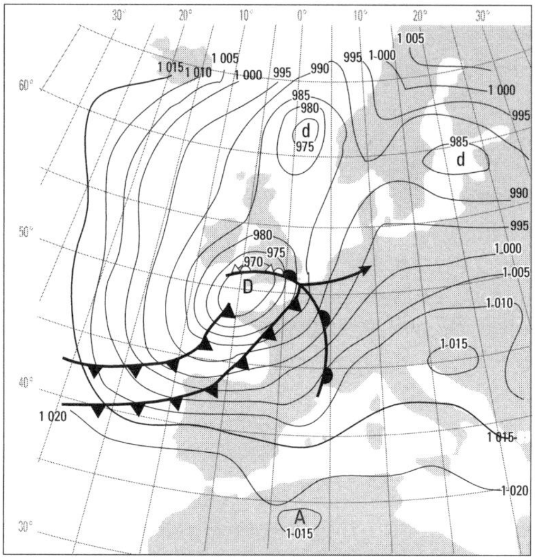

Fig. 7 : Situation en surface (« au sol ») le 29/11/1965 (6 h)*
d : dépression secondaire

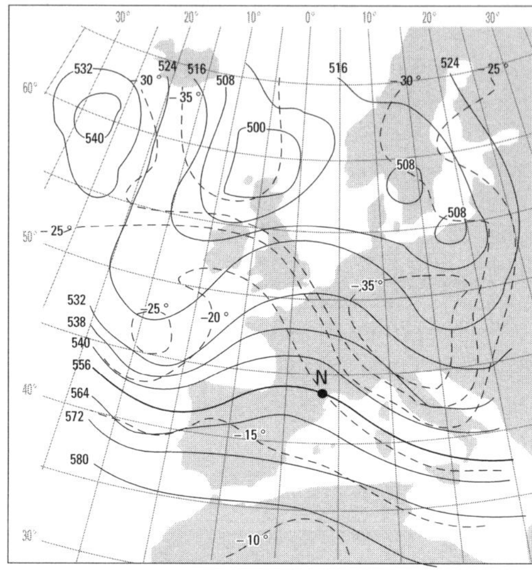

Fig. 8 : Situation en altitude (surface 500 hPa) le 29/11/1965 (0 h)*
(Les isohypses sont cotées en dam et les isothermes en °C)
N : Nîmes

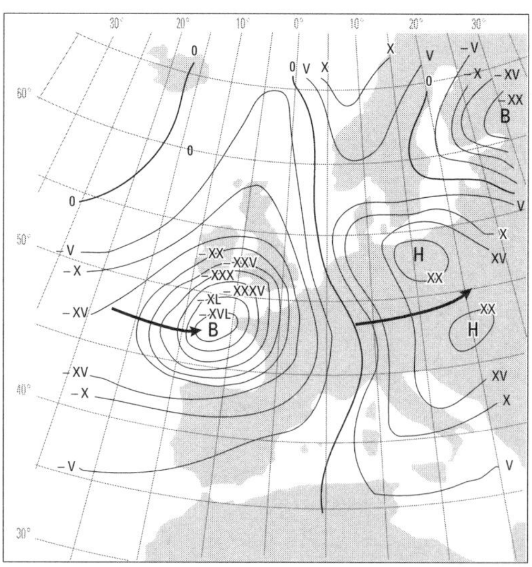

Fig. 9 : Variations de pression, au sol, en 24 h. 29/11/1965 (6 h)*
Les isallobares sont cotées en hPa au moyen de chiffres romains
B : noyau de baisse de pression H : noyau de hausse de pression

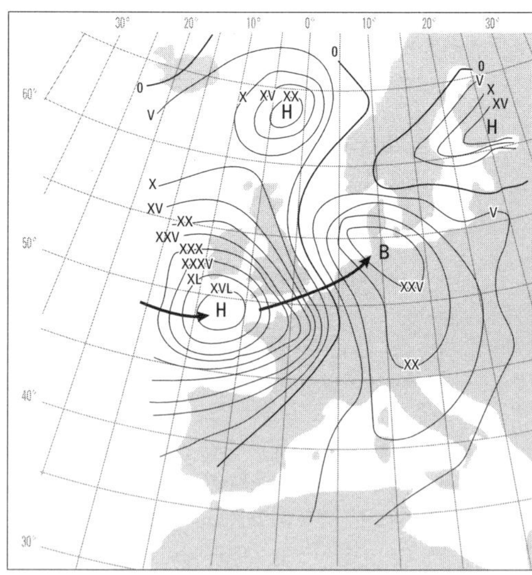

Fig. 10 : Variations de pression, au sol, en 24 h. 30/11/1965 (6 h)*

* Les heures indiquées correspondent à l'heure du méridien de Greenwich qui fixe le moment où les relevés métérologiques doivent être effectués dans les différentes stations. Croquis simplifiés d'après le *BQE* de Météo-France.

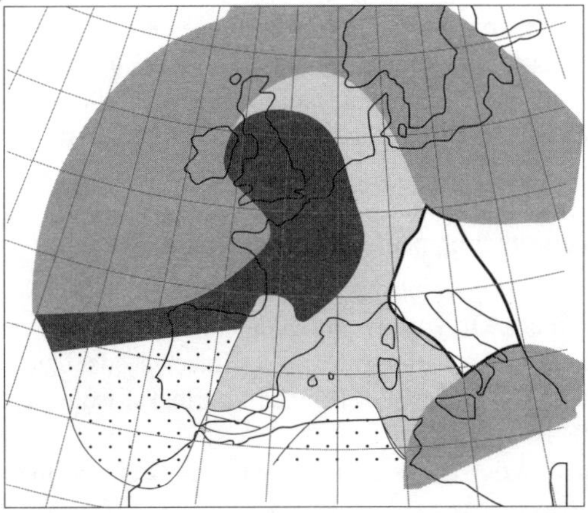

Fig. 11 : systèmes nuageux et nature des précipitations, 29/11/1965 (6h)

- Zone ant. ou latérale (tête ou marge) d'une perturbation
- Zone centrale (corps) d'une perturbation (précipitations)
- Zone post. (traîne) d'une perturbation (averses brutales)
- Ciel clair (ou peu nuageux)
- Stratus, brouillard
- Beau temps nuageux en dehors d'une perturbation

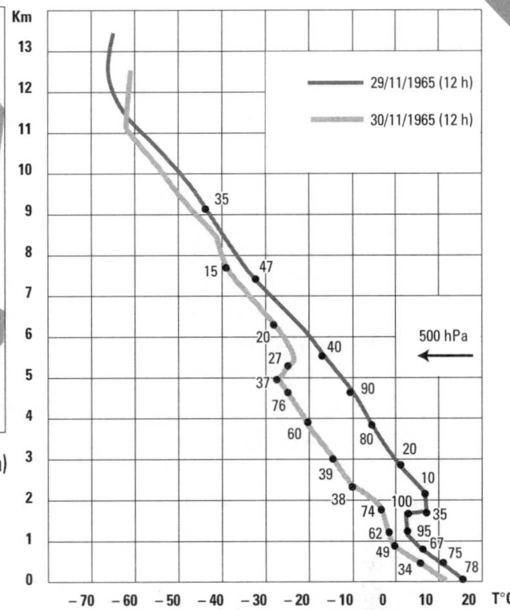

Fig. 12 : structure verticale de l'atmosphère à Nîmes

Pour simplifier la lecture des radiosondages, la grille est quadrangulaire, avec une échelle d'altitude kilométrique. Les tracés figurent l'évolution thermique et les valeurs chiffrées, l'humidité relative (%).

1 - PRÉSENTATION DES DOCUMENTS

L'utilisation des divers documents météorologiques

Sources et nature

– Publications quotidiennes des organismes météorologiques nationaux : chaque pays présente ses propres publications. *Météo-Hebdo* pour la France, formule actuelle simplifiée de l'ex-*Bulletin quotidien de renseignements* (BQR) et du *Bulletin quotidien d'études* (BQE), qui ne comporte malheureusement que la carte d'analyse en surface (au sol) et la topographie de la surface 500 hPa correspondant à 12 h (heure du méridien de Greenwich) ; l'espace couvert s'étend sur l'Europe, l'Atlantique du Nord-Est, la Méditerranée occidentale, le Maghreb ; cinq cartes représentant la France et ses entours y sont associées (températures minimales, maximales, fraction d'insolation, hauteurs de précipitations par tranches de 12 heures) ; en annexes : une légende et un court commentaire.

Le *Bulletin météorologique européen* (BME) présente chaque jour une liasse de documents : cartes de surface et de plusieurs niveaux isobares (850, 700, 500 hPa…) couvrant l'hémisphère boréal, cartes de variations de pressions et diagrammes de 36 sondages aérologiques européens.

Ces documents peuvent être consultés dans les bibliothèques spécialisées et au siège de Météo-France, 2, avenue Rapp, Paris.

– Images satellitaires, plus difficiles à acquérir, mais non indispensables.

– Informations aérologiques : données brutes acquises par radiosondages permettant de construire les diagrammes correspondant à une station aérologique.

2 - MÉTHODE

A/ Objectif

Apprendre à lire un document météorologique afin d'exploiter judicieusement son contenu.

B/ Problématique

Elle se pose à propos de chacun des documents qui seront passés en revue successivement. Mais, d'une façon générale, lire un document, une carte, par exemple, c'est d'abord comprendre la signification des symboles utilisés afin d'exploiter de façon optimale les informations qu'elle renferme. Les documents choisis pour illustrer la méthode concernent les 29 et 30 novembre 1965 (extraits des *BQE* et *BQR*). Ils se rapportent à des instants précis (0, 6, 12 ou 18 heures – en heure correspondant au méridien de Greenwich). Ce sont principalement des cartes synoptiques (du grec *sunoptikos*), ce qui signifie qu'elles rassemblent des informations que l'on peut saisir d'un seul coup d'œil.

1/ Carte de surface, dite « norvégienne » (fig. 7), simplifiée car les données stationnelles ont été éliminées afin de ne pas surcharger le document. On y trouve uniquement :
- le champ de pression réduit au niveau de la mer et représenté par les tracés des isobares, de 5 en 5 hPa de part et d'autre de 1 015 hPa (isobare moyenne renforcée), permet d'isoler des centres d'action : anticyclones (A) et dépressions (D) ;
- les fronts (limites thermiques et hygrométriques) : front chaud, front froid, front occlus.

2/ Carte de surface isobare (fig. 8) qui figure les variations spatiales de l'altitude d'un niveau de pression donné (ici 500 hPa, niveau souvent choisi car il représente approximativement l'état de la troposphère moyenne). Cette cartographie est possible à partir des données acquises lors des radiosondages. Tous les points de même altitude du niveau de pression retenu sont réunis sur une isohypse cotée en mètres (m) ou en décamètres (dam). L'isohypse 5 560 m (ou 556 dam) est renforcée car elle exprime les conditions de l'atmosphère standard. Ce mode de représentation est analogue à celui des courbes de niveau d'une carte topographique : c'est la « topographie » d'une surface 500 hPa. Cette surface est bosselée puisque tous ses points constitutifs ne sont pas à une altitude identique. Ses particularités morphologiques renseignent sur la dynamique de l'atmosphère :
- le resserrement des isohypses indique une convergence et donc une accélération du flux (instabilité) ;
- leur desserrement signale une divergence, un ralentissement du flux et une subsidence (stabilité) ;
- le style de circulation atmosphérique en altitude, soit rapide (flux tendu), soit lent (le flux décrit de grands méandres) ; dans ce dernier cas, on distingue des « vallées » (creux orientés vers l'équateur) et des « crêtes » (bosses pointées vers le pôle) ; ces divagations du flux déterminent des situations atmosphériques contrastées : temps instable dans l'axe des vallées, temps stable dans l'axe des crêtes ;
- lorsque l'amplitude des ondulations s'accroît, l'onde se rompt et libère une « goutte froide » échappée d'une vallée et une « goutte chaude » issue d'une crête.

Outre les isohypses, des isothermes sillonnent la surface isobare ; leurs tracés sont grossièrement parallèles aux isohypses : l'air froid correspond aux altitudes basses de la surface, l'air chaud aux altitudes élevées.

La carte de surface isobare est complémentaire de la « norvégienne ». Elle permet de préciser la structure des centres d'action. S'ils sont épais (présents au sol et en altitude), ce sont des centres dynamiques, véritables piliers autour desquels s'organise la circulation atmosphérique (comme la dépression d'Islande ou l'anticyclone des Açores), ou encore des types mixtes (par exemple, une crête coiffant un anticyclone au sol qui engendre souvent une structure durable, un anticyclone de blocage). S'ils sont minces (pelliculaires), ils disparaissent en altitude : ce sont des anticyclones ou des dépressions thermiques.

3/ Carte de variation de la pression atmosphérique au niveau mer (fig. 9 et 10). Elle traduit la variation intervenue dans le champ de pression entre deux moments espacés de 24 h (ou encore de 6 h, de 3 h, ce sont alors des « tendances » quand on cherche à affiner l'évolution…). Les lignes de même variation de pression sont des isallobares, cotées en hPa, avec des équidistances de 5 hPa (pour les variations en 24 h) et de 1 hPa pour un « pas de temps » plus court (« tendances »). Par convention, les variations positives sont traduites par des isallobares en trait continu, les variations négatives en trait interrompu. Cette figuration met en évidence des cellules fermées, « noyaux » de hausse (H) ou de baisse (B) de la pression. Issues de la comparaison de deux instantanés, ces cartes présentent l'avantage de fournir une image « dynamique » du champ de pression qui permet de discriminer le champ mobile du champ statique. Ainsi, entre les figures 9 et 10, l'isallobare cotée 0 (variation nulle) reste cantonnée sur l'Islande, ce qui signifie que la pression a peu évolué dans ce secteur en l'espace de 24 h (la fig. 7 indique qu'elle est comprise entre 1 005 et 1 015 hPa). En revanche, un champ de variation puissant est axé sur le 48e parallèle. C'est donc ici que se situe le phénomène météorologique majeur (passage d'une perturbation) et la disposition successive des noyaux (B) et (H) renseigne aussi sur sa trajectoire (fléchée).

4/ Carte des systèmes nuageux (fig. 11), rarement publiée aujourd'hui, mais il est possible de se la procurer dans les centres météorologiques. On identifie par des symboles les grands ensembles nuageux et la nature des précipitations.

5/ Cartes des températures minimales et maximales diurnes. *Météo-Hebdo* les publie. Leur lecture ne comporte aucune difficulté, les températures étant pointées sur les stations où les relevés ont eu lieu. Le tracé de quelques isothermes permet de discerner les variations régionales des températures extrêmes diurnes.

6/ Carte des hauteurs de précipitations sur un espace donné, publiée par *Météo-Hebdo* pour la France et ses marges. Deux documents par jour, isolant deux tranches de 12 heures : de 18 h à 6 h et de 6 h à 18 h, en fonction de l'heure des relevés. Même type de pointage que sur la carte précédente avec les conventions suivantes : 0 = aucune précipitation, T = Traces (h < à 0,6 mm), hauteurs exprimées en nombres entiers de mm pour h > à 0,6 mm).

7/ Carte de la fraction d'insolation. Publiée par *Météo-Hebdo*. Sont pointés les rapports de la durée d'insolation journalière mesurée à la durée d'insolation maximale théorique.

3 - ANALYSE ET COMMENTAIRE DE LA SITUATION MÉTÉOROLOGIQUE (29-30 NOVEMBRE 1965)

A/ LA DÉMARCHE PROPOSÉE

Reprenons les cartes (fig. 7 à 10) qui constituent des documents descriptifs dont l'interprétation reste à faire.

La démarche explicative proposée va conduire de l'analyse à la synthèse. L'analyse extrait de chaque document les informations qu'il recèle, étape importante qui exige de sélectionner les éléments fondamentaux et d'éliminer les autres. Cette approche est mutilante car elle sépare des éléments qui sont reliés par une articulation logique. Pour reconstituer la réalité, il est donc nécessaire de dégager une synthèse. La carte des systèmes nuageux et des précipitations (fig. 11) permet la réalisation de cette seconde étape car elle apparaît comme la résultante concrète, directement perceptible, du temps qu'il fait.

B/ L'ANALYSE

1/ Fixer d'abord le cadre spatial et temporel fourni par les cartes : Europe, Atlantique Nord-Est, Méditerranée occidentale, en fin d'automne météorologique.

2/ Figure 7 (situation au sol, à 6h, le 29). Le champ de pression isole deux ensembles bien typés de part et d'autre du 45e parallèle : au nord, un vaste domaine dépressionnaire comportant un « creux » inférieur à 975 hPa (d) au large de la Norvège et une autre cellule (D) plus accusée encore (< 970 hPa) qui entraîne avec elle un « cyclone norvégien » (fronts chaud, froid et occlus) suivi d'un front froid secondaire ; au sud, des conditions anticycloniques (A).

3/ Figure 8 (surface 500 hPa, à 0 h, le 29). Le léger décalage horaire (6 heures) entre ce qu'exprime cette carte et la fig. 7 n'est pas un obstacle à l'explication. Les deux documents sont cohérents : les centres d'action (A) et (D) sont dynamiques (on les retrouve en altitude comme au sol). Le resserrement des isohypses au large du golfe de Gascogne révèle une circulation rapide et un contraste thermique vigoureux (gradient de 10 °C en 700 km environ sur le méridien 15° Ouest entre l'isotherme – 15 °C et la goutte froide à – 25 °C). Les ondulations légères du flux d'altitude montrent des amorces de vallées froides sur deux axes : Islande-Adriatique avec une goutte froide de – 35 °C sur l'Europe centrale et sur le 15° Ouest qui vient d'être évoqué. On remarquera l'importance de la poussée chaude matérialisée par l'isotherme – 20 °C en forme de « crête de coq » qui parvient jusqu'au sud de l'Irlande alors qu'à latitude identique il fait – 35 °C sur l'Allemagne. Elle correspond au secteur chaud de la perturbation (Cf. fig. 7) et la goutte froide à – 25 °C répond au tracé du front froid secondaire. La coulée froide issue du nord sur l'Atlantique et la remontée chaude, venue du sud, qu'elle suscite matérialisent de grands brassages méridiens de masses d'air thermiquement différentes qui constituent la double alimentation de la perturbation.

4/ Figures 9 et 10 (variations de la pression en 24 h).

Sur la figures 9, l'**effondrement de la pression** entre le 28 à 6 h et le 29 à 6 h, est spectaculaire au large de la Bretagne où il dépasse 45 hPa en son centre (B). La hausse de pression sur l'Europe centrale, séparée en deux noyaux, accompagne probablement la traîne d'une perturbation précédente.

Sur la figures 10, un noyau de hausse (H) remarquable par sa puissance (45 hPa) remplace, le 30 à 6 h, la baisse de la veille (le 29 à 6 h) avec le même positionnement (ce qui a motivé le choix de cette situation, le rythme du phénomène correspondant exactement au « pas de temps » de 24 h qui est aussi celui de l'établissement des cartes) : c'est la **hausse post-cyclonique de la pression**. La perturbation a progressé vers le nord-est, comme l'atteste le noyau de baisse (B) qui est parvenu sur le nord de l'Allemagne. On notera qu'il est devenu plus modeste (la baisse de pression atteint 25 hPa contre 45 la veille, sur l'Atlantique) ; en d'autres termes, la dépression commence à se combler. La forme du noyau a elle-même évolué : de circulaire, elle est devenue oblongue (semblable à un « haricot »). Ce changement morphologique exprime l'effet de rugosité que le continent inflige au système dépressionnaire. Sa trajectoire est déviée vers le nord-est alors que sur l'océan elle suivait un axe ouest-est. Cette déflexion montre que le flux emprunte les voies manifestant une moindre résistance à l'écoulement : Manche, plaines du Benelux et de l'Allemagne du Nord, Baltique. Beaucoup de dépressions viennent mourir dans le creuset du golfe de Botnie où l'alimentation en air chaud ne leur parvient plus.

4 - SYNTHÈSE ET PROLONGEMENT

A/ Signification de l'exercice : la reconstitution du temps qu'il a fait

La figure 11 confirme que la partie active de la perturbation se situe entre les 45ᵉ et 55ᵉ parallèles. Les pluies marquent le passage des fronts (25 mm à Brest entre le 29 à 6 h et le 30 à 6 h, 16 à Dunkerque, 6 à Paris, 12 à Bordeaux) ; continues pour le front chaud avec un fort vent de sud-ouest, elles se transforment en averses violentes accompagnées de neige (îles Britanniques) avec de fortes rafales de nord-ouest à l'arrivée des deux fronts froids. Les relevés opérés dans les stations montrent une chute de 3 à 6 °C des températures maximales entre le 29 (secteur chaud) et le 30 (traîne). On passe de 10,9 °C à 4,4 °C à Paris, de 14,2 °C à 8,9 °C à Bordeaux.

Les diagrammes des radiosondages de Nîmes (fig. 12) confirment cette baisse sur la majeure partie de la troposphère (elle atteint même 12 à 15 °C entre 2 000 et 5 000 mètres en l'espace de 24 h). Le crochet vers la droite, le 29, indique que la sonde a rencontré le front chaud vers 1 800 m. Entre les deux sondages, l'abaissement de 1 200 m environ de l'altitude de la tropopause confirme le changement de masse d'air (tropical maritime, puis polaire maritime froid) sensible à Nîmes, à l'écart pourtant du paroxysme de cette perturbation. L'humidité relative a elle-même changé (forte dans les basses couches le 29, faible le 30).

En conclusion, ce temps perturbé d'ouest, très pluvieux, typique de la saison froide, se caractérise par son rythme alternatif (doux en secteur chaud, très frais en traîne). Le Midi méditerranéen reste en partie à l'écart du phénomène qui s'atténue par ailleurs lors de sa pénétration continentale.

B/ Pour aller plus loin

1/ Ce type de temps perturbé, lié à une circulation rapide, se manifeste en Europe occidentale au cours de séquences plus ou moins longues (quelques jours à deux semaines), en particulier d'octobre à mars. Il s'incorpore donc au « paysage » climatologique de ces régions.

2/ Plus généralement, ce type de temps se retrouve aux latitudes moyennes, dans les domaines du climat océanique.

EXERCICE PROPOSÉ

Analyse d'une situation météorologique au cours de la vague de froid de janvier 1985 sur l'Europe occidentale

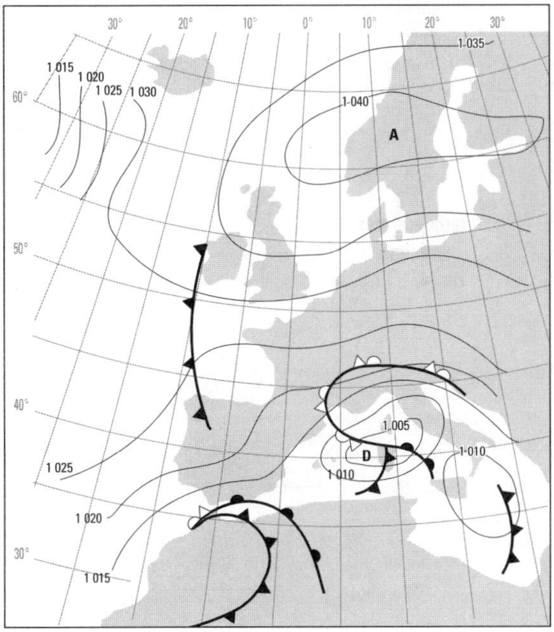

Fig. 13 : Situation au sol, 14/1/1985 (6 h)

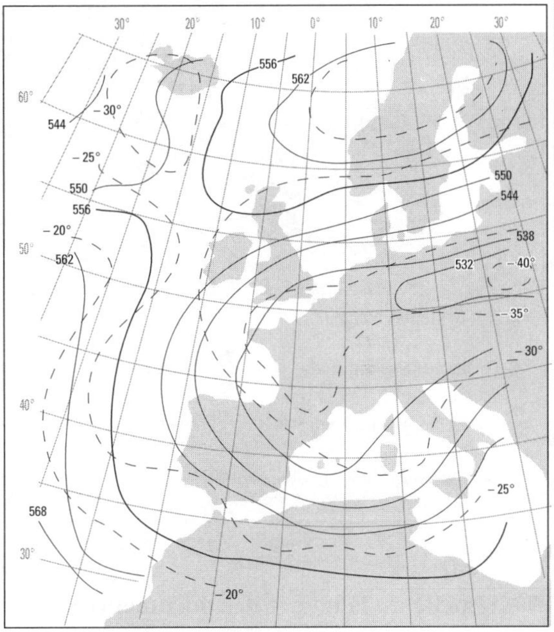

Fig. 14 : Surface 500 hPa, 14/1/1985 (0 h)

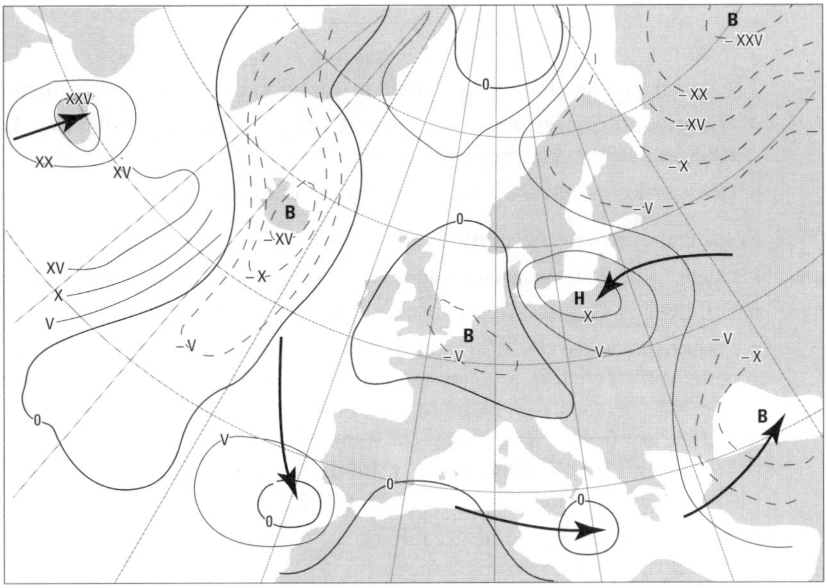

Fig. 15 : Variation du champ de pression (niveau mer) en 24 heures, le 15/1/1985 (0 h)

Se reporter aux légendes des figures de l'exercice précédent

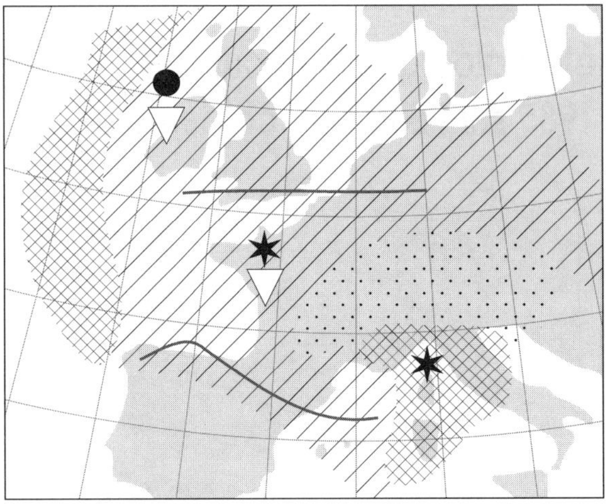

Fig. 16 : Systèmes nuageux

- ✶ Chutes de neige continues
- ✶▽ Chutes de neige intermittentes
- ●▽ Chutes de pluie intermittentes
- — Zone balayée par les averses de neige 14/1/1985 (6 h)

D'après *BQR*, Météo-France, documents simplifiés

Fig. 17 : Températures maximales du 13/1/1985

Les isothermes sont cotées en chiffres romains (°C)

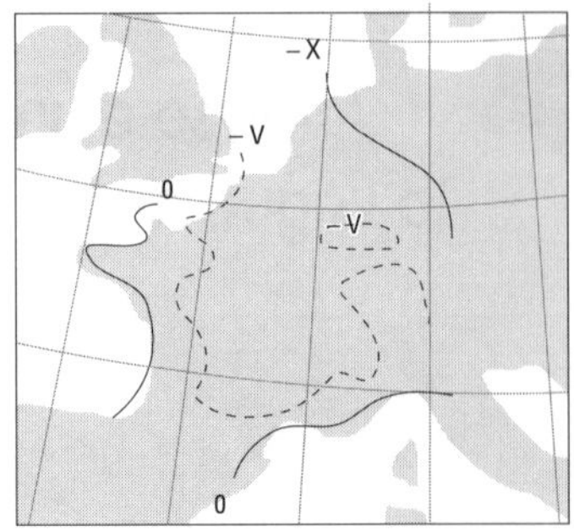

Fig. 18 : Températures minimales du 14/1/1985

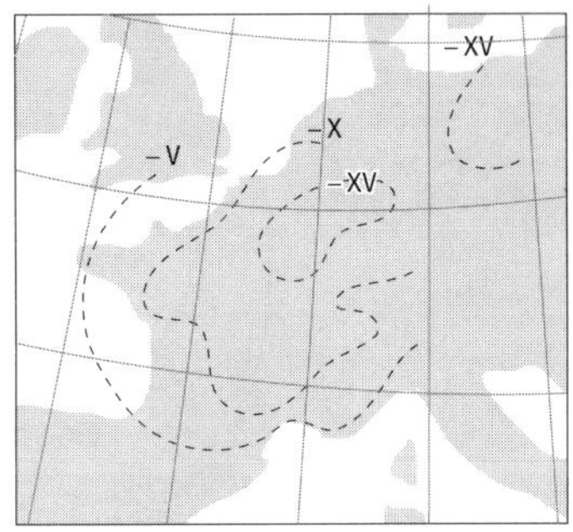

Quelle est la nature des documents ?

- Précisez les spécificités respectives de ces documents.

Quels sont leurs centres d'intérêt ?

- Le cadre géographique, la saison.
- Identifiez les caractères essentiels qui font l'originalité de cette situation météorologique : particularités du champ de pression au sol, de sa variation en 24 h et de la situation en altitude.
- Notez les différences importantes dans les dispositifs cartographiés avec la situation des 29-30 novembre 1965 analysée antérieurement (Cf. pp. 126 et 127).
- Dégagez les grands traits de la circulation atmosphérique et fléchez la direction des flux.

Synthèse et prolongement

- Quelles sont les conséquences de la circulation atmosphérique sur le temps en France et sur ses bordures ?
- Différenciez de façon rigoureuse les types de perturbations du nord de la France de celles du sud.
- Prenez en compte ces informations complémentaires : depuis le début de janvier, les températures sont nettement inférieures à la normale sur toute l'Europe occidentale. La vague de froid se renforce après l'épisode neigeux des 13 et 14 janvier mais dès le 9, les gelées sont fortes dans l'Est (le seuil de – 20 °C est franchi dans toutes les stations) et gagnent progressivement le reste de la France (on note – 3,6 °C à l'île d'Ouessant le 17). La demande en énergie électrique pour le chauffage est telle que l'EDF a utilisé tout le potentiel disponible de ses centrales et redoute la panne généralisée.
- Pourquoi les chutes de neige, faibles sur la majeure partie du pays, sont-elles très abondantes sur la Côte d'Azur et l'arrière-pays niçois ?
- Analysez brièvement l'impact d'une telle situation sur les activités humaines.

Exercice proposé

Les régimes pluviométriques en Australie

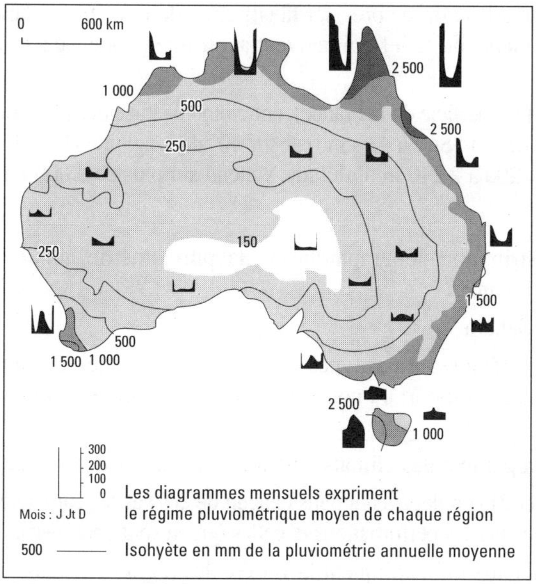

Fig. 19 : Pluviométrie annuelle et régimes pluviométriques en Australie

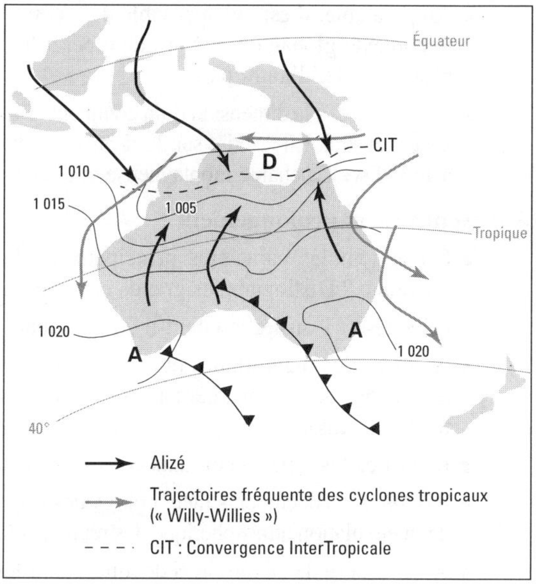

Fig. 21 : Type de temps classique en été austral (Janvier - février), situation en surface

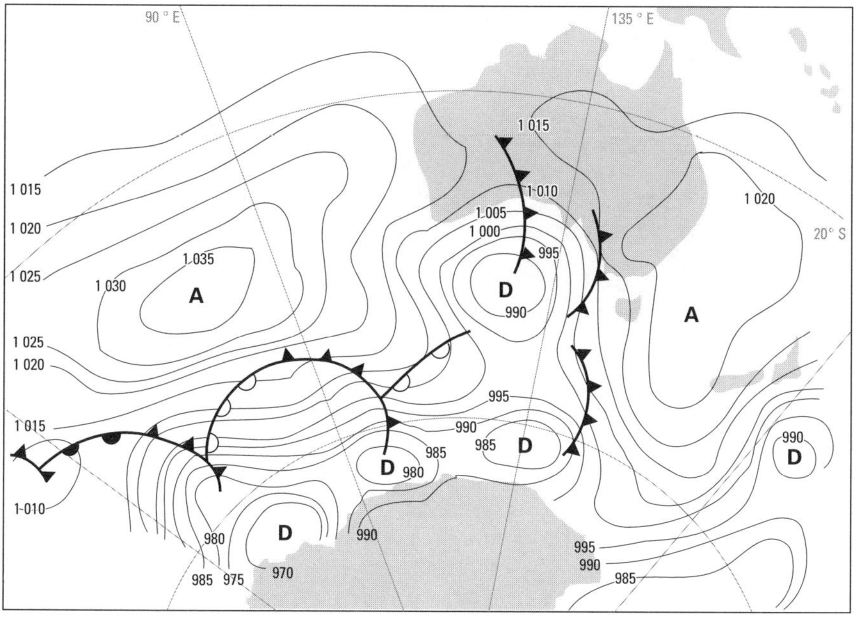

Fig. 20 : Type fréquent de temps d'hiver austral (juillet-août), situation surface

Documents simplifiés d'après les données du Bureau of Meteorology, Melbourne.

Quelle est la nature des documents ?

– Parmi ces trois documents, distinguez ce qui appartient à la météorologie et ce qui relève de la climatologie.

Quels sont leurs centres d'intérêt ?

- Dissociez-les très clairement.
- Faites ressortir l'originalité du contexte géographique australien (prenez conscience de l'échelle spatiale !).
- Au préalable, il est indispensable de recourir à un atlas afin de préciser la situation de l'Australie dans le contexte global, d'une part, de repérer les accidents du relief qui peuvent avoir une incidence sur la pluviométrie, d'autre part.
- Île immense, à la dimension d'un continent (14 fois la superficie de la France), entièrement située dans l'hémisphère austral. Elle s'étire sur 32 degrés de latitude (de 11° Sud à 43° Sud) et sur 40° de longitude (113° Est à 153° Est). La chaîne montagneuse orientale, de 1 200 à 2 240 m d'altitude, s'étend sur plus de 2 000 km.

Synthèse et prolongement

- Quels sont les caractères principaux de la distribution géographique de la pluviométrie annuelle moyenne ? Distinguez les grands ensembles régionaux.
- Le « désert » australien peut-il être comparé au Sahara ?
- Analysez les diagrammes pluviométriques en les réunissant par types de régimes. N'oubliez pas que les saisons de l'hémisphère austral sont inversées par rapport au nôtre (l'été se déroule de décembre à février inclus).
- Identifiez les types de climats correspondants (la gamme des climats australiens est assez diversifiée).
- Exploitez les documents météorologiques (fig. 20 et 21) en dégageant dans chacun de ces cas les caractères de la circulation atmosphérique, les régions affectées par les perturbations et celles qui en sont épargnées.
- À la lumière de ce qui précède, quels sont les facteurs qui expliquent la variété des régimes pluviométriques annuels ?

EXERCICE PROPOSÉ

La transition climat océanique/climat continental en Europe

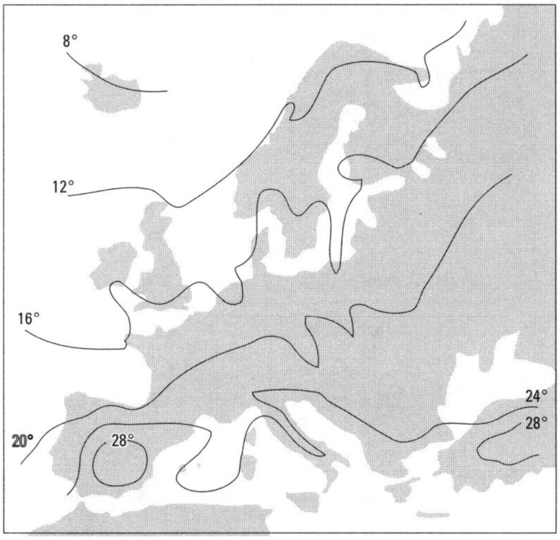

Fig. 22 : Températures moyennes de juillet (températures réduites au niveau de la mer)

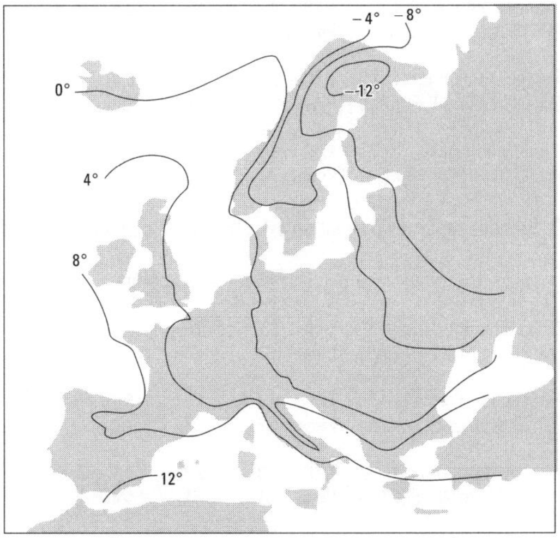

Fig. 23 : Températures moyennes de janvier (températures réduites au niveau de la mer)

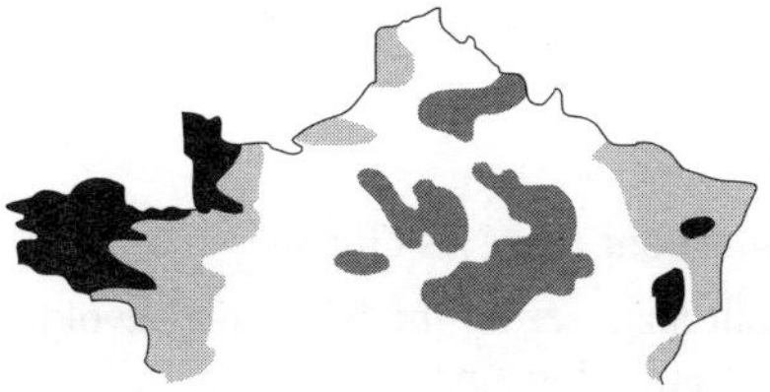

D'après R. Musset pour l'est de la France, tracés corrigés à l'ouest.

Fig. 24 : Évolution des régimes pluviométriques dans la moitié nord de la France

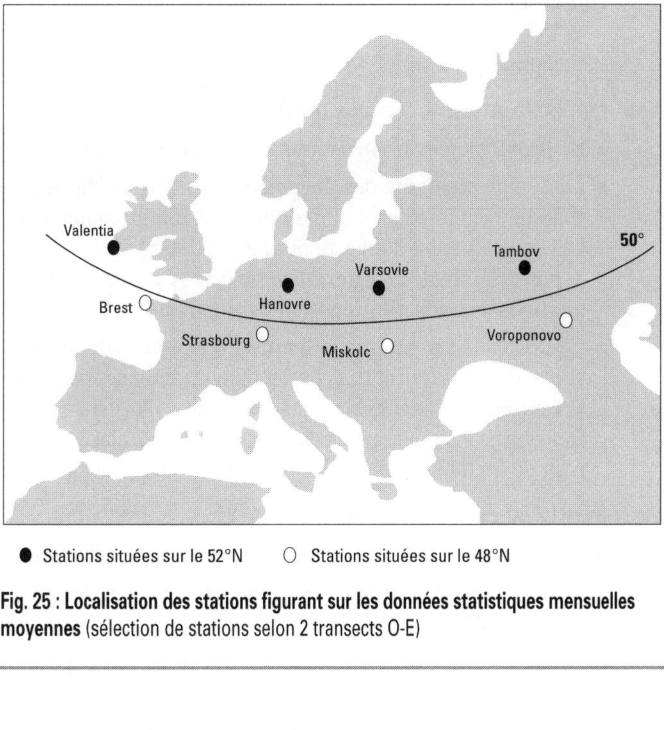

● Stations situées sur le 52°N ○ Stations situées sur le 48°N

Fig. 25 : Localisation des stations figurant sur les données statistiques mensuelles moyennes (sélection de stations selon 2 transects O-E)

Tableau 1 : statistiques climatologiques concernant des stations européennes

A. Table des données statistiques mensuelles (températures, précipitations) (d'après World Weather Records, Normale 1931-1960)
Stations réparties d'ouest en est à proximité du parallèle 52° N

		Janv.	Fév.	Mars.	Avr.	Mai	Juin	Juill.	Août	Sept.	Oct.	Nov.	Déc.	Année
Valentia (Irlande)	T °C	6,9	6,8	8,9	9,4	11,4	13,8	15,0	15,4	13,9	11,6	9,1	7,8	10,8
(51°56' N ; 10°15' O) 14 m	Pmm	164	107	103	74	86	81	107	95	122	140	151	168	1 398
Hanovre (Allemagne)	T °C	0,2	0,6	3,6	8,2	12,9	16,1	17,6	17,2	13,9	9,1	5,1	1,9	8,9
(52°28' N ; 09° 42' E) 53 m	Pmm	50	48	39	47	53	66	83	72	52	57	55	50	672
Varsovie (Pologne)	T °C	– 2,4	– 3,3	0,6	7,3	12,9	17,3	18,7	17,8	13,1	8,2	3,0	0,4	7,8
(52°09' N ; 20°59' E) 107 m	Pmm	25	28	20	32	40	60	79	47	41	31	31	37	471
Tambov (Russie)	T °C	– 9,3	– 11,0	– 5,6	6,0	14,1	19,4	20,5	18,8	12,1	5,1	– 3,5	– 6,3	5,0
(52°44' N ; 41°28' E) 139 m	Pmm	42	33	30	33	53	44	63	52	48	48	29	43	518

B. Stations réparties d'ouest en est à proximité du parallèle 48 °N

		Janv.	Fév.	Mars.	Avr.	Mai	Juin	Juill.	Août	Sept.	Oct.	Nov.	Déc.	Année
Brest (France)	T °C	6,1	5,8	7,8	9,2	11,6	14,4	15,6	16,0	14,7	12,0	9,0	7,0	10,8
(48°27' N ; 04°23' O) 103 m	Pmm	133	96	83	69	68	56	62	80	87	104	138	150	1 126
Strasbourg (France)	T °C	0,4	1,5	5,6	9,8	14,0	17,2	19,0	18,3	15,1	9,5	4,9	1,3	9,7
(48°33' N ; 07°38' E) 154 m	Pmm	39	33	30	39	60	77	77	80	58	42	41	31	607
Miskolc (Hongrie)	T °C	– 3,3	– 0,9	4,1	10,3	16,0	19,1	21,1	20,2	15,9	9,5	4,1	– 0,3	9,7
(48°08' N ; 20°48' E) 120 m	Pmm	31	31	28	39	70	84	66	66	40	49	56	40	600
Voroponovo (Russie)	T °C	– 8,2	– 10,0	– 4,9	8,1	16,3	22,0	23,9	22,8	14,8	7,0	– 2,3	– 5,5	7,0
(48°41' N ; 44°21' E) 145 m	Pmm	38	27	27	28	23	27	30	32	25	35	22	34	348

Quelle est la nature des documents ?

– À l'énumération des documents, il faut ajouter un atlas, indispensable pour appréhender la disposition des principaux traits du relief.

Quels sont leurs centres d'intérêt ?

- Le problème des limites climatiques et des critères déterminants pour typer les climats.
- La complémentarité des documents mis à votre disposition pour analyser les modalités de l'évolution spatiale des caractères climatiques entre le domaine océanique et le domaine continental en Europe. Les milieux subpolaires au nord et méditerranéens au sud ne sont pas concernés. L'enquête se limite à la partie médiane et à l'examen de deux paramètres exclusivement (températures et hauteurs de précipitations aux échelles mensuelles et annuelle). Ce double critère servira de base de réflexion.
- Le contexte géographique mérite un examen particulier : l'Europe est soudée à l'immense bloc continental de l'Asie et sur des considérations purement physiques, rien ne justifie le clivage en deux continents. C'est l'Eurasie dont l'Europe n'est que le « Finistère » occidental.
  Remarquez l'amenuisement des masses continentales vers l'ouest, l'environnement maritime, l'extrême découpage de ses littoraux multipliant presqu'îles et îles, autant de facteurs de pénétration des influences océaniques.

Synthèse et prolongement

- Quels sont les caractères spécifiques des climats océanique et continental dans leur expression la plus pure ?
- En quoi la distribution des températures pour les mois extrêmes (fig. 22 et 23) fournit-elle déjà deux profils grossiers mais révélateurs ?
- Précisez l'axe du gradient thermique pour janvier et pour juillet. Interprétez le changement d'orientation.

- Rapprochez ces physionomies typiques moyennes de l'hiver et de l'été du champ thermique sur l'espace français qui est présenté quotidiennement au cours des bulletins météorologiques télévisés.
- Quels sont les axes thermiques typiques de la saison froide et de la saison chaude ?
- Analysez l'évolution des régimes pluviométriques en France, du littoral de la Manche aux frontières de l'est (fig. 24). Examinez minutieusement le passage du maximum hivernal au maximum estival. Notez les anomalies. Interprétez les résultats.
- Construisez les diagrammes ombrothermiques relatifs aux huit stations dont les moyennes mensuelles de températures (T) et de précipitations (P) figurent sur la table de statistiques fournie en annexe. Respectez le rapport P = 2T en ayant soin de faire coïncider 0° et 0 mm.
- Traitez séparément les deux groupes de stations disposées sur deux transects orientés ouest-est, situés respectivement aux environs des 52e et 48e parallèles (fig. 25). Dans chacun de ces cas, la variable entre les stations est donc leur longitude, c'est-à-dire leur position plus ou moins continentale.

  Interprétez les résultats.
- Dressez une synthèse des divers champs analysés.
- Quelles réflexions vous suggère la notion de limites pour les deux domaines climatiques (océanique et continental) en Europe ?

Exercice proposé

Cyclogenèse méditerranéenne et retours d'est

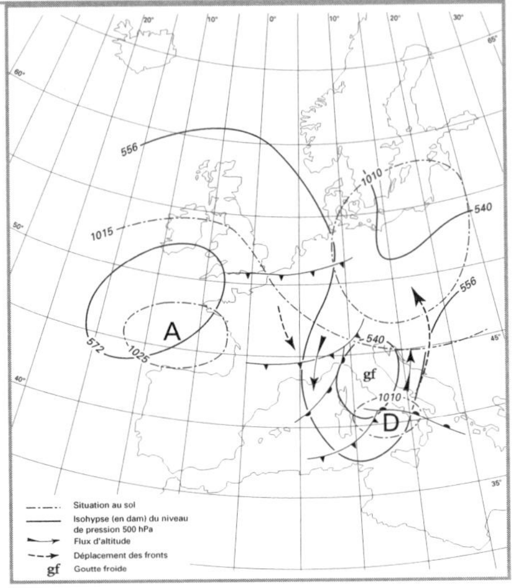

Quelle est la nature du document ?

– Précisons qu'il s'agit de la reconstitution schématisée d'une situation météorologique classique (document déjà présenté, Cf. fig. 4, p. 117).

Quels sont ses centres d'intérêt ?

- Dégagez-les, sachant que le document présenté synthétise les éléments essentiels d'une situation atmosphérique au sol (champ de pression et fronts) et en altitude (isohypses caractéristiques de la surface 500 hPa).
- Insistez sur l'importance des mécanismes qui mettent en jeu une invasion d'air froid sur la Méditerranée occidentale, engendrant une cyclogenèse et un processus de retours d'est, phénomène assez fréquent en saison froide.

Synthèse et prolongement

- Faites d'abord l'analyse de l'évolution météorologique.
  – Quelles sont les trois parties dans le déroulement de ce scénario ?
  – Quels sont, sur la carte, les indices qui matérialisent l'invasion d'air froid ?
  – Quelle est l'orientation générale des flux, dictée par la position des centres d'action au sol et en altitude ?
  – Trouvez-vous qu'il y a concordance ou non entre ces deux niveaux au point de vue de la circulation atmosphérique ?
  – L'invasion froide est-elle épaisse ou seulement pelliculaire ?
  – Pourquoi une dépression se creuse-t-elle sur la mer Tyrrhénienne ?
  – Quels facteurs génèrent l'instabilité au sol (conditions géographiques et maritimes prédisposantes) et en altitude (signalez un élément particulièrement important dans le déclenchement du processus cyclonique et les mécanismes qu'il implique) ?
  – Quels caractères la perturbation de la mer Tyrrhénienne présente-t-elle ?
  – Quels sont les éléments essentiels de sa dynamique (insistez sur son rôle de pivot de la circulation atmosphérique, les masses d'air qu'elle incorpore, les conditions de son entretien) ?
  – Quels sont les effets météorologiques de cette perturbation en milieu méditerranéen ?
  – Examinez le scénario futur des « retours d'est » dans le domaine continental.
  – Terminez le croquis en simulant la trajectoire adoptée ultérieurement par les fronts et imaginez l'évolution des structures frontales (l'air chaud lors de son parcours continental reste-t-il au contact du sol ?).
  – Quels sont les effets météorologiques auxquels on peut s'attendre, les jours suivants, sur l'Europe non méditerranéenne ?
  – Rappelez, en conclusion, les caractères originaux de cette situation où prédomine la circulation méridienne, et l'importance des « retours d'est » dans la climatologie de l'Europe centrale.

  Un prolongement fructueux à cet exercice : recherchez des situations analogues à celle-ci dans les publications de *Météo-Hebdo* ou du *BME* (elles ont été fréquentes au cours de l'hiver et du printemps en 1996).

Document commenté

L'ENSO, une anomalie dans le jeu des relations océan/atmosphère

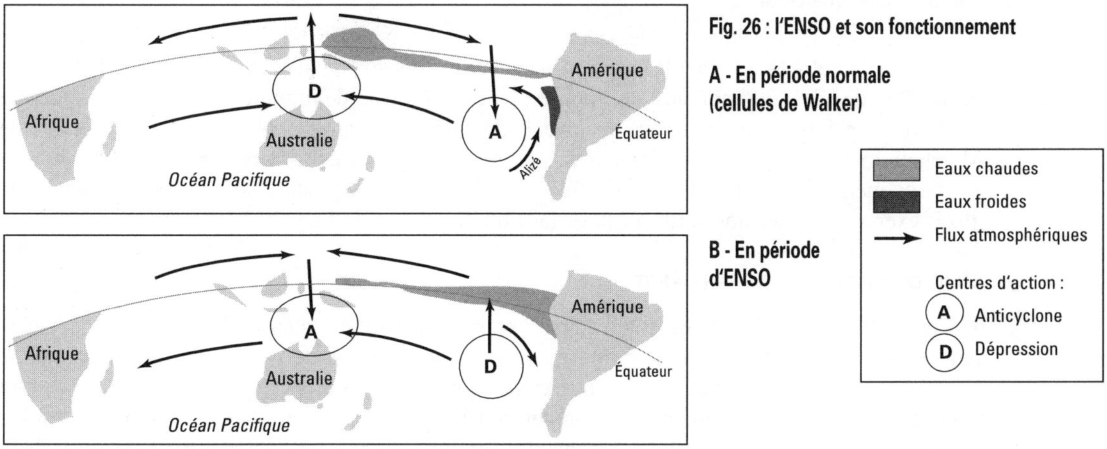

Fig. 26 : l'ENSO et son fonctionnement

A - En période normale (cellules de Walker)

B - En période d'ENSO

1 - Présentation du document

Source et nature du document

D'après un article de la revue *Met Mar*, n°120, 1983, « El Niño 1982-83 », de J. Merle et Y. Tourre. Croquis matérialisant la circulation atmosphérique au sol et en altitude dans la ceinture intertropicale australe ainsi que les anomalies thermiques des eaux océaniques superficielles.

2 - Méthode

A/ Objectif

Recherche des mécanismes intervenant dans une anomalie climatique régionale (*El Niño* péruvien) qui finit par perturber une partie du dispositif climatique global.

B/ Problématique : modalités de la genèse du phénomène et de son extension

Des désordres climatiques à l'échelle planétaire se manifestent parfois au cours d'une saison, voire d'une année entière. Ainsi, l'extrême douceur de janvier 1983 en Europe contrastait avec les tempêtes de neige de Californie, les pluies diluviennes au Pérou et en Équateur avec les vagues de chaleur et la sécheresse australiennes…

Problème des téléconnexions dans les relations océan/atmosphère.

C/ Mise en garde

Question complexe, élucidée en partie seulement ; les résultats des recherches demeurent fragmentaires.

3 - Analyse et commentaire

A/ Présentation d'une situation-type

1/ Ce branle-bas général résulte de perturbations profondes qui affectent le dispositif normal présenté par les grands centres d'action pseudo-stationnaires (anticyclones et dépressions) commandant les principaux flux atmosphériques. Mais il coïncide curieusement avec une anomalie thermique des eaux superficielles de tout le Pacifique intertropical.

2/ Sur la majeure partie de l'année, les alizés poussés par l'anticyclone de l'île de Pâques, entraînent le courant de Humboldt, porteur d'eaux froides, le long des rivages chilien et péruvien (Cf. fig. 9, chap. 1, p. 31). Le vent, exerçant une contrainte constante à la surface de l'eau, parvient même, au large du Pérou, à emporter vers l'ouest la majeure partie des eaux superficielles dans le courant sud-équatorial.

Ceci a une double conséquence : les eaux froides qui baignent le littoral de Valparaiso à Chimbote stabilisent l'air et y font régner le désert (d'Atacama), alors que l'eau chaude afflue vers le Pacifique occidental, des îles Salomon aux Philippines, où elle alimente de nombreux typhons. Des mesures satellitaires précises montrent que le niveau du Pacifique entre la Nouvelle-Guinée et les îles Marshall domine de plusieurs décimètres celui du Pacifique oriental, aux environs des Galápagos, en raison même de cet effet d'accumulation. Ce déséquilibre hydrostatique se maintient tant que les alizés exercent une tension forte sur la surface de l'eau (fig. 26 A).

B/ Une dynamique défaillante

1/ Cette situation habituelle est interrompue temporairement au cours de l'été austral (décembre-janvier) quand l'alizé du sud-est faiblit en raison d'une déficience passagère de son propulseur, l'anticyclone de l'île de Pâques. Les eaux chaudes ne sont plus alors exportées vers l'ouest et une onde de retour commence même à s'amorcer. Sur le littoral péruvien, l'air devient plus humide et instable et les anchois, fuyant les eaux chaudes peu nourricières, échappent aux filets des pêcheurs qui vivent, comme le reste de la population, de ce produit de la mer. Ce phénomène, relativement périodique, intervient en général dans la deuxième quinzaine de décembre, d'où son nom *El Niño* (EN), c'est-à-dire l'Enfant (Jésus).

2/ Mais cet enfant devient terrible lorsqu'il persiste pendant plusieurs mois, déclenchant une véritable catastrophe écologique et économique, comme ce fut le cas en 1982-1983 et auparavant en 1968, 1972, 1976...

4 - SYNTHÈSE ET PROLONGEMENT

A/ Signification de l'exercice : recherche des mécanismes générateurs

Ces circonstances sont liées à des anomalies du champ de pression sur le Pacifique austral et au-delà, sur l'océan Indien. La pression de surface subit en fait une sorte de variation à l'échelle pluriannuelle que G. Walker avait identifiée dès 1923 sous le nom de *Southern Oscillation* (SO) ; d'où le sigle ENSO qui désigne le couplage de l'anomalie thermique océanique et de l'anomalie de la pression atmosphérique.

Pendant les périodes d'ENSO, on constate une inversion des centres d'action sur le Pacifique austral et, par conséquent, une circulation atmosphérique elle-même inversée (fig. 26 B). On comprend alors que la Polynésie ait subi les méfaits de plusieurs cyclones en 1982 alors qu'elle s'en trouve habituellement épargnée. Mais laquelle de ces deux anomalies entraîne l'autre ? Par quels mécanismes les moyennes latitudes se trouvent-elles affectées à leur tour ?

B/ Pour aller plus loin

Le problème de la cause et de l'effet se présente une fois de plus. Les deux phénomènes sont, en tout cas, associés et il semble bien que le champ de vent dans la troposphère inférieure établisse le lien entre l'oscillation australe de la pression et les changements de la physionomie thermique de l'océan. Mais le starter de l'ensemble est peut-être totalement étranger à la région. Bel exemple des relations qui se nouent entre l'océan et l'atmosphère.

Exercice proposé

La pénétration de la « mousson » en Afrique occidentale

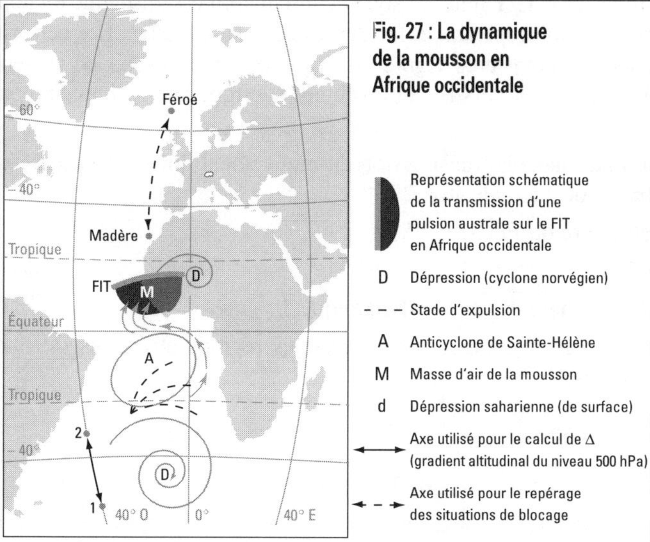

Fig. 27 : La dynamique de la mousson en Afrique occidentale

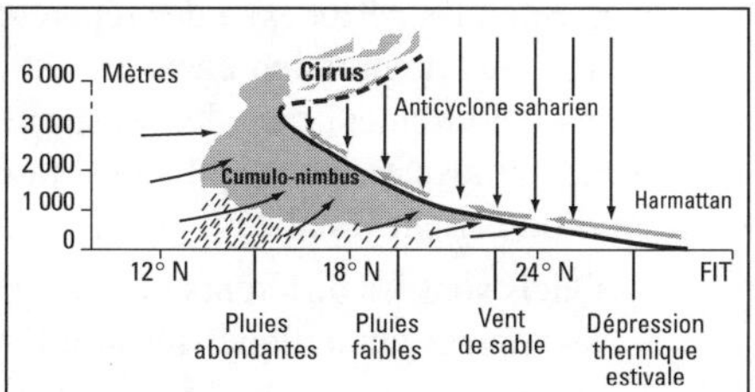

Fig. 28 : Coupe schématisant la structure du FIT

Représentation des masses d'air et de la position des centres d'action sur l'Afrique occidentale (les pluies supposent une forte instabilité due au passage d'une ligne de grains).

Fig. 29 : Relations entre la position au sol du FIT (α) sur l'Afrique occidentale et la circulation atmosphérique sur l'Atlantique sud (courbes ß et J)

L'enquête porte sur la période de juin à août inclus pour 6 années comprises entre 1962 et 1972 (les traits dicontinus se bornent à signaler la rupture de la série chronologique).

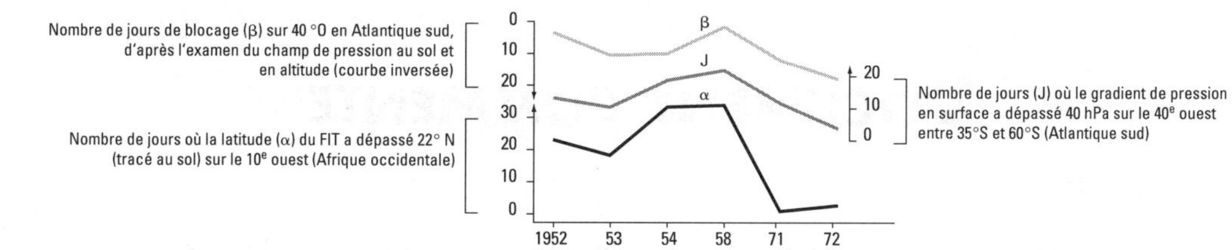

Quelle est la nature des documents ?

– Trois types de documents extraits de l'article de L. Dorize, *Met. Mar.* n° 142 (bibliothèque Météo-France), 1989. Consultez également le commentaire de l'image Météosat (Cf. pp. 16 et 17).

Quels sont leurs centres d'intérêt ?

– Caractérisez le cadre géographique.

– Recherchez la signification des documents présentés qui suggèrent des mécanismes atmosphériques à grande échelle.

– Repérez les analogies et les différences que ces mécanismes présentent par rapport à ceux qui ont été mis en évidence dans l'ENSO (Cf. p. 139).

Synthèse et prolongement

L'analyse préalable doit envisager les facteurs mécaniques qui expliquent la dynamique du front intertropical (FIT), le FIT étant ici une expression de la Convergence intertropicale (CIT), zone d'affrontement des alizés des deux hémisphères. Le problème se limitera à la compréhension des relations méridiennes qui s'établissent dans la circulation atmosphérique entre les différentes latitudes du fuseau considéré et à l'identification des mécanismes d'entraînement des masses d'air. Le déclenchement des pluies de mousson qui fait appel à des notions complexes, ne sera pas envisagé.

Rappels et conseils

L'atmosphère est une entité indissociable : tout événement qui l'affecte en un point donné peut avoir des retentissements lointains. Ainsi, le type de circulation atmosphérique des moyennes latitudes (rapide ou lent selon les périodes) a des répercussions sur la CIT mais ce style de circulation est lui-même dicté par le gradient de pression entre les anticyclones subtropicaux et les dépressions subpolaires. Les perturbations qui circulent dans les westerlies sont d'autant plus vigoureuses que les masses d'air en présence sont contrastées. Les expulsions qu'elles entraînent vers les anticyclones subtropicaux rechargent ceux-ci d'où partent les alizés.

– Quels sont les différents organes impliqués dans la transmission du mouvement qui s'organise depuis les marges antarctiques jusqu'à l'Afrique occidentale (fig. 27) ?
– Quelles sont les particularités de la structure du FIT (fig. 28) ?
– Commentez les courbes de la figure 29.
– Quel est le rôle respectif de chaque hémisphère dans cette dynamique ?
– Quels sont les impacts économiques de ces phénomènes sur certaines régions africaines (le Sahel notamment, souvent évoqué par les médias) ?

Document commenté

L'analyse statistique appliquée à la climatologie

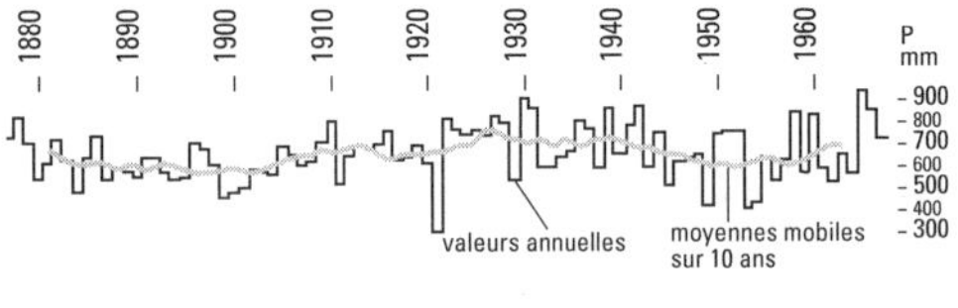

Fig. 30 : Hauteurs de précipitations annuelles à Paris-Saint-Maur (période séculaire 1873-1972)

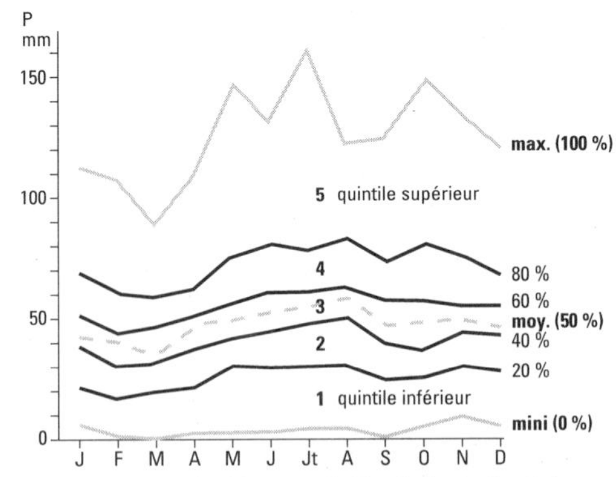

Fig. 31 : Décomposition en quintiles de la pluviométrie mensuelle moyenne à Paris-Saint-Maur (période séculaire 1873-1972)

Tableau 2 : hauteurs mensuelles et annnuelles des précipitations (en mm) de Pouilly-en-Auxois

	Janv.	Fév.	Mars	Avril	Mai	Juin	Juill.	Août	Sept.	Oct.	Nov.	Déc.	Année
1941	116	128	50	70	63	101	66	103	78	53	41	31	900
1942	79	27	58	46	74	65	78	45	95	97	57	68	789
1943	95	26	14	29	61	90	43	26	96	72	68	26	646
1944	39	71	4	36	25	133	77	83	109	145	105	65	892
1945	76	39	36	27	88	33	19	49	57	40	36	101	601
1946	31	72	21	10	92	95	28	62	38	22	57	57	585
1947	36	66	93	24	50	72	66	36	13	31	92	94	673
1948	94	29	14	64	60	58	65	126	63	26	47	34	680
1949	57	19	12	33	77	21	6	55	54	25	87	41	487
1950	35	74	11	90	78	32	29	109	25	14	206	68	771
1951	61	75	80	38	94	118	30	99	55	21	198	69	938
1952	106	45	93	16	47	20	9	61	100	126	140	83	846
1953	49	54	4	54	33	160	96	26	56	55	16	40	643
1954	44	28	72	47	37	67	19	142	73	77	47	81	734
1955	130	91	37	0	35	74	38	37	78	20	12	118	670
1956	62	8	57	34	48	50	70	96	128	69	40	35	697
1957	30	106	32	25	18	107	82	55	93	27	33	46	654
1958	64	81	49	33	110	82	48	66	75	93	53	161	915
1959	95	2	71	76	20	121	12	68	44	53	67	75	704
1960	72	48	35	11	38	53	84	153	101	132	65	62	854
1961	97	63	12	40	55	70	59	54	17	126	66	85	744
1962	86	60	90	75	91	10	47	16	52	36	39	92	694
1963	35	17	62	48	85	101	60	113	20	52	114	6	713
1964	38	22	43	78	44	18	17	67	74	44	24	38	507
1965	81	15	82	62	100	67	63	28	219	8	105	122	952
1966	76	73	53	87	62	112	49	110	13	96	71	157	959
1967	45	59	24	48	75	54	41	97	130	87	83	81	824
1968	120	68	59	80	116	68	41	146	169	43	88	115	1 113
1969	47	63	98	77	79	90	29	41	47	0	92	57	720
1970	82	163	69	78	53	128	29	115	48	110	66	39	980

1 - PRÉSENTATION DES DOCUMENTS

Nature

Graphique et diagramme issus d'une série séculaire (1873-1972) de la pluviométrie mensuelle et annuelle de Paris-Saint Maur (48°49'N ; O2°3O'E), dans le Val-de-Marne, à 50 m d'altitude.

Source

Les données brutes soumises au traitement statistique sont tirées du Mémorial de la Mét. nat. n° 53, F. 1 de M. Garnier, 1974.

2 - MÉTHODE

A/ Objectif

Initiation aux méthodes de traitements statistiques élémentaires en climatologie.

B/ Problématique

– Rappelons d'abord qu'une série chronologique est une suite de valeurs ordonnées dans le sens de l'écoulement du temps (années, mois ou jours successifs).

Présentation graphique des données

Une longue suite de données numériques est toujours rébarbative à considérer. Son report sur un graphe facilite sa lecture. Le principe est simple. On peut construire une courbe point par point (en « dents de scie ») ou représenter par des colonnes jointives la réalité à traduire (structure en « créneaux »), comme sur la figure 30.

Il est possible d'adoucir cette courbe brisée des données brutes par une courbe des moyennes mobiles (ou « chevauchantes »). Cette technique est de pratique courante. Elle consiste à choisir une « période » (de 10 valeurs successives, par exemple), à calculer la valeur moyenne de cet ensemble et à pointer celle-ci sur le graphe au centre de ladite période. Ainsi, les 10 premières valeurs de la série de Saint-Maur (de 1873 à 1882 inclus) totalisent 6 103 mm ; la moyenne décennale s'élève donc à 610 mm et doit être reportée au centre de la période, soit entre 1877 et 1878 (c'est le premier point). On procède de la même façon pour établir le second point qui correspond à la période 1874-1883 : le total s'élève à 5 978, la moyenne à 598 mm, second point placé entre 1878 et 1879 ; et ainsi de suite. Les moyennes sont donc mobiles et la réunion de tous les points fournit une courbe continue (fig. 30). On remarquera que cette courbe est plus courte que celle des valeurs individuelles (elle est amputée d'une demi-période à chaque extrémité).

C/ Mise en garde

Cette courbe présente généralement des ondulations assez régulières dont l'amplitude ne fait que refléter la période retenue pour le calcul de la moyenne. Cet effet parasite ne correspond à aucune pulsation réelle et l'on doit s'en souvenir au moment de l'interprétation.

3 - ANALYSE ET COMMENTAIRE

A/ Analyse des précipitations annuelles à Paris

La suite des précipitations annuelles à Paris paraît, à première vue, « chaotique », c'est-à-dire qu'elle présente de multiples créneaux qui traduisent la grande irrégularité interannuelle des totaux pluviométriques (on notera le creux accusé de 1921, année de grande sécheresse). Toutefois, la courbe des moyennes mobiles permet de discerner plusieurs pulsations réelles :

– diminution de la pluviosité depuis le début de la série jusqu'aux environs de 1900 ;

– augmentation de la pluviosité de 1900 jusqu'en 1930 environ ;

– nouveau déclin de la pluviosité jusqu'au début des années 50, suivi d'une nouvelle recrudescence.

L'intérêt de cette courbe est donc qu'elle permet de déceler les tendances éventuelles du paramètre étudié. La recherche systématique de la tendance passe ensuite par le calcul d'une équation de régression (Cf. G. Chemla, *op. cit.*).

B/ La démarche analytique peut encore être affinée

Il est intéressant en effet de repérer la place d'une valeur donnée au sein d'un ensemble. La décomposition de la série en quintiles répond à cette préoccupation. À titre d'exemple (fig. 31), les valeurs mensuelles de la série de Saint-Maur ont été réparties en quintiles (5 groupes). Chacun de ces groupes renferme donc le cinquième de la population totale, soit 20 valeurs. Il est alors nécessaire de démanteler la série chronologique en classant les différentes valeurs par ordre croissant, exercice un peu fastidieux que l'ordinateur réalise rapidement. La série est limitée par deux « courbes enveloppes », celle des plus faibles valeurs de la série (le minimum absolu de chaque mois) et celle des plus fortes (le maximum absolu de chaque mois). Les seuils internes sont déterminés ainsi : les 20 plus basses valeurs (20 % de notre série séculaire) ont donc 80 % des valeurs qui leur sont supérieures : c'est le premier quintile ; il est séparé du second par une ligne brisée dont les douze points mensuels ont été déterminés par interpolation (ainsi, si la vingtième valeur d'un mois donné est 24, et la vingt et unième, 28, on prend la moyenne de cet écart, soit 26). La médiane sépare la série en deux effectifs égaux.

La sécheresse de 1921 (279 mm/an à Saint-Maur, record de la série) s'explique par le fait que deux mois (juin et juillet) détiennent les minima absolus et deux autres mois sont situés dans le quintile inférieur.

4 - SYNTHÈSE ET PROLONGEMENT

A/ Signification de l'exercice

L'exercice comporte deux parties : le traitement statistique des données et l'interprétation des résultats. Le premier point suppose une maîtrise de la méthode d'analyse statistique, le second réclame une traduction objective des résultats numériques obtenus.

B/ Pour aller plus loin

Le traitement élémentaire qui a été présenté ne réclame aucune compétence particulière en mathématiques. Il serait souhaitable pour tout analyste qui étudie des données numériques d'acquérir une culture en analyse statistique et d'aller au-delà de ce traitement superficiel. Le géographe dispose à cet effet d'un guide simple et clair, adapté à ses besoins (Cf. G. Chemla, *op. cit.*).

Exercice proposé

Analyse d'une série pluviométrique (1941-1970)

Quelle est la nature du document ?

Il s'agit ici d'analyser la série pluviométrique (1941-1970) de Pouilly-en-Auxois (47°16'N ; 04°33'E), en Côte-d'Or, à 390 m d'altitude.

Quels sont ses centres d'intérêt ?

(Les hauteurs d'eau de cette série trentenaire sont exprimées en mm.)

- Construisez le graphique des valeurs annuelles successives et la courbe des moyennes mobiles en prenant une période de 5 ans (quinquennale).
- Analysez les structures mensuelles de la série en recherchant les quintiles.
- Construisez le diagramme sur le modèle de la figure 31.

Synthèse et prolongement

- Quels sont les traits principaux de l'évolution pluviométrique annuelle d'après l'examen du graphe que vous avez construit ?
- Pourquoi a-t-on adopté une période de 5 ans et non de 10 ans pour calculer les moyennes mobiles ?
- Quelles conclusions tirez-vous du diagramme de répartition par quintiles (allure générale, seuils...) ?
- Pouilly et Paris présentent-ils des similitudes dans leur structure pluviométrique respective ?

PARTIE 2

GÉOMORPHOLOGIE

Le relief correspond aux inégalités de la surface de la Terre ; il se marque par des variations topographiques en creux et en bosses. Les grands ensembles de relief correspondent aux bassins océaniques et aux grandes chaînes de montagnes émergées ou submergées ; ils répondent au découpage de la croûte terrestre en grandes plaques. Les formes de dimensions plus réduites sont réparties en montagnes, plateaux, vallées, cuvettes et plaines répartis sur les continents ; leur agencement exprime la diversité des roches et de l'histoire géologique.

Les aspérités de la Terre représentent des dénivellations positives et négatives de plusieurs milliers de mètres : les sommets de l'Himalaya dépassent 8 000 m, tandis que la fosse des Mariannes est profonde de 11 000 m. L'amplitude des variations topographiques est donc de l'ordre de 20 km ; elle représente peu de chose par rapport au diamètre du globe qui est de 12 756 km. Et l'on peut opposer la modestie relative du relief de la Terre aux formidables accidents de la planète Mars : la montagne Olympus Mons est haute de 26 km, alors que le gigantesque couloir de Valles Marineris est profond de 7 km pour une planète de 6 780 km de diamètre, soit presque la moitié de la Terre.

Les altitudes ou les profondeurs sont mesurées par rapport au niveau de la mer, enveloppe de référence considérée longtemps comme uniforme sur les océans. Mais nous savons désormais que la Terre n'est pas tout à fait ronde. Les mesures de télégéodésie réalisées par les satellites ont montré que la surface des océans est légèrement ondulée en fonction de la densité du manteau sous-jacent. Les irrégularités du géoïde sont de l'ordre de la centaine de mètres ; elles affectent essentiellement la surface des océans et n'engendrent pas de relief particulier, tout au plus elles entraînent la submersion ou l'émersion de quelques îles.

La hauteur d'un relief ne s'exprime pas seulement par son altitude, car la dimension verticale prend toujours un caractère relatif. Ainsi le Grand Canyon du Colorado s'encaisse de 2 000 m en contrebas des vastes plateaux échancrés dans les montagnes Rocheuses ; le Kilimandjaro, qui culmine à 5 963 m, est posé sur les hautes surfaces de l'Est africain situées autour de 1 100 m ; le volcan lui-même forme un cône haut de 4 800 m. À l'inverse, les masses volcaniques d'Hawaï s'élèvent à 4 210 m, mais l'ensemble montagneux est de l'ordre de 8 000 m, puisqu'il se dresse directement au-dessus des plaines abyssales du Pacifique central, situées vers – 4 000 m.

Le relief et l'érosion sont deux notions indissociables. Pour le sculpteur, le terme relief désigne la saillie d'un motif par rapport à un fond ; sur la Terre, le relief exprime les volumes soulevés par les mouvements internes et façonnés par les différents processus physico-chimiques que l'on réunit sous le nom d'érosion. Il faut évoquer les pentes ravinées par les eaux de ruissellement, les gorges incisées par les rivières, les parois ciselées par le gel, les puissants cônes de débris accumulés au bas des torrents de montagne ou encore les vastes plaines alluviales fertilisées par les limons après chaque crue.

L'agent essentiel de l'érosion est l'eau. Entre l'atmosphère et la plante, l'eau tombée sur le sol provoque la lente désagrégation des roches, elle entraîne vers le bas les particules, elle accumule les sédiments en dépôts variés. L'action des eaux procède selon des modalités différentes en fonction des conditions climatiques et des couvertures végétales. C'est pourquoi l'intensité de l'érosion est variable suivant les lieux et les circonstances. Ainsi, des changements très lents et progressifs de la surface s'opposent aux épisodes violents qui déclenchent des catastrophes naturelles.

Il faut aussi comprendre l'érosion comme un phénomène à très long terme qui façonne lentement le relief. L'évolution cumulée pendant des dizaines de millions d'années peut progressivement araser les montagnes, trancher les plateaux et les collines, combler les bassins et accumuler les sédiments sur le fond des mers.

D'une part, les déformations internes associées aux mouvements des plaques donnent naissance aux grands volumes en saillie ou en creux : chaînes de montagnes, alignements volcaniques, couloirs d'effondrement et fosses océaniques.

D'autre part, les processus externes modèlent constamment la surface ; la circulation des eaux sur les pentes transfère vers les bas les fragments détachés sur les parties hautes. Elle remanie progressivement les formes du relief à mesure de leur édification. Ainsi le relief n'a donc pas seulement une dimension verticale, il résulte d'une lente évolution dans le temps. Les transformations de la surface traduisent donc, à des degrés divers, les rythmes de déformation du sol et des oscillations climatiques.

Les formes de relief* correspondent à des unités topographiques élémentaires : une plaine, un plateau et des vallées, des collines, une montagne. Ces éléments se composent dans des ensembles d'étendue et de configuration variées, sur les continents comme sous les océans. Et la diversité du relief tient à l'agencement des formes dans des unités plus vastes. En ce sens les formes de relief présentent une géométrie variable suivant trois échelles spatiales :

Les grands ensembles représentent des unités de dimensions continentales : les chaînes de montagnes de l'Ouest américain, ou la ceinture montagneuse qui court de la Méditerranée à l'Asie du Sud ; la vaste plaine d'Europe du Nord, celles du Mississippi, de l'Amazone, du Paraná ; les immenses plateaux d'Afrique, du Dekkan ou d'Australie s'étendent sur des milliers de kilomètres. De même, les dorsales océaniques, les fosses et arcs insulaires s'étirent entre les grands compartiments de la planète. La répartition des **grands volumes** traduit directement les déformations associées aux mouvements des plaques. Ces sont les formes majeures.

Les formes d'échelle moyenne ont une extension de quelques dizaines de kilomètres et peuvent se répéter sur de vastes espaces pour constituer les grandes unités. Si elles s'organisent en fonction du dispositif géologique sculpté par l'érosion, elles sont désignées comme **formes structurales**. Ces reliefs définissent des systèmes de pentes aux contrastes vigoureux comme un plateau entaillé de vallées, une cuvette entourée de collines, des édifices volcaniques, des dômes rocheux ou encore un chaînon de montagne.

La forme élémentaire est le **versant*** ; il correspond à une étendue de dimension kilométrique, plus ou moins inclinée. Les actions météoriques et les transferts de matière s'exercent sur ces surfaces. Ainsi les versants sont caractérisés par des **modelés*** qui reflètent les processus d'érosion qui les ont façonnés. Ils sont donc significatifs des conditions de leur évolution et s'avèrent particulièrement sensibles aux changements du climat ou de la couverture végétale. C'est pourquoi les modelés et les couvertures superficielles peuvent conserver dans le sol les traces d'épisodes plus anciens et de crises d'environnement associées soit à des oscillations climatiques, soit à des phases de défrichement.

Le relief apparaît donc comme un élément central dans la répartition des milieux physiques sur la terre. Il conjugue les marques des rythmes lents de la géodynamique interne et les processus externes aux modalités variables selon les ambiances bioclimatiques.

BIBLIOGRAPHIE GÉNÉRALE DE LA PARTIE

DERRUAU, M., *Précis de géomorphologie,* Paris, 1956, Masson (7e édition 1987).
DERRUAU, M., *Les Formes du relief terrestre,* Paris, 1993, Masson (6e édition).
FORT, M., *La Terre, des ressources en creux et en bosses,* Paris, 1992, Rageot.
COQUE, R., *Géomorphologie,* Paris, 1977, Armand Colin (édition refondue 1993).
TRICART, J., *Précis de géomorphologie,* Paris, 1968-1981, Sedes, 3 volumes.
VIERS, G., *Éléments de géomorphologie,* Paris, 1967, Nathan.
CHORLEY, R., SHUMM, S., SUGDEN, D., *Geomorphology,* London, 1984, Methuen.
SUMMERFIELD, M., *Global Geomorphology,* London, 1991, Longman.

Les grands ensembles morpho-structuraux du globe

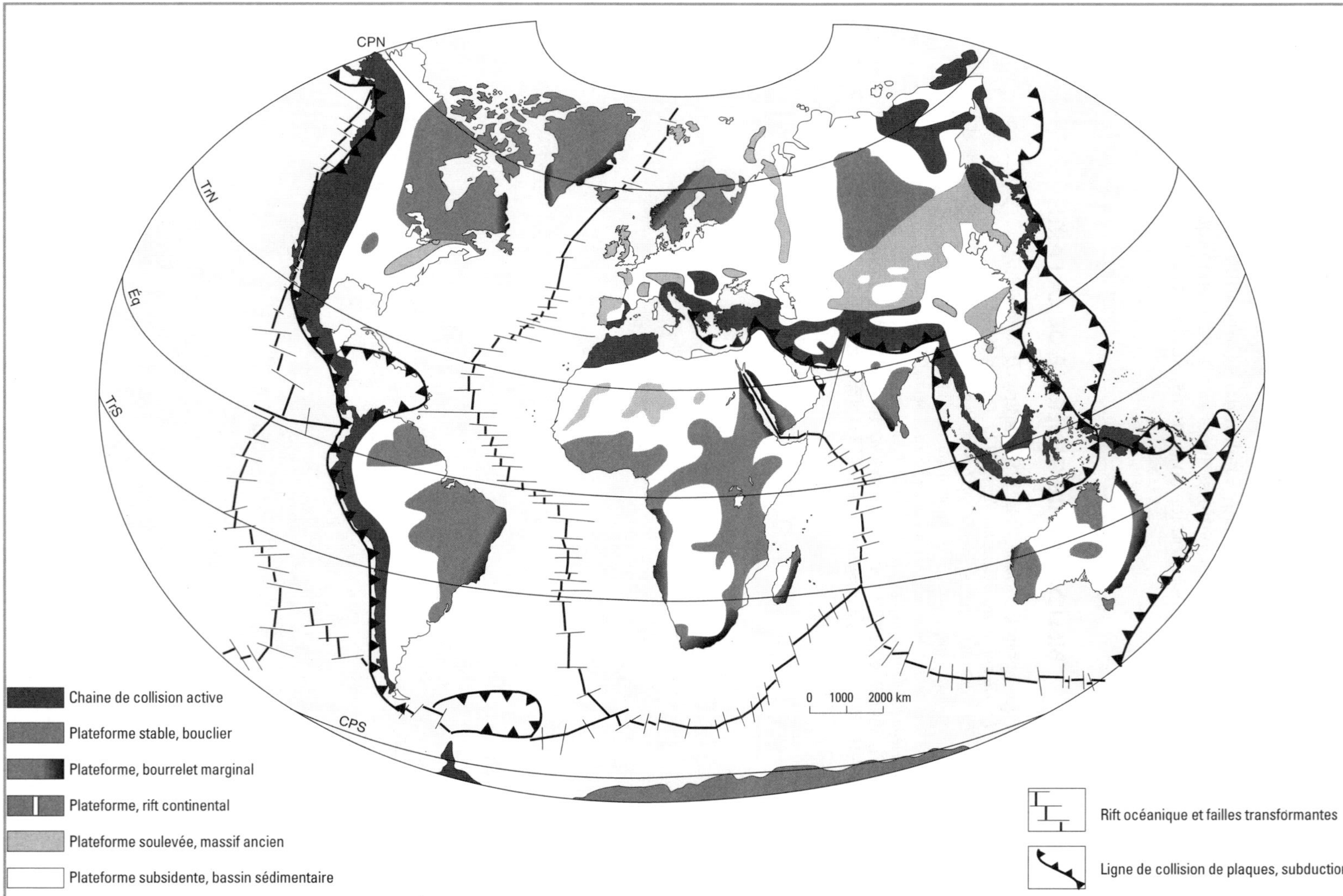

4

LES AGENTS ET LES PROCESSUS DE L'ÉROSION

L'eau en action sur le sol

L'érosion désigne l'ensemble des processus externes qui modifient la surface de la terre. D'une part, ce sont des phénomènes presque instantanés et parfois observables sur les versants : l'écroulement d'un pan de montagne, un glissement de terrain, les boues et les blocs déplacés par une crue torrentielle, les griffures et les ravines creusées par le ruissellement sur un champ, ou encore le recul d'une plage sous l'effet des tempêtes. D'autre part, il s'agit d'une évolution très lente, presque imperceptible à l'échelle humaine : la décomposition des roches, l'incision des vallées par des rivières ou des glaciers, ou encore la progression des deltas dans la mer. Car l'action de l'érosion, cumulée pendant des centaines de milliers voire des millions d'années, façonne le relief. Ainsi, l'évolution à long terme tend vers la démolition des massifs en saillie et l'accumulation des sédiments dans les creux.

L'érosion est donc essentiellement un transfert de matière à la surface de la Terre qui implique trois opérations en relais : la libération de débris, leur transport et leur dépôt.

Fig. 1 : l'érosion, un transfert de matière

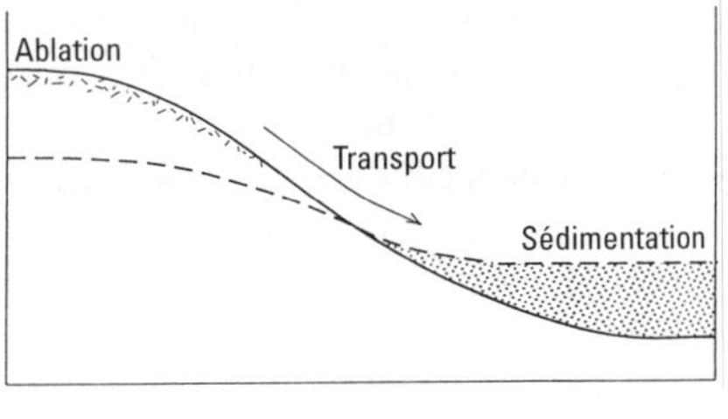

La désagrégation est préalable à la mise en mouvement des particules. Elle fait intervenir des phénomènes physiques de fragmentation et des processus de décomposition chimique des roches qui libèrent des débris plus ou moins grossiers. L'action directe et indirecte des agents atmosphériques sur la roche est appelée la météorisation*.

La prise en charge des débris intéresse des mécanismes multiples : la simple gravité provoque les chutes de pierres et les écroulements ; elle peut aussi déclencher des mouvements de masse dans des sols gorgés d'eau glissant sur de fortes pentes. Les écoulements liquides affectent à des degrés divers la quasi-totalité des terres émergées : ils provoquent des déplacements élémentaires à la surface des versants avant d'acheminer les particules dans les cours d'eau. La neige et les glaces, la mer et le vent imposent d'autres modalités de transport et d'autres styles de déplacement. L'ensemble de ces phénomènes concourt à l'ablation des matériaux.

Le dépôt correspond à l'arrêt momentané ou définitif du transport. Les transferts de matière procèdent par déplacements successifs, effectués soit par un même agent efficace, soit par des relais de processus. La nature des sédiments reflète les conditions de leur mise en place. C'est pourquoi la sédimentologie recherche dans leurs caractères spécifiques les modalités du dernier transport et du dépôt.

L'érosion n'est donc pas un phénomène simple, mais une combinaison d'opérations discontinues dans le temps et dans l'espace. Le rôle relatif de chaque agent n'est pas identique suivant les conditions de pente et de climat, il a pu varier à de nombreuses reprises au cours de l'évolution du relief. Les transformations de la surface terrestre exigent un apport d'énergie externe qui est directement associé au cycle de l'eau. Entre l'eau de l'atmosphère et les réservoirs océaniques, les précipitations s'abattent sur le sol, s'infiltrent ou ruissellent, puis elles s'écoulent dans les rivières jusqu'à la mer ou bien elles se perdent dans des bassins d'évaporation. Ces eaux véhiculent l'essentiel de l'énergie nécessaire aux transferts de matière.

Un moteur à eau

L'énergie cinétique de l'eau en chute libre est proportionnelle au produit de sa masse par le carré de sa vitesse ($e = 1/2\ mV^2$). La quantité d'eau, la hauteur de chute ou plutôt l'inclinaison et la longueur de la pente sont les paramètres essentiels de la puissance des eaux.

L'impact de la pluie sur le sol libère une énergie mécanique faible puisque le volume des gouttes est réduit et que leur vitesse est freinée par le frottement dans l'air. En revanche, l'écoulement à la surface du sol développe une énergie cinétique importante pourvu que le ruissellement rassemble une masse d'eau suffisante et que la pente lui confère une certaine vitesse.

Toutefois, la végétation qui couvre le sol absorbe une grande partie de cette énergie : elle reçoit le choc des précipitations et évapore une partie de l'eau ; puis elle freine l'écoulement sur les versants et multiplie les obstacles à la concentration du ruissellement. Ainsi les régions couvertes par une végétation protectrice s'opposent aux espaces dénudés où les pluies, bien que rares, peuvent déchaîner un ruissellement efficace.

Les eaux qui s'infiltrent ou ruissellent sur les pentes contribuent en grande partie à l'alimentation des rivières. La puissance d'un cours d'eau varie en fonction de son débit et de sa pente, compte tenu des frottements sur le fond et sur les berges. C'est pourquoi les torrents qui dévalent des montagnes sont plus puissants que les rivières paisibles qui drainent les plaines.

Agent essentiel de l'érosion, l'eau intervient suivant des modalités différentes dans la production de débris, dans leur mise en mouvement et dans leur dépôt. En effet, le liquide primordial joue un rôle majeur dans les échanges chimiques (dissolution, précipitation, altération) responsables de la désagrégation des roches ; associée à des variations thermiques, en particulier au gel, l'eau contribue à la fragmentation mécanique. C'est aussi l'agent de transport le plus fréquent, sinon le plus efficace, à la surface des continents : les écoulements liquides peuvent mobiliser les débris sur les pentes et dans le lit des rivières ; les transferts s'effectuent par des relais successifs en fonction des variations du régime hydrique. À l'état solide, l'eau stockée en glace dans les régions froides met en œuvre des processus spécifiques d'ablation et de transport. De même, les eaux répandues en nappes libres dans les mers et les lacs peuvent façonner les rivages et déplacer des particules au rythme des vagues et des courants. Enfin, les processus de surface qui ne font pas intervenir l'eau sont limités à l'effet des variations thermiques sur la roche et au rôle du vent ; leur efficacité tient essentiellement à l'absence de couverture végétale protectrice, en particulier dans les déserts.

BIBLIOGRAPHIE GÉNÉRALE DU CHAPITRE

Ouvrages généraux

BIROT, P., *Les Processus d'érosion à la surface des continents,* Paris, 1981, Masson.
CHORLEY, R., SCHUMM, S., et SUGDEN, D., *Geomorphology,* Londres, 1984, Methuen.
EMBLETON, C., et THORNES, J., *Processes in Geomorphology,* Londres, 1979, Arnold.
TRICART, J., *Précis de géomorphologie,* t. 2 : *Dynamique générale,* Paris, 1977, Sedes.

Ouvrages spécialisés

AMOROS, C., et PETTS, G., *Hydrosystèmes fluviaux,* Paris, 1993, Masson.
BRUNSDEN, D., et PRIOR, J., *Slope Instability,* Londres, 1984, Willey.
GUILCHER, A., *Précis d'hydrologie marine et continentale,* Paris, 1979, Masson.
LOUP, J., *Les Eaux terrestres,* Paris, 1974, Masson.
MORGAN, R.C.P., *Soil Erosion And Conservation,* Londres, 1986, Longman.
MUXART, T., et BIROT, P., *L'Altération météorique des roches,* Publications du Département de Géographie de l'université Paris IV, n° 4, 1977.
NEBOIT, R., *L'homme et l'érosion,* Publications de la faculté de Lettres, université de Clermont-Ferrand II, fascicule 34, 1991.
OLLIER, C., *Weathering,* Londres, 1969, Longman.
PARDÉ, M., *Fleuves et rivières,* Paris, 1968, Armand Colin.
SCHUMM, S.A., *The Fluvial System,* Londres, 1977, Willey.
SUGDEN, D., et JOHN, B., *Glaciers and Landscapes,* Londres, 1977, Arnold.

A

L'EAU DANS LA ROCHE ET DANS LE SOL

La libération de débris meubles : la météorisation*

Une partie des eaux de pluie ne s'écoule pas mais s'infiltre sous la surface. Elle pénètre dans les interstices de la roche ou du sol, assurant des interactions complexes entre les processus biologiques et les phénomènes physico-chimiques qui se développent à l'intérieur du sol. Car l'eau météorique ne se comporte pas comme un corps neutre, elle crée des tensions et provoque des réactions à l'intérieur des roches. Elle joue ainsi un rôle essentiel dans la libération de débris meubles, par fragmentation ou par décomposition.

Les volumes d'eau absorbés par la surface sont très variables selon les régimes climatiques et surtout suivant la perméabilité des substrats. S'il s'agit de roche nue, la capacité d'infiltration est très réduite ; elle correspond à la fissuration et à la porosité du matériel : seuls les sables offrent une perméabilité importante, tandis qu'une roche très poreuse comme la craie présente des volumes ouverts de l'ordre de 30 à 40 % ; en revanche, les roches magmatiques et métamorphiques sont caractérisées par une porosité très faible, inférieure à 3 %. À l'inverse, les formations superficielles peuvent stocker des volumes d'eau considérables qui constituent des nappes ; les circulations liquides dans le sol s'accompagnent d'échanges entre la surface et le sol, qui induisent des transferts chimiques ou des combinaisons complexes entre l'activité biologique et les éléments minéraux.

Fig. 2 : les formes de décompression

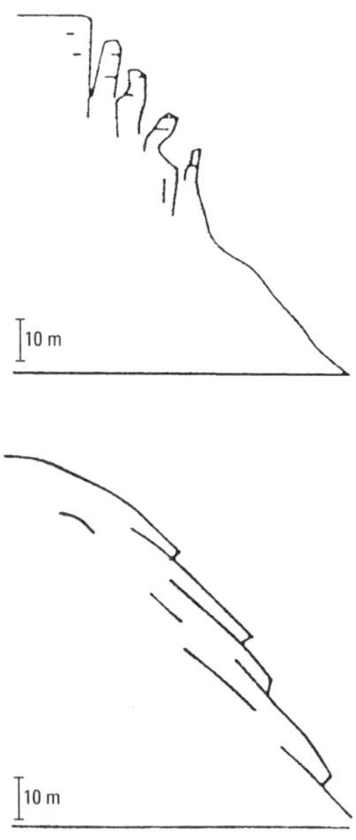

1 Briser la roche

La production de débris par fragmentation mécanique

La fragmentation des roches résulte d'abord d'actions mécaniques. D'une part, les tensions tectoniques internes peuvent briser le matériel le long de zones de broyage, où les roches sont hachées par des fractures serrées, souvent soulignées par des plans de frictions. D'autre part, les phénomènes de **décompression** qui se produisent en surface peuvent ouvrir dans les roches massives des fissures parallèles aux versants. Car la disparition d'une contrainte passive sur la face exposée peut provoquer la rupture de la roche : la détente explique le délitage observé sur les parois des tunnels, mais aussi l'écroulement de pinacles par « appel au vide », ou le débit en dalles sur les parois de dômes rocheux. Ce relâchement mécanique ne fait pas intervenir l'eau, mais il crée des fissures superficielles qui ouvrent la voie aux circulations liquides.

Dans un matériel massif, la faible porosité et la mauvaise conductivité thermique des roches limitent l'effet des **variations d'humidité et de température.** Le jeu de la dilatation combinée aux alternances d'humectation et de dessiccation fait travailler les liaisons entre les grains à la surface ; il peut détacher quelques agrégats ou des plaques épaisses de quelques millimètres. C'est la **desquamation**, phénomène très commun qui s'observe sur les dalles rocheuses ; il affecte également les façades des monuments de pierres exposées aux intempéries. Ces actions physiques peuvent provoquer la ***désagrégation*** superficielle de la roche ou bien ouvrir la porosité, facilitant ainsi la pénétration de l'eau et les actions chimiques.

Associée au gel, l'eau dans la roche devient un agent mécanique très efficace. Ce processus est nommé **gélifraction*** ou **cryoclastie** : l'augmentation de volume au moment de l'engel est de l'ordre de 10 % ; elle provoque des pressions suffisantes à l'intérieur du matériel pour disjoindre les fissures et briser la roche. Encore faut-il que la roche présente des interstices capables d'absorber et de retenir le liquide. Des particules très fines ou des micro-algues peuvent jouer un rôle essentiel pour piéger l'eau. Ainsi l'action répétée du gel libère des débris anguleux appelés gélifracts ; leur taille reflète directement la trame de fissuration. Dans un matériel très poreux, comme la craie, on parle de microgélivation : le gel de volumes d'eau diffusés dans les réseaux d'interstices peut pulvériser la roche en petites plaquettes, en sable, voire en poudre fine. Par contre, dans les roches massives le gel débite des blocs décimétriques anguleux.

Le processus de ***désagrégation*** peut être accéléré dans le cas particulier des imprégnations salées : les solutions salines facilitent la corrosion de certains minéraux, tandis que l'expansion du sel pendant sa cristallisation peut ouvrir les interstices. Ainsi **l'haloclastie** effrite les rochers du littoral exposés aux embruns de la mer, mais aussi les parois dénudées autour des vastes cuvettes salées dans les déserts arides.

Fig. 3 : le processus de gélifraction

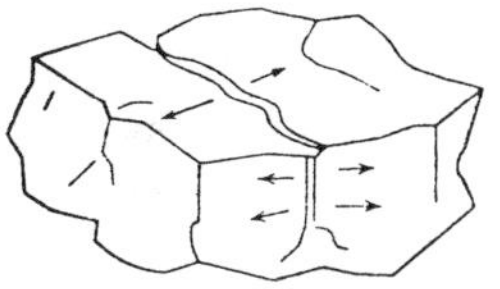

La gélifraction caractérise les régions froides et les hautes montagnes. Les blocs débités par le gel sur les hautes parois tombent par gravité et nourrissent des tabliers d'éboulis sur les pentes.

2 DÉCOMPOSER LA ROCHE

Les phénomènes d'altération météorique

Les attaques physico-chimiques modifient les assemblages élémentaires et entraînent la décomposition des roches. En effet, les eaux météoriques sont suffisamment agressives pour provoquer des réactions chimiques qui déstabilisent certains minéraux. La dissolution s'exerce surtout sur les carbonates, l'oxydation affecte les éléments ferreux et l'hydrolyse transforme les silicates.

La ***dissolution*** est une réaction chimique simple qui transfère certains éléments de la roche dans le liquide solvant. L'eau météorique peut capter les ions les moins stables et les évacuer dans des solutions. Ainsi les chlorures, les sulfates, les carbonates et certains oxydes sont particulièrement mobiles ; à l'inverse, la silice apparaît comme presque insoluble dans des conditions atmosphériques. Les matériaux les plus sensibles à ce type d'agression sont les évaporites, comme le sel (chlorure de sodium) et le gypse ou l'anhydrite (sulfates de calcium) qui fondent rapidement sous l'effet des eaux. Les carbonates (qui constituent les roches calcaires) sont attaqués par les eaux chargées de dioxyde de carbone (CO_2) ou enrichies d'acides organiques provenant du sol.

Dans le cas de la ***dissolution,*** le liquide entraîne les éléments solubles et fait fondre la roche. Par contre, l'**altération** provoque des réactions élémentaires qui transforment les minéraux sans évacuation de matière : les altérites, c'est-à-dire les roches altérées, conservent le volume de la roche initiale ameublie.

La dissolution des carbonates s'inscrit dans une réaction double :

$$H_2O + CO_2 <\!\!=\!\!=\!\!=\!\!> H_2CO_3$$

soit en solution $HCO_3 + H^+$; l'ion H^+ peut capter l'ion Ca^{++} des carbonates :

$$CaCO_3 + H_2CO_3 - <\!\!=\!\!=\!\!=\!\!> CaH_2 + (CO_3)_2$$

La solubilité des carbonates varie à l'inverse de la température de l'eau. Car la prise en charge des ions Ca^{++} est contrôlée par la teneur en CO_2 du liquide, elle-même diminuant en fonction de la chaleur. C'est pourquoi les eaux froides sont plus agressives sur les calcaires que les eaux tièdes.

Les taux de ***dissolution*** sont très différents selon les roches, puisque les concentrations maximales sont de l'ordre de 300 g/litre pour le sel, 2,5 g/l pour les sulfates, mais ne dépassent pas 1g/l pour les carbonates. D'autre part, la température et le pH de l'eau, la vitesse de circulation induisent d'importantes variations.

La ***dissolution*** peut se développer en surface, sous l'effet de la pluie et du ruissellement qui rongent les affleurements rocheux ; elle se produit également en profondeur, pourvu que les eaux s'infiltrent dans des fissures. La pénétration des circulations dans les couches d'évaporites peut ouvrir rapidement des poches capables de provoquer des effondrements du sol ; c'est également l'origine des réseaux de cavités karstiques*, grottes et conduits souterrains développés par la dissolution sous les massifs calcaires. L'eau de mer agit également comme solvant : à la corrosion des roches exposées aux vagues, s'ajoutent les phénomènes de dissolution des calcaires et des sels dans les grandes profondeurs océaniques.

Photo 1 : dolines de dissolution dans les gypses
(Col du Galibier, France)

Ce phénomène chimique est réversible : les éléments dissous sont restitués lorsque la saturation est provoquée par un changement physique de la solution (modification de température, évaporation) ; les particules précipitées forment des **concrétions** diverses soit en amas presque purs soit en un ciment interstitiel qui scelle une formation meuble. Ainsi les fluctuations des nappes dans les régions arides provoquent la formation de dépôts superficiels à partir des solutions : ce sont les remontées de sel qui stérilisent nombre de cuvettes irriguées ; ce sont les encroûtements calcaires qui indurent les topographies de terrasses et de glacis ; ce sont encore les cuirasses* ferrugineuses, cimentées par des oxydes dans les régions de savane ; ce sont enfin les masses de travertins calcaires accumulés autour de « sources pétrifiantes » et les stalactites disposées en draperies ou en colonnes dans les grottes des massifs calcaires.

L'altération transforme les minéraux dans la roche. La circulation d'eau dans les interstices provoque des réactions chimiques complexes à l'intérieur ou entre les grains qui modifient leurs caractères d'origine. La simple hydratation ou l'oxydation suffit à faire gonfler certains minéraux comme les micas et à briser l'assemblage des grains dans la roche. Plus complexe, l'hydrolyse détruit progressivement les minéraux pour combiner les silicates dans des **néoformations** argileuses, c'est-à-dire des minéraux très fins susceptibles de retenir l'eau. Les réactions chimiques progressent de manière inégale en fonction de la composition des minéraux. **Une échelle empirique d'altérabilité des minéraux,** classés par ordre décroissant, a été proposée par S. Goldich (1938).

D'autre part, l'attaque par les solutions est commandée par l'ouverture d'interstices permettant une percolation efficace à l'intérieur de la roche. En ce sens, la porosité et la fissuration jouent un rôle essentiel.

Échelle d'altérabilité des minéraux
(par ordre de sensibilité croissante vers le haut)

Olivine — Plagioclase calcique
Pyroxène — Plagioclase intermédiaire
Hornblende
Biotite — Plagioclase alcalin
Feldspaths potassiques
Muscovite
Quartz

Les modalités de la décomposition répondent aux conditions climatiques. En conditions tempérées, une **altération ménagée** résulte d'une hydrolyse lente produisant des minéraux hydratés et quelques argiles de type montmorillonite ; on parle d'une évolution **bisiallitique** qui entraîne la désagrégation complète de la roche en arène, sable grossier pauvre en argiles. En conditions chaudes et humides, une décomposition plus poussée peut entraîner une partie de la silice et conduit à la formation d'argiles (montmorillonite et kaolinite) qui caractérisent une évolution **monosiallique.** Le terme ultime de **l'altération** est **l'allitisation** qui correspond à un enrichissement en oxydes de fer et d'alumine par départ de la silice et des bases.

La décomposition se développe vers le bas jusqu'au **front d'altération,** passage irrégulier entre la roche cohérente et les altérites. L'action prolongée des processus physico-chimiques entraîne la formation de manteaux sablo-argileux profonds de plusieurs mètres, voire de dizaines de mètres, dans les régions tropicales. Car les vitesses de décomposition varient selon l'abondance et l'agressivité des eaux de percolation : très lente dans les régions froides, la décomposition se développe sur de grandes épaisseurs sous des conditions chaudes et humides.

Fig. 4 : altération et pédogenèse

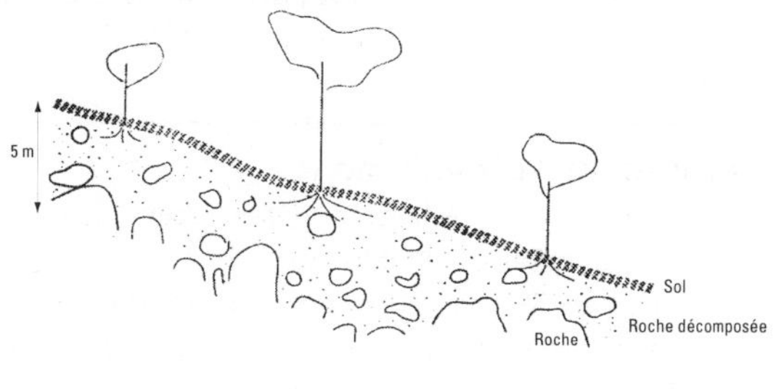

La pédogenèse* prolonge l'altération par la formation de **sols.** En effet, les apports de matière organique à partir de la surface couverte par la végétation et la circulation de l'eau dans les formations meubles donnent aux sols leur organisation en horizons différenciés. La décomposition végétale et bactérienne, les échanges de fluides autour des racines et la trituration par les animaux fouisseurs (vers et insectes) ou encore le labour agricole confèrent l'aspect des horizons supérieurs ; les horizons intermédiaires sont ceux des transferts verticaux comme le lessivage et des accumulations de particules sous l'effet des percolations ; les niveaux inférieurs, ou régolite, sont essentiellement constitués de matière minérale en partie décomposée.

Les couvertures de débris sur les versants ont donc pour origine la météorisation. La nature même des manteaux meubles reflète les conditions bioclimatiques de leur élaboration : le débitage en fragments anguleux traduit des actions mécaniques sur des surfaces nues exposées aux variations thermiques ou au gel ; au contraire, la décomposition en sables et argiles correspond plutôt à des ambiances humides chaudes ou tempérées sous une couverture végétale importante.

B

LE RÔLE DE L'EAU SUR LES VERSANTS

1 Les eaux de ruissellement

Fig. 5 : le ruissellement
R = P – I

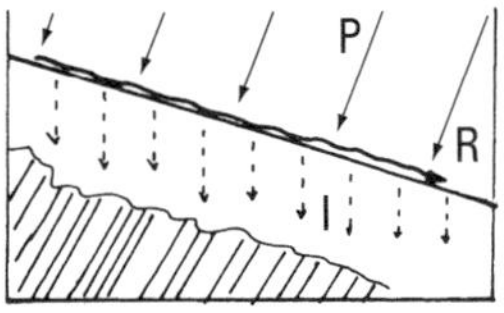

L'érosion hydrique

Une partie des eaux météoriques est recyclée dans l'atmosphère, une partie s'infiltre ou s'écoule en surface. L'inclinaison de la pente et le volume des eaux confèrent au ruissellement une énergie capable d'opérer des transferts élémentaires sur les versants. L'érosion hydrique est donc un phénomène intermittent associé à de fortes pluies et variable en fonction de l'état des matériaux et des surfaces.

La circulation de l'eau sur les versants est contrariée par l'évaporation et l'infiltration. C'est pourquoi le coefficient de **ruissellement** C est défini comme le rapport entre le volume liquide écoulé et la tranche d'eau précipitée sur une surface donnée : C = R/P.

L'évaporation directe et l'évapotranspiration par les plantes sont fonction de la température et de l'humidité relative de l'air. Ainsi les espaces couverts par une

L'origine du ruissellement

Le ruissellement se déclenche si les précipitations sont supérieures à la capacité d'infiltration. D'une part, l'écoulement superficiel peut résulter d'un **refus d'infiltration**, lorsque la perméabilité est inférieure aux abats d'eau. Le ruissellement est immédiat sur des surfaces imperméables comme des dalles rocheuses ou des pentes d'argiles et de marnes ou encore sur un sol gelé ; par contre, sur des formations perméables, il peut exister un certain décalage entre les pluies et la crue. D'autre part, le sol peut être saturé d'eau par l'**affleurement d'une nappe*** (nappe temporaire perchée ou nappe pérenne de vallon alimentée par écoulement « hypodermique »). Le ruissellement provoqué par la saturation du sol n'affecte qu'une partie du bassin versant, mais il apporte une réponse immédiate aux épisodes pluvieux et peut engendrer des crues quelle que soit la couverture végétale. Enfin, l'état physique d'un sol nu se modifie parfois sous l'effet de la pluie : si l'impact des gouttes (le *splash*) déplace quelques particules, il peut également compacter les éléments limoneux en une fine croûte ; ce phénomène, appelé « **battance** » du sol, suffit à transformer des terres agricoles en surfaces imperméables après quelques heures de grosse pluie ; dans ce cas, le blocage de l'infiltration par l'organisation pelliculaire de surface provoque le ruissellement généralisé.

Fig. 6 : 3 types de ruissellement

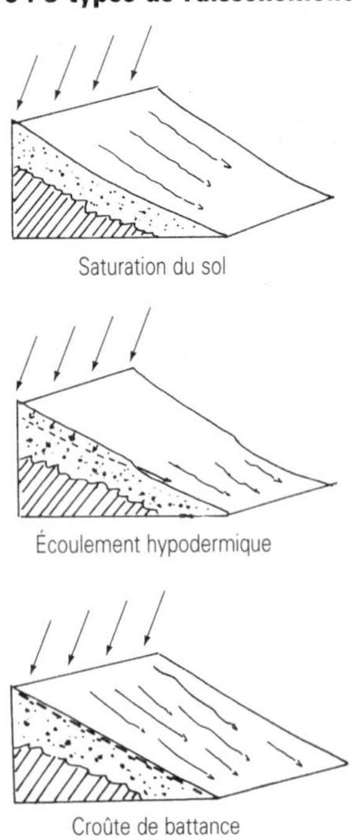

végétation dense et continue restituent une bonne partie de l'eau dans l'atmosphère ; tandis que les pertes sont faibles sur les surfaces peu couvertes, comme la steppe, les terres labourées ou les forêts privées de feuillages à la mauvaise saison. **L'infiltration** dépend de la perméabilité et de la structuration du sol.

Le ruissellement diffus, c'est-à-dire partagé en multiples filets divaguants, caractérise les surfaces légèrement convexes ou peu inclinées sur lesquelles des obstacles mineurs (petits fragments rocheux, pousses végétales) suffisent à diviser l'écoulement. Si le volume liquide est important, une véritable pellicule d'eau recouvre le versant (*sheet wash*). La vitesse d'écoulement est proportionnelle à la masse d'eau et à l'inclinaison, corrigée par la rugosité du versant. L'intensité des pluies détermine la capacité de mobilisation des matériaux compte tenu de l'adhérence des particules. Le déplacement des éléments s'effectue sur de très courtes distances, lors de chaque épisode de ruissellement, car les flux constamment divisés développent très peu d'énergie cinétique. Ainsi les ***matériaux fins migrent*** progressivement vers le bas de versant où ils s'accumulent en colluvions.

Le ruissellement concentré s'organise de manière linéaire, réunissant les écoulements en fonction des aspérités du versant. La masse d'eau rassemblée augmente vers le bas, sa vitesse est fonction de la longueur et de l'inclinaison de la pente. C'est pourquoi le ruissellement concentré peut mobiliser des éléments meubles plus ou moins grossiers sur les lignes d'écoulement ; il incise rapidement des griffures puis des rigoles temporaires (*rill*) de dimensions centimétriques. En effet, le flux mobilise les particules sur son trajet et les transporte jusqu'au bas du versant où s'accumulent des dépôts formant des cônes aplatis. L'action répétée du ruissellement concentré sur un substrat meuble provoque le ***ravinement,*** c'est-à-dire l'incision d'entailles permanentes organisées en réseau plus ou moins hiérarchisé sur la pente.

L'érosion hydrique opère donc des transferts élémentaires vers le bas de la pente, soit par déplacements limités et discontinus sous l'effet du ruissellement diffus, soit par transport linéaire par des flux concentrés. Elle achemine les matériaux vers le talweg et le lit des rivières. Le passage d'un type d'écoulement à l'autre résulte d'une modification de l'état de surface, ou bien d'une augmentation significative de la tranche d'eau écoulée : **un événement orageux exceptionnel** peut ainsi provoquer le ravinement, tandis que les pluies ordinaires permettront l'entretien des entailles ou la lente cicatrisation du versant.

La reptation (*creeping*) est un mouvement élémentaire qui résulte d'un déplacement millimétrique des particules. Ce processus combine un entraînement par l'eau de surface et de petits glissements. Il entraîne une très faible déformation de la surface et la descente imperceptible de la partie superficielle du sol.

Fig. 7 : le ruissellement

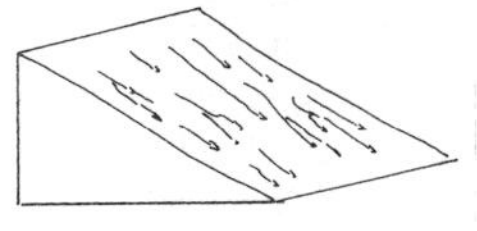

Fig. 7 a : le ruissellement diffus

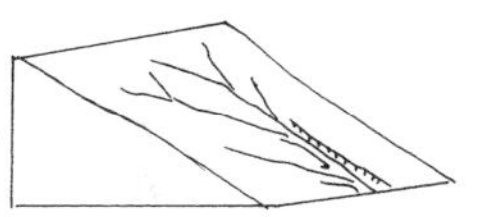

Fig. 7 b : le ruissellement concentré

Les ravines (*gullies*) sont des entailles de dimension métrique, au profil en V étroit. Elles évoluent par approfondissement linéaire et par élargissement de leurs berges. Le ravinement généralisé a abouti après plusieurs millénaires à la dissection complète des versants en crêtes aiguës qui caractérisent les paysages décharnés de *badlands*.

Les laves torrentielles (*mudflows*) et les flots de débris (*debris flows*) représentent des cas extrêmes de ruissellement sur les versants de montagne à forte pente. Un écoulement rapide déclenché par une averse violente peut se charger de matériaux de toute taille (boue, sable, graviers et blocs), formant un mélange liquide dense. Ces masses liquides aux propriétés rhéologiques particulières déplacent en un temps très court des volumes importants de sédiments qu'elles abandonnent sans tri soit en bourrelets sur les côtés du chenal, soit en cônes irréguliers en bas de pente.

Les volumes déplacés à la surface des versants représentent une perte en sol qui peut être évaluée par des **taux de dégradation spécifique,** exprimés en tonnes par hectare et par an. Les valeurs de l'érosion hydrique sont très inégales selon les pentes, les substrats et les couvertures végétales : la forêt et la prairie offrent un meilleur recouvrement que la steppe. D'autre part, la répartition annuelle des pluies et surtout l'intensité des averses apparaissent comme un facteur essentiel du déclenchement du ruissellement. Enfin, les pratiques agricoles, qui mettent à nu de larges surfaces et modifient les caractères du sol, induisent un risque important de déstabilisation rapide par passage de ruissellements diffus à des écoulements concentrés.

L'indice d'érodibilité potentielle des ***terres cultivées*** établi par W. Wischmeier (1977) intègre des paramètres statiques comme la texture et la perméabilité du sol (K), la longueur (L) et l'inclinaison de la pente (S), mais aussi les variables saisonnières de rugosité de surface comme l'état des cultures (C et P) et d'agressivité des pluies (R). Il prend ainsi la forme de l'équation A = R (K.L.S.C.P) qui permet d'évaluer les risques d'érosion agricole à l'échelle régionale et de proposer des politiques de conservation des sols.

L'érosion des ***terres agricoles*** se traduit par des pertes en sol irréversibles. Les taux de dégradation sur les surfaces cultivées sont systématiquement plus élevés que les valeurs établies sous couverture naturelle. Les milieux les plus sensibles se situent dans les régions soumises à des pluies intenses au moment où les sols sont nus : ce sont les taux records des pentes méditerranéennes ou des steppes de Chine centrale. À l'échelle de la planète, l'accroissement des surfaces cultivées et surtout le développement de pratiques agricoles peu précautionneuses ont considérablement augmenté les transferts sur les versants et, en conséquence, la charge solide transportée par les rivières.

2 Les mouvements de masse

L'eau comme agent mécanique dans le sol

À l'inverse des mécanismes de transports élémentaires mobilisant des particules, les mouvements de masse affectent d'un seul coup des volumes de plusieurs centaines, voire des milliers de m^3, dans des écroulements ou des **glissements de terrain.** La rupture du matériel peut provoquer le déplacement plus ou moins rapide de l'ensemble d'un versant sous l'effet de la gravité.

Les conditions d'équilibre sur une pente impliquent, suivant la loi de Coulomb, que la contrainte de cisaillement soit inférieure à la pression normale ; celle-ci est proportionnelle à la déclivité et à la cohésion du matériel. L'instabilité peut être provoquée par une modification de la pente (raidissement par érosion glaciaire ou sape d'une falaise par la mer) ou par la transformation des propriétés mécaniques de la roche (décohésion en panneaux, imprégnation hydrique induisant une surcharge ou modifiant les propriétés mécaniques du sol). Le déclenchement se produit par rupture progressive ou brutale selon la nature et la plasticité des matériaux. Il peut être provoqué par des causes internes comme une secousse sismique, mais aussi par des facteurs externes, comme un épisode très pluvieux ou un dégel rapide ; les aménagements qui perturbent la circulation de l'eau dans le sol peuvent favoriser la mise en mouvement.

Les écroulements affectent des versants raides en roche massive. Car les tensions de rupture, souvent provoquées par la décompression et aggravées par des circulations d'eau, peuvent détacher des fragments importants de la paroi. Ces phénomènes provoquent parfois l'effondrement de pans entiers de montagne, en particulier sur des versants raidis par l'incision des vallées ou dans des matériaux fragilisés par les séismes. C'est la trame de fissuration qui commande la cinétique du mouvement : glissement en dalles parallèles à la pente, basculement sommital de panneaux subverticaux ou détachement de coins. Ces mouvements soudains sont essentiellement gravitaires, ils étalent des blocs en bas de versant suivant l'énergie cinétique acquise lors de la chute : les gros fragments poursuivent leur course plus loin que les menus débris.

Les sols meubles imprégnés d'eau sont sujets à des mouvements de masse. La présence d'eau modifie le comportement mécanique des matériaux fins : l'hydratation de certaines argiles provoque leur gonflement et leur confère une grande plasticité ; la surcharge induite par les volumes d'eau piégés dans la porosité du sol peut entraîner le glissement sur la pente.

La solifluxion* correspond à un mouvement de masse superficiel déclenché lorsque la charge en eau dépasse le seuil de plasticité du matériel. Le sol peut alors fluer dans la pente sur un plan de décollement saturé d'eau. De petits mouvements en relais produisent des terrassettes de quelques centimètres.

Des déplacements plus importants sont à l'origine de versants boursouflés où se succèdent des « coups de cuillers » et des loupes convexes de dimensions métriques. Un fluage continu sur le versant produit des lobes, voire de véritables **coulées de solifluxion** d'épaisseur métrique. Celles-ci s'amorcent par une niche de décollement, cicatrice abrupte au tracé arqué, et se terminent en gros bourrelets d'accumulation en bas de pente.

Fig. 8 : la solifluxion

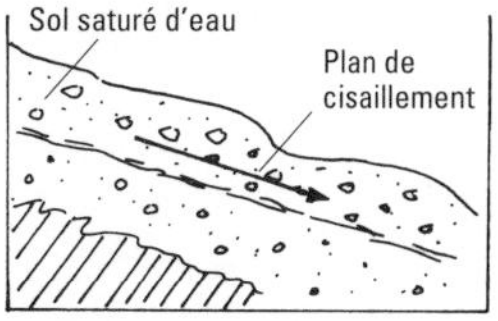

La solifluxion est particulièrement efficace dans les milieux froids. Le gel se marque dans le sol humide par la formation de minuscules lentilles de glace disposées en feuillets entre les particules. Lors du dégel, la partie superficielle du sol, gorgée d'eau, peut fluer sur une semelle encore gelée, à la fois imperméable et glissante. On parle alors de **gélifluxion.**

Les coulées boueuses affectent des formations superficielles saturées d'eau qui dépassent le seuil de liquidité. Le mouvement fluide qui moule la pente n'a pas la régularité d'une rivière mais avance par bouffées : les coulées avancent, sont ralenties en palier par de gros bourrelets et peuvent se recharger en eau, puis elles s'écoulent rapidement en chenal. La densité du liquide et la vitesse de déplacement leur confèrent une grande compétence aux effets souvent dévastateurs.

Les glissements en masse affectent des volumes considérables sur l'ensemble d'un versant. D'une part, ce sont des **glissements en planche** qui correspondent à une translation dans le plan du versant sur une surface de cisaillement assez uniforme ; ils déplacent des nappes épaisses et ondulées en gros bourrelets. D'autre part, les **glissements rotationnels** résultent du basculement d'un compartiment entier le long d'une surface de rupture incurvée qui se poursuit en profondeur. La ligne d'arrachement forme un abrupt de quelques dizaines de mètres ; elle est souvent redoublée lorsque des paquets secondaires relaient vers le bas le mouvement principal. Les glissements confèrent au versant une topographie chaotique marquée de rides et de contrepentes. La rupture peut être provoquée soit par une imprégnation d'eau le long de plans de cisaillement, soit sous l'effet des secousses sismiques fréquentes dans les zones instables de la montagne.

Fig. 9 : les types de glissement

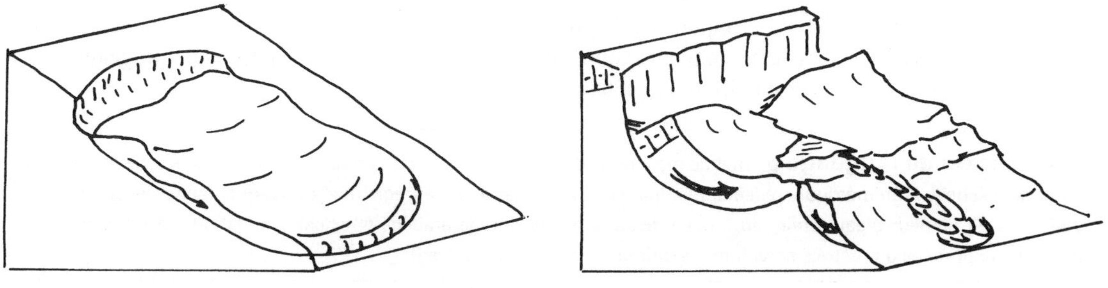

Glissement laminaire — **Glissement rotationnel**

De tels mouvements peuvent se déclencher brusquement et déplacer des milliards de m^3 en quelques heures : ce fut le cas du célèbre glissement de Stonebarrow Hill sur la côte du Dorset, en Angleterre, où l'abrupt d'arrachement a reculé d'un seul coup de 80 m en 1887 et de 28 m en mai 1942 ; ce fut également le cas de la catastrophe de la Salle-en-Beaumont (Isère) en janvier 1994 après de fortes pluies dans les Alpes.

Les volumes glissés peuvent s'immobiliser pour longtemps, simplement remaniés par des processus de surface, comme des fluages superficiels et des coulées de boue ; ils peuvent se réactiver lorsqu'un nouveau déséquilibre est provoqué par l'évacuation des matériaux accumulés à la base ou bien au cours d'un épisode climatique suffisant pour imbiber et lubrifier le plan de rupture.

Ainsi les mouvements de masse déplacent sur les versants des volumes énormes ; ils correspondent à une évolution rapide mais discontinue, opposant de longues phases de préparation et de brefs moments de déclenchement.

C

L'EAU DANS LES CHENAUX FLUVIATILES

Une fois arrivés au pied des versants, les deux éléments de l'érosion, l'eau et les sédiments, vont poursuivre leur périple dans le lit* des fleuves et rivières : ils sont repris en charge plus ou moins rapidement par les cours d'eau. L'eau qui s'écoule dans les fleuves et rivières peut avoir deux origines. D'une part, les nappes d'eau* souterraines alimentent en continu les cours d'eau. En effet, l'eau qui s'est infiltrée dans le sous-sol a rejoint lentement la nappe aquifère supérieure dont le « toit » correspond à la base du lit des cours d'eau, les nappes assurent donc l'écoulement de base du cours d'eau. D'autre part, à l'occasion des précipitations, le débit des rivières est alimenté directement et assez rapidement par l'eau qui ruisselle sur les versants. Enfin, les sédiments arrachés par l'érosion et déposés en bas de versant vont être en partie repris en charge par le fleuve et constituer ainsi le transport solide : ainsi, **les colluvions deviennent des alluvions*** qui tapissent le fond du lit fluvial et constituent des bancs de sable et de galets.

1 Les flux liquides

Mesurer les débits liquides

Le débit liquide est le volume d'eau qui passe dans une section donnée du cours d'eau en un temps donné, il est mesuré au moyen de **stations de jaugeage** installées en différents points du cours d'eau.

Une station de jaugeage permet de mesurer le débit d'une rivière. La station est équipée d'une échelle graduée verticale, l'échelle limnimétrique, reliée à un appareil, le limnimètre, qui enregistre automatiquement et en continu les variations de hauteur d'eau. Enfin, au moyen des courbes de tarage établies pour chaque station, on retranscrit les hauteurs, exprimées en mètres, en volume, exprimé en $m^3.\ s^{-1}$ (ou en $l.\ s^{-1}$).

L'abondance des débits dépend de la générosité des précipitations mais aussi de la taille du bassin-versant. C'est pourquoi, on calcule le débit spécifique en faisant le rapport du module sur la superficie du bassin-versant. Ainsi, le débit spécifique de la Seine à Paris est de 6 $l.\ s^{-1}.\ km^{-2}$(266 m^3/44 300 km^2 x 1 000). Le débit spécifique de l'Amazone est de 30 $l.\ s^{-1}.\ km^{-2}$ (190 000 m^3/6 300 000 km^2 x 1 000).

Grâce aux stations de jaugeage, on connaît non seulement l'évolution du débit de la rivière d'amont (près des sources) en aval (vers l'embouchure), mais aussi son évolution dans le temps. À partir du débit instantané lu sur le limnigramme, on calcule le **débit moyen journalier** et le **débit moyen mensuel** d'un cours d'eau en une station. **Le module** est la moyenne arithmétique des débits journaliers calculée sur plusieurs années. Ainsi, le module de la Durance à Sisteron est de 145 $m^3.\ s^{-1}$, celui de la Seine à Paris est de 266 $m^3.\ s^{-1}$ et celui de l'Amazone à Obidos est de 190 000 $m^3.\ s^{-1}$.

Le régime hydrologique

La moyenne des débits mensuels calculée sur plusieurs années permet de définir les variations saisonnières systématiques : c'est ce que l'on appelle le régime hydrologique d'un fleuve. On distingue deux grands types de saisons dans l'année d'un fleuve : la saison des hautes eaux, caractérisée par des débits abondants pendant un ou plusieurs mois, et la saison de l'étiage*, marquée par de faibles débits. Ces fluctuations dépendent bien sûr de facteurs climatiques (saison des pluies, saison sèche...). Grâce à ces courbes annuelles des débits, on a effectué une classification des régimes hydrologiques. On distingue deux grands types de régimes. Les **régimes simples** sont caractérisés par une seule saison de hautes eaux et une seule saison d'étiage, car il y a primauté d'un seul mode d'alimentation (par exemple, la saison des pluies). Les **régimes mixtes** montrent deux saisons de hautes eaux (l'une étant généralement prépondérante par rapport à la seconde) séparées par deux étiages ; ces régimes dépendent de l'influence de plusieurs modes d'alimentation qui se succèdent dans l'année (par exemple, les pluies et la fonte glaciaire).

Fig. 10 : quelques exemples de régimes fluviaux

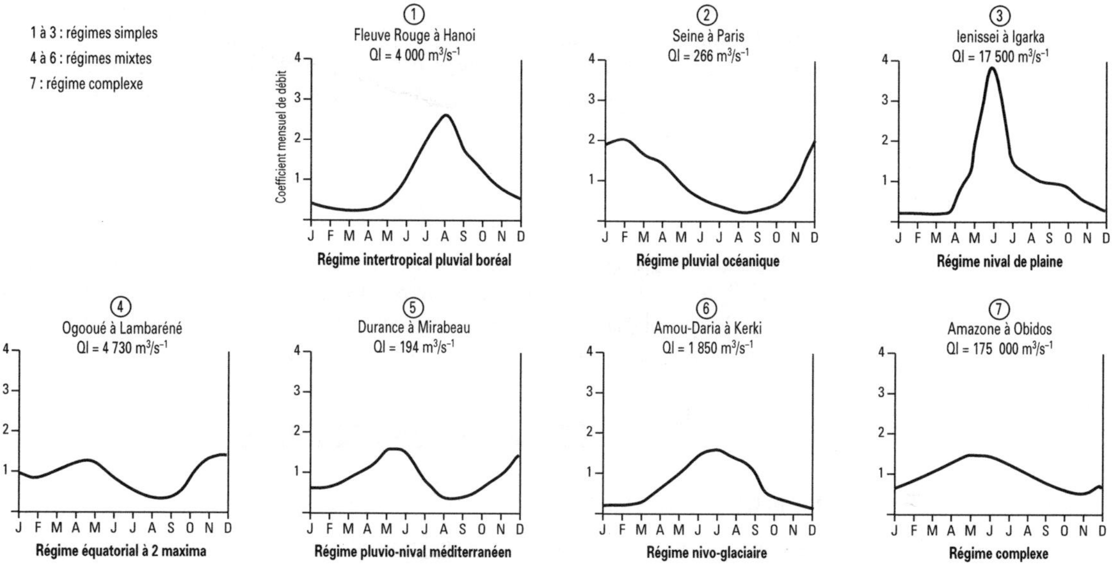

Pour une plus grande finesse dans la connaissance des régimes fluviaux, on distingue parmi ces deux grands types plusieurs sous-types. Parmi les régimes simples, on recense le régime **pluvial océanique** (ex : la Seine) avec des hautes eaux liées aux pluies d'hiver, le régime **pluvial tropical** (ex : le fleuve Rouge) dont les hautes eaux sont engendrées par les abondantes précipitations de saison chaude, le régime **glaciaire** (ex : le Rhône à Gletsch) pour lequel les débits sont abondants l'été et faibles l'hiver, le régime **nival** (ex : le Rhin à Felsberg ou la Volga) déterminé par la fonte printanière des neiges. Pour les régimes mixtes, on distingue : le régime **pluvio-nival** avec une principale saison de hautes eaux liées aux pluies et une secondaire liée à la fonte des neiges, et le régime **nivo-glaciaire** avec un premier maximum lié à la fonte printanière des neiges et un second déterminé par la fonte estivale d'un glacier.

Les événements hydrologiques exceptionnels

Les crues* constituent des montées de débit exceptionnelles, rapides qui peuvent se produire n'importe quand (même en étiage). La montée des eaux se fait en quelques heures ou quelques jours pour les plus grands appareils fluviaux : le Rhône à Génissiat a vu en 1956 son débit passer de 720 $m^3.s^{-1}$ le 1er septembre, à 930 m^3 le lendemain, pour atteindre 1 150 $m^3.s^{-1}$ le 3. La genèse d'une crue est étroitement dépendante d'un événement climatique exceptionnel qui entraîne un ruissellement important sur les versants : des précipitations longues et intenses sur l'ensemble ou la majeure partie d'un bassin fluvial, ou bien encore un orage particulièrement intense qui engendre une « crue éclair » (*flash flood*) aussi courte que violente comme en connaissent les oueds des zones semi-désertiques.

Le schéma de l'hydrogramme de crue montre bien que la montée des eaux est rapide : la courbe de concentration est redressée, elle correspond à l'averse et au ruissellement ; la concentration des eaux se fera d'autant plus rapidement que le bassin a un relief accentué. La pointe de la crue est décalée de plusieurs heures par rapport à l'averse. Enfin, la décrue s'effectue plus lentement, pouvant s'étaler sur plusieurs jours. L'écoulement de base est assuré par la nappe et on note, après la crue, une augmentation de l'écoulement de base car l'averse a rechargé la nappe.

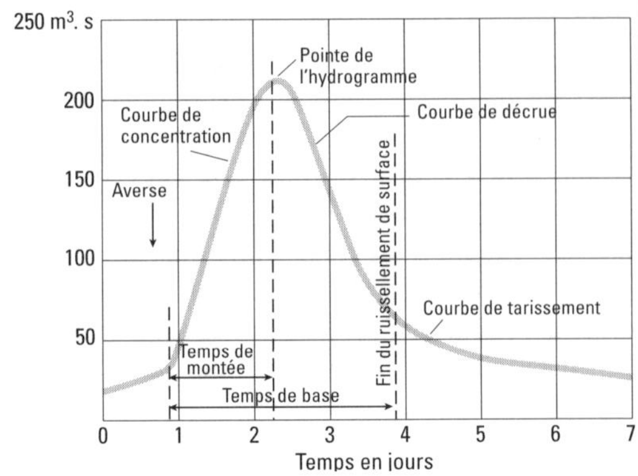

Fig. 11 : les caractéristiques d'un l'hydrogramme de crue type

Afin de comparer la puissance de différentes crues, on a défini l'indice de puissance de crue, l'indice A de Myer, Coutagne et Pardé, dont le calcul s'effectue en faisant le rapport entre le débit de crue Qc et la racine carrée de la surface du bassin-versant S :

$$A = Qc/\sqrt{S}$$

Ainsi pour la Seine lors de la crue de 1910, A = 6,5 ; en octobre 1940 pour le Tech dans les Pyrénées-Orientales A = 175 (un record) et pour l'Hérault en octobre 1940 A = 120 (les précipitations ont été à cette occasion de 140 mm à Alès en 2 heures !). La crue est souvent synonyme d'inondation et de destruction.

2 Les flux solides

La notion de puissance

Le cours d'eau est donc un fluide qui possède une puissance proportionnelle à la masse (l'eau) et au carré de la vitesse. La puissance peut être exprimée par la formule suivante :

$$(W.m^{-2}) = (\rho.g).Qi$$

où ρ est la masse volumique de l'eau, g l'accélération de la gravité et Qi le débit exprimé en $m^3. s^{-1}$.

__Le débit dominant__ est le débit de crue pour lequel les processus d'érosion-sédimentation dans le chenal sont maximaux. Les études menées sur différents cours d'eau ont montré que le débit de plein bord (débit qui reste contenu entre les berges du cours d'eau avant débordement) constitue le débit le plus efficace. La moyenne de retour de ce débit dominant varie de 1 à 3 ans selon les cours d'eau (Wolman et Gerson, 1978).

Le fleuve va utiliser cette puissance pour le transport des sédiments, mais seule une très petite fraction de l'énergie du fluide est disponible pour le transport des alluvions. En effet, le fleuve perd en moyenne 97 % de son énergie par frottement sur les berges, sur le fond du chenal, sur les plantes poussant dans le chenal ; tous ces obstacles créent une certaine rugosité. Ainsi, on parle de la ***puissance nette,*** qui est la puissance brute diminuée de l'énergie absorbée par les frottements. On comprend donc que c'est à l'occasion des crues que s'effectuent les principaux mouvements de la charge solide. Quand l'énergie du fleuve dépasse l'énergie dépensée en frottements, il y a érosion, c'est-à-dire transport des alluvions ; quand de nouveau le débit diminue, le cours d'eau redépose les alluvions sur les bancs ou au fond du chenal.

Les modes de transport de la charge solide

Les alluvions* se déplacent dans le chenal de trois façons en fonction de leur taille. Les matériaux fins (argiles et limons) progressent par **suspension,** les alluvions plus grossières sont transportées par **saltation** (par petits bonds) et, enfin, les graviers et galets se déplacent en **roulant** ou en glissant sur le fond du chenal. Comme le montre la courbe de Hjulström, plus la taille des sédiments est grande, plus il faut d'énergie pour les transporter.

D'autre part, l'énergie détermine la capacité de transport et la compétence du cours d'eau. La **capacité de transport** est le volume maximal qu'un cours d'eau peut entraîner à une vitesse donnée. Cette capacité dépend du débit, mais aussi de la pente du chenal qui détermine en grande partie la vitesse de l'écoulement. **La compétence** est le calibre maximal du matériel que peut déplacer une rivière. Cette compétence dépend essentiellement de la pente du cours d'eau et on note que la taille des alluvions diminue d'amont en aval, en fonction de la pente (voir plus loin ce qui concerne le profil en long).

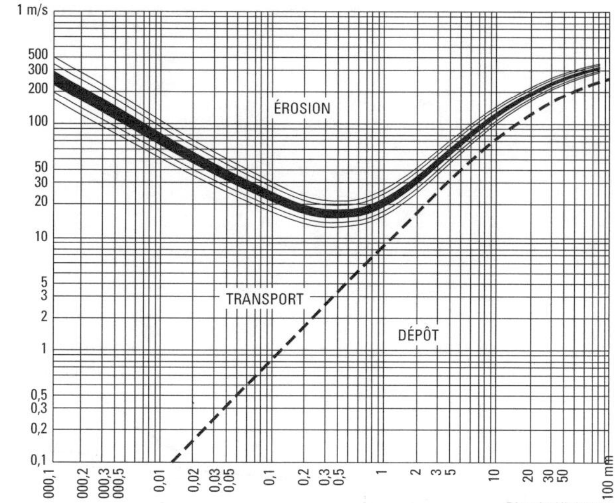

D'après Hjulström

Fig. 12 : courbe de Hjulström

Relation entre la taille des particules et la vitesse du courant.

Les **transports solides** sont maximaux dans les zones en érosion vive et affectées par des précipitations intenses : le record est certainement détenu par le Huang Ho (Fleuve Jaune) qui se charge en éléments fins en traversant les plateaux de lœss et livre à la mer 1 600 à 1 900 x 10^{6} tonnes de sédiments par an. Loin derrière, vient le Brahmapoutre qui charrie environ deux fois moins de sédiments (795 x 10^{6} tonnes par an). Les rivières de montagne, en avant d'un glacier, transportent également une charge solide abondante.

Les transports en solution

Une partie des éléments transportés par le cours d'eau est présente sous ***forme dissoute.*** La part de cette charge dissoute par rapport à l'ensemble des transports solides dépend des caractéristiques géologiques du bassin-versant, mais aussi de l'efficacité des processus d'altération biochimique. Pour reprendre l'exemple de l'Amazone, la charge dissoute représente 37 % de la charge totale transportée par le fleuve (290 millions de tonnes de charge dissoute transportées par an et 498 millions de tonnes de transport solide). Les transports en solution du Dniepr représentent 91 % du transport total.

Certaines rivières même transportent très peu d'***éléments solides*** et le fond de leur lit est constitué par l'affleurement du substratum rocheux : on parle alors de rivière à fond rocheux. À l'opposé, les cours d'eau dont le fond du chenal et les berges sont tapissés d'alluvions sont appelés rivières à fond mobile.

3 Les formes du chenal

La fonction d'un cours d'eau est d'évacuer de façon continue et homogène la charge solide apportée par les mécanismes de l'érosion sur les versants, c'est-à-dire d'éviter la suraccumulation de sédiments en un endroit ou au contraire un creusement trop prononcé en un autre lieu. Pour cela, le cours d'eau va ajuster la géométrie de son chenal. La géométrie (les formes du chenal : profil en long, profil en travers et formes en plan) est adaptée aux flux liquides et aux flux solides. Le cours d'eau tente donc d'établir des formes en équilibre avec ces deux paramètres fondamentaux de la dynamique.

Fig. 13 : la géométrie du chenal

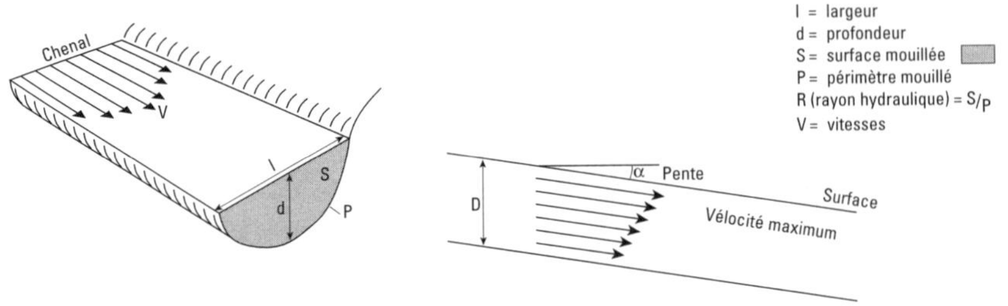

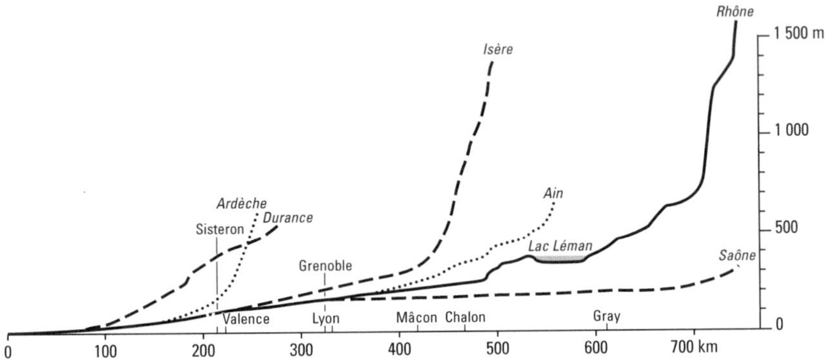

D'après Emmanuel de Martonne

Fig. 14 : le profil en long du Rhône

Profil en long et profil en travers

Le profil en long est la pente du cours d'eau, exprimée en mètres de dénivellation par kilomètre de distance (‰). Les profils longitudinaux de quelques cours d'eau montrent clairement que **la pente diminue d'amont en aval.** Ainsi, un cours d'eau de montagne peut posséder en amont une pente supérieure à 10 ‰, qui passe à 2 ‰ dans le secteur médian et à moins de 1 ‰ à l'aval. Les cours d'eau de plateaux et plaines ont des pentes plus faibles, souvent inférieures à 0,30 ‰.

Comment expliquer le fait que le cours d'eau conserve assez de puissance pour évacuer la charge solide, alors que la **pente décroît** ? L'augmentation du débit vers l'aval accroît la dimension du chenal, ce qui permet un accroissement corrélatif de la vitesse d'écoulement. Théoriquement, quand le débit est multiplié par 10, la profondeur et la largeur sont multipliées par 2 ou 3 et la vitesse est doublée, or un doublement de la vélocité entraîne un accroissement de 8 à 16 fois de la capacité de transport ! Dans un chenal plus large et plus profond, les effets du frottement sur les berges et le fond du chenal sont plus faibles en valeur relative. Par conséquent, le même travail peut être accompli sur une pente plus faible. Le courant, en perdant moins d'énergie en frottement, devient plus efficace.

Fig. 15 : relation vitesse / débit

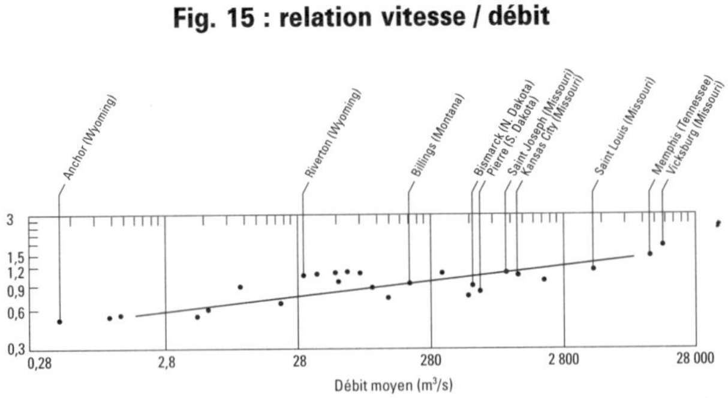

De la rivière Yellowstone au Missouri et au Mississippi, d'après L.-B. Leopold.

La diminution de la pente s'accompagne d'une **décroissance de la taille des alluvions transportées.** Il existe une corrélation étroite entre la taille des éléments transportés et la pente. Ainsi le Gange, dans les hautes vallées himalayennes, est un véritable torrent dont la pente dépasse les 20 ‰ et dont la charge solide est constituée de gros galets. À partir de Kanpur, la pente devient très faible et le Gange ne transporte plus que des sédiments fins en suspension.

La stabilité précaire du profil en long et en travers. Le profil en long et le profil en travers, nous venons de le voir, sont des formes adaptées aux débits liquides et solides. Une modification de l'un des deux ou des deux paramètres entraîne un réajustement des profils. Ainsi, une augmentation des apports solides entraîne généralement un accroissement de la largeur du chenal et un exhaussement du plancher alluvial. On a pu observer ce phénomène dans des secteurs affectés par une accélération de l'érosion faisant suite à un déboisement massif, ou bien encore sur des cours d'eau dans lesquels on a introduit des rejets miniers. À l'opposé, une diminution des apports solides provoque une décroissance de la largeur du chenal et peut même entraîner un enfoncement du chenal. Le cas est bien connu dans les Alpes et les Pyrénées françaises où les reboisements que connaissent ces montagnes depuis le siècle dernier ont eu pour effet d'apaiser l'érosion sur les versant et, par là, de diminuer la charge solide injectée dans les cours d'eau.

L'emboîtement des lits*

Selon les différents épisodes hydrologiques (étiage, hautes eaux, crues exceptionnelles), le cours d'eau occupe une largeur plus ou moins importante dans sa vallée. C'est pourquoi on peut distinguer, lorsque l'on traverse un fleuve, plusieurs lits emboîtés un peu comme des poupées russes.

Fig. 16 : profil transversal d'un fleuve

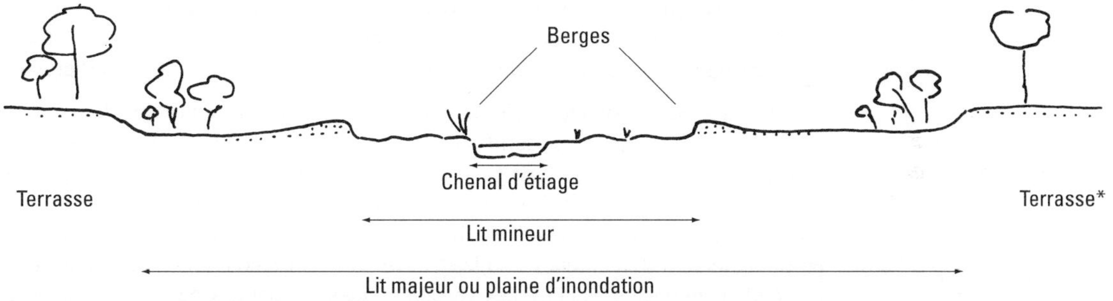

Le chenal d'étiage est le moins large. Il correspond au passage des débits les plus faibles. Dans le cas des rivières aux débits d'étiage très creusés, ce chenal est très étroit : un filet d'eau serpente dans un chenal beaucoup plus large. Dans le cas des fleuves aux débits moins contrastés, le chenal d'étiage correspond à peu près au chenal ordinaire.

Le lit mineur ou lit ordinaire correspond au passage des hautes eaux et des crues annuelles, c'est-à-dire au débit dominant. Ce lit est calé en général entre deux berges bien marquées dans la topographie. Les alluvions étant remaniées fréquemment par les forts débits, la végétation arborée ne peut pas s'y installer : on voit donc de grands bancs de sable ou de galets nus. Dans le cas de l'Amazone, le lit apparent a 3 à 4 km de largeur.

Le lit majeur est appelé aussi **plaine d'inondation**. Il est occupé par les eaux à l'occasion des fortes crues de récurrence faible (décennale, trentennale, ou centennale). Ce lit d'inondation est un peu plus haut que le lit ordinaire et est souvent colonisé par une végétation arborée qui supporte bien les submersions (aulnes, saules, peupliers). Ainsi, le Danube à l'occasion des fortes crues liées à la fonte des neiges submerge parfois la plaine roumaine de la Balta sur une largeur de 15 km. Le Congo, à l'aval des plateaux Batéké, peut inonder la plaine sur 24 km. Dernier exemple : le Mississippi peut déborder en certains endroits sur plus de 80 km de large et les plaines inondables occupent plus de 90 000 km^2. En décrue, l'eau se retire par une multitude de petits cours d'eau qui s'écoulent dans la plaine parallèlement au Mississippi (les *Yazoo*). Ces plaines inondables bénéficient à l'occasion des submersions d'une sédimentation fine. L'enrichissement de ces zones humides par des sédiments fins et des éléments dissous apportés par les eaux en expliquent la grande fertilité. Les plaines inondables ont donc connu une mise en valeur très précoce par les premiers agriculteurs (notons que si le cours d'eau est profondément encaissé dans un canyon, la plaine d'inondation n'existe pas).

Les formes en plan du chenal

Le survol en avion de différentes régions du globe permet de découvrir l'extraordinaire diversité de tracé des fleuves : chenal rectiligne, méandres encaissés dans un canyon, ou méandres irréguliers divaguant librement dans une plaine, ou bien encore chenaux multiples qui enserrent de grands bancs de sables et de galets… Une fois encore, ces formes ne sont pas liées au hasard, mais dépendent de facteurs qui contrôlent la dynamique du cours d'eau : le débit liquide, la quantité et la nature de la charge solide. Les formes en plan sont donc aussi l'expression de l'adaptation du fleuve à ces paramètres externes. Malgré la grande diversité des formes fluviales non perturbées par l'homme, on a pu les regrouper en plusieurs grands types qui sont révélateurs de différentes dynamiques, modes de fonctionnement.

Les principaux styles géomorphologiques fluviaux

On peut distinguer plusieurs styles géomorphologiques fluviaux caractérisés par des formes en plan différentes qui dépendent de niveaux d'énergie plus ou moins forts. Plus l'énergie est élevée, plus la vitesse de régénération des formes fluviales est grande.

Fig. 17 a : chenal rectiligne

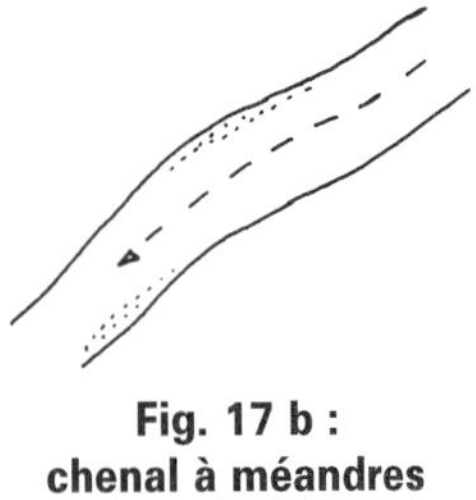

Fig. 17 b : chenal à méandres

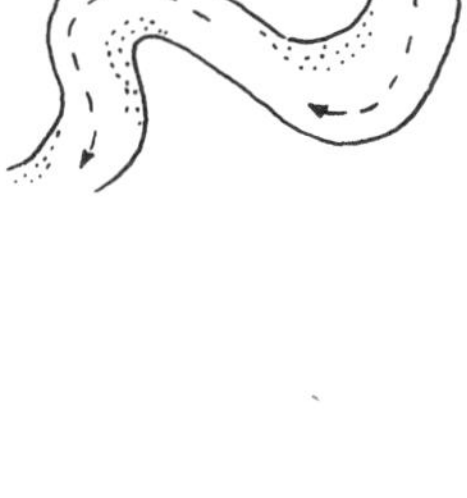

Les cours d'eau à chenal rectiligne ou faiblement sinueux sont rares. Il s'agit en général de petits cours d'eau calmes, caractérisés par des débits assez faibles et peu contrastés. Ces petits appareils fluviaux transportent sur des pentes assez faibles une charge en suspension très nettement majoritaire. Les formes du chenal sont relativement stables. Cependant, il existe aussi des cours d'eau rectilignes particulièrement dynamiques : on les trouve en tête des cours d'eau de montagne, profondément encaissés entre des versants raides. Ils ont des pentes très raides et irrégulières (comme des marches) et transportent des blocs et gros galets.

Les chenaux à méandres sont développés par des cours d'eau plus dynamiques, dont les débits peuvent être très importants et les crues puissantes (le Mississippi, par exemple). **L'indice de sinuosité,** calculé en faisant le rapport entre la longueur du chenal et celle de son axe, est supérieur à 1,5. Il s'agit en général de cours d'eau de plaine aux pentes moyennes, caractérisés par une charge sédimentaire mixte (transports en suspension et charge de fond). Les méandres évoluent par migration latérale : le chenal érode la berge concave et dépose les sédiments sur la berge convexe, construisant ainsi un banc de convexité. Le profil en travers montre une nette dissymétrie : du côté de la berge concave, le chenal est profond (la mouille) et le fond du chenal se relève en direction du banc de convexité. À l'occasion d'une forte crue, le méandre peut être recoupé par déversement, ou alors par tangence, un *oxbow-lake* est alors détaché du méandre par un bouchon sédimentaire. Les méandres peuvent connaître d'importants changements de tracé : la plaine est alors « tapissée » d'anciens méandres abandonnés, comme c'est le cas sur le Mississippi.

Les chenaux en tresse sont constitués d'un lit large où de nombreux bras enserrent de grands bancs caillouteux nus ; ils sont généralement mis en place par des cours d'eau à pente forte, charriant sur le fond du chenal des sédiments grossiers. À l'occasion de crues aux écoulements rapides et très turbulents, les bancs migrent vers l'aval, et le chenal en érodant ses berges peut se déplacer latéralement. On voit donc que les fleuves en tresse sont très instables, on les rencontre en général dans les plaines intramontagnardes, comme dans la vallée de la Durance (notons que, dans la littérature française, on a souvent appelé « cours d'eau anastomosés » des chenaux en tresse).

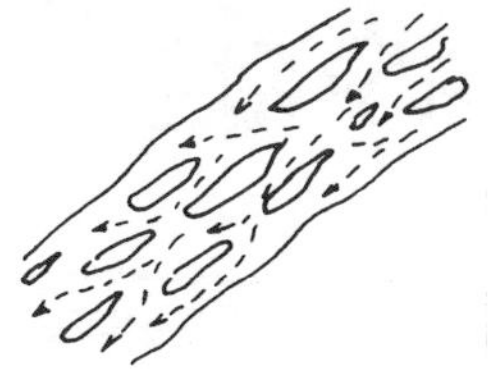

Fig. 17 c : chenal en tresse

Les chenaux anastomosés représentent un cas un peu à part. Comme dans le cas des chenaux en tresse, on trouve des bras multiples, mais ils sont plus sinueux et plus stables. D'autre part, les chenaux ont des pentes plus faibles que dans le cas du tressage et ils séparent des îles stabilisées par une couverture végétale.

D

LE RÔLE DE L'EAU À L'ÉTAT SOLIDE

Neiges et glaces

L'eau à l'état solide joue un rôle original sur les versants. Son action est essentiellement mécanique : la glace rabote les surfaces, elle déplace des débris sur de longues distances, abandonne des blocs erratiques et des moraines au terme de son parcours.

Fig. 18 : limite des neiges permanentes

Lorsque la température est inférieure à 0 °C, les précipitations tombent sous forme de neige et sont retenues sur le sol jusqu'au moment de leur fusion. Une partie de ces couvertures blanches peut se transformer progressivement en glace qui forme une carapace mobile sur les versants. Neiges et glaces caractérisent les régions polaires mais aussi les hautes montagnes où le froid d'altitude se combine aux fortes pluviométries associées au relief. On peut opposer des secteurs d'enneigement saisonnier, caractérisés par la fusion complète des couvertures, aux régions plus rigoureuses d'enneigement persistant. La limite inférieure des neiges permanentes est calculée en fonction des températures moyennes annuelles et des précipitations. Elle est proche du niveau de la mer dans les régions polaires et s'élève entre 5 000 et 6 000 m dans la zone intertropicale ; aux moyennes latitudes les contrastes locaux dans l'alimentation nivale et dans l'exposition multiplient les nuances d'étagement.

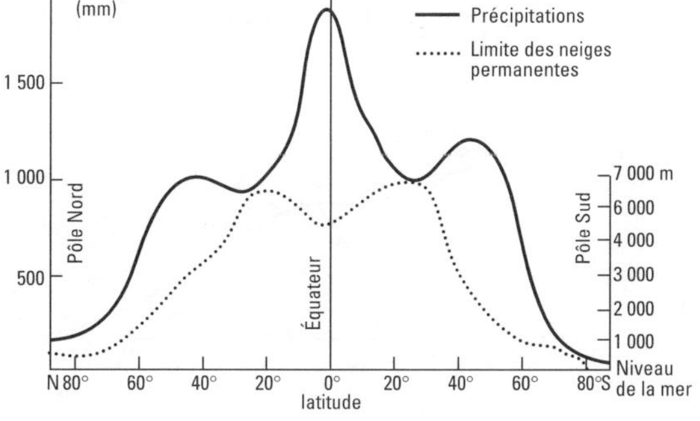

D'après Sugden et John, 1976.

Les couvertures nivales se forment par la superposition de couches tassées à mesure de leur accumulation. Elles constituent un manteau immobile protégeant les versants, qui peut faciliter le glissement de « blocs traîneaux » tombés de parois supérieures. **Les avalanches** se déclenchent sur les pentes lorsque la couverture devient instable : la mise en mouvement brutale résulte d'une surcharge provoquée soit par une suraccumulation locale sous le vent de crêtes (les « plaques à vent »), soit par la fusion partielle de la « neige lourde » qui peut fluer sous son propre poids (avalanches de *slush*). Les masses déplacées fauchent les couvertures végétales et les constructions, étalent les débris de toutes tailles en cônes irréguliers au bas des versants.

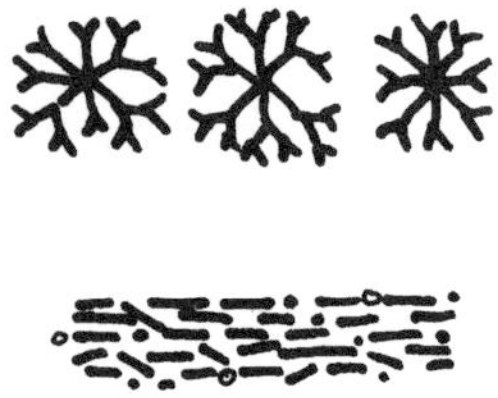

Fig. 19 : flocons de neige et cristaux de glace

La transformation de la neige en glace implique l'évacuation de l'air emprisonné dans les flocons pour souder les cristaux jointifs ; elle requiert plusieurs années. La glace se forme soit par compression progressive sous le poids des couches supérieures, soit par fusion partielle et regel. La masse d'eau gelée forme ainsi une carapace compacte, plus ou moins rigide et capable de transmettre de fortes pressions et de remonter des contrepentes.

La masse d'un **glacier** s'écoule lentement entre une zone d'alimentation élevée et une zone basse caractérisé par l'ablation. L'accumulation peut former un large dôme de glace couvrant toute une région ou une calotte coiffant la montagne ; elle peut aussi se nicher dans un cirque, large cuvette où convergent les avalanches de paroi. Le poids des glaces pousse la masse en nappes ou en langues vers le bas ; le volume s'amenuise à mesure que les apports de glace ne compensent pas les pertes par **sublimation** en surface, par **fusion** et **écoulement** liquide ; lorsque le glacier atteint la mer, il peut libérer d'énormes fragments de glace dans la mer, les *icebergs*, qui partent à la dérive et fondent après plusieurs années. Le mouvement des glaces est d'une majestueuse lenteur. Presque immobiles au centre des inlandsis, les courants marginaux de l'Antarctique avancent de 30 à 500 m/an, tandis que les grands émissaires du Groenland progressent de 5 à 7 km/an à travers les montagnes bordières. Dans le domaine alpin, l'écoulement des glaciers de montagne est plus lent : 125 m/an pour la mer de Glace ; mais les « crues glaciaires » (ou *surges*) déclenchées par un déséquilibre dynamique de la glace peuvent provoquer une avance soudaine de plusieurs kilomètres.

On distingue trois types de **glaciers** : Les **inlandsis** sont des accumulations glaciaires de taille continentale, épaisses de 3 000 à 4 000 m qui couvrent l'Antarctique et le Groenland. De grandes **calottes régionales** recouvrent les reliefs à l'exception de quelques sommets désignés du terme inuit de *nunataks* ; elles s'étalent sur les plateaux et viennent ensevelir les plaines sous des nappes épaisses et peu mobiles, comme le complexe du glacier Stewart (Alaska) ou de la terre d'Ellesmere. Les **glaciers de montagne** constituent des volumes plus réduits, ils coiffent les sommets ou occupent les cirques et émettent de puissantes langues canalisées dans les hautes vallées.

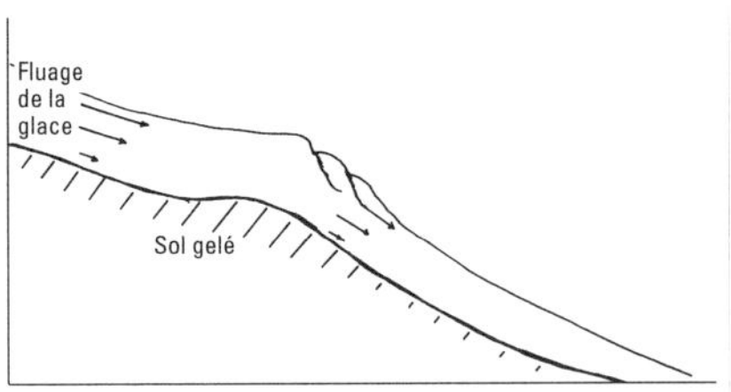

Fig. 20 a : glacier à base froide

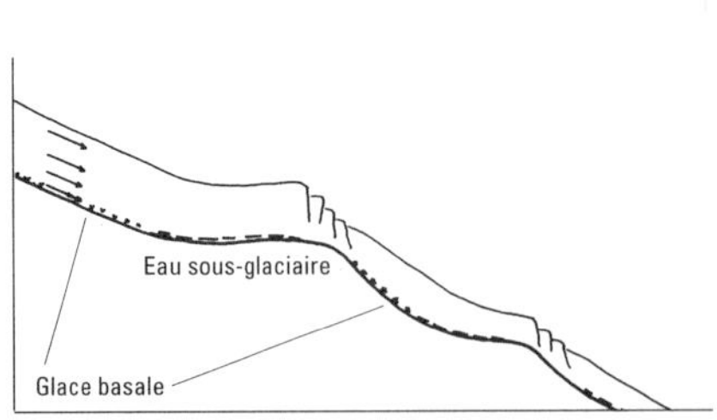

Fig. 20 b : glacier à base tempérée

L'action d'un glacier sur son lit* est commandée par la pente, l'épaisseur et la température de la glace. On oppose ainsi deux types de dynamiques glaciaires.

Un glacier à base froide est caractérisé par des températures négatives jusqu'à la base. Ainsi la masse se déplace par déformation plastique de la glace sur toute son épaisseur et sans mouvement sur le sol, lui-même induré par le gel. Ce type d'organisme, bien représenté dans les régions les plus froides, constitue une carapace protectrice sans capacité d'ablation sur le versant.

Dans **un glacier à base tempérée,** l'élévation de la température en profondeur sous l'effet de la pression atteint le point de fusion : l'interface entre la glace et le sol est caractérisée par un film d'eau qui facilite la progression du glacier sur un lit inégal. Le gel de cette eau permet l'incorporation de débris dans une couche de **glace basale** soumise à la fusion et au regel. Le glacier exerce un polissage efficace sur les surfaces bosselées grâce à cette couche abrasive ; il prend également en charge des blocs par arrachement sur la face avale des obstacles. Ainsi les langues de glace canalisées sont capables de surcreuser les vallées entre des seuils appelés verrous. Les **eaux sous-glaciaires** jouent également un rôle important lorsqu'elles s'écoulent en torrent. Elles sont chargées de débris abondants et circulent parfois sous pression, ce qui explique qu'elles puissent remonter des pentes en siphon et tailler des gorges en « trait de scie ».

Les glaciers transportent aussi bien les matériaux tombés sur la glace et les **débris arrachés** sur leur lit. La compétence de la glace est énorme, c'est-à-dire qu'elle peut acheminer sur de grandes distances des fragments de toutes tailles : les blocs abandonnés par les glaces sont nommés des **erratiques.** Les dépôts glaciaires sont des **moraines*,** caractérisées par une absence totale de tri et une extrême hétérométrie : les matériaux morainiques associent sans ordre des blocs de plusieurs mètres, des sables ou de la farine glaciaire produite par abrasion sur le lit. Les **sédiments** déplacés sur le lit constituent des moraines de fond (*till*) étalées en nappes irrégulières à la base du glacier. Les masses entraînées par les langues forment aussi des accumulations importantes sur leurs marges, moraines latérales disposées sur les flancs des vallées et moraines terminales abandonnées à l'extrémité du glacier.

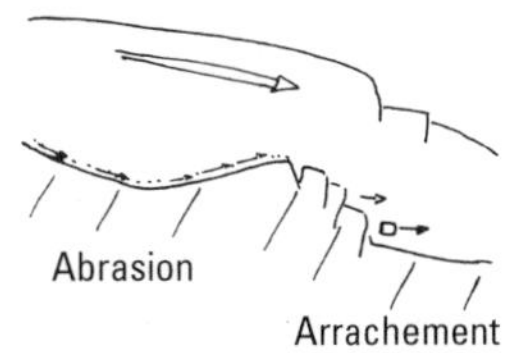

Fig. 21 : abrasion et arrachement

Fig. 22 : moraines et dépôts fluvio-glaciaires

Ces dépôts sont bien différents des **sédiments fluvio-glaciaires*** accumulés par les torrents qui évacuent les eaux de fonte : les sables et les galets mal roulés sont triés dans des lits alternés qui traduisent les variations importantes du régime des eaux proglaciaires. Les figures de stratification croisée reflètent la divagation des émissaires, tandis que des masses effondrées résultent de la fusion de radeaux de glace piégés dans les dépôts.

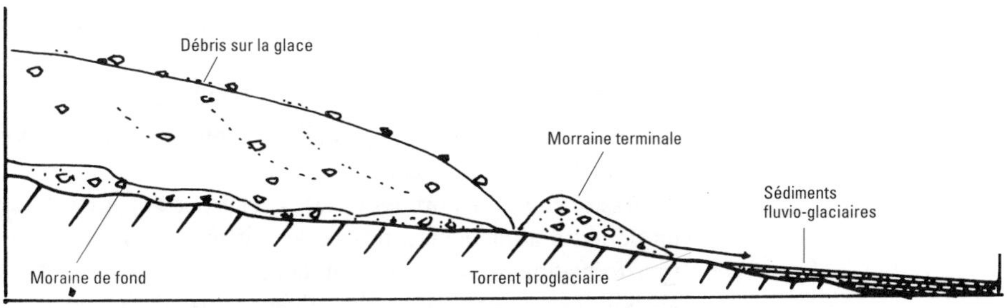

L'originalité des processus glaciaires tient donc à leur capacité à transporter des blocs à contrepente, mais aussi à l'inégale efficacité du raclage exercé sur les surfaces englacées.

E

LES NAPPES D'EAU LIBRE

Mers et lacs

Les bassins océaniques et les dépressions continentales sont emplies par des eaux libres qui constituent les **mers** et les **lacs.** Ces masses liquides opposent des eaux salées et des eaux douces qui représentent des volumes très différents. Toutefois, elles exercent des actions comparables sur leurs rivages et sur leurs fonds.

Les **eaux marines** occupent 71 % de la surface de la planète ; leur volume est estimé à 1 348 millions de km³ ; leur salinité moyenne est de 35 g/litre. Les températures de surface ne traduisent pas seulement une répartition zonale, mais reflètent les grands courants circulaires qui caractérisent les bassins océaniques dans chaque hémisphère.
Les **eaux lacustres** sont réparties dans des bassins innombrables et de toutes tailles. Les lacs les plus profonds correspondent à des grandes fractures de la croûte terrestre, d'autres à des sillons surcreusés par les glaces ; au cœur des continents et dans les régions arides, de larges cuvettes *endoréïques**, c'est-à-dire privées d'exutoire vers la mer, recueillent et évaporent des eaux de lacs souvent saumâtres ou salés ; ce sont aussi des lacs fermés par des barrages naturels, comme une coulée volcanique ou un cordon morainique, ou bien des plans d'eau artificiels retenus derrière des ouvrages construits.

L'action sur le rivage s'exerce dans le plan de la nappe d'eau. Sur les littoraux maritimes, le niveau de la mer répond à des oscillations à long terme qui résultent principalement des variations de la masse d'eau océanique mais aussi aux changements de configuration des bassins ; il est également sujet à la variation quotidienne des marées.

La marée est une oscillation périodique, provoquée par l'attraction du soleil et de la lune sur l'enveloppe liquide ; son amplitude change selon la situation astronomique, opposant les mortes-eaux lorsque les astres sont en position de **quadrature** et les vives-eaux lorsqu'ils exercent leur attraction dans le même plan (**syzygie**). La variation est de l'ordre de 0,2 m au centre des océans, elle ne dépasse pas 1m dans des bassins presque fermés comme celui de la Baltique ou de la Méditerranée, mais le marnage s'amplifie à proximité des côtes pour atteindre 15 à 19 m dans des configurations permettant une résonance de l'onde de marée (baie du Mont-Saint-Michel en Manche, baie de Fundy au Canada)

En ce qui concerne les lacs, les changements du niveau répondent à une modification du volume des eaux : les variations saisonnières traduisent des bilans contrastés entre l'apport des rivières et les pertes par évaporation ou par l'exutoire ; un déficit d'alimentation provoqué soit par des sécheresses répétées soit par une transformation du bassin versant comme des prélèvement massifs pour l'irrigation abaisse inexorablement le plan d'eau et exonde les berges. Aussi les rives du lac Tchad et du lac Eyre sont-elles soumises à de grandes fluctuations interannuelles, tandis que les rivages de la mer d'Aral sont irrémédiablement délaissés par les eaux.

Les vagues exercent une action mécanique sur les rivages. Ces ondulations rythmiques sont formées sous l'effet du vent sur la surface liquide ; leur amplitude traduit l'apport d'énergie éolienne : elles sont communément hautes de quelques mètres, mais les grandes tempêtes peuvent soulever des crêtes de 10 à 20 m ; accidentellement, des séismes ou des effondrements sous-marins peuvent engendrer des ondes exceptionnelles et ravageuses, **les tsunamis.**

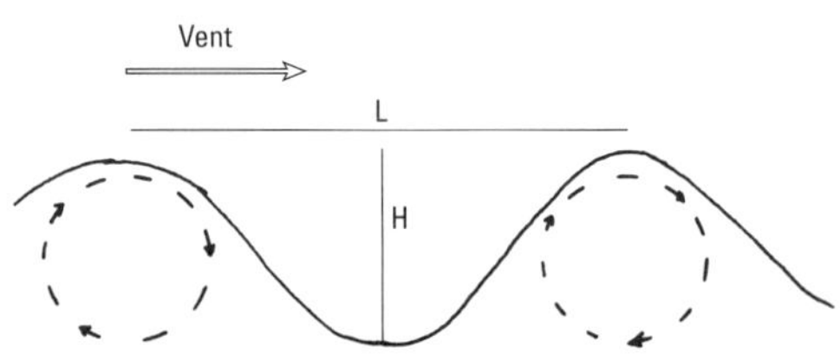

Fig. 23 : la longueur d'onde des vagues

La longueur d'onde des vagues reflète la distance parcourue (le *fetch*) ; tandis que leur hauteur traduit leur puissance. Elle résulte directement de la force et de la durée d'action du vent générateur. Ainsi le clapot des lacs et des baies fermées est formé de petites vagues courtes, il s'oppose aux longues **houles** qui ont traversé les océans. Celles-ci ont accumulé de l'énergie en un endroit, se propagent à travers le bassin puis viennent frapper en cadence les rivages.

Les vagues exercent une action répétée sur la côte. Le mouvement oscillatoire de la surface se déforme par frottement sur le fond ; l'excès de cambrure des vagues provoque leur déferlement sur le rivage. L'impact projette l'eau sur le sol, c'est le **jet de rive** (ou *swash*) ; cette eau est ramenée vers le bas en partie par ruissellement sur la berge, c'est le **ressac** (ou *back wash*) et en partie par infiltration si le substrat est perméable. Ce mouvement alternatif déplace les matériaux meubles : les galets, graviers et sables sont constamment roulés sur la pente et triés en fonction de l'énergie du déferlement ; les vagues les plus puissantes accumulent en haut de plage les galets les plus gros qui forment des **cordons de tempête.** Lorsque la direction des houles est oblique par rapport au rivage, le mouvement alternatif provoque le déplacement latéral des matériaux : c'est la **dérive littorale** qui induit le transit et accumule les sédiments dans les rentrants de la côte.

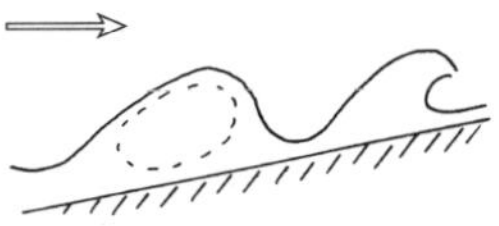

Fig. 24 : le frottement sur le fond provoque la cambrure et le déferlement

Les vagues peuvent aussi attaquer le rivage en falaises : elles sapent les sédiments meubles ou bien délogent des blocs dans les roches massives, préparant des effondrements de paroi.

Fig. 25 : action des vagues sur une plage

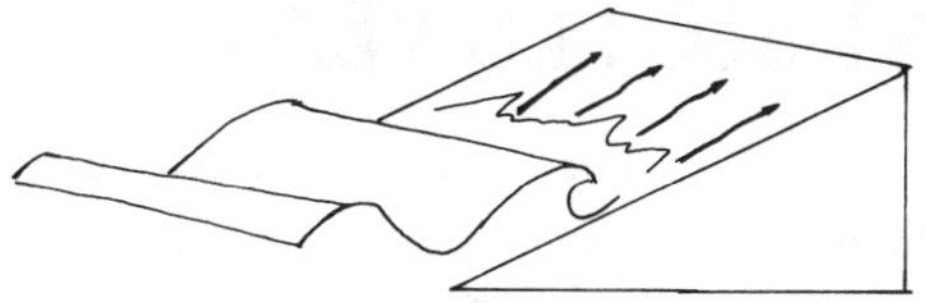

Déferlement et jet de rive

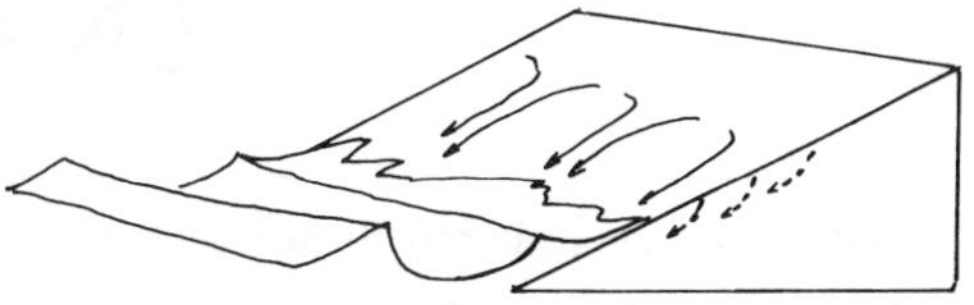

Ressac ou nappe de retrait

Fig. 26 : la dérive littorale

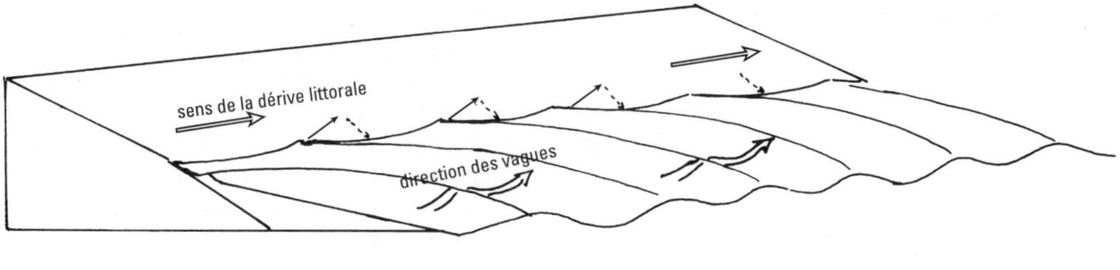

Le battement des vagues s'accompagne d'actions chimiques comme la dissolution sur les platiers calcaires ou l'altération sur les surfaces rocheuses exposées aux projections d'embruns salés.

L'action de l'eau sur le fond résulte principalement des mouvements de la masse liquide, elle diffère selon la profondeur et la pente. Sur les petits fonds proches des côtes, **les courants de marée** peuvent atteindre des vitesses de 6 nœuds (11 km/h) ; les mouvements alternatifs du flot et du jusant déplacent latéralement les particules fines : ils balayent les chenaux resserrés et édifient sur les plates-formes des rides de sable, véritables dunes hydrauliques.

Sur les pentes continentales, des **courants gravitaires** s'amorcent s'il existe des différences de densité dans le liquide. Les eaux chargées de débris à proximité des rivages constituent un mélange dense capable de dévaler les versants sous-marins : des coulées de blocs, des avalanches de sable, des courants de turbidité transfèrent rapidement les matériaux plus ou moins grossiers jusqu'aux zones d'accumulation des grands fonds. Enfin, les plaines abyssales sont un domaine de sédimentation calme qui reçoit les particules minérales ou organiques lentement décantées depuis la surface.

L'originalité des eaux libres réside donc dans l'action des vagues qui battent les lignes de rivage, limite entre le monde continental des eaux courantes et le domaine marin ou lacustre. Les nappes d'eau assurent la sédimentation progressive des matériaux d'origine terrestre mais aussi la diffusion rapide des éléments en solution, qu'ils soient naturels ou rejetés par les sociétés.

F

UN AGENT SEC : LE VENT

L'écoulement de l'air sur le sol. À distance du sol, les flux modérés circulent en régime laminaire, c'est-à-dire en filets d'air parallèles. L'écoulement est perturbé au contact de la surface, il devient turbulent dès que la vitesse dépasse 1 m/s. L'accroissement de la vitesse provoque une augmentation rapide de l'épaisseur de la couche turbulente.

Le vent est un agent efficace en l'absence d'eau. Son action s'exerce essentiellement sur les surfaces nues qui caractérisent à la fois les milieux secs et les environnements à faibles couvertures végétales. En effet, la végétation qui perturbe et freine **le mouvement de l'air sur le sol** paralyse les processus éoliens.

Fig. 27 : dynamique éolienne sur le sol

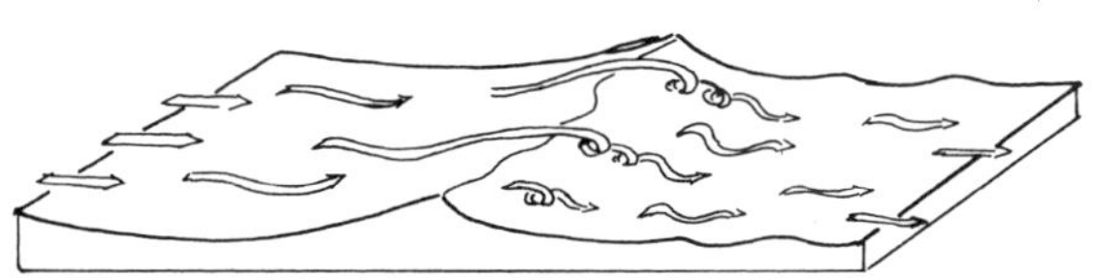

Le vent ne peut déplacer que des éléments fins. La taille des grains mobilisés s'accroît avec la vitesse du flux d'air : les limons fins (de diamètre inférieur à 0,05 mm) sont entraînés à partir d'une vitesse de 3 m/s (mesurée à 2 m du sol), tandis que la mobilisation de sables (> 1 mm) requiert un flux supérieur à 10 m/s (36 km/h).

La déflation permet la prise en charge des particules : la circulation de l'air accroît l'évaporation sur le sol ; les éléments fins ainsi desséchés perdent une partie de leur cohésion. L'écoulement turbulent de l'air sur la surface provoque une dépression capable de soulever les particules ; une élévation de quelques centimètres les entraîne dans les mouvements tourbillonnaires qui assurent le transfert latéral.

Des ascendances puissantes peuvent emporter des éléments fins pour un long voyage dans la moyenne ou haute atmosphère : on connaît des « pluies rouges », chargées de ***poussières*** tropicales, qui arrosent parfois les moyennes latitudes, ou la dispersion sur toute la planète des cendres fines projetées dans les hautes couches par des explosions volcaniques.

Le transport éolien oppose deux styles selon la granulométrie des particules.

Les poussières (de taille inférieure à 0,008 mm) sont emportées en suspension et décantent lentement lorsque l'air n'est plus brassé. Ainsi des brumes sèches, nuages terreux des marges arides, saupoudrent de limons fins de vastes étendues où s'accumulent des couvertures de lœss ; les *dust bowls* du *Middle West* américain, tourbillons opaques soulevés sur les sols appauvris par les cultures ont une même origine, tandis que les aérosols urbains, chargés de résidus émis par les combustions, sont redistribués à faible distance, piégés dans les rugosités de la ville.

Le déplacement **des sables fins** (jusqu'à 0,5 mm) reste très proche du sol ; il implique un apport plus important d'énergie et correspond à un mouvement discontinu de saltation : les grains (jusqu'à 2,5 mm) sont emportés par sauts successifs longs de 2 m environ pour une hauteur ne dépassant pas 1,5 m ; l'impact au point de chute apporte une partie de l'impulsion nécessaire pour faire décoller d'autres éléments. Le mouvement de roulage des sables grossiers sur la surface est entretenu par ce bombardement continu. Le frottement provoque l'usure des grains et la ***corrasion*** des rochers exposés.

Le transport cesse lorsque la vitesse du vent diminue. Les grains roulés peuvent être piégés dans des creux, tandis que les sables soulevés s'amoncellent en **dunes** : ce sont des accumulations en rides ou en croissant opposant une face d'accrétion au vent à une face de déflation par les tourbillons sous le vent ; le mouvement du sable déplace ces édifices au fil des ans, à moins qu'une couverture végétale ne vienne réduire l'effet du vent sur le sol et fixer l'accumulation.

Le mouvement du sable dans l'air exerce une action abrasive sur les roches : c'est la ***corrasion*** qui décape et polit les surfaces. Les blocs criblés prennent un profil aérodynamique de cailloux à facettes ciselées ou striées. L'usure mécanique s'exerce sur une hauteur de 1 à 2 m à la base des parois, elle façonne des rochers champignons qui caractérisent les paysages désertiques.

Les processus éoliens opèrent donc un transfert latéral qui suit les inégalités du terrain. Ainsi les matériaux pris en charge peuvent remonter les pentes et parcourir de longues distances sous l'effet d'un vent dominant. Efficaces sur les surfaces nues et les milieux pauvres en eau, ces phénomènes s'avèrent particulièrement sensibles aux changements d'environnement. Car l'action du vent suit les variations climatiques qui commandent l'intensité et la direction des flux d'air, son efficacité répond aux modifications des couvertures végétales induites par des déficits pluviométriques (les sécheresses) ou des pratiques humaines (les défrichements ou la surexploitation des pâturages en domaine semi-aride).

L'eau représente donc l'agent essentiel de transformation de la surface de la Terre. Elle intervient sous sa forme liquide ou solide à la fois comme agent de désagrégation, comme véhicule des matériaux meubles et comme milieu de sédimentation. C'est pourquoi l'efficacité des différents processus est en bonne partie déterminée par le régime des eaux, donc par les conditions climatiques. Les modalités de l'érosion répondent aussi aux conditions d'écoulement, c'est-à-dire la pente, la nature du substrat et la couverture végétale.

L'érosion apparaît comme un enchaînement d'opérations en relais dans le temps et l'espace. Car les différents processus physiques et chimiques n'agissent pas isolément ; ils se combinent dans la préparation du matériel, la mobilisation des débris et leur dépôt. Les transferts de matière s'effectuent de manière discontinue, certaines actions constituant une phase de préparation pour les phénomènes ultérieurs. Ainsi les couvertures meubles, produites par la décomposition sur les versants, sont mobilisables par le ruissellement ou par des mouvements de masse ; les matériaux ainsi déplacés peuvent être pris en charge à leur tour dans les talwegs* et transportés par relais successifs vers les pièges sédimentaires.

Il faut souligner le caractère contraire de certaines dynamiques : ainsi le gel provoque la fragmentation mécanique, mais bloque les processus de décomposition chimique ; un accroissement de l'infiltration diminue le ruissellement de surface, mais peut favoriser le glissement du sol. D'autre part, les enchaînements impliquent souvent des changements complets de style, puisque les processus de versant s'exercent latéralement sur de larges surfaces, tandis que les transports canalisés dans les talwegs sont caractérisés par une organisation linéaire.

Les transferts de matière s'organisent essentiellement ***vers le bas*** en suivant le mouvement de l'eau sur le versant. Font exception les glaciers capables de circuler à contre-pente, les vagues qui projettent les sédiments vers le haut de plage, ou encore le vent qui se moule aux aspérités du sol.

Les combinaisons de processus s'inscrivent sur des systèmes de pentes. Par exemple, dans les domaines de haute montagne, les blocs détachés des parois par le gel sont entraînés ***vers le bas*** par la simple gravité ou par des avalanches ; ils sont ensuite acheminés sur les langues glaciaires et emballés dans les dépôts morainiques ; une partie de ces débris peut être redistribuée et roulée en galets par les torrents pro-glaciaires. Dans le monde aride, les matériaux fins libérés par la désagrégation mécanique sont arrachés aux versants par le ruissellement puis étalés dans le lit des oueds lors des rares crues ; ils sont ensuite remobilisés par la déflation éolienne et accumulés dans les champs de dunes.

Les actions successives ne s'enchaînent pas nécessairement de manière continue et les relais sont souvent différés En effet, les phases de préparation du matériel et les opérations de mobilisation requièrent des durées souvent très différentes. **Les seuils de déclenchement** ne sont pas identiques pour chaque combinaison de processus ; la résilience, c'est-à-dire l'énergie cinétique nécessaire pour activer les phénomènes, est variable en fonction de facteurs dynamiques comme la pente, le mode d'action de l'eau mais aussi en fonction de la nature et de l'état des matériaux du substrat.

C'est pourquoi l'efficacité des phénomènes d'érosion doit se mesurer en termes d'***intensité*** et de ***fréquence.*** D'où la difficulté d'une évaluation générale des vitesses d'évolution. Les mesures précises ne présentent parfois qu'une signification locale, et il faut souvent se contenter d'ordres de grandeur.

La mesure des processus d'érosion relève de trois méthodes. Certaines évaluations des vitesses d'érosion reposent sur des ***bilans d'évolution*** effectués dans des sites-tests caractérisés par une dynamique spécifique. La difficulté est d'isoler la part exacte d'un seul processus et d'apprécier sa durée d'action à partir de datations précises. Avec de bons repères, on peut mesurer l'abaissement d'une surface ou le déplacement de volumes meubles. Mais ces estimations restent assez vagues quant aux rythmes mêmes des processus.

Les sédiments piégés derrière un barrage représentent un ***bilan*** d'accumulation et donnent une indication par défaut de la charge solide d'une rivière (négligeant les matières en suspension et les solutés évacués vers l'aval). De même, l'enfouissement de vestiges archéologiques permet une estimation directe des volumes accumulés sur un site.

Les mesures stationnelles effectuées sur des versants choisis et équipés d'appareils d'enregistrement fournissent des données précises permettant de distinguer les facteurs qui concourent à l'érosion d'une surface définie ; mais les valeurs ne sont représentatives que de la période de fonctionnement des parcelles expérimentales, quelques années ou décennies. Il reste très délicat de transposer les résultats presque instantanés dans la longue durée ou sur des espaces plus vastes.

L'expérimentation de laboratoire permet d'isoler un processus individuel dans des protocoles assez proches des conditions naturelles. Ainsi la mécanique des roches et des sols détermine les paramètres de déformation ou de rupture ; les mesures de dissolution, d'altération ou de gélifraction mettent en évidence l'inégale sensibilité des roches face à la météorisation. Des expériences hydrauliques reproduisent les modalités des transferts solides dans les chenaux, d'autres reconstituent l'action des vagues sur un rivage, ou bien encore des analyses en soufflerie permettent d'apprécier l'effet du vent sur les surfaces. Mais les valeurs obtenues ne sont pas toujours transposables aux données d'observation, toujours plus complexes.

La modélisation des processus d'érosion se fonde sur l'analyse de données empiriques et leur intégration dans les lois de la physique. Les nombreuses formules proposées par les chercheurs pour chaque processus rendent compte avec plus ou moins d'incertitude des phénomènes observés. Car il demeure une part d'inconnue dans l'enchaînement des opérations en fonction de l'intensité des dynamiques et des volumes impliqués. Ainsi tel modèle qui convient pour une situation moyenne ne peut s'appliquer lors d'événements exceptionnels, c'est-à-dire dans les situations catastrophiques. Les phénomènes de **rétroaction** peuvent modifier les relations de cause à effet et certains seuils de déclenchement induisent un changement de nature des dynamiques. C'est pourquoi de nombreux modèles ne sont pas transposables d'une échelle à l'autre. S'il apportent des prévisions fiables dans le domaine de l'aménagement, il reste une part de hasard dans la conjonction des phénomènes.

En définitive, les combinaisons de processus répondent largement aux conditions bioclimatiques qui règlent le régime de l'eau sur les versants et dans le sol. L'efficacité des dynamiques et surtout leurs enchaînements reflètent non seulement les apports météorologiques (volume, intensité et température des précipitations) mais aussi les conditions de circulation sur des surfaces inégalement revêtues par la végétation. C'est pourquoi les régions humides protégées par des couvertures végétales denses contrastent avec les espaces dénudés exposés aux processus d'ablation.

Ainsi les transformations d'environnement associées aux oscillations climatiques provoquent des changements de dynamiques qui induisent des discontinuités temporelles dans l'évolution des versants. En matière d'érosion à moyen ou long terme, on peut donc, avec H. Erhart (1960), opposer des phases de préparation du matériel et des phases de dénudation des versants à travers l'alternance de régimes de **biostasie** et des crises de **rhéxistasie.**

La biostasie correspond, à l'échelle zonale, à des conditions d'évolution sous un tapis végétal continu qui réduit le ruissellement et favorise la pédogenèse* : les processus biochimiques de désagrégation l'emportent sur les processus mécaniques d'évacuation des matériaux ; la circulation d'eau dans le sol et les mouvements de masse contribuent à une transformation très lente des surfaces.

La rhéxistasie correspond à des conditions sévères pour la végétation, sécheresse, froid intense, ou agression généralisée d'une couverture : les surfaces sont exposées aux processus d'ablation mécanique, comme le ruissellement, la déflation éolienne, ou le labourage glaciaire, capables d'évacuer rapidement les formations meubles en une véritable crise érosive.

Enfin, parmi les agents d'érosion, nous ne saurions exclure **les sociétés humaines** dont l'activité interfère directement ou indirectement dans les processus de surface : l'homme mobilise des matériaux et modifie les enchaînements de processus à la surface de la terre.

Les ***matériaux extraits*** du sous-sol (ressources non renouvelables) représentent désormais des volumes considérables : aux exploitations de silex néolithiques et aux mines gallo-romaines ont succédé des excavations gigantesques : le plus grand trou est la mine de cuivre à ciel ouvert de Bingham (États-Unis), profonde de 1 200 m pour un diamètre de 6 km ; il s'agit d'une forme de relief circulaire, disposée en gradins réguliers.

Les ***masses déplacées*** chaque année par les grands chantiers, les carrières et les mines représentent, à la fin du XXe siècle, environ 12 km³ par an. Ce chiffre est du même ordre que le total estimé de la charge solide transportée par les fleuves de la planète, soit 14 km³.

D'autre part, les activités sociales transforment l'**état de surface des versants** : mise à nu des terres et sélection des plantes par l'agriculture, revêtement des surfaces et imperméabilisation des sols par les routes et la ville. Les travaux d'aménagement perturbent les relais de dynamiques : le défrichement, le reboisement ou la construction de terrasses sur les versants modifient la torrentialité ; les barrages interrompent les transits sédimentaires dans les rivières. Ainsi le barrage d'Assouan, en Égypte, retient les limons du Nil qui nourrissaient le delta, la retenue d'Akosombo sur la Volta, au Ghana, piège les sédiments qui assuraient la stabilité du littoral dans le golfe du Bénin. Les exemples sont innombrables d'érosion pas très naturelle qui attestent des effets indirects des activités sur les chaînes de processus de versants, entraînant ainsi des évolutions irréversibles.

DOCUMENT COMMENTÉ

Vitesses d'ablation karstique

Régions	Vitesses d'érosion Millimètres / 1 000 ans	Auteurs
Milieux froids		
Spitzberg	27	Corbel (1959)
Spitzberg	5-20	Pulina (1974)
Laponie norvégienne	95	Muxart (1969)
Tatra (montagnes, Pologne)	36-38	Kotarba (1971)
Milieux tempérés		
Pennines (Angleterre)	40-50	Sweeting (1966)
Jura (France, Suisse)	90-100	Muxart (1965), Aubert (1967)
Yougoslavie	9-126	Corbel (1965)
Millieux tropicaux humides		
Porto Rico et Jamaïque	40-80	Birot (1968), Corbel (1970)
Indonésie	63-99	Balasz (1971)

Tableau 1 : quelques mesures d'ablation karstique

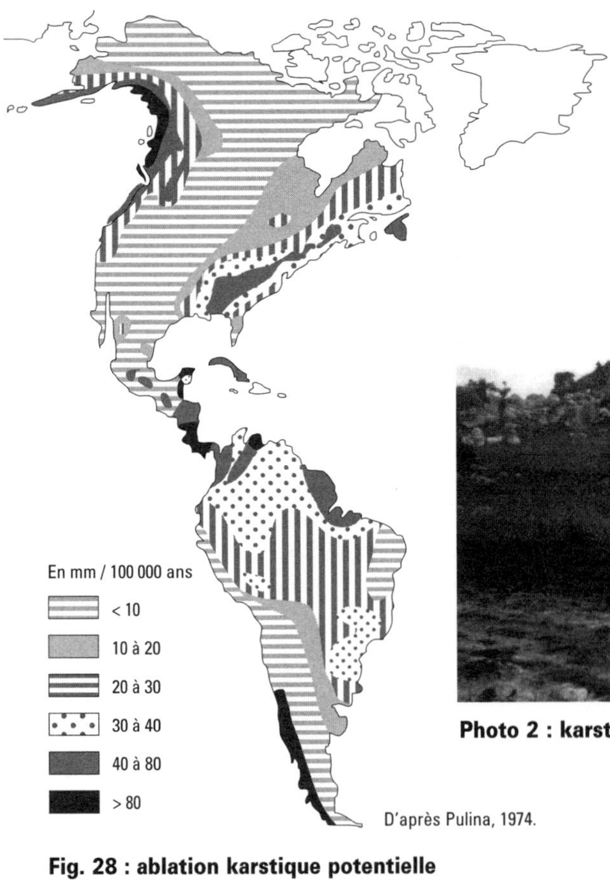

Fig. 28 : ablation karstique potentielle

Photo 2 : karst en région tropicale (Madagascar)

1 - PRÉSENTATION DES DOCUMENTS

– La vitesse de dissolution dans les calcaires a fait l'objet de nombreuses études. L'évaluation de l'ablation repose principalement sur la mesure des teneurs en $CaCo^3$ dans les eaux issues d'un bassin versant calcaire ; ensuite, le calcul intègre plusieurs paramètres comme la tranche d'eau écoulée, la superficie du bassin karstique, parfois pondérés par la composition chimique de la roche. Les taux sont exprimés en m^3 par km^2 par an ou encore en tranche d'ablation (mm pour 1 000 ans).

– La carte de l'ablation karstique potentielle, établie par M. Pulina (1974), propose des vitesses de corrosion karstique réparties sur le continent américain. Les valeurs sont calculées à partir des mesures effectuées sur 40 bassins versants ; elles combinent des données climatiques (pluviométrie et température moyenne annuelle), structurales (fissuration des roches), altitudinales et hydrogéologiques.

2 - MÉTHODE

Objectif

Les mesures de concentrations de carbonates et la carte de l'ablation karstique potentielle permettent une analyse de la répartition zonale des processus de dissolution des calcaires.

Mise en garde

La carte ne figure pas spécifiquement les régions calcaires affectées par la dissolution superficielle, mais présente des aires d'ablation potentielle sur le continent américain. Les modalités de l'agression peuvent largement varier en fonction de facteurs locaux comme la nature du calcaire (parfois dolomitique), les conditions de pente et d'écoulement, le sol et la couverture végétale.

3 - ANALYSE ET COMMENTAIRE

- Compte tenu des différents modes de calcul et des nuances tenant aux matériaux rocheux, les valeurs montrent nettement que la dissolution est plus active dans les milieux frais et humides : les concentrations en CO_2 sont fortes dans les rivières des régions froides ou des montagnes tempérées ; mais le gel saisonnier peut ralentir temporairement les actions chimiques. Dans les régions tropicales, l'importance de la pluviométrie et l'abondance d'acides organiques dans les sols compensent en partie la faible agressivité des eaux tièdes pauvres en CO_2.
- La carte montre que les taux d'érosion élevés correspondent à la fois aux régions froides et humides (domaines forestiers d'Alaska et du Chili méridional), aux montagnes bien arrosées (Appalaches) et aux régions chaudes à forte pluviométrie (forêt tropicale d'Amérique centrale et de Guyane). Les régions sèches présentent des valeurs faibles tant dans le Grand Nord canadien que dans les régions de steppes (Patagonie) et les déserts chauds (Californie, Nouveau-Mexique, Pérou, Atacama).

4 - SYNTHÈSE ET PROLONGEMENTS

Comparez les valeurs d'ablation avec les cartes de répartition des zones climatiques et celles des domaines de végétation.

La dissolution des calcaires est un processus d'érosion original qui répond à la fois aux caractères des roches carbonatées et aux conditions morphoclimatiques. Elle s'exerce à la fois en surface et en profondeur, d'où la diversité des modelés karstiques (cf. chap. 5, p. 195).

DOCUMENT COMMENTÉ

Profondeur et nature de l'altération selon la latitude

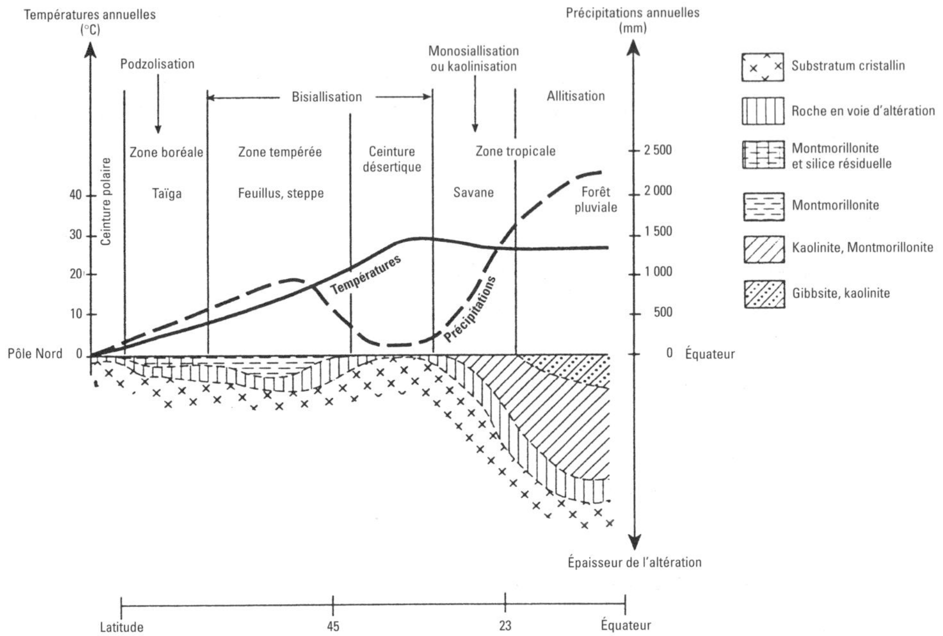

Fig. 29 : intensité de l'altération suivant la latitude

Photo 3 : altérite avec fantômes de boules (Madagascar)

Photo 4 : déchaussement d'un filon par la météorisation (Écosse)

1 - PRÉSENTATION DU DOCUMENT

– Le schéma, construit par Strakhov (1967) et largement repris (Pedro, 1972), représente de manière synthétique les variations d'intensité des phénomènes d'altération des roches suivant les zones bioclimatiques.

2 - MÉTHODE

Construction

Un demi-méridien est figuré de manière schématique par un trait horizontal entre les régions polaires (à gauche) et les régions équatoriales (à droite). Les courbes tracées au-dessus du sol figurent les données climatiques moyennes en fonction de la latitude : les précipitations, les températures et l'évaporation règlent les conditions de percolation de l'eau dans le sol. Elles se distribuent suivant les grandes zones bioclimatiques, mais ce schéma ne tient pas compte des variations à l'intérieur des grands domaines induites par une éventuelle exposition océanique, ou une position de montagne.

L'intensité de la décomposition est représentée par l'épaisseur de la tranche symbolisant la profondeur du front d'altération. La nature des produits altérés qui est significative des processus physico-chimiques apparaît dans les figurés schématiques.

Mise en garde

Les profils représentent assez bien la répartition des altérites suivant les zones climatiques, mais des variations importantes résultent des conditions topographiques locales : interfluves, pentes et cuvettes commandent la circulation des eaux dans les sols ; le drainage ou le confinement peuvent déterminer la formation d'argiles différentes suivant les sites.

D'autre part, les conditions lithologiques induisent de grandes variations dans les vitesses de décomposition : la nature des minéraux et de leurs assemblages mais aussi la fissuration commandent le comportement différentiel des roches face à l'altération.

3 - ANALYSE ET COMMENTAIRE

La répartition en latitude des profils décomposés répond directement aux paramètres climatiques : la quantité d'eau de percolation dans le sol est, grossièrement, fonction de la pluviométrie ; sa température et les apports organiques déterminent la vitesse de décomposition de la roche.

Dans la zone polaire, où les précipitations sont faibles et retenues en surface sous forme de neige, l'évolution chimique des sols est presque nulle. Dans la forêt boréale (taïga), les eaux froides ne peuvent circuler dans le sol que pendant la saison de dégel ; elles provoquent une altération ménagée de type podzolique associant des résidus siliceux et un peu d'illite et vermiculite. L'altération est plus prononcée sous la forêt tempérée et dans le domaine de la steppe car l'eau, qui n'est pas nécessairement plus abondante, est disponible presque toute l'année : elle se traduit par des néoformations plus abondantes d'illite, vermiculite et de montmorillonite. En revanche, l'absence de précipitation et la forte évaporation potentielle inhibent la décomposition chimique dans les régions arides. Le domaine intertropical est celui des couvertures altérées épaisses qui reflètent l'abondance et l'agressivité des eaux tièdes. Les formations sont profondes de plusieurs dizaines de mètres et de nature complexe : la montmorillonite caractérise les parties basses des profils et les secteurs de confinement des eaux dans les cuvettes humides ; la kaolinite et la gibbsite résultent de l'élimination plus ou moins complète des éléments siliceux sous l'effet d'un lessivage intense sous les versants forestiers.

4 - SYNTHÈSE ET PROLONGEMENTS

Un exemple d'altération profonde en domaine tropical humide (photo 3)

Une coupe dans des altérites en place, dans le massif du Carion, à Madagascar. Le profil altéré dépasse 6 m d'épaisseur : les arènes sablo-argileuses rouges supportent un sol ferralitique ; elles enveloppent de grosses boules résiduelles de granite moins décomposé.

Un exemple d'altération superficielle en milieu frais et humide (photo 4)

L'altération postglaciaire d'une dalle granitique sur les montagnes d'Arran (Écosse). La désagrégation granulaire a totalement détruit un poli glaciaire. Elle résulte d'une hydrolyse ménagée et superficielle de la roche exposée aux pluies abondantes ; l'action du gel hivernal contribue à détacher les débris altérés en un sable grossier. Un filon de microgranite peu altérable reste en saillie et donne une idée de la vitesse de décomposition, soit 2 cm pour 13 000 ans.

EXERCICE PROPOSÉ

Érosion hydrique

Tableau 2 : taux de dénudation spécifiques (t/ha/an)

Type de couverture	Forêt	Prairie	Cultures	Sol nu
Milieux tempérés océaniques				
Belgique	0,1 / 0,5		1 /3	7/8
Grande- Bretagne	0,1 / 0,5	0,1	0,1 / 3	10
Milieux tempérés continentaux				
Middle West (États-Unis)	0,5 / 1	4	5 / 11	17
Shanxi (Chine)		< 0,2	15 / 20	28 / 36
Milieux méditerranéens				
Apennins (Italie)			11 / 17	
Oued Fodda (Algérie)	3,5 (?)		30 / 40	
Californie			26	
Milieux tropicaux à saison sèche				
Burkina Faso		0,02 / 0,4	1 / 6,5	2,5 / 10
Côte d'Ivoire	0,03	0,1 / 1	1 / 9	10 / 35

1 - PRÉSENTATION DU DOCUMENT

Taux de dénudation spécifiques (t/ha/an) rassemblés d'après R. P. Morgan, R. Neboit, M. Mietton.

Quelle est la nature du document ?

De nombreuses études ont pour but d'évaluer l'érosion par le ruissellement sur des versants à couverture « naturelle » ou cultivés. Les mesures sont établies sur des parcelles-témoins qui permettent de quantifier les volumes évacués. Les résultats proposés par les différents auteurs qui n'utilisent pas des méthodes identiques sont convergents, sinon concordants.

2 - MÉTHODE

A/ OBJECTIF

L'érosion des sols dépend de la nature du substrat et de la pente. Les mesures réalisées sur des formations meubles, donc cultivables, montrent le rôle relatif des conditions climatiques et des états de surface.

B/ Mise en garde

Ces valeurs ne représentent pas des données homogènes : certains taux de dégradation sont établis par des mesures de turbidité dans les cours d'eau, ou par une évaluation de la sédimentation piégée dans des barrages, d'autres correspondent à une estimation du colluvionnement en bas de pente, d'autres, enfin, sont extrapolés à partir de mesures stationnelles d'ablation sur les parcelles-témoins. Il s'agit donc d'ordres de grandeur.

3 - ANALYSE ET COMMENTAIRE

On remarque l'accroissement systématique des taux d'érosion provoqué par le défrichement. Car la disparition des couvertures végétales expose les surfaces au ruissellement et peut multiplier par 10 la perte en sol. Toutefois, les pratiques culturales s'avèrent très diverses : il faut opposer les immenses parcelles temporairement nues de la grande agriculture mécanisée aux états de surface variés des terroirs d'assolement, aux mosaïques de champs et de prairies des terroirs polycoles ou aux pentes façonnées en terrasses.

La répartition zonale se traduit par des différences majeures dans l'agressivité du ruissellement.

- Les valeurs de dégradation restent modestes en milieu océanique du fait d'une répartition des pluies sur toute l'année ; cependant, les labours d'hiver laissent à nu les sols pendant les mois les plus arrosés.
- L'érosion des sols est importante dans les milieux tempérés continentaux, car les orages de fin de printemps et d'été provoquent le ruissellement. Les grandes surfaces de cultures sarclées du Middle West sont donc particulièrement vulnérables. Dans le cas du plateau des lœss chinois, la violence des abats d'eau se conjugue avec la faible cohésion des limons aisément ravinés sur des pentes mal protégées par la steppe ; les eaux boueuses des affluents du Houang-Ho évacuent les volumes records mobilisés sur les versants.
- En milieu tropical, la transition de la forêt à la savane correspond autant à un changement de végétation qu'à une transformation du régime des pluies. Le ruissellement provoqué par les orages est particulièrement efficace en région sahélienne sur les sols mal protégés après la saison sèche.
- La fragilité des versants méditerranéens s'explique par la vigueur des pentes sur des substrats meubles et surtout par l'intensité des pluies qui dépasse fréquemment 40 mm/h. La forêt claire, souvent ravagée par l'incendie, ou l'aménagement de terrasses ne suffisent pas à maintenir un écoulement diffus sur les versants. L'envasement rapide des retenues de barrages est une conséquence du décapage efficace des surfaces.

4 - SYNTHÈSE ET PROLONGEMENTS

Ces données montrent que l'érosion des sols ne résulte pas uniquement de l'anthropisation, puisqu'elles présentent des transferts importants sous forêt ou sous prairie. Nombre de paysages ravinés traduisent des crises érosives provoquées par des changements des conditions bioclimatiques. Mais les défrichements agricoles peuvent aggraver les déséquilibres et accélérer les dynamiques de ruissellement. Ces études permettent donc d'évaluer le risque d'érosion suivant les régions et de proposer des mesures destinées à limiter les pertes en sol : construction de banquettes, cultures suivant les courbes de niveau et bandes herbeuses.

DOCUMENT COMMENTÉ

Types de glaciers et mouvements de la glace

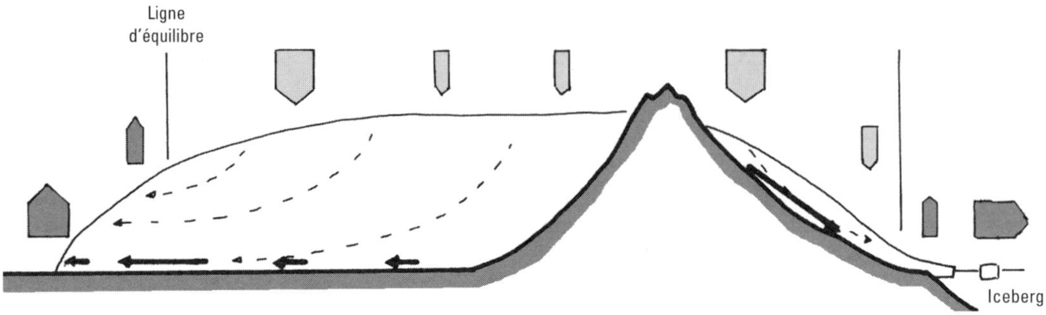

Fig. 30 : inlandsis polaire

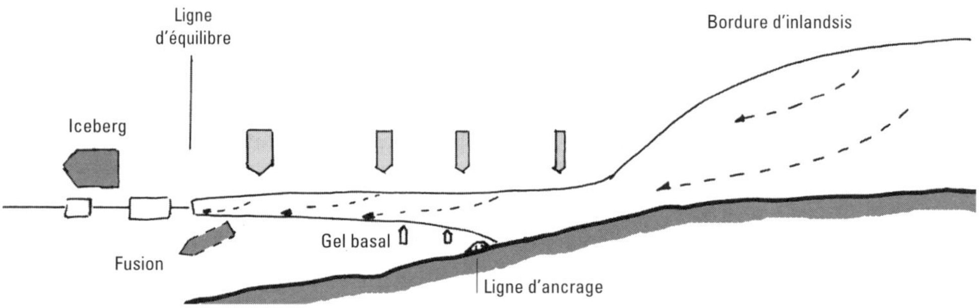

Fig. 31 : barrière de glace flottante (ice shelf)

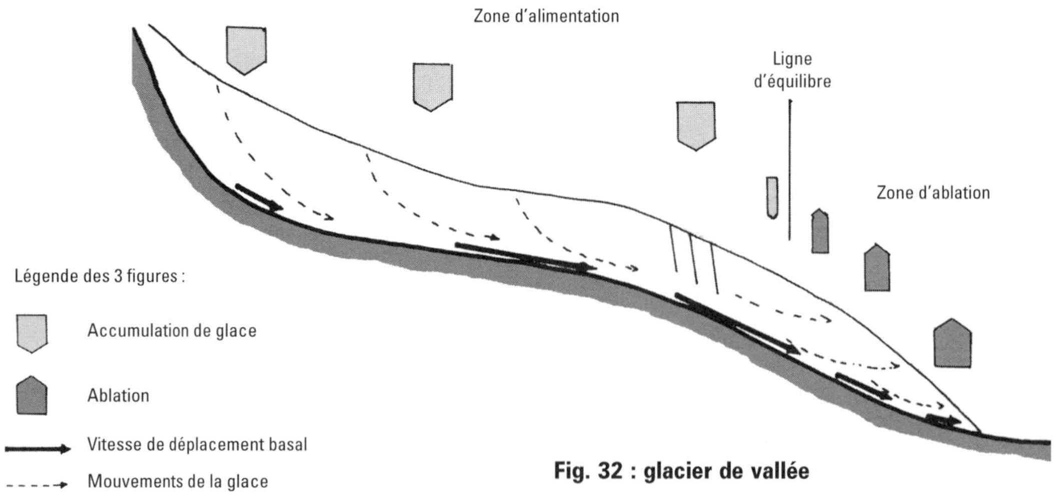

Fig. 32 : glacier de vallée

D'après Sugden et John, 1976.

1 - PRÉSENTATION DES DOCUMENTS

A/ Inlandsis polaires et calottes glaciaires (fig. 30)

Les calottes polaires constituent des masses convexes et peu mobiles. L'alimentation nivale, très faible au centre, s'accroît à proximité des bordures maritimes du fait de précipitations plus abondantes. L'ablation n'affecte que les marges : la fusion superficielle et surtout la sublimation sous l'effet de vents catabatiques réduisent progressivement l'épaisseur des glaces (ce sont des vents secs très violents, déclenchés par des contrastes thermiques à la périphérie des inlandsis) ; la libération d'icebergs peut également évacuer en mer des fragments du glacier.

Le mouvement des glaces s'effectue par fluage interne très lent, le déplacement sur le fond est faible, il s'accélère vers la périphérie. La ligne d'équilibre située sur la convexité externe correspond donc au secteur où l'alimentation nivale et les apports latéraux compensent à la fois une ablation importante et un déplacement plus rapide des glaces. Dans le cas d'une bordure montagneuse comme les bourrelets du Groenland et la chaîne transantarctique, la calotte émet des langues rapides, canalisées vers la mer dans des vallées profondes.

B/ Un glacier à bordure maritime (*ice shelf*) (fig. 31)

Les langues de glace débordant sur la mer ont une dynamique particulière puisqu'elles peuvent se décoller du fond, et s'étendre sur de vastes espaces. L'apport de glace continentale se double d'une alimentation directe par les précipitations neigeuses sur la plate-forme gelée.

Lorsque la profondeur est suffisante, la ligne d'ancrage marque la limite entre la nappe posée sur le fond et le glacier flottant ; dans ce secteur, le glacier abandonne sa moraine de fond, mais le gel de l'eau de mer (de faible salinité) sous la plate-forme peut incorporer des débris arrachés au lit marin. Plus loin, la fusion basale amincit progressivement la nappe flottante. Le front est soumis à des fluctuations très brusques, puisque les mouvements de la mer peuvent détacher d'énormes icebergs tabulaires aux dimensions d'îles flottantes.

C/ Un glacier de vallée (fig. 32)

L'accumulation glaciaire résulte d'une alimentation directe de neige sur la partie supérieure du glacier mais aussi de l'apport des avalanches sur les parois de cirque. L'ablation se développe dans la partie inférieure, elle correspond principalement à la fusion de surface en fonction de l'élévation des températures ; la circulation des eaux de fonte écoulées sous la glace nourrit un torrent sous-glaciaire puissant.

Le mouvement de la langue glaciaire sur une pente inégale fait alterner des déformations compressives et des secteurs de distension souvent marqués par des séracs. Les crevasses sont des lignes de rupture qui traduisent un accroissement de la vitesse : elles sont obliques entre les parois latérales et le centre de la langue glaciaire ; elles sont transversales sur les ruptures de pente, où les séracs forment des cascades glaciaires. Ainsi, les conditions de déplacement sur le fond varient suivant l'épaisseur et la pente. La vitesse basale augmente au voisinage de la ligne d'équilibre, où les paramètres élevés d'alimentation et d'ablation induisent une plus grande mobilité.

EXERCICE PROPOSÉ

Hydrologie fluviale : la Durance à Mirabeau en 1951

Tableau 3 : la Durance à Mirabeau en 1951

Surface du bassin-versant : 11 917 km², altitude du zéro de l'échelle : 228,04 m

	m³ / s	Janv.	Févr.	Mars	Avr.	Mai	Juin	Juill.	Août	Sept.	Oct.	Nov.	Déc.	
	1	75	145	260	210	270	530	320	150	170	115	230	210	
	2	80	145	240	210	260	510	320	145	145	125	160	200	
	3	105	145	200	220	290	470	320	145	135	120	145	210	
	4	95	145	185	200	320	500	330	180	135	125	125	190	
	5	100	190	180	200	310	520	330	160	125	125	150	180	
	6	85	340	175	210	330	530	330	145	130	120	150	190	
	7	90	220	175	250	440	550	320	145	135	115	210	195	
	8	80	195	190	300	530	1 200	340	310	130	100	1 350	185	
	9	85	170	195	260	420	990	340	330	125	120	1 250	175	
	10	85	170	195	260	390	740	350	250	130	115	2 500	180	
	11	85	220	310	250	380	650	340	210	130	110	2 200	175	
	12	100	720	450	240	400	650	340	195	125	120	1 650	165	
	13	290	470	1 150	220	350	650	350	185	125	145	930	160	
	14	130	470	1 150	210	320	660	340	180	125	160	670	170	
	15	120	420	750	220	320	650	300	180	125	130	550	155	
	16	140	380	580	220	320	650	310	190	120	105	470	150	
	17	160	320	700	220	320	640	310	190	120	100	480	150	
	18	140	260	940	240	320	610	250	165	120	100	470	150	
	19	165	300	880	250	320	600	230	155	120	100	1 300	155	
	20	170	370	670	280	360	540	220	155	120	99	2 500	155	
	21	150	320	530	310	340	520	220	170	120	95	1 350	155	
	22	140	330	410	330	400	510	210	195	125	110	740	155	
	23	170	280	360	330	410	530	200	170	120	175	500	145	
	24	155	280	350	330	470	510	200	165	130	440	400	150	
	25	190	290	340	320	560	420	200	155	130	210	350	160	
	26	370	260	310	290	690	360	190	150	125	160	310	16	
	27	290	280	290	290	1 500	340	175	145	125	140	270	175	
	28	280	280	280	290	1 200	320	170	145	125	125	260	165	
	29	175	–	270	270	730	300	165	145	120	120	250	165	
	30	185	–	270	260	570	300	155	140	120	140	240	155	
	31	165	–	260	–	470	–	150	170	–	240	–	150	**Module**
1951	**Qmens.**	**150**	**290**	**439**	**256**	**462**	**565**	**269**	**178**	**128**	**139**	**754**	**169**	**314 m³**
1	**Coeff. mens.**													
1904-1951	**Qmens.**	**133**	**146**	**201**	**255**	**343**	**324**	**173**	**103**	**105**	**144**	**220**	**177**	**194**
2	**x Coeff. mens.**													

D'après l'*Annuaire hydrologique*.

Nature du document

Le tableau donne les débits moyens journaliers et les débits moyens mensuels pour l'année 1951. Les données sont enregistrées au défilé de Mirabeau sur le cours inférieur de la rivière.

Objectifs

Les données mensuelles permettent de caractériser le régime hydrologique de la rivière. Elles mettent en évidence les étiages et les crues en relation avec les apports atmosphériques.

Construction

Vous pouvez compléter le tableau :

- Calculez le coefficient mensuel de débit (noté coeff. mens.) pour l'année 1951 (ligne 1), en divisant le débit moyen mensuel par le module annuel :

Exemple : janvier 1951 : 290 m³/314 m³ coeff. mens = 0,92

Puis calculez les coefficients mensuels pour la période 1904-1951 (ligne 2).

- Dessinez l'histogramme des débits moyens mensuels de l'année 1951, puis de la période 1904-1951. Comparez les valeurs de l'année 1951 à celle de la période 1904-1951. L'année 1951 semble-t-elle une année hydraulique exceptionnelle ?
  - Déterminez les 12 jours de plus forts débits qui constituent les crues. Pour ces débits, calculez le débit spécifique :

  (La superficie du bassin versant est 11 917 km^2)

Exemple : 13 mars : 1 150 $m^3.s^{-1}$/11 917 x 1 000 = 96,5 l. $s^{-1}.km^2$

  - Puis calculez le coefficient A de puissance de crue :

Exemple : 13 mars : A = 1 150 $m^3.s^{-1}/\sqrt{11\,917\ km^2}$
A = 1150/109,17
A = 10,53

Synthèse et prolongement

La Durance est un exemple de rivière à régime mixte nivo-pluvial, issue des Alpes du Sud. Le bassin versant est constitué de pentes montagneuses sensibles au ravinement qui expliquent la forte turbidité des eaux (environ 2 000 g par m^3). Le débit est caractérisé par deux pointes d'écoulement correspondant respectivement aux fontes de neiges et aux orages d'automne. Les crues ont été redoutables jusqu'à la réalisation d'un grand programme d'aménagement en aval du barrage de Serre-Ponçon. Le régime actuel est largement modifié par une vaste retenue d'eau et une série de biefs, mais aussi par les prélèvements destinés à l'irrigation des cultures de la basse vallée.

5

LES MODELÉS DES VERSANTS

Le terme modelé* désigne l'état de surface des versants ; il correspond à **des formes et des formations superficielles** façonnées par les dynamiques d'érosion qui s'exercent, ou se sont exercées dans le passé, sur les pentes.

Il s'agit en général de formes de détail qui s'inscrivent dans des systèmes de pentes plus vastes. L'amplitude verticale des modelés est de l'ordre de quelques dizaines de mètres, comme une colline convexe, un ravin, une terrasse* alluviale ou un tablier d'éboulis ; mais leur extension latérale peut couvrir d'immenses surfaces sur des milliers de kilomètres. Ce sont, par exemple, les dunes répétées à l'infini dans les ergs du Sahara, les bosses raclées par les glaces couvrant l'immensité du Nord canadien, ou encore les dédales de chenaux et marais des plaines alluviales et des grands deltas.

Les modelés présentent souvent des caractères affirmés qui reflètent leur origine. En effet les formes de versants traduisent les modalités de leur évolution, c'est-à-dire l'efficacité des chaînes de processus qui les ont élaborées ; les formations superficielles témoignent également des conditions de désagrégation, de transport et de dépôt sur la pente. Ainsi, la nature du substrat, les conditions bioclimatiques et l'organisation des pentes confèrent aux modelés leurs caractères originaux. On distingue des formes spécifiques d'un type de roche, d'une zone climatique ou de milieux à forts contrastes comme les montagnes et les littoraux.

Les formes commandées par la lithologie sont très variées car les roches sont inégalement sensibles aux différents types d'agressions. Il s'agit d'une opposition simple entre roches meubles et roches cohérentes qui se manifeste par des vitesses inégales d'évolution ; les réponses de substrats contrastés produisent des styles particuliers de versants. Parmi ceux-ci, les paysages calcaires, sculptés par la dissolution, et les versants granitiques, élaborés à travers les phénomènes d'altération, ont une personnalité forte.

La distribution zonale des modelés est déterminée par la répartition des climats de la planète, elle s'organise suivant quatre types de milieux bien marqués. Les modelés tropicaux reflètent l'intensité de la décomposition et le rôle croissant du ruissellement avec le passage de la forêt à la savane suivant la distribution saisonnière des pluies. Les versants des mondes arides sont soumis à la sécheresse, au vent et exposés à de rares pluies. Les paysages du froid, où le gel, la neige et les glaces impriment la marque des processus mécaniques sur les pentes. Enfin, les modelés des moyennes latitudes sont plus ambigus, car ils conservent souvent les traces d'épisodes morphoclimatiques anciens, en particulier les phases froides du quaternaire.

Quelques dispositifs azonaux échappent en partie à la répartition climatique générale : ce sont les versants de montagnes, où l'étagement bioclimatique et la pente commandent largement les dynamiques ; ce sont aussi les littoraux*, où le contact terre-mer organise des formes originales, sensibles à la fois à l'évolution des conditions locales et aux changements « globaux » qui se répercutent à travers les variations du niveau des océans.

Les modelés résultent de l'action prolongée des dynamiques sur les versants ; ils représentent donc la rencontre des processus et de la durée. Car la surface de la Terre offre une inertie certaine. Le temps de réponse des versants aux variations du milieu est infiniment plus long que la capacité d'adaptation des couvertures végétales aux oscillations climatiques. C'est pourquoi il faut opposer des modelés fonctionnels, c'est-à-dire en rapport direct avec les conditions présentes, et des modelés hérités*, qui conservent les traces des dynamiques passées.

Les formes et formations superficielles ne sont pas immédiatement démantelées lorsque les conditions de leur élaboration cessent. Par exemple, les roches découvertes par le recul des glaciers conservent leur surface polie, lentement dégradée par la météorisation. À une autre échelle, les terrasses* étagées dans les grandes vallées correspondent à des nappes alluviales anciennes disposées au-dessus du lit majeur actuel. De même, de nombreuses banquettes d'abrasion et des plages « soulevées » ou submergées gardent les traces de niveaux marins différents. Les couvertures de limon, étalées par des vents froids à la fin du quaternaire, constituent le support de la grande agriculture des plateaux du nord de la France, tandis que les nappes de débris soliflués déterminent la qualité des sols des vignobles bourguignons et champenois.

Les dépôts préservés apportent des indications sur les conditions d'évolution des versants dans le passé. Ainsi, les séries de moraines déposées dans les plaines d'Europe du Nord et d'Amérique septentrionale témoignent de l'étendue des glaciers quaternaires ; les champs de dunes « mortes » et des plaquages de sable fixés par une végétation rase attestent des extensions anciennes des climats arides tant dans les régions du Sahel que dans le domaine méditerranéen.

Les formes de versant apparaissent en équilibre lorsque les dynamiques qui les affectent ne les modifient pas fondamentalement. En revanche, la mobilisation des formations superficielles et la destruction progressive des formes traduisent un déséquilibre. Les surfaces enregistrent ainsi les effets de variations climatiques qui modifient les combinaisons de processus. Par exemple, un accroissement des précipitations en milieu humide peut réactiver des glissements de masse ou augmenter la fréquence des crues dans les rivières ; en milieu froid, les variations de la pluviométrie commandent l'avancée ou le recul des glaciers. Une période pluvieuse, en milieu semi-aride, peut déclencher le ruissellement et l'incision des pentes, tandis qu'un assèchement provoque la mise en mouvement des couvertures dunaires. Car les pentes sont particulièrement sensibles aux modifications du tapis végétal. Ainsi les phases de décapage des versants dans le monde méditerranéen coïncident avec les grandes périodes de défrichement depuis le néolithique ; de même, la mise en culture du *Middle West* américain a provoqué une véritable crise d'érosion associant ravinement et déflation éolienne.

L'épiderme du relief conjugue donc les réponses des roches aux divers processus d'érosion, les relais de dynamiques commandés par les conditions bioclimatiques, et les héritages des périodes antérieures. D'où une mosaïque de modelés qui se répartissent dans quelques types caractéristiques.

BIBLIOGRAPHIE GÉNÉRALE DU CHAPITRE

Ouvrages de référence :

COQUE, R., *Géomorphologie,* 2e édition, Paris, Armand Colin, 1993.
GUILCHER, A., *Morphologie littorale et sous-marine,* Paris, PUF, 1954.
RISER, J., *Érosion et paysages naturels,* Paris, Flammarion, coll. Dominos, 1995.
TRICART, J., *Précis de géomorphologie,* t. 3, *Géomorphologie climatique,* Paris, SEDES, 1981.

Ouvrages spécialisés :

DAVEAU, S., et RIBEIRO, O., *La Zone intertropicale humide,* Paris, 1973, Armand Colin.
DEMANGEOT, J., *Les Espaces naturels tropicaux,* Paris, 1976, Masson.
DRESCH, J., *Géographie des régions arides,* Paris, 1982, PUF.
FRANCOU, B., *Hautes Montagnes, passion d'explorations,* Paris, Masson, 1993.
GODARD, A., *Pays et paysages du granite,* Paris, 1977, PUF.
LHENAFF, R., « Le système morphogénique des milieux tempérés humides », Lille, 1986, *Hommes et terres du Nord,* n° 4, pp.241-253.
NICOD, J., *Pays et paysages du calcaire,* Paris, 1972, PUF.
PASKOFF, R., *Les Littoraux, impact des aménagements sur leur évolution,* Paris, 1985, Masson.
PETIT, M., *Géographie physique tropicale. Approche aux études de milieu,* Paris, 1990, Karthala.
PIRAZZOLI, P., *Les Littoraux,* Paris, 1993, Nathan.
PLANHOL, X. (de), et ROGNON, P., *Les Zones arides et subtropicales,* Paris, 1970, Armand Colin.
SOUCHEZ, R., *Les Glaces polaires,* Éditions de l'Université de Bruxelles, 1988.
TRICART, J., et CAILLEUX, A., *Traité de géomorphologie ;* t. I : *Introduction à la géomorphologie climatique,* 1965 ; t. II : *Le Modelé périglaciaire,* 1967 ; t. III : *Le Modelé glaciaire et nival,* 1962 ; t. IV : *Le Modelé des régions sèches,* 1969 ; t. V : *Le Modelé des régions chaudes : forêts et savanes,* 1974, Paris, SEDES.
VIERS, G., *Géographie zonale des régions froides et tempérées,* Paris, Nathan, coll. Fac, 1970.
WASHBURN, A.L., *Geocryology. A Survey Of Periglacial Processes And Environments,* Londres, 1979, Arnold.

Les grands domaines morpho-climatiques du globe

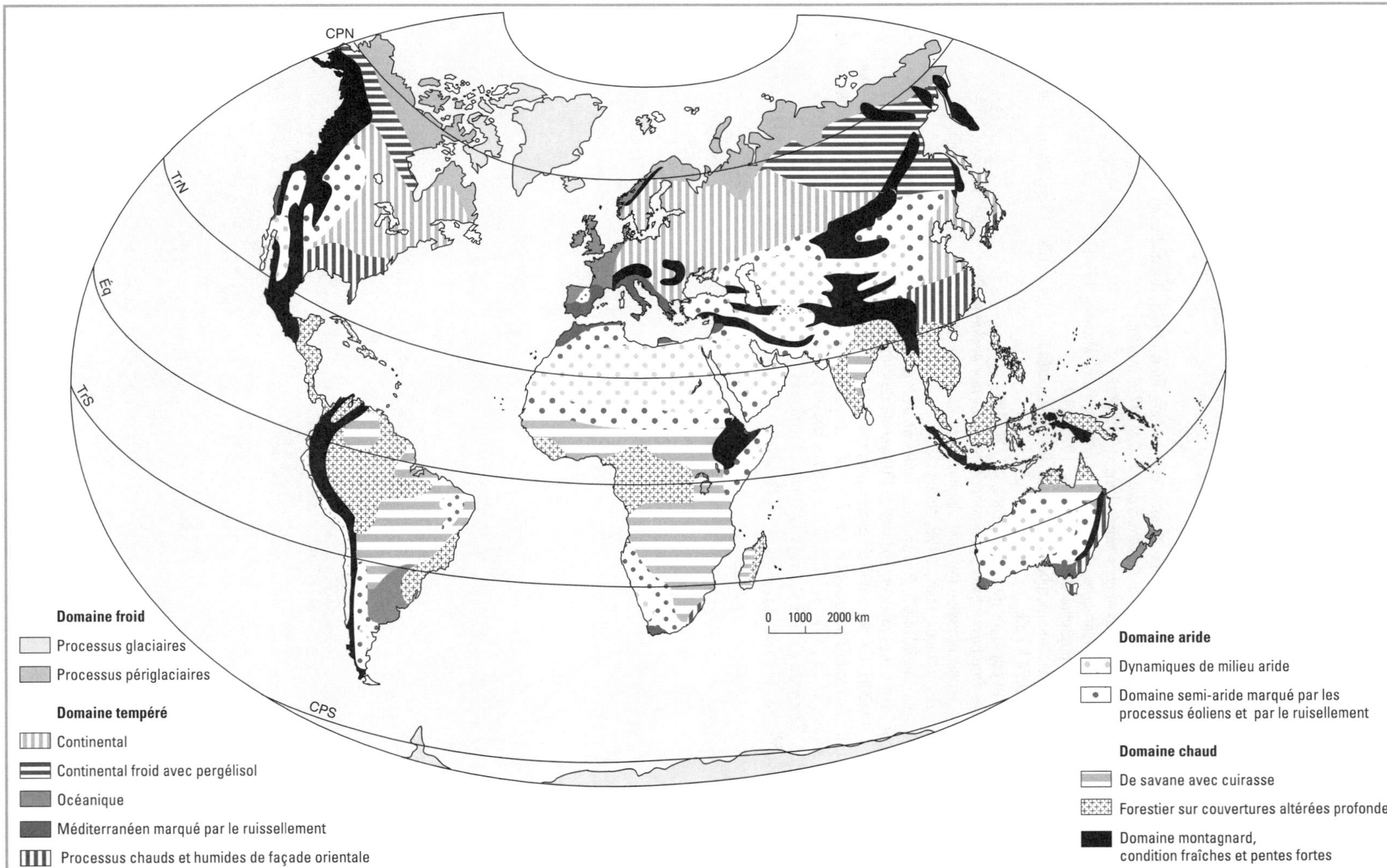

A

DES MODELÉS LITHOLOGIQUES

Les réponses du substrat aux processus d'érosion

La nature du substrat commande en partie l'efficacité des processus d'érosion, car ***les roches*** ne présentent pas les mêmes propriétés physico-chimiques. C'est pourquoi la physionomie des versants traduit les réponses variées aux dynamiques de surface. D'où une grande diversité de modelés reflétant les conditions lithologiques.

Les géologues classent les roches en trois groupes suivant leur origine : les roches sédimentaires, les roches magmatiques et les roches métamorphiques. Comme substrats, elles offrent des réponses nuancées à l'érosion, opposant principalement des modelés en matériel sédimentaire et des modelés en matériel cristallin (et cristallophyllien).

Les roches meubles, comme les sables et les argiles, sont directement transportables par les agents d'érosion. Au contraire, ***les roches cohérentes***, comme les calcaires, les grès ou les granites, doivent subir une préparation capable de libérer des matériaux ; et l'action des processus de transfert est en bonne part commandée par la nature et la taille des débris meubles.

1 Les modelés sur les roches sédimentaires

Le comportement morphologique des **roches sédimentaires** répond à la fois à la cohésion et à la nature chimique du matériel.

Les roches sédimentaires ont pour origine des dépôts marins, lacustres ou continentaux : les matériaux accumulés en strates successives sont disposés en couches superposées d'épaisseur inégale. Les éléments de la roche peuvent être de trois origines : les sédiments détritiques sont constitués par des débris (galets, sables et argiles) provenant de l'érosion d'un relief ; les formations organiques résultent de décompositions anciennes, indurées en formations charbonneuses (lignite, houille) ou bien fluides, comme les hydrocarbures stockés dans les pores de roches-réservoirs ; les roches biochimiques se forment par évaporation de solutions (chlorures, sulfates) ou par précipitation (carbonates et phosphates), souvent réalisée par des organismes fixateurs comme les coraux. Ces roches sont plus ou moins compactées par la diagenèse, leur structure interne traduit les conditions de dépôt et de consolidation.

Les principaux types de roches sédimentaires sont :

- les roches détritiques : argiles et sables parfois cimentés en grès ou conglomérats ;
- les évaporites : dépôts et concrétions de sel et de gypse ;
- les roches carbonatées : calcaires plus ou moins massifs, parfois riches en argiles (les marnes) ; les dolomies (carbonates magnésiens) ;
- les formations pédogéniques qui résultent de transformations géochimiques de surface, comme les meulières (cuirasses* siliceuses) et les latérites ferrugineuses ou alumineuses.

Les roches meubles comme les argiles, les limons et les sables sont très sensibles à l'érosion hydrique. Les surfaces argileuses imperméables sont propices au ruissellement ; les eaux peuvent inciser rapidement les versants non protégés par la végétation et peuvent développer des topographies ravinées, comme les célèbres *badlands* du Dakota, ou les paysages de **roubines** taillées dans les « terres noires » des Alpes du Sud. La pénétration de l'eau dans les couches, à la faveur de fissures

Photo 1 : ruissellement sur des argiles
(Alpes du Sud, France)

de dessiccation, peut provoquer le fluage des masses plastiques ; ce sont alors des pentes bosselées, comme les paysages de Toscane et du pays d'Auge, ou des versants défoncés par les glissements comme les **franes** de Lucanie.

Les sables sont aisément affouillés, mais le ruissellement y est exceptionnel du fait de leur grande perméabilité ; les modelés originaux sont façonnés par le vent (les dunes) ou par les vagues (les plages).

Les grès, roches massives et poreuses, arment souvent des versants à corniches. En effet, les actions météoriques peuvent provoquer la désagrégation par décimentation des grains, ou le débitage mécanique guidé par les fissures et les plans de stratification. Ainsi l'érosion suit les variations du litage. Les grès et conglomérats sensibles à la désagrégation, comme les molasses de piémont* sont communément modelés en pentes douces sous des ressauts armés par des bancs plus cohérents. Au contraire, les grès massifs sont sculptés en parois abruptes et spectaculaires comme la « falaise » de Bandiagara (Mali), les pitons ruiniformes du Tassili n'Adjer (Sahara) ou les buttes de Monument Valley (Colorado).

Photo 2 : modelé dans les grès en climat semi-aride
(Escarpement de l'Isalo, Madagascar)

Aux **calcaires** sont associées des formes originales, tant en surface que dans des réseaux de cavités souterraines. Ce sont **les modelés karstiques*,** commandés par la dissolution.

Les formes de surface sculptées par la corrosion sont souvent indépendantes de la pente, puisque les matières dissoutes sont évacuées en profondeur par les circulations souterraines. Ainsi les cannelures de dissolution creusées par le ruissellement sur la roche ne s'organisent pas en réseaux. L'attaque des eaux, guidée par les fissures, élargit les discontinuités et morcelle les surfaces en cloisons étroites découpées par des sillons parallèles : ce sont les **lapiez**. Ils sont parfois couverts par un sol discontinu (Jura) ou dénudés comme les « déserts » des Préalpes, ciselés de 1 à 3 m depuis la disparition des glaciers. Ce sont aussi les lapiez géants des tropiques, comme les Tsingy de Madagascar, au paysage hérissé de lames aiguës, hautes de 20 à 40 m. Les plateaux sont troués par de petites **dépressions fermées,** de largeur décamétrique : les **dolines**. Ces creux correspondent soit à des entonnoirs de dissolution progressivement élargis, soit à de petits effondrements évoluant vers le bas : leur coalescence forme des cuvettes hectométriques aux contours lobés appelés **ouvalas** ; tandis que le développement de larges dolines en réseau régulier donne naissance à des topographies défoncées de « karst polygonal ». L'abaissement des topographies par la dissolution laisse en saillie des volumes moins vulnérables, correspondant à des passées peu fissurées ou à des masses riches en dolomie presque insoluble. D'où des reliefs ruiniformes, dédales de couloirs et de pinacles, ou des tours gigantesques aux parois abruptes dressées au-dessus des plaines de corrosion comme en Chine du Sud.

Fig. 1 : modelés karstiques

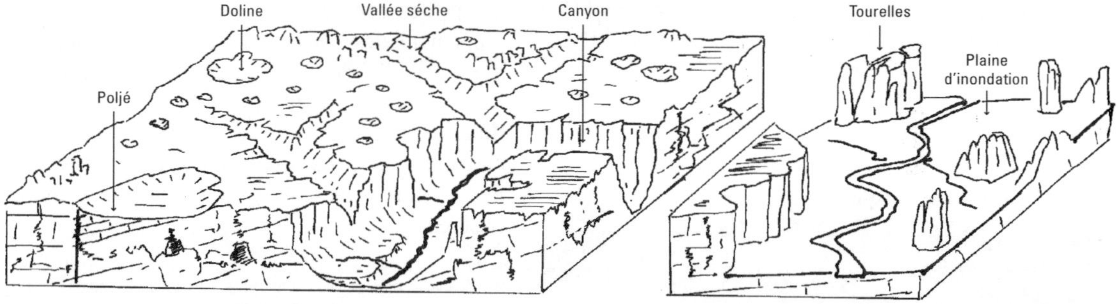

Les plateaux karstiques sont crevés par des gouffres, parfois désignés comme *avens*. Ce sont des conduits d'infiltration ou des cavités effondrées. Les rivières s'encaissent en *canyons*, gorges étroites encadrées de parois abruptes, ou bien elles disparaissent dans des *pertes* pour alimenter des réseaux souterrains jusqu'à leur résurgence.

Les cavités souterraines sont forées par des eaux infiltrées ; elles sont en partie guidées par les lignes de fissuration. Ce sont à la fois des galeries de dissolution et des chambres d'effondrement aux proportions parfois gigantesques. Les conduits s'étagent en réseaux complexes sur différents niveaux reliés par des puits. La circulation des eaux se fait dans des rivières souterraines ou bien sous pression, dans des conduits noyés en siphon ; ainsi les variations de débit modifient les cheminements. Les sources karstiques ou exsurgences font réapparaître les eaux carbonatées ; leur réchauffement à l'air libre provoque la précipitation des solutés qui s'accumulent en banc de travertins ou cimentent les formations superficielles de bas de pente.

Les paysages souterrains sont ornés de stalactites édifiées à partir du plafond, de stalagmites en colonnes ascendantes ; ces concrétions se forment très lentement par précipitation des solutés calciques en fonction des changements de température ou de pression des eaux qui suintent des voûtes. C'est aussi un monde peuplé d'espèces « cavernicoles » adaptées à l'obscurité totale.

Naturellement, le développement de ces modelés lithologiques est fonction des combinaisons morphoclimatiques. Par exemple, les roches meubles n'offrent guère de résistance au raclage glaciaire, au sapement par les vagues ou à la déflation éolienne ; le gel, qui interrompt tout écoulement, inhibe la karstification mais peut provoquer l'éboulisation sur les parois calcaires.

2 Quelques modelés dans les roches cristallines

La diversité de versants sur des substrats cristallins reflète les modalités de la désagrégation du matériel et de la mobilisation des débris. En effet, il s'agit de roches cohérentes et grenues, constituées par des assemblages minéraux variés, plus ou moins sensibles à la météorisation.

Les roches magmatiques proviennent de la consolidation de matières issues de la croûte profonde ou même du manteau supérieur. La cristallisation des masses en fusion se produit très lentement dans des réservoirs magmatiques situés en profondeur ; elle est rapide, voire instantanée, lorsque le magma est expulsé en surface par les volcans. D'où l'opposition entre les roches cristallines grenues, formées de petits minéraux assemblés, et les roches volcaniques, formées de microcristaux souvent emballés dans une pâte vitreuse. La diversité des compositions minéralogiques est à l'origine des multiples noms de roches qui désignent souvent des types très proches. La composition du magma permet de distinguer deux lignées :
- les roches acides, c'est-à-dire riches en silice, sont de couleur claire ; elles constituent le groupe des *granites* et leur correspondant volcanique, rhyolites et andésites ;
- les roches basiques, pauvres en silice et riches en éléments ferromagnésiens, sont en général sombres ; elles forment la famille des gabbros et des basaltes, laves noires très communes.

Fig. 2 : modelés granitiques

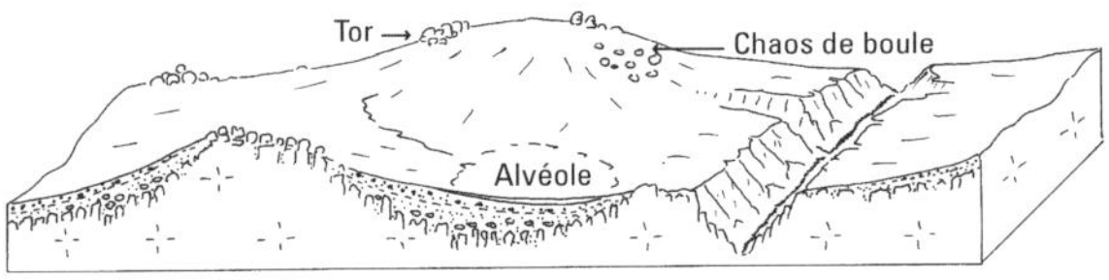

Photo 3 : *tor,* avec vasques (Mourne Mountains, Irlande du Nord)

Les granites ou les roches granitiques offrent des modelés lithologiques aux caractères affirmés qui opposent des versants à manteaux décomposés et des pentes convexes souvent dénudées. Le développement des couvertures meubles répond aux modalités d'altération des minéraux, guidées par la trame de fracturation de la roche (les **diaclases**). C'est pourquoi les arènes profondes emballent de grosses boules qui correspondent à des noyaux cohérents dans des passées moins fissurées.

Un décapage partiel des couvertures meubles est à l'origine de modelés de déchaussement : sur les interfluves, les **tors**, amas rocheux enracinés, aux silhouettes ruinées, et les **chaos de boules** sont dégagés des arènes ; tandis que les sables empâtent les bas de pentes.
Les surfaces de granite subissent une désagrégation granulaire qui sculpte des microformes : ce sont des plaques de desquamation, des **cannelures** suivant les lignes d'écoulement, des **vasques** piégeant les eaux de pluie et des **taffonis,** belles cavités rongeant les parois humides. Ces modelés de détail prennent parfois des dimensions importantes, comme les cannelures profondes qui strient les parois des dômes des régions tropicales, comme les larges vasques littorales affectées par l'haloclastie, ou encore les grands taffonis qui taraudent les rochers des côtes granitiques méditerranéennes (Corse).

Les versants nus dans les granites massifs forment des surfaces convexes ; ils présentent souvent des dalles d'exfoliation, découpées par des diaclases courbes en réponse à la décompression. En matériel plus divisé, les pentes offrent des profils tendus et se couvrent de débris, blocs anguleux et arène grossière.

Les modelés développés dans **les roches métamorphiques ou cristallophylliennes** procèdent d'évolutions comparables.

La texture orientée de ces roches favorise le débitage en plaquettes et la progression de l'altération suivant des plans plus vulnérables. D'où une dissymétrie fréquente des pentes en fonction de la disposition planaire. Les couvertures décomposées sont en général riches en éléments limoneux. L'alternance des feuillets induit une certaine uniformisation des versants nappés par des couvertures sablo-limoneuses, parfois barrés par des ressauts rocheux. Les modelés de déchaussement opposent des crêtes étroites, armées par des lames résistantes, et de larges concavités encombrées de colluvions. La grande diversité du matériel métamorphique est à l'origine de modelés très différents. Les **micaschistes** sont associés à des formes plutôt douces ;

toutefois, les versants de dissection prennent des profils raides, burinés par des ravins et susceptibles d'écroulements en panneaux. Les **quartzites,** qui arment des versants hardis, sont presque inaltérables mais sensibles au débitage mécanique : le contraste entre les hautes parois nues qui ceinturent des massifs tropicaux et les pentes tapissées d'éboulis grossiers sur les montagnes des hautes latitudes montre que le comportement de ces roches peut s'inverser suivant les processus d'attaque.

Fig. 3 : modelés en roches métamorphiques

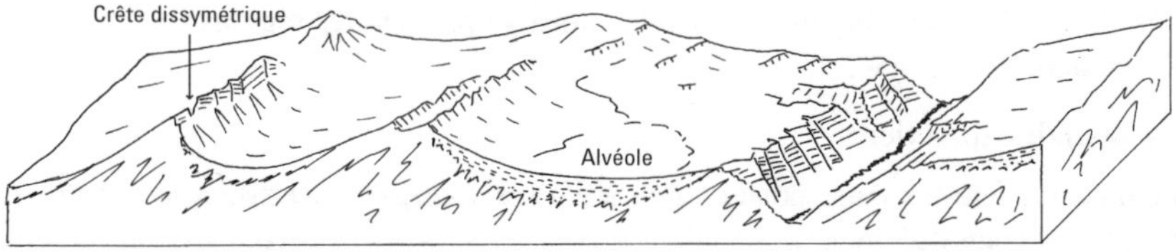

Les roches métamorphiques résultent de la transformation de roches sédimentaires ou magmatiques sous l'effet de fortes pressions et de hautes températures à l'intérieur de la croûte terrestre. Elles gardent la composition du matériel originel, mais les minéraux recristallisés sont disposés en feuillets parallèles (la foliation) recoupés par des plans de discontinuité (la schistosité). L'apparition de minéraux caractéristiques permet de reconstituer les conditions de transformation. Un métamorphisme modéré conserve quelques caractères du matériel parental : les **ardoises** proviennent d'argiles compactés et cuits, les **marbres** sont des calcaires recristallisés et les **quartzites**, masses siliceuses compactes dérivent de formations gréseuses. Une évolution plus poussée engendre divers faciès de **micaschistes**. Enfin, un métamorphisme intense provoque la recristallisation complète dans des **gneiss**, caractérisés par l'alternance de feuillets micacés et quartzofeldspathiques, ou encore dans des **migmatites** assez homogènes qui traduisent une fusion partielle du matériel.

Ces exemples de modelés lithologiques témoignent de la diversité des réponses du substrat aux dynamiques de versants. L'ampleur des formes traduit à la fois l'efficacité et la durée d'action des chaînes de processus sur les pentes. C'est pourquoi les roches impriment leur style, tandis que les conditions morphoclimatiques commandent l'évolution des formes de versant.

B

LES MODELÉS ZONAUX

Les signatures morphoclimatiques

Les dynamiques de versant s'exercent à travers des combinaisons bioclimatiques différentes ; leur action prolongée façonne des modelés caractéristiques des grandes zones climatiques. La présence ou le manque d'eau, le gel ou son absence déterminent largement le rôle relatif des processus biochimiques et des actions mécaniques sur les surfaces. Les grands **types de modelés zonaux** présentent de multiples nuances associées aux conditions de milieux ; il existe également **des formes de transition** correspondant au passage progressif d'un type à un autre ; enfin, **des modelés figés, dégradés ou remaniés** traduisent l'impact des oscillations climatiques qui ont affecté la planète.

1 LES COUVERTURES ALTÉRÉES DES RÉGIONS CHAUDES

Les versants de la zone intertropicale humide sont en général façonnés dans d'épais manteaux d'altérites qui traduisent à la fois une intense décomposition du substrat et une faible évacuation des matériaux meubles.

Les modelés se différencient par les conditions d'altération et de pédogenèse, comme par les dynamiques de ***surface*** ; ainsi s'opposent les régions forestières et les étendues de savane.

Le domaine forestier

Le domaine forestier correspond en gros à des pluviométries supérieures à 1 350 mm, réparties sur plus de 9 mois. Les feuillages épais et les litières de décomposition inhibent le ruissellement de surface, car l'essentiel des précipitations est évaporé, ou percole dans le sol et circule par écoulement hypodermique. Les manteaux altérés, épais de plusieurs dizaines de mètres, traduisent une évolution ***ferralitique*** par décomposition totale des minéraux primaires, évacuation partielle de la silice et néoformation de kaolinite.

Les paysages multiconvexes forestiers sont modelés dans les couvertures décomposées. Il s'agit de champs de collines convexes, hautes de 20 à 30 m parfois appelées **demi-oranges** : les surfaces couvertes d'une végétation dense évoluent par reptation lente associée au lessivage des argiles, ou bien par des glissements provoqués par l'arrachement d'arbres lors de tempêtes ; les pentes raides se maintiennent sur ces formations meubles, car les colluvions sont évacuées par les sourcins qui alimentent la nappe d'inondation. Ainsi les versants ne fournissent aux rivières que des débris fins et des éléments dissous. C'est la charge solide en suspension qui donne la coloration des eaux, mais elle ne leur confère aucune puissance abrasive sur le lit. C'est pourquoi les cours d'eau présentent souvent une succession de biefs barrés par des rapides (armés par des bancs résistants).

Fig. 4 : modelés tropicaux humides

Modelé multiconvexe forestier

La déforestation modifie les conditions d'écoulement sur les sols défrichés et sur les savanes anthropiques. Les surfaces griffées ou ravinées apparaissent sur les terres agricoles ; les alluvions empâtent les cuvettes et les vallées. Des coulées de boue et des glissements de masse, particulièrement dangereux sur les pentes urbanisées, se déclenchent parfois après de ***fortes pluies*** en particulier lors des cyclones.

Les domaines de savane

Les domaines de savane sont marqués par un déficit hydrique saisonnier. La marqueterie des milieux à couverture herbacée traduit l'allongement de la saison sèche (plus de 5 mois) et l'étendue de la déforestation. Les modelés de versants s'organisent suivant l'importance des processus biochimiques et du ruissellement.

Les ***surfaces*** rocheuses nues sont peu étendues ; elles correspondent à des formes de déchaussement, dômes aux parois raides, presque immunisées contre la météorisation, comme les célèbres pains de sucre brésiliens. Ces pentes sont taillées dans des matériaux peu sensibles aux attaques chimiques, abrupts de quartzite ou dômes cristallins résistants, ou bien elles caractérisent des massifs calcaires sculptés en tours et en pitons par la dissolution.

Les sols ferralitiques rouges ou ocres présentent un horizon humique superficiel (A) mince du fait d'une décomposition rapide et du lessivage ; l'horizon B est épais, compact, riche en argile de type kaolinite et en hydroxydes de fer (hématite, gœthite) et d'aluminium (gibbsite) ; la partie inférieure des profils est constituée par les arènes sablo-limoneuses emballant des boules moins décomposées.

Les formes d'érosion les plus spectaculaires sont les *lavaka,* terme malgache désignant les grands ravins aux contours lobés qui éventrent les pentes. Ces entailles profondes de plusieurs dizaines de mètres naissent brusquement lors de ***pluies intenses*** et s'élargissent progressivement par affouillement jusqu'à une stabilisation précaire.

Fig. 5 : lavaka

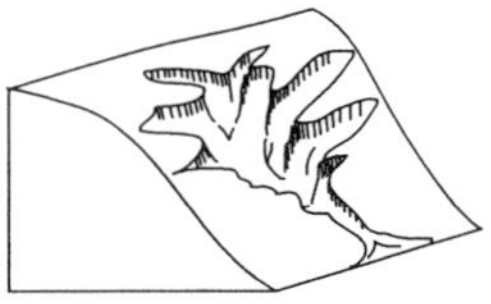

Les manteaux décomposés sont moins épais et de nature plus variée. En effet, les couvertures sont parfois héritées de conditions plus humides ; les formations à kaolinite caractérisent les pentes bien drainées, tandis que des formations à montmorillonite se développent dans les milieux confinés des bas fonds. D'autre part, la circulation d'eau dans les sols favorise la migration du fer et de l'alumine, provoquant l'induration en **cuirasses* ferrugineuses** ou alumineuses (autrefois appelées latérites).

Les cuirasses* ferrugineuses constituent des carapaces massives, de couleur sombre, cimentées par des oxydes. Leur origine implique une accumulation du fer par migration verticale ou latérale qui relève de deux types d'explications. D'une part, l'enrichissement en fer peut résulter de l'élimination par percolation des autres éléments du sol ; il s'agit d'une accumulation relative qui soude les particules dans une structure caverneuse de nodules et lamelles. D'autre part, la circulation et le battement des nappes dans le sol peuvent provoquer la cristallisation des oxydes dans des niveaux d'accumulation absolue, véritables grès à ciment ferreux.
L'induration met en œuvre des réactions d'oxydo-réduction, mais aussi le transfert d'éléments sur les colloïdes du sol ou par la bioturbation opérée par les animaux fouisseurs (comme les termites). Il s'agit donc de transformations géochimiques lentes qui requièrent des dizaines de milliers d'années pour constituer une cuirasse.

Fig. 6 : modelé de savane

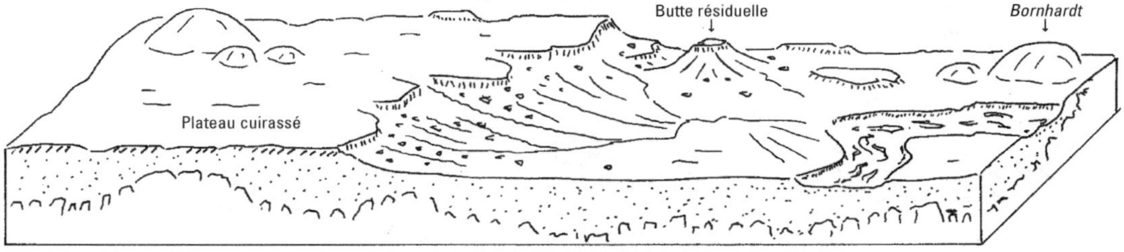

Rebord de surface cuirassé et glacis d'ablation

Les modelés de savane témoignent de l'efficacité du ruissellement provoqué par des pluies concentrées sur des surfaces peu couvertes. Les vastes topographies uniformes sont balayées par des écoulements diffus lors des grosses averses : ces nappes changeantes sont capables d'évacuer les matériaux fins vers des cuvettes de décantation ; les particules limoneuses sont plus tard redistribués par le vent au cours de la saison sèche. Le ruissellement concentré peut s'amorcer sur les pentes, en particulier sous les corniches qui cernent les surfaces cuirassées. Ainsi les formes s'organisent en plans cuirassés (appelés du nom peul de *bowal*) parfois étagés en gradins rigides ; ils sont séparés par des talus aux modelés ravinés. Les rivières évacuent des charges solides limoneuses, mais sont aussi capables de charrier des sables lors des crues. L'ablation latérale peut donc progresser aux dépens des couvertures meubles et déchausser des amas rocheux ou des bosses résistantes (parfois désignés comme *castle kopje* et *bornhardt*) au-dessus de plans immenses. Toutefois, l'abaissement des topographies et le dégagement de reliefs résiduels appartiennent à l'évolution à long terme et ne peuvent être rapportés à un système climatique particulier.

2 Les marques de l'aridité sur les versants

Les paysages du désert traduisent dans leur nudité l'effet de la sécheresse sur le sol, mais aussi l'action occasionnelle de l'eau sur les pentes. Les surfaces ne sont pas protégées par une végétation clairsemée ou presque absente dans les régions de climat hyperaride. D'où la grande sensibilité des versants exposés aux processus de désagrégation et de dessiccation, au ruissellement épisodique ou aux dynamiques éoliennes.

Les parois rocheuses et les blocs sont parfois revêtus de **patines** beiges, pellicules micromillimétriques, ou de vernis noirs ferromanganiques, qui concentrent des éléments sous l'effet de la *dessiccation.* Les formations superficielles sont parfois indurées en **croûtes calcaires** ou gypseuses d'une épaisseur de l'ordre du mètre : les ciments résultent de concrétion interstitielle par évaporation des solutions circulant dans les sols. Les encroûtements arment des topographies rigides, relativement résistantes à l'incision fluviatile.

L'humectation et ***la dessiccation*** sont les principales actions météoriques. La désagrégation mécanique des roches est attribuée à la thermoclastie, parfois accélérée par l'haloclastie en cas de saupoudrage salé par des vents secs ; la gélifraction libère également des blocailles sur les pentes des hauts massifs ou des déserts froids.

L'action du ruissellement est intermittente, mais efficace. Elle s'organise en général à partir des massifs, qui reçoivent des précipitations plus importantes, vers les épandages de piémont*. Si les rares pluies suffisent à déplacer les menus débris et à nettoyer les parois, les averses nourrissent des écoulements diffus sur les pentes douces : le ruissellement en nappes minces ou en rigoles est divisé par les touffes et les blocs épars ; mais des pluies d'intensité exceptionnelle peuvent provoquer des crues de versant en nappes boueuses à forte compétence (*sheet flood*). On attribue à ces processus l'élaboration des ***glacis.***

Les eaux se concentrent en rivières spasmodiques appelées **oueds.** Le lit asséché est souvent ponctué de végétaux capables de puiser dans les sous-écoulements, mais les bancs de graviers et de galets témoignent de la puissance des crues*. Après une averse le flot puissant et turbide mobilise une importante charge de fond et sape les berges. Il ira étaler les matériaux fins dans des plaines d'épandage, tandis qu'une partie des eaux s'infiltre vers les nappes* phréatiques.

Fig. 7 : chaîne de modelés de piémont arides

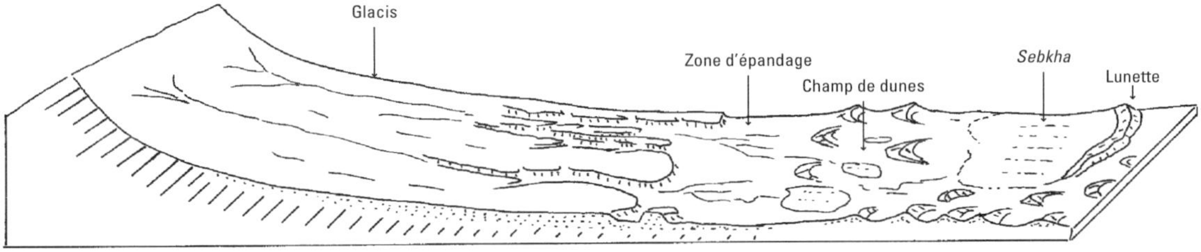

Les glacis sont de longues topographies concaves disposées au pied des reliefs. Ils présentent une pente faible (8 à 3°), d'extension kilométrique. La partie amont est souvent tranchée dans des matériaux meubles, c'est un glacis d'ablation ; le plan passe vers le bas à des nappes d'accumulation, ou glacis d'épandage. Ces surfaces sont fréquemment indurées par des **encroûtements** qui forment des niveaux résistants et assurent leur conservation entre les entailles des oueds.

L'évaporation des eaux dans des dépressions de piémont provoque la sédimentation : les *garras* désignent les vastes cuvettes d'inondation aux contours insensibles ; la décantation des eaux et l'assèchement rapide déposent sables et limons sur un fond plat qui subit ensuite la déflation éolienne. Certains bassins concentrent des eaux salées ; l'évaporation abandonne alors des croûtes salines blanchâtres. Ce sont les **sebkhas** de Tunisie, les *playas* de l'ouest des États-Unis ou les *salinas* des déserts d'Amérique latine. Leur surface évolue suivant les battements des nappes de boues saumâtres sous-jacentes, mais aussi sous l'effet de la déflation éolienne qui édifie sous le vent des bourrelets sablo-limoneux en croissant, appelés « **lunettes** » sédimentaires.

L'action du vent dénude les sols meubles et édifie des dunes. Le balayage des éléments fins laisse des surfaces caillouteuses, les *regs,* aux blocs striés ou carénés par l'abrasion mécanique du sable (corrasion).

Photo 4 : la corrasion éolienne (Tibesti)

L'ablation éolienne peut excaver les formations sablo-limoneuses, creusant des sillons parallèles entre des petites collines profilées, les *yardangs* d'Asie centrale. La morsure du vent est parfois aggravée par des processus hydro-éoliens combinant la déflation aux phénomènes d'humectation et de dessiccation des matériaux, voire à la dissolution des éléments salins : telle est l'origine de certaines cuvettes circulaires ou des systèmes de couloirs et crêtes appelées *kalut* dans le désert du Lut iranien.

Les sables s'accumulent en **dunes** mobiles. Elles prennent la forme de croissants à la convexité tournée au vent, appelées **barkhanes.** Ce sont des crêtes dissymétriques, hautes de 10 à 30 m, associant une pente douce d'accumulation au vent et une face abrupte travaillée par la déflation des flux tourbillonnaires. Les dunes juxtaposées peuvent se souder en cordons sinueux dénommés *sifs* ; ils sont séparés par des couloirs irréguliers que ferment des contreforts alignés sur les directions secondaires du vent. D'autres édifices s'amoncellent en pyramides hautes d'une centaine de mètres, les *ghourds.*

Fig. 8 : modelés éoliens en milieu aride

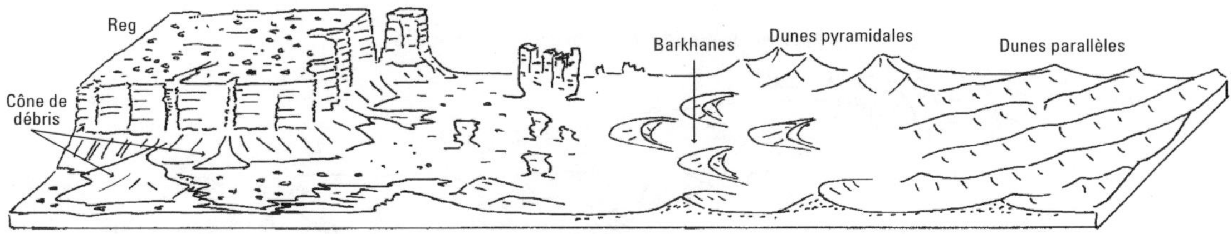

Les paysages dunaires offrent une extrême variété de formes, opposant en général les pentes sableuses, perméables et nues, aux couloirs interdunaires plus proches des eaux phréatiques et piquetés de touffes ou de buissons épineux.

Les champs de dunes constituent des **ergs,** accumulations désordonnées ou organisations en rides parallèles. **Ces paysages désertiques** s'étendent sur des centaines de kilomètres dans le Grand Erg occidental algérien, le Rub al-Khali d'Arabie ou le Taklamakan chinois. Ces étendues de sable voilent largement les réseaux hydrographiques et les topographies sous jacentes. À ces couvertures sableuses irrégulières s'ajoutent les immenses nappes de lœss alimentées par décantation des poussières à la périphérie du domaine aride.

La désertification. Les régions arides ont enregistré les oscillations climatiques quaternaires à travers plusieurs phases sèches ou pluviales : les versants portent souvent les traces d'incisions successives ou des générations de dépôts aux caractères contrastés qui correspondent à des variations d'intensité des déficits hydriques. Les marges arides ont donc subi d'importants changements morphoclimatiques qui se sont traduits par des avancées ou des reculs du désert. La désertification actuelle se manifeste par la déstabilisation des versants, la mise en mouvement de massifs dunaires ou par l'abaissement des nappes phréatiques. Ces signes traduisent probablement de légères variations climatiques comme des sécheresses répétées qui induisent une tendance à l'aridification ; mais les déséquilibres résultent aussi de changements dans les pratiques sociales sur des espaces très sensibles : surpâturage, mise en culture, épuisement des nappes par des forages, modifient les réponses de la végétation et du sol aux conditions climatiques.

3 Les modelés des régions froides

Les versants des hautes latitudes sont soumis à des conditions climatiques rigoureuses : un gel intense et prolongé, un réchauffement estival limité, des vents puissants et des précipitations souvent modestes imposent un style particulier d'évolution morphologique. En effet, le rôle des processus biochimiques est considérablement réduit par le froid, tandis que les actions mécaniques de la glace et du gel commandent les dynamiques. Ainsi le contraste entre les milieux continentaux froids et secs et les façades océaniques, plus enneigées et marquées par les alternances de gel et dégel, induit des nuances dans les modelés ; celles-ci tiennent plus à l'intensité qu'à la nature des processus. Ce sont des paysages de glace, des formes glaciaires et périglaciaires.

Les paysages des glaces polaires opposent la monotonie des accumulations centrales aux nappes et langues périphériques. Les **inlandsis** sont épais de 3 000 à 4 000 m sur l'Antarctique et le Groenland ; les calottes qui coiffent les massifs sont plus minces. Elles offrent des plateaux uniformes parfois dominés de **nunataks,** montagnes émergeant de la carapace presque immobile. Les retombées externes forment des pentes convexes, coupées par des crevasses. Les langues émises à travers les vallées périphériques montrent de puissants courants rayés par des lignes de débris, moraines longitudinales disposées suivant les confluences. La terminaison des nappes dans la mer peut constituer un *ice shelf*, plateau de glaces flottantes, libérant des **icebergs,** énormes glaçons d'eau douce qui fondent lentement au cours de longues dérives.

Fig. 9 : paysage de marges d'inlandsis

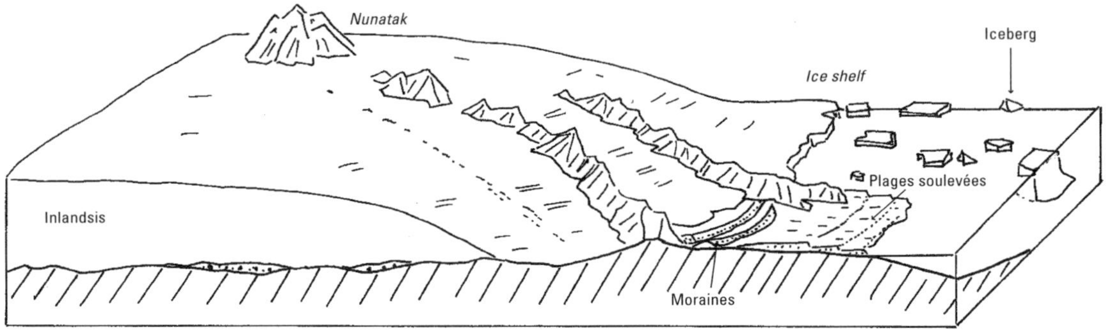

Le *pack* se forme lorsque la surface de la mer est prise par le gel : les plaques de glace se soudent en banquise continue, épaisse de 1 à 5 m. Cette croûte rigide se déplace avec les courants, se brise et se ressoude en une surface chaotique. Sur le rivage, se forme un **pied de glace**, agent efficace qui arrache les débris au bas des falaises. L'extension des glaces de mer varie suivant les saisons, elle connaît également des variations interannuelles, qui servent d'indicateurs des tendances climatiques dans les hautes latitudes.

Les modelés glaciaires sont découverts à mesure du retrait des grandes couvertures de glace depuis la fin du **quaternaire.**

Les glaciations quaternaires (ou pléistocènes). Si quatre avancées glaciaires ont été identifiées sur le piémont nord des Alpes, l'analyse des carottes prélevées dans les sédiments océaniques du Pacifique central indique la succession d'au moins dix phases froides au cours du quaternaire. La dernière glaciation est appelée Würm dans les Alpes, Weischel en Europe du Nord et Wisconsin en Amérique du Nord ; elle correspond à plusieurs avancées des glaces à partir de 120 000 BP* (*Before Present*), recouvrant largement les massifs et les plaines. Le maximum se place vers 18 000 BP, suivi par une déglaciation rapide. Un épisode froid tardiglaciaire s'est traduit par une brève réavancée entre 11 000 et 10 000 BP. Des oscillations climatiques séculaires au cours de l'holocène ont pu faire varier l'extension des glaciers, comme le « Petit Âge de glace » associé à la péjoration « climatique » historique entre les XVIe et XVIIIe siècles.

Les ***bosses rocheuses*** opposent souvent une pente d'abrasion tournée vers le flux glaciaire à une face d'arrachement tournée vers l'aval ; elles conservent parfois des surfaces polies, des stries, des coups de gouges et de petites fractures arquées témoignant des compressions sur le lit glaciaire.

Les versants raclés sont souvent dénudés en croupes rocheuses irrégulières appelées ***roches moutonnées.***

Le passage des glaces a simplement décapé les topographies uniformes, évidant des sillons entre des croupes rocheuses : ce sont les paysages parsemés de lacs innombrables, comme le **fjell** des plateaux scandinaves ou les **barren grounds** du Nord canadien. En revanche, les courants de glace canalisée ont puissamment excavé les vallées, en particulier suivant les lignes de fracturation : les couloirs encadrés par des flancs raides sont appelés des **auges glaciaires** ; elles sont parfois surcreusées et occupées par des lacs fermés par des **verrous,** barres rocheuses résistantes. Les fjords sont des auges occupées par la mer, entaillées dans les façades maritimes montagneuses : profonds de plusieurs centaines de mètres, ils sont dominés par des parois abruptes ; ces bras de mer pénètrent loin à l'intérieur des terres comme le Sognefjord de Norvège (160 km) ou les grands *sounds* d'Alaska, du Labrador et du Groenland, ou encore les chenaux du sud du Chili et de la Nouvelle-Zélande méridionale.

Les moraines* de fond constituent des couvertures monotones (le *till*), où s'individualisent parfois des bourrelets discontinus marquant des stades de retrait. Sur les marges des anciens inlandsis les dépôts morainiques se disposent suivant la direction du flux : ils forment des *drumlins*, troupeaux de collines allongées, hautes de 10 à 30 m, pour une longueur de l'ordre du kilomètre ; parfois les moraines s'étirent derrière un obstacle rocheux, constituant une accumulation en *crag and tail.*

Fig. 10 : paysage de déglaciation

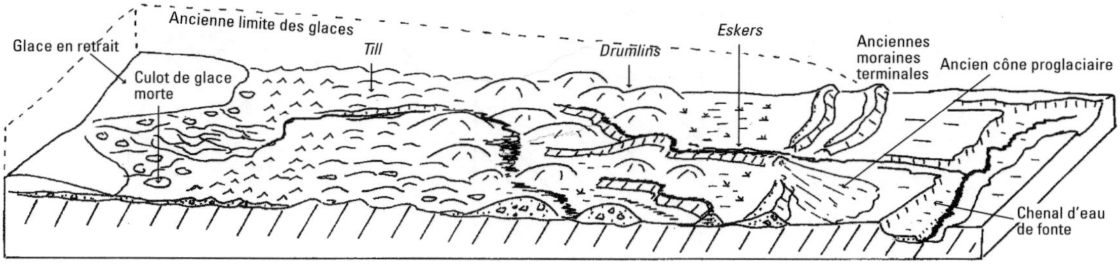

Les formations de sables et galets abandonnées par les eaux sous-glaciaires dans des chenaux sinueux forment des *eskers* : ce sont des remblais fluvio-glaciaires hauts de 3 à 15 m, encadrés de pentes raides, qui serpentent à travers les plaines, barrant lacs et marécages. Ces dépôts sous-glaciaires se terminent parfois par des cônes proglaciaires étalés en avant du front des glaces. Car les eaux de fonte ont nourri des émissaires puissants ; elles ont creusé des chenaux larges et profonds qui caractérisent les plaines de marge glaciaire.

Les accumulations glaciaires comme les formes d'abrasion entraînent la complète désorganisation des réseaux hydrographiques. Les surfaces rocheuses et les nappes de débris non triés confèrent donc aux modelés glaciaires une personnalité à la fois forte et contrastée suivant les systèmes de pentes.

Les modelés périglaciaires caractérisent les régions situées autour des glaciers et, par extension, ils désignent l'ensemble des formes non glaciaires d'origine froide. Ils manifestent essentiellement l'action du gel sur les roches et les sols.

La gélifraction* produit l'essentiel des débris ; son efficacité répond au nombre de cycles gel/dégel comme à la fissuration des roches. Le débitage sur place est à l'origine des champs de blocs (*felsenmeer*) qui couvrent les topographies douces, comme les hautes surfaces qui ont échappé à l'englacement quaternaire. Sur les talus raides, les blocailles forment des tabliers d'***éboulis*** étalés en nappes sous des corniches de gélivation.

Fig. 11 : éboulis périglaciaires

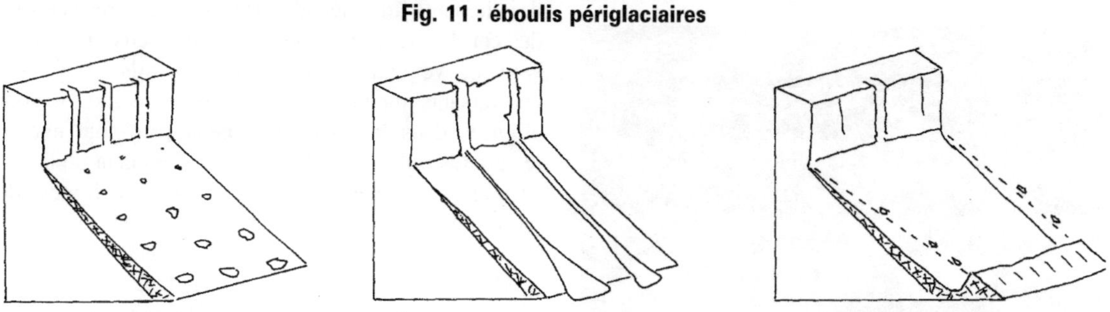

Éboulis de gravité — **Éboulis assisté par le ruissellement** — **Éboulis nival et rempart de névé**

Le transit des blocs sur les éboulis peut résulter de la gravité simple sur la pente, les plus gros blocs descendant le plus bas ; le mouvement peut aussi être assisté par des processus variés : les avalanches et le ruissellement estival transportent les blocs suivant des sillons rectilignes qui nourrissent des grands cônes de débris ; le gel des matrices interstitielles peut provoquer le fluage des nappes en bourrelets irréguliers ; le glissement des blocs sur des couvertures de neige épaisses peut accumuler des cordons de blocs, formant les *remparts de névé*, placés en avant du versant.

Le recul et l'effacement progressif des corniches sous l'effet du gel allongent les talus d'éboulis. Une évolution prolongée peut aboutir à la formation de pentes au profil régularisé correspondent à l'angle de repos des débris (34 à 36 °), appelées **versants réglés.**

Le gel du sol cimente les matériaux meubles en un béton imperméable : le gel permanent fige les parties profondes du sol, tandis que le dégel saisonnier commande les mouvements de surface.

Fig. 12 : pergélisol et cryoturbation

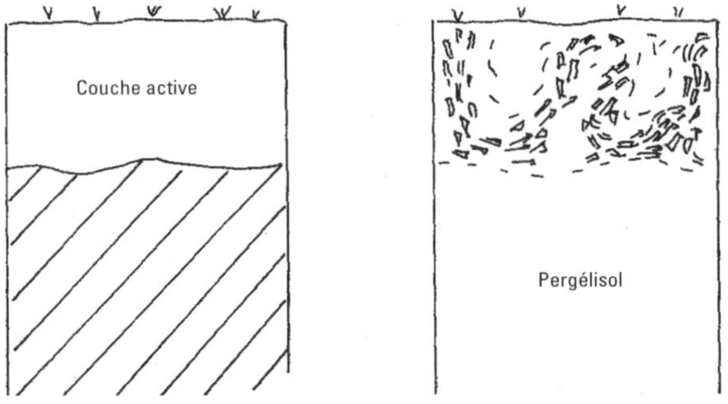

Le pergélisol* reste constamment induré par la glace interstitielle ; il constitue une carapace imperméable, lentement développée en profondeur lors des phases froides. Il peut atteindre plusieurs dizaines, voire plusieurs centaines de mètres dans certaines régions de Sibérie et d'Alaska qui ont échappé à l'englacement quaternaire. Le réchauffement saisonnier, progressant à partir de la surface, fait fondre sur quelques mètres la partie supérieure : c'est le mollisol ou couche active souvent saturée d'eau. La déstabilisation locale du pergélisol peut être provoquée par un accroissement des apports caloriques par suite du défrichement de la taïga ou de travaux routiers. La fusion entraîne l'affaissement de dépressions fermées appelées *alas* (terme sibérien) ; ces cuvettes marécageuses s'élargissent par écroulement des versants à mesure du dégel du sol. Les modelés d'affaissement sont désignés sous le vocable malheureux de thermokarst, par comparaison avec les dépressions karstiques.

L'engel et le dégel saisonniers des niveaux superficiels provoquent des pressions capables de déformer les matériaux meubles de la couche active. Ces phénomènes de **cryoturbation** distordent les horizons inégalement gorgés d'eau par injection de poches boueuses ou éjection de cailloutis ; ils dessinent dans les profils des figures de convolution et des guirlandes. En surface, la ségrégation des cailloux et des éléments fins engendre des sols structurés : ce sont des **cercles de pierres** au centre limoneux et humide, souvent végétalisé ; ce sont des **sols striés** sur les versants inclinés, où les bandes pierreuses sont alignées dans le sens de la pente ; ce sont encore les grands **polygones de toundra,** dessinant de larges cellules convexes délimitées par des lignes de pierrailles, souvent associées à des fentes de glace. Enfin, la présence de poches d'eau dans le sol peut produire des boursouflures, les **hydrolaccolites** : **les palses** sont de petits monticules de tourbe gonflés par de grosses lentilles de glace ; les **pingos** de l'Arctique présentent des bosses sablo-graveleuses circulaires hautes de plusieurs mètres dont le centre peut s'effondrer en cratère avec la fusion du cœur de glace.

Photo 5 : modelé périglaciaire, sol strié (Écosse)

Les régions froides, fréquemment balayées par des vents puissants, le blizzard, sont exposées à un façonnement éolien original : ce sont les paysages de déflation sur les surfaces caillouteuses abandonnées par les fronts glaciaires ; ce sont les formations nivo-éoliennes, dunes de sable et de neige, en partie effondrées sous l'effet de la fusion estivale ; ce sont encore les immenses couvertures de lœss, limons fins accumulés par les vents sur les toundras sèches pendant les froids du quaternaire.

Ainsi les modelés des régions froides sont distribués en fonction des conditions présentes, mais aussi suivant leur position par rapport aux centres d'englacement du passé. Car les oscillations climatiques quaternaires ont laissé une empreinte durable mais variée. La configuration des terres et des mers dans les deux hémisphères est responsable de contrastes importants dans la répartition des modelés : au sud, l'inlandsis central occupe presque tout l'espace continental et sa marge maritime, il laisse au domaine périglaciaire quelques plates-formes étroites et des archipels isolés ; au nord, les paysages du froid s'étendent sur des espaces vastes et divers, montagnes, plaines et littoraux ; ils témoignent des puissantes avancées glaciaires mais aussi de l'inégale efficacité des processus périglaciaires holocènes sur des reliefs et des matériaux variés.

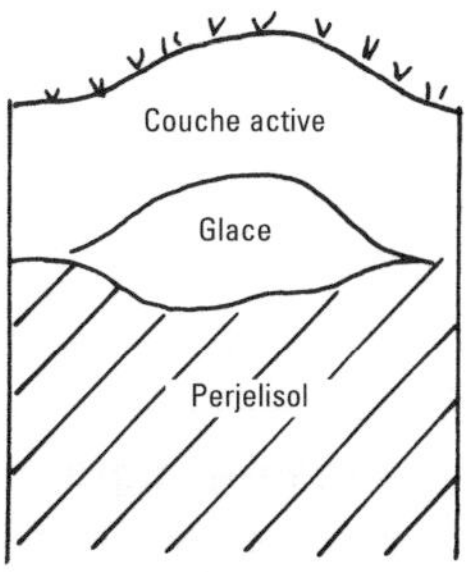

Fig. 13 : *palse*
(hydrolaccolite)

4 Les mosaïques de modelés des moyennes latitudes

Les conditions « tempérées » des moyennes latitudes n'impriment pas un style particulier aux versants. En effet, les chaînes de processus répondent à des rythmes climatiques nuancés, combinant des saisons thermiques et pluviométriques. Les couvertures végétales fournies de la forêt ou de la prairie réduisent l'efficacité des actions sur le sol. Ainsi les pentes ne sont pas exposées à un type dominant de dynamique. La relative atonie de l'érosion a pour conséquence **la conservation de formes et de formations héritées*** de périodes antérieures. D'où une mosaïque de modelés, reflet d'évolutions complexes dans le temps et de retouches variées en fonction des nuances climatiques présentes.

Les couvertures superficielles ont été le plus souvent mises en place par les dynamiques froides quaternaires : des dépôts de lœss recouvrent les topographies uniformes d'un voile plus ou moins continu, ils représentent des accumulations de plusieurs dizaines de mètres dans les plaines d'Europe centrale, du Mississippi et de Patagonie, et même plus de 200 m sur les plateaux du Chan-Si en Chine centrale. Des manteaux sablolimoneux à blocs, désignés comme le **head,** sont étalés sur les pentes des massifs anciens ; les versants concaves sont en général empâtés par d'épaisses coulées de solifluxion, tandis que de nombreux talus sont revêtus par des tabliers de petits gélifracts (parfois ordonnés en lits successifs comme les **grèses litées**). Dans les vallées, bien larges pour les rivières actuelles, les nappes alluviales* sont disposées en terrasses* étagées, ou parfois emboîtées ; elles traduisent les variations du régime des eaux lors des oscillations climatiques majeures.

La météorisation actuelle renouvelle faiblement les stocks meubles hérités : les manteaux d'arène granitique évoluent par altération ménagée, tandis que la gélifraction hivernale peut affecter quelques corniches gélives ; la dissolution efficace en milieu frais et humide entretient les formes karstiques de surface ou les réseaux souterrains. Les dynamiques de versants sont peu agressives tant que les couvertures végétales freinent le ruissellement : l'infiltration est responsable du lessivage, c'est-à-dire de la redistribution verticale des éléments dans les sols ; la reptation, de petits mouvements superficiels et le ruissellement diffus déplacent les matériaux fins sur les pentes ; ils contribuent au colluvionnement des vallons. En outre, quelques épisodes pluvieux importants peuvent réactiver des glissements anciens ou provoquer des crues capables de redistribuer des dépôts alluviaux dans le lit des rivières. Ces modelés ne sont pas figés.

L'érosion agricole. Les pratiques agricoles ont transformé les conditions d'écoulement sur le sol. Car le calendrier des cultures qui détermine les états de surface ne coïncide pas nécessairement avec le rythme des précipitations. Ainsi les maxima pluviométriques viennent parfois s'abattre sur des sols nus ou peu couverts : c'est le cas des terres labourées arrosées par des pluies océaniques d'hiver et, plus encore, des versants méditerranéens exposés aux violentes averses de l'automne. Le ruissellement diffus sur les surfaces cultivées multiplie les griffures et les rigoles, effacées après chaque labour. L'évolution récente des terres de grande culture, avec la mécanisation et l'augmentation de la taille des parcelles accroît sensiblement les risques de ruissellement concentré : la suppression des obstacles, le tassement sous les traces de roue et les traitements modifiant la cohésion du sol favorisent la **battance** qui provoque la concentration du ruissellement ; l'apparition de ravines permanentes dans les champs, le déclenchement de coulées de boue envahissant quelques villages, mais aussi l'accroissement de la charge limoneuse dans les rivières lors des crues constituent des signaux d'alerte ; ils ont suscité un intérêt nouveau et de nombreuses études sur l'érosion des sols.

Photo 6 : érosion agricole par ruissellement

Les transferts élémentaires sous l'effet de l'érosion hydrique entraînent un décapage progressif des pentes. Les volumes colluvionnés dans les vallées permettent une estimation de la tranche de sol évacuée et des indices archéologiques apportent parfois des éléments de datation : les estimations sont de l'ordre de 0,8 m pour environ 10 000 ans sur les pentes sableuses défrichées du Massif central, et probablement 0, 5 m sur les plateaux limoneux du Bassin parisien.

Dans les régions méditerranéennes exposées au ruissellement concentré, l'aménagement de terrasses sur les versants a contribué à réduire le ravinement ; néanmoins, chaque période d'extension des cultures au cours de l'histoire correspond à une crise de ruissellement et de sédimentation : le dépôt de « terrasses historiques » en Grèce et en Italie du Sud, le colmatage des baies qui enferme les ruines de ports antiques à l'intérieur des terres (comme Éphèse, Fréjus, Ostie ou Paestum) témoignent de l'effet à moyen terme de l'érosion d'origine anthropique. De même, les barrages-réservoirs construits en Afrique du Nord ont été remplis de boue après quelques décennies. La question est de faire la part des phénomènes érosifs ordinaires et des événements exceptionnels provoqués par des crues catastrophiques capables de charrier des volumes considérables de sédiments, comme la grande inondation de septembre 1971 en Tunisie centrale.

Les grands modelés zonaux répondent donc aux conditions climatiques comme aux caractères des couvertures végétales. Les formes et les formations superficielles qui ont enregistré les modifications d'environnement dans le passé sont plus ou moins sensibles aux transformations actuelles des milieux. Naturellement, la nature du substrat et la configuration des pentes imposent souvent des styles dynamiques différents. C'est pourquoi les réponses des versants aux conditions bioclimatiques ne sont pas uniformes sur la Terre.

C

QUELQUES MODELÉS AZONAUX

Quelques formes présentes sous toutes les latitudes ne résultent pas directement des combinaisons zonales mais de configurations particulières : les montagnes offrent des versants commandés par la dénivellation ; les littoraux s'étirent suivant l'interface terre/mer. Leurs modelés traduisent des dynamiques originales qui n'excluent pas des nuances lithologiques ou bioclimatiques.

1 Les pentes de montagne

Les versants de montagne s'organisent sur un mode vertical : la pente et l'étagement leur confèrent un style particulier. Les reliefs élevés sont caractérisés par la diminution des températures avec l'altitude mais aussi par l'augmentation des précipitations par rapport aux bas pays ; d'autre part, la vigueur des pentes, qui résulte de la dissection des volumes saillants, donne aux agents d'érosion une grande énergie.

La déclivité des versants détermine des processus gravitaires mais aussi des enchaînements de dynamiques commandés par le haut. Les pentes abruptes sont parfois affectées par **des écroulements** : « l'appel au vide » peut ouvrir des fissures de détente et les circulations d'eau, voire le sous-tirage d'assises meubles, provoquent des déséquilibres ; le déclenchement peut se produire sous l'effet d'épisodes climatiques particuliers ou de secousses sismiques. De même, l'éboulisation est active sous toutes les latitudes : les blocs détachés des corniches tombent en **éboulis de gravité,** triés par taille croissante vers le bas ; mais le transit des blocs sur les tabliers est souvent facilité par la neige ou l'eau qui redistribuent des **éboulis assistés.** L'écoulement des eaux sur les fortes pentes prend la forme de ***torrents*** : le ruissellement se concentre à l'amont dans un bassin de réception souvent raviné ; le chenal d'écoulement au profil raide est parfois coupé de cascades, il évacue lors des crues un flot rapide, capable de transporter une charge grossière considérable ; en bas de pente, le torrent construit un **cône de déjection** par accumulation de sables ou de galets mais aussi de nappes de blocs mal roulés qui traduisent les variations brutales de régime des eaux.

L'étagement des modelés manifeste sur les versants le rôle croissant du froid avec l'altitude. Naturellement, l'organisation verticale varie suivant la disposition zonale : les bas niveaux passent progressivement à la moyenne montagne, plus fraîche, puis à la haute montagne glaciaire et périglaciaire. Mais les seuils morphologiques ne correspondent pas nécessairement aux étages de végétation. Car les formes résultent de dynamiques complexes qui impliquent des transitions graduelles et variées. Ainsi, l'efficacité des processus froids de haute montagne ne relève pas seulement d'un gradient thermique mais aussi des conditions pluviométriques : le développement de glaciers suppose une bonne alimentation nivale ; c'est pourquoi les montagnes sèches sont caractérisées par un étage glaciaire plus élevé et un domaine périglaciaire dilaté en altitude (Haut Atlas marocain, Kun Lun du Tibet, Andes de Bolivie).

La ***torrentialité*** se traduit par des crues soudaines. La capacité de transport est fonction de la pente et de la masse d'eau, mais aussi de sa charge solide qui accroît la densité et la compétence du flot, jusqu'à constituer des ***laves torrentielles***. La redoutable puissance d'un torrent est donc liée au risque climatique, mais aussi à la sensibilité au ravinement des surfaces amont et à la continuité du profil en long. Les aménagements destinés à réduire la violence des crues associent la « restauration » des couvertures végétales dans le bassin de réception (engazonnement, reboisement) et la « correction » du chenal par des escaliers de petits barrages freinant le flot.

L'orientation par rapport aux vents dominants peut aussi induire des oppositions de modelés : la neige balayée par le vent sur les hautes surfaces peut nourrir des congères dans des niches de nivation ; le développement dissymétrique de glaciers de cirque sur les montagnes traduit souvent un phénomène de suralimentation nivale sous les crêtes.

D'autre part, les effets locaux perturbent largement l'étagement : **les contrastes d'exposition** sont particulièrement marqués sur les versants des massifs des moyennes latitudes. Car les dynamiques froides sont plus intenses et plus continues sur les versants à l'ombre, les **ubacs,** que sur les pentes tournées au soleil ou **adrets.** Ainsi, en haute montagne où les alternances gel/dégel commandent le style d'évolution des versants, les parois exposées au soleil sont souvent déchiquetées en pinacles de gélivation, tandis que les faces froides sont enveloppées de carapaces de givre ou de glace.

Enfin, l'invasion de dynamiques hautes sur les étages inférieurs peut induire **un effet de domination** : la progression d'un glacier bien alimenté jusqu'aux étages moyens, l'effet d'avalanches ou de flots torrentiels issus des pentes supérieures jusque dans les vallées montrent que la répartition des modelés est localement déterminée par l'agencement des volumes sommitaux.

Fig. 14 : étagement des modelés et effet de domination

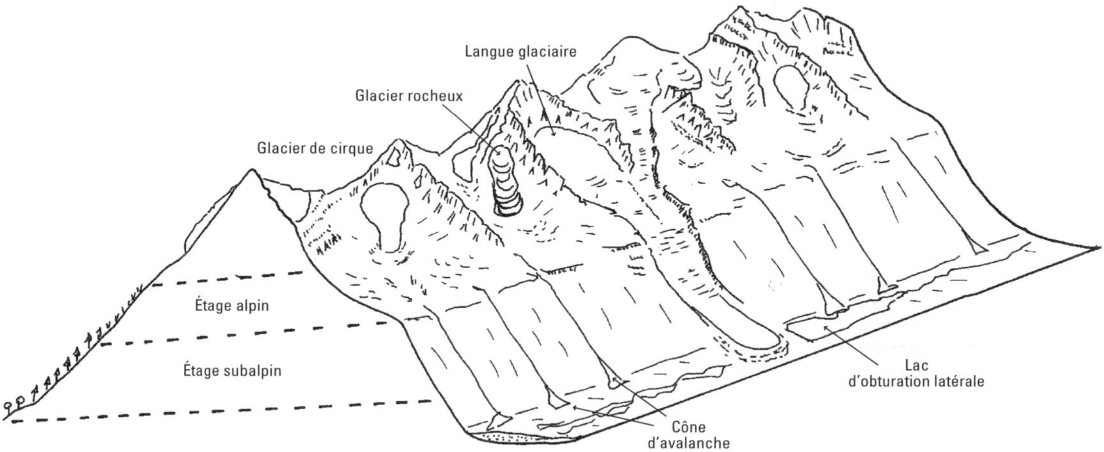

Les formes répondent aux changements climatiques avec une plus grande inertie que les couvertures végétales qui suivent de près les modifications des conditions ou les transformations anthropiques. C'est pourquoi les modelés hérités de phases climatiques anciennes tiennent une grande place, en particulier dans les moyennes montagnes situées en dessous des seuils actuels d'efficacité des dynamiques froides. L'abaissement général des étagements lors des périodes froides quaternaires a également provoqué l'extension latérale des glaciers qui ont envahi les vallées et largement débordé sur les piémonts. Ainsi, la distribution des modelés glaciaires dans les massifs présente souvent **plusieurs générations de formes ou de dépôts** ; les remaniements sont variés, ils procèdent de dynamiques différentes, soit périglaciaires, soit fluviatiles.

L'érosion glaciaire tend à calibrer les vallées, c'est-à-dire à leur donner une largeur assez constante, mais elle accroît les irrégularités du profil longitudinal : les **zones surcreusées** ou ombilics sont séparées par des **verrous**, barres rocheuses souvent entaillées en gorges par les torrents sous-glaciaires. Le creusement reflète en partie la puissance du flux glaciaire, c'est pourquoi les vallées latérales sont suspendues au-dessus de l'auge principale et les confluences sont très souvent marquées par des gradins.

Les glaciers de montagne forment des calottes sommitales, des langues de versant ou de vallée, ou encore de petits volumes nichés dans des cirques. En général, les organismes glaciaires s'agencent suivant trois éléments. Les cirques enchâssés sous les sommets constituent des bassins d'accumulation : les avalanches de paroi concentrent et tassent la neige dans les hautes cuvettes ; le glissement de la glace sous son propre poids se marque en surface par une profonde crevasse ouverte le long des parois, la **rimaye** ; il correspond à un mouvement rotationnel raclant le fond. Plus bas, les langues glaciaires moulent les aspérités du lit, leur écoulement est irrégulier. Ainsi le mouvement peut s'accélérer sur les fortes pentes découpant des barres de séracs hachés de crevasses.

La partie inférieure est caractérisée par la fusion. Les accumulations morainiques* sont parfois disposées en amphithéâtre, ou *vallum*, autour de la langue terminale, mais, le plus souvent, il s'agit de bourrelets dissymétriques et décalés qui laissent passer les eaux proglaciaires ; des séries de cordons successifs témoignent des avancées et des reculs du front.

Les fluctuations climatiques font varier le bilan alimentation/ablation des glaciers. Les conditions fraîches et humides du « Petit Âge de glace » ont provoqué une avancée importante des glaciers dans les Alpes du Nord entre les XVIe et XVIIIe siècles ; le léger réchauffement amorcé au XIXe siècle a fait reculer les fronts glaciaires de plusieurs centaines de mètres, voire de plusieurs kilomètres. Toutefois, ce retrait a été interrompu entre 1960 et 1980 par une brève réavancée explicable par une série d'années bien alimentées : des hivers particulièrement enneigés et des étés doux ont favorisé le bilan glaciaire, sans variation thermique notable. Sur le plan local, on enregistre des décalages sensibles dans l'évolution des fronts qui traduisent les différents temps de réponses des organismes glaciaires en fonction de leur dynamique propre (surface d'alimentation, pente, vitesse de progression, exposition).

Les paysages d'incision glaciaire s'étagent entre les hautes crêtes supraglaciaires cernant de larges cirques, les replats bosselés, ou épaulements, et les vallées profondes encadrées de versants raides. Le cheminement des glaces à travers la montagne a pu relier les vallées par de larges cols de transfluence ; il a pu également retenir dans des vallées annexes des **lacs d'obturation latérale** dont les sédiments sablo-argileux peuvent constituer des masses instables (comme les argiles du Trièves et du Beaumont dans les Alpes). Les couloirs surcreusés ou barrés par des moraines*, sont souvent occupés par de grands plans d'eau (comme les lacs d'Annecy, du Bourget ou les grands lacs suisses et italiens), d'autres ont été comblés par les alluvions postglaciaires (comme la plaine de Bourg-d'Oisans ou le Grésivaudan) ; les différents paliers sont séparés par des verrous souvent entaillés de gorges « en trait de scie » qui constituent des défilés stratégiques ou des sites d'ancrages de barrages hydroélectriques.

Les modelés périglaciaires de montagne sont très variés ; ils conjuguent les effets de la neige, du gel et de la déclivité. Les versants à couvertures meubles s'organisent suivant la pente, sols structurés et formes cryonivales : l'accumulation locale de neige ébauche des **niches de nivation** fermées par de petits bourrelets ; la fusion saisonnière provoque des mouvements superficiels visibles dans les déchirures de la pelouse ou dans la déformation des troncs d'arbres ; ils remanient souvent les surfaces bosselées de grandes masses glissées à la suite du retrait glaciaire. Les versants rocheux dressent leur silhouette hérissée au-dessus de tabliers de blocailles, parfois colonisés par les plantes à enracinement long. Ce sont les hautes parois découpées par des couloirs de gélivation qui nourrissent les pentes d'éboulis. L'inclinaison des nappes de blocs ne correspond pas toujours à l'angle de repos de blocs (35-37°), car leur surface est parfois lissée par les avalanches de neige fondante ou ravinée par des lignes de ruissellement ou de flots de débris.

Les glaciers rocheux sont des formes originales, intermédiaires entre les glaciers et les éboulis. Ce sont des masses pierreuses glissées en gros lobes sur les versants ; elles peuvent s'allonger sur plusieurs centaines de mètres, voire un kilomètre, et se terminent par des séries de gros bourrelets convexes. Le mouvement de fluage lent est assuré par de la glace interstitielle capable de cimenter les blocs, ou bien par quelques lentilles de glace résiduelles, héritées d'un glacier mort enseveli sous les débris de paroi.

Ainsi les modelés de montagne présentent des combinaisons variées en fonction de l'agencement des volumes de relief et des **fluctuations climatiques.** L'efficacité des processus d'érosion en action sur les fortes pentes est à l'origine de remaniements incessants qui confèrent aux formes de versant le caractère provisoire d'une nature en cours de transformation.

2 Les littoraux

Le trait de côte représente l'intersection entre le relief continental et la surface des océans. L'agencement des rivages relève donc à la fois de la configuration des terres émergées et des dynamiques marines. C'est pourquoi les littoraux* offrent des formes spécifiques d'érosion et d'accumulation qui traduisent l'efficacité des processus marins, c'est-à-dire le travail mécanique des vagues et les actions biochimiques de dissolution et concrétion. Ces dynamiques sont largement commandées par le régime des vents et les conditions hydrologiques ; elles s'exercent dans un plan qui correspond au niveau de la mer. C'est pourquoi les modelés littoraux ont un développement linéaire dont l'amplitude verticale ne dépasse pas quelques dizaines de mètres.

L'interface terre/mer forme un ruban étroit s'organise en trois étages : sous la ligne des basses mers, les petits fonds de la zone infratidale amortissent les houles et participent à l'évolution du rivage ; l'**estran***, zone de battement des marées et des vagues, est directement façonné par la mer ; au-dessus de la ligne des hautes mers, la zone supratidale reçoit les vagues de tempête, elle est aussi balayée par le vent et les embruns salés.

Le niveau des mers, qui détermine la ligne de rivage, n'est pas une donnée constante. **Les variations eustatiques,** c'est-à-dire les fluctuations planétaires du niveau des océans, résultent soit d'une modification du volume des bassins océaniques associée aux mouvements des plaques, soit d'un changement de la masse d'eau elle-même, conséquence des oscillations climatiques majeures. Ainsi les glaciations* quaternaires correspondent à des bas niveaux marins provoqués par le stockage d'eau à la surface des continents dans les inlandsis. L'ampleur de ces variations négatives est de l'ordre de la centaine de mètres. Les remontées interglaciaires semblent proches du niveau actuel, comme le palier *éemien,* contemporain du dernier interglaciaire et identifié vers + 2 m. Les variations régionales résultent de déformations verticales des continents. Il s'agit de **mouvements tectoniques** locaux ou régionaux qui s'impriment sur les lignes de rivages : des séries de plages étagées marquent les étapes du soulèvement actuel de la Nouvelle Zélande ou du Chili, tandis que de nombreuses banquettes marines jalonnent les côtes dans les secteurs instables de la Méditerranée (comme la Calabre, la Grèce, le Liban). À l'inverse, quelques plaines côtières sont affectées par la subsidence (la Hollande, Venise). Il s'agit également de **mouvements isostatiques** qui compensent les variations du poids de la croûte terrestre : le développement d'un inlandsis épais provoque la surcharge et l'enfoncement du continent, sa fusion entraîne un ajustement vertical, différé suivant l'élasticité de la croûte. Ces mouvements progressifs se marquent donc par des séries de « plages soulevées » ; ils sont de l'ordre de 120 m au nord du Canada et de plus de 200 m en Scandinavie depuis la disparition des glaces (entre 10 000 et 6 000 BP).

Les variations actuelles du niveau des océans constituent un enjeu important. La remontée postglaciaire ou transgression flandrienne amorcée vers 13 000 BP*, a atteint un niveau proche du niveau actuel entre 5 000 et 2 000 BP. Les observations récentes permettent de déceler une légère élévation des mers. Mais les mesures présentent une certaine imprécision qui tient aux conditions d'enregistrement à travers l'oscillation des marées et des vagues comme aux diverses conditions morphologiques locales. Les valeurs alarmistes (de 1 à 2 m par siècle) proposées voici une décennie sont désormais revues à la baisse et semblent comprises entre 10 et 60 cm par siècle. Cette évolution peut s'expliquer en partie par la fusion des glaciers ou la dilatation de l'eau de surface sous l'effet du réchauffement « global » et, en partie, par les déformations des bassins océaniques ou du géoïde. Le recul sensible des plages sous toutes les latitudes traduit probablement cette évolution, mais il s'explique également par les prélèvements ou à la perturbation des apports continentaux sur les rivages par les aménagements. L'élévation des mers accroît les risques de submersion par des ondes de tempêtes sur des régions basses densément peuplées comme les Pays Bas, le Bangladesh, les deltas du Nil, du Mékong, du Yang-Tsé-Kiang.

Fig. 15 : variations du niveau relatif de la mer depuis 240 000 ans

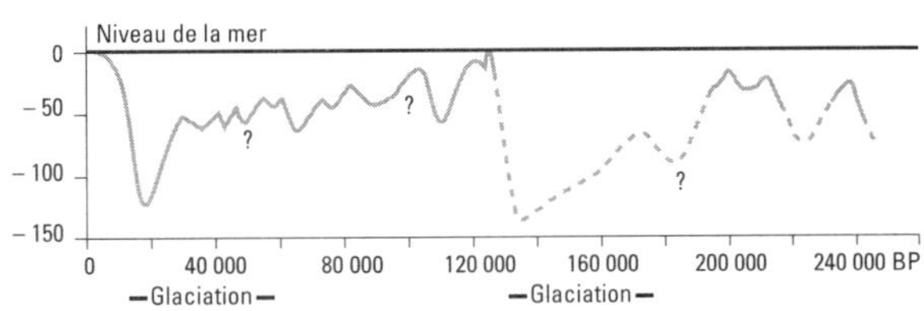

D'après J. Chappell et N. J. Shackleton, *Nature,* vol. 324, 1986.

Les formes littorales s'organisent donc en rivages d'émersion et côtes de submersion suivant les lieux. D'autre part, les contrastes de façades et les oppositions de sites sont un élément essentiel de distribution des modelés littoraux. Elles manifestent la différence d'énergie des vagues entre des rivages exposés aux houles et des côtes sous le vent, entre des caps battus et des baies abritées.

Les côtes rocheuses représentent environ 80 % du linéaire côtier mondial. Elles montrent l'efficacité des attaques marines sur les matériaux cohérents. Les versants raides sont taillés en **falaises** : ces abrupts évoluent en partie par des processus continentaux ; mais le recul de la paroi est commandé par sa base où s'exercent le sapement mécanique des vagues puis l'évacuation des débris roulés en galets ou progressivement décomposés par altération ou dissolution. L'action marine est guidée par les divisions physiques de la roche ; elle peut ciseler le rivage en couloirs étroits et en grottes marines le long des lignes de fracturation. Le recul des falaises permet le développement de **plates-formes d'abrasion** : ces surfaces régulières et peu inclinées sont soumises au déferlement. Ainsi le retrait du rivage trouve une limite dans l'allongement des platiers rocheux qui absorbent une partie de l'énergie des vagues. Sur les topographies en roches massives, la mer opère un simple récurage mécanique des volumes altérés meubles : ce sont les plates-formes à écueils, les dédales d'îlots et de chenaux des côtes rocheuses basses comme le Trégor ou les paysages majestueux d'îles hautes et de baies imbriquées (Rio de Janeiro, Hong Kong).

Fig. 16 : falaise et plate-forme d'abrasion marine

Les côtes d'accumulation sont différentes suivant la nature des sédiments et leur exposition aux actions marines.

Les plages sont des accumulations meubles de sables ou de galets, constamment remaniées au rythme des marées, des changements de temps et des saisons. En effet leur profil concave s'établit suivant l'énergie et le style de déferlement des vagues, il peut donc évoluer au cours d'une marée.

Fig. 17 : plage

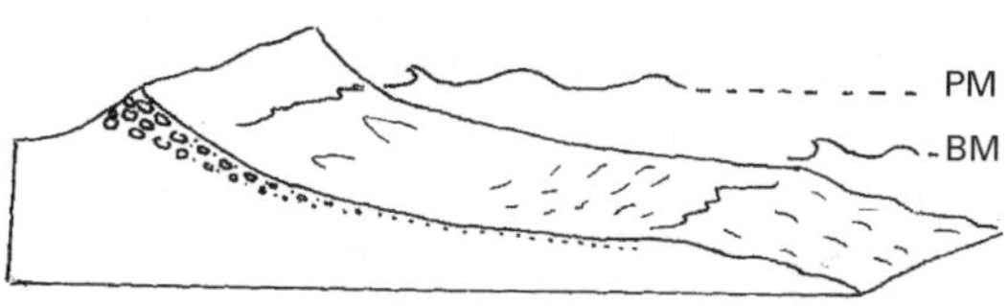

Le bas de plage offre une surface très faiblement inclinée où les mouvements de l'eau au ras du sol forment des micromodelés, les **rides** d'écoulement et les **ripple marks.** La partie moyenne est marquée par des inflexions du profil, gradins de plage édifiés par la dernière houle constructive ; elle est parfois échancrée en larges croissants de plage sous l'effet de houles modérées à forte cambrure. En haut de l'estran se forme un cordon de tempête par accumulation des matériaux les plus grossiers projetés par les plus fortes vagues.

Le transit des sédiments déplacés par la dérive littorale façonne les plages. Certains cordons sont adossés au relief terrestre, leur tracé légèrement incurvé traduit le mouvement divergent des houles réfractées au fond de baies. D'autres résultent de transferts latéraux importants : ce sont les **flèches littorales** ; elles peuvent enfermer des lagunes, barrer des baies ou relier des îles à la terre ferme par un **tombolo.** Ces accumulations « libres » évoluent par migration latérale des matériaux entre un secteur d'érosion et une zone d'engraissement. Elles tendent à trouver une position d'équilibre perpendiculaire à la résultante des houles efficaces. Enfin, il existe des accumulations de fuite ou **queues de comète** qui sont modelées par les houles réfractées derrière un obstacle.

Fig. 18 : types d'accumulations littorales

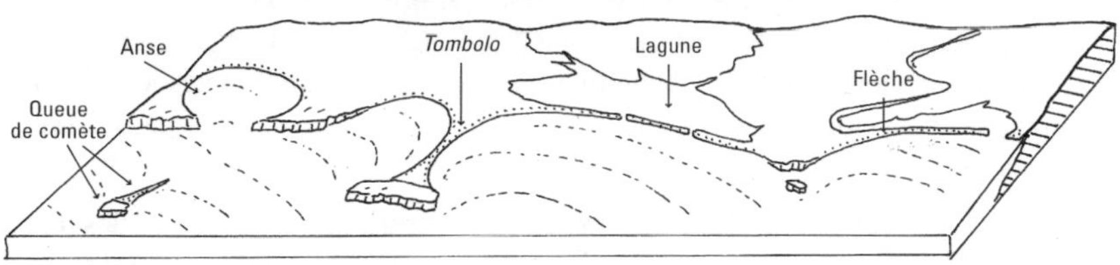

Les dunes littorales, situées en arrière des grandes plages, traduisent la prise en charge par le vent des sables fins desséchés à marée basse sur l'estran. Ces accumulations bordières sont progressivement fixées par la végétation qui freine l'écoulement de l'air. Mais elles constituent des milieux précaires, entre des plages menacées par les tempêtes et la pression sociale qui altère les couvertures.

La rencontre des eaux fluviales et des eaux marines correspond à un long plan incliné dans **les estuaires**. Car les eaux salées pénètrent en coin sous les eaux douces plus légères et chargées de matières en suspension. Les échanges chimiques à l'interface des deux liquides provoquent la floculation, c'est-à-dire l'agrégation des particules et leur dépôt par gravité. Ce phénomène de ***bouchon vaseux*** qui se déplace au rythme des marées et des crues est à l'origine de l'importante sédimentation d'estuaire.

Les vasières et marais maritimes se développent dans les secteurs abrités des houles, comme **les estuaires**, les lagunes et les baies fermées. Car les eaux calmes permettent la décantation des particules fines en suspension sur des surfaces à très faible pente.

Le dépôt sur le fond s'accompagne en général d'une production organique importante et d'une lente décomposition dans les vases saturées d'eau. D'où l'odeur. La sédimentation est réglée par la durée de la submersion et la nature de la végétation ; car les plantes jouent un rôle majeur pour piéger des matériaux fins sur le rivage. La partie supérieure de l'estran est tapissée de végétation halophile, c'est-à-dire adaptée aux milieux salés : c'est l'herbu ou le **schorre,** presque horizontal et soumis à une submersion brève lors des pleines mers de vive-eau ; cette surface domine la vasière nue par une courte pente au tracé irrégulier Les parties moyennes et inférieures de l'estran forment une surface de vase lisse, la **slikke** ; elle est découpée par des chenaux sinueux parcourus par le flot et le jusant.

Fig. 19 : vasière littorale

La sédimentation provoque l'exhaussement progressif des vasières ; il se manifeste par une lente avancée des surfaces végétalisées vers la mer ; au contraire, le recul du **schorre** traduit un déséquilibre sédimentaire. Les aménagements tendent souvent à accélérer le colmatage en multipliant les pièges à sédiments, puis en enfermant les marais maritimes par des systèmes de digues et chenaux qui définissent des « prises » ou polders.

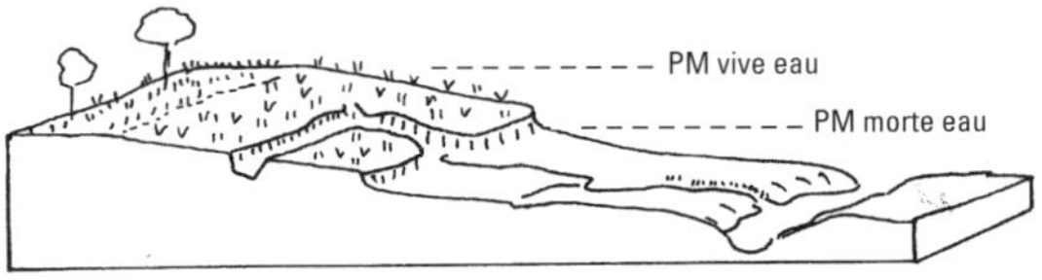

Enfin, les fleuves à forte charge sédimentaire construisent des **deltas** : aux accumulations de vase de l'estuaire s'ajoutent des dépôts sablo-limoneux dans les chenaux divergents. La progression des sédiments dans la mer étale les matériaux fins en nappes successives qui se recoupent suivant les divagations du lit ou les remaniements du rivage. Ainsi la forme du delta traduit les actions réciproques du fleuve et de la mer : les constructions ramifiées, comme le delta du Mississippi, font avancer dans la mer des bourrelets de rive le long des bras sinueux, d'autres accumulations sont redistribuées latéralement par la dérive littorale et s'étirent en flèches enfermant des havres, des lagunes et des marais (le Rhône, le Nil, le Gange et Brahmapoutre).

Les conditions climatiques zonales introduisent des nuances importantes sur les rivages, en particulier par la profusion biologique des régions chaudes. Car les formes de vie adaptées aux milieux amphibies et marins sont à l'origine de littoraux sédimentaires spécifiques : les mangroves (cf. p. 376) et les coraux.

Les mangroves se développent sur les vasières des régions tropicales. Ce sont des forêts juchées sur des racines amphibies qui couvrent la moitié supérieure de l'estran couverte par chaque marée ; elles sont composées de deux espèces de palétuvier (*Rhyzophora* et *Avicennia*) réparties suivant la durée de la submersion et la salinité. Les racines aériennes (pneumatophores) forment des entrelacs inextricables qui abritent des écosystèmes riches. La végétation qui brise les vagues contribue largement à piéger les sédiments fins et participe à l'engraissement de la vasière. C'est pourquoi le développement des mangroves fait avancer le littoral ; mais leur déstabilisation par les cyclones, par des changements hydrologiques naturels ou provoqués et par les défrichements peut provoquer le recul rapide de ces rivages boueux.

Les récifs coralliens se développent à faible profondeur en avant des côtes exposées. Ils présentent au battement des houles un abrupt externe très raide, puis un platier interne toujours irrégulier, coupé de chenaux, échancré en vasques, hérissé de pinacles. À l'arrière du récif s'accumulent les sables, fragments calcaires brisés par les vagues, qui constituent les plages blanches des atolls.

Les coraux sont constitués par des organismes constructeurs qui fixent les carbonates : colonies de madrépores et de micro-algues (*zooxantelles*) vivant en symbiose. Leur croissance requiert des eaux claires et tièdes (entre 18 et 34 °C). C'est pourquoi les récifs coralliens se développent sur les rivages des mers chaudes, parfois au-delà des limites de la zone intertropicale comme devant la Floride ou sur les côtes de la mer Rouge, du golfe Persique et de la mer de Chine ; en revanche, ils sont absents des façades ouest des continents, parcourues par des courants froids d'*upwelling**, et disparaissent aux abords des grands estuaires aux eaux trop turbides. La croissance moyenne des coraux dans les eaux superficielles est de l'ordre de 5 à 10 mm par an. Les débris arrachés par les vagues sont piégés et cimentés dans les interstices du récif pour former une masse compacte à proximité du rivage. L'équilibre biologique des coraux est très sensible aux modifications d'environnement littoral (parasites, pollutions diverses, accroissement des apports sédimentaires et de la turbidité, variations eustatiques).

Les constructions coralliennes se disposent parfois en récif frangeant, accolé à la côte, ou en récif barrière séparé de la terre par un lagon plus ou mois large. Le plus grand récif est la Grande Barrière d'Australie, développée sur 1 200 km, à 20 ou 100 km de distance de la côte orientale du Queensland. Les **atolls** sont des récifs annulaires faiblement émergés qui enferment un lagon circulaire ; ces îles basses surmontent en général un édifice volcanique sous-marin. C. Darwin explique leur origine par la croissance verticale des coraux (à proximité de la surface) compensant la subsidence progressive du substratum volcanique.

Fig. 20 : récif corallien

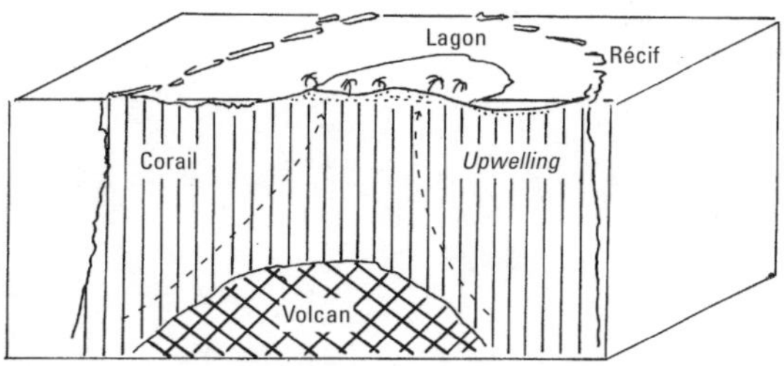

Les eaux des lagons sont renouvelées à la fois par les vagues qui déferlent sur le récif et par des remontées profondes en cheminée à travers la masse poreuse. On parle *d'endo-upwelling.*

Il faut enfin évoquer quelques processus climatiques efficaces sur les plages et qui donnent un caractère zonal à certains rivages : en milieu chaud, l'évaporation peut cimenter des grès de plage (*beach rock*), bancs massifs résistants aux vagues ; aux hautes latitudes, le gel peut briser les galets et triturer les sédiments de plage, tandis que les glaces flottantes sont capables de traîner de gros blocs et de labourer les estrans*.

Ainsi les modelés littoraux sont variés et toujours évolutifs. Les changements qui affectent principalement les accumulations apparaissent comme des réponses rapides à une modification des conditions d'équilibre.

En conclusion, les grands types de modelés reflètent des combinaisons de processus originales et variées suivant la lithologie et les conditions bioclimatiques. Il existe donc des formes de versants caractéristiques des grands milieux, mais aussi des formes de convergence qui manifestent un trait particulier du substrat ou un processus dominant.

L'évolution des modelés s'inscrit dans la durée, elle requiert plusieurs dizaines de milliers d'années. C'est pourquoi les formes ne traduisent pas toujours les conditions présentes, mais plutôt des remaniements successifs au rythme des oscillations climatiques. En effet, les formations superficielles constituent des stocks meubles, lentement élaborés par les actions météoriques, qui peuvent être rapidement mobilisés et redistribués sur les pentes lors de crises morphologiques associées à des changements climatiques ou à une transformation du couvert végétal.

Il faut donc évoquer les formes de ***versant*** non seulement en termes de dynamique mais aussi en termes de bilan d'érosion : les modelés de dissection offrent des pentes décharnées par l'entaille des ravins et l'incision des rivières ; les modelés de déchaussement procèdent de l'altération et d'un décapage partiel qui laisse en saillie des dômes et des chicots résiduels ; enfin, les modelés empâtés résultent soit d'une décomposition intense, soit de l'étalement généralisé des couvertures par les processus de versant.

Les couvertures de ***versant*** traduisent donc un bilan d'évolution à moyen terme entre la production et l'évacuation de matériaux meubles sur les pentes. Les surfaces nues correspondent soit à des substrats particuliers (réfractaires à la météorisation ou solubles) soit à des pentes raides débarrassées de débris (parois de dômes ou corniches rocheuses), soit encore à des surfaces dont la couverture est décapée par des dynamiques spécifiques (topographies raclées par les glaciers, balayées par la déflation éolienne ou battues par les vagues). À l'inverse, les versants à couverture épaisse traduisent la libération de débris abondants ou leur accumulation sur la pente ; les caractères de ces formations meubles induisent à la fois les conditions pédologiques de croissance de la végétation et la sensibilité aux agents de transport ; elles impriment ainsi des styles différents de mobilisation suivant les conditions climatiques.

Ainsi, les modelés témoignent dans la durée de l'action de l'eau dans les sols et en surface. Ils s'intègrent dans des volumes et des formes qui résultent de l'évolution à long terme du relief.

Document commenté

Un versant raide en milieu tempéré humide

Photo 7 : versant de Gaick Forest (Écosse)

Incision fluviatile de versant en Écosse

Une vallée profonde de 350 m tranche les hauts plateaux des Grampians (Highlands centrales). La vigueur des pentes et le calibrage de la vallée résultent de l'action des glaciers qui ont recouvert la région au cours du quaternaire. L'évolution postglaciaire se caractérise par le dépôt de nappes de sables et galets étalées dans la vallée et par le remaniement des versants par incision des ruisseaux. Les conditions actuelles sont fraîches et hyperhumides avec des précipitations annuelles supérieures à 1 800 mm sur le plateau. La couverture végétale originelle, une forêt claire de pin d'Écosse, a été totalement éliminée, et remplacée par une lande atlantique utilisée comme pâturage extensif et réserve de chasse.

Le versant, dont la pente moyenne est proche de 35°, est entaillé par un ruisseau élémentaire rectiligne. Le bassin de réception est échancré en amphithéâtre dans les matériaux de couverture du rebord du plateau ; il collecte les eaux de pluie et de fonte des neiges sur un impluvium de 1 km^2 sur la haute surface. Un chenal raide et court achemine le flot chargé de débris vers la vallée. Un grand cône d'accumulation traduit la diminution d'énergie sur la rupture de pente inférieure : le ruisseau abandonne sa charge. Le volume du dépôt est à peu près égal à celui de l'encoche supérieure, ce qui montre l'incapacité de la rivière principale à évacuer les apports latéraux.

DOCUMENT COMMENTÉ

Modelés de montagne

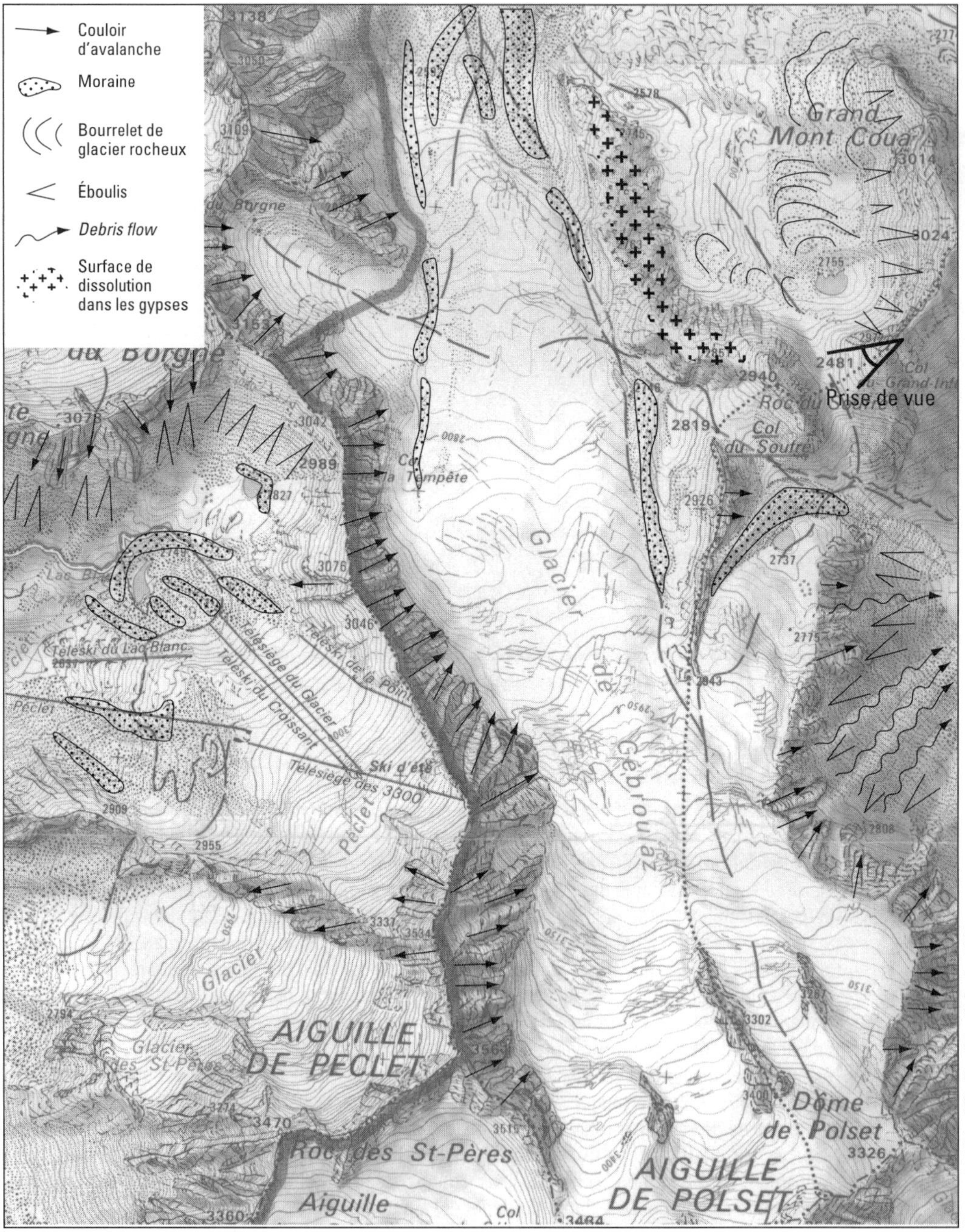

Fig. 21 : le glacier de Gébroulaz

Autour du glacier de Gébroulaz

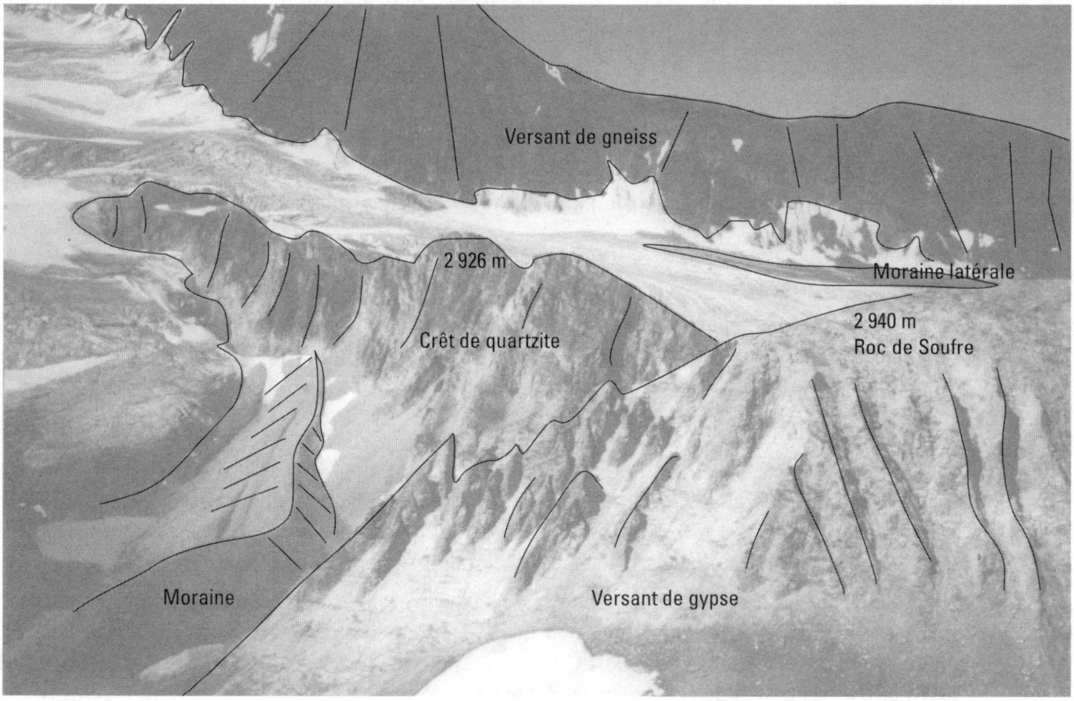

Photo 8 : rive droite du glacier de Gébroulaz

1 - PRÉSENTATION DES DOCUMENTS

Nature

Extrait de la carte IGN 1/25 000 « Les trois vallées, Modane ».

Massif de la Vanoise, dans les Alpes du Nord.

2 - MÉTHODE

A/ Objectif

La carte permet d'analyser les formes glaciaires et les modelés périglaciaires de haute montagne sur des substrats très variés.

B/ Problématique

Le glacier de Gébroulaz est situé dans le massif de la Vanoise, dans les Alpes du Nord. Il occupe une vallée d'axe sud-nord incisée dans un synclinal déversé vers l'est. Elle est entaillée à l'ouest dans les séries renversées de gneiss et de schistes qui forment un crêt de flanc inverse (paroi de l'aiguille de Péclet à l'aiguille du Borgne) ; la rive droite correspond à un revers structural armé par les sédiments du trias : bancs de quartzite, de gypse (roc du Soufre) et de calcaires (mont Coua), redressés vers l'est.

C/ Mise en garde

La répartition des modelés et des formations de pentes ne peut être rapportée uniquement à l'évolution contemporaine. Elle traduit la succession des dynamiques de montagne qui résultent des variations climatiques depuis la fin de la dernière glaciation quaternaire.

3 - ANALYSE ET COMMENTAIRE

A/ Le glacier

La langue glaciaire s'allonge sur 4 km, elle recouvre environ 300 ha.

a/ Le bassin d'alimentation

Il correspond aux pentes nord de l'aiguille de Polset (3 500 m). Les précipitations moyennes sont supérieures à 2 000 mm par an, ce qui représente une accumulation annuelle de névé épaisse de 4 m. Au cours de l'été, les alternances gel-dégel favorisent la cristallisation de la glace, mais aussi la percolation de l'eau qui caractérise ce glacier à base tempérée.

b/ La zone d'ablation

Elle commence au-dessous de 2 800 m environ, elle est marquée par la disparition de la couverture de neige en été (ligne de névé) et par un profil transversal légèrement convexe. À cette altitude, la fusion est de l'ordre de 2 m par an, elle s'accroît régulièrement vers le bas (de 70 cm pour 100 m) jusqu'à la disparition totale de la glace sur le front du glacier vers 2 600 m.

Une diffluence vers 2 850 m sépare une branche courte et raide à l'est de la langue principale, dont l'épaisseur atteint 130 m (autour de 2 800 m). L'écoulement provoqué par le poids de la glace est conditionné par le frottement sur le lit. Il se marque par des séries de crevasses obliques sur les berges et par des barres de séracs sur les secteurs en forte pente où s'accélère le mouvement.

c/ Le front du glacier

Il a subi d'importantes variations : au cours du Petit Âge de glace, la langue s'est avancée jusqu'à 2 200 m, soit à 2 km en aval du front actuel. Le recul amorcé depuis le début du XIXe siècle a été interrompu par trois réavancées identifiées sur la plupart des grands glaciers des Alpes vers 1890, 1920 et la dernière entre 1970 et 1985. Ces oscillations se traduisent par le dépôt de moraines terminales en cordons très allongés entre 2 600 et 2 400 m.

B/ Le versant occidental

Sur la rive gauche, la paroi haute de 100 à 350 m est taillée dans les gneiss fins surmontés de micaschistes ; elle est exposée à la gélifraction active et fournit des débris qui sont évacués par des chutes de pierres ou par des avalanches capables d'étaler les matériaux au bas de couloirs rectilignes. Les blocs emportés par le glacier forment une ligne de moraine latérale ; ces traînées isolent la petite langue affluente issue du col du Borgne

C/ Le versant oriental

Les pentes qui encadrent le glacier à l'est sont variées par leur disposition comme par leur lithologie.

Dans sa partie amont, le bassin glaciaire est fermé par une crête de micaschistes tournée à l'est : c'est une paroi de 500 m couronnée par une corniche et nappée d'éboulis au profil rectiligne ; le tablier de blocaille est raviné par des couloirs d'avalanches qui étalent des langues de débris en bas de versant et par des lignes de *debris flow* qui contruisent des bourrelets latéraux et des cônes allongés.

La petite arête culminant à 2 926 m, responsable de la diffluence glaciaire, est un crêt de quartzites. Ces roches très gélives nourrissent de beaux tabliers d'éboulis. Sur le front, tourné à l'est, les blocs détachés de la corniche sont étalés en nappe et redistribués par la petite langue de glace. Ils constituent une part importante du gros croissant morainique situé sous le col du Soufre. Le revers, tourné à l'ouest, porte une couverture continue de débris ; le glissement de la blocaille sur le manteau de neige hivernal a édifié un rempart de névé, désormais placé au-dessus de la moraine latérale par l'abaissement du niveau des glaces depuis le XIXe siècle.

Le roc du Soufre (2 940 m) est formé de gypses. La dissolution est efficace sur les pentes lors de la fonte des neiges et pendant l'été. Les versants nus, taraudés de dolines et creusés par des rigoles, offrent un paysage lunaire aux couleurs blanchâtres. Au nord de ce chaînon, une partie des eaux sous-glaciaires traverse la masse gypseuse par des conduits de dissolution, pour réapparaître nettement en aval des moraines actuelles vers 2 600 m.

Plus à l'est, les pentes de la Pointe des Fonds et du Grand Mont Coua (3 014 m) sont taillées dans les micaschistes qui sont débités en gros blocs. Les tabliers s'étalent en avant du versant dans deux courts glaciers rocheux. Les bourrelets arqués traduisent la dynamique de glissement entretenue par des lentilles de glace interstitielle alimentées par les neiges du haut versant.

4 - SYNTHÈSE ET PROLONGEMENTS

La diversité des formes des versants

La diversité des versants autour du glacier de Gébroulaz reflète à la fois la variété des roches et des pentes, l'étagement des dynamiques et l'évolution des conditions morphoclimatiques. Les réponses lithologiques manifestent l'inégale sensibilité du matériel aux attaques mécaniques du gel et de la glace comme aux agressions chimiques (pendant les mois d'été). Les relais de dynamiques acheminent des débris par processus successifs sur les versants : les gélifracts détachés des parois sont redistribués sur les pentes par la simple gravité, la neige ou le ruissellement ; ils peuvent être ensuite pris en charge par la glace, abandonnés dans les moraines ou évacués dans les chenaux proglaciaires. Les oscillations climatiques se manifestent dans un paysage de déglaciation hérité de l'évolution quaternaire et remanié suivant la distribution des modelés glaciaires et périglaciaires.

DOCUMENT COMMENTÉ

Modelés en région aride : Termit-Kaoboul (Niger)

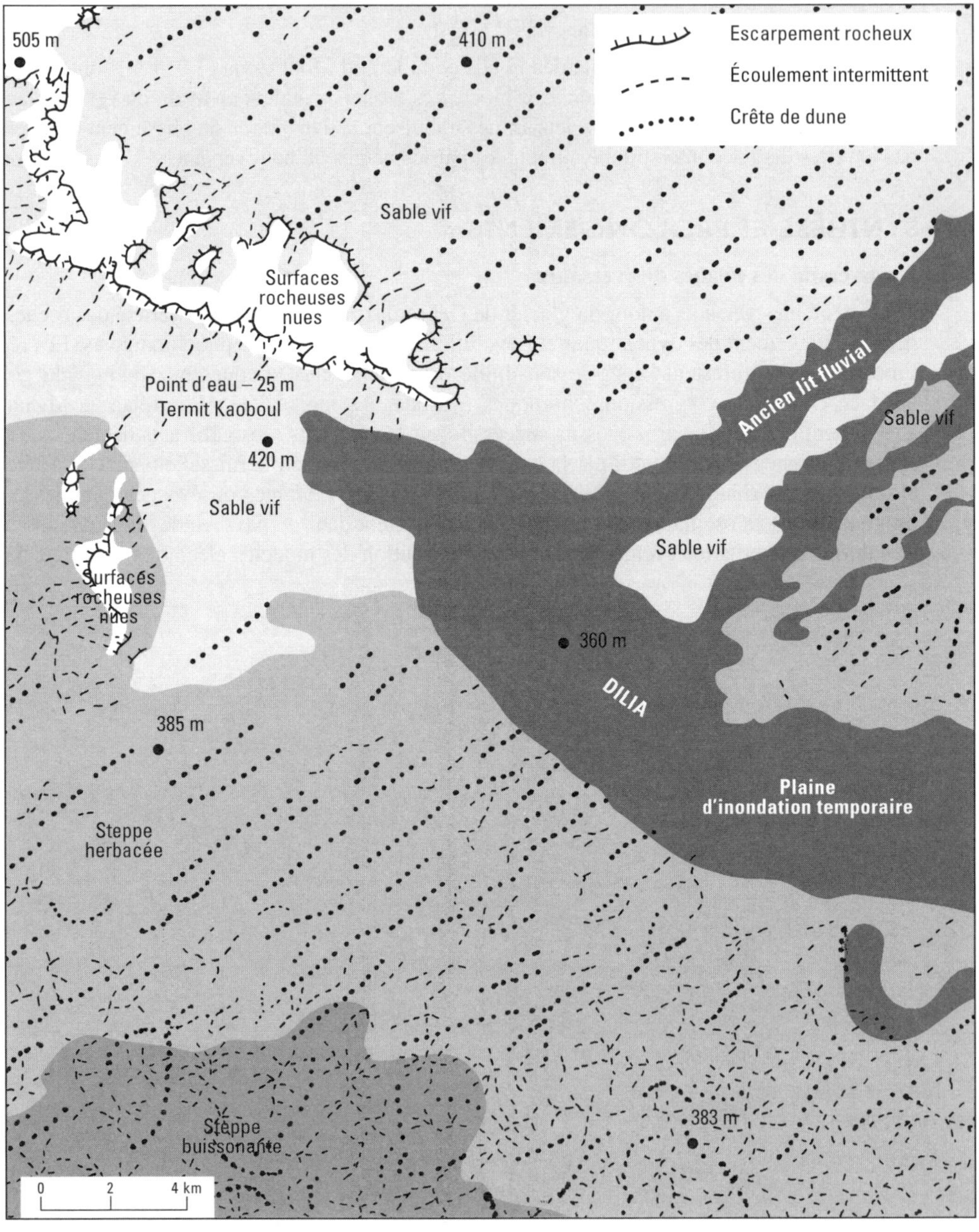

Fig. 22 : croquis topographique des environs de Termit
D'après carte topographique au 1/200 000 de l'Afrique de l'Ouest, IGN, 1966.

Fig. 23 : localisation

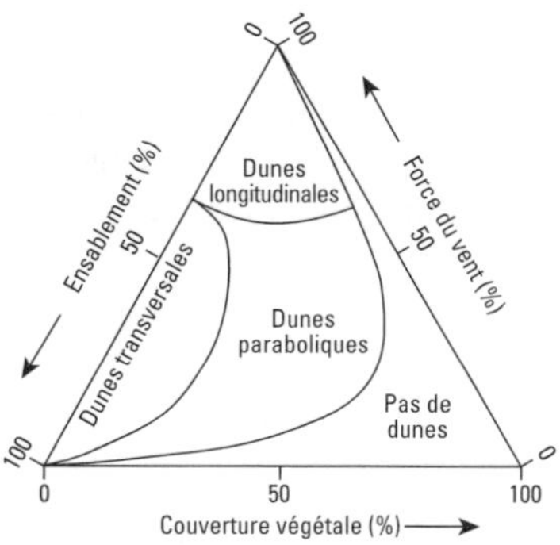

Photo 9 : paysage de roc et de sable

Fig. 24 : relations entre la forme des dunes, le recouvrement végétal, les apports de sable et la force du vent
D'après J.T. Hack, 1941

1 - PRÉSENTATION DES DOCUMENTS

Titre

Croquis topographique des environs de Termit (Niger), d'après carte IGN, échelle 1/200 000, 1966.

Nature

La région de Termit est située au sud du grand erg du Ténéré, dans le Sahara nigérien, en lisière des steppes du Sahel.

2 - MÉTHODE

Objectif

Les conditions climatiques au nord du 15e degré de latitude nord sont de type aride. Les pluies annuelles moyennes ne dépassent pas 180 mm et tombent pendant moins de 25 jours ; leur variabilité interannuelle dépasse 50 %. Les précipitations moyennes s'accroissent sensiblement vers le sud. La carte présente donc un espace de transition entre le monde aride et le domaine subaride : le passage du désert à formation herbacée à la steppe semi-désertique se fait sur une distance de l'ordre de 20 km. Cette limite bioclimatique importante peut être tracée au sud du Sahara à travers tout le continent africain.

3 - ANALYSE ET COMMENTAIRE

- La carte présente une partie de l'immense plaine des confins nigéro-tchadiens, légèrement inclinée vers le sud-est ; elle est interrompue par les buttes du massif de Termit. Il s'agit de reliefs monoclinaux hauts de 60 à 80 m, aux contours très découpés. Les abrupts taillés dans les grès du continental intercalaire (d'âge crétacé) offrent des corniches rocheuses nues au-dessus de larges concavités ravinées par les chenaux de petits oueds intermittents. Le versant oriental est en partie ennoyé sous les accumulations de sable poussé par l'alizé.

- Au nord, c'est un paysage d'erg vif. Les dunes longitudinales forment des crêtes parallèles, hautes de 10 à 15 m et espacées d'environ 1 km ; ces constructions mobiles sont nues et alignées suivant la direction des vents dominants : est-nord-est ouest-sud-ouest. Les sillons interdunaires recueillent les eaux infiltrées et les écoulements temporaires lors des pluies ; ils portent une maigre végétation de steppe herbacée. Les buttes gréseuses perturbent la circulation de l'air au sol et le transit des sables, c'est pourquoi les étendues sous le vent du relief n'offrent pas d'alignement, mais de petites accumulations disposées sur des ondulations parallèles.
- Au sud de la carte, la transition bioclimatique induit un changement de style dans les modelés : les pluies sensiblement plus abondantes permettent la croissance d'une steppe à épineux parfois ponctuée d'arbustes. Ainsi, les constructions dunaires sont fixées par la végétation buissonnante qui freine le vent sur le sol. C'est un erg fixe formé de monticules désordonnés, hauts d'une dizaine de mètres, qui ne présentent pas de direction préférentielle ; ils séparent des petites cuvettes d'environ 1 km où se concentrent les écoulements vers des mares éphémères.
- Une vallée large de 4 à 5 km se dessine quelques mètres plus bas. Le Dilia est un couloir au fond presque plat, inondé après les pluies : la nappe d'eau temporaire sape les berges de sable, avant de se retirer pour laisser la place à un pâturage saisonnier. C'est une ancienne vallée dont on aperçoit quelques méandres ; lors des périodes pluviales du quaternaire, elle drainait des eaux plus abondantes vers le sud-est, c'est-à-dire vers le lac Tchad.

4 - SYNTHÈSE ET PROLONGEMENTS

L'exemple de la région de Termit montre la combinaison de modelés différents : les parois rocheuses de la butte de grès, les champs de dunes rectilignes, un ancien lit de rivière, vestige d'une phase pluviale. La présence d'une végétation de steppe à épineux commande la distribution des formes construites par le vent. Espace fragile, sensible aux variations des pluies sur la marge du désert. Cette région de transition offre un vaste pâturage pour les éleveurs du Sahel regroupés autour du puits.

Document commenté

Modelés des tropiques humides

Photo 10 : dôme granitique

Photo 11 : modelé dans les altérites

Un dôme granitique en cours de dégagement

Dans le massif de Carion, dans les hautes terres du centre de Madagascar. Une lourde coupole de granite est en partie dégagée par l'évacuation des volumes altérés. Cette forme résulte d'une décomposition prolongée pendant une très longue durée, qui a épargné une masse résistante. Une reprise d'érosion a emporté une partie des manteaux d'altération meubles épais de plusieurs dizaines de mètres ; elle a mis à nu un dôme aux versants convexes. Le ruissellement sur les dalles rocheuses fixe des lignes de mousses et lichens. Les arbres se maintiennent sur les sols minces du sommet, tandis que les collines voisines sont largement déboisées pour l'agriculture.

Paysage des plateaux malgaches

Cette topographie de plateau vallonné présente un modelé d'incision en roche meuble. Car les manteaux d'altération rougeâtres, développés sur les roches granitiques, sont épais de plusieurs dizaines de mètres. Ils sont découpés en croupes uniformes. L'ensemble conserve les grandes lignes d'un plan dominé par quelques bosses rocheuses dissymétriques. L'entaille des vallons dans les matériaux sablo-argileux se caractérise par des fonds plats, aménagés en rizières, et de courts versants convexes. Le sous-tirage des nappes et le ruissellement sous l'effet des fortes pluies tropicales provoquent des morsures profondes sur le flanc des lanières. C'est le point de départ d'une évolution en lavakas qui peuvent défoncer les interfluves.

Ce paysage de savane anthropique est entièrement déboisé par les feux répétés destinés à développer d'immenses pâturages sur les plateaux. Mais le changement de la couverture végétale, s'il favorise le ruissellement, n'explique pas le modelé d'incision. Car l'abaissement des cours d'eau résulte probablement d'une reprise régionale de l'érosion pendant plusieurs dizaines de milliers d'années ; il est commandé soit par des mouvements tectoniques d'ensemble, soit par une crise morphoclimatique majeure, bien antérieure à la déforestation.

Document commenté

Modelés périglaciaires hérités : versant d'éboulis en moyenne montagne dans l'île d'Arran (Écosse)

Photo 12 : versant d'éboulis en Écosse

Les montagnes de l'île d'Arran, au sud-ouest de l'Écosse, qui culminent à 874 m, sont sculptées dans une intrusion granitique. Le massif a été englacé pendant les phases froides du quaternaire. Le versant de Beinn Bhreac (711 m), sur la photo, a été exposé à l'action du gel après la déglaciation et pendant le stade tardiglaciaire (10 000 BP) alors qu'une petite langue de glace occupait le fond de la cuvette.

La convexité sommitale a reculé sous l'effet de la gélifraction pendant les périodes froides successives. Elle a nourri une nappe mince d'éboulis couvrant les 2/3 de la pente. Le tablier, incliné à 35°, est formé de gros blocs (0,5 à 0,7 m) non triés. La limite inférieure correspond aux dépôts de moraine tardiglaciaire sur le fond du cirque. Des lignes de blocs disposés dans le sens de la pente et terminés par des langues de débris traduisent l'action des avalanches pendant la dernière période froide, au tardiglaciaire.

L'évolution actuelle est caractérisée par des conditions océaniques fraîches et pluvieuses. La lande recouvre les moraines ; les sols squelettiques des hautes croupes portent une pelouse rase parfois déchirée par l'action du vent. Le tablier d'éboulis n'est plus alimenté par la gélifraction, tout au plus la météorisation des granites et un gel peu intense libèrent des petits fragments et des sables grossiers. La nappe de blocs est remaniée par le ruissellement qui peut évacuer les matrices sableuses : de petites entailles dans la pente supérieure déterminent des lignes de ravinement ; les chenaux rectilignes sont soulignés par les traînées de végétation prenant racine sur les sables et graviers ; ils sont modelés par l'action occasionnelle de *debris flow* qui construisent des bourrelets et des cônes allongés. Ainsi, les dynamiques actuelles, largement contrôlées par la pente et la nature des matériaux, n'ont pas défiguré les modelés hérités.

DOCUMENT COMMENTÉ

Érosion et sédimentation littorale : l'exemple du sud-ouest de la Bretagne

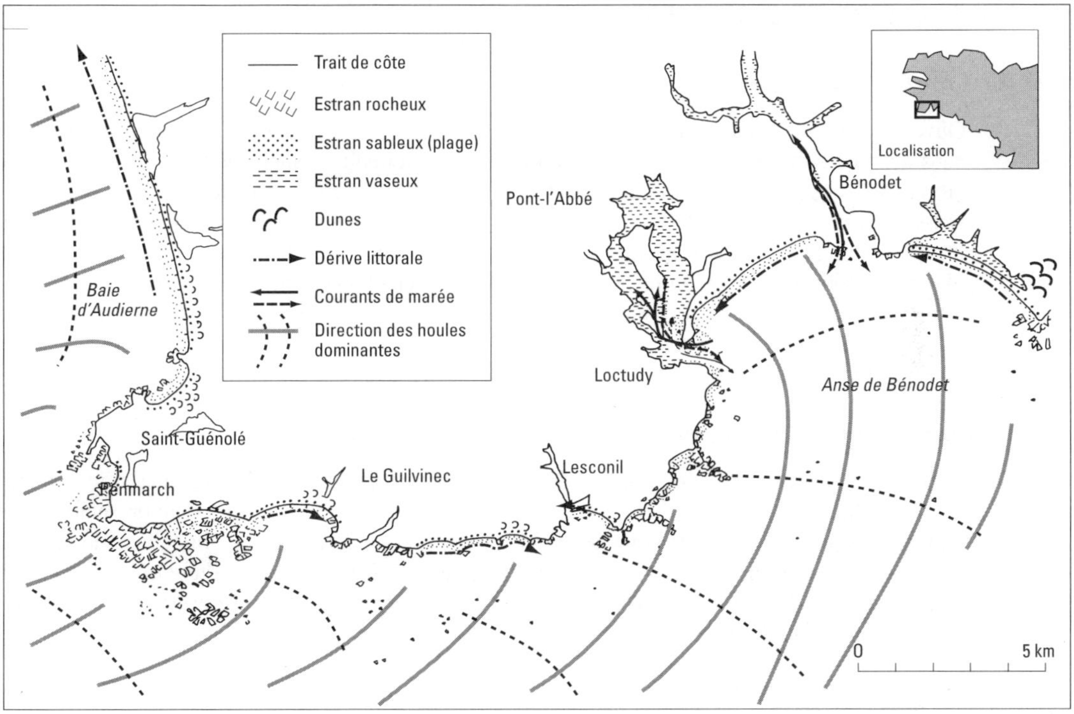

Fig. 25 : dynamique littorale et modelé du rivage

1 - PRÉSENTATION DU DOCUMENT

Titre

Carte de la péninsule de Cornouaille au sud-ouest de la Bretagne. Échelle 1/100 000.

Nature

Le croquis représente les modelés littoraux et la direction des houles dominantes qui façonnent le rivage du pays bigouden.

2 - MÉTHODE

A/ OBJECTIF

Le document permet d'analyser des styles différents d'évolution littorale suivant leur orientation par rapport aux houles dominantes. En effet, la côte s'organise en trois secteurs d'exposition différente : la baie d'Audierne, le littoral bigouden, l'anse de Bénodet.

B/ Problématique

Le littoral de Cornouaille correspond à un bas plateau incliné vers le sud ; il se prolonge sous le niveau de la mer par une plate-forme à écueils large de 5 km à la pointe de Penmarch. L'action des houles de sud-ouest, formées sur l'Atlantique, est différente suivant l'angle d'incidence des vagues et le style de la remontée de fond. Les vagues battent directement la côte de la baie d'Audierne, elles frappent de manière oblique la côte déchiquetée à l'est de Penmarch, elles sont réfractées dans l'anse de Bénodet.

3 - ANALYSE ET COMMENTAIRE

A/ La baie d'Audierne

Ouverte à l'ouest, elle fait face aux houles dominantes de l'Atlantique. La côte rectiligne est taillée dans des micaschistes sensibles à l'altération comme au débitage mécanique ; toutefois, les indentations de son extrémité méridionale traduisent un recul différentiel dans les granites, opposant des passées fissurées et des roches massives qui forment des gros tors (pointe de la Torche). Un cordon littoral continu, formé de sables et galets, barre les vallons et enferme des étangs. Le recul de la plage est important (150 m entre 1952 et 1969) : des micro-falaises rongent la plage ; le cordon s'est rompu lors de tempêtes. La déstabilisation du rivage résulte en partie de l'exploitation des sables mais aussi de la migration des sédiments sur l'estran sous l'effet de la dérive littorale et, peut-être, du relèvement du niveau marin.

B/ La côte du pays bigouden

Le littoral rocheux, entre les pointes de Penmarch et Loctudy, est débordé par d'innombrables roches et îlots qui brisent les houles et dévient la trajectoire des vagues. La côte présente une série de plages au tracé très ouvert qui s'appuient sur des pointes rocheuses. L'abondance du sable dans ce secteur battu provient du nettoyage par la mer des volumes de granite altéré qui laisse en saillie de gros amas rocheux ; les sédiments sont distribués sur le rivage par des dérives littorales inverses suivant la position des écueils et la réfraction des houles.

C/ L'anse de Bénodet

Elle dessine un arc ouvert au sud et reçoit les houles réfractées et déviées par plusieurs hauts-fonds. Les grandes accumulations reflètent une dérive littorale vers l'ouest : le tombolo de l'île Tudy relie une ancienne île rocheuse à la terre ferme ; la flèche de Mousterlin, qui porte de petites dunes, enferme un havre allongé de 3 km. Les estuaires sont des rias, creusées profondément pendant des phases de bas niveau marin, puis envahies par la remontée des eaux. Ils sont balayés par de puissants courants de marée. La ria de l'Odet, étroite et encaissée dans les bas plateaux, est longue de 20 km ; les courants alternatifs ont surcreusé les passages étroits (– 20 m au goulet de Bénodet) et distribuent les sédiments dans un delta sous-marin. La rivière de Pont-l'Abbé, large et semée d'îles, est progressivement colmatée par la sédimentation vaseuse en eaux calmes.

4 - SYNTHÈSE ET PROLONGEMENT

Les formes variées de ce littoral reflètent une évolution contrastée entre des secteurs en recul et des secteurs d'accumulation. C'est pourquoi chaque compartiment du rivage présente ses propres bilans sédimentaires. L'action des vagues, qui transmettent l'énergie du vent, est contrainte par la configuration du substrat rocheux sur la côte. Ainsi, le littoral apparaît comme un espace sensible aux changements du climat comme aux variations du niveau marin. À l'inertie des côtes rocheuses, s'opposent les fluctuations rapides des rivages sableux à la merci d'une modification des équilibres dynamiques.

6

LES VOLUMES ET LES FORMES

Les aspérités de la planète forment des volumes variés, en saillie, en plan ou en creux. Les grands ensembles de relief couvrent de très vastes espaces : les arcs insulaires et les fosses marines d'Asie du Sud-Est s'allongent sur 5 000 km, la cordillère de l'Ouest américain s'étire sur plus de 12 000 km, tandis que les plates-formes d'Afrique ou d'Amérique septentrionale ont une dimension continentale ; d'autres ensembles plus fragmentés offrent des combinaisons de formes plus nuancées, comme les massifs et les cuvettes de l'Europe du Nord-Ouest, les chaînes et les bassins du monde méditerranéen. L'origine de ces reliefs s'inscrit dans la très longue durée. En effet, l'agencement des bassins océaniques, des chaînes de montagnes, des systèmes de plateaux et de plaines ne traduit pas directement l'efficacité des processus qui s'exercent actuellement à leur surface ; ces reliefs apparaissent comme le résultat d'une évolution lente et complexe conjuguant les déformations de la croûte et le travail de l'érosion.

Les volumes et les formes résultent d'une évolution à long terme qui appartient au temps géologique. La surrection de chaînes de montagne, leur destruction progressive, le lent comblement des bassins par les sédiments et l'élaboration de topographies nivelées requièrent des durées **de l'ordre de la dizaine, voire de la centaine de millions d'années.**

Les formes de relief ont une longue histoire qui a pu se poursuivre suivant des modalités différentes au cours de phases successives. Car leur évolution est jalonnée par des crises tectoniques et par des changements morphoclimatiques. Ces épisodes sont partiellement enregistrés dans les roches, les dépôts mais également dans la géométrie des formes. C'est pourquoi ces archives minérales permettent de reconstituer les grandes lignes de l'évolution morphologique. Naturellement, les témoignages géologiques sont souvent incomplets puisque l'érosion provoquée par chaque phase de soulèvement a pu détruire les traces d'épisodes antérieurs. D'autre part, à la différence des modelés* de versants qui traduisent l'action des dynamiques récentes, il reste hasardeux de rapporter l'élaboration des formes* de relief à des ambiances morphoclimatiques précises puisque les conditions ont pu changer à de nombreuses reprises au cours de l'évolution à long terme.

Les volumes et les formes résultent donc d'une évolution commandée à la fois par les mouvements internes et par les dynamiques de surface.

La dynamique interne de la Terre détermine la répartition des grands volumes : les bassins océaniques, les chaînes de montagnes, les régions de plates-formes s'organisent suivant le découpage de la croûte terrestre en plaques. Le déplacement des unités crustales engendre des mouvements d'amplitude et de style différents. Les zones instables et les marges actives, où s'affrontent les plaques, sont caractérisées par des raccourcissements importants et des déformations rapides capables de transformer les volumes. En revanche, les zones stables, situées au cœur des plaques, et leurs marges passives sont affectées de mouvements verticaux lents, amples bombements ou ajustements locaux. Les vitesses de translation des plaques sont comprises entre 1 et 20 cm par an ; elles peuvent induire des rythmes de soulèvement qui n'excèdent pas quelques millimètres par an soit des surrections de l'ordre de 1 000 m pour un million d'années.

La dynamique externe s'inscrit dans l'évolution à long terme, comme le bilan cumulé des processus de surface. L'érosion s'exerce suivant des modalités différentes en fonction des conditions bioclimatiques, mais son intensité répond largement à l'agencement des volumes saillants : l'incision vigoureuse des vallées ou le décapage des versants des montagnes contrastent avec les retouches opérées sur les surfaces calmes ou les infimes transferts qui affectent les plaines des grands fonds océaniques. C'est pourquoi les vitesses d'érosion à moyen terme reflètent l'énergie du relief ; elles sont très différentes dans les régions de tectonique active et dans les zones stables.

L'évolution du relief traduit l'interférence de dynamiques contraires. Car les déformations tectoniques, c'est-à-dire les mouvements d'origine interne, induisent largement les rythmes d'érosion ; en retour, la dénudation de volumes saillants et l'accumulation de sédiments peuvent modifier les conditions d'équilibre de la croûte et provoquer des réajustements verticaux.

Les formes d'échelle moyenne s'intègrent dans les grands ensembles et définissent les systèmes de pentes sur lesquels s'exercent les processus de surface. Ces unités correspondent souvent aux agencements géologiques. Car la structure, c'est-à-dire la nature et la disposition des roches, intervient comme facteur passif pour guider l'érosion. C'est pourquoi il est possible de définir des **formes structurales** qui reflètent le travail sélectif de l'érosion dans des matériaux variés tant dans les bassins sédimentaires que dans les régions de socle ou dans les séries plissées des chaînes de collision active.

Enfin, les ensembles de relief ne représentent pas seulement le terme provisoire d'une évolution passée, ils constituent aussi **le cadre des répartitions naturelles** actuelles. Les grands volumes qui reflètent la configuration des plaques interfèrent largement dans la trame climatique du globe. La disposition des continents et des océans, comme celle des barrières montagneuses, influe directement sur la circulation atmosphérique générale. D'où les expositions de façade, les positions d'abri, les situations continentales ou insulaires. Les formes d'échelle moyenne définissent les grandes lignes des paysages ; elles constituent le support des milieux « naturels ». Ce sont, par exemple, les pentes des montagnes où se déploient les étagements, les surfaces monotones des plateaux, les nappes alluviales des vallées et des plaines, les cuvettes qui collectent les eaux en « zones humides » ou en bassins d'évaporation. Ainsi les formes de relief ne constituent pas un décor inerte, mais elles apparaissent comme le substrat différencié sur lequel s'exercent les phénomènes naturels, qu'il soient climatiques, hydrologiques ou biologiques. C'est aussi le cadre physique dans lequel s'organisent les territoires sociaux.

BIBLIOGRAPHIE GÉNÉRALE DU CHAPITRE

Ouvrages généraux

ALLÈGRE, Cl., *L'Écume de la Terre*, Paris, 1983, Fayard.
BIROT, P., *Morphologie structurale*, Paris, 1958, PUF.
CARON, J.-M., GAUTHIER, A., SCHAAF, A., ULYSSE, J., et WOZNIAK, J., *Comprendre et enseigner la planète Terre*, Gap, 1995, Orphys.
COQUE, R., *Géomorphologie*, Paris, 1993 (2e édition), Armand Colin.
DERCOURT, J., et PAQUET, J., *Géologie : objets et méthodes*, Paris, 1991, Dunod.
DERRUAU, M., *Les Formes du relief terrestre*, Paris, 1993 (6e édition), Masson.
TRICART, J., *Précis de géomorphologie*, t. 1 : *Géomorphologie structurale*, Paris, 1968, SEDES.
VIERS, G., *Éléments de géomorphologie*, Paris, 1967, Nathan.
Nouvel Atlas des formes de relief, Paris, 1985, Nathan.

Ouvrages spécialisés

BARDINTZEFF, J.-M., *Les Volcans*, Paris, 1993, Armand Colin.
BATTIAU QUENEY, Y., *Le Relief de la France, coupes et croquis*, Paris, 1993, Masson.
BOILLOT, G., *Géologie des marges continentales*, Paris, 1980, Nathan.
DEBELMAS, J., et MASCLE, G., *Les Grandes Structures géologiques*, Paris, 1990, Masson.
DERRUAU, M., et TAZIEFF, H., *Le Volcanisme et sa prévention*, Paris, 1990, Masson.
DUFAURE, J.-J., (édit.), *La Mobilité des paysages méditerranéens*, Travaux de la *Revue Géographique des Pyrénées et du Sud-Ouest*, II, Toulouse, 1984.
GODARD, A., LAGASQUIE, J.-J., et LAGEAT, Y., *Les Régions de socle*, Publications de la faculté de lettres et sciences humaines, université Blaise-Pascal, Clermont-Ferrand, 1994.
PEULVAST, J.-P. et VANNEY J.-R., *Relief et structure géologique (Terre, corps planétaires solides). Introduction à la géomorphologie structurale*, Paris, 1997, BRGM, coll. Manuels et méthodes.
SUMMERFIELD, M.A., *Global Geomorphology*, Londres, 1991, Longman.
TWIDALE, R., *Geomorphology*, Londres, 1968, Nelson.
VANNEY, J.-R., *Introduction à la géographie de l'océan*, Paris, 1991, Océanis.

A

L'ORIGINE DES VOLUMES

La naissance des reliefs est appelée **orogenèse.** L'explication des déformations de la croûte terrestre a suscité de nombreuses hypothèses. Car les faits d'observation sont d'une complexité déroutante : la forme des continents, la répartition et l'organisation des chaînes plissées sont très dissemblables. En outre, les traces d'anciens orogènes arasés, mais conservés dans les roches, ne présentent pas de concordances simples. C'est pourquoi la formation des montagnes a d'abord relevé de théories plutôt métaphoriques : l'image de la Terre refroidie et contractée comme « une pomme qui se ride », le dessin d'un grand continent disloqué en fragments partis « à la dérive », les termes « géotumeur » et « géosynclinal » pour évoquer de gigantesques excroissances ou l'enfoncement de fosses océaniques sous l'effet de convections profondes.

A. Wegener, au début de ce siècle, remarque la similitude du tracé des côtes qui permet l'emboîtement des continents. Il s'appuie sur la continuité de séries plissées sur les deux rives de l'Atlantique sud, sur les traces de glaciations* d'âge carbonifère et sur la répartition des flores fossiles, pour avancer l'hypothèse d'un continent unique, la **Pangée.** Il propose ainsi la théorie de sa division en deux blocs, la **Laurasia** et le **Gondwana,** puis la fragmentation et la dérive des continents « flottant » sur un manteau fluide.

Depuis un demi-siècle les connaissances ont été largement renouvelées par l'exploration des fonds océaniques, soit les 3/5es de la planète, mais aussi par l'auscultation indirecte de la structure interne ; d'autre part, de nouvelles méthodes d'analyse et de datation permettent de préciser l'origine, l'âge et les modalités de la déformation des roches. La théorie de la mobilité des continents, échafaudée par A. Wegener dès 1910, a donc trouvé un moteur dans **l'expansion des fonds océaniques,** théorie proposée par H. Hess (1962), puis établie par F. Vine et D. Matthews (1963). Les nombreux apports scientifiques, au demeurant disparates, ont apporté un regard nouveau sur l'évolution du globe ; ils fournissent des éléments cohérents d'explication de l'évolution de la Terre. Le modèle de la tectonique des plaques est unificateur puisqu'il permet à la fois d'interpréter le canevas géologique de la Terre et de rendre compte des multiples situations locales ou régionales.

Le modèle de la tectonique* des plaques* intègre des données géophysiques et géologiques de nature très différente qui concordent avec les grandes lignes du relief de la Terre. Les mesures de télémétrie opérées par les satellites géodésiques confirment des vitesses de déplacement calculées ou évaluées sur des indices géologiques dans quelques secteurs clés. Ce système d'explication globale place en profondeur le moteur des déplacements de la croûte : la translation des plaques combine la production de plancher océanique dans les dorsales et la restitution de matériel crustal par subduction dans le manteau. Les mouvements profonds sont donc responsables des déformations de la surface de la Terre : ils impriment un style distensif dans les secteurs d'écartement ou bien un régime compressif qui caractérise les zones de collision correspondant aux grands reliefs en surrection.

1 Le moteur interne

La structure du globe terrestre

La structure interne de la Terre est connue grâce à des indications apportées par la propagation en profondeur des ondes sismiques, véritable échographie de la planète ; ces données sont associées à l'analyse des variations de la gravité, du champ magnétique et du flux de chaleur dans des modèles complexes. Les géophysiciens ont ainsi identifié des discontinuités séparant trois grosses enveloppes d'épaisseur et de densité différentes.

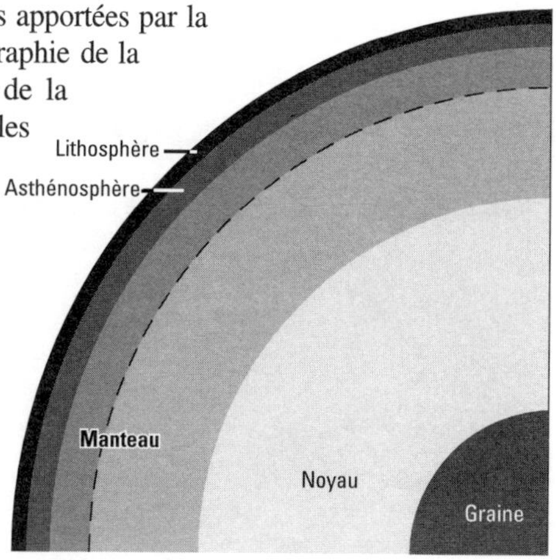

Fig. 1 : la structure du globe

Le noyau de la Terre a un rayon d'environ 6 400 km ; il est défini par la discontinuité de Gutenberg. C'est une masse sphérique très dense (9,7), elle est opaque aux ondes sismiques et présente les propriétés d'un liquide à pression et température très élevées (3 100 à 2 800 °C) ; elle entoure une masse interne, la graine, probablement solide, de 3 500 km de rayon. C'est le mouvement de rotation du noyau autour d'un axe qui crée le champ magnétique terrestre par effet de dynamo.

Le manteau représente 80 % du volume du globe, il forme une enveloppe épaisse d'environ 2 900 km, de composition ultrabasique, c'est-à-dire formée de silicates ferromagnésiens. Sa température décroît vers l'extérieur (de 2 800 à 1 800 °C), ce qui modifie l'état physique de la matière. Ainsi apparaissent trois ceintures de plasticité inégale : en profondeur, la **mésosphère** forme une masse rigide épaisse de 2 680 km ; elle est enveloppée par l'**asthénosphère**, couche visqueuse épaisse de 200 km et animée de lents mouvements de convection ; le **manteau supérieur** « moins chaud » est rigide, il est en partie solidaire de la croûte.

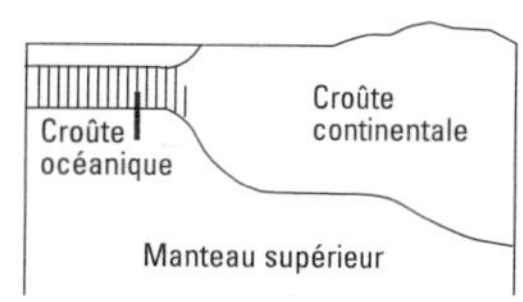

Fig. 2 : croûte continentale et océanique

La croûte est identifiée au-dessus d'une discontinuité nette, le **moho**, dont la profondeur varie entre 8 et 40 km. C'est la partie superficielle rigide, constituée principalement de silicates ; elle oppose deux types de nature et d'origine différentes. La **croûte continentale** est épaisse de 35 km en moyenne ; sa composition est proche du granite en surface (densité 2,7) ; mais elle devient plus basique et plus dense vers le bas. La **croûte océanique**, plus homogène, est formée de matériel basique (basaltes et gabbros) de densité 3 ; elle est épaisse de 7 km en moyenne et surmontée par une tranche d'eau de 4 km.

La lithosphère correspond à l'enveloppe externe regroupant la croûte et la partie supérieure du manteau « plus froid » et plus rigide. Cet ensemble hétérogène dans sa composition est solidaire sur le plan mécanique puisqu'il est peu déformable au-dessus des couches plastiques du manteau moyen. Son épaisseur atteint 150 km sous les continents et 50 km sous les océans ; il est divisé en unités lithosphériques, les plaques.

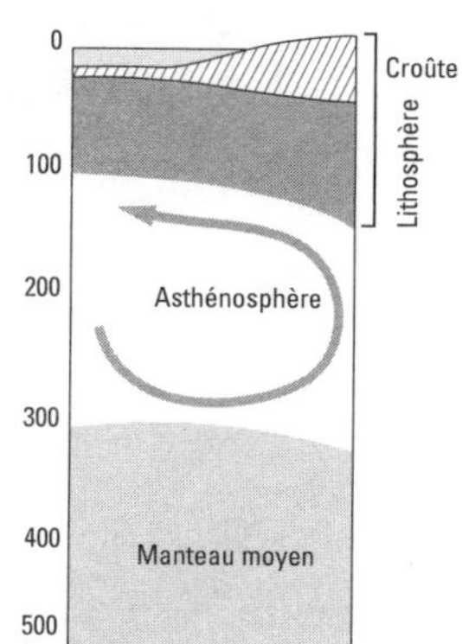

Fig. 3 : la lithosphère et le manteau

La Terre se découpe en grandes plaques*, unités lithosphériques qui couvrent plusieurs milliers de km^2. Elles sont définies par des lignes de discontinuités identifiées soit dans les dorsales médio-océaniques, soit dans des zones d'affrontement ou encore dans des lignes de suture continentale ; ces frontières géophysiques sont caractérisées par une activité sismique et volcanique très importante. On distingue ainsi 7 plaques principales : les plaques pacifique, nord et sud-américaines, eurasiatique, africaine, indo-australienne et antarctique. Ces vastes unités sont composites puisqu'elles associent des portions de croûte continentale et océanique ; seule exception, la plaque pacifique est entièrement constituée par un substrat océanique. L'assemblage est complété par des unités plus petites situées dans des configurations complexes : ce sont les plaques Juan de Fuca, Nazca et Cocos, fragments océaniques qui bordent l'ouest des Amériques ; les plaques Caraïbes, Scotia et Philippines, qui forment des plaques marginales dédoublant des lignes de collisions ; les microplaques arabique, iranienne, turque et égéenne, fragments continentaux dissociés entre l'Afrique et l'Eurasie.

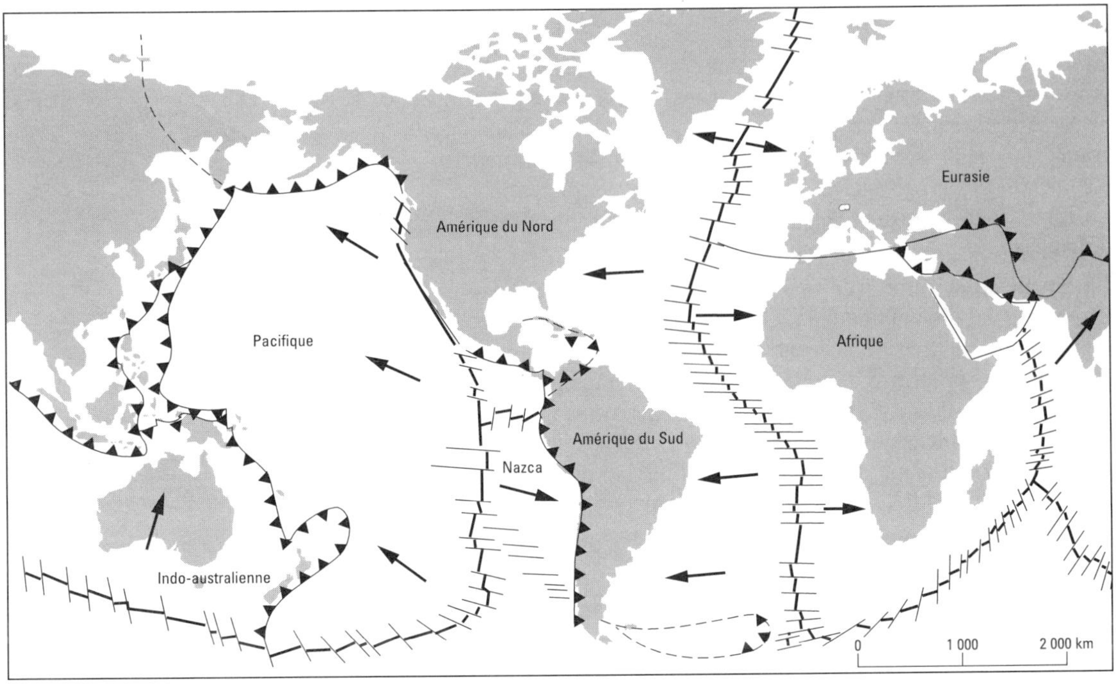

Fig. 4 : les plaques lithosphériques

La dorsale médio-atlantique émerge localement en Islande et dans les îles volcaniques des Açores et d'Ascension, où la production magmatique est particulièrement abondante. Dans le Pacifique, le système de dorsale est décalé dans la partie orientale, il sépare la plaque principale de petites unités crustales de Nazca, de Cocos et de Juan de Fuca. La dorsale indienne se prolonge au nord-ouest jusque dans l'axe volcanique de la mer Rouge. Ces lignes de distension sont réunies par la dorsale antarctique qui ceinture l'océan austral.

Les plaques en mouvement

Les déformations de la surface de la Terre répondent aux déplacements de l'enveloppe externe, relativement rigide et fragmentée. La translation des plaques lithosphériques est provoquée par d'amples mouvements de convection dans le manteau moyen visqueux : les calculs permettent de reconstituer dans l'asthénosphère un système de cellules larges de 5 000 à 10 000 km, correspondant à peu près aux grandes plaques ; ces mouvements sont probablement relayés par des convections secondaires de l'ordre de 700 km de diamètre. Toutefois, il ne s'agit pas simplement d'un effet d'entraînement de la croûte par sa base, sorte de dérive poussée par des courants profonds. En effet, le mouvement des plaques est associé à des échanges de matière entre le manteau et la croûte : d'une part, la remontée de matériel mantellique dans des fissures d'extension nourrit la surface et produit la croûte océanique ; d'autre part, le glissement forcé de la croûte sous les zones de collision incorpore progressivement le matériel lithosphérique dans le manteau moyen. Ainsi la translation des plaques peut être comparée à un gigantesque tapis roulant. Le déplacement des plaques implique le **recyclage** progressif du matériel crustal à mesure des changements de configuration des océans et des continents. Le canevas tectonique* du globe est donc organisé suivant une dynamique double opposant des lignes d'expansion océanique à des zones de collision.

Fig. 5 : les mouvements de la lithosphère

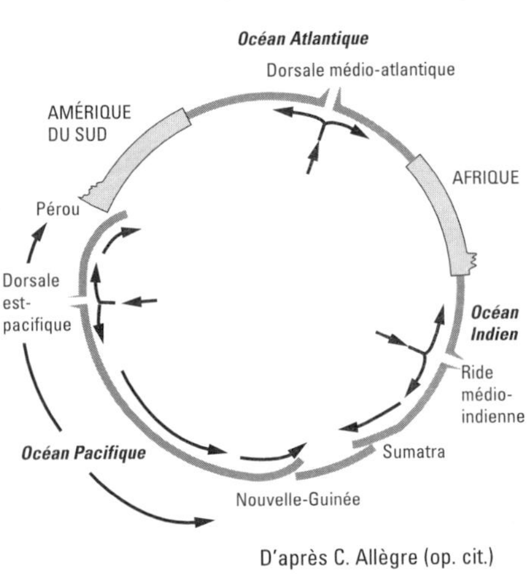

D'après C. Allègre (op. cit.)

Des frontières en expansion

Les frontières de plaques en expansion se placent dans les **dorsales médio-océaniques.** Ces lignes de relief sous-marin sont hautes de 1 000 à 2 000 m au-dessus du plancher océanique situé vers – 4 000 m ; elles sont disposées en segments décalés au centre des océans et se rejoignent dans des points triples pour former un large canevas. ***L'écartement des plaques*** se manifeste par une intense activité sismique et volcanique dans une vallée axiale, le **rift*** qui correspond à une ligne d'amincissement de la croûte.

Les vitesses d'***écartement des plaques*** varient suivant le volume des apports magmatiques. Il existe des dorsales lentes, à vallée centrale bien marquée entre des escaliers de failles incurvées, comme la ride médio-atlantique qui s'ouvre d'environ 2 cm par an. Les dorsales rapides, comme la ride est-pacifique, s'écartent de 10 à 18 cm par an.

La datation de roches prélevées sur le fond et les mesures de paléomagnétisme montrent que l'âge du plancher océanique diminue vers les dorsales. En effet, l'émission régulière de **magma issu du manteau supérieur** accumule le matériel basaltique dans les fissures centrales dans l'axe du rift. Ainsi la production d'une croûte océanique neuve accompagne la distension : c'est le phénomène d'**accrétion océanique.**

Des variations majeures dans la translation du plancher océanique provoquent des décalages axiaux importants. Ils se manifestent dans des accidents transversaux, des **failles transformantes** qui se prolongent à grande distance et assurent le coulissement de compartiments crustaux ; les frictions inégales se manifestent par une sismicité occasionnelle sur le plancher océanique, mais aussi par des tremblements redoutables sur les bordures continentales. Enfin, un déplacement éventuel de l'activité magmatique peut créer une nouvelle ride, abandonnant une **dorsale asismique,** vestige figé d'une ancienne ligne de distension au cœur d'un océan.

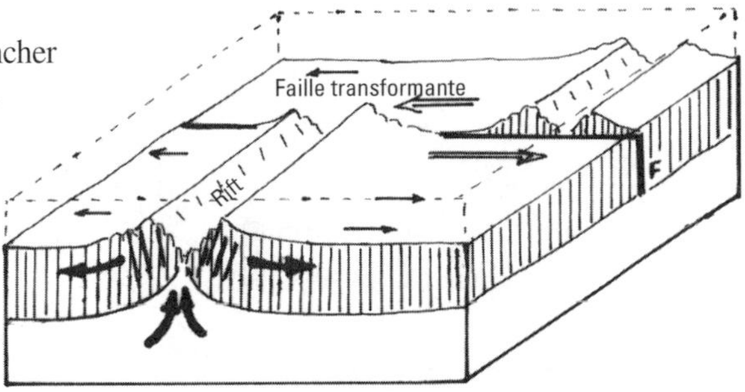

Fig. 6 : limite en expansion

Les failles* transformantes correspondent à des lignes de décrochement dans les dorsales, crevasses étroites capables de canaliser les courants d'eau profonde entre les bassins océaniques, comme la fosse de la Romanche dans l'Atlantique sud. Ce sont aussi des accidents crustaux majeurs associés au glissement latéral de deux plaques : la faille de San Andrea fait coulisser la Californie méridionale, fragment continental solidaire de la plaque pacifique, le long de l'unité nord-américaine.

Les paysages sous-marins des dorsales présentent des crêtes basaltiques disposées en gradins parallèles au-dessus des plaines abyssales. Le rift forme un couloir rectiligne encadré par des escaliers de failles inclinées vers le centre. Les basaltes sortis des fissures prennent la forme caractéristique de laves en coussins (*pillow lavas*) ; leur accumulation constitue progressivement le plancher océanique. Des **sources hydrothermales,** c'est-à-dire les remontées d'eau chaude (350 à 200 °C) chargée de sels minéraux, édifient des pinacles de concrétions. C'est autour de ces « fumeurs » que se développent des « oasis » de vie dans l'obscurité des grands fonds.

Des plaques convergentes

Les zones de convergence correspondent aux lignes d'affrontement des plaques poussées par l'accrétion océanique. En effet, l'écartement d'unités lithosphériques provoque nécessairement leur rencontre dans un secteur opposé. La collision de plaques induit des compressions énormes capables de raccourcir et d'épaissir la croûte ; ces déformations complexes correspondent à la formation de chaînes de montagnes.

La fusion partielle des roches entraînées par la ***subduction*** est une source de magma acide à forte viscosité. L'ascension de ces masses chaudes dans la croûte peut constituer de vastes intrusions granitiques, comme les batholites des Andes ; elle nourrit également un volcanisme à caractère explosif : ce sont les volcans redoutables disposés autour du Pacifique comme dans l'arc des Antilles.

La collision de deux plaques provoque l'enfoncement progressif de la masse la plus lourde dans le manteau. C'est le phénomène de ***subduction.*** Le plongement forcé de la croûte est clairement reconnu dans la répartition des foyers sismiques suivant un plan incliné, appelé plan de Bienoff, qui s'abaisse progressivement jusqu'à 700 km sous la plaque supérieure. Ce mouvement est probablement facilité en profondeur par la différence de densité entre la croûte plus froide pénétrant dans le manteau supérieur et l'asthénosphère. À partir d'une centaine de kilomètres, le matériel lithosphérique est progressivement ingéré dans le manteau.

La nature de la croûte en convergence oppose trois types de collisions

La subduction océanique. La convergence de deux planchers océaniques provoque une subduction rapide suivant un **plan de Bienoff** très incliné (45°), au tracé arqué comme dans l'archipel indonésien, aux Philippines ou aux Antilles. La zone de plongement correspond à des fosses marines dont la profondeur peut dépasser 10 000 m. L'accumulation de sédiments sur la marge active nourrit de puissants prismes d'accrétion. La plaque chevauchante est en général bordée par un arc insulaire caractérisé par un chapelet de volcans explosifs. Ces chaînes d'îles peuvent enfermer en arrière de la zone de collision un bassin océanique marginal, comme la mer des Philippines ou la mer des Caraïbes.

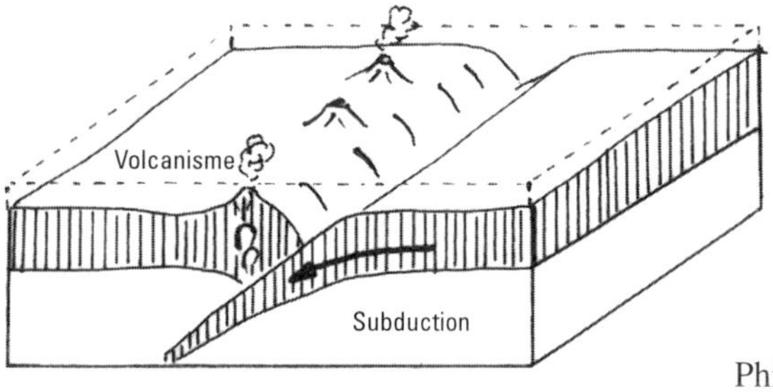

Fig. 7 : collision océan-océan

La collision océan-continent. L'avancée d'une masse continentale sur la croûte océanique plus dense produit une subduction progressive suivant un **plan de Bienoff** incliné à 20°. Le continent est bordé par une ligne de fosses marines, comme le long de l'Amérique du Sud. La compression continentale engendre une **chaîne liminaire de subduction** dont le type est la cordillère des Andes centrales. L'épaisseur de la croûte dépasse 70 km, mais le raccourcissement est modéré (100 à 150 km). Il se marque par des plissements déversés et des séries de chevauchements superposant les masses déformées. De grandes intrusions granitiques formant de larges **batholites** ont été injectées au cours d'une évolution géologique complexe ; les alignements volcaniques qui coiffent les massifs révèlent la permanence de l'activité magmatique. Dans certains cas, les chaînes liminaires peuvent incorporer des zones de suture, vestiges d'anciennes lignes de subduction ou d'arcs insulaires fermés par le déplacement des zones de collision (Équateur, Californie, Taiwan).

Fig. 8 : collision océan-continent

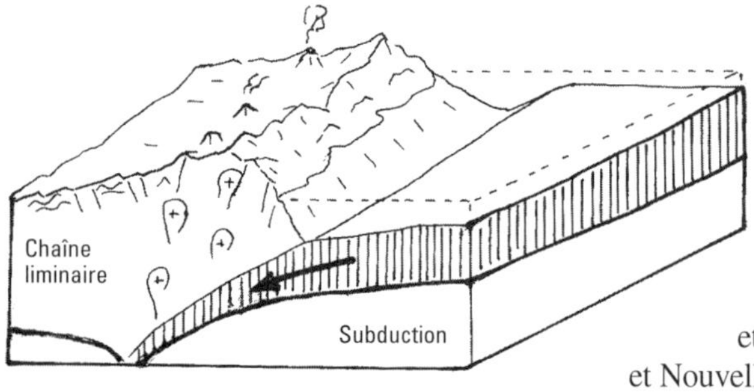

Le blocage de la subduction peut entraîner le mécanisme de **l'obduction**, c'est-à-dire le chevauchement de la croûte continentale par le matériel océanique. Des lames épaisses de roches basiques et ultrabasiques, appelées ophiolites, peuvent ainsi être soulevées et insérées dans les systèmes de plis et d'écailles de certaines chaînes. Ce dispositif anormal caractérise la marge nord-est de l'Arabie (montagnes d'Oman) et la bordure sud-ouest du Pacifique (Nouvelle-Guinée et Nouvelle-Calédonie).

La collision continentale. La rencontre de deux masses continentales implique la disparition du domaine océanique intermédiaire et un raccourcissement crustal important. C'est le cas de la grande **chaîne de collision,** étirée entre Gibraltar et la Birmanie ; cette guirlande de montagnes résulte de la fermeture d'un paléo-océan, la **Thétys,** à mesure de l'ouverture de l'Atlantique ; elle correspond à l'affrontement des plaques eurasiatique d'une part, africaine, arabique et indienne d'autre part. La collision continentale n'est pas identique suivant les chaînes. Dans certains cas, le rapprochement se bloque contre les marges et la chaîne se présente comme une **suture d'ophiolites** encadrée par des écailles plissées comme les montagnes d'Iran central. Dans d'autres cas, la subduction provoque des compressions capables de cisailler la croûte continentale en une série de lames chevauchantes disposées en avant de la ligne de suture océanique, comme en Himalaya ; le raccourcissement est alors de l'ordre de 1 000 km et l'épaisseur de la croûte peut atteindre 60 à 80 km, provoquant le soulèvement isostatique de la chaîne.

Fig. 9 : collision continent-continent

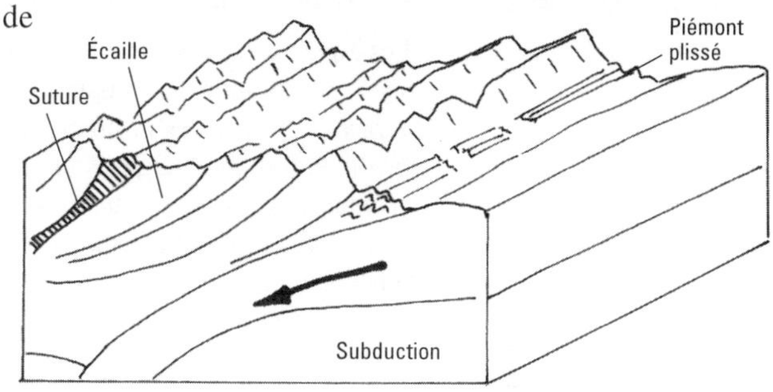

Les chaînes de collision sont donc caractérisées par des mouvements profonds de compression relayés par la déformation des superstructures où s'empilent des unités superposées. Cette transformation tectonique implique une évolution de 30 à 50 millions d'années. Les volumes en saillie sont considérables et immédiatement accolés à des zones d'affaissement. Les dénivellations structurales sont de l'ordre de 10 000 m, et elles constituent un potentiel d'érosion énorme.

Ainsi **le déplacement latéral des plaques est à l'origine des mouvements verticaux de la croûte.** Mais il n'y a pas de corrélation simple entre les vitesses de translation et l'amplitude des déformations. Le régime distensif des marges passives n'induit pas directement le soulèvement ou la subsidence du plancher océanique ou des plates-formes continentales. En revanche, les marges convergentes constituent des zones d'activité tectonique permanente où se télescopent de puissantes écailles crustales. L'empilement de ces unités crée probablement les grands volumes saillants par épaississement de la croûte.

La physionomie de la Terre a été totalement modifiée par le mouvement des plaques. Les reconstitutions paléogéographiques montrent l'évolution de la configuration des océans et des continents : elles retrouvent les traces d'anciens orogènes inscrites dans les roches ; elles dessinent des lignes d'expansion et de collision qui ne correspondent plus au canevas actuel des plaques. Ainsi les calédonides qui forment le soubassement de l'Europe du Nord-Ouest sont nées de la fermeture d'un océan, le *Iapetus,* vers 510 - 460 millions d'années ; l'arrêt de la collision a été suivi par une destruction rapide de la chaîne attestée par les dépôts des « vieux grès rouges » au dévonien (vers 430 - 400 millions d'années). La chaîne hercynienne résulte d'une autre collision continentale axée sur l'actuelle Europe moyenne, il y a 380 - 300 millions d'années ; elle a été progressivement arasée vers 250 millions d'années et enfouie sous les sédiments du trias (225 millions d'années). L'ouverture de l'Atlantique, qui s'amorce au jurassique (150 millions d'années), s'est accomplie, au début du tertiaire (65 millions d'années), alors le rapprochement des plaques africaines et européennes ferme progressivement la *Thétys.* Cette géométrie variable a naturellement bouleversé à de nombreuses reprises l'organisation bioclimatique de la Terre.

2 Des régimes tectoniques contrastés

Zones stables et zones instables

Le canevas tectonique du globe induit largement le style et le rythme de déformation de la croûte. Car l'évolution des ensembles de relief répond soit au régime des marges, soit à leur position à l'intérieur des plaques : des régions plus stables correspondent aux secteurs en distension tandis que les zones instables sont étirées suivant les lignes d'affrontement.

Les régions stables : des rythmes lents

Les zones stables occupent l'essentiel de la surface des plaques et leurs marges distensives, c'est-à-dire les bassins océaniques et les plates-formes émergées. Elles sont caractérisées par des rythmes lents de déformations. Il s'agit de mouvements à grand rayon de courbure, larges voussoirs ou vastes bassins subsidents, parfois relayés par des accidents cassants découpant des blocs. Les déformations répondent au régime de contraintes profondes mais aussi aux conditions d'équilibre thermo-isostatique de la lithosphère qui répercutent avec une inertie de plusieurs dizaines de millions d'années des variations probables de l'asthénosphère. Enfin, l'élasticité de la croûte et la plasticité des roches commandent en partie les réponses de la surface aux contraintes internes.

Les cuvettes océaniques offrent des étendues très calmes dont la profondeur moyenne est 5 000 m. Elles sont divisées par les lignes de reliefs longitudinaux des dorsales et présentent des séries d'ondulations ou collines abyssales qui traduisent des dénivellations du plancher océanique. Les principaux accidents correspondent à des vallées rectilignes aux versants raides, guidées par de grandes fractures et des failles transformantes. Les montagnes sous-marines isolées au milieu des plaques* correspondent à des volcans édifiés au-dessus de **points chauds.**

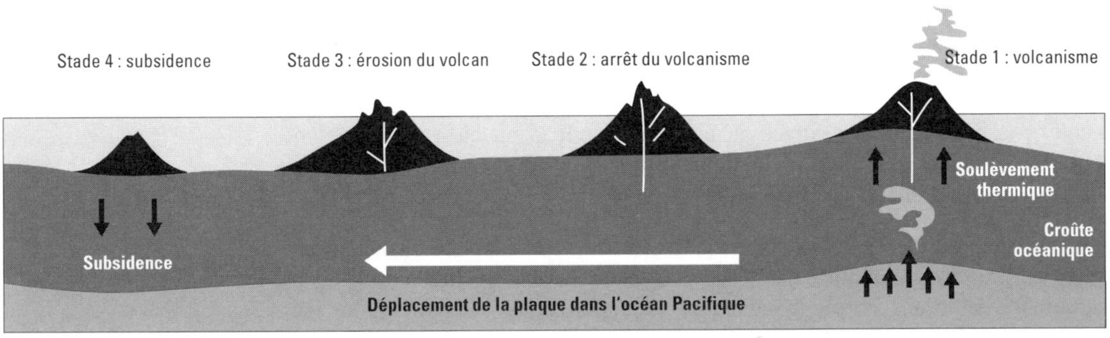

Fig. 10 : volcanisme de point chaud

Les points chauds désignent des anomalies thermiques fixes situées à la base du manteau, vers 2 900 km de profondeur. Ils émettent des panaches de magma basaltique dans la croûte qui est mobile. C'est pourquoi ils donnent naissance à de gros volcans disposés en chapelets d'îles et de guyots (pitons sous-marins) décalés progressivement par la translation du plancher océanique. Ce sont les archipels du Pacifique central (Hawaï, Marshall, Tuamotu) alignés de l'ouest-nord-ouest à l'est-sud-est suivant le déplacement de la plaque pacifique. Le volcanisme intraplaque édifie sur le plancher océanique d'énormes « volcans boucliers » par accumulation de basaltes très fluides, comme les îles Hawaï ou l'île de La Réunion. Les volcans plus anciens, entraînés par la translation à l'écart de leur source magmatique, deviennent inactifs ; ensuite, les cônes s'affaissent partiellement en raison du relâchement de la pression dans le réservoir magmatique et du lent refroidissement de la croûte.

Les grands fonds sont revêtus d'un voile de sédiments fins, décantés depuis la surface ou apportés par des courants profonds ; à proximité des escarpements continentaux les dépôts étalés par des courants de turbidité forment des cônes aplatis. Les prismes d'accrétion, c'est-à-dire les sédiments accumulés sur les marges continentales, ne représentent des volumes importants que devant les deltas des grands fleuves comme le Niger qui livrent une charge solide considérable.

Les plates-formes continentales représentent la plus grande part des terres émergées. Elles sont affectées par des mouvements verticaux de style et d'amplitude variés suivant l'élasticité de la croûte ; ils opposent des aires stables, des zones soulevées et des bassins subsidents.

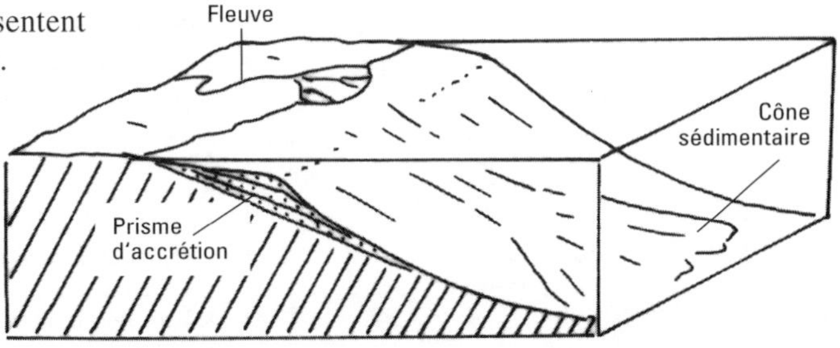

Fig. 11 : pente continentale

Les boucliers représentent de vastes domaines stables qui n'ont subi que de très faibles déformations depuis des dizaines de millions d'années ; ces tables sont constituées par des ensembles crustaux de consolidation très ancienne et probablement en équilibre isostatique. Ce sont les immenses plates-formes arasées dans les racines d'orogènes précambriens comme les étendues du Nord canadien, de la Baltique, de l'Ouest africain, du Brésil intérieur ou d'Australie occidentale.

Les plates-formes soulevées ont enregistré des déformations positives à grand rayon de courbure, souvent relayées par des accidents cassants. L'évolution à long terme traduit donc des modifications du champ de contraintes de la croûte qui induisent des variations dans le rythme de dénudation. **Les bourrelets marginaux** forment un rebord élevé autour des continents stables. Les montagnes de Norvège et du Labrador, les grands escarpements* qui cernent l'Afrique australe, les plateaux brésiliens, l'abrupt d'Australie orientale ou encore les gradins qui encadrent la mer Rouge traduisent le soulèvement des marges passives. Le soulèvement est dissymétrique : il oppose le relèvement graduel des boucliers aux escaliers de failles normales ou à de courtes flexures sur les bordures continentales. Ces mouvements verticaux sont en général discontinus et décalés dans le temps par rapport à l'ouverture océanique.

Les massifs anciens constituent des bombements individualisés du socle à l'intérieur des continents. Ce sont parfois de lourds voussoirs qui relèvent des ensembles tabulaires, comme le Massif armoricain, le Massif schisteux rhénan, ou les plates-formes de Sibérie centrale. Des mouvements tardifs ont souvent provoqué leur fragmentation en compartiments dénivelés : ce sont les systèmes de blocs soulevés ou basculés et de fossés* d'effondrement, qui caractérisent le Massif central français, l'ensemble Vosges-Forêt-Noire, ou la Bohème. Les **rifts*** intracontinentaux sont des systèmes de grands fossés encadrés de failles qui divisent certaines plates-formes soulevées. Il s'agit d'accidents majeurs en régime distensif, l'affaissement pouvant atteindre 10 km. Ces fractures à l'échelle continentale traduisent un étirement de la croûte et la remontée du manteau ; celui-ci paraît responsable d'une intumescence thermique qui relève les lèvres du fossé et d'une activité volcanique importante.

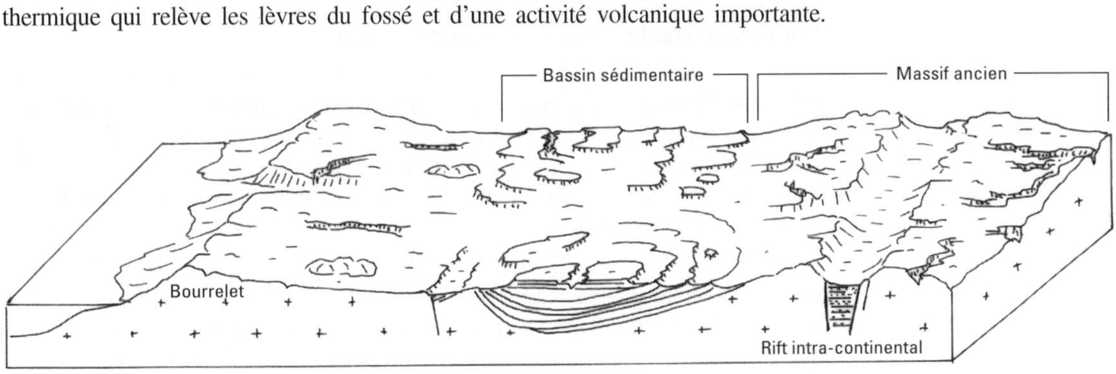

Fig. 12 : grands types de volumes dans les zones stables

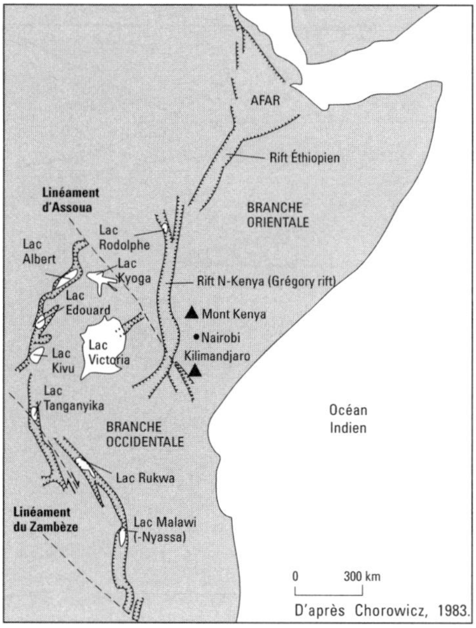

Fig. 13 : le rift est-africain

Le rift de l'est africain court sur 6 000 km entre le Zambèze et la mer Rouge ; il se divise en deux branches reliées par des accidents obliques. La branche occidentale est marquée par de grands escarpements qui encadrent les lacs Albert, Tanganyika et Malawi ; la branche orientale est dominée par de vastes plateaux volcaniques couronnés par de puissants édifices comme le Kilimandjaro et le mont Kenya. En Asie, le couloir d'effondrement du lac Baïkal et ses annexes découpent la plate-forme sibérienne sur 2 500 km. Les sédiments accumulés ont une épaisseur respective de 8 et 5 km. Les lacs profonds qui occupent ces fossés représentent les plus grandes masses d'eau douce de la Terre. Plus modestes, les fossés de l'Europe hercynienne sont disposés en échelon entre la Limagne et le couloir rhénan.

Les bassins sédimentaires correspondent à des aires subsidentes, progressivement comblées par des sédiments. En général, l'affaissement graduel du socle en régime distensif peut se poursuivre sous l'effet de la surcharge induite par le poids des dépôts. D'où une forme en cuvette d'accumulation aux couches ployées vers le centre. L'épaisseur des sédiments peut dépasser 5 000 m. Un arrêt de la subsidence ou un exhaussement modéré fait émerger ces cuvettes et les expose à l'érosion. Les bassins développés sur les plates-formes précambriennes (bassin du Mackenzie, de l'Amazone, cuvettes du Congo, du Tchad, du Sahara central ou d'Australie) sont de grandes dimensions, leurs couvertures souvent gréseuses sont peu déformées. Les bassins de l'Europe hercynienne (bassins de Paris, de Londres et de la mer du Nord, bassin de Souabe) sont de taille plus réduite ; les couches sont alternées suivant les apports sédimentaires et présentent de nombreuses déformations associées au rejeu des fractures du socle sous-jacent.

Fig. 14 : coupe à travers le Bassin parisien

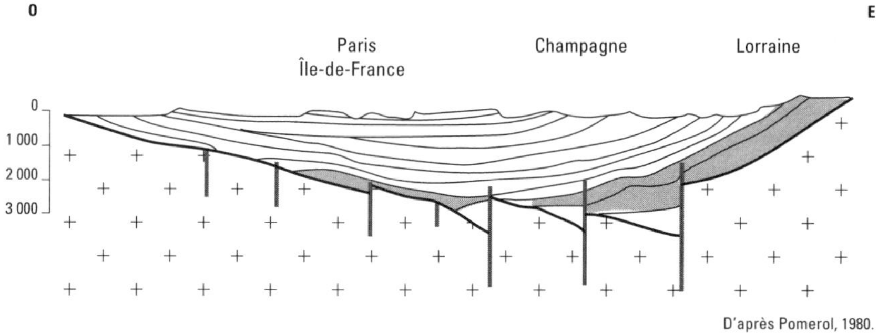

Les zones instables : des chaînes en formation

Les zones instables correspondent aux chaînes de montagnes en surrection et à leurs piémonts. Elles sont caractérisées par l'ampleur des déformations et par la rapidité des mouvements de la croûte. Les vitesses de soulèvement à long terme sont évaluées entre 500 et 1 000 m pour 1 million d'années dans les Alpes, en Himalaya ou en Nouvelle-Zélande ; elles sont au moins dix fois supérieures aux mouvements enregistrés dans les zones stables. Les phénomènes tectoniques s'inscrivent dans la durée et chaque orogène a pu enregistrer plusieurs séquences de déformation et de soulèvement.

Les déformations induisent à long terme une **différenciation structurale.** En effet, la tectonique de collision associe des mouvements verticaux et latéraux : les uns portent en altitude des masses issues des niveaux moyens de la croûte ; les autres déplacent les matériaux en nappes de charriage sur des dizaines, voire des centaines de kilomètres. Il s'y ajoute parfois l'ascension de magma injecté dans les séries déformées. La diversité des systèmes de compressions et l'inégale plasticité des matériaux de la croûte sont à l'origine des agencements structuraux complexes organisés en bandes plus ou moins parallèles dans les grandes chaînes.

Dans le **système himalayen,** le plongement de la plaque indienne sous l'Asie se fait au rythme de 5 cm par an depuis l'éocène (52 millions d'années) ; il provoque le cisaillement de la base de la croûte en gigantesques copeaux. Ces masses comprimées et fortement plissées sont empilées en trois grandes unités chevauchantes vers le sud ; elles forment des reliefs étagés jusqu'à 8 000 m. Au nord de la grande chaîne, la collision est probablement dédoublée : elle porte la plate-forme tibétaine à 4 000 m et soulève une série de grands blocs décalés (Altintagh, Tien-Chan, Kun Lun). La compression du continent provoque des décrochements majeurs qui font coulisser vers l'est des compartiments triangulaires formant une série de montagnes et de bassins disposés en échelon à travers l'Asie centrale et orientale.

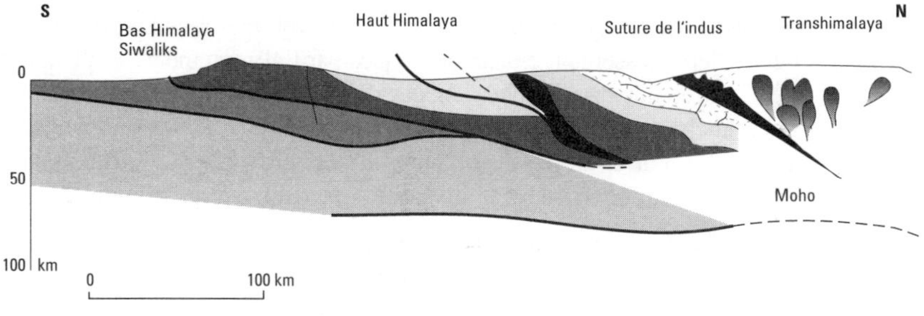

Fig 15 : structure de l'Himalaya

Dans **les Alpes,** la collision a engendré un énorme empilement de nappes de charriage à double déversement. Les déformations successives opposent un croissant externe, formé de nappes plissées et d'écailles de socle, à un arc interne associant des nappes puissantes, des séries d'ophiolites et des noyaux de socle. Les réajustements isostatiques ont provoqué des déformations tardives et l'effondrement d'une partie de la zone interne occupée par la plaine du Pô.

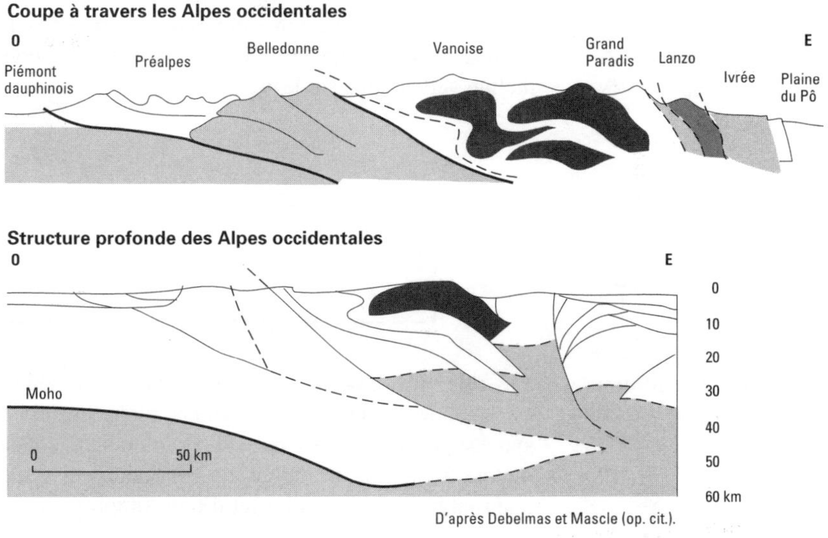

Fig 16 : structure des Alpes

Un autre cas est celui des **chaînes intracontinentales,** qui résultent de serrages à l'intérieur d'un continent (comme les montagnes Rocheuses, les Pyrénées et l'Altaï en Asie centrale) ; elles montrent des unités accolées en éventail. En effet, les compressions intenses déterminent des grands accidents chevauchants qui éjectent vers le haut des blocs de socle ou des lames de couverture empilées. Ces dispositifs incorporent des éléments rigides dans les systèmes de déformations plus souples déversées vers l'extérieur.

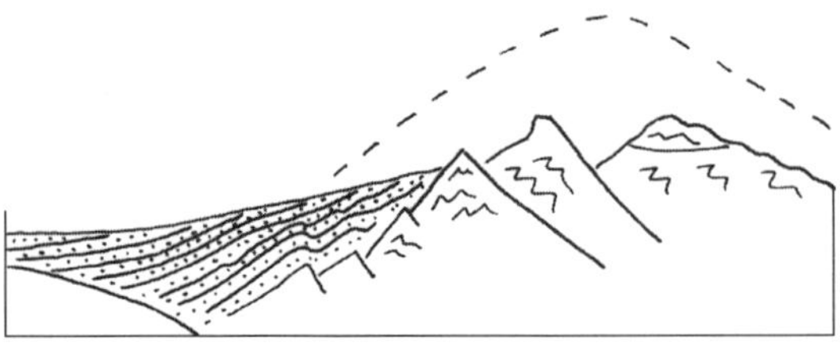

Fig. 17 : chaîne de montagne et piémont

L'érosion défonce les superstructures des chaînes et construit de puissantes accumulations détritiques dans les fosses voisines. Ce sont les **piémonts*.** Les volumes accumulés dans les fosses sont en proportion avec les masses arrachées à la montagne : ils représentent une épaisseur de 7 000 m sous la plaine indo-gangétique, 6 000 m dans la plaine du Pô. La permanence du régime compressif provoque la déformation des séries de grès et de molasses, plissées et faillées comme dans les chaînons sous-himalayens des Siwaliks. Dans les arcs insulaires, les dénivellations entre les sommets et les fosses sont de l'ordre de 14 km, dont les 4/5 sont immergés, donc soumis aux processus sous-marins (glissements et avalanches de turbidité déclenchées par l'instabilité). Les prismes d'accrétion épais de plusieurs milliers de mètres sont comprimés et bousculés par le mouvement de ***subduction.***

La subduction de la plaque entraîne progressivement les sédiments accumulés dans la fosse ; elle peut également ingérer un édifice volcanique inactif emporté par la translation du plancher océanique loin de son point chaud d'origine. C'est le cas du mont Erimo, à demi rongé par la subduction de la fosse du Japon ; il sert de repère pour mesurer précisément l'avancée de la plaque pacifique sous l'Asie.

Les mouvements verticaux qui donnent naissance aux volumes résultent du régime compressif et de l'épaississement crustal provoqués par l'affrontement des plaques ; ils peuvent être entretenus par des phénomènes d'**ajustement isostatique** résultant de l'érosion de la chaîne et l'enfouissement de l'avant-pays sous les sédiments de piémont. À l'inverse, l'arrêt du régime compressif peut provoquer un **affaissement** de la croûte épaissie qui contribue à la disparition progressive du volume saillant.

À une autre échelle, les contraintes responsables des mouvements d'ensemble se marquent dans les superstructures par des **déformations élémentaires.** Les structures tectoniques sont de trois types.

Les failles* sont des plans de rupture qui décalent deux compartiments. Les décrochements ou failles transformantes assurent le coulissement latéral de blocs. Une faille à rejet vertical est dite **normale** ou distensive lorsque le plan est incliné vers le bloc abaissé. Une faille est dite **inverse** ou compressive lorsque le plan est incliné vers le bloc soulevé.

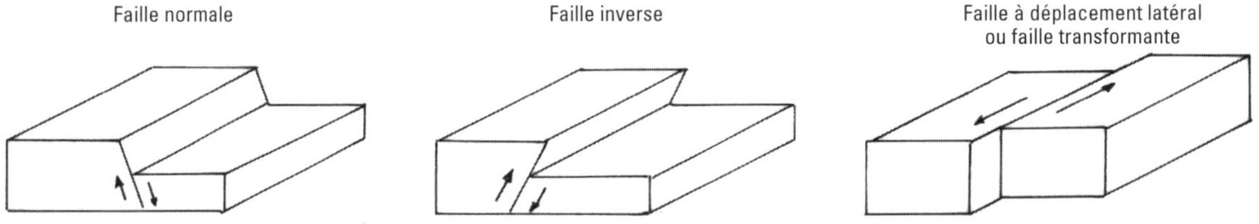

Fig. 18 : les différents types de faille

Les plis* résultent de la flexion d'une série sédimentaire. La voûte supérieure est appelée **anticlinal,** la charnière inférieure est le **synclinal.** Un pli droit est symétrique, son axe est vertical. Un pli déjeté, couché ou déversé présente un axe incliné traduisant un régime de contraintes dissymétriques. Un pli faillé montre une rupture axiale sous l'effet d'une compression cisaillante.

Fig. 19 : les différents types de pli

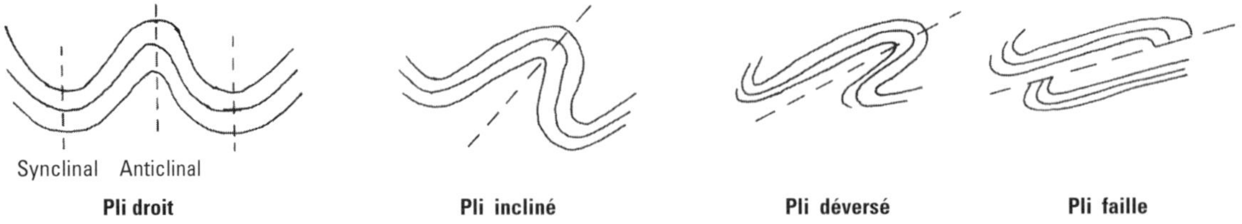

Les chevauchements et charriages sont des accidents tangentiels provoquant la superposition de deux unités. Du recouvrement simple par une masse chevauchante, on passe à un charriage lorsque le déplacement latéral est de grande amplitude (plusieurs km). Les **nappes de charriage** sont constituées de matériaux souples déformés par le mouvement, tandis que les **écailles** sont d'énormes lames rigides déboîtées par de grandes failles obliques.

Fig. 20 : exemple de structure en nappe de charriage

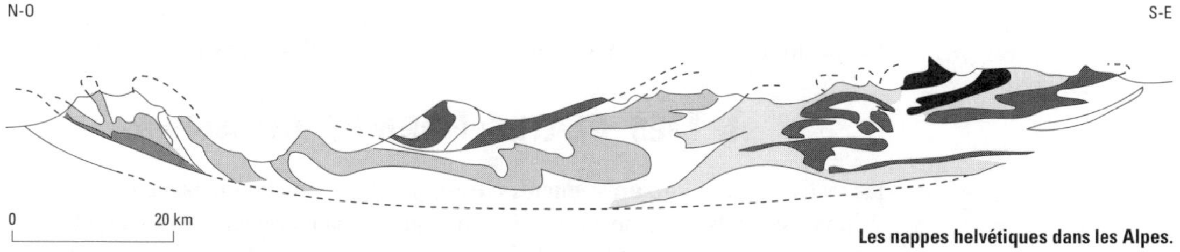

Les nappes helvétiques dans les Alpes.
D'après Debelmas et Masche (op. cit.)

Ainsi les effets de la dynamique interne s'articulent suivant plusieurs échelles. Le canevas tectonique des plaques commande la répartition des grandes masses océaniques, continentales et la répartition des lignes d'expansion ou de collision. Ensuite, le régime de contraintes associé à la position à l'intérieur des plaques ou sur leurs marges induit largement le style des déformations régionales : amples mouvements de soulèvement ou de subsidence, raccourcissement et superposition d'unités structurales sont responsables de l'individualisation des volumes. Enfin, à l'échelle locale, le jeu des accidents engendre les dénivellations de la surface, et le rythme des mouvements, autant que leur amplitude, commande l'agencement du relief.

B

LE JEU DE LA TECTONIQUE ET DE L'ÉROSION

L'évolution du relief apparaît comme une course de vitesse entre les mouvements verticaux et l'érosion.

En effet, un soulèvement qui donne naissance à un volume saillant déclenche immédiatement les phénomènes de transfert de surface. L'érosion continentale intervient dès que le relief est émergé ; elle redistribue les matériaux arrachés sur les parties hautes et accumule les sédiments dans les parties basses. Dans le cadre de l'évolution à long terme, l'ensemble des processus collabore à réduire les reliefs. Les modalités de l'ablation et du dépôt ont pu varier dans le temps et dans l'espace ; en revanche, l'évacuation paraît principalement assurée par les cours d'eau qui acheminent les matériaux à moyenne ou longue distance à la surface des continents. Ce sont des trajets courts sur des fortes pentes entre montagnes et piémonts ; ce sont de longs cheminements multipliant les relais dans les régions aux topographies calmes.

La durée de l'évolution et les conditions de stabilité sont des éléments essentiels pour comprendre la disparition progressive des volumes. Les reliefs en saillie des régions instables montrent que l'érosion est moins rapide que les mouvements verticaux. À l'inverse, des déformations très lentes peuvent être progressivement effacées à mesure de leur apparition. Les vitesses d'érosion sont largement déterminées par **l'énergie du relief**, mais c'est la durée d'action des dynamiques externes qui commande les bilans d'évolution morphologique, c'est-à-dire le relief. Ainsi les rythmes de soulèvement et d'érosion répondent largement à l'opposition entre les plates-formes continentales et des zones d'orogenèse.

1 Des plates-formes aplanies

La réalisation d'un **aplanissement,** c'est-à-dire la destruction presque complète des volumes saillants, suppose une érosion continue pendant une période de stabilité tectonique prolongée. Une telle évolution requiert une durée de plusieurs dizaines de millions d'années. Les surfaces* d'érosion sont des étendues planes ou faiblement inclinées, parfois légèrement vallonnées, d'échelle continentale ou régionale ; elles couvrent des centaines de kilomètres. Elles sont souvent ponctuées de **reliefs résiduels,** lourdes collines convexes ou buttes isolées au-dessus de platitudes uniformes.

Les reliefs résiduels portent des noms divers. Le terme **monadnock** désigne des sommets isolés sur les échines régulières, vestiges aplanis, dans les massifs anciens d'Amérique du Nord. Les **inselbergs** aux flancs convexes dressent leur haute silhouette au-dessus de **pédiments,** larges plaines tranchées en roche cohérente qui caractérisent les régions tropicales marquées par la sécheresse. Ce sont encore les **pains de sucre** et les **mornes** dominant les surfaces de décomposition des tropiques humides.

Fig. 21 : aplanissement et relief résiduel

Les aplanissements sont identifiables dans de vastes plans qui tronquent uniformément des séries de roches différentes, nivellent les failles et portent parfois quelques dépôts corrélatifs de leur élaboration ou de leur enfouissement sous une couverture. Ces surfaces planes s'étendent sur les espaces monotones des boucliers, mais aussi sur les plateaux des massifs anciens et de certains bassins sédimentaires. Elles ne sont pas toujours horizontales, car elles peuvent conserver une pente originelle, ou être inclinées par des mouvements de basculement.

Photo 1 : plateau de l'Horombé (Madagascar)

La réalisation d'un aplanissement implique un calme tectonique durable, mais ne peut être rapporté à des modalités particulières d'érosion.

M.W. Davis (1884) attribue le développement de **pénéplaines** à une érosion dite « normale » commandée par l'évolution régressive des rivières : l'élargissement des vallées et l'abaissement des interfluves permettraient une diminution progressive des pentes à partir de reliefs d'incision « jeunes » jusqu'à des formes de « maturité », puis de « vieillesse » aux versants subhorizontaux ; un soulèvement d'ensemble déclencherait un nouveau « **cycle d'érosion** ». Le modèle de **pédiplanation** proposé par L.C. King (1957) suppose l'élargissement des surfaces par **réduction** latérale des reliefs ; dans ce cas, le recul des versants raides parallèlement à eux-mêmes nécessite l'évacuation de volumes considérables en nappes de débris sur la surface plane.

Plus vraisemblablement, la **réduction des volumes** implique la collaboration de processus d'ameublissement et d'évacuation des matériaux. La préparation par une altération profonde des roches joue un rôle essentiel ; elle permet un lissage rapide des manteaux décomposés sur des surfaces à faible pente, tandis que les roches réfractaires à la décomposition peuvent évoluer en reliefs résiduels. L'élaboration d'un aplanissement, au cours de dizaines de millions d'années, peut inclure de nombreuses phases de perfectionnement apportant des retouches successives à une **surface dite polygénique** ; ces séquences s'accompagnent en général de réajustements isostatiques, lents mouvements verticaux qui compensent la décharge des volumes évacués et la surcharge des sédiments accumulés en bordure de la plate-forme.

La conservation des surfaces à travers des millions d'années peut résulter d'une longue stabilité, associée à de faibles retouches comme sur les boucliers. Elle peut aussi traduire la médiocrité de l'érosion en position très continentale, à l'abri de bourrelets marginaux, comme les plates-formes d'Australie occidentale ou d'Afrique australe. Localement, l'induration du plan par des cuirasses* peut leur assurer une certaine pérennité, comme les tables de meulière de la région parisienne, mais elle ne justifie pas le maintien de surfaces étendues.

La dégradation lente des aplanissements produit des topographies bosselées et crevées de larges cuvettes de décomposition. Ce sont des paysages vallonnés qui n'oblitèrent pas les grandes lignes de l'ensemble, comme sur les hauteurs du Massif central ou de la *meseta* marocaine. Un relèvement important provoque l'incision de profondes vallées qui découpent des lanières de plateaux et des échines régulières.

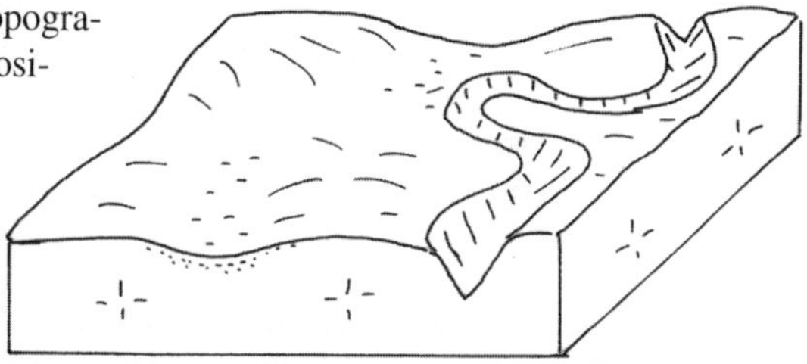

Fig. 22 : surface de dégradation

Les réseaux hydrographiques développés sur les topographies aplanies s'encaissent à mesure de l'exhaussement ; leur tracé surimposé répond au système de pente initial, il est en général inadapté à la structure. Dans ce cas, les rivières tranchent des gorges épigéniques, défilés à travers des bancs massifs ou des noyaux résistants.

Le style de **gauchissement** des plates-formes commande plusieurs types d'évolution. D'abord, le jeu de failles peut morceler une surface, basculer des compartiments en longs plans inclinés ou décaler des blocs par des escarpements* vigoureux. Ensuite, le relèvement saccadé d'un aplanissement dans son ensemble peut provoquer sa destruction partielle par l'érosion et l'élaboration d'une surface en contrebas de la première ; il s'agit d'**emboîtement cyclique** marqué par des plans étagés (rapportés dans la terminologie davisienne à différents « cycles d'érosion »). Tels sont les plateaux des massifs anciens d'Europe ou les gradins taillés dans les façades de certains bourrelets marginaux. Un régime de soulèvement lent peut au contraire s'accompagner d'une regradation continue de la surface qui se maintient dans le même plan ; c'est une **évolution acyclique** observée sur la marge occidentale du Bassin parisien ou sur les plates-formes intérieures de l'Afrique et de l'Australie. Enfin, un bombement progressif d'échelle régionale peut provoquer l'aménagement de gradins étagés autour d'un massif, qui se raccordent avec une surface composite sur la périphérie peu déformée.

Fig. 23 : évolution polycyclique/acyclique

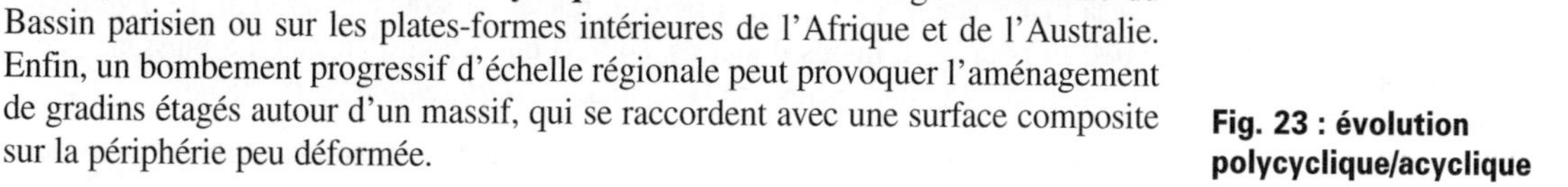

a) Évolution acyclique associée à des déformations très lentes à grand rayon de courbure

b) Évolution polycyclique associée à un soulèvement d'ensemble saccadé

La lenteur des déformations dans les régions stables permet donc l'élaboration progressive d'aplanissements et la conservation de surfaces fort anciennes, parfois remaniées. Ces vestiges de l'évolution à long terme constituent un trait caractéristique de vastes paysages organisés en plans horizontaux

2 L'ÉROSION DES MONTAGNES

L'évolution morphologique des chaînes de montagnes est commandée par la permanence des déformations. L'activité tectonique se manifeste par une sismicité presque permanente, scandée par des secousses plus violentes. Les mouvements verticaux qui donnent naissance aux volumes saillants se poursuivent suivant un rythme variable, toujours supérieur aux vitesses d'érosion.

Les taux de surrection à long terme, c'est-à-dire pour 20 à 35 millions d'années, sont compris entre 500 et 2 000 m pour 1 million d'années, dans les chaînes actives comme les Alpes et l'Himalaya. Toutefois, les estimations diffèrent suivant les durées et les lieux : les taux moyens négligent les variations de rythme, tandis que les valeurs établies sur des périodes courtes ne sont pas toujours significatives des vitesses de déformations d'ensembles. Le jeu d'accidents locaux engendre des mouvements différentiels parfois très rapides entre des blocs soulevés et des bassins intramontagnards affaissés et rapidement comblés par les débris. Enfin, les lignes tectoniques majeures ont pu se déplacer au cours de l'orogenèse : dans les Alpes, l'axe de soulèvement a migré progressivement pendant la seconde moitié du tertiaire, passant des zones internes (situées sous Turin et Milan) vers les massifs externes (comme l'Oberland et le massif du Mont-Blanc) ; l'effondrement de la plaine du Pô résulte d'une inversion tardive des mouvements verticaux.

Des **taux records de soulèvement** ont été calculés dans la zone d'obduction de la façade orientale de la Nouvelle-Guinée, où des coraux quaternaires ont été portés à 3 000 m en 1 million d'années environ. Plus impressionnants encore sont les mouvements du massif du Nanga Parbat au Karakorum (à l'ouest de l'Himalaya) : des terrasses* alluviales rapportées au quaternaire moyen sont relevées de plus de 2 000 m et d'autres sont chevauchés par une puissante écaille de socle ; le mouvement des failles actives semble de l'ordre de 70 mm par an, soit 7 000 m/million d'années. Un tel rythme provoque une incision profonde de vallées étroites aux versants particulièrement instables : les pentes sont constamment remaniées par des effondrements, des grands glissements déclenchés par des séismes, des chutes de blocs et des coulées torrentielles.

En Nouvelle-Zélande méridionale, les mesures de ***soulèvement*** du sol sont de l'ordre de 1 mm/an, tandis que les taux moyens d'ablation, évalués à partir des volumes sédimentaires du piémont, sont également voisins de 1 mm/an. Dans ce cas, l'érosion puissante compense le soulèvement rapide. C'est un exemple **d'équilibre dynamique du relief.**

Les vitesses d'érosion à long terme sont évaluées à partir d'indications de l'abaissement topographique, ou bien sur une estimation des volumes sédimentaires dans les piémonts. Bien que les valeurs ne concordent pas toujours, les taux de dénudation sont de l'ordre de 300 à 1 000 m pour 1 million d'années dans les montagnes en surrection. La destruction des superstructures de la chaîne alpine représente une ablation probable de 10 km pour 24 millions d'années (soit 400 m/million d'années), ce qui correspond assez bien à l'épaisseur des sédiments de la plaine du Pô. Le batholite de la cordillère Blanche au Pérou, mis en place vers 8 km de profondeur, a été dégagé en 10 millions d'années, soit 800 m/million d'années. À titre de comparaison, la tranche d'ablation sur la marge stable à l'ouest de l'Écosse (relevée au cours du tertiaire) ne dépasse pas 1 000 m pour 50 millions d'années, soit 20 m/million d'années. La puissance de la dénudation est donc fonction de la rapidité du ***soulèvement*** de la chaîne.

L'ablation de masses considérables sur les chaînes provoque le relèvement de la croûte par compensation isostatique : ainsi, la décharge induit des mouvements d'ajustement vertical à mesure de la dénudation, elle entretient ainsi **l'instabilité.**

Le terme **néotectonique** désigne le rejeu récent ou actuel de failles* ; ces mouvements, rapportés au quaternaire et à l'holocène, sont attestés par la déformation de formations récentes comme des dépôts lacustres, des cônes alluviaux, des terrasses ou des moraines. Les séismes qui les ont provoqués font souvent apparaître des **miroirs de faille** plus ou moins continus, et provoquent l'effondrement des parois les plus instables. Ils correspondent soit à la poursuite de l'orogenèse dans les zones de collision active, soit à des réajustements locaux.

La dissection des volumes en systèmes de crêtes et vallées est la conséquence d'une érosion vigoureuse. L'incision est facilitée par la trituration tectonique des roches ; elle se traduit par un compartimentage du relief en massifs plus ou moins calqués sur les unités structurales. L'évolution est commandée par l'enfoncement vertical des vallées : l'entaille provoque le recul des versants et l'abaissement progressif des crêtes. Ainsi la destruction des volumes saillants fait disparaître les vestiges de topographies anciennes. Les seules exceptions sont les éléments de plates-formes incorporés dans les orogènes, comme les surfaces des hauts plateaux du Tibet ou, à une autre échelle, les *plas* pyrénéens qui forment le piédestal de la chaîne axiale. L'essentiel des volumes reflète donc une évolution en cours. C'est pourquoi ces reliefs sont appelés des montagnes jeunes : cette expression désigne à la fois l'âge de l'orogenèse tertiaire, replacée dans l'échelle des temps géologiques, et le renouvellement rapide des formes d'incision.

C

LA SCULPTURE DU RELIEF

Les formes et les combinaisons de formes

Le relief exprime à moyenne échelle l'action sélective de l'érosion sur des substrats géologiques différenciés. En effet, les formes représentent un bilan local entre les déformations internes et les dynamiques de surface qui sculptent les volumes. Si les vitesses de dénudation répondent d'abord au régime tectonique, elles présentent aussi d'importantes variations dans l'espace suivant la nature du matériel. C'est pourquoi **la structure,** c'est-à-dire la nature et l'agencement des roches, intervient comme un facteur passif qui guide la progression de l'érosion. D'où l'évolution de reliefs différenciés dans des dispositifs caractéristiques.

Les formes primitives simplement produites par l'accrétion ou la déformation sont rares sur la Terre ; elles se limitent à des secteurs neufs où l'érosion a un rôle minime. Ce sont les vastes plaines abyssales du plancher océanique, soumises à des remaniements infimes. Ce sont aussi les plaines d'émersion dont la surface correspond aux derniers dépôts. Les cônes volcaniques simples sont édifiés en quelques mois par émission de matériel interne ; leur forme reflète directement les conditions d'éruption. Enfin, les escarpements de faille* expriment directement le mouvement de deux blocs : le rejet se marque par une paroi raide, le **miroir de faille** ; le talus est rapidement découpé en facettes triangulaires par l'incision de vallons perpendiculaires.

Les formes dérivées sont aménagées par une érosion sélective. Car la dénudation ne progresse pas à la même vitesse sur tous les substrats. Une même évolution peut excaver des roches vulnérables et laisser en saillie des masses résistantes. C'est pourquoi la géométrie des formes reflète souvent **l'inégale résistance des roches.** L'agencement des reliefs d'échelle moyenne est donc guidé par les dispositifs géologiques. Il est donc possible de distinguer des formes structurales élémentaires et des combinaisons de formes caractéristiques des grands domaines morphostructuraux.

L'érosion différentielle. Les réponses des différentes roches face aux processus d'érosion se traduisent sur les versants par des modelés lithologiques caractéristiques. Le comportement morphologique des divers substrats, rapporté à une évolution à long terme, se manifeste globalement par une **résistance inégale** : les roches résistantes arment des reliefs en saillie, tandis que les roches vulnérables sont évidées en cuvettes et dépressions. D'où la correspondance fréquente entre l'agencement des formes d'érosion et les dispositifs structuraux. Les propriétés physiques et chimiques des roches expliquent leur inégale sensibilité aux agressions : les volumes meubles sont aisément évacués, tandis que les matériaux massifs doivent subir une météorisation* préalable. C'est pourquoi le comportement différentiel des roches reflète largement un potentiel chimique et minéralogique, mais aussi la trame de discontinuités qui règle l'attaque intime du matériel. D'où la difficulté à définir un facteur déterminant de résistance. Ainsi deux roches de nature proche comme deux calcaires, deux grès ou deux granites n'offrent pas nécessairement les mêmes réponses à l'érosion. L'érosion différentielle met donc en valeur un potentiel structural contrasté.

1 Les formes structurales dans les régions stables

Dans les régions stables, les reliefs structuraux sont dégagés à mesure de la dissection des aplanissements. Les formes d'érosion se développent soit comme des reliefs en creux, excavés en contrebas de plateaux, soit comme des reliefs résiduels aux pentes calées sur des contacts lithologiques. La nature et la disposition des roches opposent les formes élémentaires façonnées dans les bassins sédimentaires aux reliefs développés dans les socles.

Les formes dans les bassins sédimentaires

Les bassins sédimentaires sont caractérisés par des couches superposées, disposées en cuvette. La géométrie du relief est guidée par l'alternance des strates différentes par leur épaisseur et leur résistance : des plateaux et des replats sont sous-tendus par des bancs plus massifs (calcaires, grès), tandis que des dépressions aux flancs concaves sont ménagées dans les assises tendres (argiles, marnes, sables).

Dans la partie centrale des bassins les couches sont en général subhorizontales, la **structure est aclinale.** La forme majeure est la plaine ou le plateau structural qui suivent à peu près le toit d'une assise résistante ; les vallées évidées dans les matériaux tendres sont encadrées de versants à corniches, parfois marqués par des ressauts structuraux. Les collines au sommet plat, coiffées de dalles résistantes, forment des **buttes-témoins.**

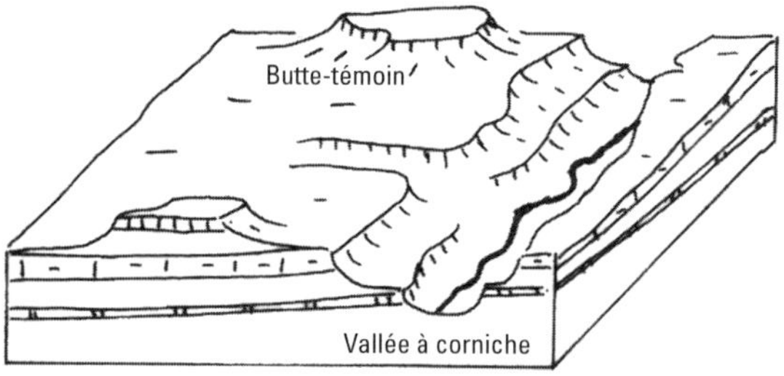

Fig. 24 : formes en structures aclinales

Ces paysages tabulaires sont le décor de l'Île-de-France. Ils prennent une ampleur spectaculaire, que souligne le modelé aride, dans le désert de l'Arizona (Monument Valley) ou dans le canyon du Colorado, vallée à corniche encaissée de 2 000 m dans des strates horizontales aux couleurs alternées.

La périphérie des bassins est caractérisée par le relèvement des couches. La **structure monoclinale** donne naissance à des reliefs dissymétriques, les côtes ou **cuestas.** Leur dispositif morphologique se compose de trois éléments : un revers, plateau relevé dans le sens des couches et armé par l'assise supérieure résistante ; un front, talus tourné vers l'amont-pendage ; une dépression dissymétrique ménagée dans le niveau non résistant sous-jacent et progressivement relevée avec la structure. Lorsque le pendage est faible et le niveau résistant relativement épais, quelques buttes-témoins encombrent la dépression. Ces formes élémentaires constituent des escarpements* presque continus. Elles sont parfois tranchées par des vallées perpendiculaires qui pénètrent dans les plateaux par des percées étroites.

Fig. 25 : cuestas (escarpement monoclinal)

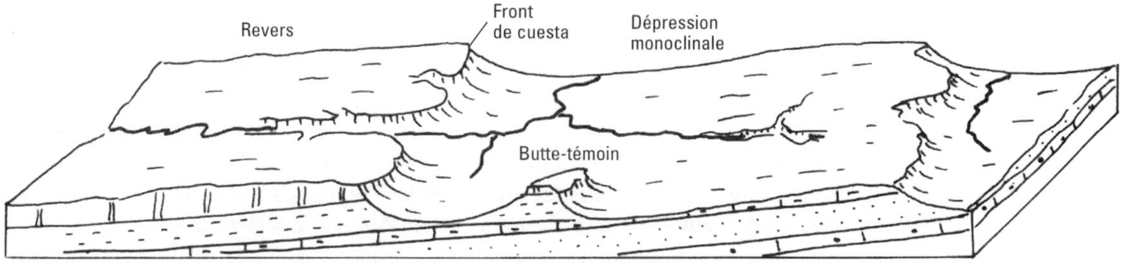

Les séries de *cuestas*, disposées en croissant dans les plateaux de l'est du bassin de Paris, sont taillées dans la couverture sédimentaire secondaire ; ce sont des lignes de hauteurs modestes au couronnement émoussé qui interrompent des paysages presque horizontaux. Plus à l'est, les épaisses dalles calcaires du Jura souabe coiffent des escarpements monoclinaux imposants. Les grandes *cuestas* gréseuses des bassins tropicaux offrent des profils décharnés comme les tassilis sahariens, la « falaise » de Bandiagara au Mali ou l'Isalo de Madagascar.

Ces reliefs structuraux sont en général évidés par l'érosion différentielle à partir de surfaces aplanies, plus ou moins conservées sur les plateaux. Ainsi les ondulations structurales de type anticlinal sont le plus souvent nivelés puis éventrées en **boutonnières** ; ce sont des dépression allongées encadrées par deux *cuestas* qui se font face, comme le pays de Bray ou le Weald anglais. De même, les reliefs développés sur des lignes de failles anciennes ne résultent pas directement du jeu des blocs : nombre d'accidents sont nivelés ; les **escarpements de ligne de faille*** sont taillés par l'érosion aux dépens des roches vulnérables ; ils peuvent être tournés soit vers le compartiment bas, soit à l'inverse vers le bloc élevé moins résistant ; le commandement de ces formes traduit la vigueur de l'incision. En revanche, il ne faut pas totalement exclure le rôle de déformations récentes ou actuelles dans les bassins : soulèvement ou subsidence sont susceptibles de modifier les réseaux hydrographiques ou d'aviver quelques talus.

Fig. 26 : escarpement de ligne de faille

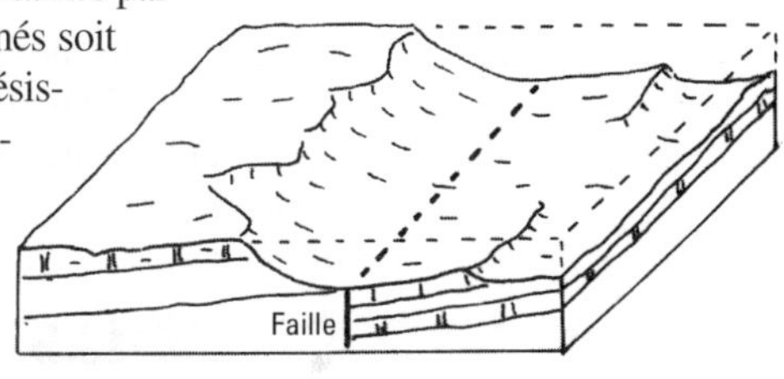

Les formes structurales dans les socles

Les régions de socles sont constituées par des structures variées : racines d'anciens orogènes plus ou moins indurés, noyaux métamorphiques et corps intrusifs présentent une grande diversité lithologique. Ces ensembles correspondent en général à des plateaux bosselés, interrompus par quelques escarpements*. La question est toujours d'établir si les dénivellations résultent de mouvements tectoniques relativement récents ou bien si elles sont ménagées par l'érosion différentielle entre deux unités géologiques. En effet, la dénudation à long terme exploite souvent un potentiel structural nuancé dans des configurations originales.

Les reliefs appalachiens sont sculptés dans des racines de plis, vestiges de chaînes anciennes, totalement arasées. De longs couloirs sont évidés dans les matériaux tendres entre des échines rectilignes armées par des séries résistantes qui conservent les traces de l'aplanissement de départ. Les réseaux hydrographiques s'encaissent à mesure que s'abaisse le plancher des dépressions ; l'incision des vallées peut tailler des cluses appalachiennes, passages étroits à travers les chaînons.

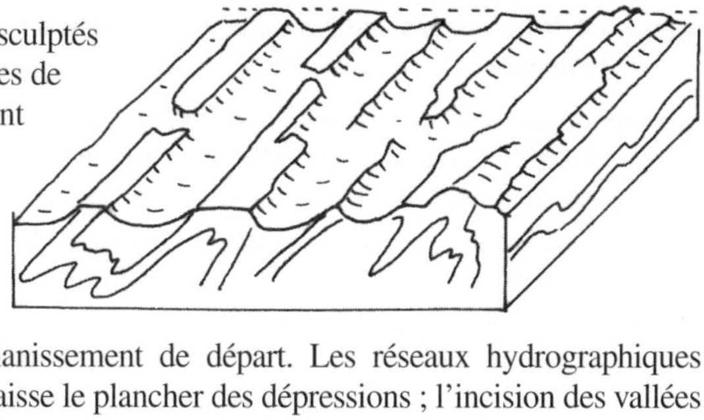

Fig. 27 : relief appalachien

Ces types de reliefs doivent leur nom aux Appalaches américaines où les crêtes et les sillons parallèles s'allongent sur plus de 1 800 km, recoupés par de rares vallées transversales. En Bretagne, le relief appalachien est peu élevé et aux formes adoucies, tandis que les chaînons du Sud-Ouest irlandais ou écossais dressent des échines vigoureuses au-dessus de bras de mer et de dépressions régulières.

Les reliefs dans **les massifs cristallins** sont également différenciés : la répartition des bosses résistantes et des cuvettes de décomposition de dimensions kilométriques (appelées **alvéoles**) montre que l'érosion est guidée par la fracturation du matériel mais aussi par les variations de cristallisation souvent associées à la mise en place des masses intrusives.

On retiendra les reliefs dissymétriques développés dans les roches à texture orientée ou foliée, comme les lourdes échines du centre de Madagascar ou les crêtes vigoureuses dans les massifs hercyniens des Pyrénées. Ce sont aussi des formes de coupoles granitiques plus ou moins éventrées qui associent des dômes élevés et des dépressions circulaires, comme les reliefs annulaires de l'Aïr (Niger), de Corse, ou d'Écosse. Ce sont enfin les escarpements monoclinaux, véritables **cuestas** façonnées dans les structures alternées des roches basiques litées, comme le complexe du Bushveld en Afrique du Sud.

Fig. 28 : formes structurales dans les roches intrusives

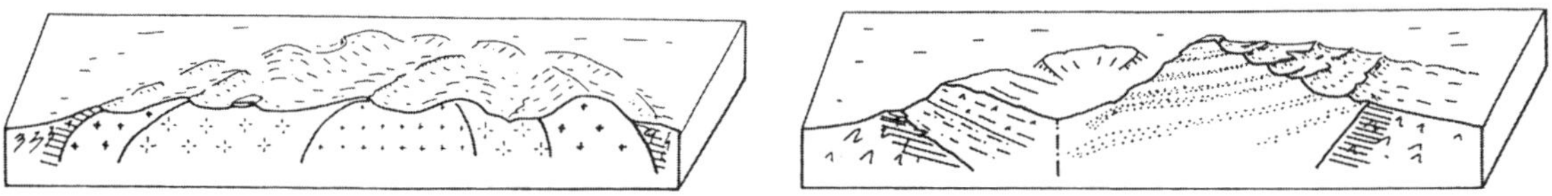

A. Reliefs annulaires en roches granitiques

B. Reliefs monoclinaux en roches basiques litées

D'après Ch. Le Cœur.

Ainsi les formes structurales des régions stables qui exploitent la diversité des roches résultent d'une longue histoire. Leur évolution peut comporter des périodes d'aplanissement et de creusement, rythmées par les séquences de déformation des plates-formes.

2 Les formes jeunes des montagnes

Les formes de relief dans les montagnes sont caractérisées par un grand développement vertical et des agencements complexes.

Des formes jeunes

L'incision vigoureuse est responsable du compartimentage des volumes en crêtes et vallées. Les formes présentent des dénivellations importantes entre sommets et talwegs* : leur amplitude peut atteindre 3 000 m dans les Alpes comme les pentes du Mont-Blanc ou du Cervin ; elle dépasse 5 000 m sous les principaux sommets de l'Himalaya. Les fortes déclivités induisent des relais courts entre les processus de versant, elles confèrent une grande efficacité aux dynamiques. C'est pourquoi les formes subissent des transformations rapides : les traces d'évolutions anciennes sont le plus souvent effacées et la morphologie représente plutôt un bilan d'érosion à moyen terme.

La puissance du creusement provoque une instabilité des versants capable de remanier certaines formes. C'est le cas des mouvements de masses qui déplacent des pans entiers de montagne : de grands glissements peuvent décaler des corniches structurales, voire dédoubler des escarpements ; des cicatrices anciennes qui balafrent les pentes sont parfois réaménagées en cirques glaciaires ; des écroulements gigantesques peuvent modifier les configurations par recul des parois et accumulation de débris capables de barrer les vallées. Ces phénomènes se poursuivent dans l'évolution historique comme les grandes catastrophes alpines du Granier (1248), des Diablerets (1749) ou du Dérochoir (1781).

Dans les chaînes récentes, les formes d'échelle moyenne et les modelés* peuvent se télescoper ; car le relief reflète largement l'étagement des dynamiques. D'un côté, les sommets ciselés par les processus mécaniques prennent l'allure de pyramides aux faces taillées par les glaciers ou d'aiguilles aux parois débitées par le gel ; de l'autre, les vallées étroites et encaissées redistribuent les débris arrachés aux versants, elles sont encombrées par les dépôts morainiques* ou par des systèmes de terrasses*.

La néotectonique contribue à transformer les formes de relief. Ce sont des formes primitives : des escarpements de faille à peine retouchés présentent de grands versants calés sur des failles actives et découpés en facettes ; ils dominent directement les bassins subsidents ; les rejeux récents peuvent se marquer en bas de pente par des miroirs de faille (parois rocheuses striées), des cônes latéraux découpés par de petites marches (*scarplets*), des terrasses ou des moraines décalées.

Quelques formes structurales élémentaires

L'érosion éventre des structures complexes des orogènes ; elle peut atteindre des niveaux profonds. D'où l'exploitation d'un potentiel de résistance contrasté tant dans les couvertures sédimentaires plissées que dans les écailles de socle. Les reliefs structuraux diffèrent donc suivant la position à l'intérieur de l'orogène, tandis que les formes et leurs agencements varient selon la puissance de l'incision.

Fig. 29 : formes de relief en structure plissée conforme

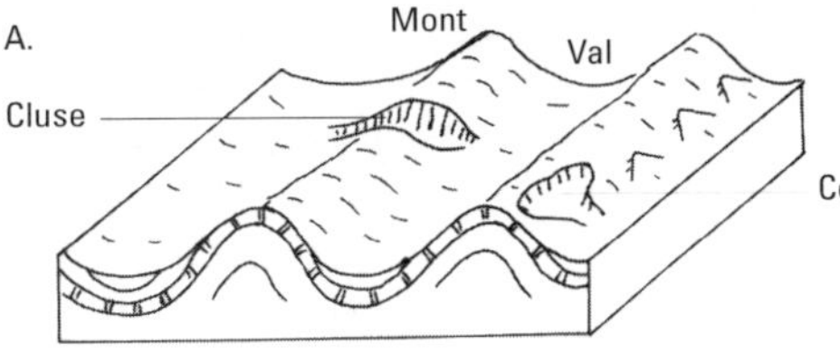

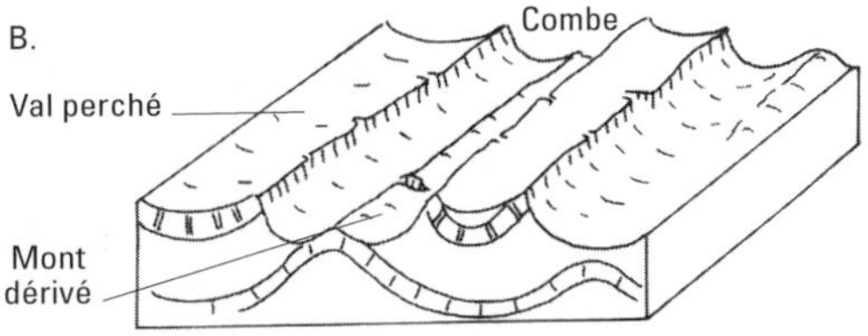

Fig. 30 : formes de relief inverse en structure plissée

Les formes en structure plissée*

Les sédiments plissés des zones externes déterminent des lignes de reliefs. La vigueur du creusement oppose deux styles de formes.

Une érosion modérée donne des **reliefs conformes,** ou de style jurassien, qui moulent avec plus ou moins de fidélité les ondulations des couches : les lignes de hauteur correspondent aux charnières anticlinales, parfois écornées, ce sont **les monts** ; les vallées longitudinales, larges berceaux, suivent les axes synclinaux, ce sont **les vaux.** L'enfoncement de cours d'eau sur le flanc d'un pli peut défoncer les niveaux résistants et ouvrir **une combe,** dépression ceinturée par des abrupts ; une entaille développée à la faveur d'accidents transversaux peut trancher **une cluse,** défilé à travers un chaînon.

Les structures plissées éventrées par l'érosion forment des **reliefs inverses,** ou de style préalpin : les charnières anticlinales défoncées donnent place à de larges vallées, les combes ; ces dépressions allongées sont encadrées par des **crêts**, escarpements vigoureux se faisant face ; le creusement au cœur de l'anticlinal peut mettre au jour des niveaux résistants plus profond qui forment un **mont dérivé.** Les synclinaux moins attaqués par l'érosion se trouvent en position haute par rapport aux voûtes évidées ; ce sont des **vaux perchés,** longs sommets en berceau défendus par des crêts à regard tourné vers l'extérieur.

Fig. 31 : un crêt

Un crêt est un escarpement monoclinal taillé dans une série sédimentaire contrastée et redressée par le plissement. Cette forme est couronnée par une corniche hardie, grande paroi rocheuse, au-dessus d'une large concavité ménagée dans les assises vulnérables. Le profil répond à l'épaisseur relative des couches, à la vigueur du pendage (supérieur à 10°) et à la puissance du creusement.

Les modalités d'attaque interfèrent parfois dans la géométrie des formes structurales. Ainsi une évolution karstique* prolongée dans les chaînons calcaires peut exploiter l'inégale solubilité des roches et provoquer la concentration des eaux dans certains secteurs. Formes en saillie, les tours gigantesques des Dolomites italiennes ont été isolées en partie par la dissolution différentielle. Formes en creux, les **poljés** sont des dépressions karstiques de taille kilométrique qui fonctionnent comme des plaines de corrosion ; ces cuvettes inondables se nichent toujours dans des synclinaux découpés en fossés d'angle de faille ou dans des anticlinaux faillés évidés en combes.

Les formes en structure charriée

Les nappes de charriage sont des superstructures souples qui ont subi des déplacements latéraux importants ; ces masses allochtones sont plissées et souvent superposées en structures disharmoniques. La terminaison des nappes constitue un front de chevauchement, marqué par un plan de faille horizontal ou ondulé, qui donne de lourds escarpements. Les contrastes de résistance entre le soubassement et les masses chevauchantes sont soulignés par une semelle broyée ou injectée de matériaux plastiques très vulnérables comme le gypse. La continuité des structures peut donc être rapidement démantelée. Le recul du front peut isoler des lambeaux témoins de nappes : ce sont des **klippes.** L'érosion peut également éventrer les plis couchés à la faveur de lignes de cisaillement ; elle ouvre dans les nappes des combes irrégulières appelées **fenêtres** qui découvrent les unités sous-jacentes. D'où la grande variété des combinaisons de formes sculptées dans des séries redoublées par les retournements et les empilements.

Les structures en écailles accolent des unités rigides chevauchantes dans les parties internes des massifs. Elles sont constituées de roches massives découpées par des lignes de cisaillement. L'érosion peut évider des couloirs profonds dans les volumes pincés ou broyés par les décrochements. La sculpture des massifs est alors guidée par les réseaux de fractures qui déterminent de profonds sillons ; elle découpe des montagnes taillées d'un seul bloc, monolithes comme les aiguilles de Chamonix dans les Alpes, le K2 au Karakorum ou le Fitz Roy dans les Andes de Patagonie. Ainsi les formes d'érosion dans les zones internes présentent des murailles aux dénivelés formidables sur lesquelles s'étagent les modelés.

3 Les formes volcaniques

Les volcans représentent des constructions éphémères dans l'évolution à long terme. Elles sont édifiées rapidement et progressivement démantelées, à moins que l'activité magmatique n'entretienne ces reliefs en saillie.

D'énormes volcans comme l'Etna ou le piton de la Fournaise à la Réunion résultent d'émissions presque continues pendant des centaines de milliers d'années, mais les petits cônes comme les volcans de la chaîne des Puys ont été édifiés par des éruptions brèves pendant quelques mois. En revanche, la dénudation des racines de grands stratovolcans ne demande guère plus de 1 million d'années, comme au Mont Ross (Kerguelen).

Les édifices volcaniques reflètent directement les conditions d'éruption des magmas. Les émissions de laves fluides dans les zones de distension et sur les points chauds contrastent avec l'activité explosive provoquée par des magmas visqueux ou chargés de gaz des zones d'affrontement de plaques. A. Lacroix (1904) définit quatre types de volcans désormais classiques.

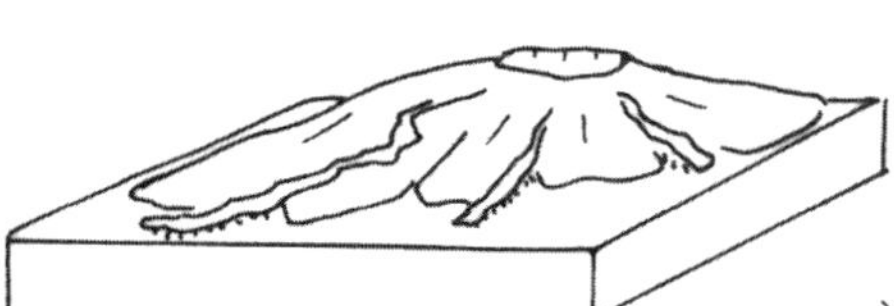

Fig. 32 : type hawaïen

Les laves fluides, comme les basaltes, s'étalent en coulées qui peuvent parcourir des distances importantes. Une activité centrée et continue construit un volcan de **type hawaïen,** cône lourd, aux formes surbaissées. On donne le nom de volcan bouclier aux plus gros édifices. Des émissions fissurales, c'est-à-dire réparties entre de multiples sources, peuvent nourrir au cours de millions d'années d'énormes empilements en nappes subhorizontales : ce sont de grands plateaux basaltiques aux versants en gradins, les *trapps*, comme les accumulations du nord-ouest du Dekkan d'âge crétacé, le plateau de la Columbia aux États-Unis, ou le plateau d'Antrim en Irlande.

Le **type strombolien** traduit une activité intermittente et différenciée : des phases explosives projetent des débris autour du cratère ; elles alternent avec des émissions de basaltes en coulées fluides. Les cônes sont hauts de quelques centaines de mètres et caractérisés par des flancs raides (30-35°), nappés de scories, blocs, bombes et projections fines (les cendres). Des explosions plus violentes peuvent emporter une partie de cratère et façonner un cône égueulé.

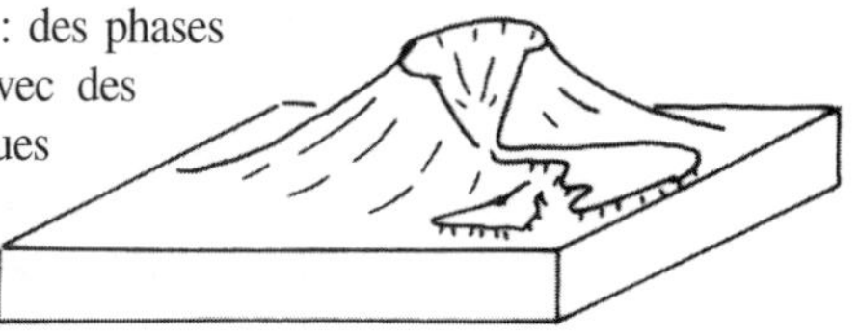

Fig. 33 : type strombolien

Un cas particulier est celui des **maars,** cratères d'explosion sans édifice : la montée de magma à travers des niveaux phréatiques modifie brutalement les conditions de cristallisation et provoque des explosions sous la surface. Ce sont des évents en tromblon, occupés par des lacs circulaires, ceinturés par un petit rempart de scories et de brèches.

Le **type vulcanien** résulte d'éruptions explosives spasmodiques associées à des laves visqueuses, andésites ou trachytes riches en gaz. La montée progressive du magma acide et son dégazage exercent des pressions énormes dans les conduits obturés par des bouchons solides. D'où la déformation des édifices précédant les éruptions. Les explosions libèrent brutalement les volumes gazeux et pulvérisent les matériaux pyroclastiques en nuées ardentes ; elles projettent des panaches de poussières dans la haute atmosphère et saupoudrent l'édifice de cendres, détruisant toute végétation. Ce sont des montagnes aux pentes nues, souvent ravinées de *barrancos* et sujettes à de redoutables écoulements torrentiels de boue, les **lahars.**

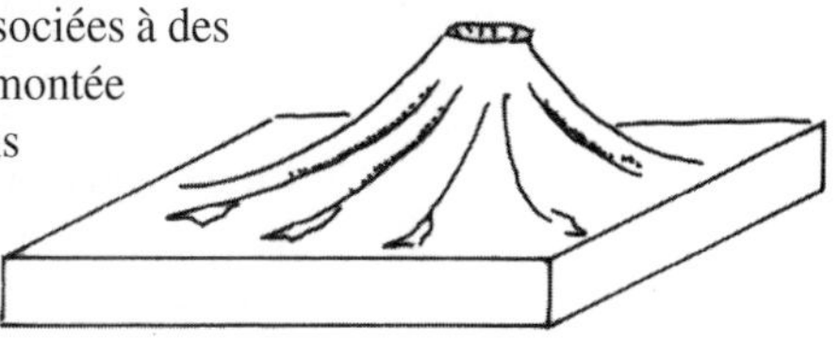

Fig. 34 : type vulcanien

Le **type « péléen »** est caractérisé par l'extrusion de magma en partie solide. Ce sont des dômes visqueux dont l'ascension est capable de soulever ou de transpercer l'édifice. Les éruptions sont accompagnées de puissantes émissions pyroclastiques, aérosols de gaz et cendres incandescentes étalant des tufs autour du volcan.

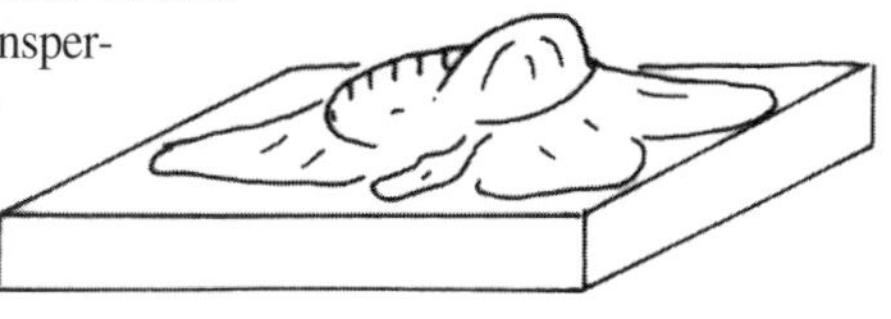

Fig. 35 : type péléen

Les stratovolcans sont de grands complexes construits au cours de centaines de milliers d'années, comme l'Etna. La structure des empilements reflète les discontinuités de l'activité magmatique. Car le style éruptif a pu changer, opposant phases d'émission fluide et phases d'accumulation pyroclastique.

Les stratovolcans sont souvent sectionnés par de grands effondrements circulaires : les **caldeiras** sont des affaissements provoqués par le relâchement des pressions dans les réservoirs magmatiques, elles recoupent à l'emporte-pièce une partie du volume saillant, comme la baie intérieure de l'île de Santorin, ou le « Crater » Lake de l'Oregon, large de 10 km et profond de 600 m.

Les édifices sont **démantelés,** lorsque l'activité volcanique cesse. La destruction des superstructures progresse rapidement dans les matériaux mal consolidés (brèches, tufs pyroclastiques) et laisse en saillie les roches plus résistantes. Autour des édifices, les tables de basalte se découpent en larges plateaux inclinés, les planèzes ; une érosion plus prononcée peut placer les coulées en position perchée par rapport aux assises sous-jacentes.

Inversion de relief et formation de *mesa*

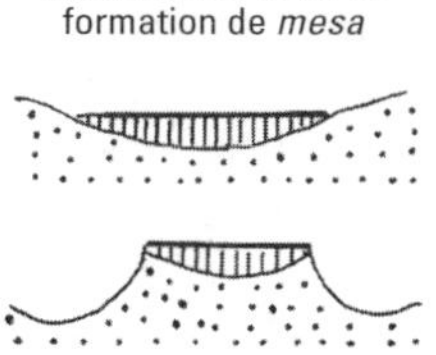

Destruction de superstructures volcaniques

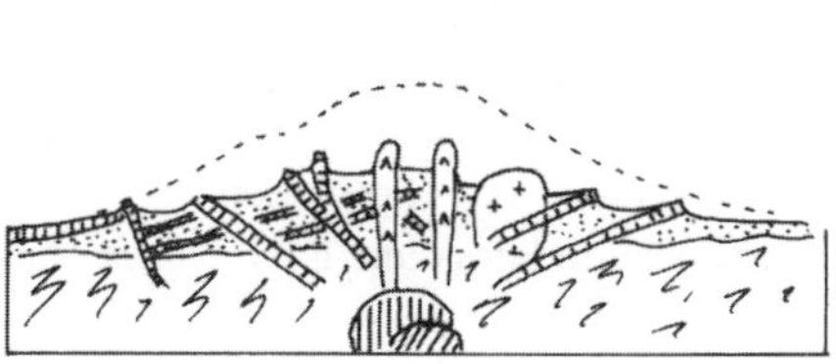

Fig. 36 : formes de démantèlement des volcans

Les inversions de relief sont fréquentes dans les anciens volcans démantelés. Les coulées de basalte résistant qui fossilisent des vallées restent en saillie au-dessus des terrains évidés par l'érosion. Les **mesas** constituent de beaux reliefs tabulaires dominant les paysages désertiques du Colorado et du Nouveau-Mexique ; ce sont aussi, dans le Massif central, les coulées perchées en échines et en buttes, comme le plateau du Coiron ou la montagne de la Serre.

Au cœur des dispositifs, le déchaussement des roches cristallisées dans les conduits donne de lourds culots aux versants débités en colonnes ou des pitons aux formes hardies, appelés **necks.** Les fissures injectées de laves constituent des lignes de résistance : ce sont les **dykes,** filons verticaux qui arment des petits panneaux rocheux et des talus rigides disposés en lignes parallèles ou bien en croissants contrôlés par des fractures circulaires ; ce sont aussi les **sills,** feuillets intrusifs plus ou moins horizontaux qui déterminent des corniches rigides. Un défonçage plus profond peut progressivement dégager les racines d'anciens volcans, c'est-à-dire le niveau des réservoirs magmatiques. L'érosion différentielle peut alors sculpter des formes annulaires dans les masses intrusives cristallisées en fonction des conditions de leur mise en place hypovolcanique.

En conclusion, les reliefs traduisent le jeu subtil de la tectonique qui crée les volumes et de l'érosion qui les réduit. Ainsi la sculpture de la Terre offre des styles très différents suivant les rythmes de déformation ; elle oppose les formes de dénudation latérale dans les régions stables aux formes d'incision dans les zones de soulèvement rapide. La diversité de ces formes reflète également la variété des agencements structuraux.

Le relief est donc le résultat tangible d'une évolution longue et souvent compliquée ; il représente **un héritage* à long terme,** un décor presque figé. C'est pourquoi les volumes et les formes constituent le cadre durable des grandes répartitions de la géographie physique. Ils fixent les grandes lignes des paysages, c'est-à-dire la configuration de l'espace physique : ce sont des plaines et des montagnes, des plateaux et des vallées, des collines et des cuvettes, le substrat des couvertures vivantes et des territoires sociaux.

Le relief ne constitue pas seulement un cadre passif, car la géométrie des pentes commande les conditions de circulation de l'eau sur les versants et, par là, **les formes règlent la distribution des dynamiques de surface.** C'est pourquoi les reliefs d'échelle moyenne conditionnent en partie l'évolution des modelés qui les couvrent : les processus d'érosion apportent des retouches à la mesure de leur efficacité et de leur durée d'action ; ces aménagements accusent ou estompent les formes structurales sans en dénaturer les caractères propres.

Élaborées à travers la très longue durée, les formes de relief sont aussi le lieu de transformations brutales : les séismes et les éruptions volcaniques manifestent l'irruption de la dynamique interne dans l'évolution instantanée ; de même, l'enchaînement de processus de surface peut parfois dépasser des seuils de stabilité et provoquer des changements brusques. Les zones instables sont particulièrement exposées à ces risques du fait des tensions crustales et de la forte déclivité des pentes.

Ici interviennent les **risques naturels,** manifestations géologiques et géomorphologiques dans le temps social. La prise en compte de ces risques dans l'organisation du territoire nécessite une bonne analyse des configurations de terrain. La prévention requiert une recherche des sites exposés, une connaissance, voire une modélisation des dynamiques et une mesure des paramètres permettant de définir les seuils de déclenchement ; elle implique aussi un suivi historique des phénomènes et des dispositions destinées à éloigner les populations menacées. Mais la nature laisse une large part au hasard.

Document commenté

Chronologie et évolution paléogéographique

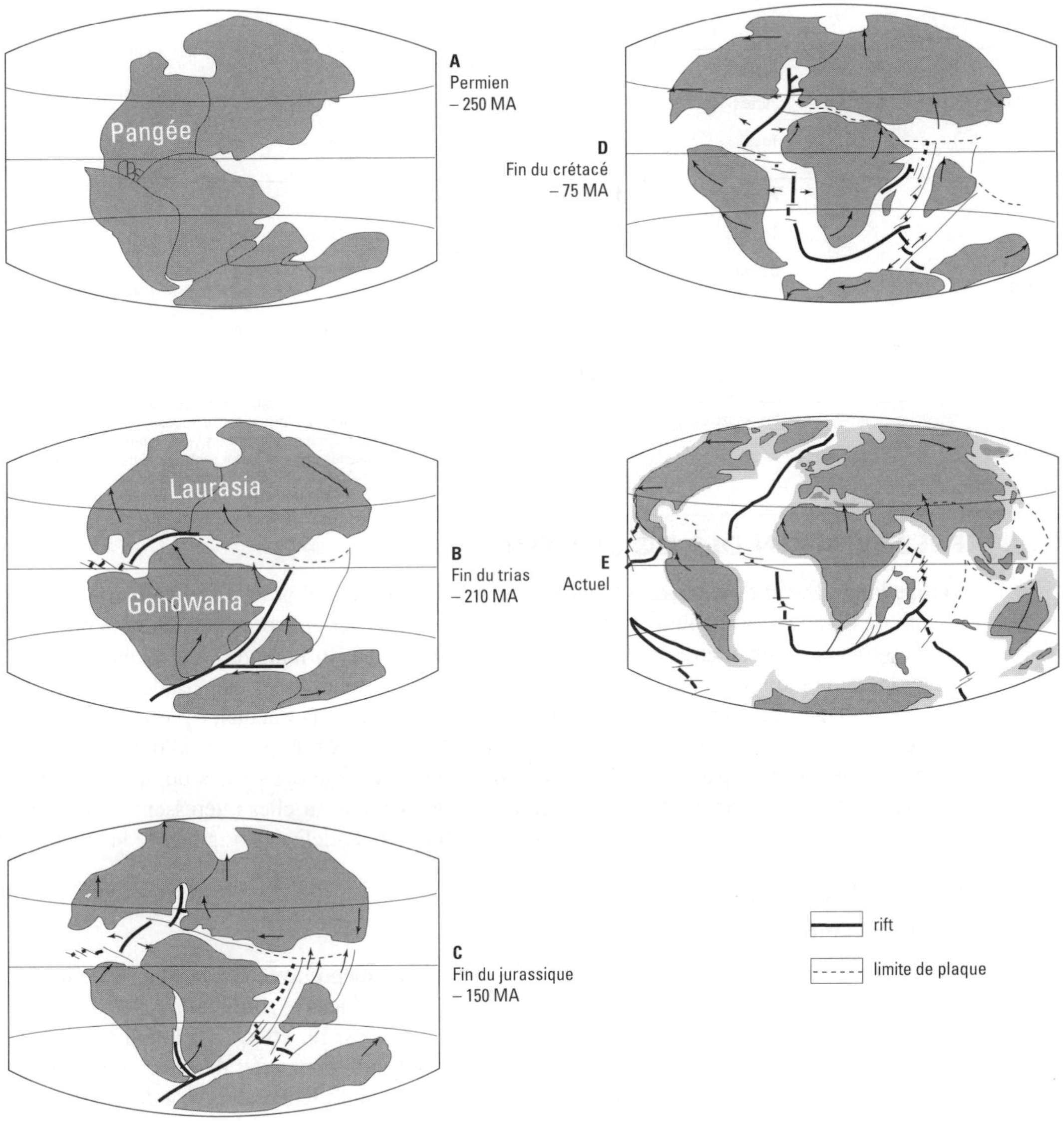

D'après Dietz et Holden, 1970.

Fig. 37 : transformation des continents

Tableau 1 : échelle des temps géologiques

Ère	MA	Période	Orogenèses	Événements	
		Holocène	Himalaya	Conditions proches de l'actuel	
QUATERNAIRE	0,01				
		Pléistocène		Glaciations des moyennes et hautes latitudes	
1,6 MA					
		Pliocène	Alpes		
TERTIAIRE ou cénozoïque	5,3			Crise messinienne (assèchement partiel de la Méditerranée)	
		Miocène			
	23				
		Oligocène	Pyrénées		
	34				Collision Inde/Asie
		Éocène			
	53				
		Paléocène			
65 MA				Ouverture de l'Atlantique	Extinctions nombreuses (dinosaures)
		Crétacé		Fermeture de la Thétys	
	135				
SECONDAIRE ou mésozoïque		Jurassique			
	205			Ouverture de la Thétys	
		Trias		(séparation Gondwana/ Laurasie)	
	245				
225 MA					
		Permien	Chaîne hercynienne	Formation du supercontinent La Pangée	
	295				
		Carbonifère		Glaciations du Gondwana	Forêts productrices de charbon
	360				
		Dévonien	Chaîne calédonienne		
PRIMAIRE ou paléozoïque	410				Enrichissement de l'atmosphère en oxygène
		Silurien			
	435				Foisonnement biologique
		Ordovicien	Orogène Panafricain	Glaciations entre Mauritanie et Arabie	
	500				
		Cambrien			
540 MA					Premières formations carbonatées
2 500		Protérozoïque			Premières formes de vie (cyanobactéries)
					Développement des espèces marines
PRÉCAMBRIEN	3 800	Archéen			Atmosphère riche en azote, dioxyde de carbone, méthane, amoniac (gaz à effet de serre)
4 800 MA				accrétion du noyau	Formation du manteau, de la croûte et de l'atmosphère)

1 - PRÉSENTATION DES DOCUMENTS

Temps long et grands espaces. La chronologie de la Terre a d'abord été établie par les géologues à partir de l'étude stratigraphique des fossiles. Ces traceurs d'origine organique ne sont présents que dans les roches sédimentaires et ils n'apparaissent pas dans les formations les plus anciennes. Ainsi, les temps géologiques ont été divisés en cinq grandes ères, subdivisées en périodes, comprenant de nombreux étages. La durée de ces différentes phases se réduit vers l'actuel, à mesure que les témoignages biologiques se font plus précis. Les nouvelles méthodes de géochronologie se fondent sur des datations absolues par analyse de la composition isotopique des roches ou des minéraux. Ces mesures du temps ont apporté des compléments essentiels puisqu'elles intéressent aussi les roches magmatiques et métamorphiques et peuvent remonter bien au-delà des origines de la vie sur Terre.

2 - COMMENTAIRE

A/ Le précambrien

C'est la période antérieure à l'apparition de fossiles. Il commence avec la constitution de la planète, vers 4,8 milliards d'années BP, se poursuit avec l'archéen et s'achève par le protérozoïque, qui recèle les premières traces de vie à partir de 2,5 milliards d'années. En effet, l'évolution progressive de l'atmosphère riche en azote, dioxyde de carbone et méthane (gaz à effet de serre) a été propice au développement biologique. Les premiers indices de vie se manifestent d'abord par de très rares dépôts graphiteux d'origine organique ou par les premières roches carbonatées, ensuite par des traces énigmatiques puis par les premiers fossiles. Cette période, qui représente l'essentiel de l'histoire de la Terre, a connu de nombreuses phases d'orogenèse et d'érosion sur des proto-continents aux configurations mal connues et attestées uniquement par le métamorphisme, les déformations associées ou encore par de puissantes accumulations détritiques. Les vestiges précambriens constituent le socle de régions de croûte épaisse et stable, les boucliers.

B/ Le paléozoïque

Le Paléozoïque, ou ère primaire, entre 540 et 245 millions d'années, commence avec le développement de vie du cambrien : l'histoire de l'atmosphère est marquée, jusqu'au permien, par plusieurs périodes d'enrichissement en oxygène qui facilitent le passage à la vie terrestre ; cette évolution irrégulière correspond à des foisonnements successifs et des extinctions d'espèces. Cette longue période est aussi caractérisée par la formation et la destruction des orogènes dont les racines constituent le socle des massifs anciens d'Europe et d'Amérique. Car les collisions successives qui ont engendré les chaînes calédoniennes, appalachiennes et hercyniennes, ont progressivement abouti à la constitution d'un continent unique, la Pangée.

C/ Le mésozoïque

Le mésozoïque, ou ère secondaire, entre 245 et 65 millions d'années, marque le début des grandes dislocations continentales. Cette période est plutôt marquée par la tectonique distensive, en particulier en Europe où se forment de grands bassins sédimentaires. Dans un premier temps, au trias, l'ouverture d'un océan, la Thétys, sépare deux grands blocs, la Laurasie et le Gondwana ; les blocs de l'Inde et du continent austral se détachent ensuite. Au milieu du secondaire, c'est-à-dire au jurassique moyen, viennent les ruptures qui donnent naissance à l'Atlantique (150 millions d'années). Enfin, le crétacé marque l'ouverture même de cet océan ; il provoque un changement de régime entre Afrique et Europe, où les compressions s'amorcent. De même, la poussée des deux Amériques sur le Pacifique produit les premières déformations des Rocheuses et des Andes. Le mouvement de la plaque indienne se poursuit vers le nord au-dessus d'un point chaud qui charge le continent d'énormes empilements de laves, les *trapps* du Dekkan.

L'ère secondaire s'achève avec une longue crise biologique marquée par l'extinction de nombreuses espèces (comme les dinosaures) à la fin du crétacé (65-60 millions d'années).

D/ Le tertiaire ou cénozoïque

Entre 65 et 1,5 millions d'années, le cénozoïque correspond au régime de collision qui donne progressivement naissance à la géographie actuelle. C'est la formation des montagnes jeunes. La compression ouest-américaine se complique par le mouvement de la microplaque marginale des Caraïbes reliant les deux continents par une guirlande de montagnes et d'îles. Dans le domaine alpin, la collision qui ferme la Thétys résulte d'évolutions décalées dans le temps et dans l'espace, avec le mouvement pivotant d'un promontoire africain. D'où le contraste majeur entre la Méditerranée occidentale, où s'esquissent des distensions, et le bassin oriental en subduction sous les plaques égéenne et turque. C'est aussi la percussion de l'Asie par la plaque indienne responsable de la formation de l'Himalaya et des jeux de blocs de l'Asie orientale. Cette période correspond aussi à des mouvements verticaux sur les plates-formes : relèvement des marges passives, soulèvements locaux, fracturation et amorces de rifts.

E/ Le quaternaire

L'ère quaternaire recouvre le dernier million et demi d'années jusqu'à l'époque présente. C'est une période caractérisée par des changements climatiques probablement liés à des variations de l'orbite terrestre (hypothèse de Milankovich) : une dizaine de phases froides ont affecté les hautes et moyennes latitudes, constituant de puissantes calottes de glaces responsables de l'abaissement général des mers ; dans le monde subtropical, les oscillations climatiques se manifestent par des alternances sèches (contemporaines des phases froides) ou pluviales. Ainsi, les étapes récentes de la morphogenèse résultent d'ambiances climatiques contrastées. Le quaternaire se termine avec l'holocène depuis 10 000 ans qui correspond, avec quelques nuances, aux conditions actuelles. Le quaternaire est aussi le temps de l'homme : les fossiles des premiers hominidés (*Homo habilis*) et les premiers outils remontent à plus de 2 millions d'années ; le genre Homo sapiens se développe dans les derniers 40 000 ans et l'expansion des sociétés agricoles néolithiques correspond avec l'holocène.

Document commenté

Le Lac Baïkal : un grand fossé tectonique

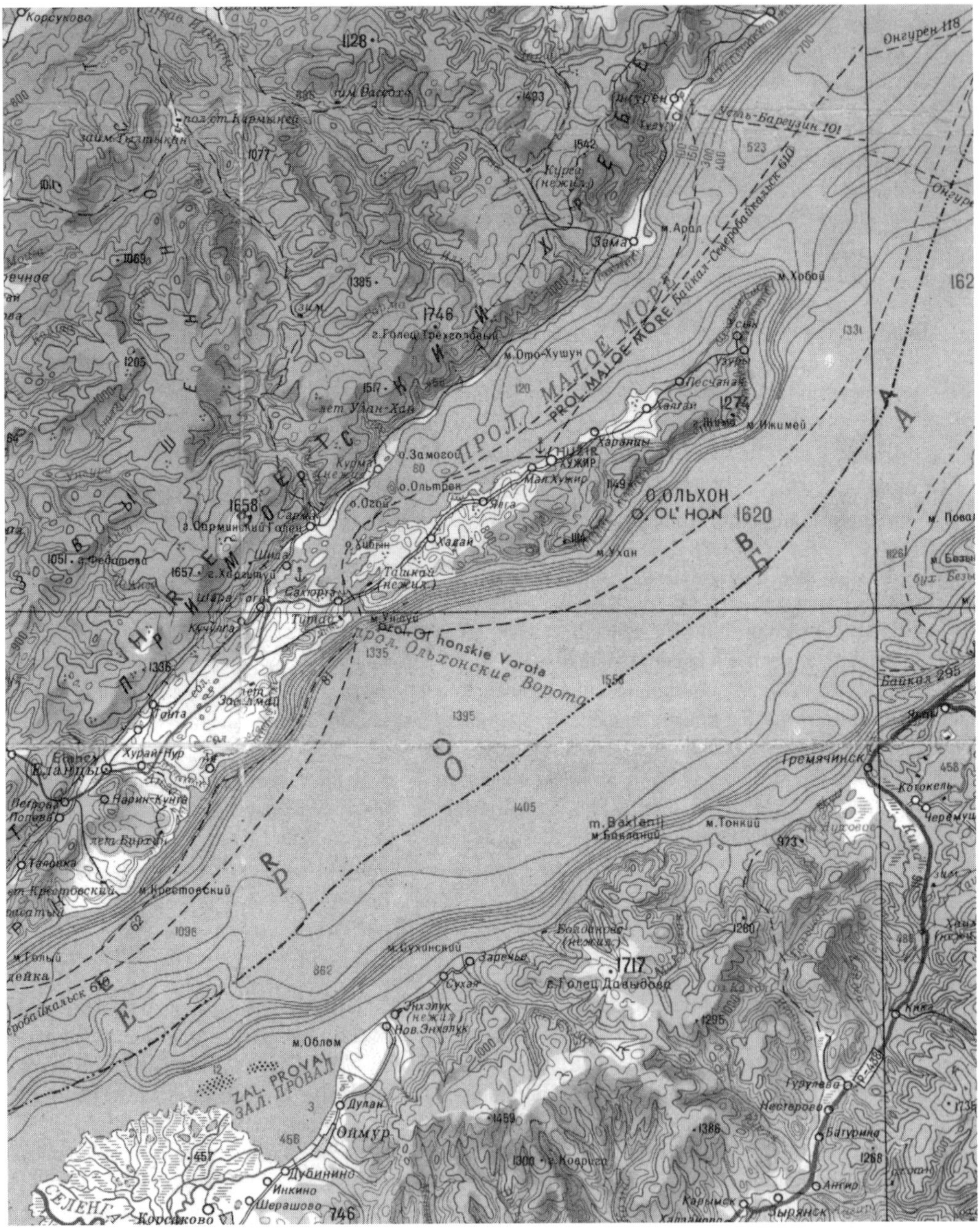

Fig. 38 : extrait de la carte au 1 / 1 000 000 du lac Baïkal

Photo 2 : escarpement de faille du lac Baïkal

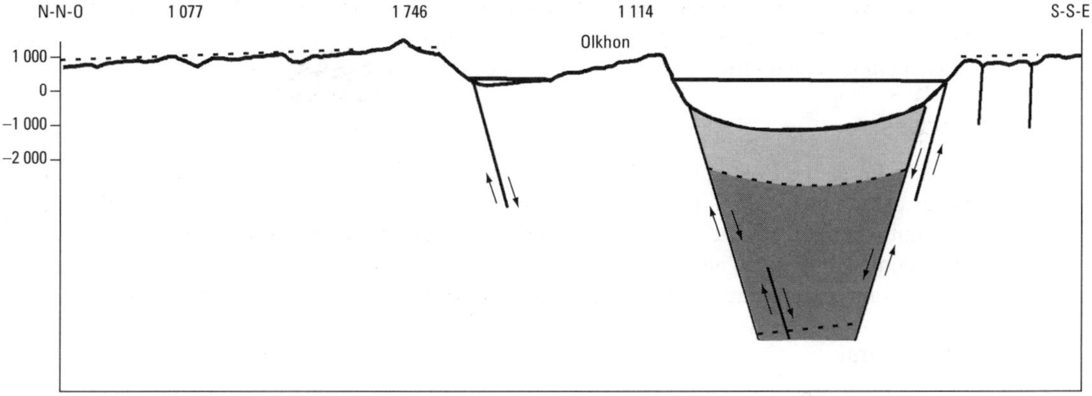

Fig. 39 : coupe à travers le fossé du Baïkal

1 - PRÉSENTATION DU DOCUMENT

Titre

Le fossé du lac Baïkal.

Nature

Carte de la partie centrale du lac Baïkal (échelle 1 / 1 000 000).

2 - MÉTHODE

A/ Objectif

Le rift du lac Baïkal est situé en Sibérie centrale. Il est long de 650 km, large de 80 km et profond de 1 630 m. C'est une forme d'échelle continentale développée sur une croûte amincie.

B/ Problématique

Une coupe transversale montre les plateaux de Sibérie centrale, les escarpements qui encadrent le fossé. Les données géophysiques fournissent des indications pour évaluer l'épaisseur des sédiments accumulés, l'amplitude et le rythme des mouvements tectoniques.

C/ Mise en garde

L'échelle de la carte (1 cm = 100 km) permet d'analyser les formes majeures, mais elle ne renseigne guère sur les reliefs de dimension moyenne : les différences de style résultant de la lithologie des escarpements sont totalement gommées. Les modelés de versant n'apparaissent pas, mais la répartition de la forêt apporte une indication indirecte sur les conditions de milieux.

3 - ANALYSE ET COMMENTAIRE

Le fossé tectonique est enchâssé dans de lourds plateaux situés entre 1 000 m dans la partie méridionale et 2 500 m au nord-est. Ce sont les vestiges de vieilles surfaces qui tranchent indifféremment le socle précambrien et les séries sédimentaires cambriennes de la plate-forme sibérienne ; ils se relèvent nettement vers la bordure du fossé.

A/ La coupe

Elle montre, au nord-ouest et au sud-est, les lanières de plateau inclinées vers le bassin supérieur de la Lena ; puis le bloc basculé qui détermine le relief dissymétrique de l'île Olkhon opposant une baie peu profonde (appelée *la petite mer*) et un abrupt de faille vigoureux. L'escarpement oriental du lac comporte une série de redans associés à des jeux de blocs secondaires.

B/ Le fossé

Il réunit lui-même trois bassins d'effondrement légèrement décalés. Il est encadré par de formidables escarpements de faille qui jouent depuis le milieu du tertiaire (34 millions d'années). Les talus ont un commandement de 800 à 1 000 m pour leur partie émergée et se prolongent avec une pente comparable jusqu'au plancher du lac : ce sont des parois rocheuses abruptes ou des grands versants taillés en facettes triangulaires (peu discernables à l'échelle du 1/1 000 000).

C/ Les dépôts

Accumulés dans le fossé, ils sont épais de 5 000 m ; ils proviennent des plateaux disloqués par la tectonique de blocs au sud du lac. Le rythme de sédimentation, évalué entre 0,7 et 1,5 m/1 000 ans au tertiaire, s'est considérablement accéléré au plio-quaternaire (3,5 à 6 m/1 000 ans) sous l'effet des mouvements verticaux régionaux répondant aux tensions provoquées par la collision himalayenne.

4 - SYNTHÈSE ET PROLONGEMENT

C'est une région de climat continental accusé, qui conserve un pergélisol discontinu, hérité du quaternaire froid. Les versants sont recouverts par une belle taïga associant le pin de Sibérie, le mélèze et l'épicéa ; le bouleau, venu de l'ouest, s'installe progressivement. La forêt est localement défrichée en clairières dans les vallées. Elle fait place à une steppe sur les parties basses de l'île Olkhon, où les précipitations sont particulièrement faibles en raison de la position d'abri mais aussi du fait des eaux froides du lac qui contrarient les convections orageuses d'été.

Photo 2 : une vue de l'escarpement oriental du lac Baïkal, prise de l'île Olkhon. L'escarpement de faille est haut d'environ 1 000 m, rectiligne et recoupe obliquement les structures du socle sibérien. Le talus est découpé en grandes facettes triangulaires par les vallons qui entaillent le rebord du plateau supérieur. Au premier plan, la pente correspond au plan incliné du bloc basculé de l'île Olkhon.

Document commenté

Carte de Mantes-la-Jolie au 1/50 000

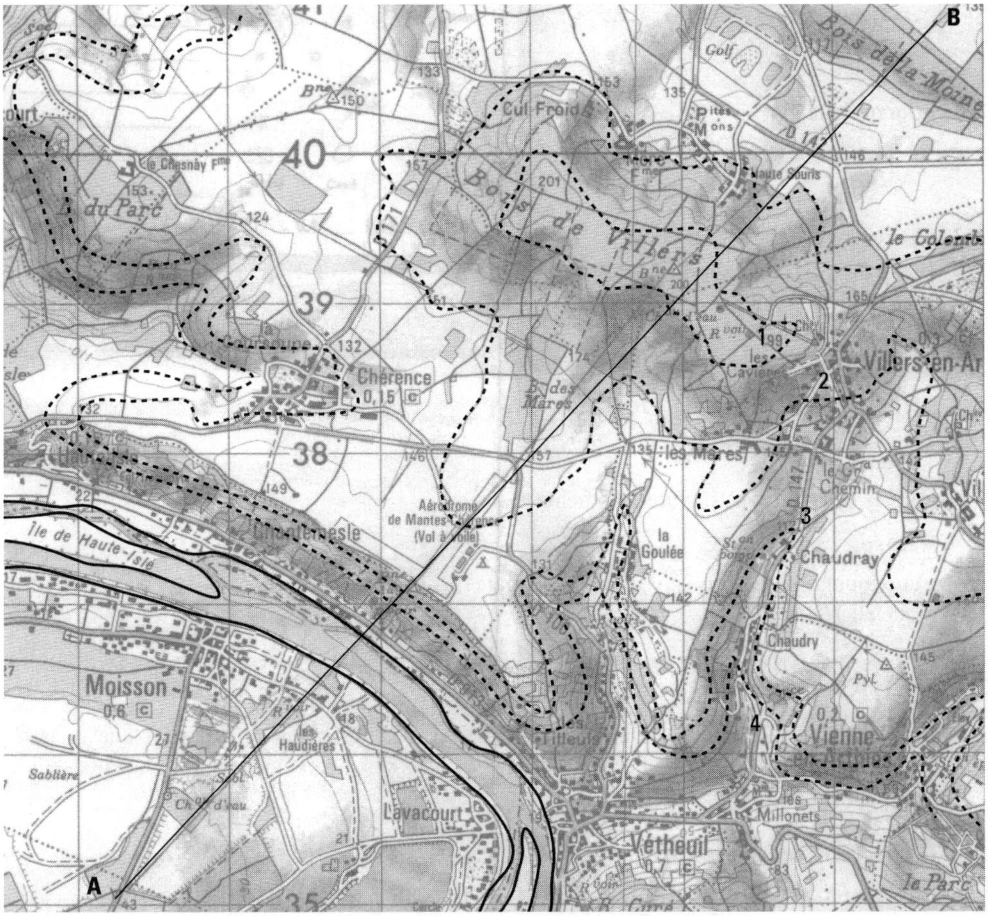

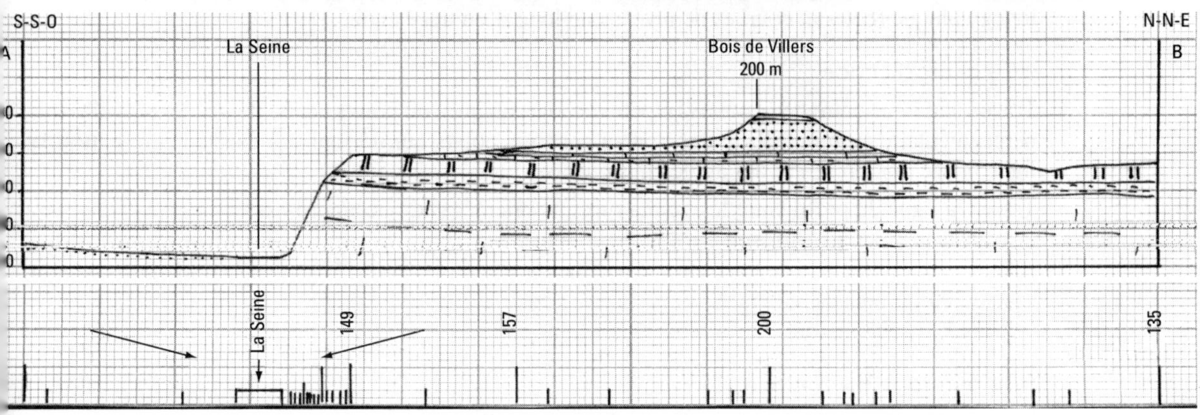

Fig. 40 : coupe du bois de la Moinerie à Moisson

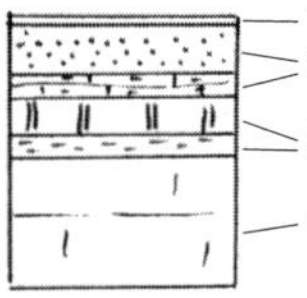

Fig. 41 :
échelle stratigraphique

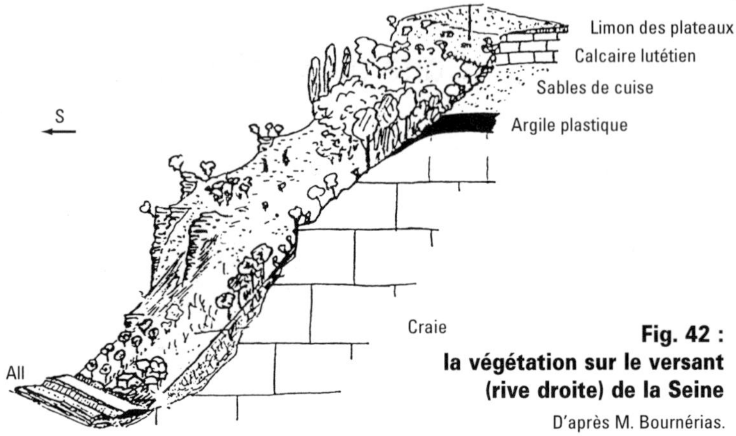

Fig. 42 :
la végétation sur le versant (rive droite) de la Seine

D'après M. Bournérias.

1 - PRÉSENTATION DU DOCUMENT

Titre

Formes de relief en structure sédimentaire.

Nature

Carte topographique au 1/50 000 IGN (Mantes-la-Jolie) et les contours simplifiés de la carte géologique au 1/50 000.

2 - MÉTHODE

La boucle de la Seine à Moisson est située en aval de Mantes-la-Jolie, à une quarantaine de kilomètres au nord-ouest de Paris. La Seine encaisse ses méandres dans les plateaux sédimentaires du centre du Bassin parisien.

A/ Construction du profil

Un profil est une projection sur un plan vertical des indications d'altitudes données par la carte topographique (cotes et courbes de niveau), le long d'un tracé choisi.

a/Le choix du tracé

Tracez une ligne entre deux points (repères topographiques ou points cotés) de manière qu'elle soit perpendiculaire au relief. Si le tracé passe par trois points qui ne sont pas exactement alignés, la ligne brisée doit présenter des angles très ouverts.

Tracez la ligne du profil entre les points suivants orientés sud-ouest/nord-est :
- le château d'eau de Moisson (au sud de la Seine) ;
- la cote 149 m (au sud de l'aérodrome de Chérence), puis la cote 157 m (sur la route D 100), et la cote 200 m (bois de Villers) ;
- la cote 135 m (au nord-est du bois de la Moinerie).

b/Le repérage horizontal

Placez la bordure inférieure d'une bande de papier millimétré le long du trait. Reportez sur la bande les cotes d'altitudes, puis placez des repères correspondant aux points d'intersection des courbes de niveau et du trait. Prenez soin de reconnaître le sens de la pente. (L'ombrage, les cotes, les courbes maîtresses et le tracé des cours d'eau apportent des indications convergentes.)

c/Le choix de l'échelle des hauteurs

L'échelle horizontale de la carte est 1/50 000, soit 50 m = 1 mm. Une échelle des hauteurs au 1/50 000 donnerait donc au profil une amplitude de 4 mm ; elle ne permettrait pas de représenter les formes. Une telle échelle ne convient que pour les régions de montagne qui présentent des dénivellations supérieures à 500 m. Il faut donc choisir d'exagérer les hauteurs sur le profil. Sur cette carte, une échelle de 1/10 000, soit 10 m = 1 mm, donne au profil une amplitude de 2 cm, qui fait apparaître clairement les formes de relief.

d/Le report des altitudes

Reportez les repères d'altitude (cotes et courbes) à la hauteur définie sur l'échelle, en vous guidant sur la trame millimétrée. Vous obtenez une série de points. Reliez ces points par un trait fin et souple (les paysages ne ressemblent pas à des lignes brisées). Repassez le profil à l'encre de chine. Effacez les traces de construction sur la bordure de la feuille. Ajoutez au-dessus du profil les indications : nom de la carte, orientation du profil, repères topographiques (cotes d'altitude, talwegs, villages et indications toponymiques).

B/ CONSTRUCTION DE LA COUPE GÉOLOGIQUE

Repérez sur la bande de papier millimétré les limites d'affleurement des couches. Reportez-les sur le profil. Reliez les points d'affleurement par un trait, en prenant garde de bien respecter la superposition des couches. Pour cela, il faut suivre le toit d'une strate, c'est-à-dire le contact avec l'unité supérieure (par exemple, la limite entre les argiles sannoisiennes et des sables stampiens de part et d'autre de la butte de Villers.

Sur cette carte, les limites stratigraphiques sont subhorizontales. L'épaisseur des couches reste constante pour chaque niveau. La craie campanienne qui forme le soubassement des terrains tertiaires est puissante de 80 m environ.

3 - ANALYSE ET COMMENTAIRE

A/ LA TOPOGRAPHIE

Le profil montre la dissymétrie de la vallée de la Seine dans le méandre de Moisson : elle oppose une rive convexe basse et un talus raide en rive concave. Cette pente raide (35°), haute de 130 m, mène à un plateau situé vers 150 m qui s'étend vers le nord-est (plateau du Vexin). Il porte une butte boisée (bois de Villers) entourée de larges versants concaves.

B/ LA STRUCTURE GÉOLOGIQUE

Le substrat est constitué par une série sédimentaire concordante déposée entre la fin du crétacé et le tertiaire moyen (oligocène). La craie campanienne, puissante de 80 m, est surmontée par les assises de l'éocène inférieur qui alterne des couches d'inégale résistance (les argiles et sables yprésiens, épais de 30 m, puis les bancs massifs de calcaire lutétien, 40 m). La partie moyenne de la série superpose des couches minces de calcaire bathonien (20 m) et d'argile stampienne (5 m). L'ensemble est recouvert par la formation des sables de Fontainebleau, épaisse de 40 m, et couronné par un horizon de meulière, cuirasse siliceuse mince. L'ensemble du dispositif structural est subhorizontal.

C/ LA MORPHOLOGIE

Le secteur représenté est constitué par un plateau substructural (140-150 m), sous-tendu par la couche résistante de calcaire lutétien. Il porte une butte-témoin (220 m), formée de sables et d'argiles qui donnent aux versants un profil concave ; elle est coiffée par une dalle de meulière très résistante. Le plateau domine la vallée de la Seine par un long talus ou coteau présentant un gradin supérieur, ménagé dans les assises tendres (argiles et sables) sous la corniche de calcaire lutétien. Le méandre découpe un large amphithéâtre aux versants rectilignes taillés dans la craie : la gélifraction a facilement débité ce matériel lors des « périodes froides » ; elle a ciselé quelques pinacles et régularisé la pente sous un mince tablier de débris. Les nappes alluviales étalées dans la vallée témoignent des variations du fleuve au cours du quaternaire. Le chenal actuel est largement calibré par les aménagements, il montre le colmatage progressif de bras secondaires.

4 - SYNTHÈSE ET PROLONGEMENTS

Les formes de relief et la répartition des couvertures végétales

Les couvertures végétales sont variées sur ces versants tournés au sud ; elles s'organisent suivant les conditions lithologiques et la pente.

Le plateau recouvert par des limons quaternaires est exploité par l'agriculture. Les pentes boisées de la butte de Villers reflètent la reconquête par la forêt d'une ancienne lande de défrichement à genévrier : la chênaie acidophile du sommet s'enrichit de hêtres et de châtaigniers sur les versants sableux ; elle passe vers le bas à une aulnaie-fresnaie sur les niveaux argileux humides.

Le croquis montre la répartition des formations sur les sols minces du talus de la Seine, autrefois couvert de vignes et de vergers : la terrasse fluviale associe une galerie arborée (saule et aulne) à des prairies humides plantées d'ormes ; la pente de craie montre une marqueterie végétale passant de la pelouse calcicole à des formations de fourrés thermophiles ; sur le gradin supérieur, les formations de reconquête sont calquées sur les conditions pédologiques du substrat.

DOCUMENT COMMENTÉ

Région d'Annecy : formes de relief plissé

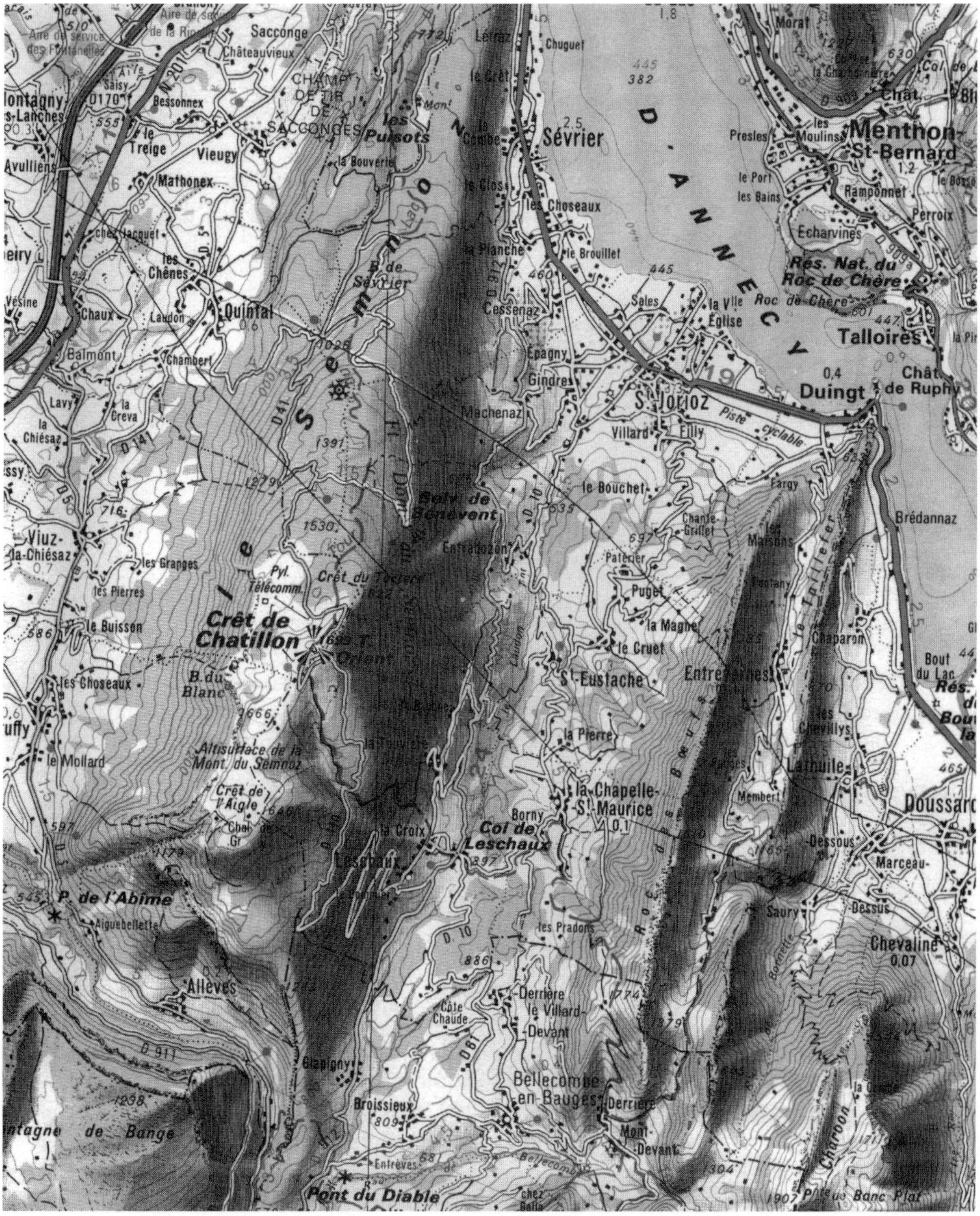

Fig. 43 : relief plissé des Préalpes

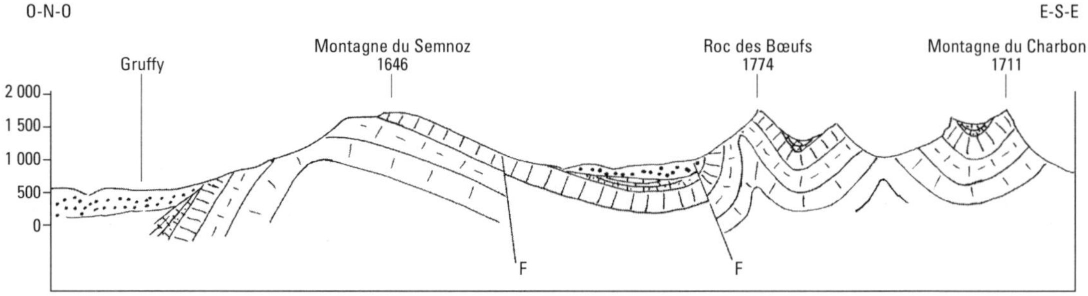

Fig. 44 : coupe à travers les chaînons des Bauges

1 - PRÉSENTATION DES DOCUMENTS

Titre

Formes de relief plissé dans la région d'Annecy.

Nature

Carte au 1/100 000 Grenoble-Mont-Blanc (IGN n° 53).

2 - MÉTHODE

A/ Objectif

Les montagnes du massif des Bauges, situées au sud d'Annecy, dominent les collines du piémont de Rumilly. Ce sont des chaînons de direction nord-nord-est/sud-sud-ouest, qui offrent des exemples de relief conforme (le Semnoz) et de relief inverse (les montagnes d'Entrevernes et du Charbon).

B/ Problématique

La coupe géologique permet une lecture des formes sculptées par l'érosion dans les systèmes plissés des Préalpes.

3 - ANALYSE ET COMMENTAIRE

A/ Description du relief

Le chaînon du Semnoz, qui culmine à 1 699 m, forme une longue échine dissymétrique. Le flanc ouest, long de 3 km, est accidenté par une belle corniche, tandis que le versant oriental est plus court (2 km) et plus régulier. La montagne est tranchée en cluse dans sa partie sud par la gorge du Chéran ; elle plonge progressivement vers le nord.

Le chaînon d'Entrevernes est constitué par un haut berceau (1379 m) encadré par deux crêtes parallèles, aux corniches tournées vers l'extérieur : le roc des Boeufs (1744 m) et le Taillefer (1651 m). L'ensemble s'abaisse vers le lac jusqu'au promontoire de Duingt.

La montagne du Charbon (1907 m) se dresse comme une proue au sud du lac. Elle est cernée par de puissantes corniches qui dominent la petite plaine alluviale de Doussard.

Les parties basses sont de caractère différent : à l'ouest, les lourdes collines du piémont préalpin sont incisées par les rivières, elles s'abaissent graduellement vers le nord-ouest. Au centre, la dépression de Bellecombe-en-Bauges réunit deux larges vallées par un col peu marqué (897 m) qui divise les bassins hydrographiques. Le lac d'Annecy occupe un couloir transversal par rapport aux chaînons ; il est profond de 63 m et se termine au sud par une petite plaine marécageuse.

B/ Aperçu de la structure géologique

Le massif des Bauges est constitué par d'épaisses couches plissées.

Les sédiments d'âge secondaire et tertiaire correspondent à des dépôts alternés de marge peu profonde. Les formations jurassiques présentent des calcaires argileux et marnes (étages berriassien et valanginien, épaisseur 300 m) et des marno-calcaires (étage hauterivien, 200 m). Elles sont surmontées par la couche de calcaire urgonien (calcaire récifal de l'aptien-barrémien), puissante de 300 m qui arme les reliefs. Les séries du crétacé moyen et supérieur sont représentées par des calcaires tendres (100 m), puis les sédiments éocènes associent des bancs calcaires plus ou moins gréseux à des marnes, puis à des formations gréseuses. Les dépôts miocènes sont discordants, ce sont des molasses de piémont corrélatives de l'érosion accompagnant l'orogenèse ; ces sédiments détritiques sont étalés sur l'avant-pays alpin, ils sont aussi incorporés dans le synclinal de Bellecombe-en-Bauges.

Les plis d'axe nord-nord-est/sud-sud-ouest sont légèrement déversés vers l'ouest ; leur amplitude est variable. Le grand anticlinal couché du Semnoz s'amenuise vers son extrémité septentrionale ; son flanc supérieur s'ouvre sur le synclinal de Bellecombe qui déforme également les molasses. Les larges synclinaux d'Entrevernes et du Charbon sont séparés par des charnières anticlinales courtes et très redressées. Le dispositif est recoupé par des accidents transversaux qui décalent les axes tectoniques de part et d'autre du lac d'Annecy.

C/ Les formes de relief

Le Semnoz est un mont, ses versants sont définis par la carapace urgonienne ployée ; mais le flanc occidental est échancré par une combe de flanc dominée par un crêt (paroi rocheuse de calcaire) ; la cluse du Chéran s'élargit dans les assises tendres, au cœur de l'anticlinal, et se resserre en défilés au passage des couches calcaires résistantes qui enveloppent le pli. La dépression de Bellecombe est un val : elle correspond principalement à un large synclinal occupé par les molasses, accolé vers l'est à un petit anticlinal pincé et érodé sous le crêt du roc des Bœufs.

La montagne d'Entrevernes est un val perché : les calcaires urgoniens, très redressés, arment de grands crêts à regard externe qui dominent les combes évidées dans les marnes et calcaires marneux peu résistants des anticlinaux. La montagne du Charbon offre un dispositif analogue et sensiblement plus haut en raison de l'élévation progressive des axes synclinaux vers l'est.

Le style morphologique répond à la géométrie des plis et à la vigueur de l'incision : à l'est, une érosion puissante a défoncé des charnières courtes et redressées entre de hauts berceaux ; à l'ouest, ce sont des grandes ondulations en partie ennoyées sous les sédiments détritiques de piémont.

4 - SYNTHÈSE ET PROLONGEMENTS

Les versants et l'agencement des milieux

Les glaciers quaternaires ont recouvert la région. Le passage des glaces, issues des Alpes internes, a modelé la grande cluse occupée par le lac d'Annecy : deux bassins (ombilics) sont surcreusés dans les matériaux tendres ; les promontoires de calcaire massif (crêt du Taillefer) ont été rabotés. Les cluses secondaires, comme la gorge du Chéran, ont aussi guidé le mouvement des glaces et la circulation des eaux sous- glaciaires, responsables de l'incision de gorges dans l'avant-pays.

L'évolution des versants après la disparition des glaciers apporte quelques retouches : le gel a nourri des tabliers d'éboulis sous les corniches calcaires, les eaux infiltrées ont provoqué la déstabilisation des pentes raides et le glissements des marnes sous les crêts ; enfin, les rivières sont responsables d'entailles modestes dans les terrains peu consolidés (marnes, molasses, moraines). Dans la vallée principale, les alluvions étalées au débouché des rivières ont construit des cônes aplatis qui avancent dans le lac (Angon, Saint-Jorioz) ; à Doussard, un vaste cône obstrue la vallée et provoque le colmatage de la partie méridionale du lac (marais du Bout du Lac).

La diversité des formes de relief détermine la variété des milieux et leur aménagement. La moyenne montagne offre un espace cloisonné. L'habitat dispersé reflète l'activité agricole herbagère dans les parties basses, mais il traduit aussi une certaine dissémination urbaine autour d'Annecy. Les pentes arrosées par des pluies abondantes portent une belle forêt, hêtraie atlantique passant vers le haut aux résineux subalpins ; elle s'interrompt sur les parois rocheuses ou sur quelques hautes surfaces calcaires dépourvues de sols (Semnoz, montagne de Bange). Le lac constitue une masse d'eau considérable, alimentée par les petites rivières venues des montagnes et renouvelée lentement. C'est un attrait touristique qui induit une urbanisation discontinue le long de ses rives sur des banquettes étroites comme sur les grands cônes alluviaux. Le développement de l'habitat, de la circulation et des activités a nécessité d'importants aménagements destinés à préserver la qualité des eaux du lac.

Document commenté

Un relief volcanique

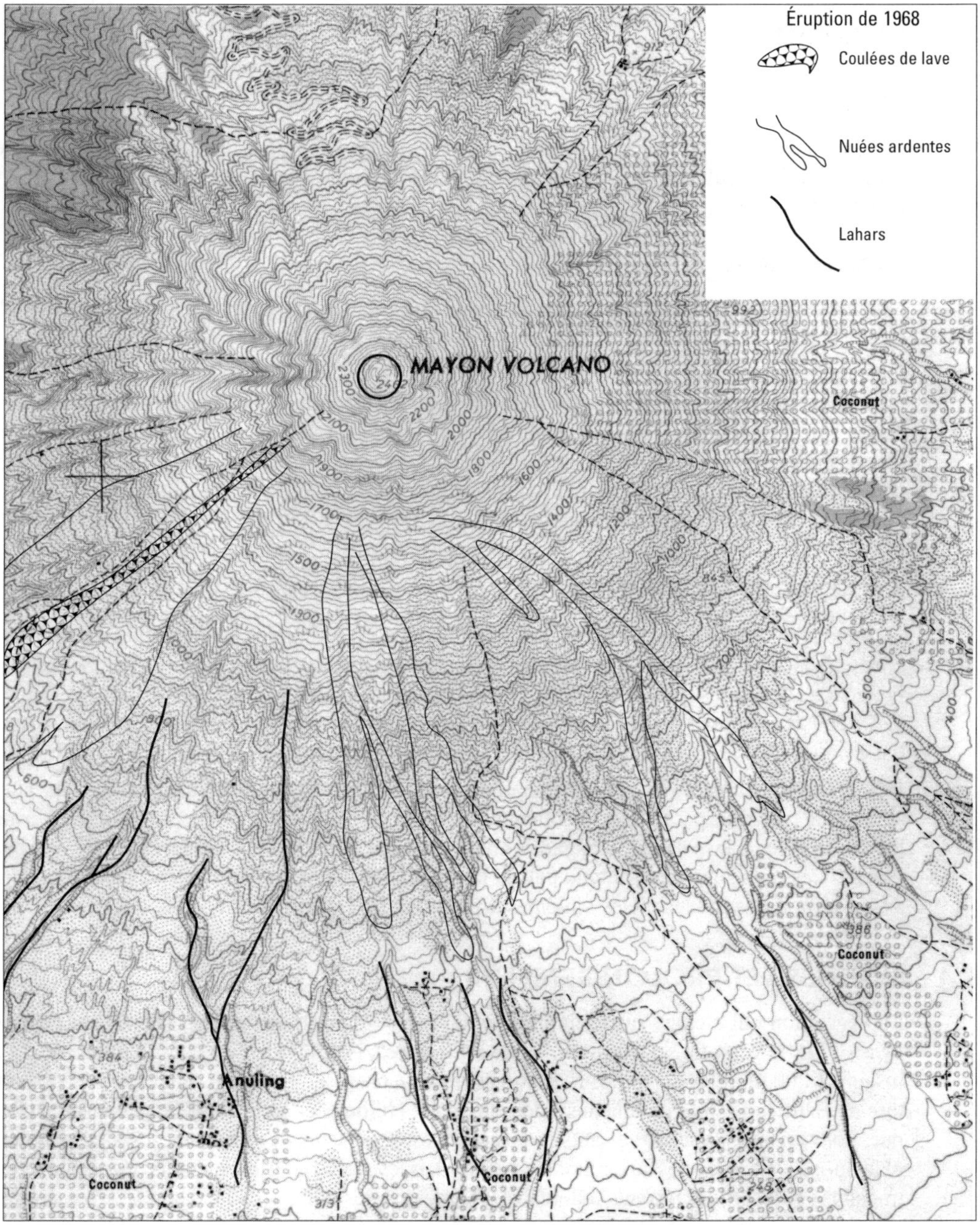

Fig. 45 : le volcan Mayon (Philippines)

1 - PRÉSENTATION DU DOCUMENT

Titre

Le volcan Mayon (Philippines).

Source

Carte de Ligao (Philippines) au 1/50 000, complétée par des données sur l'éruption de 1968.

2 - MÉTHODE

A/ Objectif

Le Mayon est un grand volcan actif situé au sud-est de l'île de Luçon, aux Philippines. Le cône aux formes élancées culmine à 2 462 m au-dessus de la petite plaine de Legazpi. C'est un édifice complexe, caractéristique d'un magmatisme d'arc insulaire.

B/ Problématique

Le cône est de type vulcanien. Il est constitué de laves acides, associées à la subduction de la plaque philippine.

Quarante-deux éruptions explosives ont été enregistrées depuis 1800. Chaque réveil d'activité projette un nuage de poussières dans l'atmosphère et saupoudre les pentes de blocs scoriacés et de débris fins. Les coulées sont rares, mais les explosions libèrent des nappes pyroclastiques, c'est-à-dire des nuées ardentes qui dévalent sur les flancs du volcan. L'éruption de 1968 a émis une petite coulée fluide et trois grandes nappes pyroclastiques qui ont balayé le flanc sud jusqu'à 400 m ; des lahars ont dévasté les pentes inférieures.

3 - ANALYSE ET COMMENTAIRE

La montagne présente un profil concave. Au-dessus de 1 800 m, les pentes, situées autour du petit cratère, sont très redressées ; ce sont des versants instables (45 à 50° environ) alimentés par des projections de scories fines et de ponces. Les débris volcaniques sont redistribués à mi-versant (entre 1 700 et 900 m) sur des pentes de 35°, proches de l'angle de repos des matériaux meubles. Les parties basses offrent de longues pentes concaves, inclinées de 8 à 5°, où se développent les cultures.

Des ravins rectilignes (*barrancos*) entaillent les versants : ils sont peu marqués dans la partie sommitale remaniée par l'apport fréquent de projections ; plus bas, ils s'encaissent d'une dizaine de mètres dans les flancs de la montagne et nourrissent des cônes de déjection très aplatis à la base du volcan. Ces ravins guident les redoutables lahars, coulées torrentielles déclenchées par les grosses averses tropicales, ou les pluies violentes accompagnant les éruptions.

4 - SYNTHÈSE ET PROLONGEMENTS

La végétation qui s'étage sur la montagne souligne l'opposition entre un versant au vent et une façade sous le vent. Le secteur nord, exposé aux alizés, est plus arrosé : la forêt tropicale s'y élève jusqu'à 1 200 m, relayée par des formations basses à broussailles sur les hautes pentes. La couverture du flanc sud est périodiquement détruite par les retombées de cendres volcaniques : les pentes nues sont ravinées. Sur les versants moins exposés, les cocoteraies grimpent jusqu'à 1 100 m. Ces plantations sont associées aux cultures vivrières sur les glacis inférieurs, tandis que les villages sont implantés à l'écart des torrents redoutables, au-dessus des rizières de la plaine.

PARTIE 3

BIOGÉOGRAPHIE

La biogéographie, dans l'acception littérale du terme, est la branche de la géographie dont l'objet est la description du vivant sur la terre. Elle fait référence à la vie et à la répartition dans l'espace. Au fil de centaines de millions d'années, le formidable bric-à-brac chimique et génétique du monde végétal et animal s'est organisé, structuré, réparti, suivant le canevas imposé au globe, à des échelles différentes et variables, par les trames imbriquées des ressources et contraintes bioclimatiques et trophiques. L'homme accentue sa pression sur toutes les structures du vivant, au cœur des cellules par la biochimie ou le génie génétique, au sein des formations végétales qu'il ménage, aménage ou détruit, des « milieux naturels » qu'il transforme.

La biogéographie couvre aujourd'hui des champs de recherche très larges et la science est partagée. Géographie, botanique, écologie..., s'arrogent la totalité ou des pans du vaste domaine de la discipline. La biogéographie du géographe comme celle du naturaliste analysent le vivant animal et végétal ; elles pénètrent petit à petit sur les interfaces avec l'homme et ses sociétés, qui ressortissent précisément aux géographies humaines, régionale, économique, politique, ou culturelle. Les découpages arbitraires des sciences ne sont pas seulement devenus stérilisants, ce sont des leurres ! Les géographes ne peuvent ignorer les apports de la biologie, qui passent par une information, si ce n'est un enseignement. À l'inverse, les biologistes, les écologues introduisent l'espace, les localisations et les échelles dans l'analyse des fonctionnements, dans les écosystèmes en particulier. Ainsi est née une écologie du paysage. Les structures physionomiques des forêts tempérées, la désertification, l'extension de la friche, la répartition de la tomate ou de la tulipe, autant de thèmes qui relèvent d'une biogéographie qui se situe aux franges entre la nature et la société, entre nature et culture. En cette fin de siècle, il est devenu impossible au biogéographe de penser ces deux termes en concurrence. « Est géographique, par définition, la prise en compte des phénomènes de répartition, de différenciation et de relations spatiales – expressions de systèmes d'organisation dont les facteurs sont à chercher », écrit G. Rougerie (*Géographie de la biosphère*). Dans les pages qui suivent dégageons ces phénomènes et traçons les guides pour comprendre les facteurs d'organisation et de fonctionnement des couvertures végétales.

BIBLIOGRAPHIE GÉNÉRALE DE LA PARTIE

BRAQUE, R., *Biogéographie des continents,* Paris, 1988, Masson.
DEMANGEOT, J., *Les Milieux « naturels » du globe,* Paris, 5e éd. 1994, Masson.
DUPONT, P. (et coll.), *Atlas partiel de la Flore de France,* vol. 3, Paris, 1990, Muséum National d'Histoire Naturelle, Secrétariat de la Faune et de la Flore, coll. Patrimoines Naturels.
DUVIGNEAUD, P., *La Synthèse écologique,* Paris, 1974, Doin.
ELHAI, H., *Biogéographie,* Paris, 1968, Armand Colin.
HUETZ de LEMPS, A., *Les Paysages végétaux du globe,* Paris, 2e éd. 1994, Masson.
OZENDA (P.), *Les Végétaux dans la biosphère,* Paris, 1982, Doin.
MARTONNE, E. de, *Biogéographie,* tome troisième du *Traité de géographie physique,* Paris, 1945, Armand Colin.
POLUNIN, N., *Éléments de géographie botanique,* Paris, 1967, Gauthier - Villars.
ROUGERIE, G., *Géographie de la biosphère,* Paris, 1988, Armand Colin.
ROUGERIE, G., BEROUTCHACHVILI, N., *Géosystèmes et paysages,* Paris, 1991, Armand Colin.
TIVY, J., *A Study Of Plants In The Ecosphere,* London, 1993, Longman.
WALTER, H., *Vegetations Of The Earth,* Berlin, 1973, Springer Verlag.
WALTER, H., BREKLE, W., *Ökologie der Erde,* Stuttgart, 1986, G. Fischer.

LES GRANDES FORMATIONS VÉGÉTALES DU GLOBE

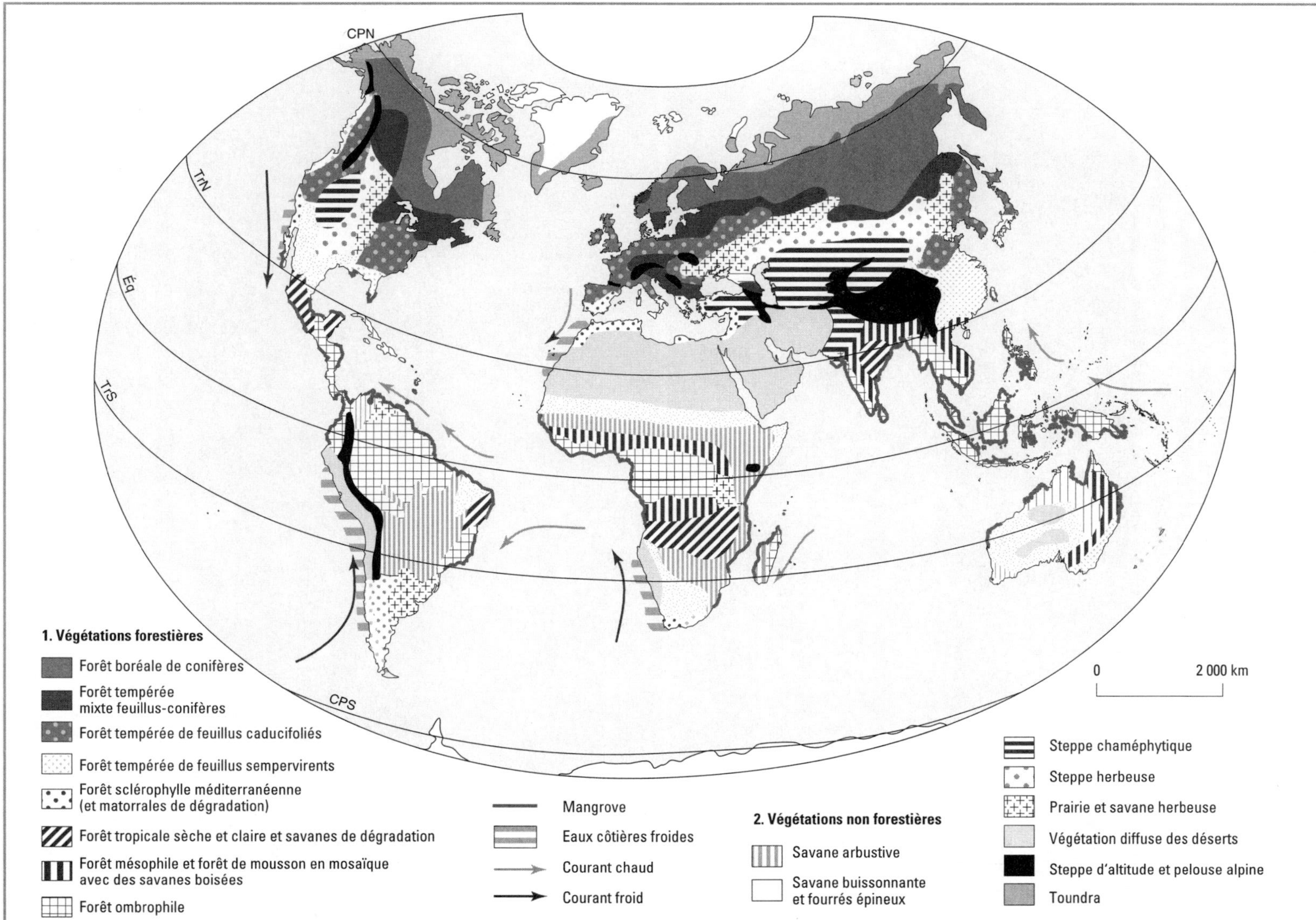

7

LA VÉGÉTATION, DE LA STRUCTURE À L'ÉLÉMENT

Sous les yeux du voyageur aérien ou sous les radiomètres de Spot et de Landsat, la végétation tisse la marqueterie des terres émergées. La couverture végétale est un système construit et fonctionnel qui se décrit et s'explique. Les diversités spatiales de cette couverture alimentent les thèmes de réflexion du biogéographe. Forêt, lande, prairie : de l'une à l'autre de ces trois formations végétales principales tous les intermédiaires existent. Cette diversité, il faut la décrire avant d'espérer la comprendre. Sa lecture suppose une langue. Ce premier chapitre de biogéographie fournit les éléments de vocabulaire, de grammaire et de syntaxe permettant de décrire, différencier, analyser les éléments constitutifs de la formation végétale, de comprendre le fonctionnement de celle-ci et d'en saisir les dynamiques. Il présente aussi les données fondamentales du vivant, végétal surtout, qui régissent les principales combinaisons structurales des formations et des paysages végétaux.

Plus de la moitié de la surface de la Terre est sauvage, proclame une étude américaine de 1994, fondée sur la comparaison de données des atlas de végétation, d'agriculture, de population. L'étude précise que 90 millions de km² sont vierges de toute culture ou construction ; l'Amérique du Sud compte ainsi 62 % de terres naturelles. Mais elle ajoute que ces coins de nature intacte sont surtout des déserts de glace, de sable ou de rochers... En cette fin de millénaire les biogéographes constatent la quasi-disparition des peuplements végétaux encore « naturels » sur le globe, pour reprendre les guillemets du livre de J. Demangeot. Toute formation végétale est, peu ou prou, le résultat d'interactions entre nature et société. Considérons la prairie, formation herbacée basse et dense. Elle peut être la végétation en équilibre avec les données du milieu naturel, comme la prairie alpine ; elle peut traduire des activités économiques et des traitements agricoles. La prairie pâturée est livrée au bétail, c'est l'herbage ; le pré est une prairie de fauche ; la prairie artificielle est une culture d'herbe, comme la luzerne ou le trèfle. Selon les pratiques culturales, la prairie est temporaire (elle entre dans le cycle cultural) ou permanente. Alors, dans le jargon des statisticiens ou des technocrates, elle porte le beau nom de STH (surface toujours en herbe).

Ce chapitre présente les principaux axes et méthodes d'analyse que les géographes développent dans leur approche des formations végétales.

BIBLIOGRAPHIE GÉNÉRALE DU CHAPITRE

Ouvrages de référence

BOULLARD, B., *Dictionnaire de botanique,* Paris, 1988, Ellipses.
BOURNÉRIAS, M., BOCK, Ch., *Le Génie végétal,* Paris, 1992, Nathan.
CENTRE NATIONAL DE LA RECHERCHE SCIENTIFIQUE (CNRS), *Carte de la végétation de la France au 1/200 000,* Paris, 1948 à 1992.
CONSEIL DE L'EUROPE, *Carte de la végétation naturelle des États membres des Communautés européennes et du Conseil de l'Europe au 1/3 000 000,* Bruxelles, 1979.
RAMEAU, J.-C., MANSION, D., DUMÉ, G., *Flore forestière française, guide écologique illustré,* Paris, IDF, tome 1, *Plaines et collines,* 1989, tome 2, *Montagnes,* 1993.
TOUFFET, J., *Dictionnaire essentiel d'écologie,* Rennes, 1982, Ouest-France.

Ouvrages spécialisés

BOURNÉRIAS, M., *Guide des groupements végétaux de la Région parisienne,* Paris, 1984, SEDES-Masson.
CHAUVET, M., OLIVIER, L., *La Biodiversité, enjeu planétaire,* Paris, 1993, Sang de la terre.
HELLER, R., *Physiologie végétale, 1. Nutrition ; 2. Développement,* Paris, 1990, Masson, coll. Abrégés.

A

DÉCRIRE ET REPRÉSENTER LA FORMATION VÉGÉTALE

L'acte d'observer et de décrire les objets de la terre puis d'en définir des groupements est au cœur de la démarche du géographe. L'explication est un aboutissement. Le couvert végétal est un assemblage d'unités élémentaires, les groupements végétaux, qui se définissent par deux ensembles de critères, physionomiques et floristiques. Ceux-ci sous-tendent cette belle définition de la végétation proposée par un botaniste, l' « émergence spatiale et organisée de la flore ». Les trois surfaces de contact de la formation végétale avec le sol, l'atmosphère et la lithosphère sont des mondes encore peu connus. Ainsi les canopées* des forêts ombrophiles tropicales révèlent-elles une profusion d'espèces animales et végétales nouvelles, une richesse extrême des lieux de vie et des organisations sociales.

Les critères physionomiques sont apparus au début du XIXe siècle, avec les voyages de découvertes des géographes botanistes. S'est alors précisée la notion de ***formation végétale.*** Elle s'appuie sur la reconnaissance d'unités de végétation* définies dans l'espace par leur physionomie. Appartiennent à une même formation les groupements végétaux qui se ressemblent plus entre eux qu'ils ne ressemblent à d'autres groupements. Chaque formation ainsi définie est, sur le plan statistique, une population de groupements dont la distribution fait apparaître la classe modale du groupement qui a la plus forte fréquence, suivie d'un ensemble de groupements proches du mode et d'un ensemble de groupements marginaux. La formation végétale est la base des classifications de la végétation de la terre, domaine de la petite et moyenne échelle dans lequel travaillent de nombreux biogéographes. Les trois formations qui découpent le plus nettement le *continuum* végétal sont définies par le critère physionomique ; ce sont les forêts, les fruticées (landes, matorrals, fourrés) et les formations herbacées (prairies, steppes, savanes...) (Cf. photo 9, p. 298). Les ligneux hauts, à troncs uniques ou multiples, dominent dans les forêts ; les fruticées abritent des ligneux bas, arbustes ou arbrisseaux, épineux ou non ; les formations herbacées peuvent être hautes, comme les savanes, ou basses, comme les pelouses montagnardes. Soulignons l'importance du développement vertical de la formation ; des seuils de hauteur, plus ou moins arbitraires, affinent la classification.

Formation végétale : ensemble des groupements de plantes qui présentent une physionomie homogène et constante due à la dominance d'espèces ayant un caractère biologique commun.

Le recours aux critères floristiques a mené, à partir du début du XXe siècle, au concept d'**association végétale,** objet d'étude de biogéographes naturalistes, les phytosociologues.

Association végétale. Quand un botaniste dresse la liste des espèces présentes dans un groupement végétal, il établit un relevé floristique. S'il est phytosociologue, il recherche des groupes types d'espèces, ou **associations végétales,** obtenus par l'analyse statistique de nombreux relevés. Alors que la formation végétale est une réalité tangible, l'association végétale est une réalité statistique qui met en œuvre un processus intellectuel d'abstraction. On a pu dire que les phytosociologues décrivent des groupements sur le terrain et constituent des associations dans leurs laboratoires.

L'analyse descriptive a ses méthodes et les instruments correspondants. Elle opère sur une unité de collecte de l'information, la *placette,* aire dont la surface varie selon les formations (400 m² en forêt, par exemple) ou le *transect,* cheminement entre deux points. Les instruments de la collecte sont le croquis physionomique, les relevés, floristiques, de mesure dendrométrique. Le développement de l'interprétation de photographies aériennes, plus récemment de celle des enregistrements radiométriques satellitaires ou des radars, introduit de nouveaux outils, oriente les méthodes d'interprétation. À la réflexion sur la nature du signal enregistré répondent des concepts et variables nouveaux, souvent plus intégrateurs que ceux de la perception humaine ou de la description de terrain.

1 L'ORGANISATION STRUCTURALE

L'observateur perçoit d'emblée l'architecture du groupement végétal. Au-delà des allures, des tailles, des couleurs, voire des odeurs des plantes, le groupement possède une signature structurale dont les caractères reflètent avant tout la fréquence et la disposition dans l'espace des végétaux. Deux variables principales analysent la composante structurale : la stratification décrit la répartition verticale des végétaux en strates, et le recouvrement, la disposition de la biomasse dans ces strates. Prenons les exemples de la forêt et de la prairie, deux formations qui composent une grande partie des espaces ruraux de l'Europe occidentale.

L'architecture de la forêt

Le mot forêt englobe une grande variété de profils structuraux (Cf. chap. 9, p. 357). Nombreuses sont les métaphores architecturales qui la concernent, comme celle de **forêt cathédrale.**

La forêt cathédrale. « Les forêts ont été les premiers temples de la Divinité, et les hommes ont pris dans les forêts la première idée de l'architecture. Les Grecs ont tourné l'élégante colonne corinthienne avec son chapiteau de feuilles sur le modèle du palmier. Les énormes piliers du vieux style égyptien représentent le sycomore, le figuier oriental, le bananier et la plupart des arbres gigantesques de l'Asie. [...] Ces voûtes ciselées en feuillage, ces jambages qui appuient les murs et finissent brusquement comme des troncs brisés, la fraîcheur des voûtes, les ténèbres du sanctuaire, les ailes obscures, les passages secrets, les portes abaissées, tout retrace les labyrinthes des bois dans l'église gothique... » (Chateaubriand, *Le Génie du christianisme).* Dans d'autres civilisations, la forêt a aussi inspiré l'architecture, comme le montrent les temples rupestres des Palava en Inde du Sud.

L'organisation structurale de la forêt s'analyse aisément, à l'aide des deux variables précédemment citées.

Fig. 1 : stratification

La stratification traduit la disposition en étages des plantes qui recherchent la meilleure occupation tridimensionnelle de la station où elles vivent. Trois strates sont classiquement retenues. Les houppiers des arbres adultes s'épanouissent dans la strate arborescente, comprise dans la tranche supérieure à 7 mètres. Elle est souvent scindée en une strate arborescente supérieure, au-dessus de 15 m, et une strate inférieure, entre 7 et 15 m. Les arbustes (petits arbres qui, adultes, ne dépassent guère 7 mètres), les arbrisseaux (ligneux sans tronc mais à multiples tiges partant d'une souche), les jeunes arbres qui grandissent, occupent la strate arbustive, entre 1 et 7 mètres ; la strate herbacée, entre 10 cm et 1 m, abrite les herbes, les arbres à l'état de plants et juvéniles, les ligneux bas. Au ras du sol peut exister une strate muscinale, surtout représentée, comme le montre son nom, par les Mousses. La stratification épigée se poursuit dans le sol, en une strate hypogée, proche de la surface, et une strate endogée, celles de la rhizosphère et des autres organes souterrains.

En règle générale, un végétal adulte appartient à une strate précise. Le Hêtre, le Charme atteignent la strate arborescente après avoir franchi les strates herbacée et arbustive ; l'Aubépine demeure dans la strate arbustive, la Luzule, la Fougère aigle ou la Primevère, dans l'herbacée. Certaines forêts aux sous-bois sombres, comme les pessières (futaies d'épicéas), ne présentent que les strates extrêmes, arborescente supérieure et muscinale.

La diversité naturelle s'accommode mal d'un carcan aussi strict. Adapté aux forêts des milieux tempérées, ce découpage vertical doit être modifié pour répondre aux multiples structures de la planète forestière : les strates se subdivisent et leurs limites varient. Ainsi, les arbres de la forêt équatoriale s'élancent dans une strate arborescente qui multiplie ses niveaux et ses hauteurs, 7-20 m, 20-30 m, 30-40 m et plus.

De nombreuses espèces se jouent – ou jouent – de la **stratification.** Aux limites de la vie, sur les rochers nus, sur les marges polaires comme à l'étage nival de la haute montagne, une strate lichénique de quelques millimètres d'épaisseur est la première conquête végétale. On retrouve les lichens, en compagnie des mousses et des fougères à toute hauteur sur les troncs et dans les enfourchements des arbres des forêts des brouillards. Ils sont devenus épiphytes. De leur côté, les lianes sans support courent au sol, mais se hissent au plus haut de la strate arborescente quand elles trouvent un tuteur bien éclairé ; il en est ainsi du lierre et de la clématite, dont les aigrettes plumeuses des fruits animent de gerbes blanches les lisières forestières en hiver.

Le recouvrement précise la disposition horizontale de la biomasse. Dans le sous-bois, lever les yeux vers la canopée permet d'observer et d'évaluer, entre les houppiers, les vides des feuillages, ces « puits » dans lesquels pénètre la lumière ; si la lumière ne passe pas, la strate est dite fermée ; elle est ouverte dans le cas contraire. Le taux de recouvrement (TR, en pourcentage) estime la surface occupée par la projection au sol d'une strate. Dans une forêt pluristrate dont le TR de la strate arborescente atteint 100 %, le taux de recouvrement total au sol dépasse 100 %.

Fig. 2 : recouvrement

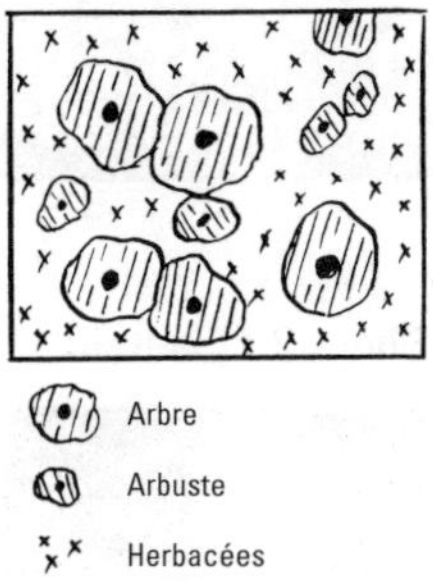

Les colonnes des troncs, piliers qui rythment la verticalité de la forêt, recoupent les plans de stratification. Leur répartition exprime la disposition des houppiers dans la strate arborescente ; la surface qu'ils occupent au sol, la **surface terrière,** est mesurée par la somme, par hectare, des sections transversales des troncs de tous les individus, prises à 1,30 m du sol. À titre d'exemple, le tableau suivant quantifie la structure et la surface terrière de cinq types de peuplements des forêts tempérées de feuillus caducifoliés gérées par l'homme. Par comparaison, la surface terrière d'une forêt tropicale humide naturelle de Guyane varie de 18 à 33 m²/ha.

Tableau 1 : types de peuplement et surface terrière

Type de peuplement	Nombre de tiges (par ha)	Hauteur des tiges (m)	Espacement des tiges (m)	Mesure des tiges à 1,30 m Diamètre (cm)	Mesure des tiges à 1,30 m Section (cm²)	Surface terrière (m²/ha)
Fourré	10 000	2	1	2	3	3
Gaulis	4 500	5	1,5	10	78	35
Perchis	2 500	15	2	15	176	44
Jeune futaie	600	25	4	25	490	30
Futaie	200	30	7	45	1 590	32

N.B. : tous les nombres sont arrondis. D'après Lannier, *Précis de sylviculture*, Engref.

Ces peuplements ont des structures simples à une seule strate, arbustive pour les fourrés et les gaulis, arborescente pour les perchis et les futaies. Ils sont dits équiennes : les ligneux qui les composent appartiennent à des tranches d'âge bien

Photo 1 : fourré-gaulis de hêtres

Forêt de Rambouillet, juin.

Photo 2 : jeune futaie de hêtres

Forêt de Rambouillet, juin.

Photo 3 : plantain

Une hémicryptophyte à rosette, *Plantago major*, prairie lorraine, avril.

définies. Le **fourré** a autour de 10 ans, le **gaulis**, 20-30, le perchis, 50-60, la jeune futaie, 70-80, la futaie au-dessus de 100 ans. Avec les années, l'épanouissement des houppiers et l'épaississement des troncs augmentent les biovolumes ; le nombre d'arbres diminue par unité de surface. La surface terrière passe par un maximum, puis décroît. Chaque peuplement occupe simultanément plusieurs parcelles de la forêt ; et, sur une parcelle donnée, soit 10 à 20 hectares en moyenne, les peuplements se succèdent, de sorte que cette parcelle est, sur un siècle ou plus selon l'essence du peuplement, « conduite » du semis, issu de la germination des graines, au fourré puis à la futaie, qui fournit les semenciers de la génération suivante. Il en va autrement dans la forêt naturelle. Pas de parcelle de gestion, pas de répartition en peuplements de même classe d'âge. Même sur un hectare, la pyramide des âges est complète. Des classes d'âges y sont définies pour les ligneux, comme pour les humains. Elles expriment la dynamique de la formation végétale. Les jeunes arbres qui occupent et traversent les strates basses forment le groupe d'avenir ; ceux qui s'épanouissent dans les strates arborescentes, le groupe du présent ; ceux qui dépérissent puis meurent, ouvrant la canopée, le groupe du passé.

L'architecture de la prairie

La prairie est une formation herbacée fermée et dense, dans laquelle dominent les Graminées. Rubans verts des vallées faisant écrin aux cours d'eau, plages multicolores au printemps sur les versants montagneux, les prairies sont un patrimoine végétal des vieilles civilisations agraires occidentales. La prairie permanente, ou « naturelle », désigne tous les herbages pâturés ou fauchés associés aux pays d'élevage. La structure prairiale est simple.

La stratification implique la seule strate herbacée. Mais, à la fin du printemps, quand culmine l'épiaison des Graminées, l'organisation des biovolumes de la prairie, qui atteint aisément un mètre de hauteur, est complexe à échelle fine. La strate herbacée comporte plusieurs sous-unités. Sous le manteau serré des chaumes, un tapis ras d'herbacées étale sur le sol ses rosettes de feuilles ; on y trouve par exemple le Pissenlit et le **Plantain**. À une trentaine de centimètres s'élèvent les tiges graciles des Trèfles, de la Carotte, des Géraniums. La stratification souterraine est dense, organisée sur plusieurs niveaux qui associent, le plus souvent sans les mêler, les masses de racines traçantes, des organes de survie comme les bulbes ou les rhizomes, les pivots des racines profondes.

Le recouvrement de la strate herbacée d'une prairie est de 100 % ; les tiges, en brins uniques ou en touffes, les feuilles basses ou plaquées au sol sont jointives ; la formation est opaque. L'image de manteau végétal est bien appropriée ; dense, régulier, il épouse les ondulations du terrain. Les physionomies des prairies sont nombreuses. Ainsi la densité de la phytomasse est-elle souvent liée à l'humidité du sol, qui conduit à classer les groupements prairiaux, des plus secs aux plus humides, en prairies xérophiles, mésophiles ou hygrophiles.

Stratification et recouvrement sont des variables quantifiables. Mais une arithmétique qui rendrait aisées et irréfutables des classifications et fixerait **les seuils de séparabilité** entre deux formations voisines est peu satisfaisante pour l'approche, tout en nuances et transitions, de la biogéographie.

Définir pour cartographier. Les auteurs d'une carte des formations végétales d'une région des Causses méditerranéens réalisée par interprétation de photographies aériennes ont retenu pour leur légende une combinaison entre le taux de recouvrement et une stratification à trois postes, ligneux hauts (> 2 m), ligneux bas (< 2 m) et herbacées. À partir de la fréquence des ligneux hauts on distingue une forêt « dense » ($75 < TR \leq 100$), une forêt semi-dense ($50 < TR \leq 75$), une forêt claire ($25 < TR \leq 50$) et la garrigue ($0 < TR \leq 25$). Ces paramètres, ces mesures et ces seuils n'ont pas de valeur universelle.

La classification quantifiée présente par contre un intérêt réel pour des recensements administratifs ou des inventaires. De nombreux travaux ont été consacrés à donner une réponse à cette question simple : quel est le seuil à partir duquel une collection d'arbres s'appelle une **forêt** ? Les organismes techniques qui travaillent sur l'objet forestier, en France l'Inventaire forestier national ou le Service d'enquêtes statistiques du ministère de l'Agriculture par exemple, exigent des **plages de définition précises.**

La forêt, ce mot si simple. Qu'est-ce qu'une forêt ? Les réponses ne sont pas évidentes. Pour le dictionnaire Littré, la forêt est « un vaste terrain couvert d'arbres ». Elle est une « vaste étendue de terrain peuplée d'arbres » pour le Petit Robert, où l'on souligne l'origine même du mot, issu de l'expression bas-latine *forestis silva,* la forêt du dehors (même racine que forain, l'étranger), c'est-à-dire en-dehors de l'enclos seigneurial. Pour l'Inventaire forestier national, les forêts sont des formations boisées constituées d'arbres ou d'arbustes d'essences forestières*, qui satisfont aux conditions suivantes : soit être constituées de tiges recensables (leur diamètre à 1,30 mètre du sol est égal ou supérieur à 7,5 cm) dont le couvert apparent (projection de la couronne sur le sol) est d'au moins 10 % de la surface du sol ; soit présenter une densité à l'hectare d'au moins 500 jeunes tiges non recensables. Elles doivent en outre occuper une surface minimale de 5 ares avec une largeur moyenne en cime d'au moins 15 mètres. Une telle définition inclut les garrigues et les maquis dans les forêts. Le taux de boisement des départements méditerranéens est alors très élevé (Cf. chap. 9, p. 378). Le boqueteau est une surface boisée d'une largeur moyenne d'au moins 25 mètres, comprise entre 50 ares et 5 hectares ; le bosquet a une largeur d'au moins 15 mètres et une surface entre 5 et 50 ares.

Ces questions ne sont pas anodines. Les évaluations statistiques sont souvent commandées par des États ou des organismes internationaux pour des interventions techniques ou politiques, comme la mise en place d'un système d'aide aux sylviculteurs privés ou la lutte contre la déforestation des forêts tropicales.

Applications cartographiques

Les principales classifications des formations végétales prennent en compte la combinaison des deux variables structurales. Les cartes topographiques offrent une application directe de l'analyse qualitative. Celles de l'IGN au 1/50 000 et au 1/25 000 ont quatre entrées traditionnelles, « bois », « broussaille », « verger et plantation », « vigne ». Les éditions les plus récentes introduisent une variable dendrologique. Scindant l'entrée « bois » en « bois de feuillus », « bois de conifères » et « feuillus et conifères » (bois appelés mixtes), elles précisent les physionomies et les localisations de trois ***types de peuplements*** forestiers très fréquents dans notre pays. Pour l'Afrique tropicale, les cartes topographiques du Cameroun au 1/50 000 levées par l'IGN combinent type de formation végétale et structure et retiennent « forêt », « forêt dégradée », « forêt claire ou savane boisée », « fourré », « savane arborée ou arbustive », « brousse tigrée », « prairie et steppe ».

Un ***peuplement*** est l'ensemble des végétaux ligneux croissant sur une surface donnée (la parcelle de forêt, par exemple). Pour le sylviculteur, le peuplement fait l'objet d'un traitement et d'une exploitation déterminés. Le forestier parle de peuplement pur (une seule essence), mélangé, naturel (composé d'essences originaires de la région), artificiel (comportant des ligneux introduits).

La structure est aussi la clef d'entrée de nombreuses cartes de végétation. La *Carte de la végétation de la France au 1/200 000,* publiée par le CNRS, fonde sa légende sur le triptyque physionomique fondamental « forêt », « lande » et « pelouse ». La *Carte de la végétation naturelle des États membres des Communautés européennes,* publiée au 1/3 000 000, distingue quelques grands types de végétation par régions géographiques : les forêts, les landes, les steppes, les végétations halophiles (adaptées au sel) côtières, les tourbières.

2 Décrire avec des variables physionomiques

La perception visuelle est le moteur de la description des unités structurales de végétation. L'observateur, qu'il se place sous la voûte de la forêt, le « toit », ou en lisière, face au « mur », à l'« écran » vert, individualise facilement l'arbre, élément structural de la strate arborescente. Cette distinction est plus difficile pour les éléments de la strate arbustive, presque impossible pour la strate herbacée. À cette échelle du vivant, l'élément structural n'est plus le brin d'herbe, la petite plante, mais une plage dont la forme et la surface sont variables, les couleurs, les hauteurs, les textures, remarquables. À notre échelle de vision, l'individu s'efface au profit du groupe, qu'il soit constitué de congénères (individus d'une même espèce) ou de représentants de plusieurs espèces qui se ressemblent. Chaque groupe doit sa personnalité à une physionomie, qui est identifiable par une combinaison constante d'allures, de formes, de dispositions spatiales et temporelles des tissus végétaux. Nous nous limiterons à présenter les deux principales variables de la classification physionomique.

La plante ***bisannuelle*** étale son cycle de développement sur plus de douze mois consécutifs et moins de deux ans. Année 1 : avant l'hiver, germination, feuillaison, constitution de réserves (souterraines souvent, comme le tubercule de la betterave ou le bulbe de l'oignon) ; en hiver, mort de l'appareil aérien, réduit souvent à une rosette, et disparition du paysage ; au printemps de l'année 2, montée à fleur,

Le type biologique

Les plantes ont des durées de vie variables. On distingue communément les annuelles, les ***bisannuelles*** et les vivaces (vivant plus de deux années). L'expression « durée de vie » est géographiquement ambiguë, comme le montrent les ***éphémérophytes***.

Hormis dans les régions de climat chaud et humide constant, la plante doit supporter une mauvaise (« morte ») saison, de longueur et d'intensité variables. Elle y répond par une grande diversité de localisation des bourgeons de renouvellement du cycle végétatif. **Le type biologique** est la morphologie associée à cette disposition qui prend en compte la réaction des végétaux soumis aux contraintes du froid hivernal dans les latitudes tempérées et froides, de la saison sèche qui, *mutantis mutandis,* les affecte dans les régions méditerranéennes et tropicales. L'identification du type biologique croise les variables de biovolume et de rythme de vie (phénologie, voir *infra).* La classification résultante est très géographique.

Le cycle de développement des ***éphémérophytes*** s'accomplit en quelques semaines mais la plante ne meurt pas, même si elle disparaît du paysage du désert. La graine peut vivre plusieurs années avant la germination.

Tableau 2 : les types biologiques et leurs caractères

Type biologique	Dessin	Caractères	Exemples
• Phanérophytes (*phaneros,* visible)		Arbres, arbustes et grands arbrisseaux ; les bourgeons sont exposés au froid	Hêtre, chêne, rhododendrons de l'étage subalpin
• Chaméphytes (*chamai,* à terre)	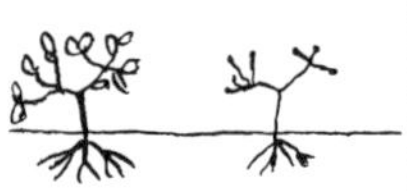	Petits buissons de 20 à 30 cm de hauteur, herbacées rampantes, végétaux en coussinet ou en boule, très caractéristiques de certains étages montagnards	Callune et bruyères
• Hémicryptophytes (*hémi* et *cryptos,* à moitié caché)		Herbacées dont les bourgeons sont protégés à la mauvaise saison par une rosette verte de feuilles ou une touffe sèche au ras du sol Pour certains, souches cespiteuses (en touffes compactes)	Anémones, pissenlits, plantains Luzules (Joncacées), fétuques (Graminées)
• Cryptophytes : – Géophytes	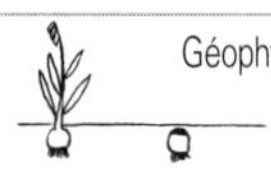 Géophyte à bulbe  Géophyte à rhyzome	Les méristèmes (cellules de régénération des tissus) sont cachés et la partie aérienne de la plante disparaît après la fructification Bourgeons dans le sol. Selon la nature de la partie souterraine, on distingue les géophytes à bulbe, à rhizome ou à tubercule	Jonquille, crocus (à bulbe), muguet, fougère aigle (à rhizome), **orchidées** (à tubercule)
– Hélophytes		Bourgeons dans la vase	Phragmites
– Hydrophytes		Dans l'eau	Nénuphar
• Thérophytes		Plantes annuelles qui meurent après fructification ; la continuité des générations est assurée par des graines ou des spores. Forte césure biogéographique d'une phase « invisible »	Graminées cultivées, blé, orge, avoine, maïs

En marge de cette classification, les épiphytes s'affranchissent du sol, s'installent et croissent sur les supports les plus divers, vivent dans toutes les strates ; ils participent de la luxuriance et de la touffeur de beaucoup de forêts tropicales.

Transgressant des frontières trop rigides, certaines espèces appartiennent à l'un ou l'autre de ces groupes, selon les conditions du milieu. Ainsi, la Jasione des montagnes, Campanulacée des friches et des talus commune en France, est annuelle, bisannuelle ou vivace, thérophyte ou hémicryptophyte. La forme biologique peut être trompeuse. Les fougères arborescentes sont des herbacées à port d'arbre ; les palmiers aux stipes cylindriques (faux troncs dépourvus de bois et sans écorce protectrice) et les bambous aux tiges (chaumes) vivaces, contrairement aux chaumes annuels des autres groupes de la famille, sont des Graminées.

Photo 4 : *Orchis mascula*

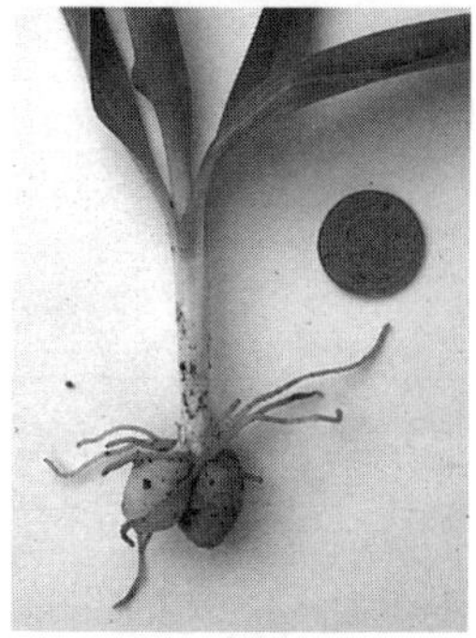

Orchis mâle, géophyte à tubercule ; lisière forestière, Lorraine ; mai.

La répartition par types biologiques des espèces présentes dans une formation végétale définit le **spectre biologique** de cette formation. Le spectre biologique du tapis végétal du globe, toutes formations confondues, est le suivant : phanérophytes, 46 % ; hémicryptophytes, 26 % ; thérophytes, 13 % ; chaméphytes, 9 % ; cryptophytes, 6 %. Raunkiaer proposait quatre grands types de phytoclimats fondés sur la dominance d'un type biologique dans les formations végétales : le climat phanérophytique des régions tropicales humides, le climat hémicryptophytique des régions tempérées sans saison sèche, les deux climats chaméphytiques des hautes latitudes et des hautes altitudes. Notons deux points de réflexion. – 1) Le type de phytoclimat ne correspond pas nécessairement à la physionomie de la formation végétale qui le représente car la structure naît d'une combinaison spatiale des types biologiques (cf. exercice 2, p. 305). Plutôt que la fréquence, c'est le taux de recouvrement des espèces de tel ou tel type biologique qui précise les caractères d'une formation. Une végétation où les chaméphytes dominent est une fruticée, telle une lande à Bruyères. La présence de phanérophytes postule l'existence d'une strate arborescente qui a toutes chances de créer une forêt, même si le phytoclimat n'est pas phanérophytique. – 2) Quand plusieurs spectres biologiques existent au sein d'une même formation, leur comparaison fournit des informations sur les caractères des milieux qui les abritent et peut permettre d'identifier différents groupements végétaux.

La phénologie

Prenons l'exemple d'une hêtraie des plateaux du nord-est de la France, structurée par les grands phanérophytes, dont le Hêtre, *Fagus sylvatica.* Les paysages estival et hivernal de cette forêt caducifoliée sont fort contrastés. Le cycle d'éclairement suit les saisons. La lumière est forte en hiver sous les ramures nues ; elle diminue avec l'arrivée du printemps et le débourrement des arbres (déplissement des bourgeons) ; elle est faible au sol en été, tamisée par les feuillages des houppiers. À ce rythme annuel obéissent les végétaux qui n'ont pas accès à la lumière dans la strate arborescente supérieure. La strate herbacée vit un cycle différent de celui des phanérophytes et enchaîne deux phases d'épanouissement végétal limitées et successives, ou synusies.

À la fin de mars et en avril, quand les premiers rayons du printemps réchauffent l'air et le sol qu'ils atteignent directement, la synusie vernale voit feuiller et fleurir des ***géophytes,*** à bulbe comme la Jonquille, à rhizome comme l'Anémone sylvie, le Muguet ou le Sceau de Salomon, à tubercule comme la Ficaire (cf. exercice 1, p. 299).

La synusie estivale s'épanouit après la feuillaison du hêtre : les herbacées sont surtout des hémicryptophytes sciaphiles (littéralement : « aimant l'ombre »), dont beaucoup de Graminées, comme le Millet diffus ou la Mélique uniflore.

Géophytes blancs et noirs : l'homme apprécie diversement le puissant pouvoir de colonisation des géophytes à rhizomes. La coupe ou le feu ne suffisent pas pour extirper la Fougère aigle des sous-bois dont le tapis est si dense qu'il empêche les germinations ; il faut labourer. Le Chiendent rampant, utilisé dans l'industrie des brosses et balais, est une plaie qui envahit les cultures et résiste aux désherbants ; le Chiendent des sables, lui, est utilisé pour fixer les dunes.

Des observations menées à quelques semaines d'intervalle dans ce type de forêt révèlent des différences physionomiques, de densité, de couleur, de vitalité, liées au comportement physiologique des végétaux soumis à des contraintes bioclimatiques. La phénologie (*phainen,* apparaître) est l'étude de ces comportements. Le rythme phénologique crée une chronologie annuelle des stades du développement, l'éclosion des bourgeons, la floraison, la maturation des fruits, comme le montre l'exemple du **Hêtre.**

Le cycle végétatif annuel du Hêtre en Lorraine

Le rythme bioclimatique annuel règle les phases de vie active et de vie ralentie de ce phanérophyte. En Lorraine, le calendrier est le suivant :

- Fin avril, le débourrement des bourgeons est la première manifestation de l'activité biologique de l'arbre. Le franchissement d'un seuil d'éclairement journalier affectant la photopériode et la température (début de la saison végétative) déclenche la feuillaison.
- En mai, les jeunes rameaux s'allongent selon un rythme circadien (nuit-jour sur 24 h) de l'activité biologique.
- Fin juillet-août, les rameaux se rigidifient, c'est la lignification (aoûtement). Les bourgeons de l'année suivante se forment. Les racines s'allongent et se fortifient.
- Début octobre, la photosynthèse se ralentit, les feuilles tombent. La perte de ces organes évite la déshydratation. La vie se concentre dans les organes pérennes, tiges et racines.
- En hiver, la sève est descendue, la vie est ralentie, l'activité, suspendue.

La phénologie, expression de processus biologiques, peut être cartographiée. Les figures du « calendrier des saisons végétatives » livrent une image biologique des caractères climatiques de la France (Cf. chap. 8, fig. 3). De nombreuses cartes existent sur le thème (Cf. P. Ozenda, bibliographie). La phénologie explique aussi la géographie et l'économie des plantes primeurs. Celles-ci, longtemps illustrées par les produits maraîchers et les fruits de la « ceinture dorée » de Bretagne, du Comtat Venaissin ou du Roussillon, arrivent aujourd'hui du monde entier : fraises du Chili, haricots du Mali ou du Zaïre… offerts en Europe à contre-saison. Les phénologies, dont la phénologie humaine, conditionnent aussi des tropismes sociaux : vacances d'hiver sur la Côte d'Azur puis sur les littoraux tropicaux, travaux saisonniers, naguère arrachage des betteraves, toujours actif, vendanges, héliotropisme européen d'été sur les côtes méditerranéennes.

3 Décrire avec des variables floristiques

L'arbre est l'unité physionomique élémentaire d'une forêt ; le groupe de plantes, celle de la prairie. Jusqu'à ce niveau de l'analyse, il est fait abstraction de toute référence à la nomenclature botanique. Mais la comparaison entre forêts, par exemple la prise en compte – puis l'explication – des différences entre la forêt méditerranéenne et la forêt tempérée caducifoliée, requiert d'abord l'identification botanique des ligneux qui les peuplent, ensuite l'établissement des listes des espèces recensées. Dans la France des plaines et plateaux, alors que la hêtraie est assez homogène (Cf. chap. 9, exercice p. 385), les contrastes sont beaucoup plus forts pour les chênaies, très différentes selon l'espèce dominante. La chênaie des plaines du Nord, aux majestueux chênes pédonculés, s'oppose à la chênaie à Chêne pubescent des plateaux aquitains, elle-même bien différente des chênaies méditerranéennes, basses et trapues, à Chêne vert et à Chêne-liège. Les références à une espèce, souvent dominante, éclairent ainsi les noms de nombreuses formations forestières : la subéraie (*Quercus suber,* Chêne-liège), l'yeusaie ou iliçaie (*Quercus ilex,* Chêne vert, yeuse en provençal).

Classer pour comprendre : taxinomie et systématique

Les références indispensables à la taxinomie botanique se situent surtout aux niveaux hiérarchiques du genre et de l'espèce, considérée comme l'unité fondamentale de la différenciation et de la **classification des êtres vivants.** Les nombreuses questions posées par la notion d'espèce ne sont pas développées dans le cadre de ce manuel.

Les règnes du vivant. Le règne est la catégorie taxinomique la plus élevée. Depuis le XVIIIe siècle prévaut le système à deux règnes, **animal** et **végétal.** Cette dualité, fixée avant la découverte du monde microbien, a rendu difficiles certaines classifications. Ainsi, parmi les foisonnants micro-organismes unicellulaires, les eucaryotes à chloroplastes photosynthétiques étaient végétaux, ceux qui ingèrent la nourriture, animaux. L'étude de micro-organismes dotés, selon les milieux, des deux possibilités, tels les Euglènes, est revendiquée tant par les botanistes que par les zoologistes. Un système à cinq règnes est aujourd'hui proposé. Le règne des **Monères** groupe tous les procaryotes, où dominent les Bactéries. Leur place et leur rôle sont immenses sur la Terre, dont ils furent les uniques vivants pendant au moins deux milliards d'années. Les eucaryotes peuplent les autres règnes. Les eucaryotes pluricellulaires forment : 1) les **Végétaux,** autotrophes, 2) les **Mycètes,** hétérotrophes se nourrissant par absorption, 3) les **Animaux,** hétérotrophes se nourrissant par ingestion. Les **Protistes,** sorte de « groupe rejet », sont des eucaryotes unicellulaires, parfois pluricellulaires très simples, qui ne répondent pas à la définition du Végétal, de l'Animal ou du Mycète.

Le nombre d'espèces vivant sur le globe est sans doute supérieur au million. De manière générale, plus les représentants du ***taxon*** étudié sont petits, méso- ou microscopiques, plus l'ignorance est grande et l'évaluation, périlleuse. Certains auteurs avancent le nombre de plusieurs millions. Trois raisons expliquent la révision constante à la hausse. Les prospections dans les parties du monde jusque-là mal explorées sont menées plus scientifiquement. Les découvertes de nouveaux milieux sont fécondes (par exemple, la canopée des forêts tropicales humides livre des biocénoses et des écosystèmes encore inconnus). De nouveaux outils permettent de préciser des identifications anciennes, ce qui entraîne des révisions de la systématique.

Le terme ***taxon*** (de *taxis,* arrangement ; voir taxinomie) s'applique, dans une classification, à toute collection d'objets de même niveau hiérarchique. Le taxon est une unité systématique. *Quercus pubescens,* Chêne pubescent, est un taxon spécifique (une espèce de Chêne) ; *Quercus,* le taxon générique (le genre) correspondant.

De l'espèce au cortège floristique

À partir de l'observation d'un gland tombé sur la litière, on imagine le biovolume et la biomasse du chêne adulte, et la forêt née d'une population de chênes. Déterminer l'espèce de ce gland précise la représentation. Physionomie, physiologie, phénologie, écologie, répartitions régionale et globale sont différentes selon que ce gland appartient au Chêne pédonculé, au Chêne sessile ou au Chêne vert. Le raisonnement vaut pour toutes les espèces présentes sur un lieu d'observation et de collecte. La liste de ces espèces définit le cortège floristique de ce lieu. Prenons l'exemple de trois types de forêts qui voisinent dans le nord-est de la France. Les relevés floristiques ont été limités aux grands phanérophytes de la strate arborescente, aisément identifiables sur le terrain. Le taxon *Autres feuillus* rassemble les espèces autres que les cinq citées. Ces relevés établissent trois cortèges floristiques.

Tableau 3 : cortèges floristiques pondérés

Peuplements	Chêne	Hêtre	Érable	Charme	Frêne	Autres feuillus
Forêt 1	90	0	1	4	3	2
Forêt 2	20	1	1	1	76	1
Forêt 3	0	60	0	40	0	0

Les trois peuplements forestiers diffèrent par leur composition floristique et les physionomies associées. Le premier est une chênaie presque pure, mélangée d'essences feuillues diverses pour 10 %. La seconde est une frênaie-chênaie où les frênes dominent largement, mais riche en espèces. La troisième est une hêtraie-charmaie pure, au cortège très réduit. Les explications de ces différences sont à rechercher dans les compartiments géophysiques et biologiques de la biosphère, géologie, géomorphologie, bioclimat, sols, et dans les interventions humaines, défrichement-reboisement, usages, gestion sylvicole.

B

LA PLANTE, SES FORMES ET SES FORCES

Photo 5 :
Carlina acaulis

La Carline acaule (sans tige) ou Baromètre (les bractées blanches sont étalées, comme ici, quand l'air est sec). Pyrénées, prairie, 1 000 m alt., août.

L'être végétal participe des enveloppes minérales, solide, liquide et gazeuse, et biologiques qui interagissent pour enfanter l'épiderme de la terre. Il en tire les éléments, les façonne, les assemble et épanouit le fruit de ce travail. La tige, réduite à un **collet** chez les hémicryptophytes, chaume de quelques décimètres chez la graminée, stipe long et grêle des palmiers ou tronc massif de plusieurs décamètres des arbres, assure le lien entre la rhizosphère et la foliosphère. Retenons quelques mensurations d'un hêtre adulte d'une soixantaine d'années ; pour une hauteur de 30 mètres, sa surface terrière est de 16 dm^2 ; ses racines explorent un volume de plus de 100 m^3 ; le diamètre de son houppier (sa couronne) atteint 15 m ; son limbe, déployé en un seul voile, couvrirait près de 1 200 m^2. À l'échelle de la formation végétale, rhizosphère et foliosphère occupent des volumes considérables qui se répondent et dont les agencements respectifs traduisent les conditions de vie et les ressources que le milieu offre à la formation.

1 La plante marque son territoire

Durée de vie et biovolume sont les facteurs principaux de l'occupation de l'espace aérien par la biosphère. Que sa présence soit permanente ou saisonnière, la plante participe fortement à la personnalité d'un territoire. Les forêts, les campagnes, les villes aussi ne manquent pas d'arbres remarquables par leurs tailles, leur développement, leur majesté, qui évoquent des longévités de patriarches semblant veiller sur l'histoire humaine. En revanche, l'animal ne laisse qu'une impression rétinienne fugitive : en liberté, il se déplace, et le comptage ne signifie pas emplacement mais passage ou arrêt temporaire. Le relevé est plus statistique que spatial.

S'enraciner, s'épanouir

Observons la **germination d'un gland**. Des deux cotylédons qui s'écartent sort d'abord la radicule ; elle se coude immédiatement vers le sol, y plonge, devient racine émettant à son tour radicelles et poils absorbants ; puis la tigelle émerge, devient tige qui se hausse vers la lumière et déploie ses premières feuilles ; la plantule est devenue jeune plant. La biogéographie du monde endogé, qui assure les fonctions essentielles d'alimentation et de soutien, analyse aussi une stratification et des recouvrements, décrit des organes annuels, racines ou graines, et d'autres vivaces, souches, rhizomes, bulbes. Les relations sont complexes, l'occupation des niveaux du sol suit des règles de dépendance ou d'exclusion ; à l'enchevêtrement des rhizosphères individuelles des herbes des prairies ou des ligneux des forêts répond l'indépendance des volumes des formations ouvertes. La biogéographie du visible ne peut se concevoir isolée de son *alter ego* souterrain, dont elle tire une grande part de son explication : elles sont liées par les structures et les fonctions.

Photo 6 : la germination

Grandir sur place

Les diversités individuelles ne doivent pas masquer l'existence de **quelques modèles.** La forme exprime les forces biologiques à l'œuvre dans les processus de croissance et de développement. Les conifères ont les architectures arborescentes les plus simples. Ces arbres très géométriques adoptent souvent la forme d'un cône pointe en haut, au contraire de la plupart des arbres. Le tronc est l'axe central prépondérant, sa croissance est apicale* ; les branches sont planes, groupées par verticilles* de quatre à six, que la croissance espace régulièrement à des étages précis. Les sapins obéissent au modèle dit **de Massart** et les Chênes comme les Pins, à celui de Rauh, où les branches remontent volontiers.

Fig. 3 : modèle de croissance de Massart

L'arbre et ses modèles

Une vingtaine de modèles architecturaux, identifiés et décrits dans les années 1970, rassemblent la plus grande partie de la flore arborescente. Aujourd'hui, des modélisations offrent des images de synthèse qui, par application des modèles théoriques, simulent les croissances. Une part d'aléatoire maintient le degré de liberté qui fait que deux individus de même patrimoine génétique nés ou plantés dans un même milieu ne sont pas strictement semblables.

L'arbre dans la société végétale multiplie les expressions formelles de son architecture. La structure d'un peuplement monospécifique est souvent définie par répétition du modèle de base ; la pessière est un régiment d'épicéas (exercice 1, p. 302). Celle d'un peuplement plurispécifique relève de l'agencement de modèles différents, se façonne au fur et à mesure des croissances, obéissant à une sorte de hiérarchie sociale. La quête de la lumière contribue à différencier des arbres dominés (surcimés) et des arbres conquérants qui peuvent élargir leur houppier et occuper l'espace ; ils forment souvent la strate arborescente supérieure.

2 Sa forme change dans le temps

Naître, transmettre, mourir

Chaque être vivant naît, se reproduit et meurt. De son origine à l'achèvement de son cycle de développement, il écrit son ontogenèse. L'histoire du développement de tous les végétaux supérieurs présente six étapes principales. Celles du Hêtre, *Fagus sylvatica,* sont prises en exemple (tableau 4).

Tableau 4 : les six étapes du développement du Hêtre

GERMINATION	La plantule issue de la graine vit aux dépens de ses deux cotylédons. Elle s'enracine et s'élève.
FEUILLAISON	Le jeune plant acquiert l'autotrophie grâce aux organes de l'assimilation chlorophyllienne de la feuille.
FLORAISON	La différenciation sexuelle engendre les organes de reproduction, ovule et grain de pollen.
FÉCONDATION	L'union de deux gamètes, l'oosphère femelle et l'anthérozoïde mâle, forme l'œuf.
FRUCTIFICATION	C'est l'apparition du fruit, la faine, qui est l'habitat de la graine.
DISSÉMINATION	La diaspore, la faine (comestible) et sa graine (embryon à vie ralentie, pré-racine, bourgeon terminal, cotylédons), tombe de l'arbre et est dispersée.

Le Jupiter, grand chêne de la forêt de Fontainebleau classé monument historique en 1860, est mort de sa « belle mort » en 1994, à l'âge estimé de 624 ans. Vers 1370, une courte embellie de la guerre de Cent Ans vit une forte demande de bois de charpente : Charles V faisait construire le Louvre, restaurer les toitures des églises de Paris. Des coupes de futaie eurent lieu en forêt de Bièvres ; dans une clairière germa le petit plant, qui devint bel arbre, toujours protégé par les maîtres et les gardes des Eaux et Forêts.

Le doyen. En mars 1995, en forêt de Saint-Palais au nord de Bourges, fut coupé un grand chêne foudroyé de 35 mètres de haut, un des plus vieux des forêts domaniales de France, dont l'âge était estimé à 435 ans. À la vente, il fut adjugé pour 48 000 F.

À la différence des espèces annuelles et bisannuelles, le cycle de développement se répète pendant plusieurs années chez les plantes vivaces. Pour une longévité de 180 ans en moyenne, la période de maturité sexuelle du hêtre commence vers 70 ans et dure tout le reste de sa vie.

Pour durer, la plasticité compense l'immobilité

Les végétaux ligneux écrivent, pour une part, la trame changeante des paysages. L'arbre enregistre ***la durée.*** Dans son tronc, les cernes représentent la croissance annuelle en diamètre. Les années se suivent sans se ressembler. Pour une espèce donnée, une bonne année climatique et alimentaire donne un large cerne, une année de restriction, un cerne étroit. Ces anneaux sont la ***mémoire de l'arbre*** ; aller de cerne en cerne vers le cœur du tronc, par carottage ou sur un arbre abattu, est une remontée dans le temps. L'étude des cernes, la **dendrochronologie,** révèle les paysages du passé : les cernes épais montrent que certains individus du néolithique ont bénéficié de plus de lumière et de CO_2 que dans d'autres périodes : c'est une confirmation des conclusions des archéologues (apportées par les datations polliniques, par exemple) sur la déforestation en Europe occidentale entre 6 000 et 4 000 ans avant notre ère.

La dendrochronologie (*dendron,* l'arbre), qui livre les secrets des vies d'arbres, se met aussi au service des sciences tournées vers les recherches nouvelles sur les paléo-environnements de la Terre. Abaques et tableaux de références assemblés, par espèce et par région, en plus de cinq décennies d'expérimentation, ont assis une chronologie absolue. Chaque échantillon, arbre coupé, tronc fossile, est aujourd'hui comparé à ces séries de référence. Le résultat est ainsi formalisé : « l'arbre dont a été étudié l'échantillon de tronc est né en 1285, avec une marge d'erreur de 1 pour 10 000 ». D'autres analyses y sont souvent associées, sur le site, la sédimentologie, l'archéologie, ou en laboratoire, la datation absolue (carbone 14 par exemple) pour les restes biologiques, l'anthracologie (étude des charbons fossiles). Les datations conduites sur une population de mélèzes ont permis de situer l'apogée du petit âge glaciaire autour de 1680.

Les conclusions de la dendrochronologie montrent la complexité des interactions du vivant végétal avec son environnement, et la difficulté des recherches de causalité. Elles aident à comprendre le fonctionnement du système sol-plante-atmosphère. Tout fixé qu'il soit au lieu qui l'a vu naître, l'être végétal est doué d'anamorphose ; la plasticité compense l'immobilité. Par ce caractère s'opposent le règne végétal et le règne animal. La gazelle et le cactus sont tous deux adaptés à la déficience d'eau. L'une parcourt des distances considérables à sa recherche, l'autre l'attend, outre immobile. Les Camélidés, les « vaisseaux du désert », jouent un peu sur les deux tableaux.

L'arbre n'est pas toujours à même d'épanouir son port naturel, d'exprimer le modèle auquel il se rattache. Toute forme végétale matérialise le bilan de forces, de durée et d'amplitude variables, qui sont appliquées aux tissus vivants. La forme d'une plante est un compromis entre les données du patrimoine génétique et les contraintes de l'environnement, naturel et sociétal. Aussi y a-t-il souvent action dominante d'un facteur physique. La pression exercée par un vent constant déforme l'arbre ; le port en drapeau des ramures figées par le vent sur les crêtes montagneuses ou au bord des littoraux traduit cette anémomorphose. Le rachitisme ou le nanisme sont liés à des carences nutritives ou des blocages de l'expansion racinaire ; les morsures du froid hivernal imposent un port prostré. Les pressions du milieu sociétal modèlent une multitude d'arbres ; le port forestier diffère du port champêtre, les arbres d'alignement subissent toutes sortes de **mutilations** ou de tailles (Cf. chap. 9, p. 382). La plasticité est une réponse aux dangers de la fixité, qui peut être ***séculaire.*** Elle est sous le contrôle des organes de cicatrisation et de croissance.

L'ancêtre. Sur un piton battu depuis des siècles par de fortes pluies, un petit bois de près d'un hectare, amas de branches et de racines couvertes de mousses, n'appartient qu'à un seul individu, comme l'ont prouvé des tests chromosomiques. Ce pin de Tasmanie est bien placé à la course à l'âge. Avec plus de 10 000 ans, il pourrait être la plus vieille mémoire vivante, de l'holocène aux sociétés humaines.

Le têtard. Beaucoup de saules (*Salix viminalis*) plantés au bord de nombreux chemins du Bordelais ne présentent plus l'architecture d'un faisceau de branches prolongeant les troncs, mais un moignon gonflé d'où partent des dizaines de brins souples et grèles. Ce traitement *en têtard* offre au viticulteur les liens qui lui permettent d'attacher les rameaux de la vigne à leur support.

Les peuplements forestiers de nos vieilles civilisations rurales sont « de temps immémoriaux » contrôlés, organisés, planifiés. Les énergies intellectuelle et manuelle de l'homme ont canalisé la puissance biologique, l'ont soumise à des **obligations précises.**

La forme, entre gestion et temps. La forêt domaniale de Tronçais abrite des chênes remarquables vieux de trois à quatre siècles, dispersés sur 2 000 hectares de futaies âgées de 150 à 200 ans. Les *Jumeaux* et la *Sentinelle* ont des tours de taille impressionnants : 4,10 m, 5,10 m et 6,50 m à 1,30 m du sol. Ils furent réservés aux XVIe et XVIIe siècles par les forestiers du domaine royal. En 1835, le premier aménagement prévoyait une futaie régénérée par le réensemencement naturel. Pour y arriver aujourd'hui, il a fallu 160 ans de pratique et de suivi ! Le temps long de la gestion va de pair avec celui du façonnement du paysage forestier. Ces futaies sont aussi une réussite économique : sur 9 300 hectares de feuillus, la récolte annuelle est de 45 000 m^3 de bois d'œuvre, dont 10 000 m^3 de chêne de grande qualité.

3 La plante vainc l'immobilité pour conquérir le monde

La diaspore et les stratégies d'occupation de l'espace

L'occupation d'un territoire par une plante implique conquête et installation. L'instrument de la conquête est la ***diaspore,*** dont la dissémination assure la mobilité de la plante. Dans la plupart des cas, la mobilité n'est pas le fait de l'individu mais de l'espèce. Elle exige un saut de générations, assuré par la reproduction sexuée. La graine joue dans le registre de l'espace-temps. Mais la multiplication végétative permet aussi la conquête, par avancée continue à partir d'un lieu colonisé : plantes stolonifères, chaméphytes comme la Pervenche, hémicryptophytes comme les Ronces ou le Fraisier, phanérophytes drageonnantes comme les Bouleaux ou les Églantiers. Le mode de dissémination du fruit et/ou de la graine fonde une classification des végétaux à reproduction sexuée. Le vent réalise la dispersion des graines « volantes » des espèces anémochores (suffixe *chor,* disséminer), comme le **Pin sylvestre** ou le Pissenlit, les animaux, celles des zoochores, par ingestion des fruits (Merisier) ou accrochage (Benoîte), la simple gravité, celle des ***barochores*** (Châtai-

La diaspore (*dia,* séparation, et *spora,* semence) est l'organe qui assure la dissémination végétale. Sont des diaspores la spore, la graine, le fruit, l'inflorescence, un rameau ou un autre organe de multiplication végétative, parfois la plante entière, à l'état de kyste, par exemple.

La barochorie peut être dangereuse. Il n'est pas conseillé de s'endormir sous un cocotier. Les fruits d'un autre palmier, *Lodoicea maldavica,* contiennent des graines qui pèsent de 10 à 20 kg.

gnier). De nombreuses combinaisons lient ainsi l'organe de reproduction au vecteur auquel la dispersion est confiée ; il y a inféodation. Le « velcro » de la Bardane, la suspension de la spore de Fougère dans le filet de vent, l'aile qui transforme en rotor d'hélicoptère la samare, fruit sec de l'Érable, du Frêne ou de l'Orme champêtre.

Puissance et rendement de la dissémination. La capacité de dissémination du Pin sylvestre, résineux à graines dites volantes, est considérable, comme le montre une expérience menée en forêt de Fontainebleau sur la dynamique démographique d'une génération de graines. Le pin témoin produit 65 000 graines. Les prédateurs en détruisent 11 000 sur l'arbre ; sur 54 000 disséminées, 12 000 avortent. La « pluie » de graines se répand autour du tronc parental : 21 000 (50 %) dans un cercle de 10,5 mètres de rayon (8 000 à moins de 5,5 mètres, 13 000 entre 5,5 et 10,5 mètres), soit 60 graines par m². 50 % des graines tombent au-delà (18 000 entre 10,5 et 18 mètres, 3 000 au-delà). Du premier cercle, 19 600 graines sont aptes à germer ; 204 seulement donneront des plantules, les autres sont détruites, par prédation et mortalité à la germination, due surtout à la sécheresse. Même si les graines entraînées au-delà de 10,5 mètres ne sont pas comptabilisées, l'hypothèse est retenue d'un même rapport de germination. Le « rendement » serait donc de 408 plantules pour 65 000 graines produites, soit 0,6 %. Bien faible, mais suffisant pour faire du Pin sylvestre, en forêt de Fontainebleau comme ailleurs, une espèce conquérante ! *(Cf. G. Lemée, bibliographie.)*

Photo 7 : pissenlit

Les graines à aigrettes du Pissenlit, prairie lorraine, juin.

La **dissémination** lie deux générations successives. Des filtres écologiques contrôlent le devenir de la pluie de graines et les principales étapes du recrutement des jeunes que sont la survie des graines et la germination, puis l'émergence et l'affermissement de la plantule. Ces filtres agissent par pression sélective de l'environnement. Diaspore et plantule doivent échapper aux prédateurs et aux pathogènes comme à la compétition intraspécifique ; ils doivent trouver des microsites favorables à leur survie. La succession des générations modifie, par rajeunissement, la pyramide des âges d'une population.

La spéciation, instrument de la diversification

Le caractère héréditaire du patrimoine génétique de tout individu lie celui-ci à une espèce. Comme aucun individu n'est génétiquement identique à son frère de même espèce, le patrimoine génétique apparaît comme un stock de variabilité. À l'échelle macroscopique, sont visibles les polymorphismes, des colorations différentes par exemple ; à l'échelle microscopique, l'investigation s'est d'abord portée sur le chromosome, puis sur le gène grâce aux techniques de la biologie moléculaire. Au sein d'une population habitant un même territoire, la diversité génétique ne s'exprime que dans les brassages entre générations. Lorsque les aires sont vastes, les populations plus ou moins isolées les une des autres, la diversité explose. Toute espèce à large diffusion possède ainsi une géographie de son génome qui, même si elle est peu ou pas visible dans les ***phénotypes,*** s'exprime par les races géographiques. Ce polymorphisme génétique n'est entretenu que par le brassage de populations de taille suffisante. Les conséquence sont lourdes lorsque les populations sont faibles, ou qu'elles se concentrent sur des biotopes dont les tailles se réduisent ; perte de vitalité, voire létalité génétique peuvent conduire à la disparition de l'espèce. Inversement, la transmission du stock génétique assure la diversification génétique, l'adaptation et la spéciation, ou création d'une nouvelle espèce.

Le phénotype est le végétal visible, objet de la description physionomique. Il résulte des influences conjointes du génotype de l'individu et des conditions de milieu dans lequel celui-ci est placé. Le rabougrissement montagnard peut être lié à la dureté des conditions de milieu. Un port en drapeau acquis sous l'effet du vent, sur une crête ou un littoral, n'est pas inscrit dans le patrimoine et les rejetons poussant à l'abri ne l'acquièrent pas.

La spéciation ne peut fonctionner dans une espèce que si le patrimoine génétique d'une population de cette espèce se trouve séparée de celui d'autres populations de la même espèce. Alors, isolée, la sous-population suivra une voie évolutive propre. Ce complexe processus de diversification du vivant à l'œuvre depuis des milliards d'années, à la fois substrat et moteur de la biogéographie des espèces et des formations, organise le grand ballet de la biosphère. En effet, c'est la nature du lien géographique entre la nouvelle espèce et l'espèce ancestrale qui définit le type de spéciation. Nous ne dirons rien de la **spéciation sympatrique** (*syn,* ensemble), qui se produit dans une aire de distribution sans barrière géographique, quand une sous-population est en isolement reproductif au sein même de la population mère. Par contre, la **spéciation allopatrique** (*allos,* autre, et *patris,* patrie) naît de l'isolement physique des deux populations, dites allopatriques, sous l'effet d'une barrière géographique. Elle répond aux forces continues, lentes ou paroxysmales, de cloisonnement des espaces terrestres, comme la surrection d'une chaîne de montagnes qui ajoute l'étagement bioclimatique à l'obstacle physique, le déplacement des plaques qui sectionne un continent, l'avancée de glaciers, le fractionnement d'une étendue d'eau. C'est dans les **archipels** (les Galapagos furent lieu de découverte et modèle proposé par Darwin pour l'étude de la spéciation) que la spéciation allopatrique offre ses plus belles illustrations. Là, des peuplements de migrants actifs ou passifs, détachés des populations mères, ont évolué dans l'isolement.

Les espèces d'une jeune île. Le profil géographique des volcaniques Hawaï est peu fréquent, qui associe une grande distance au continent (Hawaï, la plus grande île de l'archipel, est à 3 500 km du continent américain), l'étalement du chapelet sur 2 500 km, un âge de plus en plus jeune du nord-ouest au sud-est, où Hawaï date de moins d'un million d'années. La colonisation par la biosphère a suivi le surgissement d'une lithosphère abiotique. La radiation adaptative est explosive. La plupart des milliers d'espèces animales et végétales qui peuplent l'archipel ne se trouvent nulle part ailleurs. Le taux d'endémicité est évalué à 82 % (à comparer aux 3 % de la Corse, 35 % des Canaries, 100 % du Vanuatu (archipel des Nouvelles-Hébrides).

La conquête territoriale

Elle met en action un large éventail de comportements, qui affectent la biologie autant que l'autoécologie des espèces. Des classifications tentent d'exprimer la grande diversité des répartitions et des diffusions des végétaux.

Des **critères démographiques** expriment les différences dans les cycles biologiques. Les **espèces opportunistes** produisent un grand nombre de diaspores en une seule reproduction. Le taux de survie des rejetons est faible, variant dans le temps suivant les conditions du milieu. Les phases de maturation et de reproduction sont rapides. Souvent petites, ces plantes pionnières assurent la conquête des territoires. Un pied femelle de *Cecropia obtusifolia,* arbre de la forêt tropicale humide du Mexique, fournit entre 10^5 et 10^7 graines par fructification ; le taux de survie dans le sol à un an est de 2 à 4 %, ce qui représente encore au moins 2 000 jeunes plants !
Les **espèces spécialisées** forment des populations bien adaptées à leur milieu. Plutôt de grande taille, elles se développent lentement et produisent peu de rejetons ; ceux-ci sont vigoureux, peu sensibles aux fluctuations du milieu d'accueil et le taux de réussite de leur développement est élevé. Des « pluies » de graines (graines viables par mètre carré) ont été suivies dans la forêt tempérée froide du Québec. Celle de l'Érable à sucre, *Acer saccharum,* est en moyenne de 25 graines ; la germination à un an est de 5 plantules, soit 20 % de réussite ; les valeurs pour *Abies balsamea* sont respectivement 155 et 37, soit 24 % de réussite à un an.

Des **critères spatiaux** expriment les différences dans les répartitions au sein d'une unité territoriale prise comme référence. Ils sont fondés sur le caractère de l'aire d'extension des plantes dans l'unité. Les espèces sont dites endémiques, ubiquistes ou cosmopolites suivant l'importance de l'aire.

Les **espèces endémiques** (*en-dêmon,* fixé dans un pays) ont des aires très exiguës. Deux explications sont évoquées :

- Une vitesse de dispersion très faible ou quasi nulle d'espèces inféodées à des caractères ponctuels du milieu. La « flore du cuivre » dans la région minière du Katanga au Zaïre ou celle des roches basiques de Nouvelle-Calédonie sont attachées à des substrats particuliers. Les endémiques montagnardes, à l'échelle

Une endémique, la Ramonde. Ramonda pyrenaica est une petite herbacée, 5 à 15 cm, à feuilles en rosette et à fleurs violettes. Endémique des Pyrénées et des régions voisines du nord-est de l'Espagne, elle habite en France des stations rocheuses humides et ombragées, dans les étages montagnard et subalpin. Le nombre élevé d'endémiques dans la flore pyrénéenne (plus de 120) est lié à l'isolement de la chaîne par rapport aux autres montagnes européennes depuis le miocène.

d'une chaîne entière ou d'un sommet isolé, sont liées aux bioclimats spécifiques des étages alpin ou nival, parfois à des sites morphologiques très contraignants, éboulis mobiles, corniches des grands escarpements, telle la ***Ramonde,*** par exemple. Très puissante est l'endémicité insulaire née de la séparation de plaques (Australie), ou de la genèse volcanique (Hawaï).

■ Une dynamique inverse de forte contraction d'une aire jadis plus large. Un bel exemple est le repli sur des territoires refuges lors de modifications climatiques. C'est le cas à l'holocène des célèbres *Drosera,* plantes « carnivores » de nos régions. L'unité territoriale de référence donne son nom à l'endémicité, endémique pyrénéenne, endémique bretonne, endémique française. L'indice d'endémicité d'un cortège floristique rapporte le nombre d'**espèces endémiques** au nombre total d'espèces. Il est évalué à 0,15 (15 %) pour les Alpes suisses, à 0,8 pour la haute montagne africaine.

L'endémisme calédonien. La Nouvelle-Calédonie est une des plus anciennes terres émergées du Pacifique tropical. Ce fragment du Gondwana doit son originalité biologique à très long isolement. L'exploration et l'inventaire de l'île, commencés avec l'expédition de Cook en 1774, ont révélé la richesse et l'individualité de la flore : 76 % des espèces sont endémiques et de nombreux genres et familles présentent des caractères archaïques. C'est la plus forte concentration de Gymnospermes du monde avec 43 espèces, toutes endémiques, pour 14 genres, dont trois endémiques. Treize des dix-neuf espèces d'*Araucaria* recensées dans le monde sont néo-calédoniennes. La diversité spécifique est aussi grande pour les animaux, qui restent moins connus. Les Oiseaux comptent 31 % d'endémiques. Les Reptiles, dont les lézards (geckos et scinques), sont très diversifiés ; des groupes de Lépidoptères et de Coléoptères comptent 60 à 100 % d'endémicité. Le rôle dominant de facteurs édaphiques est démontré par les flores des affleurements de roches ultrabasiques dont 1 617 espèces végétales (avec 92 % d'endémiques) se partagent les niches écologiques. La pédogenèse y conduit à des sols fort pauvres, dans lesquels l'abondance du nickel et du manganèse joue un effet de barrière qui favorise l'endémisme et la préservation d'espèces archaïques peu compétitives.

Les **espèces ubiquistes** (*ubique,* partout) ont des aires très étendues dans la région considérée. Des aptitudes à la conquête, au premier rang desquelles apparaît une large amplitude de tolérance vis-à-vis des conditions écologiques offertes, expliquent leur grand dynamisme. C'est le cas du Pin sylvestre en France.

Les **espèces cosmopolites** (*kosmos,* monde) sont répandues dans le monde entier. Elles se déplacent avec une grande facilité, souvent liées à l'homme. Elles sont assez peu nombreuses, peut-être une vingtaine d'espèces pour les herbacées. Citons le Pâturin, *Poa annua,* l'herbe des pavés de rue.

Ces types de répartition se définissent à plusieurs échelles spatiales. Pour toute aire territoriale, on peut calculer la part de chaque type dans le cortège floristique. Il apparaît que les régions du globe depuis longtemps isolées ont des taux d'endémisme élevés, où dérive des continents, isolats territoriaux et évolution biologique se retrouvent. Ces caractères biologiques ne préjugent pas de l'emprise réelle des espèces dans une formation donnée, car les processus d'adaptation au milieu, de compétition entre espèces, entrent en jeu.

Les diasporas

Végétaux et animaux ne se maintiennent dans un site qu'ils ont conquis que si les conditions de leur survie et de leur reproduction sont assurées. Ces conditions déterminent la distribution géographique des êtres vivants, des populations et des formations végétales. L'extension des espèces hors de leur aire d'origine a été un moteur de la conquête biologique du globe ; aujourd'hui assistée ou provoquée par les déplacements humains, elle prend des proportions considérables, au risque de bouleverser en quelques décennies les cartes de distribution des aires naturelles. La montée en puissance de sociétés, les déplacements, les conquêtes, les contacts entre civilisations de nature ou de niveaux de développement différents, les guerres, les transferts économiques, les migrations, ont accéléré un phénomène naturel, au point de le rendre incontrôlable. Des bouleversements dans les cortèges floristiques sont à attendre. On distingue classiquement trois groupes de plantes exotiques accompagnant les plantes indigènes – ou spontanées – d'une région.

Les **plantes naturalisées** sont des espèces introduites dans un territoire où elles se maintiennent et se reproduisent comme les espèces indigènes. Elles y sont devenues subspontanées. Ces processus sont fort nombreux aujourd'hui. À l'allure que prend la redistribution planétaire, la multiplication des espèces envahisseuses devient alarmante ; qui ne connaît *Caulerpa taxifolia,* l'algue « tueuse » de Méditerranée ? **L'invasion biologique** devient une plaie écologique majeure. Elle est un exemple de l'entropie planétaire, de l'estompage des différences, de l'uniformisation.

Une plante aux semelles de vent. Le Séneçon luisant, ou Séneçon d'Oxford, *Senecio squalidus,* appartient à un genre très répandu de la famille des Composées. Cette thérophyte rudérale, haute de 20 à 40 cm, peuple les bermes de route, les ballasts de voie ferrée. Originaire d'Italie et de Grèce, elle fut introduite au jardin botanique d'Oxford au début du XVIIIe siècle. À l'aube du XIXe siècle, elle colonisait les murs de la ville ; en 1900, sa présence était signalée dans toute l'Angleterre. Le Séneçon luisant était dès lors naturalisé, grâce à une floraison continue dans l'année, à la prolifération de ses semences anémochores et à sa frugalité. Introduit en Europe durant la Seconde Guerre mondiale, il proliféra au long des décombres des bombardements. Son extension est aujourd'hui manifeste dans la flore du Nord-Est européen.

Les **plantes acclimatées** (*klima,* inclinaison) ont été introduites dans des stations situées hors de leur aire naturelle, dans lesquelles elles ne pourraient se maintenir et se reproduire à l'état sauvage, mais qui présentent des similitudes ou des équivalences dans les données du milieu, bioclimat et sol. Ces plantes font la fierté des jardins botaniques, dits autrefois « d'acclimatation », fournissent les alignements de parcs ou de ville, palmiers qui remontent jusqu'au littoral de la Manche, platanes de toute la France. Sur 40 000 à 50 000 espèces de la flore de France, on estime à 2 000-2 500 celles d'origine étrangère. Certaines ont provoqué des catastrophes économiques, comme celle, vers 1860, de la destruction du vignoble consécutive à l'introduction de plants de vigne américains infestés par le puceron du phylloxéra.

Les **adventices,** ou plantes adventives, sont étrangères à la flore spontanée du territoire qu'elles colonisent après introduction accidentelle. On parlera ainsi des adventices messicoles des champs cultivés, comme le Bleuet, le **Coquelicot,** les adventices des décombres, ou rudérales. Les adventices sont souvent l'indication d'une artificialisation du milieu.

Photo 8 : berme à Coquelicot

Papaver rhoeas, une adventice messicole, Argonne, juin.

99 % des espèces ayant existé un jour sur la planète ont disparu. La perte d'une espèce n'est pas particulièrement tragique. La **disparition de certains groupes** à un moment donné libère le champ, les territoires et l'espace de compétition pour d'autres groupes ; les Mammifères ont succédé, à l'ère tertiaire, aux grands Reptiles. Des chercheurs ont évalué le taux d'extinction « normal » pendant la préhistoire à une espèce par million d'espèces et par an. Il est vrai que l'histoire humaine accélère le rythme des disparitions. Ainsi la raréfaction des espèces en région Île-de-France a pu être évaluée par comparaison de flores du XIXe siècle et actuelles ; en 1990, 193 plantes sont considérées comme très localisées et menacées de disparition ; 84 étaient déjà très rares au siècle dernier, 109 ont régressé en un siècle. La plupart appartiennent à des milieux en forte régression : cultures sur sols pauvres, bords des mares, étangs et cours d'eau ; prairies, marais et landes tourbeuses.

Plantes et végétations reliques. L'arbre de Wollemi a été découvert en 1994 à 200 km à l'ouest de Sydney, dans un recoin de la forêt humide au flanc de la chaîne des Blue Mountains australiennes. Il forme une population de 39 arbres recensée sur 5 000 m² seulement. Ces conifères d'une trentaine de mètres de haut, au feuillage aciculé, à l'écorce boursouflée, sont presque identiques à des fossiles d'Araucariacées datant du secondaire. Les membres de cette famille apparue il y a 200 millions d'années, qu'on croyait éteinte depuis 150 millions d'années, sont répartis dans l'hémisphère Sud ; un genre, *Araucaria,* est planté dans nos parcs depuis le XIXe siècle. Sont-ils les témoins de lignées bloquées dans les innovations évolutives, ou de divergences anciennes ou récentes ? La question est en suspens. Comme, pour la faune, en ce qui concerne l'énigme des Kangourous : des évolutions différentes d'une même espèce, liées à l'insularité de l'Australie acquise par la tectonique des plaques, constituent une hypothèse plausible.

C
L'EAU PRIMORDIALE

Indispensable à la vie, l'eau abreuve la plante, baigne les tissus, conduit les nutriments, régule les températures tissulaires. Sans eau il n'y a pas de construction biologique, de structure cellulaire, d'architecture végétale. La disponibilité en eau est une clef de la phytogéographie comme de la zoogéographie. L'eau et l'énergie ont structuré la biosphère dès son origine, tant à l'échelle des formations, des biomes, qu'à celle des espèces, de la Mousse à l'Angiosperme*, du Poisson au Mammifère. L'histoire de la conquête des continents est celle de l'affranchissement de l'eau.

Trois mesures biologiques parmi d'autres rendent un compte précis de l'exigence de l'eau et de l'ampleur de ses déplacements. Regardons un jeune érable sycomore par un après-midi ensoleillé de juillet. D'une taille de 14 m, il compte environ 180 000 feuilles, soit, miracle de l'enchevêtrement, l'équivalent d'un voile foliaire de 700 m² ! Sa transpiration est de 3,3 g d'eau par décimètre carré et par heure, soit 220 litres par heure. Le transit de l'eau dans la plante est un phénomène invisible d'une ampleur considérable. La teneur en eau des tissus frais (en grammes d'eau pour 100 g de matière sèche) est de 210 g pour la feuille de tilleul, 77 g pour le bois de tremble, 64 g pour celui de pin. Le rejet annuel dans l'atmosphère de l'eau transpirée équivaut, en région tempérée, à une lame d'eau de 160 à 310 mm pour une forêt de pins sylvestres, 350 à 560 mm pour un peuplement de bouleaux. Ainsi la transpiration, mesurée en g/jour pour 1 g de feuille vivante, atteint les valeurs de 9,5 pour le Bouleau, 4,8 pour le Hêtre, 1,4 pour l'Épicéa. Il faut ramener ces valeurs unitaires à la masse des feuilles par individu ou par formation végétale. Évoquons d'autres ordres de grandeur. La consommation d'un arbre isolé atteint 500 kg d'eau par jour, soit 120 t/an, représentant un volume de 120 m³. Une forêt d'un hectare absorbe 30 t par jour ensoleillé, 3 000 à 4 000 t par an. Si consommer c'est absorber, c'est aussi exsuder ; un peuplement de hêtres rejette 2 000 t/ha/an dans l'atmosphère. Une évaluation sur la forêt domaniale de Villers-Cotterêts (13 300 ha dans l'Aisne) approche les 25 millions de m³/an, représentant une lame d'eau de 188 mm (188 l/m²).

1 L'EAU POUR LA VIE

Des cartes et des mesures

Le rôle de l'eau dans la géographie des formations végétales peut être illustré par la comparaison de la carte de la répartition des précipitations à la surface du globe (fig. 17, p. 39), de la carte de partie (p. 271) et du tableau des productions de matière végétale des grands biomes.

Tableau 5 : grands biomes

Grands biomes	Production primaire nette en tonnes par ha et par an		Biomasse en tonnes par ha	
	Fourchette	Moyenne	Fourchette	Moyenne
Forêt tropicale humide	10,0 - 35,0	22	60,0 - 800,0	450
Forêt tempérée caducifoliée	6,0 - 25,0	12	60,0 - 600,0	300
Forêt boréale de conifères	4,0 - 20,0	8	60,0 - 400,0	200
Savane	2,0 - 20,0	9	2,0 - 150,0	40
Prairie tempérée	2,0 - 15,0	6	2,0 - 50,0	16
Toundra	0,10 - 4,0	1,4	1,0 - 30,0	6
Steppe	0,10- 2,50	0,9	1,0 - 40,0	7
Désert	0,0 - 0,10	0,03	0,0 - 2,0	0,2
Lac	1,0 -15,0	4	0,0 - 1,0	2
Plateau continental	2,0 - 6,0	3,6	0,01- 0,40	0,01
Océan	0,02 - 4,0	1,25	0,0 - 0,05	000,03
Terre cultivée	1,0 -40,0	6,5	4,0 -120,0	10

D'après R.H. Whittaker et G.E. Likens, *The Biosphere And Man,* dans H. Lieth et R.H. Whittaker, *Primary Productivity Of The Biosphere,* New-York, Springer Verlag, 1975, pp. 305-328.

Ce tableau peut être complété par l'analyse de cartes de la géographie de la productivité primaire de la biosphère à la surface du globe (Cf. bibliographie, P. Duvigneaud et R. Braque).

L'eau construit, transporte, nourrit et nettoie

L'eau, dissociée par la photosynthèse, entre dans l'élaboration des hydrates de carbone et des protéines. Elle compose le cytoplasme* des cellules où sa concentration règle l'état cellulaire, de la turgescence au flétrissement. Elle est présente dans la plupart des tissus. Les feuilles contiennent 60 à 90 % d'eau, les troncs, environ 50 %, les graines encore 10 %. Dans la phase préparatoire à la germination, l'eau participe pour 50 à 100 % à l'augmentation du poids de la graine.

L'eau de la ***sève*** diffuse la chaleur, véhicule les éléments nourriciers, les nutriments, et les déchets. Une double circulation baigne la plante. Dans l'arbre, la sève brute (ou ascendante), élaborée grâce à l'eau du sol, transporte les éléments minéraux dans les vaisseaux de la ceinture externe du bois appelée l'aubier. La ***sève élaborée*** (ou descendante) parcourt le liber, et répartit dans les tissus les produits de la photosynthèse. La sève est maîtresse des échanges. La descente de la sève à la base de l'arbre, l'arrêt de sa circulation marquent l'entrée dans la « morte saison ». Cette phase s'accompagne de la chute des organes aériens de la photosynthèse chez les espèces caducifoliées.

Acer saccharum, l'Érable à sucre, peuple les immenses forêts de feuillus de l'est de l'Amérique du Nord. La ***sève*** est récoltée à la base du tronc grâce à un chalumeau métallique ; un arbre peut donner plus de 20 litres de sève par an ; 100 litres de sève libèrent 3 litres de sirop.

Tuer un arbre est chose aisée : découper autour du tronc une ceinture de liber supprime la circulation de la ***sève élaborée,*** donc la nutrition des parties basses, racines comprises. L'hiver est la saison de l'abattage dans les forêts tempérées : l'arbre est au repos, la sève est redescendue.

Fausses sèves. L'Hévéa, *Hevea brasiliensis,* le « bois qui pleure » ou *cahutchu,* livre son latex à l'industrie du caoutchouc. Le rôle du latex, contenu cellulaire d'un tissu particulier du liber, présent chez 12 500 espèces environ, est encore mystérieux ; réserve alimentaire, pouvoir cicatrisant ? Un hévéa fournit 5 kg de caoutchouc sec par an pour une durée moyenne d'exploitation de 25 ans. Le Pin maritime, *Pinus pinaster,* fournit « avec sa plaie au flanc », un autre exsudat, la résine. Le gemmage, profession quasiment disparue, offrait 30 000 emplois dans les Landes de Gascogne au début du siècle ; 180 millions de litres de gemme, la résine, étaient récoltés en 1920 !

2 L'EFFET DE MÈCHE : TANT LE CHÊNE QUE LE ROSEAU...

L'eau fait fonctionner la machine biologique du végétal. Par la transpiration, un chêne rejette en un an plus de 230 fois sa masse en vapeur d'eau ! Cette eau de transfert est en simple transit, entre pompage et diffusion, son circuit est ouvert et fonctionne comme une mèche de lampe à pétrole. Chez l'animal, le circuit est semi-ouvert, les échanges avec l'extérieur sont contrôlés entre l'absorbat (boisson) et les excrétats (urines et sueur).

Lumière et chaleur pour vivre et croître

L'énergie de l'usine photosynthétique est la radiation solaire. Sans aborder ici la physiologie et la biochimie de la photosynthèse, ou assimilation chlorophyllienne, notons l'équation fondamentale qui permet de comprendre le sens de cet ensemble de processus :

$$n\,[CO_2 + H_2O] + \text{énergie} \rightarrow [CH_2O]\,n + n\,O_2$$

Cette réaction traduit la conversion du gaz carbonique de l'air en glucides en présence d'eau. Le carbone de l'hydrate de carbone, ou glucide, provient du dioxyde de l'air, l'eau, de la sève. Cette réaction du métabolisme végétal construit la brique élémentaire du vivant. La radiation solaire, de longueur d'onde du jaune, fournit l'énergie nécessaire à la réaction. L'oxygène dégagé est rejeté à l'extérieur. Les échanges se font à travers les stomates des limbes foliaires. Les pigments assimilateurs, protéines contenant la chlorophylle, sont localisés dans les chloroplastes, organites des feuilles ou, chez certains végétaux aphylles (sans feuilles), dans les rameaux. L'amidon, $[CH_2O]_{100}$, un des glucides élaborés par la photosynthèse, s'accumule en réserves temporaires pendant le jour ; hydrolisé la nuit, il est solubilisé, transporté et distribué à la plante entière par la sève élaborée. La photosynthèse est aussi une réaction de production d'adénosine triphosphate (ou ATP) ; cette molécule, source d'énergie de la vie cellulaire, intervient dans de nombreuses réactions biochimiques. Cette réaction de construction, dite d'anabolisme, est réversible. La réaction inverse, dite de catabolisme, est la respiration, qui casse les molécules organiques et libère de l'eau, du gaz carbonique et de l'énergie.

Les facteurs énergétiques du milieu, l'éclairement et la température, contrôlent les acteurs de la photosynthèse. Intervenant dans l'économie de la biomasse, ils ont un rôle biogéographique important. La photosynthèse, réaction diurne, a une géographie.

L'éclairement. Il y a concordance, à l'échelle planétaire, entre les régions à faibles énergies radiatives utilisables (inférieures à 10-15 kcal pendant la saison végétative) et celles à faibles productivités (inférieures à 1t/ha/an de carbone fixé). Il en est ainsi de la toundra. Le comportement à l'éclairement est un paramètre de la chorologie (la répartition) des plantes. Considérons plusieurs échelles :

■ Le rythme annuel de l'alternance jour/nuit (rythme circadien) est un facteur de la répartition des espèces sur le globe, qui commande les plantes de jour long et celles de jour court.

■ En un lieu donné, l'adaptation à l'éclairement définit des plantes héliophiles (de *helios,* soleil) et des plantes sciaphiles (de *scia,* ombre, à ne pas confondre avec *ombros,* pluie).

■ Le Hêtre, essence d'ombre dans sa jeunesse, éclôt et croît sous l'abri du couvert ; adulte, il conquiert sa place au soleil dans la strate arborescente supérieure, développant des feuilles de lumière sur la cime et d'ombre dans le houppier.

L'insuffisance d'éclairement entraîne **l'étiolement,** qui se manifeste par l'arrêt de l'assimilation chlorophyllienne. Le seuil d'étiolement varie selon les espèces.

L'endive et l'étiolement. Une plante privée de lumière ou sous-éclairée consomme ses réserves ; affectée dans son développement, elle s'étiole. Les symptômes de l'étiolement sont l'allongement des entre-nœuds, le changement de morphologie foliaire, la disparition de la chlorophylle (chlorose). Les plantes à fortes réserves nutritives, tubercules, bulbes ou rhizomes, peuvent vivre longtemps en sous-éclairement. Il en va ainsi de la pomme de terre qui germe dans une cave, de la chicorée endive dont le chicon, bourgeon central, est blanchi par forçage à l'obscurité de la banquette de la serre, sous 20 cm de terre.

La température. Seule une faible partie de la radiation solaire est utilisée à la synthèse de la matière organique. Le flux énergétique entretient surtout l'environnement thermique du globe, atmosphère, sol et organismes vivants. La chaleur intervient dans tous les processus biologiques ; la viscosité des liquides, dont la sève, la perméabilité des membranes cellulaires varient avec la température. L'activité des enzymes, la vitesse des réactions biochimiques croissent avec l'élévation thermique. L'optimum thermique de l'activité photosynthétique se situe autour de 30° C, comme le montre le graphique suivant (fig. 4).

Fig. 4 : optimum thermique et activité photosynthétique

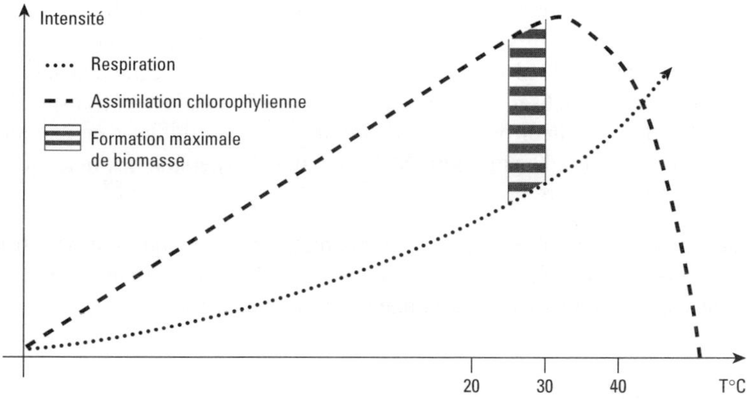

Ce graphique montre aussi la relation entre les deux réactions du métabolisme. Il apparaît que la plage de formation maximale de biomasse (plus grand écart entre les deux courbes) se situe entre 25 et 30° C.

Les végétaux sont sensibles aux fluctuations des températures et possèdent des seuils de tolérance thermique. Les basses températures jouent un rôle important dans les régions tempérées et froides. La **vernalisation,** « contrôle de l'acquisition de l'aptitude à fleurir par un abaissement temporaire de la température », est un mécanisme hormonal complexe qui commande le signal de la floraison (surtout chez les plantes bisannuelles). Ces températures ne sont pas toujours négatives. Ainsi la vernalisation de l'olivier se produit-elle à 13 °C. Chez les résineux sempervirents la concentration de la sève commande la limite de fluidité ; les espèces caducifoliées perdent leurs feuilles, tissus fragiles, d'où résulte la diminution de l'hydratation des branches et des troncs. Les résineux à aiguilles caduques sont parmi les espèces les mieux armées pour résister au froid. Le Mélèze de Dahurie, arbre dominant ou exclusif de la taïga sibérienne, résiste à des températures de – 60 °C. Le durcissement des tissus assure aussi la protection des organes contre l'onde de froid. Le seuil critique de résistance au gel des bourgeons intervient dans la chorologie des espèces. Notons quelques valeurs pour des essences forestières : le Chêne vert, – 14 °, le Chêne sessile, – 27 °, le Charme, – 30 °. Les forestiers tiennent compte de ces données dans les choix d'essences pour le reboisement.

Il est possible de prolonger ou d'activer la photosynthèse sous éclairement artificiel, comme le montrent les feuillages encore verts en fin d'automne des arbres de rues proches des lampadaires. La serre fonctionne aussi sur ce principe.

Rappelons que l'activité photosynthétique est bien sûr sous la dépendance de l'eau, qui alimente la réaction et contrôle l'ouverture et la fermeture des stomates qui assurent les échanges gazeux.

Transpirer pour fabriquer

La compréhension des processus naturels de la transpiration végétale, la quantification des réactions, doivent beaucoup aux recherches des agrométéorologues sur les consommations d'eau des plantes cultivées. La conduite à la récolte exige environ 4 500 m^3 d'eau par hectare pour la betterave, 4 600 pour le blé, 6 600 pour la prairie, 7 200 pour la luzerne ; soit des ***lames d'eau*** respectivement de 450, 460, 660 et 720 mm. L'intensification des cultures, l'extension considérable des périmètres irrigués, la concurrence urbaine, amplifient en cette fin de siècle la question de l'accès à la ressource hydrique et de son renouvellement et posent, dans certaines régions du globe, des problèmes géopolitiques redoutables. Le maïs consomme, pour synthétiser 1 kg de matière sèche, 250 kg d'eau et transpire 98 % de cette eau ! L'agriculteur beauceron d'aujourd'hui a ces données en tête quand, l'été, sur tout le vaste plateau, tournent les rampes d'aspersion. La machine a un rendement bien médiocre !

Lame, tranche et volume d'eau. Les abats d'eau se mesurent en volume par unité de surface et de temps (m^3 par ha et par jour, litre par m^2 et par heure…) ou en hauteur, dite alors tranche ou lame d'eau, mesurée en mm. On note l'équivalence simple : 1 mm

La transpiration est un phénomène physique régulé par des organisations structurales de la plante comme le montre ce tableau des valeurs de la transpiration totale pour trois espèces, en situation de bonne alimentation en eau.

Tableau 6 : transpiration de trois espèces végétales

Espèces	Nombre de stomates (par mm^2)			Transpiration (mg/dm^2/h)		
	Face supérieure	Face inférieure	Total	Face supérieure	Face inférieure	Total
Tilleul	0	60	60	200	490	690
Lierre	0	80	80	0	90	90
Dahlia	22	30	52	500	600	1 100

La transpiration varie fortement selon les espèces. Le cas du Dahlia montre qu'elle n'est pas seulement liée au nombre de stomates, mais aussi à la structure interne des vaisseaux conducteurs. L'épaisseur de la cuticule est variable, de 1 à 2 µm pour la feuille du Tilleul à 10 µm pour celle du Lierre qui, contrairement au Tilleul, ne possède pas de transpiration cuticulaire (face supérieure). L'importance relative des transpirations cuticulaire et stomatique (à stomates ouverts) varie selon les espèces. Le rapport transpiration stomatique/transpiration totale atteint 1/10 pour les espèces des régions tempérées. Il est plus élevé chez les plantes d'ombre (jusqu'à 25 %) que chez les plantes de milieu sec (2 %). La transpiration cuticulaire, caractère de chorologie spécifique, est un facteur important de la distribution des plantes : une plante à forte transpiration cuticulaire est inapte à la vie dans les régions sèches.

Les caractères fonctionnels de la transpiration, impliquée dans l'activité photosynthétique, expliquent aussi la forte disparité de la production de la **biomasse** végétale pour les grands types de formations végétales (Cf. tab. 5, p. 293).

Biomasses. La biomasse est la masse de matériel vivant dans un volume donné. Elle s'exprime le plus souvent par unité de surface. Elle est mesurée, à un moment donné, par le poids sec (obtenu par dessication à 65-70 °C) de tous les organismes vivant sur cette unité. Les valeurs sont données en gramme (g) par m², en kg ou en tonne (t) par hectare. La biomasse végétale, ou phytomasse, comprend l'aéromasse et l'endomasse. S'y ajoutent la zoomasse et la microbiomasse, ou biomasse microbienne. La notion de biomasse est différente de celle de matière organique.

Le système atmosphère-plante-sol

Sur les espaces couverts de végétation, l'évapotranspiration restitue une forte part des abats d'eau à l'atmosphère et alimente ainsi le **cycle secondaire** de l'eau (Cf. chap. 8, fig. 1, p. 313).

L'apport d'eau au sol est affaire de précipitations avant tout, pluie, neige, rosée, brouillard. Une part des pluies tombe sur le sol, l'autre est interceptée par le couvert végétal, véritable parapluie que constituent le feuillage des arbres ou le manteau herbacé. Une partie de cette eau retenue est renvoyée dans l'atmosphère par évaporation directe. L'autre part atteint le sol par guttation sur les feuilles, par ruissellement le long des troncs. Ces pluviolessivats s'infiltrent dans le réservoir du sol. Quand l'imbibation est totale, le sol est saturé. Ce seuil franchi, des flaques se forment sur les surfaces horizontales ; sur les pentes, des filets d'eau amorcent un ruissellement diffus, qui peut se concentrer. Seule l'eau contenue dans la réserve utile, partie du sol où se développe la rhizosphère, alimente les plantes (Cf. chap. 8, fig. 4, p. 318). La plante doit contrôler les pertes d'eau quand la réserve utile se vide. Pour passer les périodes difficiles où l'offre est insuffisante, elle régule l'ouverture des vannes que sont sur les feuilles, les stomates. La conséquence est le développement de multiples stratégies adaptatives associant anatomie, physiologie, morphologie, reproduction.

Il apparaît que, dans des conditions climatiques particulières, les plantes franchissent des seuils qui déclenchent des processus biologiques réversibles ou irréversibles. Nous avons noté l'étiolement qui est un seuil énergétique. Le **flétrissement** est un seuil matériel. Ces seuils sont franchis pour des valeurs de variables climatiques qui n'ont, en elles-mêmes, aucune signification.

La carence en eau se manifeste par la sécheresse physiologique. Le point de flétrissement est une limite majeure de la vie de la plante. Ainsi, pour les arbres forestiers, le jaunissement et la chute prématurée des feuillages qui provoque la descente de cime, les branches cassantes, les invasions parasitaires sont des signes tangibles du stress hydrique. Les arbres de lisière sont souvent les premiers

Un seuil : le point de flétrissement. Pour vivre, le végétal assure l'hydratation de ses cellules en maintenant la teneur en eau tissulaire au-dessus d'un certain seuil, dit seuil de flétrissement permanent. La déshydratation atteint les tissus quand la pression exercée par le suc vacuolaire sur les parois cellulaires baisse et que les fonctions internes de la cellule sont diminuées. Chez le végétal, c'est la pression de turgescence. La conséquence est la nécessaire adaptation de l'être vivant s'il veut survivre dans des conditions difficiles d'alimentation en eau. Ces contraintes se retrouvent dans l'enchaînement biogéographique suivant : Biotope difficile par manque d'eau, vide → Espace à conquérir → Stratégies de conquête → Adaptations → La sélection naturelle favorise les mieux adaptés.

touchés car les plus exposés au vent desséchant ou au drainage des parcelles agricoles voisines. Les successions d'années sèches contribuent à la fragilisation de l'arbre ou du peuplement. Ainsi les déficits hydriques déclenchés par la grande sécheresse de 1976 apparaissent aujourd'hui, avec quinze années de recul et de recherches, comme un facteur déterminant de beaucoup de dépérissements dans la forêt française.

Photo 9 : un panorama physionomique : futaie d'épicéa, lande à genêts et callunes, pelouse. (Plateau de Sault, Pyrénées, 900 m d'altitude, septembre).

DOCUMENT COMMENTÉ

La variété des représentations : un relevé de placette

Tableau 7 : relevé de peuplement (forêt communale de Montfaucon, Meuse) mois de mai

Chênaie-hêtraie en mélange futaie-taillis

Physionomie

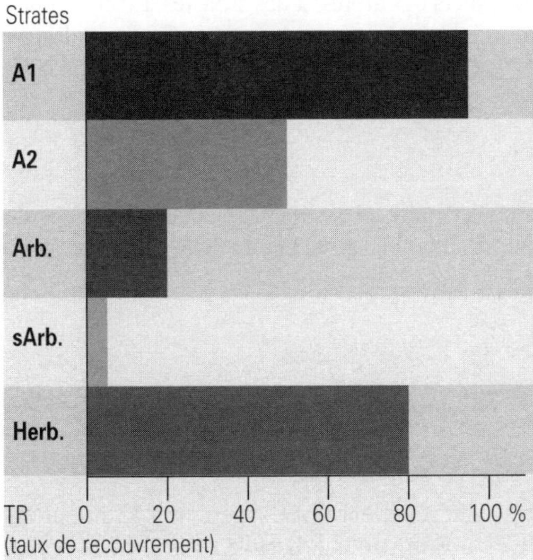

Strates	Flore
A1	Quercus petraea (3) Fagus sylvatica (2) Prunus avium (+)
A2	Carpinus betulus (3) Fagus sylvatica (1)
Arb.	Carpinus betulus (2) Corylus avellana (2)
sArb.	Crataegus laevigata (1) Corylus avellana (+)
Herb.	Asperula odorata (3), Hedera helix (3), Lamium galeobdolon (2), Convallaria majalis (1), Endymion non-scriptum (1), Oxalis acetosella (1), Milium effusum (+), Melica uniflora (+), Paris quadrifolia (+), Athyrium filix-femina (+), Acer platanoides juv (2), Acer campestre pl (1), Fagus sylvatica pl (+)

Source : relevé de l'auteur.

1 - PRÉSENTATION DES DOCUMENTS

Titre et source du document

Tableau 7 : relevé de végétation.

Nature des documents

Le tableau présente un relevé de végétation réalisé sur une placette d'environ 400 m^2 dans une forêt meusienne. L'analyse physionomique dénombre les strates présentes (sauf la strate muscinale) et les affecte d'un taux de recouvrement. Un relevé floristique, qui ne prétend pas à l'exhaustivité, accompagne chaque strate.

2 - MÉTHODE

A/ OBJECTIFS

L'exercice proposé est un commentaire type d'un tableau de relevé stationnel de végétation. Ce document est courant pour l'étude structurale des formations végétales. L'objectif est de familiariser le lecteur avec un exemple commenté pour aborder plus aisément des documents analogues. De nombreux types existent selon les disciplines et les présentations varient avec les auteurs. Ainsi, bien qu'il en reprenne certains principes de base, ce tableau est différent d'un tableau phytosociologique.

B/ Problématique et préparation des documents

Le relevé floristique nomme en général les espèces en latin. Les équivalents français sont donnés dans le commentaire. Les coefficients portés entre parenthèses font référence à une méthode de pondération spatiale des espèces selon leur occupation réelle de la surface de la placette définie par leur recouvrement. Cette méthode de l'abondance-dominance propose six coefficients :

- coefficient 5, le recouvrement de l'espèce est supérieur à 75 % ;
- coefficient 4, entre 50 et 75 % ;
- coefficient 3, entre 25 et 50 % ;
- coefficient 2, entre 5 et 25 % ;
- coefficient 1, inférieur à 5 % (l'espèce est alors peu abondante) ;
- coefficient +, inférieur à 5 % (très peu abondant, recouvrement insignifiant).

Le recouvrement des strates hautes est celui des houppiers des arbres et des arbustes. En conséquence, une espèce de la strate arborescente supérieure notée 5 domine mais avec peu d'individus. À l'inverse, *Asperula odorata* (3) signifie des milliers de pieds. De là découle le nom de la méthode. Dans la strate herbacée, *juv* signifie juvénile (jeune plant) et *pl* plantule (ligneux juste germé).

C/ Mise en garde

Un tel tableau peut paraître difficile à lire et à comprendre. Il se veut la « photographie » de la placette étudiée. Son langage et son mode de représentation, pour perdre leur caractère abstrait, demandent un peu de pratique.

3 - ANALYSE ET COMMENTAIRE

A/ Analyse structurale

La compréhension physionomique du peuplement passe par deux étapes.

1/ Le peuplement comprend cinq strates : arborescente supérieure (A1 supérieur à 15 m), arborescente inférieure (A2 entre 7 et 15 m), arbustive (3 à 7 m), sous-arbustive (1 à 3 m) et herbacée (inférieur à 1 m). Il est pluristratifié.

2/ Le recouvrement des strates est très variable. La strate A1 a un TR (taux de recouvrement) de 90 % ; la canopée est presque totalement fermée ; A2 est plus ouverte, avec un TR de 50 % ; les strates arbustives et sous-arbustives sont très claires (TR de 20 et 10 %), assurant une bonne ouverture du sous-bois ; la forêt est facilement pénétrable. La strate herbacée, elle, est couvrante (TR = 80 %).

L'analyse progresse avec la détermination et la répartition des types biologiques par strate. Les espèces sont présentées avec leurs noms français, dans l'ordre du tableau général pour les herbacées.

- **Phanérophytes** (7 espèces). Arborescents : Chêne sessile, Hêtre, Merisier, Charme, Noisetier, Érables plane et champêtre. Arbustif : Aubépine. Lianescent : Lierre (*Hedera helix*).
- **Hémicryptophytes** (10 espèces). Lamier jaune, Oxalide petite oseille, Millet diffus, Laîche des bois, Brachypode des bois, Benoîte commune, Mélique à une fleur, Primevère élevée, Luzule poilue, Fougère femelle.
- **Géophytes** (5 espèces). À rhizome : Aspérule odorante, Muguet, Parisette, Sceau de Salomon. À bulbe : Jacinthe des bois.

Il apparaît qu'un type biologique n'est pas nécessairement lié à une strate. C'est le cas, non représenté ici, des épiphytes (cf. cours) ou des ligneux lianescents, comme le Lierre. Les individus sont présents en strate herbacée, rampant sur le sol ; mais en bordure de parcelle, sur le « mur » du peuplement, d'autres se déploient dans la strate A2 à la faveur de l'ouverture de la canopée, enserrant le tronc de chênes. Les hémicryptophytes et les géophytes restent dans la strate herbacée qui abrite aussi les phanérophytes jeunes, à l'état de plantule ou de plant. Ceux-ci amorcent leur conquête de l'espace, qui prendra plusieurs décennies. Ils appartiennent, en ce sens, à l'ensemble des arbres d'avenir, alors que les strates A1 et A2 abritent les arbres du présent (adultes producteurs de semences) et du passé (les malades, les vieux et les moribonds, voire les morts sur pied) (cf. chap. 9, p. 355). Dans une forêt gérée comme l'est cette forêt communale, l'ensemble du passé n'est pas, ou très peu, représenté, car les arbres qui le définissent n'ont plus de valeur économique. C'est là un caractère physionomique fondamental des forêts exploitées.

B/ Analyse morphologique

Les ligneux sont des feuillus caducifoliés. Ils présentent deux types de ports, que le relevé ne précise pas. Les francs de pied (arbres issus de graines) sont exclusifs dans la strate A1 ; ils forment une futaie (troncs en fûts). Les cépées (brins issus d'une souche) de Charme dominent la strate A2, aux côtés des hêtres francs de pied. Elles forment un taillis. Cette forêt où francs de pied et cépées sont mêlés est dite mélange futaie-taillis de feuillus. On peut être plus précis en la qualifiant par les espèces : Chênaie-hêtraie à charme en mélange futaie-taillis.

La cépée n'est pas le port naturel du Charme. La conjonction d'une futaie et d'un taillis est une association fonctionnelle relevant de la gestion sylvicole (cf. chap. 9, p. 367). Les forestiers nomment souvent un tel peuplement un taillis sous futaie, du nom de la méthode sylvicole appliquée pour l'obtenir et le « conduire ». Une telle structure est très fréquente dans les forêts françaises.

Les plantes ne croissent pas n'importe où. Le cortège floristique de ce relevé comme de tout autre est la résultante de l'interaction de plusieurs facteurs du milieu (cf. chap. 8, pp. 321, 331). La chorologie règle la distribution géographique des espèces, le bioclimat, la géomorphologie, les sols, le substrat, les actions humaines, définissent les caractères du biotope. Nous y reviendrons.

4 - SYNTHÈSE ET PROLONGEMENTS

A/ Signification de l'exemple

Cet exemple analyse un type de peuplement forestier, chênaie-hêtraie en mélange futaie-taillis, très commun dans le nord-est de la France et représentatif des forêts de plaine et de plateau du nord du pays. La diversité s'exprime par la fréquence des différentes essences de la strate arborescente, par l'abondance du charme dans le taillis, surtout par les cortèges floristiques des ligneux bas et des herbacées. Celles-ci, du fait de leur enracinement superficiel, enregistrent particulièrement bien les caractères du biotope.

B/ Application du canevas

Un tel tableau de relevé est aisé à établir. Son degré de précision est fonction de l'identification botanique. En dehors de toute formation spécifique, une bonne analyse structurale et la reconnaissance des principaux ligneux donne déjà une base solide pour établir des fiches signalétiques de formations végétales. La pratique vient peu à peu.

C/ Pour aller plus loin

Les géographes expriment habituellement les ensembles végétaux en termes de structures, de physionomie et de répartition : ils recherchent des organisations. C'est par exemple la base de la classification des formations végétales de *Géographie de la biosphère* (cf. bibliographie). D'autres chercheurs, phytoécologues, phytosociologues, ont d'autres langages, d'autres concepts, des méthodes différentes, bien que voisines.

Document commenté

La variété des représentations

Photo 10 : lisière forestière dans la forêt de Servon (Marne)

1 - PRÉSENTATION DES DOCUMENTS

Titre et source des documents

Lisière forestière dans la forêt domaniale de Servon (Marne), cliché J.-P. Amat.

Nature des documents

Photographie prise du sol au mois de juin. C'est une vue de face du « mur » du peuplement forestier d'une parcelle. L'effet de lisière est dû à la coupe rase dans la parcelle du premier plan. Le pouvoir de résolution du cliché est la dizaine de centimètres.

2 - MÉTHODE

A/ Objectifs

Construire un croquis de photo-interprétation et analyser l'organisation structurale d'un peuplement forestier.

B/ Problématique et préparation des documents

À cette échelle de résolution spatiale, l'œil embrasse une cinquantaine de mètres de front forestier et en découvre toute l'élévation, de la surface du sol à la canopée. La photo a peu de profondeur ; l'information est plus riche sur la stratification que sur le recouvrement. Seuls les biomasses et les biovolumes des individus de lisères sont bien identifiables. L'identification floristique est variable selon les strates.

Une longue lecture de l'image doit précéder la réalisation du croquis de photo-interprétation (de même qu'une réflexion sur le paysage et l'objet à appréhender précède le cadrage, le choix de la distance et de la focale, l'angle de visée et la prise de vue). Que montrer ? Comment le montrer ? Sans tomber dans la caricature, le dessin doit exprimer un point de vue, répondre à un objectif.

C/ Mise en garde

Le cliché photographique est un instrument d'analyse très utilisé pour l'étude de végétation. Mais les formations végétales se prêtent plus ou moins bien à ce type d'analyse. Il est difficile de photographier des formations hautes et fermées comme les forêts ; la vision latérale, sur la lisière, est souvent la meilleure ; il faut dissocier l'analyse physionomique. À une photographie s'applique bien l'aphorisme : « L'échelle crée le phénomène » ; ne pas faire dire à ce type de document ce qu'il ne peut pas dire.

3 - ANALYSE ET COMMENTAIRE

A/ Analyse

Les trois variables structurales, stratification, recouvrement, composition floristique, sont analysées à des degrés différents de précision. La variable strate commande l'analyse.

Deux strates, arborescente et arbustive, se voient bien ; une strate herbacée se laisse deviner, qui semble peu importante, mais attention au manque de profondeur.

La strate arborescente, dont la hauteur moyenne dépasse 25 m, est formée de houppiers étroits ; les troncs filiformes sont serrés et presque enchevêtrés. Les arbres, des macrophanérophytes, ont des ports dégingandés ; on devine une disproportion entre la hauteur et le diamètre des fûts. L'élagage des branches basses est net sur la lisière. Le sous-bois de cette futaie s'assombrit très vite et l'on ne distingue plus à l'arrière-plan que les tiretés blancs de quelques troncs. La morphologie des arbres indique clairement des conifères. Mais c'est l'habitude et/ou le terrain qui permettent d'identifier des épicéas. La composition floristique est monospécifique et tous les individus semblent avoir le même âge. La futaie est dite équienne.

La strate arbustive, basse, s'inscrit très nettement en sous-étage. Elle abrite des arbustes aux troncs grêles, hauts de 3 à 5 m en moyenne, qui semblent être des feuillus. Cette strate se cantonne à la lisière (caractère vérifié lorsqu'on pénètre dans la futaie).

La strate herbacée est fort peu présente, sur la frange de bordure. Aucune identification floristique n'est possible à cette distance.

Le peuplement est une pessière adulte, une futaie dense, équienne, et monospécifique d'épicéas, à sous-bois de feuillus en lisière.

B/ Interprétation

Ce peuplement monospécifique équienne ne présente qu'une seule classe d'âge. Tous les épicéas ont grandi ensemble, leur croissance contrôlée par le jeu de la concurrence intraspécifique pour la lumière. Cette futaie est issue de plantations. Année après année, les houppiers se sont projetés vers le ciel, les branches se sont élaguées, la pénombre, forte sous les épicéas, a empêché le développement des strates basses. Seule l'ouverture latérale due à la coupe de la parcelle voisine provoqua, il y a peu de temps, par un afflux soudain de lumière, la germination d'autres espèces et la naissance d'une strate arbustive. Pourquoi des ligneux sous des épicéas ? La réponse n'est pas évidente à la seule vue de la photo. Il faut des informations complémentaires.

C/ Recherche des éléments explicatifs

Un peuplement forestier est, dans nos régions, une œuvre conjointe de l'homme et de la nature. La recherche porte donc sur deux directions au moins, le milieu naturel, les faits de société, particulièrement de gestion sylvicole, surtout pour les forêts soumises au régime forestier*.

Le milieu naturel. Les données géologiques et géomorphologiques sont fournies par les cartes topographique et géologique de Monthois au 1/50 000 : plateau recouvert de limon sur substrat de gaize (grès léger siliceux) ; les données climatiques, par les monographies de la Météorologie nationale concernant la station principale de Reims et les postes locaux s'il en existe.

La gestion sylvicole. Cette pessière est le peuplement d'une parcelle, unité de gestion délimitée sur le terrain. Un plan d'aménagement de la forêt domaniale définit, pour une période donnée, tous les travaux à entreprendre dans les peuplements. Ainsi, cette futaie, dont la photographie a été prise en 1988, a été coupée en 1989, un an après sa voisine (coupe rase du premier plan) ; puis la parcelle fut reboisée en chênes en 1990. Le jeune peuplement actuel deviendra futaie de chênes.

4 - SYNTHÈSE ET PROLONGEMENTS

A/ Signification de l'exemple

La photographie est un outil intéressant pour la description des peuplements forestiers. La photo-interprétation en est la meilleure traduction. Elle précise les principales données physionomiques qui permettent d'identifier et, partant, de classer la formation décrite ; mais elle doit obéir à des règles.

B/ Application du canevas

Le canevas de l'analyse est applicable à tout type de photographies de formations végétales, au sol, horizontale, oblique, mais aussi photographie aérienne. Dans ce cas, le travail d'analyse porte sur le recouvrement plutôt que sur la stratification.

C/ Pour aller plus loin

Beaucoup de photographies sont souvent de simples illustrations. Les commentaires sont brefs et les guides de lectures, sous-entendus. Un bon exercice consiste à construire des croquis de photo-interprétation, à les enrichir de données complémentaires et à bâtir, à partir de ces documents, un commentaire biogéographique. Pour la présentation commentée d'un plan de gestion, document auquel il a été fait allusion, consulter l'*Atlas des forêts de France* (cf. J. Gadant, bibliographie). L'Office national des forêts fait d'importants efforts pour sensibiliser le public à la gestion ; à cet effet des panneaux explicatifs sont maintenant présentés dans de nombreuses forêts.

DOCUMENT COMMENTÉ

Spectres biologiques et végétation

Tableau 8 : les spectres biologiques bruts de huit formations végétales

Lieux des relevés	Répartition des espèces par types biologiques (%)					
	Ph	Ch	Hé	Gé	Th	Ep
Allemagne méridionale	27	6	39	23	5	0
Alpes suisses, entre 2 600 et 3 100 m	1	24	67	4	4	0
Baie James (Canada)	13	7	53	17	10	0
Bassin parisien	8	7	51	25	9	0
Congo, plateau Batéké	0	14	57	14	12	0
Guyane	66	12	0	0	0	22
Mali, région de Bandiagara	28	8	6	1	57	0
Spitzberg	1	22	61	16	0	0

Phanérophytes (1), chaméphytes (2), hémicryptophytes (3), géophytes (4), thérophytes (5), épiphytes (6).

Sources : Braque, Elhaï, Lemée, Ozenda, surtout Rougerie, *Géographie de la biosphère* (cf. biblio).

Tableau 9 : les spectres biologiques bruts et pondérés de deux formations végétales

Lieux des relevés	Répartition des espèces par types biologiques (%)					
	Ph	Ch	Hé	Gé	Th	Ep
Belgique septentrionale	14	25	57	2	2	0
Sahara nord-occidental	9,8	45,1	18,3	0	26,8	0
	Recouvrement des espèces (%)					
Belgique septentrionale	1,4	60,1	37,9	0,6	0	0
Sahara nord-occidental	21,2	68,7	4,4	0	5,7	0

Source : Vanden Berghen, repris par Elhaï et Braque (cf. biblio).

1 - PRÉSENTATION DES DOCUMENTS

Titre et source des documents

Les bases de l'exercice sont deux tableaux de spectres biologiques de formations végétales de différentes régions du globe.

Nature des documents

Les tableaux donnent, en pourcentage, la répartition en types biologiques des espèces recensées dans des placettes de relevés de formations végétales de différentes régions du globe. Le total de chaque ligne fait 100 %.

- Le spectre brut (tableaux 8 et 9) prend l'espèce comme unité de compte. Dans la formation guyanaise par exemple (tableau 8), 66 % des espèces recensées sont des phanérophytes ; dans la formation belge (tableau 9), 25 % sont des chaméphytes.
- Le spectre pondéré (tableau 9) fait intervenir l'abondance des populations des espèces appartenant au même type biologique. Dans l'exemple belge, le recouvrement des chaméphytes est de 60,1 %.

2 - MÉTHODE

A/ Objectifs

Décrire, voire identifier des formations végétales en connaissant le spectre biologique des flores qui les composent.

B/ Problématique et préparation des documents

Avant de commencer l'exercice, ne pas oublier de préciser la nature, le sens et les limites des données fournies. Il est toujours possible d'améliorer la présentation des données. Ainsi, le classement alphabétique des lieux de relevés n'est pas forcément le plus pertinent.

La préparation des documents comporte deux phases :

1/ Connaissance du vocabulaire. La précision des définitions est un préalable. Rechercher le sens des termes spécialisés et les caractères des plantes appartenant à ces types biologiques.

2/ Préparation des données. Nous allons travailler sur le tableau 8, matrice ordonnable (en pratique, on peut découper au ciseau les lignes ou les colonnes). Les critères de classification sont nombreux. Ils portent sur la population (les huit lieux de relevés) ou le caractère (le spectre biologique en six modalités).

La classification en ligne porte sur les sites (individus). Une première est zonale avec la présentation des sites du pôle à l'équateur; elle implique la recherche des latitudes. Une seconde est thématique; ainsi peut-on privilégier sur le plan physionomique la part des espèces ligneuses. On classe alors suivant les valeurs décroissantes de la modalité « phanérophytes » qui souligne le poids de l'arbre et/ou de l'arbuste dans la formation. On peut s'arrêter à la combinaison suivante :

Tableau 10 : traitement intermédiaire du Tableau 8

Lieux des relevés	Répartition des espèces par types biologiques (%)					
	Ph	Ch	Hé	Gé	Th	Ep
Guyane	66	12	0	0	0	22
Mali	28	8	6	1	57	0
Allemagne	27	6	39	23	5	0
Canada	13	7	53	17	10	0
Bassin parisien	6	7	51	25	11	0
Congo	0	14	57	14	12	0
Alpes suisses	1	24	67	4	4	0
Spitzberg	1	22	61	16	0	0

La classification en colonne porte sur les modalités. Elle se réalise après la classification en ligne et affine le groupement. La manipulation doit être adaptée à l'objectif. L'analyse de formations végétales doit retenir des classifications qui fassent apparaître des types de spectres (cf. traitement définitif du tableau 8 page suivante, tableau 11).

On peut, à ce stade, considérer que le tableau des données brutes est ordonné. Cinq groupes de sites de relevés se dégagent, que nous allons analyser. Soulignons que ces tableaux peuvent être traduits en diagrammes (histogrammes ou secteurs de cercle).

C/ Mise en garde

Les lieux représentés sont disparates : États, fractions d'États, région morphostructurale, bande altitudinale. La précision de la localisation du relevé est donc toute relative. Le type de végétation décrit n'est pas prédéfini.

L'analyse du seul tableau 10 ne conduit pas à une grande précision dans la reconnaissance des formations végétales. Insistons sur le fait que les types biologiques n'ont pas des physionomies équivalentes. Le géophyte occupe un petit biovolume et marque la strate herbacée durant la seule saison végétative, alors que le biovolume du phanérophyte est beaucoup plus important, et très variable du macrophanérophyte de plus de 15 mètres au nanophanérophyte proche du mètre ; les tableaux ne les distinguent pas. De nombreuses ambiguïtés demeurent, que le tableau 9 lèvera en partie. À ce niveau d'analyse, le diagnostic ne peut légitimement porter que sur le type physionomique fondamental, forêt, fruticée ou végétation herbacée.

Tableau 11 : traitement définitif du Tableau 8

Lieux des relevés	Répartition des espèces par types biologiques (%)				
Groupe 1	Ph	Ep	Ch		
• Guyane	66	22	12		
Groupe 2	Th	Ph	Ch	Hé	Gé
• Mali	57	28	8	6	1
Groupe 3	Hé	Ph	Gé	Th	Ch
• Canada	53	13	17	10	7
• Allemagne	39	27	23	5	6
Groupe 4	Hé	Gé	Th	Ch	Ph
• Bassin parisien	51	25	11	7	6
• Congo	57	14	12	14	0
Groupe 5	Hé	Ch	Gé	Ph	Th
• Alpes suisses	67	24	4	1	4
• Spitzberg	61	22	16	1	0

3 - ANALYSE ET COMMENTAIRE

A/ COMMENTAIRE DU TABLEAU 11

a/ Première étape : analyse des spectres biologiques des cinq groupes de relevés obtenus par le traitement

Au préalable, il faut replacer les sites dans leur environnement, au moins zonal. Les descriptions posent ou sous-entendent des questions auxquelles le commentaire tentera de répondre.

- **Groupe 1 :** Guyane, 2-6° N. Zone équatoriale. Le spectre est réduit à trois types biologiques car les trois types d'espèces de la strate herbacée sont absents. Les phanérophytes dominent largement ; les épiphytes sont nombreuses et apparaissent seulement dans ce groupe, très différent de tous les autres. Un tel spectre, simple, ne pose pas de problème d'identification d'une forêt ombrophile.
- **Groupe 2 :** région de Bandiagara au Mali, 14° N. Zone tropicale sèche. Très large domination des thérophytes (seul cas du tableau) alors qu'hémicryptophytes et géophytes sont très peu représentés. À leur côté, la présence de 28 % de ligneux arborescents ou arbustifs ne rend pas l'identification facile.
- **Groupe 3 :** baie James au Canada, 51-55° N ; Allemagne méridionale, 50-52° N. Zone tempérée froide et continentale. Tous les types biologiques sont représentés. Les hémicryptophytes dominent, surtout au Canada. Le spectre allemand est plus équilibré.
- **Groupe 4 :** Bassin parisien, 49° N ; plateau Batéké au Congo, 4° S. Deux milieux bien différents, tempéré océanique et équatorial. Les trois types herbacés dominent, respectivement 87 et 83 %. Les espèces ligneuses sont peu nombreuses, les phanérophytes absents pour le Congo. Forêt et fruticée sont facilement exclues.

- **Groupe 5 :** Alpes suisses, 46-47° N; Spitzberg, 77-80° N. Zone tempérée de montagne, étage alpin à ces altitudes comprises entre 2 600 et 3 100 m. Zone froide pour le Spitzberg. L'altitude et la zonalité ont les mêmes effets (cf. chap. 8). Forte domination des hémicryptophytes, quasi-absence des phanérophytes et des thérophytes.

Les spectres très différents de ces cinq groupes ont des absences et des associations de types dominants révélatrices. Sauf pour le Mali et l'Allemagne méridionale, le premier type représente plus de 50 % des espèces recensées.

La deuxième étape fait intervenir les caractères des types biologiques et raisonne sur les significations biogéographiques que la domination de l'un ou l'autre implique.

b/ Deuxième étape : commentaire biogéographique

Certains spectres posent peu de difficultés d'identification des formations végétales qu'ils représentent. D'autres sont d'interprétation plus difficile.

La forêt ombrophile de Guyane (groupe 1) n'abrite que pas ou peu de géophytes, d'hémicryptophytes et de thérophytes. Les stratégies de survie de ces trois types biologiques (disparition totale des parties épigées) sont inutiles dans un milieu chaud et humide en permanence qui ne connaît pas de saison contraignante (cf. chap. 9, p. 356). De plus, la luxuriance, la sempervirence, le foisonnement et une structure pluristrate entretiennent une ombre forte et continue sur le sol qui ne favorise pas les plantes à activité photosynthétique saisonnière. *A contrario*, les épiphytes marquent une forte adaptation à la course verticale vers la lumière : elles se libèrent de l'auto-sustentation. Mais le revers est la totale dépendance vis-à-vis de l'arbre support.

Des formations basses herbacées représentent le groupe 4. Les hémicryptophytes prédominent. Les localisations apportent des éléments de diagnostic. On peut penser à une prairie tempérée pour le Bassin parisien, à une savane pour le Congo. Un fort taux de géophytes dans la prairie est en général un signe d'entretien par fauchage, qui favorise la longévité des herbacés à organes pérennants souterrains. Alors que la savane n'est pas arborée, tout en abritant des ligneux bas chaméphytiques, la présence de 6 % de phanérophytes dans la prairie pose la question de la physionomie : prairie piquetée d'arbres, voire prairie boisée ? L'absence d'information sur l'espace couvert par les arbres ou les arbustes (recouvrement) ne permet pas de trancher (cf. commentaire du tableau 9).

Des formations buissonnantes traduisent le spectre du groupe 5. Aux côtés des hémicryptophytes largement dominantes, les espèces chaméphytiques représentent 22 et 24 % du cortège. Elles impriment leur physionomie de petits ligneux bas, en touffes, dits suffrutescents. L'absence des arbres, des arbustes et des thérophytes souligne un milieu aux fortes contraintes, thermiques en particulier. C'est la toundra des hautes latitudes (Spitzberg) et son équivalent, « toundra d'altitude » ou formation buissonnante d'altitude dans les Alpes suisses.

Les déterminations du groupe 3 sont plus difficiles et hasardeuses. Le taux élevé de phanérophytes sur le site allemand fait pencher pour une forêt, dont la strate herbacée serait dense et diversifiée, riche en vivaces. Cela implique une lumière assez forte au sol, au moins saisonnièrement, obtenue par la caducité du feuillage des strates arborescentes. Nous avons là un exemple de la forêt tempérée caducifoliée. En revanche, la présence très relative des phanérophytes dans la formation de la baie James rend difficile l'identification de celle-ci. D'autres données seraient nécessaires pour définir la forêt boréale de conifères, aussi connue sous son nom russe de taïga. Dans cette forêt sempervirente, l'abondance des espèces herbacées implique, pour les mêmes raisons que dans la forêt tempérée caducifoliée, que le couvert soit clair pour laisser passer la lumière.

La formation du groupe 2 est aussi difficile à identifier. Notons qu'elle est ligneuse, et que la prédominance des herbacées annuelles (thérophytes) dans le spectre montre de forts contrastes saisonniers de la couverture végétale. Il faudrait d'autres informations pour arriver à définir une steppe arbustive de la région du Sahel.

B/ Commentaire du tableau 9

Où l'on verra l'intérêt des spectres biologiques pondérés.

Le spectre pondéré tient compte de l'abondance-dominance relative des espèces des différents types biologiques (cf. exercice 1, p. 300). Menons la comparaison entre les deux types de données pour les sites de Belgique et du Sahara.

a/ Belgique septentrionale, 51° N, zone tempérée

La forte présence de phanérophytes et de chaméphytes (14 et 25 %, soit 39 % du spectre brut) implique une formation ligneuse. Forêt ou fruticée ? Le spectre pondéré montre la prédominance du recouvrement des chaméphytes (60,1 %) et la très faible influence des arbres ou arbustes (1,4 %). Géophytes et thérophytes ne jouent aucun rôle. La formation est donc une fruticée, une lande du domaine tempéré.

b/ Sahara nord-occidental, 22-23° N, zone tropicale semi-aride

Les ligneux représentent 54,9 % du spectre brut et 89,9 % du recouvrement, dont 68,7 % pour les seuls chaméphytes. La végétation est dont une fruticée, une formation buissonnante des marges semi-arides du désert. Les herbacées comptent 45,1 % des espèces, mais seulement 10,1 % du recouvrement. Les thérophytes dominants révèlent l'adaptation aux conditions d'une forte et longue saison sèche.

Dans la majorité des cas, il est nécessaire d'avoir les deux spectres biologiques pour préciser la physionomie de la formation végétale analysée. Mais une donnée complémentaire est souvent nécessaire. Ainsi, la formation végétale du Sahara est ouverte, ne couvrant pas tout le sol. L'information sur le taux de recouvrement général, 45 à 50 %, eût été nécessaire.

4 - Synthèse et prolongements

A/ Signification des exemples

- Quelles informations livrent ces exemples sur la connaissance des milieux de vie de ces formations ?
- Les exemples peuvent être comparés au spectre biologique brut du globe (épiphytes exclues) proposé par Raunkiaer : phanérophytes, 46 %, chaméphytes, 9 %, hémicryptophytes, 26 %, géophytes, 4 %, thérophytes, 13 % et hydrophytes, 2 %.

B/ Application du canevas

Les spectres biologiques diffèrent en proportion de la variété des formations végétales. Mais des constances apparaissent. Le découpage bioclimatique du globe fonde une typologie. Les végétations des pays tropicaux ont une forte proportion de phanérophytes, les milieux méditerranéens sont riches en géophytes et thérophytes ; les hémicryptophytes dominent les végétations des milieux froids et montagnards.

C/ Pour aller plus loin

- Établir une fiche sur les formations végétales des milieux ici présentés, en utilisant les données des chapitres 8, pp. 315 et 321, et 9, pp. 356, 361, 362 et 393.
- La plupart des travaux des biogéographes, botanistes et écologues portant sur des formations végétales donnent des exemples de spectres biologiques. Ils peuvent être classés par régions bioclimatiques, par types de formation et analysés selon le canevas proposé. Voir, en particulier, G. Rougerie (cf. bibliographie) qui donne une trentaine d'exemples.

8

LES VÉGÉTAUX DANS LEURS CADRES DE VIE

La plante est fixée pour la durée de son existence au sol qui l'a vu germer (excluons les épiphytes, les hydrophytes flottant ou vivant « entre-deux-eaux »). Ce biotope (littéralement « lieu de vie »), précisément localisé par ses coordonnées géographiques, se distingue par son altitude, sa pente et son exposition. Certains composants sont, en première analyse, considérés comme stables : un substrat, cohérent ou meuble, profond ou affleurant, carbonaté ou siliceux ; un sol, sec ou frais, épais ou mince, riche ou pauvre en nutriments. Le biotope connaît rudesse ou clémence des hivers, gelées tardives ou printemps radieux, étés brûlants ou orageux. Le biotope change aussi, car les populations animales et végétales qui en constituent la part biologique vivent, croissent, se multiplient, meurent suivant des règles propres aux espèces et aux populations. Il change au rythme des saisons là où, sur le globe, il existe saison thermique et/ou saison hydrique, au rythme des années ou des siècles (songeons que l'If commence à peine à vieillir à mille ans, avec, à ses pieds, le poids de mille générations d'herbacées annuelles). Ses dynamiques sont à la fois cycliques et linéaires. Pour reprendre une expression anthropocentrique qui donne son titre à un ouvrage de G. Rougerie, le biotope offre à la plante un véritable « cadre de vie ».

Voici le haut de versant d'une vallée de l'Île-de-France exposée au sud, sur un substrat calcaire voilé d'une pellicule de colluvions. Tel genévrier commun, dont la graine fut conçue dans la lisière forestière, a gagné, en contrebas, le pré voisin abandonné par les troupeaux. Il sera, dans cinq ans, entouré d'une dizaine de ses semblables, flammes vertes dans un pré devenu friche ; dans dix ans, grandi, pressé par les troènes, griffé par les épines-vinettes, il dominera aubépines, cornouillers et viornes lantanes, compagnons descendus avec lui ; dans quinze ans, bousculé par l'entrée en scène des chênes pubescents, des bouleaux verruqueux et des pins, il ralentira sa croissance ; dix ans après, sous un bois clair de chênes dont les ramures occulteront le ciel, il dépérira, pour, dans la forêt nouvelle où seront installés des charmes, des chênes, des érables, n'être plus qu'un témoin desséché de l'ancienne friche ensoleillée.

Cette dynamique végétale naturelle menant d'une prairie (ou d'un champ) à la forêt s'observe sur maintes lisières forestières des régions rurales dépeuplées. Souvent appelée dynamique progressive linéaire, elle engendre des formations boisées appelées accrus. Souvent le déclenchement des processus est d'origine sociétale. La déprise rurale, l'abandon d'une pâture, débloquent les mouvements naturels des espèces et des groupements végétaux. Ce film de la conquête de l'espace par des ligneux forestiers, présenté ici par quelques arrêts sur image, est à opposer à celui du défrichement, brutal et rapide. Retenons de cet exemple que la terre mise ici en champ ou en pré a conservé un potentiel naturel forestier. Le défrichement, qu'il fût antique ou médiéval, n'avait pas détruit la réversibilité. Il n'en est pas ainsi, loin de là, sur tous les points du globe.

BIBLIOGRAPHIE GÉNÉRALE DU CHAPITRE

Ouvrages de référence

BOULAINE, J., *Géographie des sols,* Paris, 1975, PUF.
BOULAINE, J., AUBERT, G., *La Pédologie ; L'Agrologie ; Les Sols de France,* Paris, PUF, coll. « Que sais-je ? » n°s 352, 1412, 1375.
BOULLARD, B., *Guerre et paix dans le règne végétal,* Paris, 1990, Ellipses.
BRAQUE, R., *Biogéographie des continents,* Paris, 1988, Masson.
DUCHAUFOUR, Ph., *Pédologie,* Paris, 1988, 2e éd., Masson.
GODRON, M., *Écologie de la végétation terrestre,* Paris, 1984, Masson.
GOYALLON, J., VOMORIN, J.P., *Les Observateurs de la terre,* Paris 1986-1996, Éditions du BRGM – Total éd. Presse, 7 albums de BD.
LACOSTE, A., SALANON, R., *Éléments de biogéographie et d'écologie,* Paris, 1993, 2e éd., Nathan.
ROUGERIE, G., *Les Cadres de vie,* Paris, 1975, PUF.
VANDEN BERGHEN, C., *Initiation à l'étude de la végétation,* Bruxelles, 1966, les Naturalistes belges.

Ouvrages spécialisés

BROCHET, P., GERBIER, N., *L'Évapotranspiration,* Paris, 1975, monographie n° 65 de la Météorologie nationale.
MEILLER, D., VANNIER, P., *Le Grand Livre des fruits et légumes,* Besançon, 1991, La Manufacture.
PAGNEY, P., *Climat et cours d'eau de France,* Paris, 1988, Masson.
RENAULT-MISKOVSKY, J., *L'Environnement au temps de la Préhistoire,* Paris, 1986, Masson.
SOLTNER, D., *Les Bases de la production végétale,* tome 1, *Le Sol,* tome 2, *Le Climat,* Saint-Gemmes-sur-Loire, 1992, coll. Sciences et techniques agricoles.
WALTER, H., LIETH, H., *Klimadiagramme Weltatlas,* Jena, G. Fischer, 1960.

A

LE BAIN BIOCLIMATIQUE

Considérons une forêt tempérée âgée de 100 ans. Des arbres de tous âges baignent dans une ambiance thermique et hydrique parcourue de rythmes saisonniers et annuels. Sur un site qui reçoit une pluviosité moyenne de 1 000 mm par an, le pain racinaire des plus vieux arbres aura reçu, dans sa vie, compte tenu d'une évaporation directe sur le feuillage estimée à 15 %, une lame de 85 m d'eau. On conçoit aisément que la production de matière organique fraîche dépende des deux variables eau et rayonnement, sous leur formes de précipitations et d'énergies thermique et radiative.

Fig. 1 : le système atmosphère - plante - sol

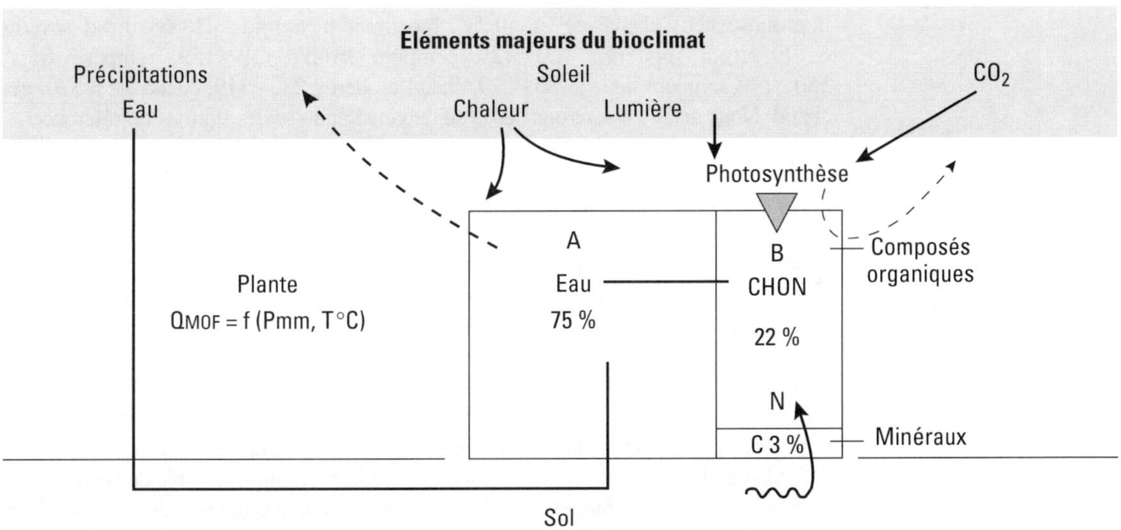

Le bioclimat peut se définir comme la ressource que le climat offre aux plantes, aux formations végétales, aux biocénoses. Les variables climatiques utilisées dans ce chapitre sont des paramètres agissant sur la vie. On tentera d'apprécier leur efficacité biologique et, partant, leur rôle dans la répartition et le fonctionnement des formations végétales.

1 Au cœur des paysages, la saison végétative

La phénologie est le caractère des paysages végétaux lié au temps. La division de l'année biologique entre une saison végétative et une morte saison est une conséquence des relations entre la plante, l'eau, la lumière et la température. L'autoécologie de toute espèce repose sur une combinaison entre les valeurs de ces trois composantes du bioclimat ; l'insuffisance de l'une ne peut être ***compensée*** par l'augmentation des deux autres, comme on pourrait le croire.

Compenser un manque d'éclairement par un apport d'eau (pour une plante de lumière en appartement, par exemple) accentue le déséquilibre. Cette « loi » fut énoncée par J. von Liebig en 1840.

Le versant thermique du bioclimat

Le ***« pas de temps » mensuel*** est très utilisé et aisé à mettre en œuvre. Il concerne la plupart des données disponible dans les bibliographies.

La saison végétative est d'abord imposée par le calendrier thermique. Agronomes et forestiers ont tenté de fixer, pour des espèces caractéristiques, des seuils thermiques de vie, appelés « zéros de végétation spécifique », exprimés en degrés/jour. En extrapolant ces valeurs aux ***moyennes mensuelles,*** nous pouvons retenir les seuils qui concernent les principaux types de végétaux et, partant, les formations végétales.

Tableau 1 : seuils thermiques caractéristiques

Seuil végétatif thermique (°C/mois)	Types de végétaux	Seuil végétatif thermique (°C/mois)	Types de végétaux
≥ 3 °	La plupart des Conifères	≥ 10 °	Feuillus tempérés sempervirents
≥ 5 °	Plantes herbacées	≥ 15 °	Feuillus tropicaux
≥ 7 °	Feuillus tempérés caducs		

Le calendrier thermique définit la **période d'activité végétale potentielle (PAVP)** d'une région donnée, évaluée par le nombre de mois où la température moyenne est supérieure au seuil caractéristique. Un classement type des bioclimats thermiques du globe utilise la variable Σ (somme des températures moyennes mensuelles) ; il propose neuf classes. $\Sigma \leq 40$ °C, bioclimat très froid ; 41 - 65, froid sévère ; 6 - 99, froid modéré ; 100 - 129, tempéré froid ; 130 - 159, tempéré frais ; 150 - 179, tempéré tiède ; 180 - 279, chaud modéré ; 280 - 319, chaud ; ≥ à 320, très chaud. Nous nous y référerons par la suite dans l'analyse des stations de référence.

Le versant hydrique et la variable P/T

L'activité biologique durant la période d'activité végétale potentielle n'est pas régulière car le calendrier hydrique fixe la disponibilité en eau pour la plante. Les besoins, considérés comme nuls hors PAVP, augmentent avec la température. Certains mois, les besoins en eau de la plante peuvent ne pas être satisfaits et la fabrication de biomasse est ralentie, voire arrêtée. La période d'activité végétale réelle (PAVR) est une fraction variable de la PAVP, liée aux apports d'eau. Elle commande pour une part, à travers d'infinies combinaisons, la marqueterie des formations végétales naturelles. Il est donc intéressant de pouvoir l'évaluer. Rappelons (Cf. chap. 3) l'indice xérothermique du botaniste H. Gaussen, nombre de jours annuels pour lesquels Pmm est inférieur à 2 T °C, dont la valeur fixe, pour les régions méditerranéennes, la durée de la sécheresse physiologique. Sur ce modèle, G. Houzard a proposé une grille fondée sur des valeurs du coefficient a de la relation Pmm = a T °C. Les valeurs de cette grille définissent le **biofaciès,** ou profil bioclimatique d'une station.

Fig. 2 : barrette des valeurs P/T et biofaciès

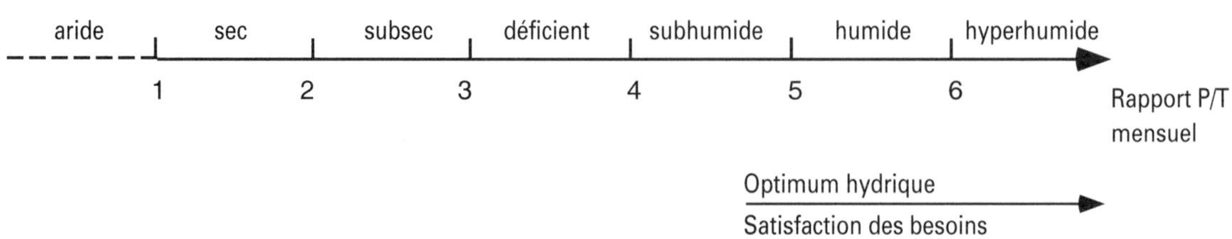

Nous prendrons l'exemple de trois stations de climats contrastés et portant des formations végétales forestières très différentes.

Tableau 2 : Nancy, 48,7° N, 6,2° E, forêt tempérée de feuillus caducifoliés

	Janv.	Fév.	Mars	Avril	Mai	Juin	Juil.	Août	Sept.	Oct.	Nov.	Déc.	Moy.
T°C	1,1	2,5	5,5	8,8	12,7	16,0	17,8	17,3	14,7	10,1	5,1	2,2	9,5
Pmm	60,4	58,1	53,3	43,7	63,6	70,2	62,0	74,7	60,7	50,6	63,8	67,0	728,5
P/T				5,0	5,0	4,4	3,5	4,3	4,1	5,0			

PAVP ≥ 7 °C, feuillus tempérés caducs ; Σ T ° : 99,5 °C, froid modéré/tempéré froid. 3 mois d'optimum hydrique, 1 mois déficient.

Phytomasse : 350 - 420 t/ha.

Tableau 3 : Verkhoïansk, 67° N, 133° E, forêt boréale de conifères (mélèzes)

	Janv.	Fév.	Mars	Avril	Mai	Juin	Juil.	Août	Sept.	Oct.	Nov.	Déc.	Moy.
T°C	- 51,0	- 44,0	- 31,0	- 14,0	2,0	13,0	15,0	10,0	2,5	- 15,0	- 37,0	- 47,0	
Pmm	5,0	2,0	1,0	2,0	5,0	12,0	30,0	22,0	6,0	5,0	5,0	4,0	
P/T						8,6	2,0	2,2					

PAVP ≥ 3 °C, conifères ; Σ T ° : 38 °C, très froid. 1 mois d'optimum hydrique, 2 mois subsecs.

Phytomasse : 80 -100 t/ha.

Tableau 4 : Cayenne, 4,5° N, 53° O, forêt tropicale humide

	Janv.	Fév.	Mars	Avril	Mai	Juin	Juil.	Août	Sept.	Oct.	Nov.	Déc.	Moy.
T°C	25,1	25,2	25,5	25,7	25,3	25,2	25,1	25,6	26,1	26,3	26,0	25,4	
Pmm	431,0	423,0	432,0	480,0	590,0	457,0	274,0	144,0	32,0	42,0	122,0	317,0	3 744,0
P/T	17,2	16,8	17,0	18,7	23,3	18,1	10,9	5,6	1,2	1,6	4,7	12,5	

PAVP ≥ 15 °, feuillus tropicaux ; Σ T ° : 306,5 °C, chaud. 10 mois d'optimum hydrique largement dépassé, 2 mois secs.

Phytomasse : 500 - 600 t/ha.

À Cayenne, sur les douze mois de la PAVP, seuls septembre et octobre connaissent un ralentissement de l'activité végétale. Les régions du globe où P/T est toujours supérieur à 6 pour une PAVP de douze mois offrent les meilleurs milieux d'accueil, ceux de la forêt dense dans lesquels la production de biomasse atteint ses sommets.

Fig. 3 : le calendrier de la saison végétative en France

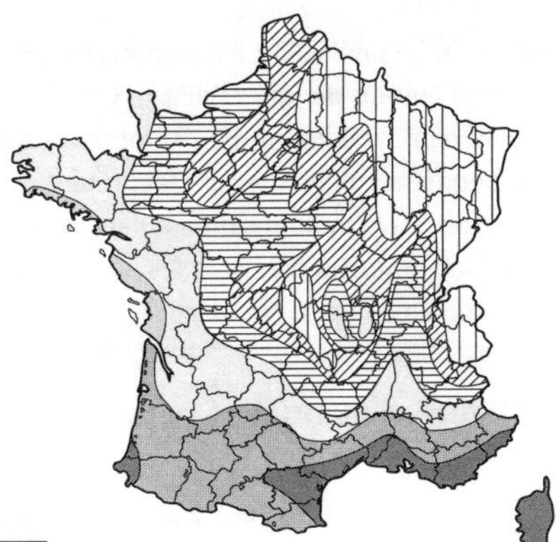

Fig. 3 a : le calendrier moyen du début de la saison végétative

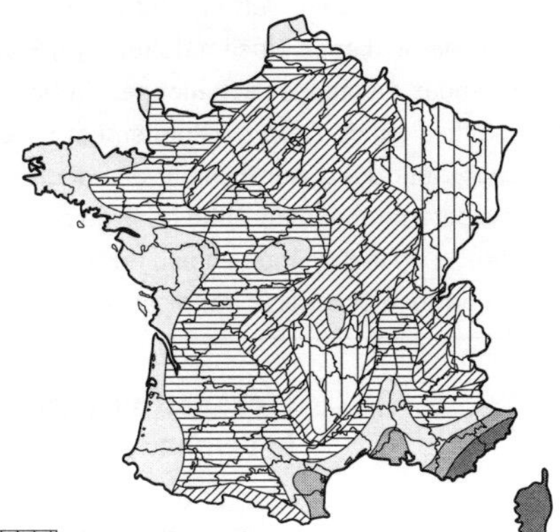

Fig. 3 b : le calendrier moyen de la fin de la saison végétative

À moyenne échelle, la trame des périodes d'activité végétale détermine la variété des rythmes phénologiques et la diversité des paysages. Prenons l'exemple de la France, à travers les deux cartes du début et de la fin de la saison végétative (fig. 3a et 3b).

Les deux calendriers sont soumis à la triple influence de la latitude, de l'altitude et de la continentalité. Les isolignes s'orientent du nord-ouest au sud-est, suivant une écharpe nettement marquée pour le début de la saison. Le gradient est plus élevé en montagne (Alpes). L'association des deux cartes montre que la longueur de la saison végétative est une donnée explicative importante des paysages végétaux de la France. Corse et littoral provençal bénéficient d'une période d'activité végétale potentielle d'au moins neuf mois, tandis que celle-ci se réduit à six mois pour le Nord-Est.

Un correctif fondamental, que nous allons développer, doit être introduit dans ces diagnostics et ces bilans bioclimatiques qui ne font appel qu'aux seules températures et précipitations. Le déficit en eau pluviale peut être compensé par la réserve hydrique des sols dans lesquels s'enracinent les plantes, par les nappes phréatiques, par les sociétés aussi, comme le montrent bien l'histoire et les pratiques fort anciennes de l'irrigation. Les peupliers s'épanouissent sous les climats méditerranéens, mais seulement auprès des sources ou des cours d'eau, sites offrant une disponibilité constante pour le pain racinaire avide d'eau de ces ligneux. La simple relation Pmm = a T °C ne permet donc pas d'appréhender finement la réalité biogéographique.

2 La demande végétale s'ajuste à l'offre climatique

La part biologique du cycle de l'eau est une composante cardinale du système climatique. Pour assurer sa croissance et son développement, la plante « demande » eau et énergie au climat. L'importance de cette demande bioclimatique fut longtemps sous-estimée car sa mesure est difficile à réaliser. Même si son rôle est déterminant dans la géographie des plantes et des formations végétales, le volet du cycle de l'eau qui concerne le stockage dans le sol et la transpiration végétale **reste mal connu.**

Crises et recherche. La notion d'évapotranspiration potentielle a été développée par des travaux engagés aux États-Unis lors du *New Deal*. Cette profonde crise du sociosystème américain ouvrit de nouveaux axes de recherche scientifique, en particulier en bioclimatologie. En France, la dure sécheresse de 1976 fut un déclic. La tranformation des prairies normandes en steppes sahéliennes, la baisse du niveau des nappes et la lenteur de leur recharge (plusieurs années), les difficultés de l'approvisionnement du bétail en herbe, des villes en eau, l'institution de l'« impôt sécheresse », le casse-tête des assurances et des dédommagements, autant de phénomènes directs et d'effets retard qui tinrent un rôle déterminant dans cette prise de conscience. Ces dernières années ont vu la multiplication d'expériences de mesure directe de la demande en eau des plantes, en agronomie comme en foresterie, qui précisent les paramètres et affinent les protocoles ; mais l'importance de l'appareillage exigé pose des problèmes de généralisation.

L'évapotranspiration potentielle mesure l'offre climatique et rend compte de la demande biologique

Qui dit demande dit satisfaction de besoins. Ceux de la plante sont liés aux fonctions de l'eau dans l'organisme. L'effet de mèche est la réponse biotechnique à l'exigence du bon accomplissement de ces fonctions. La transpiration, qui active, contrôle et régule cet effet, prend deux formes. La transpiration potentielle (Tp) d'une plante dont l'alimentation en eau est assurée est la quantité maximale d'eau que cette plante peut, dans un laps de temps donné, rejeter dans l'atmosphère. Deux paramètres la contrôlent, l'un biologique, le débit maximal de l'eau dans les vaisseaux de la plante, l'autre physique, le potentiel évaporatoire de l'air. Au-dessus d'un couvert végétal, le flux de vapeur d'eau a une double origine, la transpiration du matériel biotique et l'évaporation sur les surfaces de contact atmosphère-sol et couvert végétal (Cf. chap. 1, p. 37). La valeur maximale de ce flux mesure l'**évapotranspiration potentielle** ou **ETP.** Ce paramètre bioclimatique complexe, pratiquement indépendant de la nature du couvert végétal et du sol, représente l'efficacité thermique du climat. À l'échelle de la planète, l'ETP est un fondement indispensable de la classification biologique des climats, cadre de réflexion à une géographie des formations végétales. L'ETP est difficile à établir car les paramètres en jeu sont fort nombreux. Les résultats, entachés d'une marge d'erreur irréductible, différent selon les méthodes et les formules.

La mesure de l'ETP. Aux formules physiques de terrain *(Cf. bibliographie)* s'ajoutent des formules empiriques établies par ajustements de variables climatiques. Celles-ci ne prennent pas en compte les caractères de la surface qui évapotranspire (stratification du couvert, recouvrement, essences, indices foliaires...). L'une (dite de Turc) n'introduit que les variables météorologiques de température moyenne et de durée d'insolation ; elle est d'un maniement aisé. Celle de Penman rend mieux compte du processus physique réel car elle évalue le bilan énergétique de la surface évaporante. Mais elle implique la connaissance de paramètres atmosphériques qui ne sont pas toujours disponibles, comme l'humidité de l'air et la vitesse du vent.

L'évapotranspiration potentielle calculée est indépendante de la disponibilité réelle du sol en eau et ne dépend que de la capacité énergétique du milieu ambiant à provoquer et entretenir la vaporisation sur les surfaces de contact.

L'ETP précise le déficit climatique

La comparaison entre les valeurs de l'évapotranspiration potentielle et celles des précipitations enregistrées établit, pour une station donnée, l'existence ou non d'un déficit climatique, D, qui traduit les aptitudes de la station à satisfaire la demande biologique. L'expression la plus simple de ce déficit est $D = ETP - P$, avec $ETP \geq P$. Si $ETP \leq P$, on parlera d'un excédent climatique.

P. Pagney utilise cette formule du déficit hydrique pour construire des transects climatiques en climat océanique à partir des médianes de précipitations et d'évapotranspiration potentielle.

Le déficit climatique peut se mettre sous forme de diagramme. L'intérêt du « profil » obtenu est de permettre la comparaison entre stations pouvant conduire à une typologie. On établit ainsi un indice de déficit climatique stationnel, IDs :

$$\mathbf{IDs} = \frac{D}{ETP} \times 100$$

Cet indice, calculé pour $ETP \geq P$, varie de 1, quand $ETP = P$, à 100 dans le cas où les précipitations sont nulles. Il est nul quand $ETP < P$.

Certains auteurs utilisent le rapport ETP/P, plutôt que la différence. Ainsi est construit le diagramme d'Holdridge (Cf. *infra*, fig. 8).

Le calcul du déficit climatique ne fait appel qu'aux apports hydriques météoriques directs et ignore aussi les réserves en eau que le sol accumule avec la part en excès des précipitations.

Une variable essentielle, la réserve en eau du sol

Le sol forme un réservoir d'eau soumis à la gravité. Considérons un sol engorgé par la pluie où toute eau supplémentaire s'étale en flaques. Laissons-le s'égoutter. Après quarante-huit heures de ressuyage, on définit le réservoir maximal, mesuré alors par le volume d'eau retenu contre les seules forces de gravité. On donne en fait la valeur

Fig. 4 : la réserve utile du sol

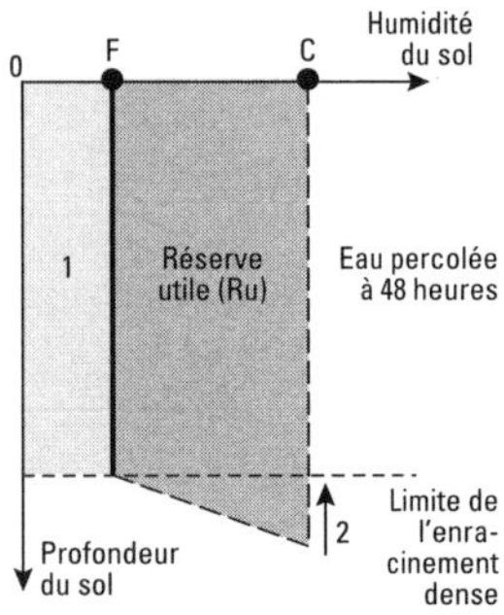

1. Eau non biologiquement utile
2. Remontée capillaire
C. Capacité de rétention au champ
F. Point de flétrissement permanent

de l'épaisseur de la lame d'eau équivalente, appelée capacité au champ. Cette valeur définit le seuil à partir duquel le vidage du réservoir n'est plus le fait que de l'évaporation ou de l'absorption par le végétal. Cette absorption peut se poursuivre jusqu'à un nouveau seuil, appelé point de flétrissement permanent. Dès lors, la plante ne peut plus extraire l'eau non biologiquement utile encore retenue par le réseau des pores très fins du réservoir ; elle se fane irréversiblement. Le point de flétrissement varie avec les plantes ; il est ainsi plus bas pour les plantes adaptées à la sécheresse. La part du réservoir utilisable par la couverture végétale est toujours inférieure à la capacité totale du réservoir, d'autant plus que le stockage n'a de signification biologique que rapporté à la profondeur maximale de sol explorée par le pain racinaire, bien souvent inférieure à 1,50 mètre. L'eau qui emplit cette part du réservoir est appelée la réserve utile, RU. La réserve utile est, pour une plante donnée, l'eau disponible entre la capacité au champ et le point de flétrissement permanent. La quantité d'eau retenue dans le réservoir dépend de la texture de ce réservoir (tableau 5). Un sol sableux grossier retient plus mal et bien moins longtemps l'eau qu'un sol sableux fin ou limoneux.

Tableau 5 : texture du sol et réserve en eau

Classe de texture	Capacité au champ (mm)	Point de flétrissement permanent (mm)	Réserve utile (mm)
Sable	100	25	75
sable-limon	158	50	108
Limon	267	100	167
Argile-limon	317	150	167
Argile	325	208	117

G. Aussenac, « Déficits hydriques et croissance des arbres forestiers », *Forêt-entreprise,* n° 89, 1993.

Sur les plateaux calcaires de Lorraine, la réserve utile va de 38 mm pour les sols minces (appelés rendzines, Cf. fig. 14) développés sur calcaire dur en position topographique de plateau ou de haut de pente, à 210 mm pour des sols bruns colluviaux de bas de versant.

Ces analyses montrent la complexité des relations que les plantes entretiennent avec l'environnement climatique. L'étude de la distribution des formations végétales, surtout aux moyennes et grandes échelles, doit prendre en compte les comportements physiologiques et les réserves en eau des sols.

L'évapotranspiration réelle ajuste l'offre bioclimatique et la demande végétale

La mesure de l'effet de mèche est délicate, compte tenu des multiples paramètres biologiques et physico-chimiques impliqués. De nombreuses méthodes sont utilisées, fondées sur des mesures directes, à l'échelle de l'individu, ou sur des estimations, à l'échelle du peuplement. Voici les ordres de grandeur de la transpiration de quelques espèces ligneuses des forêts tempérées : le Bouleau, de 350 à 550 mm, le Hêtre, de 230 à 300, le Chêne, de 200 à 300, le Pin sylvestre, de 160 à 310 mm.

Notons que ***l'ETR*** n'intègre pas toute la réalité biologique, car elle ne tient pas compte de la régulation stomatique qui, chez beaucoup de plantes adaptées à la sécheresse par exemple, réduit les échanges lorsque commence la période de déficit hydrique.

L'évapotranspiration réelle (ETR) exprime la quantité d'eau réellement évapotranspirée par une surface végétale durant un temps donné. Elle s'évalue selon un « pas de temps » mensuel ou décadaire. Avec une certaine approximation, nous dirons qu'une ETR inférieure à l'ETP souligne un déficit hydrique. L'ETR est donc fonction de l'ETP (la demande climatique) et de la quantité d'eau disponible pour les plantes, eau météorique et réserve du sol. L'évapotranspiration réelle mesure l'efficacité hydrique du bioclimat. Dans un cadre régional, elle éclaire les nuances de la diversité végétale que la seule évapotranspiration potentielle calculée n'est pas à même de révéler.

3 Le bilan hydrique mesure la ressource pour la végétation

Évaluation du bilan hydrique stationnel

L'établissement du bilan hydrique d'une station consiste à déterminer les périodes de déficit hydrique, leur longueur à différents « pas de temps » (jour, semaine, mois, saison) et leur intensité. Durant les saisons déficitaires, les végétaux commencent à souffrir de la sécheresse bien avant que la réserve utile soit épuisée car plus la réserve se vide, plus l'extraction de l'eau par les racines est difficile. La quantité d'eau mobilisable à un moment donné par la plante est la réserve utilisable ou Rut. C'est cette seule réserve qui permet à l'ETR de répondre aux sollicitations du climat. Dans les tableaux bioclimatiques, la Rut est évaluée mois par mois.

Durant les mois où l'ETR est inférieure à l'ETP apparaît un excédent d'eau. Si le réservoir est plein (cas de l'hiver et du printemps dans les régions tempérées), cet excédent est un surplus hydrologique (SH) qui alimente l'écoulement. Si la réserve est entamée, une partie de l'excédent recharge la réserve, puis le surplus s'écoule. Ce surplus hydrologique représente la part efficace des précipitations. Le lien est ainsi établi, dans le cycle de l'eau, entre la part consacrée à la vie du couvert végétal et celle qui alimente les processus géomorphologiques et hydrologiques sur les bassins-versants.

Au terme de cette analyse, retenons les relations bioclimatiques suivantes, qui peuvent s'exprimer à des « pas de temps » allant du jour au mois. L'expression de l'optimum climatique pour la végétation : $T° \simeq 25$ °C et $P \geq ETP$. La combinaison entre P, ETP et ETR du bilan hydrique : $P > ETP \rightarrow ETR = ETP$ et surplus hydrologique ; $P + Rut = ETP \rightarrow ETR = ETP$; $P + Rut < ETP \rightarrow ETR < ETP$ et déficit hydrique.

Fig. 5 : bilans hydriques pour les stations de Brest et Marseille

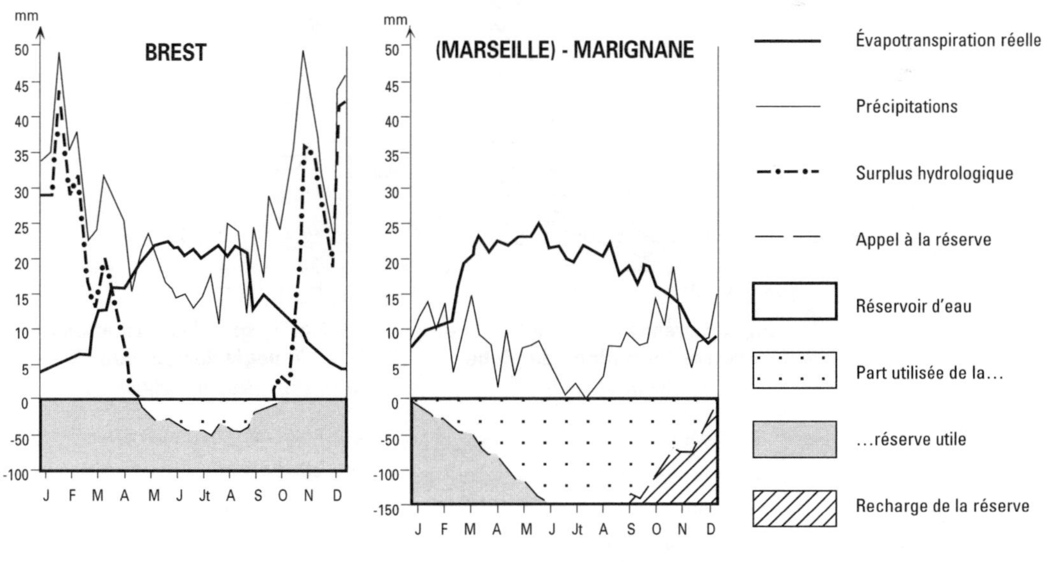

Brest (48,4° N, 4,5° O, alt. 0) représente bien le climat tempéré océanique. La couverture végétale naturelle est la forêt caducifoliée à mélange de chêne sessile, de hêtre et de charme dominants. Marseille (43,3° N, 5,4° E, alt. 0), en climat méditerranéen, illustre le bioclimat de la forêt de feuillus sempervirents sclérophylles, à chêne vert dominant. Pour la démonstration, les réserves utiles du sol sont différentes, 100 mm pour Brest, 150 mm pour Marseille. La réserve utilisable à Marseille est consommée au mois de juin. La sécheresse s'installe pour plus de deux mois, avant que les effets contraires de l'augmentation des précipitations et de la baisse de l'ETR rechargent peu à peu le réservoir, rempli à la fin de décembre. Toute l'importance du volume de la réserve utile apparaît. En effet, pour une réserve de 100 mm seulement, la saison sèche passerait à plus de quatre mois, à plus de huit mois pour une réserve de 50 mm. À Brest, en revanche, le recours à la réserve ne vide pas le réservoir ; il n'y a pas de période sèche. Celle-ci n'apparaîtrait que pour une réserve de 40 mm environ.

4 Biogéographie de la réponse du végétal

Représenter les combinaisons est le but d'une biogéographie des indices bioclimatiques, tentant de définir les formations végétales par les bioclimats, de les situer dans des classes de valeurs de variables ou d'indices. Tous les manuels présentent de tels essais diagrammatiques ou cartographiques. La combinaison la plus simple est le diagramme ombrothermique établi pour des milliers de stations météorologiques du monde (*Weltatlas,* Cf. bibliographie). Lieth et Legris, entre autres auteurs, ont proposé des synthèses pour les grandes formations végétales du globe et pour le sous-continent indien (combinant sur l'année le total des précipitations et le nombre de jours secs donné par l'indice xérothermique de Gaussen (fig. 6 et 7).

Fig. 6 et 7 : aires pluviothermiques

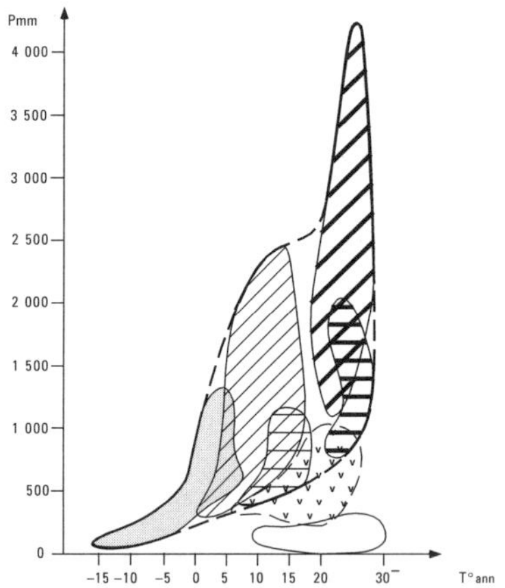

Fig. 6 : grands types de forêts et autres formations du globe
(d'après Lieth)

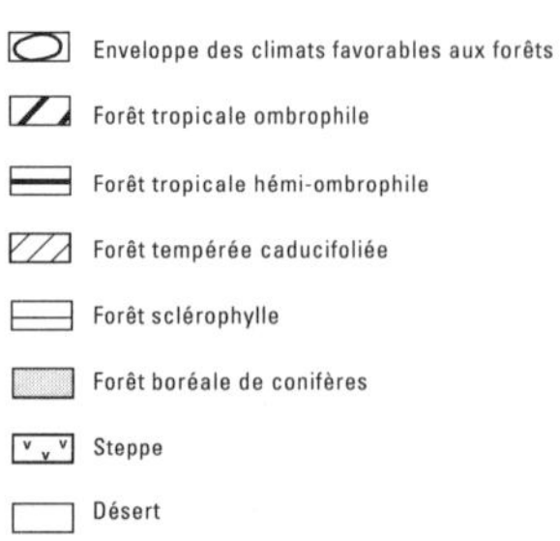

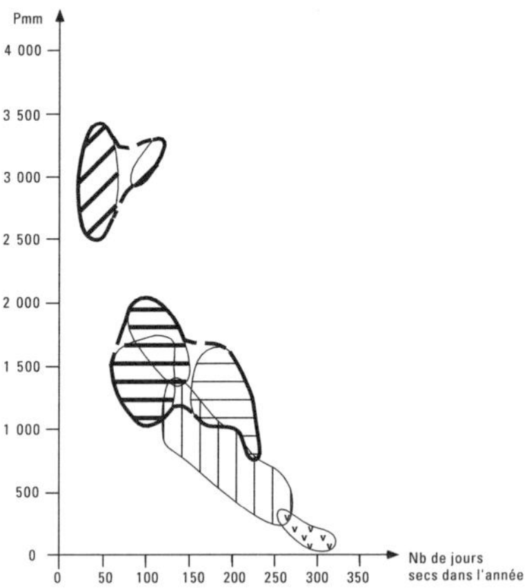

Fig. 7 : grandes formations végétales en Inde
(d'après Legris)

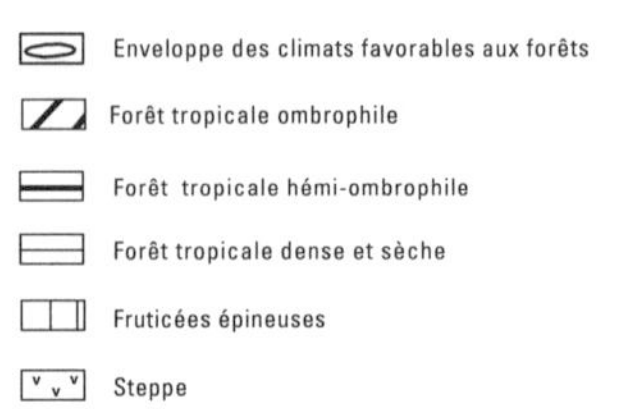

Sur une figure qui prend l'allure d'un diagramme triangulaire, Holdridge (voir *La Recherche,* n° 199) a tenté une représentation par pavage des grandes formations végétales. Il retient le total annuel des précipitations et le déficit climatique évalué par le rapport ETP/P annuel. La variable thermique introduite (température moyenne annuelle) ne fait que préciser les grands milieux, du polaire au tropical (fig. 8).

Fig. 8 : diagramme d'Holdridge modifié

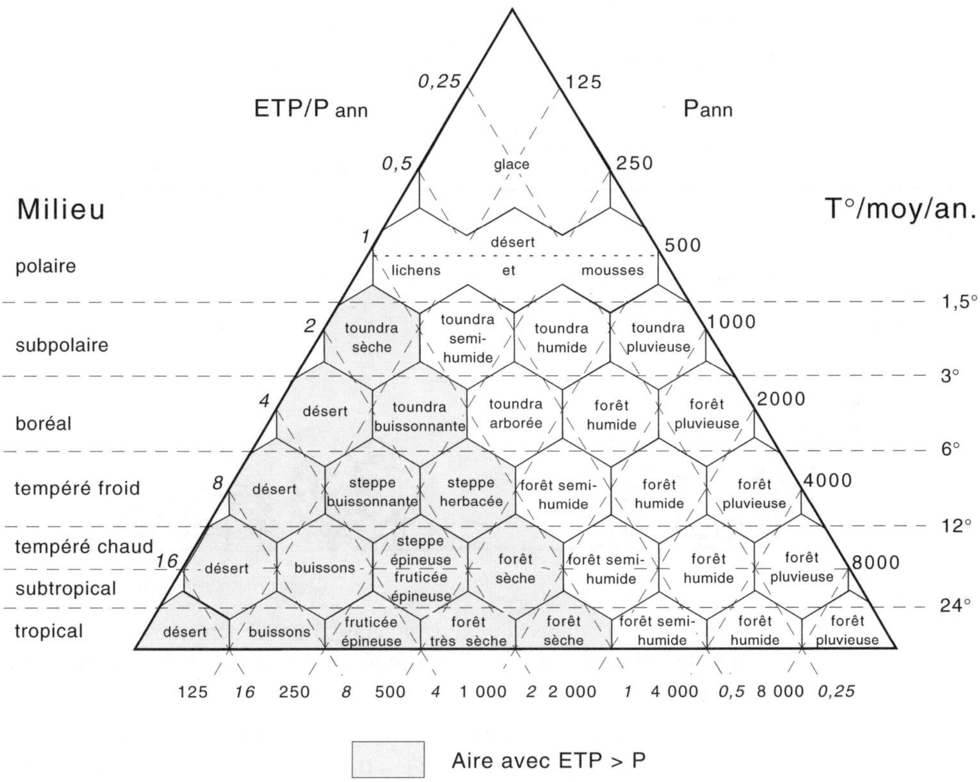

Deux principes majeurs de répartition des formations végétales sur le globe sont sous-tendus par les analyses précédentes et étayés par les conclusions du chapitre 3, à savoir la zonalité et l'étagement.

La zonalité. Les agronomes russes qui, au début de ce siècle, travaillaient sur les sols de l'immense plate-forme russe et jetaient les bases de la pédologie mirent en évidence des relations entre les unités climatiques zonales et le type de sol. Ils ont, pour la première fois, formulé le principe dit de zonalité : « Dans chaque zone climatique, les sols, même issus de matériaux parentaux différents, et les biocénoses correspondantes tendent à converger vers un type uniforme, sinon unique. » Le chapitre 9 illustrera ce principe.

L'étagement. La montagne introduit une composante verticale à tout déplacement entre deux points. Dans un climat régional donné et sans tenir compte de l'exposition (versant au sud, adret ou soulane, au nord, ubac ou ombrée), toute courbe de niveau a un environnement bioclimatique singulier. Le gradient thermique altitudinal (– 0,6 °C par 100 m de dénivellation) en offre une image symbolique, même si elle est approximative. Pour un point à 200 m d'altitude à la base d'un versant subvertical dont la température moyenne de juillet est de 10°, le sommet voisin, à 3 000 m d'altitude mais à faible distance orthodromique, enregistre – 6,8°. Et, à 1 866 m, passe l'isotherme 0°. Les plantes, les groupements, les formations végétales ne peuvent être identiques au long de ce versant ; elles se disposent en ceintures, grossièrement limitées par des isohypses, appelées étages de végétation.

De nombreux auteurs, souhaitant dégager une logique d'organisation de la trame biogéographique du globe, proposent, à quelques variantes près, le même schéma synthétique de correspondance entre latitude et altitude (fig. 9).

Fig. 9 : distribution croisée des grands biomes sur le globe

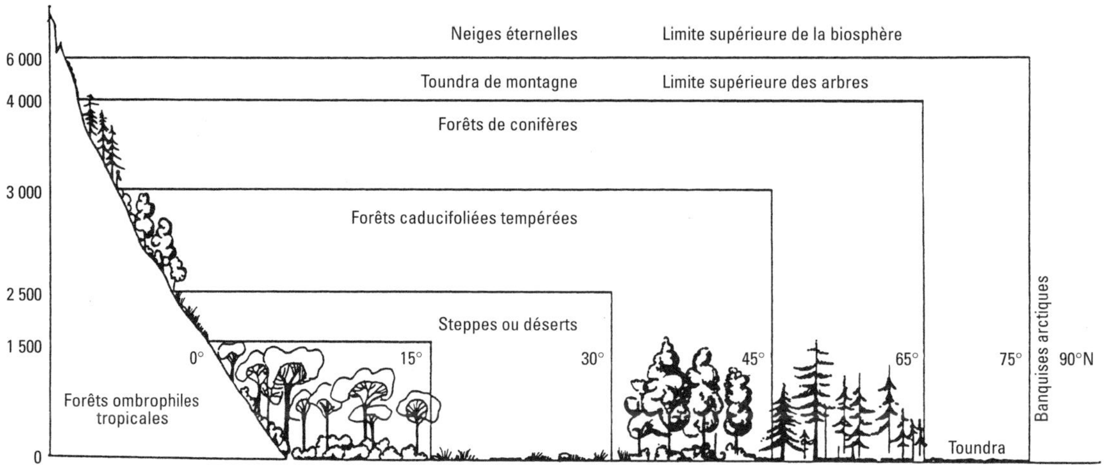

D'après Wolcott, *Animal Biology*, 1946, Mc Graw Hill.

Pour préciser la dimension géographique d'un tel schéma, on peut appliquer une règle de combinaison approchée simple (qui correspondrait à une terre à la surface lisse et sans opposition de façade continentale) :

Si distance A ⟶ B = + 100 m (alt.) ou 111 km vers le N (lat. N),
alors température A ⟶ B = – 0,6 °C, avec 111 km = 1° de latitude.

On voit que s'élever de un mètre équivaut à se déplacer de 1,1 km vers le nord, soit grossièrement : **1 m en altitude = 1 km en latitude.** Donnons un exemple. La limite inférieure de la hêtraie de l'étage montagnard sur le versant lorrain des Vosges (située sur le 48 °N) se trouve en moyenne à 400 m d'altitude.

Celle du **massif des Albères,** située à la frontière espagnole sur le 42,4° N, soit 5,6 ° plus au sud, serait, par le calcul, de 400 + 336 = 736 m, soit autour de 700 m, altitude réelle relevée pour le versant nord-ouest du massif.

Une forêt de l'étage montagnard dans les Pyrénées orientales. La hêtraie de la Massane occupe le versant nord des Pyrénées catalanes, dans le massif des Albères. Cette forêt classée, une des dernières forêts sauvages de France, fonctionne depuis plus d'un siècle comme un écosystème naturel. Située à quelques kilomètres à vol d'oiseau de la mer, c'est un carrefour biogéographique où interfèrent latitude, altitude, voie de passage, isolement relatif du massif. Cette belle futaie est différente des hêtraies nordiques par une taille réduite et une morphologie plus ramassée des arbres, par la clarté de la lumière qui pénètre le sous-bois. Mais l'exposition nord crée une ambiance fraîche, entretient une brume humide fréquente ; les fougères sont nombreuses. Les troncs qui pourrissent sur place font vivre des centaines d'espèces d'insectes. 3 500 espèces animales, 1 500 de Coléoptères, ont été recensées ; et l'exploration n'est pas terminée.

L'étagement en Norvège septentrionale

Fig. 10 : l'étagement dans la région du Troms (Norvège)

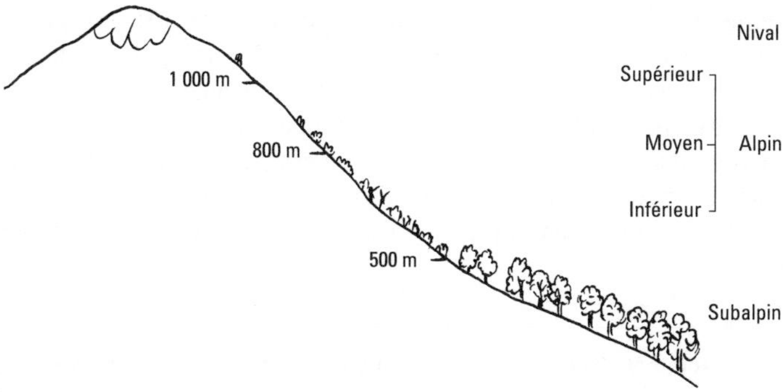

La Norvège s'étire du 58° N au 71° N, sur environ 1 450 km. L'altitude de la base de l'étage alpin (définie comme la limite supérieure des arbres) baisse avec la latitude. De 600 à 700 m dans le Nordland (sur 1° de part et d'autre du cercle polaire), elle descend à 500 m dans le Troms, au nord de Narwik ; elle est au niveau de la mer dans l'extrême nord du Finnmark, sur le 70° N. On entre alors dans le domaine arctique de la toundra.

La forêt boréale, dominée ici par le Bouleau (*Betula pubescens*), est l'équivalent de la forêt subalpine des montagnes tempérées des plus basses latitudes. Dans la strate herbacée abondent l'Airelle myrtille et les fougères.

La lande ponctuée de marais occupe la base de l'étage alpin. Outre de nombreuses plantes arbustives et herbacées de la forêt, elle abrite des saules au port sous-frutescent, des bouleaux nains (*Betula nana*), de hautes graminées et des Carex.

La lande s'ouvre dans la partie médiane de l'étage, puis laisse la place à une pelouse discontinue qui abrite des espèces arctiques comme la Bruyère arctique (*Cassiope tetragona*). La transition est progressive.

Au sommet de l'étage, les sous-arbrisseaux nains disparaissent ; seuls survivent les saules prostrés et rampants (*Salix herbacea*) ; les plantes se font rares dans les tabliers d'éboulis, sur les sols polygonaux et les coulées de solifluxion.

Sur les hauts reliefs, autour de 1 100 m, la végétation est réduite à des touffes dispersées. Près des névés, dans les éboulis siliceux, apparaît la gracieuse Renoncule des glaciers, aux grandes belles fleurs roses ou blanches, à distribution arctico-alpine. À titre de comparaison, les biotopes identiques que cette espèce occupe dans les Pyrénées sont à plus de 2 500 m.

L'archipel des Canaries présente un net contraste entre deux îles basses, Fuerteventura et Lanzarote, et les cinq autres îles, dites hautes, culminant chacune à plus de 1 300 m, dont les 3 717 m du pic de Teide à Tenerife.

La forêt nébuleuse des Canaries

Les Canaries offrent un bel étagement montagnard qui montre, sur une surface restreinte, les interactions écologiques entre flore, végétation, topographie et un météore, le brouillard.

Sur le bas des versants, jusque vers 600 m, croissent des formations broussailleuses sèches à petits îlots arborescents de genévriers de Phénicie.

De 600 à 1 500 m, la forêt de lauriers, ou laurisylve, drape les versants. Île végétale au sein du désert canarien, cette forêt de versant nord baigne presque quotidiennement dans un brouillard très dense et persistant apporté par l'alizé du nord-est.

Poussé par le vent, le brouillard précipite sur tout objet interposé. Ces précipitations nébuleuses, dites horizontales, peuvent être très importantes. Ainsi, sur des parois rocheuses, l'eau ruisselle, coule en filets, se concentre dans les creux. Un arbre célèbre, le **garoé,** ou arbre fontaine, appartient au cortège floristique de la forêt de lauriers, strictement cantonnée aux îles hautes de l'archipel. Les larges feuilles de cette Lauracée endémique de Madère et des Canaries forment un obstacle au vent chargé de gouttelettes d'eau, qui, drainées par la gouttière de la nervure, s'accumulent dans un réservoir creusé à la naissance de la feuille. Cette eau peut être captée au pied de l'arbre. Ce type d'impluvium est une convergence morphologique de beaucoup de feuilles des ligneux des forêts tropicales humides (Cf. chap. 9, fig. 4).

L'arbre saint de Hierro. « Il y a toujours, au sommet de cet arbre, un petit nuage et le garoé laisse tomber des gouttelettes d'eau que les hommes acheminent vers une modeste fontaine grâce à laquelle humains et animaux vivent pendant les périodes d'extrême sécheresse », écrit Bartolomé de las Casas (1474-1566), qui fit escale dans l'île de Hierro en route vers les Amériques (*in La Historia de las Indias*). Les Lauracées sont une famille tropicale qu'illustrent Canneliers, Camphriers, Avocatiers. *Laurus nobilis,* le Laurier sauce ou commun, est la seule espèce adaptée au milieu tempéré. Le Laurier-rose appartient à une autre famille. Les Lauracées sont, en Europe, les vestiges d'une flore subtropicale humide de la fin du tertiaire.

« L'arbre fontaine », *La Recherche, n° 249, décembre* 1992.

Les forêts nébuleuses sont présentes dans les régions côtières du Chili, du Pérou, d'Afrique du Sud, où les brouillards et la rosée jouent un rôle déterminant pour atténuer les rudesses des déserts littoraux. Dans les régions arides, elles sont considérées comme des oasis. Ces forêts ne doivent pas être confondues avec la forêt des brouillards proprement dite (*nebelwald, cloud forest*), où les brouillards s'ajoutent à la pluviosité abondante, comme en Équateur, entre 3 000 et 3 500 m, ou en Indonésie (Cf. chap. 9, p. 359).

Bioclimats corrigés, artificiels, et paysages

L'homme s'est de tout temps employé à modifier les bilans hydriques des terres qu'il mettait en valeur. Les techniques et les paysages associés sont très différents selon que la contrainte prise en compte est hydrique ou thermique. C'est, en région désertique chaude, l'exemple de l'oasis : l'irrigation et son contrôle durant tout ou partie de l'année crée une offre hydrique qui répond à l'exigence de l'offre thermique naturelle. L'ingéniosité a donné naissance à une grande variété d'instruments d'irrigation et de paysages associés, canaux de surface, foggaras, puits à balancier... En région méditerranéenne, la complémentarité géographique entre les plaines, côtières ou intérieures, chaudes mais sèches, et les cadres montagneux formant châteaux d'eau a permis le développement des paysages ruraux de huertas. Dans les régions à contrainte thermique, une enveloppe climatique artificielle permet l'augmentation et/ou la régulation des températures. La serre en est un exemple, dont la technique a conduit à la maîtrise de bioclimats artificiels. L'énergie consacrée à l'entretien du degré hygrométrique, de la température de l'air, de la régulation de la lumière, est importée sous forme de gaz naturel ou de pétrole. Pour amortir les coûts fixes (construction et entretien) et d'usage, la valeur ajoutée doit être très forte. La serre crée des paysages spécifiques, comme ces milliers d'hectares artificialisés de la Randstadt Holland que révèlent autant la carte topographique que l'image satellitaire.

B

LE TERREAU NOURRICIER

Qu'il signifie humus du sous-bois ou engrais naturel, le mot terreau éveille des images de fertilité, de renaissance comme de décomposition organique. « Des bouffées de vent chaud leur soufflaient au visage l'haleine des jardins qu'ils longeaient, un fumet de terreau mouillé, une odeur sourde de fleur au soleil… » L'humus est un composant essentiel du sol. Et du sol, son garde-manger, la plante pompe une partie de ses nutriments ; autotrophe, elle s'en nourrit (*trophê,* nourriture). Le sol est le lieu de la transformation, du recyclage, de la matière vivante. Des produits particuliers s'y élaborent, la litière, l'humus, les composés organominéraux, dans une géographie qui obéit aussi aux lois de la zonalité et de l'étagement.

À côté du sol nourricier, garde-manger fixe dans lequel la plante juvénile plonge ses racines pour se libérer des réserves de sa graine, la nature a ménagé des formes d'autosuffisance. Certaines espèces végétales s'associent à bénéfice réciproque pour se nourrir même en l'absence de sol organisé. Les mycorhizes des racines jouent ainsi un rôle fondamental dans la conquête des terres nues par la végétation.

Le sol est « le produit de l'altération, du remaniement et de l'organisation des couches supérieures de la croûte terrestre sous l'action de la vie, de l'atmosphère et des échanges d'énergie qui s'y manifestent », écrivent G. Aubert et J. Boulaine (Cf. bibliographie). La pédologie est la science qui étudie les caractères, la dynamique, la typologie et la répartition des sols. Nous raisonnerons ici dans la seule logique de la plante, et ne verrons des sols que les éléments déterminants dans la géographie des végétations.

Malherbologie. Il n'y a pas d'herbe « mauvaise » en soi, mais des conflits d'intérêts. Dans les rizières de Camargue prospèrent une vintaine d'herbes étrangères (neuf américaines) venues après guerre dans les semences de riz. *Heteranthera,* petite jacinthe d'eau à la vitesse d'expansion redoutable, est arrivée d'Italie en 1987. En purger la rizière (20 % des surfaces infectées) revient à 200 F l'hectare.

1 Le monde fascinant du pain racinaire

L'arrachage précautionneux d'une fleur de talus, d'un légume ou d'une « ***mauvaise herbe*** » du jardin libère la boule des racines. Dans le chevelu racinaire, des mottes de terre restent fixées, même après intense secouage. Ces grumeaux adhérant aux radicelles sont des fragments du **pain racinaire,** terme désignant la masse du sol pénétré, parcouru, exploré par le faisceau des racines. Quel monde fascinant ! Les longueurs et les surfaces de contact entre la plante, le sol et les fluides aqueux ou gazeux qui le parcourent sont énormes. Dans un gramme de terre humide, le film d'eau couvre de 2 à 20 m^2 selon la granulométrie de la terre. Alors, dans les 80 kg de terre explorés par les racines d'un plant de blé qui descend jusqu'à 80 cm de profondeur, ce même film varie de 160 000 à 1 600 000 m^2, 16 à 160 ha, soit en moyenne 80 ha dans le pain racinaire ! Or ce film hydrique de contact est le siège des échanges d'énergie et de matière entre le sol et la plante.

Photo 1 : chevelu racinaire

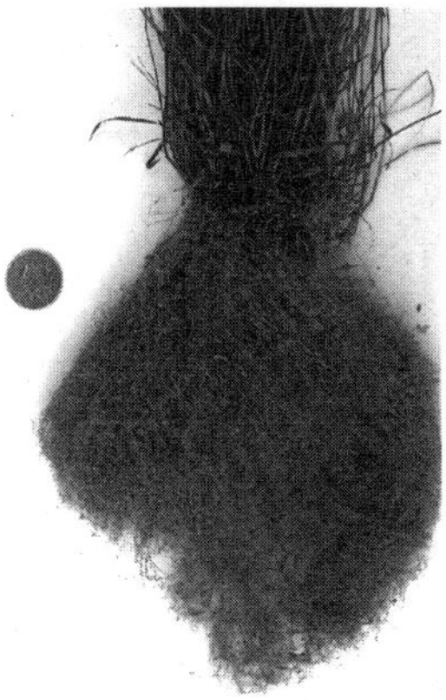

Photo 2 : agrégats-échanges racinaires

Fig. 11 : système racinaire et agrégats d'une graminée

Au cœur du réacteur, le complexe argilo-humique

La matière fragmentée à la dimension de 2 microns, classe granulométrique des **colloïdes,** atteint un seuil fonctionnel à partir duquel apparaissent de nouvelles propriétés d'association. Les acides humiques d'un côté, produits organiques issus de la décomposition de la matière vivante, la particule minérale argileuse de l'autre, sont des colloïdes dont l'association est le cœur du système-sol.

Une solution colloïdale est un liquide dans lequel un corps est dispersé en granules de dimension comprise entre deux dixièmes et deux millièmes de microns. Les solutions colloïdales ont des propriétés spécifiques, comme le mouvement brownien, qui contrecarre la décantation, assure la diffusion, l'équilibre de sédimentation, ou l'électrophorèse, capacité des particules à se déplacer dans un champ électrique. Les colloïdes du sol portent des charges négatives. La matière colloïdale présente ainsi des alternances de phase de dispersion, en solution, et de floculation, en gel. Une grande partie de la matière vivante est colloïdale.

Fig. 12 : les états colloïdaux

Solution colloïdale : les micelles électronégatives sont dispersées.

Gel colloïdal : les micelles, neutralisées par des ions électropositifs, ont floculé.

La liaison argile-humus est assurée par ces travailleurs infatigables que sont les ions électropositifs présents en solution dans l'eau du sol. En particulier Ca^{2+}, qui assure la stabilité de la combinaison et, partant, la résistance de celle-ci à la dispersion.

Ca^{2+}, architecte invisible. L'élément chimique 20 est un métal à quatre couches d'électrons (2 + 8 + 8 + 2) dont les deux électrons périphériques sont instables. L'atome est facilement ionisé en Ca^{++} électropositif. Le calcium, avide d'oxygène et d'azote, est très instable dans l'air, où il donne des oxydes de calcium. Ses composés sont des matériaux de construction de la Terre et de la Vie. Il constitue 33 % de l'écorce terrestre et on le trouve dans une molécule célèbre, le carbonate de calcium, constituant des calcaires. Il est l'élément essentiel des squelettes biologiques (sur les 1 300 g de calcium du corps humain, 1 285 sont dans les os) et de ces squelettes technologiques que sont la pierre de taille, le ciment, le béton.

Le **complexe argilo-humique** est né. Et le tout vaut infiniment mieux que la somme des parties. Les micelles associées d'argile et d'humus cimentent les fragments minéraux plus gros (limons, sables) du squelette du sol ; les éléments du complexe s'assemblent en agrégats résistants, visibles à l'œil, sensibles au toucher, qui donnent à la « terre » sa structure. Selon la forme de l'agrégat, la structure est dite grenue, grumeleuse, polyédrique… et une bonne structure assure aération et perméabilité. Ca^{2+} n'est pas le seul ion présent dans le complexe. Les forces électrostatiques entretiennent, autour du colloïde argilo-humique, un film d'eau qui assure la fixation des ions mobiles dans les solutions aqueuses de la réserve : l'azote, sous forme NH_4^+ ou NO_3^-, le phosphore et le soufre, PO_4^{3-} et SO_4^{2-}, les cations minéraux Mg^{2+}, K^+, Na^+, enfin le ***cation acide H*** $^+$. Comme ces ions proviennent, pour partie, de la minéralisation de la matière organique décomposée, le complexe argilo-humique apparaît bien comme un maillon essentiel de la chaîne du recyclage. Cette association intime entre l'organique et le minéral est à intérêts partagés ; l'humus protège l'argile contre la dispersion et l'argile ralentit la destruction et l'entraînement en profondeur de l'humus. Sur les quais du grand triage, les stocks peuvent s'accumuler et s'organiser ; la minéralisation lente des composés organiques s'y déroule ; les poils absorbants des racines viennent y faire leur marché.

H^+, Le cation à tout faire. L'ion le plus simple est celui de l'hydrogène (élément 1) dont le noyau, un proton, a perdu son seul électron. C'est l'ion le plus petit, le plus léger ; très mobile, il s'insinue partout. La dissociation des molécules d'acides humiques le libère dans les solutions aqueuses du sol.

Les échanges de matière et leur mesure

Cette capacité d'accumulation et d'échange d'ions qui fait du complexe ***argilo-humique*** un véritable « garde-manger » prend le nom de complexe absorbant. Des valeurs caractéristiques le définissent. La capacité d'échange (T) d'un sol donné mesure la quantité totale de cations minéraux qu'il peut absorber, la somme cationique (S), la quantité de ces cations présents à l'instant de la mesure ; le taux de saturation (V) lie ces deux variables suivant la formule $V = 100 \frac{S}{T}$ (%).

Schématiquement la différence T – S mesure l'acidité actuelle du sol, couramment évaluée par le pH. La capacité d'échange varie avec ce pH.

Fig. 13 : l'élément du complexe argilo-humique

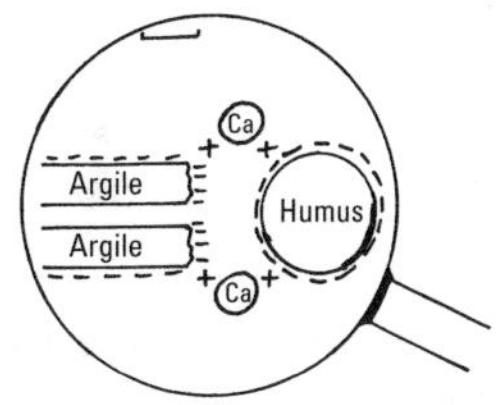

Le pH (potentiel hydrogène). Plus la concentration en ion H^+ d'une solution aqueuse (un shampoing, le suc gastrique ou l'eau d'imbibition d'un sol) est forte, plus cette solution est dite acide. Le pH constitue la mesure du degré d'acidité. L'eau pure est utilisée pour son étalonnage car elle contient (à 20°) une quantité constante (très faible) de molécules d'eau à l'état dissocié d'ions H^+ et OH^-, soit $[H^+] = [OH^-]$ et $[H^+] \times [OH^-] = 10^{-14}$. On pose par convention que si $H^+ = 10^{-7}$, alors pH = 7 (valeur du logarithme de base 10). Le pH de l'eau pure est donc égal à 7. Il est dit neutre. Une solution est dite acide ou basique selon que son pH est inférieur ou supérieur à 7. Le pH varie sur la plage de valeur] 0 – 14 [. Le pH intervient dans de nombreux processus biochimiques cellulaires et intercellulaires. La plupart des enzymes catalysant les réactions biochimiques fonctionnent sur une plage donnée de pH. Ainsi, le pH du sol est un facteur environnemental de première importance, qui traduit la richesse nutritive du sol, la rapidité du turnover (recyclage) de la matière organique. Il peut être mesuré sur le terrain ou en laboratoire. Il va le plus souvent de 3 à 8,5. À des fourchettes de pH sont associés des types d'humus (voir p. 330).

Le taux de saturation donne une information sur la richesse du garde-manger, donc sur la fertilité d'un sol. Un sol saturé, au pH voisin de la neutralité, offre les conditions optimales. Le degré de désaturation mesure en général la perte de fertilité. Par tradition, les paysans de la Bretagne intérieure amendent leurs champs pour mettre en valeur des sols à matériau parental acide issu de l'altération de roches cristallines. Outre les algues qui apportent l'azote, ils y répandent de la chaux (le chaulage). L'introduction du calcium rétablit les ponts du complexe argilo-humique. La pratique du chaulage aère, enrichit et agrège les terres défloculées.

Le pH de la solution conditionne de multiples actions dans le sol. La sécrétion d'ions H^+ par les radicelles acidifie les solutions et participe à l'hydrolyse des minéraux du matériau parental ou du substrat. L'acidité joue un grand rôle dans la fixation du complexe argilo-humique ; alors que les micelles argileuses et organiques se repoussent, l'acidification favorise la complexation. L'argile fixe ainsi la matière organique à concurrence de 10 % de son poids à pH 4, de 2 % seulement à pH 8,5. Elle assure aussi la solubilité des sels. Ainsi, à pH supérieur à 5,3, le fer précipite en hydroxyde ferrique Fe (OH) [3].

L'acidité inhibe les bactéries mais favorise les champignons. Ainsi, quand les pH des horizons organiques du sol descendent au-dessous de 6, ces derniers prennent le relais des bactéries dans la chaîne des décomposeurs. L'humification (décomposition) est alors moins rapide, les acides organiques libérés restent plus longtemps dans l'humus et le pH est maintenu bas. Les champignons entretiennent le pH bas qu'ils exigent. C'est un bel exemple de boucle de rétroaction positive. Les humus ont, dans ce cas, des horizons épais, à feutrage, et le recyclage dure plusieurs années. On les appelle des moders et des mors (Cf. *infra*).

La population : 200 millions de bactéries par cm^3 de sol. L'acteur : une ***bactérie*** sphérique de 1 µm de diamètre. Son volume : 0,5 μm^3. 200 millions de bactéries, 0,0001 cm^3, le dix millième du cm^3 de sol !

Une foule silencieuse au travail

Dans ces horizons de surface du sol s'activent de riches pédoflores et pédofaunes. Un cm^3 de bon sol agricole contient plus de 200 millions de ***bactéries,*** 600 000 actinomycètes (bactéries ramifiées), 500 000 spores de champignons. La saison influe sur le nombre de bactéries. Elles passent de 200 000 environ à la fin mai à 75 000 au début de novembre dans un sol des régions tempérées à 50 cm de profondeur.

Le règne des **Mycètes** (*mukês,* champignon) entretient dans le sol un monde fascinant et essentiel.

Pas de vie sans Mycètes et bactéries. Le recyclage de la matière organique, source de nourriture pour les végétaux, implique les saprophytes. Sans eux, pas de libération de l'azote, du carbone et des autres éléments qui assurent la décomposition des cadavres et déchets de la litière. Les saprophytes veillent, majestueux comme les polypores sur le tronc des arbres vieillissants ou malades, ou discrets à la manière bactérienne. L'armée aérienne des spores fongiques est telle qu'elle s'abat sans attendre sur toute feuille tombée, sur tout insecte mort.

Les champignons épanouis sur les litières forestières ou dans les herbes des prairies ne sont que les fructifications (carpophores) des mycètes. Le mycète développe un mycélium, réseau ramifié de filaments. Retournons la litière d'un sol actif et observons les toiles – souvent des voiles – qui enserrent, emprisonnent les feuilles mortes et les brindilles : ces tissages discrets peuvent représenter 1 000 à 1 500 kg de matière vivante par hectare ! Les noms de quelques groupes suffisent à souligner la diversité et le rôle du règne, « champignons », moisissures, levures, lichens, mycorhizes.

Des animaux macroscopiques jouent aussi un rôle déterminant dans la transformation de la matière organique morte et le brassage des sols. Parmi eux, les termites et les vers de terre. Les termites sont des animaux à large répartition. En forêt tropicale humide, ils consomment 6 à 7 tonnes de matière organique par an et par hectare, soit 50 % de la matière végétale tombée au sol. Les vers de terre, ou **lombrics,** représentent 60 à 80 % de la biomasse animale des sols, 1 à 3 tonnes par hectare dans les prairies tempérées. Avec plus de 3 000 espèces, ces animaux saprophages sont présents dans tous les milieux, sauf les plus contraignants, déserts, sols salés ou très acides, glaciers.

Le rôle des lombrics est déterminant dans les écosystèmes forestiers. Une biomasse de 10 g/m^2 peut consommer annuellement 600 kg de feuilles de litière dans une forêt tempérée, soit 20 % de la masse tombée. Les feuilles « douces » du charme, des tilleuls, frênes, érables sont plus rapidement consommées que celles du hêtre, des chênes, ou les aiguilles des résineux. Les populations de lombrics

Les lombrics sont des laboureurs biologiques, indirectement visibles en surface par des turricules, tortillons de leurs déjections. Leurs galeries (certaines mesurent 4 mm de diamètre pour 100 à plus de 800 m de longueur, soit un volume de 9 l de terre déplacée par m^2) jouent un rôle fondamental dans la création et l'entretien de la fertilité des sols. Elles assurent la pénétration de l'air, de l'eau, des racines, l'ameublissement, le drainage et l'aération du sol. Les lombrics ingèrent des quantités énormes de terre, plus de 300 tonnes par an et par hectare en région tempérée, jusqu'à 100 tonnes sous les tropiques, dont 25 sont déposées en surface. On peut estimer que la plus grande partie des sols du globe est passé plusieurs fois dans le tube digestif des lombrics ! C'est la bioturbation*.

sont sensibles aux conditions du milieu. Sous la taïga ou la toundra, les sols des régions tempérées froides nés de la déglaciation quaternaire ont des populations nulles ou très faibles. Les lombrics, tués par la glaciation à cause de leur faible capacité migratoire, ont entrepris une lente recolonisation.

2 Le sol, usine de recyclage

Dans un foisonnement de micro-organismes, d'échanges thermiques, de dégagements gazeux, les architectures du vivant sont détruites, les produits organiques sont stockés, se minéralisent, se recombinent. La taille et la masse des morts à recycler n'effraient pas les ouvriers de la décomposition. Dans les écosystèmes forestiers naturels, les plus grands arbres abattus disparaissent et s'intègrent aux complexes argilo-humiques ; le temps est l'allié des microfaunes et microflores xylophages.

Destin de tronc. En Europe, les réserves biologiques permettent de suivre la lente réalisation du cycle de la matière organique. Dans l'exemple précédent de la hêtraie de la Massane, l'échantillonnage régulier du bouillon de culture que présente un tronc pourrissant a révélé la prolifération simultanée ou successive de nombreux groupes taxonomiques : champignons, bactéries, araignées, acariens, coléoptères surtout, qui atteignent 80 % de la masse animale grouillant sur le bois mort. Le tronc devient spongieux, friable, change de couleur jusqu'au terme du complexe saproxylique (litt. « bois pourri »). Conserver sur le sol d'une parcelle forestière quelques troncs abattus est un gage d'amélioration de la biodiversité floristique et faunistique.

La litière, creuset du recyclage

Le terme **litière** fait explicitement référence à l'étable. Les litières animales produisent le fumier. Du tas de fumier exposé à l'air libre et à la pluie s'échappent des produits de fermentation : un gaz, le méthane, un liquide, le lisier. La litière du sol libère aussi des gaz – qui n'a pas humé une poignée de terreau n'a pas senti l'odeur de la terre – et des solutions organiques appelées acides humiques. La litière est le creuset du recyclage car elle réalise la décomposition de la matière organique, puis amorce sa minéralisation, qui rend à nouveau les corps simples, associés aux agrégats et imbibant les solutions du sol, disponibles pour la plante.

Photo 3 : la litière et jeune plant de hêtre

Litière de l'année,
forêt lorraine de feuillus, mars.

Le bioclimat règle pour une large part l'abondance et l'activité des organismes décomposeurs. La durée de transit dans la litière est de trois mois dans la forêt équatoriale, d'une cinquantaine d'années dans la forêt boréale de conifères. Le pH, la richesse en Ca^{2+}, l'aération et le régime hydrique du profil du sol, toutes caractéristiques physico-chimiques, interviennent dans la vitesse de décomposition et de minéralisation de la matière organique morte, et donc dans la création du type d'humus. Dans les tourbières engorgées s'accumule sur des mètres d'épaisseur une matière organique peu décomposée. L'engorgement bloque la pénétration de l'air ; pas d'oxygène, pas de décomposeurs.

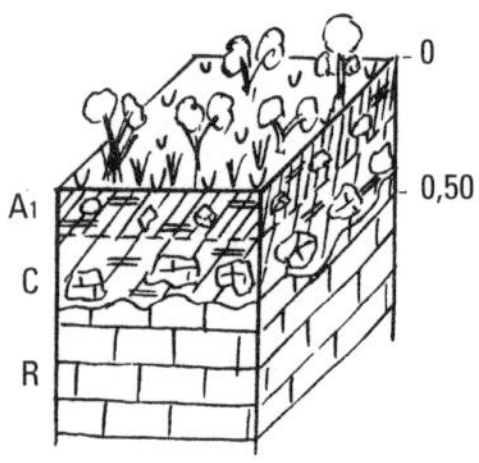

Fig. 14 : Rendzine

Une rendzine (mot russe) est un sol à profil AC, peu épais, caillouteux, sur substrat carbonaté. Le pH est élevé (7 à 8), le complexe absorbant saturé, l'humus mull épais. Ce sol est fréquent sur les hauts de versant calcaires
(Cf. légende fig. 15)
(Cf. document commenté, chap 6, p. 260)

Les types d'humus

Ainsi, deux facteurs, le pH et le milieu, concourent à différencier les horizons humifères. Il est classique de distinguer trois grands types d'humus, chacun ayant de multiples variantes : les mulls, les moders et les mors. Les valeurs du tableau proviennent de l'érablaie canadienne de la région du Saint-Laurent (Lemée, *Précis de biogéographie).*

Les horizons humifères sont les premiers niveaux du profil d'un sol. L'eau qui percole, les racines qui s'enfoncent, les animaux qui fouissent ne s'arrêtent pas à ces premiers décimètres. Le sol se développe en profondeur, en d'autres horizons qui proviennent du réarrangement de la couche superficielle du substrat, appelé matériau parental (ou roche mère). Chaque horizon est défini par une texture (grosseur des particules minérales), une structure (arrangement des particules), une couleur, une ambiance chimique, et par les processus qui s'y manifestent. Le profil du sol est l'ensemble de ces horizons, de la litière en surface à la roche substrat en profondeur (fig. 14). Tous les profils des sols du monde se groupent en quelques grands types qui fondent les classifications (Cf. bibliographie). La géographie des sols obéit aux principes de zonalité et d'étagement. À l'échelle zonale, couverture végétale et sols sont liés (Cf. chap. 9, pp. 358 et 362).

Tableau 6 : profils des principaux humus

Type d'humus	Durée de décomposition de la litière	Quantité de litière, t /ha	Profil des horizons humifères
MULL	1 an	12	L, A1 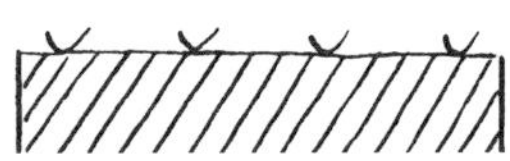
MODER	4 ans	29	L, H, A1 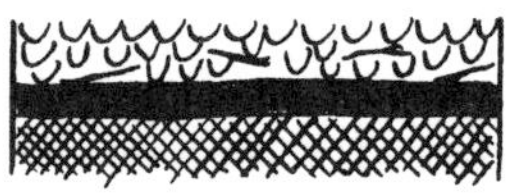
MOR	15 -20 ans	62	L, F, H, A1 

L : litière peu décomposée
F : litière fragmentée, non reconnaissable
H : horizon organique sans structure visible
A1 : horizon organo-minéral

Fig. 15 : légende commune aux sept profils de sols

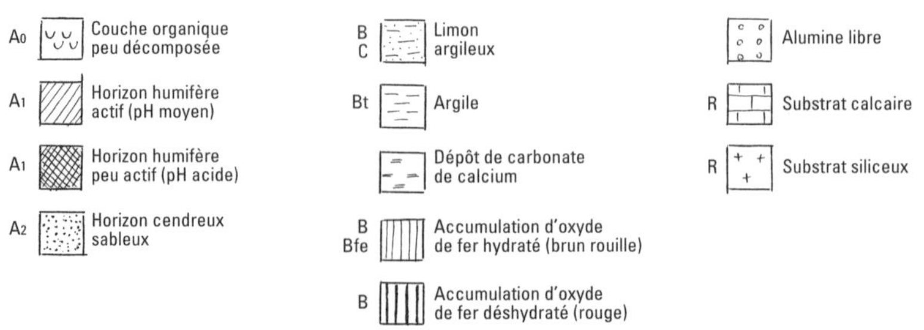

La ressource trophique, conservation, dégradation, réversibilité

Tableau 7 : apports et recyclage de la matière organique selon des types d'écosystèmes naturels

Formations	Apports annuels			M.O. morte sur le sol t/ha	Apports M.O. morte an/MOM en %
	Litières de feuilles t/ha	Bois et racines t/ha	Total		
Toundra arctique	0,26	0,74	1	3,5	28,6
Taïga septentrionale	1,8	1,7	3,5	30	11,6
Taïga méridionale	3,4	2,1	5,5	35	15,7
Forêt de chêne tempérée	4	2,5	6,5	15	43,3
Steppe tempérée Russie	4,5	6,7	11,2	6,2	180,6
Steppe subaride Russie	1,5	2,7	4,2	1,5	280
Steppe semi-aride	0,5	1	1,5	0	-
Forêt tropicale sèche	14	7	21	10	210
Forêt ombrophile	16,5	8,5	25	2	1 250

Les valeurs relevées montrent les forts contrastes des apports annuels selon les écosystèmes. Notons que les valeurs données pour une formation sont des moyennes qui masquent la diversité des milieux : une même forêt de hêtres ne fournit pas autant de biomasse sur un sol pauvre que sur un sol fertile. Chaque année, un hectare de sol de toundra reçoit une tonne de débris organiques divers, celui de la forêt pluviale, 25 tonnes. Dans ce rapport de 1 à 25, les vitesses de décomposition de la matière organique ne sont pas comparables. La minéralisation dure plus de trois années dans la toundra, puisque la matière organique morte au sol représente 3,5 t ; elle exige moins d'un an dans la forêt pluviale. La lenteur du recyclage se traduit par des litières épaisses, à plusieurs horizons de matière organique progressivement décomposée. Les steppes tempérées ont les apports annuels les plus élevés et le plus fort rapport entre M.O. aérienne et souterraine (167 %) : la rhizosphère des herbacées est puissante, et se renouvelle tous les ans pour les espèces annuelles. La matière organique décomposée donne d'épais sols noirs, les chernozems (Cf. chap. 9, fig. 10).

La plante à la croisée des besoins

Les exigences écologiques fondamentales des plantes sont de natures climatique et édaphique*. Le bain bioclimatique répond aux premières de ces exigences, le terreau nourricier aux secondes. Les écologies individuelles (autécologie) varient selon les espèces. À côté de sa carte d'identité floristique, la plante possède une carte d'identité écologique, qui se traduit par un profil écologique. Celui-ci peut être simplement établi à l'aide des deux variables du niveau trophique et du niveau hydrique. Les valeurs prises par ces variables définissent l'optimum écologique et l'amplitude de tolérance de la plante.

Le profil écologique informe sur l'aptitude de l'espèce à occuper un milieu donné. Toutes les espèces ayant des profils identiques appartiennent à un même groupe écologique. On peut différencier une dizaine de ces ensembles appelés groupes d'espèces indicatrices (sous-entendu des conditions du milieu). En un site de relevé, le cortège floristique d'un groupement végétal est ainsi composé de plantes appartenant à un ou plusieurs de ces groupes selon l'importance des contraintes trophiques. Certaines flores récentes (*Flore forestière française*, Cf. bibliographie) qui présentent ce type de fiche fournissent une taxinomie écologique qui enrichit la taxinomie floristique.

C
LES PLANTES EN SOCIÉTÉ

Une formation végétale est un groupement de plantes vivant ensemble. La structure, la richesse floristique de la formation traduisent l'attraction opérée par le milieu sur les individus. Les comportements individuels se plient au fonctionnement du groupe. Les espèces dites sociales vivent en groupes d'individus. Les floraisons des parterres de pervenches, des tapis de jonquilles ou d'anémones rythment les saisons des forêts tempérées. D'autres sont plus individuelles. Ainsi, on voit apparaître des groupements interdépendants de populations, appelés biocénoses ou communautés : « Oui, c'est vraiment une société que la forêt, une société où la nature distribue et maintient les rangs », écrit É. Herriot (Dans la forêt normande, 1925).

1 La végétation, « émergence spatiale et organisée de la flore »

À la fin de l'automne, un champ est ensemencé. Il reçoit une flore, semences de Blé auxquelles se joignent parfois d'autres espèces graminéennes qui retrouvent, dans le sol, les graines des plantes adventices présentes. Les patrimoines génétiques, les caractères du milieu d'accueil, les concurrences inter - et intraspécifiques contrôlent les germinations, les montaisons, les épanouissements. Au printemps, ce champ a acquis une structure de prairie. Les mêmes processus, sur une durée plus longue, s'appliquent à une langue alluviale, à un terrain vague, à une clairière qui deviendront forêts. Les formations végétales, dotées de lois de composition interne, sont l' « émergence spatiale et organisée d'une flore ». Cette expression d'un botaniste au fort contenu géographique appelle l'idée d'une combinaison spatiale de phénomènes qui, sous l'effet de processus précis, donne naissance à un objet.

Sur un territoire donné, tous les individus d'une même espèce constituent une ***population.*** Sur des placettes de surface connue, le long de transects établis entre deux points, des techniques de comptage permettent de quantifier les populations dont on estime les effectifs et les répartitions.

Organisation sociale de la végétation

En Bretagne, dans la lande qui drape le versant rocheux, siliceux et sec du Menez Hom, prospère une ***population*** de milliers de pieds de callune, ici dispersés en petits groupes d'individus, là occupant de larges plages denses. Chaque individu est influencé par le milieu minéral où il croît et par le contact de ses congénères ou des individus d'autres espèces qu'il côtoie. La population n'est pas une foule passive mais une unité dynamique, soumise à des flux, des tensions et des régulations. La densité entretient la compétition entre les individus (compétition intraspécifique), pour l'accès à la lumière, pour l'expansion du pain racinaire. La population se modifie continûment et son occupation de l'espace varie dans le temps. Les callunes partagent ce même territoire avec des ajoncs d'Europe, tout aussi nombreux, et les deux populations développent entre elles et avec le milieu des ***liens de dépendance.*** D'autres espèces, appartenant au cortège floristique du versant, ajoutent leurs populations, nombreuses ou faibles, concentrées ou dispersées. Tous ces végétaux forment une biocénose, aussi dynamique que la population, mais à un niveau plus élevé d'intégration du vivant. Des variables nouvelles la décrivent et expriment son fonctionnement, l'abondance, la fréquence, la constance, la dominance, les rythmes phénologiques et les synusies propres aux espèces qui la composent.

Un ***biotope*** lie un humus, la physique du sol (aération et alimentation en eau) et la végétation. Établir les groupes d'espèces indicatrices présentes est le meilleur test biologique pour caractériser un biotope.

Au pied du versant le milieu se modifie. Les sols s'approfondissent, l'eau reste plus longtemps dans les profils. Les populations changent. Des ligneux apparaissent, la lande se boise. Callunes et ajoncs, héliophiles, se font plus rares. Une autre communauté s'impose. Chaque ***biocénose*** est ainsi liée à un milieu abiotique qui en constitue le biotope. L'association fonctionnelle fondée sur des relations réciproques d'un biotope et de sa biocénose constitue un écosystème. Des échanges constants de flux de matière, d'énergie et d'information existent entre tous les organismes qui le composent. Une interrogation majeure de la biogéographie est la place de l'homme dans l'écosystème. Cette lande du Menez Hom est-elle naturelle, doit-elle son existence à l'action d'une société humaine ou procède-t-elle des deux origines ? L'homme est-il perturbateur, acteur ou partie prenante de cet écosystème ? Ce débat est parfois une question de vocabulaire (on a pu parler de la ville comme d'un écosystème), mais aussi de méthode, voire de croyance.

Une ***biocénose*** est un « groupement d'êtres vivants rassemblés par l'attraction non réciproque qu'exercent sur eux les divers facteurs du milieu », selon la définition qu'en donna Mobius en 1877.

Les plantes caractéristiques de cette lande bretonne sont la Callune, *Calluna vulgaris,* et l'Ajonc d'Europe, *Ulex europaeus.* Toutes les landes qui existent en France ou dans d'autres régions du monde n'abritent pas nécessairement ces deux espèces, qui ont une distribution géographique précise, définie par une aire et des limites. La localisation de leurs aires fait de la Callune une eurasiatique et de l'Ajonc d'Europe une subatlantique. En Bretagne, ces deux aires se recoupent. La ***chorologie*** spécifique impose ses règles à la composition floristique de tout groupement végétal pris à l'échelle régionale ou locale (Cf. documents commentés, p. 341 et 346).

La ***chorologie*** est l'étude de la distribution géographique des espèces prises isolément, sans considérer le milieu qui les entoure ni les autres espèces qui les accompagnent dans ce milieu.

La dynamique des sociétés végétales

Sur les terres natives, du sol nu au couvert. Les scientifiques ont suivi, parfois avec un recul de plus d'un siècle, les conquêtes végétales de nombreuses terres nouvelles. Cinquante ans après l'explosion du Krakatau (îles de la Sonde) en 1883, volcan distant d'une quarantaine de kilomètres de Java, plus de cent cinquante espèces de végétaux supérieurs avaient fait la traversée du bras de mer et la forêt tropicale avait réoccupé des territoires minéralisés.

À la Réunion, les versants du piton de la Fournaise sont périodiquement recouverts de coulées de lave. Les conquêtes végétales ont été analysées sur quatre coulées d'âges : 14, 29, 47 et 59 ans. Les lichens sont les premiers colons mais, très vite, les espèces ligneuses dominent dans les stades successifs de la colonisation. 25 000 arbres et arbustes par hectare ont été dénombrés sur la coulée de 14 ans, dont 90 % appartiennent à deux espèces. Ils forment des fourrés denses dominés par les plantes pionnières, héliophiles et anémochores. Cette phase est courte, car montent en puissance les arbres à fruits charnus, disséminés par les oiseaux (ornithochores), qui trouvent dans les fruticées un environnement biotique favorable à leur expansion. Les espèces les plus agressives sont un Troène (appelé ici la « peste végétale ») et le Goyavier. Cinq espèces introduites dans la flore de l'île représentent 70 % des ligneux à fruits charnus.

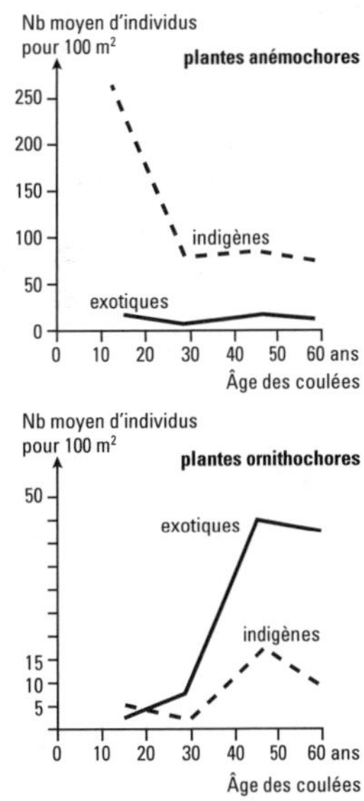

Source : D. Strasberg. *Processus d'invasion par les plantes introduites à la Réunion...* Écologie, tome 26, fasc. 3, sept. 95.

Fig. 16 : dynamique végétale sur des coulées de lave du Piton de la Fournaise

Les îles émergeant de l'océan sur les dorsales océaniques sont d'autres lieux favorables à ces observations. Citons la petite île de Surtsey, 1,5 sur 1,2 km, née en 1963 d'une éruption sous-marine à 20 km au sud de l'Islande. Les plantes à graines littorales ont conquis quelque milliers de mètres carrés dans le nord-est de l'île, les mousses, en revanche, ont couvert plus du quart de la surface en quelques années.

Hors les domaines bioclimatiques abiotiques, tout espace minéral se végétalise. Sur une coulée de basalte refroidie, des alluvions abandonnées par la crue, un versant dénudé par **l'incendie,** des décombres urbains, une « friche industrielle », un champ de bataille, des plantes pionnières s'installent vite, puis des groupements s'organisent peu à peu et évoluent selon leurs lois propres.

Toute vie ne disparaît pas des collines méditerranéennes « dévorées » par **l'incendie.** Le feu n'est pas l'ennemi absolu de la forêt. C'est même un acteur de la vie des écosystèmes, comme l'ont montré les reconquêtes végétales qui ont suivi de grands incendies dans le parc de Yellowstone, aux États-Unis. La disparition des grands arbres favorise l'insolation, l'éclosion de graminées, la germination des arbustes héliophiles, réactive des cortèges floristiques endormis. Les graines de pins germent dès la fin du sinistre ; celles des cistes se libèrent d'une coque très dure que le feu a fait éclater ; le chêne-liège protège ses bourgeons sous son rhytydome épais ; le romarin, pyrorésistant, renaît avec vigueur de sa souche ; celle du chêne vert survit à la combustion des houppiers. La plaie appelle la cicatrice, donc le temps. Ce temps que n'a pas le résident secondaire ou le journaliste.

Une ***série de végétation*** groupe les paysages végétaux qui se succèdent en un lieu, depuis le sol nu ou la culture abandonnée jusqu'à un stade, désigné sous le nom de *climax,* généralement forestier sous nos latitudes.

Le concept de ***série de végétation*** s'est dégagé des analyses répétées de sites pendant de longues périodes, les uns portant des formations stables, les autres animés de dynamiques végétales rapides, lisières forestières, terres cultivées quand la pression humaine s'atténue ou disparaît. Les observations ont montré la constance de l'évolution, par stades successifs, des formations basses vers les formations forestières. S'est forgée l'idée de l'existence de forces dynamiques qui, appliquées sur un ensemble territorial, conduisent les groupements végétaux qui le peuplent vers une formation stable et auto-entretenue dans des conditions d'environnement précises et constantes. On a nommé ce stade d'équilibre le **climax.** La stabilité du stade climacique d'une formation végétale persiste tant qu'aucune modification n'intervient dans le milieu, changement climatique, intrusion d'agents perturbateurs, dont, évidemment, l'homme (Cf. *infra*, p. 337).

Climax : signifie échelle ou gradation ; à ne pas confondre avec climat, *klima,* inclinaison (d'un point de la Terre par rapport au Soleil). Ce terme clef de la biogéographie et de l'écologie, né au début du siècle, recouvre de très nombreuses définitions. Ainsi : « État d'équilibre atteint par la végétation spontanée sous l'action du milieu naturel tant physique que biotique en excluant l'action humaine directe ou indirecte au moins sous sa forme actuelle généralisée » (citée par P. Daget et M. Godron, Cf. bibliographie). Le mot est source de confusions. Il est ambigu et a donné naissance à de nombreux dérivés, comme *paraclimax,* « nouvel équilibre d'une formation due à l'action de longue durée de l'homme et différent du climax primitif » ou, pour certains auteurs, « climax de plantes exotiques bien acclimatées » (*idem,* les auteurs proposent 80 définitions). Sur la Terre actuelle, sous la pression des hommes, les climax sont devenus bien rares.

2 L'ESPACE - TEMPS DE LA CONQUÊTE VÉGÉTALE DU GLOBE

Telles des chaussées de blocs géants, les concrétions calcaires rubanées des Stromatolites pavent les plages tropicales de l'Australie occidentale. Elles sont construites par des bactéries chlorophylliennes (cyanobactéries, *kuanos,* bleu), lointaines descendantes de bactéries identiques qui édifiaient au précambrien, voici deux milliards d'années, des architectures semblables. Sur les rochers de grès de la forêt de Fontainebleau s'épanouissent les grandes rosaces des lichens incrustants ; au creux de minces fissures se blottissent les mousses, en touffes ternes qui reverdissent aux premières gouttes de pluie. Les sols plus profonds abritent tous les embranchements du règne végétal ; sous les litières les champignons tissent leurs hyphes ; hors du tapis des fougères s'élancent les ligneux, gymnospermes et angiospermes. Au temps annuel ou séculaire de l'individu se superpose celui de l'espèce, en centaines de milliers ou millions d'années. L'espace est un livre du temps.

À l'échelle des temps géologiques (que nous ne faisons qu'évoquer, Cf. bibliographie), la progressive diminution du rôle de l'eau, longtemps essentiel dans la reproduction des êtres vivants, est un fil conducteur de la biologie et de la biogéographie. Le moteur en fut la pression de conquête sur les milieux continentaux nus. À l'ère primaire, animaux et végétaux quittent l'océan en suivant des itinéraires parallèles sur les marges… littorales, les lagunes, les estuaires. Puis les plantes se redressèrent en même temps qu'elles s'enracinaient. La stratification commençait à organiser les peuplements.

À chaque changement climatique du globe la biosphère connut des modifications qualitatives et quantitatives des offres bioclimatiques et trophiques. Ainsi, près de nous, les **fluctuations des disponibilités** thermiques et hydriques et celles des stocks nutritionnels ont été considérables depuis la fin de l'ère tertiaire.

Changements climatiques et fluctuation de l'offre trophique. Au début du pliocène, qui dure 4 millions d'années, de - 6 millions à - 2 millions d'années, le climat de l'Europe est tropical humide et chaud. Dans ce bon milieu d'accueil, les couvertures végétales sont forestières, mélange d'arbres caducifoliés et sempervirents. Les séquoias et les chênes voisinent. Le refroidissement qui s'installe à partir de - 3 millions d'années modifie profondément l'offre trophique. La succession alternée de quatre périodes froides, dites glaciaires dans les latitudes tempérées, et de périodes chaudes, dites interglaciaires, rythme les 1,8 million d'années du quaternaire, modifiant à chaque épisode la distribution des ressources et de la biomasse globales. Certaines estimations avancent 290 gigatonnes de carbone (10^{12} kg) pour les phases glaciaires, et 840 gigatonnes pour les interglaciaires, voire 1 000 gigatonnes durant l'optimum climatique de l'holocène, soit plus du triplement. 10 000 ans d'activité humaines, défrichement et déforestation surtout, auraient ramené l'offre de carbone à 560 gigatonnes.

La flore pliocène recula au début du quaternaire, sous les assauts répétés du froid. Beaucoup de populations disparurent sur le littoral ou au pied des montagnes alpines et pyrénéennes qui, à l'inverse, jouèrent le rôle de barrière pour les phases de reconquête. Le berceau de notre flore actuelle, bien étroit, pour partie le long du littoral sud aquitain et méditerranéen, se situait hors du territoire, vers le sud et le sud-est (Cf. fig. 17).

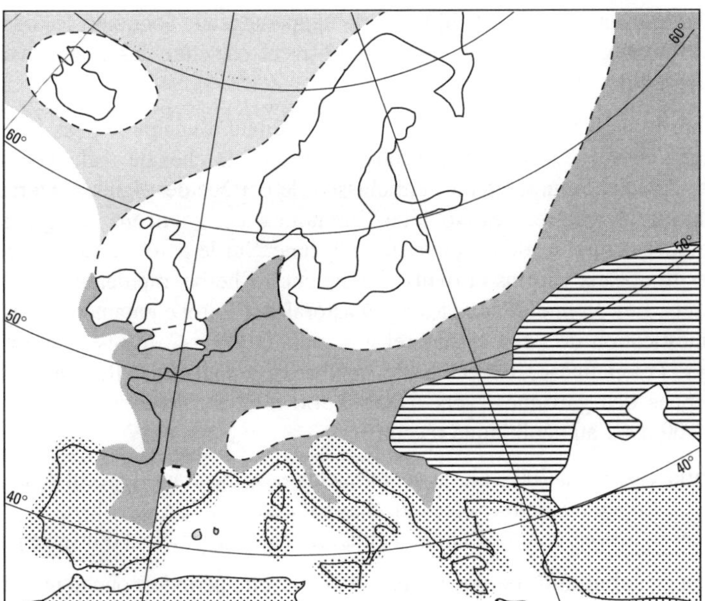

D'après A. Foucault, (Cf. bibliographie p. 20).

Fig 17 : l'Europe glaciaire et périglaciaire

La dynamique du postglaciaire, sous les regards et les premières interventions de l'homme

L'homme était présent sur le territoire français bien avant les flores et les végétations actuelles. Les hommes de Cro-Magnon (*Homo sapiens sapiens*) vivent la fin de la période froide, ou tardiglaciaire (15 000 -10 000 ***BP***), dans un environnement périglaciaire de toundra. Leur économie de subsistance est fondée sur la chasse, la pêche et la cueillette. Ces hommes sont prédateurs dans un écosystème steppique aux ressources duquel ils s'adaptent et qui règlent leurs effectifs.

Deux ***échelles*** conventionnelles des temps coexistent : une chronologie « chrétienne » (av. et apr. J. C : ***a.C.*** et *p.C.* (*ante Christum, post Christum*) ; une chronologie normalisée dont l'an 0 est 1950 (date du congrès géologique de Londres) ; on note alors les âges ***BP*** (*before present*).

Avec le début du **postglaciaire,** la steppe froide recule vers le nord, l'arrivée du front forestier modifie les flores et les faunes. Le Mammouth, le Rhinocéros laineux, le Bœuf musqué disparaissent. Le tableau des ressources se modifie, pour les animaux comme pour les hommes. La concurrence s'installe pour la conquête de niches écologiques ou la survie dans celles déjà occupées. Dans le nord de la Grèce, les analyses de dépôts et de restes végétaux montrent la fermeture progressive des paysages, jusqu'à 8 000 ***a.C.***, avec l'augmentation synchrone des précipitations et du couvert forestier. Plus au sud, l'Argolide voit l'extension précoce d'une garrigue méditerranéenne.

Au **préboréal,** qui commence vers 8 200 *a.C.,* le climat se réchauffe mais reste instable et assez froid. À partir de leurs refuges méridionaux (Espagne, Italie), les ligneux reconquièrent un espace ouvert favorable aux espèces pionnières. Les sols de ces vastes surfaces steppiques piquetées d'arbrisseaux sont squelettiques, la luminosité est forte ; les plantes pionnières sont des héliophiles frugales. Montent vers le nord, à grandes marches, le Pin sylvestre, le Noisetier et les Bouleaux. La forêt claire s'installe, la stratification s'étoffe, des microclimats forestiers apparaissent. Les hommes quittent les cavernes, assistent au départ des Ongulés herbivores, rennes et chevaux, qui cèdent le même terrain que les steppes et les prairies. Les biomasses vivante et morte augmentent, les litières épaississent, les horizons humifères se structurent. La pédogenèse forestière s'intensifie. L'impact de l'homme sur les paysages commence à se manifester.

Au début du **boréal,** 6 800-5 500 *a.C.,* la nappe végétale conquiert les pentes des massifs montagneux ; l'étagement s'amplifie et structure les grands versants ; l'étage alpin devient un refuge.

À l'**atlantique,** 5 500-2 800 *a.C.,* le Chêne, profitant d'une période assez humide, colonise l'espace. La forêt caducifoliée s'installe, la chênaie mélangée s'étend. Ormes, Tilleuls, Frênes, Érables enrichissent le cortège des ligneux. Durant cette maturation forestière, les sociétés humaines commencent à agir sur les dynamiques naturelles de la couverture végétale. Sur le pourtour de la Méditerranée, les troupeaux caprins et ovins s'attaquent à l'herbe, rapidement à l'arbre et aux forêts. Les premières sociétés agropastorales d'Europe entament le processus de domestication de l'espace naturel grec vers 6 000 *a.C.*. Dans le sud plus sec du pays, Péloponnèse, Thessalie, de nombreux villages installent leurs terroirs aux dépens des garrigues, vers 6 000 -5 300 *a.C.* Le nord du pays est atteint vers 4 500 *a.C.,* au néolithique récent.

Au **subboréal,** 2 800-700 *a.C.,* un net rafraîchissement entraîne le recul de la chênaie mixte et l'arrivée du Hêtre, venant du Sud-Est européen. Les premières régressions d'espèces ligneuses, comme l'Orme, se manifestent, qui semblent d'origine humaine.

Le début du **subatlantique,** à partir de 700 *a.C.,* notre période, connaît une augmentation des précipitations moyennes. Le Hêtre avance ; en Belgique moyenne, il constitue des hêtraies presque pures. De l'Est arrivent le Charme et, dans les bagages des groupes humains qui migrent, le Noyer et le Châtaignier. Sapins et Épicéa gagnent du terrain. Bien sûr, à l'instar de nos forêts actuelles, la diversité des cortèges est entretenue par la marqueterie bioclimatique du territoire. L'accroissement démographique, l'expansion de l'agriculture itinérante accentuent l'emprise de l'homme. Les clairières s'étendent ; les cycles défrichement, culture, abandon, stades pionniers de la reconquête sylvatique, se succèdent. L'archéologie du paysage, discipline en plein développement, permet de reconstituer d'anciennes structures agricoles dans les massifs forestiers actuels (établissements gallo-romains en forêt de Brotonne près de Rouen, par exemple). Beaucoup de nos massifs actuels ont été partiellement ou totalement défrichés au moins une fois lors des temps préhistoriques et historiques.

L'ornementation d'un grain de pollen (croquis) permet au palynologue d'identifier l'espèce qui l'a émis. L'analyse ***pollinique*** est l'étude statistique des pollens, ou spores, conservés dans les sédiments. Elle s'appuie sur des clés d'identification, des banques d'échantillons, des comparaisons avec des pollens prélevés sur des plantes actuelles. Le stock pollinique d'une période donnée est classé en proportion de chaque taxon ; les résultats sont présentés sur un ***diagramme pollinique.***

Les cortèges faunistiques du postglaciaire évoluent sous le double effet des modifications climatiques et de l'homme. Les grands herbivores sont les espèces les plus touchées, par la régression des territoires de parcours, la domestication et la mise en culture. Une chronique de saint relate la mort de l'Auroch dans les collines du Perche au VIe siècle. Le Bison était peut-être encore présent au XIIIe siècle, avec des troupeaux de chevaux sauvages, dans les prairies de fond de vallées. Seul l'Ours, par son régime omnivore, a réussi à compenser, jusqu'à nos jours, la réduction continue de ses biotopes.

Les ***archives polliniques*** du postglaciaire nous apportent les belles successions de végétations qui accompagnent et traduisent la progressive conquête de terres froides et nues abandonnées à la fin du würm.

Fig. 18 : diagramme pollinique des 140 derniers millénaires pour trois régions du monde

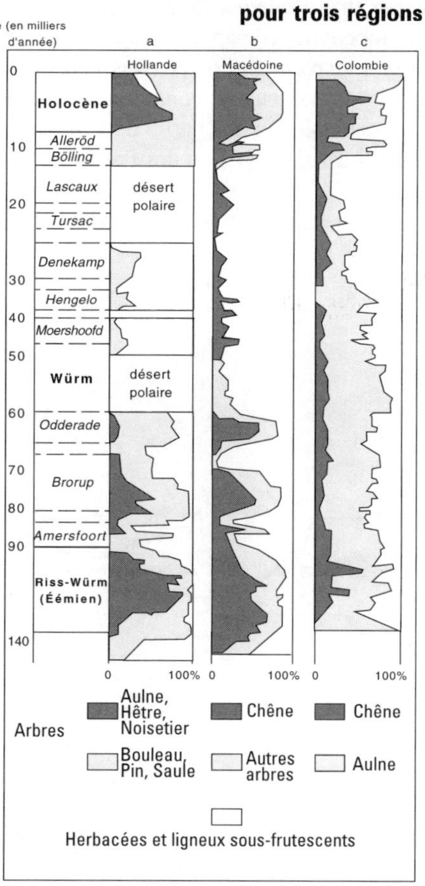

3 grains de pollen

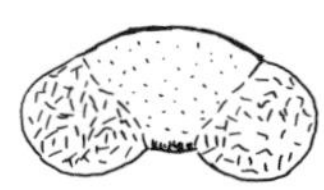

Pin Sylvestre

Aulne

Noisetier

D'après M. Théobald, *Fondements géologiques de la préhistoire*, Paris, 1972, Doin.

Le ***chancre du platane*** est provoqué par un champignon (*Ceratocystis*) qui pénètre dans les tissus du bois à la faveur de l'élagage de l'arbre. L'agent pathogène est proche de celui de la maladie hollandaise de l'orme, dont le vecteur est un insecte.

Fruit rouge au menu précolombien des tribus mexicaines Nahuati, la *tomatl* est la *Lycopersicum* (pêche de loup) cousine de nos toxiques Mandragore et Belladone. Rapportée par Colomb, elle fut reléguée au fond des jardins botaniques. Au XVIIe siècle, la *pomodoro* entre au menu des Italiens, pour les sauces. Sa culture s'étend très vite dans le bassin méditerranéen, elle devient un fruit-légume populaire. Elle n'est croquée crue qu'au XXe siècle. En 1990, la France a produit 720 000 tonnes de tomates sur 12 000 ha, 6,3 % de la production de la CEE (11,4 millions de tonnes).

Les plantes dans le tumulte des sociétés humaines

Les végétaux ont toujours accompagné les déplacements de peuples ou les mouvements économiques. Des arbres voyageurs, arrachés, transportés, plantés par l'homme ont essaimé, se sont acclimatés, parfois très loin de leurs lieux d'origine, dans les arboretum et dans les milieux libres. Sur les plateaux lorrains près de Verdun, quelques châtaigniers témoignent des lignes de front de la Première Guerre mondiale, enfants des colis de Noël adressés aux soldats méridionaux. À leurs côtés, les pins noirs d'Autriche, introduits sur les friches calcaires et en Champagne sèche au XIXe siècle, après avoir été les colons du reboisement des versants dénudés par la torrentialité dans le massif de l'Aigoual et les Alpes du Sud, furent, sur plusieurs milliers d'hectares aux côtés des épicéas, les fantassins de la forestation des champs de bataille, entre 1929 et 1932.

Les maladies aussi se déplacent avec les hôtes de l'agent pathogène et/ou de leurs vecteurs. Le ***chancre du platane,*** maladie introduite par les troupes américaines en 1944 -1945, a sévi durant une vingtaine d'années dans le Midi méditerranéen, à Marseille comme à Barcelone, et a frappé durement des milliers d'arbres d'alignement.

La plupart des légumes ou des ***fruits*** qui garnissent nos tables racontent l'odyssée des plantes alimentaires, après les premières domestications qui se produisirent entre 10 000 et 7 000 *a.C.* en plusieurs parties du monde. L'histoire de l'**Arachide** (fig. 19) comme celle du Manioc sont de vraies sagas. Ce dernier, géophyte à tubercule, est membre de la grande famille cosmopolite des Euphorbiacées, comptant plus de 10 000 espèces de tous types biologiques. Originaire du nord-ouest du Venezuela, l'espèce fut introduite en Afrique par les Portugais venant du Brésil. Sous forme de tapioca, farine du tubercule, elle apporte aujourd'hui 40 % des calories alimentaires du continent noir. Elle prend une place croissante dans les économies de l'Inde, de Java, du Vietnam. Mais sa culture conduit à la déforestation de vastes surfaces, en Thaïlande, par exemple, où une partie de la production est dirigée sur… les porcheries industrielles d'Allemagne ou des Pays-Bas !

Fig. 19 : les chemins présumés de l'arachide, *Arachis hypogea*

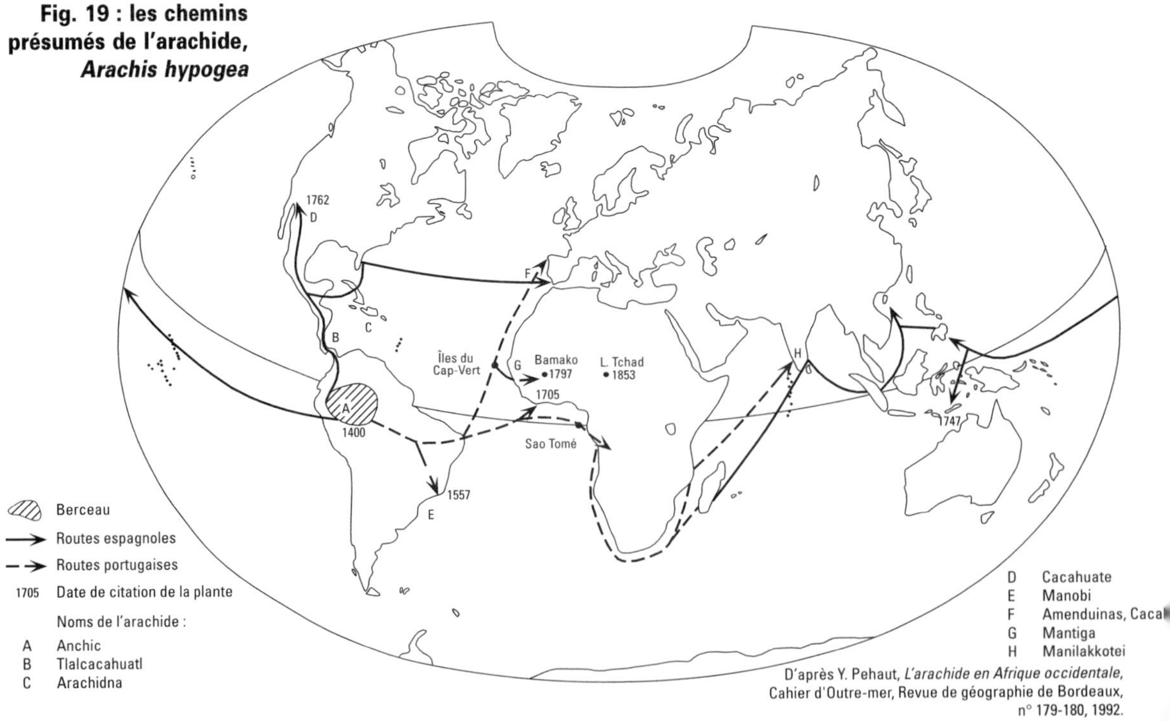

D'après Y. Pehaut, *L'arachide en Afrique occidentale*, Cahier d'Outre-mer, Revue de géographie de Bordeaux, n° 179-180, 1992.

La géographie de la fleur coupée, aux premiers rangs occupés par la rose, le chrysanthème et l'œillet, montre bien la profondeur des échanges intercontinentaux. Loin derrière les Pays-Bas (59 % des exportations mondiales), les pays tropicaux arrivent en bonne place, alors que leur consommation est négligeable : la Colombie, deuxième (10 %), le Kenya, sixième (2 %) ; le Zimbabwe est huitième devant la France (1 %). Ce classement traduit la compétitivité de l'horticulture dans l'hémisphère austral, fondée sur le triptyque du soleil gratuit, des espaces vierges et d'une main-d'œuvre peu exigeante. La serre européenne a de sérieux concurrents. Aujourd'hui, comme pour les fruits et légumes, on trouve de tout, à tout moment ; l'espace a rattrapé le temps.

La tulipe, fleur de nature, de champ, de serre. La flore de France compte une quinzaine d'espèces et variétés de Tulipes sauvages (*Tulipa sp*), surtout dans les Alpes de Savoie et du Dauphiné et dans le Midi. Cette géophyte à bulbe est attachée aux paysages créés par l'homme, dans le cortège des messicoles des céréalicultures peu intensives, dans les pelouses sèches des *saltus* méditerranéens. *Tulipa sylvestris,* vivace à fleurs jaunes, est très répandue dans le bassin méditerranéen, sur friches et pelouses rocailleuses, dans les vergers, les vignes et les champs. La régression actuelle de la flore, liée aux transformations des pratiques agricoles, à l'urbanisation, à l'arrachage, a suscité un programme de sauvetage. La tulipe horticole, venue du Moyen-Orient, alimente une industrie et des échanges européens et internationaux (avec le Zimbabwe, par exemple). Cette horticulture est créatrice de paysages très typés, des pleins champs (en plaine de France, au nord du Bourget, par exemple) et des serres, comme dans la région de l'Europoort, entre Rotterdam et la mer.

La notion de biodiversité, ou diversité biologique, a récemment pénétré la sphère du citoyen (*tableau 8).* La définition officielle inclut « la variabilité génétique à l'intérieur des espèces et de leurs populations, celle des espèces et de leurs formes de vie, la diversité des complexes d'espèces associées et de leurs interactions, et celle des processus écologiques qu'ils influencent ou dont ils sont les acteurs ». La biodiversité donne aux espèces, aux populations et aux communautés les ressources génétiques nécessaires pour faire face aux bouleversements environnementaux qui peuvent les assaillir. Elle fournit aussi aux hommes la capacité potentielle de faire face aux changements de l'environnement, progressifs ou soudains.

Tableau 8 : nombre estimé d'espèces dans le monde et leur rareté

Groupes	Nombre d'espèces identifiées	Nombre total d'espèces estimé	% d'espèces identifiées	Nombre d'espèces rares	% espèces rares/espèces identifiées
Mammifères, reptiles et amphibiens	14 484	15 210	95	728	5
Oiseaux	9 040	9 225	98	683	8
Poissons	19 056	21 000	90	472	3
Plantes	322 311	480 000	67	-	-
Insectes	751 000	30 000 000	3	895	< 1
Autres invertébrés et micro-organismes	276 594	3 000 000	9	530	< 1
Total	1 392 485	33 525 435	4		

Source : Banque mondiale, 1992.

L'orme renaît par la génétique. *Ulmus resista,* marque déposée, est un hybride d'Orme obtenu à partir de sujets reconnus résistants à la graphiose. Près de 40 000 plants sont maintenant vendus par an, dans toute la France. Le principal objectif est la replantation dans les haies. Mais la graphiose continue ses dégâts ; l'homme a contourné la maladie… jusqu'à ce que le champignon s'adapte et agresse les variétés actuellement résistantes.

Sous la pression des technosciences, la variation géographique des génomes et, partant, l'existence de races géographiques sont aujourd'hui menacées. La diminution des effectifs comme celle de l'aire de répartition de certaines espèces entraînent un appauvrissement de la ***diversité génétique,*** qu'on commence à mesurer. Rappelons la diminution drastique de certaines faunes sauvages, comme les populations de l'Éléphant ou du Chimpanzé. Le patrimoine héréditaire d'une espèce, qui est la base du stock de variabilité du génome, souffre de la faiblesse des effectifs. Les conséquences sont la perte du pouvoir d'adaptation à des conditions de milieux nouvelles et celle de la vitalité intrinsèque. C'est aussi l'isolement, voire le confinement, pour de petits effectifs. Dans des aires résiduelles, les forêts sont réduites à des îlots boisés, à des réserves végétales et animalières. Dans ces espaces souvent isolés par les barrières des voies de transport et de l'urbanisation, le danger est grand de la létalité génétique, surtout pour les grands mammifères. La survie des races a été sacrifiée à l'élevage, l'agriculture, la culture florale. La banque génétique, ultime refuge ?

Document commenté

Distribution et combinaisons d'espèces

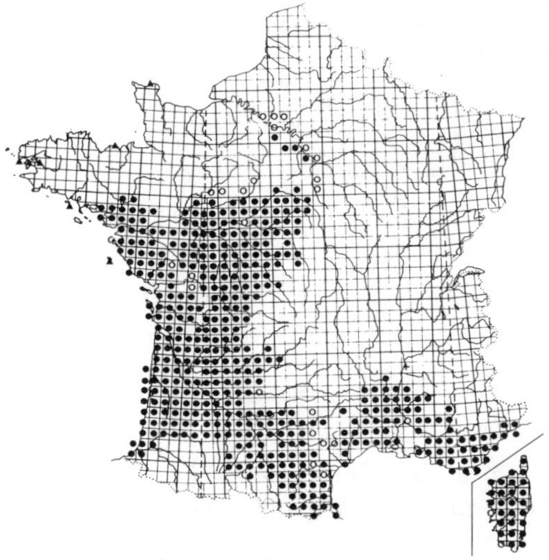

Fig. 20 : Erica scoparia
(Dupont P. (et col.), MNHN, 1990)

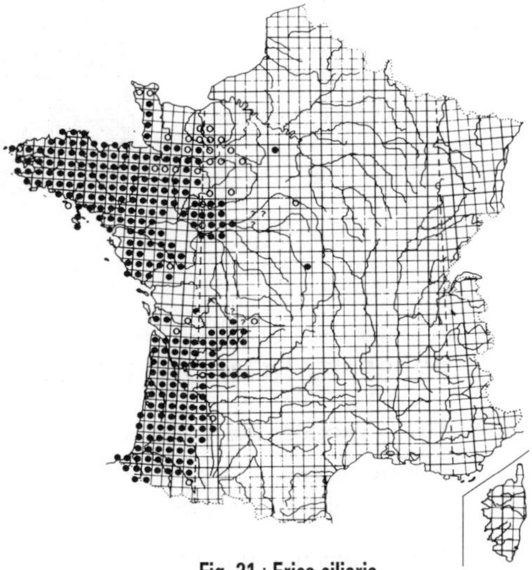

Fig. 21 : Erica ciliaris
(Dupont P. (et col.), MNHN, 1990)

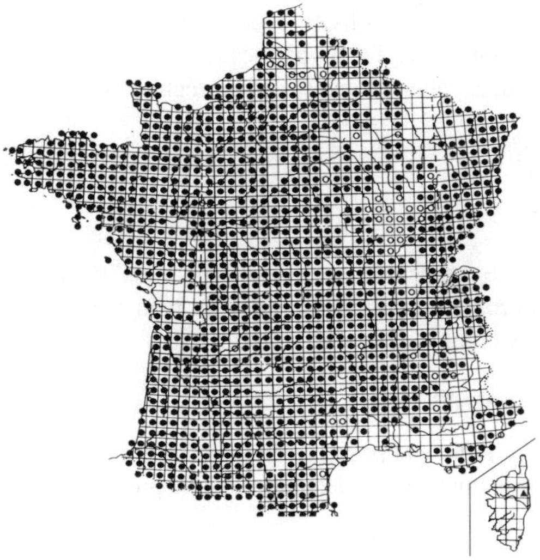

Fig. 22 : Calluna vulgaris
(Dupont P. (et col.), MNHN, 1990)

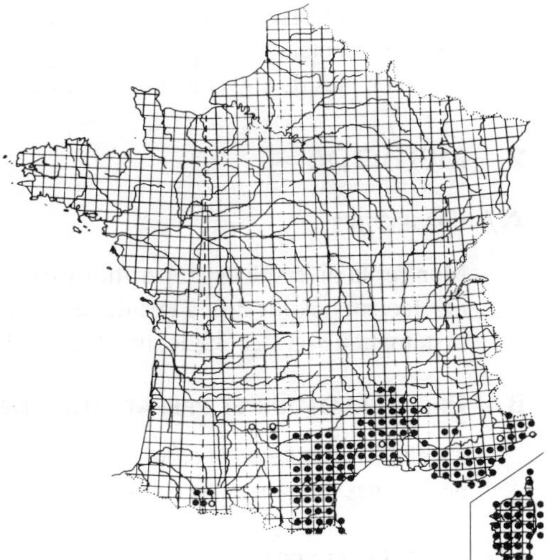

Fig. 23 : Erica arborea
(Dupont P. (et col.), MNHN, 1990)

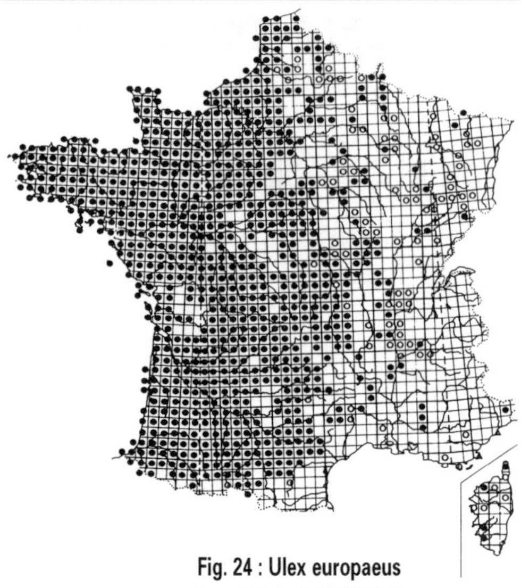

Fig. 24 : Ulex europaeus
(Dupont P. (et col.), MNHN, 1990)

1 - PRÉSENTATION DES DOCUMENTS

Titre et source des documents

Les cinq cartes de répartition des espèces *Calluna vulgaris, Erica arborea, Erica ciliaris, Erica scoparia* et *Ulex europaeus,* sont tirées de l'*Atlas partiel de la Flore de France* (cf. bibliographie).

Nature des documents

L'atlas propose une carte de localisation et une courte notice pour chacune des 628 espèces qu'il recense. La France est découpée en 1 551 carrés de 20 km de côté. Un carré blanc signifie absence de l'espèce, un cercle, observation de l'espèce avant 1960 (date du début du travail de l'auteur), un disque, observation depuis 1960 (ce qui ne signifie pas que l'espèce n'ait pas été observée avant cette date). Un triangle signifie que l'espèce est naturalisée ou subspontanée, observée depuis 1960 (ex. : *Calluna vulgaris,* en Corse). Les sources d'information sont d'une part les listes répertoriées dans les flores et catalogues botaniques régionaux parus depuis plus d'un siècle, d'autre part les relevés de terrain d'un réseau de plus de 300 collaborateurs. Ces cartes d'état appellent des mises à jour régulières.

2 - MÉTHODE

A/ Objectifs

Montrer la diversité des répartitions spécifiques et l'existence de types de distributions. Rechercher des facteurs explicatifs à ces distributions. La chorologie (*khôra,* pays) est, au même titre que la systématique ou l'écologie, un élément de différenciation floristique.

B/ Problématique et préparation des documents

L'unité de compte est le carré territorial. Ces cartes n'indiquent pas de fréquence d'observation. Elles ne font pas référence à la formation végétale. Leur maniement ne demande aucune préparation.

C/ Mise en garde

Ces cartes, qui exigent pour leur réalisation une connaissance très fine du terrain (passé au « peigne fin »), traduisent un état actuel de la recherche et sont, dans l'espace et le temps, susceptibles de modifications, d'ajouts comme de retraits.

3 - ANALYSE ET COMMENTAIRE

A/ Quelques caractères phytogéographiques des espèces

Aperçu botanique

Ces cinq espèces sont groupées en trois genres qui appartiennent à deux familles. Les genres *Erica,* les Bruyères, et *Calluna,* la Callune, sont des Éricacées (les genres se différencient par leurs pièces florales) ; *Ulex,* les Ajoncs, est une Fabacée (*faba,* la fève) ou Papilionacée (fleur jaune à symétrie axiale ressemblant à un papillon), qui appartient à l'ordre des Légumineuses (du nom du fruit appelé gousse ou légume).

Les Éricacées comptent plus de 3 000 espèces répandues sur tout le globe, la majorité des genres dans l'hémisphère boréal. Ces chaméphytes ou nanophanérophytes, arbustes ou arbrisseaux, habitent surtout les régions océaniques et les montagnes. Les Éricacées vivent presque toutes sur des sols acides. Les fleurs ont des corolles en tube ou en clochette ; les semences de ces anémochores sont très légères. Parmi les huit genres de cette famille, les plus connus sont les Rhododendrons, les Azalées, les Callunes et les Bruyères.

Les Fabacées sont une famille très diversifiée, plus de 10 000 espèces, et de large extension (certaines plantes sont cosmopolites). Parmi ses représentants, les arbres du genre Acacia jouent un rôle majeur dans les régions tropicales sèches ; certaines espèces herbacées, Pois, Haricot, Fève, Arachide, sont des « légumes », d'autres, Luzerne, Trèfles, Sainfoin ou Soja, des plantes fourragères ; les Genêts et les Ajoncs sont des chaméphytes ou des microphanérophytes ligneux.

Tableau 9 : présentation des espèces

Espèces	Systématique	Physionomie	**Autécologie**
La Callune *Calluna vulgaris*	Genre *Calluna* (*calluno,* je nettoie, allusion à l'usage ancien des balais de « bruyère »)	Sous-arbrisseau atteignant un mètre de haut ; diffus à partir du collet, rejette de souche, sempervirent	Espèce héliophile, sur sols très secs à mouillés ; milieu nettement acide (humus mor, cf. chap. 8) ; sur matériaux variés siliceux
La Bruyère arborescente *Erica arborea*	Genre *Erica* (*ereiko,* je brise, allusion soit au pouvoir de certaines espèces de dissoudre les calculs rénaux, soit à la fragilité du rameau)	Arbrisseau de 1 à 3 m, microphanérophyte sempervirent de la strate arbustive. Petites fleurs blanches	Plante de milieu acide sur sols siliceux ; résistante à la sécheresse, aime la chaleur
La Bruyère ciliée *Erica ciliaris*	Genre *Erica*	Sous-arbrisseau de 30-80 cm ; chaméphyte sempervirent	Sur sols très secs à mouillés ; de milieu acide sur sols siliceux
La Bruyère à balais ou brande *Erica scoparia*	Genre *Erica*	Arbrisseau jusqu'à 2 m de haut, nanophanérophyte sempervirent	Héliophile, de milieu acide sur sols siliceux ; matériau parental sableux ou limoneux
L'Ajonc d'Europe *Ulex europaeus*	Genre *Ulex* (*ulê,* broussaille).	Arbrisseau de 1 à 4 m ; nanophanérophyte sempervirent ; feuilles transformées en épines	Héliophile ; de milieu peu acide à acide ; matériau parental siliceux

Formations végétales

Bruyères, Callune et Ajoncs marquent fortement de nombreuses formations végétales. On rapprochera la liste ci-dessous des analysesdes grands types de végétation du chapitre 9.

Dans les formations à strates arbustive et sous-arbustive dominantes, toundra buissonnante, franges supraforestières montagnardes tropicales et tempérées, landes atlantiques et médio-européennes, fruticées méditerranéennes, garrigues et maquis.

Dans la strate arbustive dominée des forêts plus ou moins claires, en lisières ou clairières des forêts tempérées, en sous-bois des forêts boréales, dans les forêts de montagne, sapinières, pessières et pinèdes.

B/ Les distributions spécifiques

Les cartes de répartition présentent des caractères géographiques bien marqués qui permettent de définir la distribution de chaque espèce sur le territoire français.

a/ La Callune

Lecture de la carte

La Callune est présente sur presque tout le territoire. Elle manque en Picardie, Champagne sèche, sur les plateaux lorrains, en Charente, sur un croissant Provence-Alpes du Sud, et sur pratiquement toute la Corse. L'espèce est indifférente au climat. Seule l'entrée édaphique peut apporter un début de réponse : substrats calcaires et sols carbonatés dominent dans les régions où elle est absente.

Bilan

La Callune est une espèce à distribution européenne. Elle est présente dans toute la France sur les terrains acides, des tourbières humides aux landes ou garrigues rocheuses sèches, du bord de la mer à l'étage subalpin. Rare en Corse, où elle est naturalisée. Une carte de l'hémisphère nord montrerait sa très vaste distribution sur le continent asiatique (cf. bibliographie). Sa chorologie est dite euro-sibérienne.

b/ La Bruyère arborescente

Lecture de la carte

L'espèce est présente uniquement dans le Midi méditerranéen et en Corse, avec quelques sites dans les Pyrénées. Elle remonte un peu vers le nord à la faveur du couloir rhodanien.

Bilan

La bruyère arborescente est une espèce à distribution méditerranéenne qui s'étend de Gibraltar à la rive sud de la mer Noire, et sur la façade atlantique de l'Espagne et du Portugal. L'auto-écologie explique cette localisation d'une espèce qui craint le froid et supporte bien la sécheresse estivale. Elle peuple en France les maquis et les bois.

c/ La Bruyère ciliée

Lecture de la carte

L'espèce se cantonne au littoral atlantique et ne dépasse pas une ligne Le Havre-Pau. Elle est absente de la basse Normandie et des plateaux calcaires des Charentes et du Poitou.

Bilan

La Bruyère ciliée est une espèce à distribution atlantique, qui aime les climats assez humides, doux l'hiver. Elle craint les milieux carbonatés. On la trouve aussi à de rares exemplaires en forêt de Rambouillet et dans le Cher où elle est classée espèce « protégée régionale ».

d/ La Bruyère à balais

Lecture de la carte

Les limites de l'aire sont bien marquées. En latitude, une ligne Lorient-Mulhouse (47°6 N), sauf pénétration le long de la vallée de la Seine. L'aire s'arrête au pied occidental du Massif central, elle est absente de toutes les montagnes, sauf les Alpes méditerranéennes.

Bilan

La Bruyère à balais est une espèce à distribution atlantique et méditerranéenne, dite méditerranéo-atlantique. Elle remonte vers le nord dans la douceur atlantique mais sa limite latitudinale est très nette.

e/ L'Ajonc d'Europe

Lecture de la carte

Cette espèce est présente sur presque tout le territoire à l'ouest d'une ligne Lille-Paris-Perpignan. Elle est absente de la France méditerranéenne et de la haute montagne alpine. Elle est dispersée dans les régions orientales.

Bilan

L'Ajonc d'Europe est une plante des plaines et des collines qui affectionne les climats doux et humides. Sa distribution est subatlantique ; elle a été introduite dans l'est, hors de son aire d'origine.

C/ Cortèges floristiques

Localisation d'un site par l'analyse de son cortège floristique

Soulignons que la précision du jeu ne vaut que dans les limites des cinq plantes retenues et de l'unité spatiale de référence, mais que son principe est de portée générale. Supposons deux relevés de terrain qui présentent les cortèges floristiques suivants.

- Relevé 1 : présentes : B. à balais, B. arborescente. (Absentes : Ajonc, Callune, B. ciliée.)
- Relevé 2 : présentes : Ajonc, Callune, B. ciliée. (Absentes : B. arborescente, B. à balais.)

Relevé 1

Regardons les aires des espèces présentes. Celle de la B. arborescente est la plus restreinte. Elle nous situe dans la seule région méditerranéenne, localisation que n'infirme pas l'absence de l'Ajonc et de la B. ciliée. L'absence de la Callune exclut les secteurs septentrionaux de l'aire, vallée du Rhône et haut Languedoc, et la Corse. L'étape suivante est l'analyse des carrés susceptibles d'abriter ce cortège : deux sur le littoral du Roussillon, quatre en Provence. Les possibilités de sites de ce cortège sont réduites à 10 carrés sur 1 500, soit 0,7 % du territoire.

Relevé 2

L'aire de la B. ciliée, la plus étroite, définit un territoire atlantique dont l'absence de la B. à balais exclut la partie méridionale. Seule une partie de la Bretagne et de la Basse-Normandie, le Perche, où Ajonc et Callune sont aussi présents, peuvent abriter ce cortège. Le nombre de carrés possibles s'élève à une centaine, soit 7 % environ du territoire.

4 - SYNTHÈSE ET PROLONGEMENTS

A/ Signification de l'exemple

La manipulation de ces cartes a répondu à trois questions de biogéographie. Le tracé de l'aire commune à des plantes dont on connaît les aires spécifiques ; la recherche des caractères de milieux que révèlent des cortèges floristiques contenant deux, trois, quatre ou cinq de ces espèces ; la détermination du cortège possible pour tout point du territoire.

B/ Application du canevas

La même démarche analytique peut s'appliquer à tout groupe de plantes dont on possède les distributions sur un territoire donné.

C/ Pour aller plus loin

Références : *La Flore forestière française* propose de petites cartes de répartition des centaines d'espèces étudiées. Consulter aussi le *Larousse des Arbres et arbustes.*

Document commenté

Quatre résineux en France

Fig. 25 : Épicéa commun

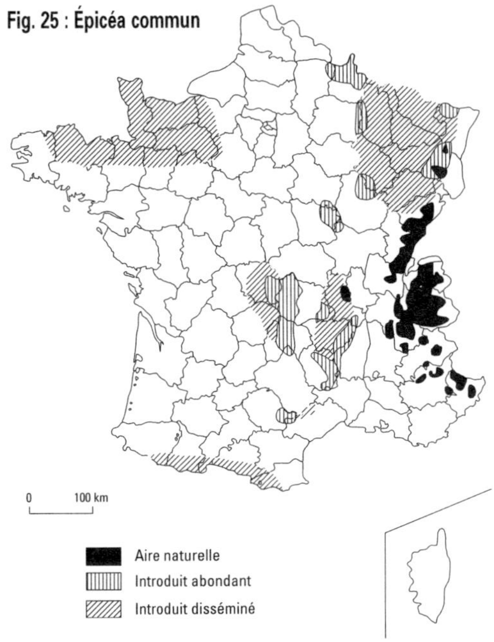

Fig. 26 : Pin maritime

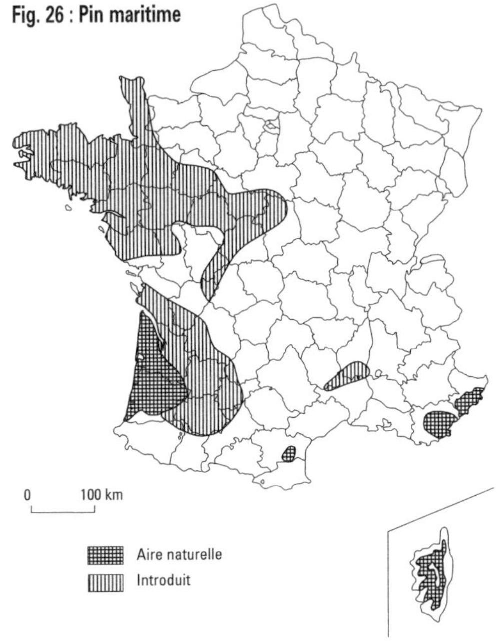

Fig. 27 : Pin sylvestre

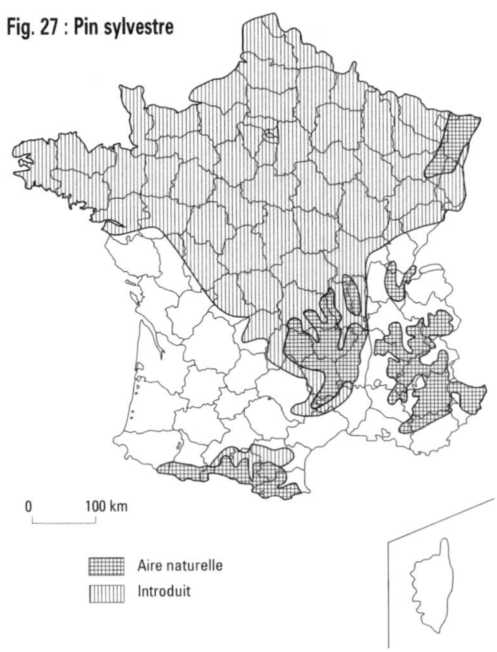

Fig. 28 : Sapin pectiné

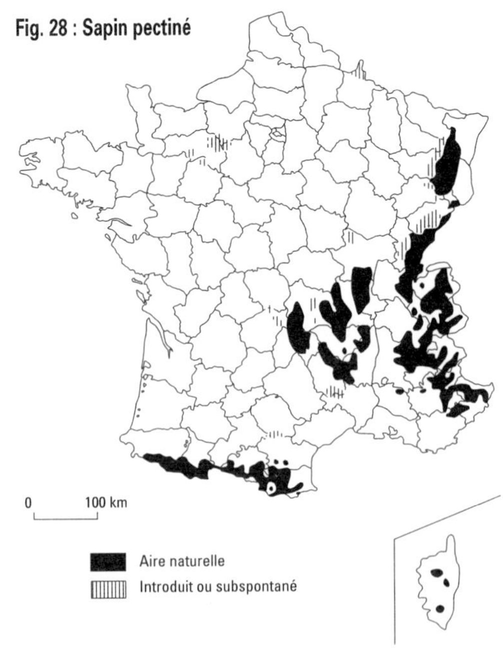

1 - PRÉSENTATION DES DOCUMENTS

Titre et source des documents

Quatre cartes de France à petite échelle montrent les aires naturelles et les aires d'introduction de quatre importants résineux de la flore française : l'Épicéa commun, le Pin maritime, le Pin sylvestre et le Sapin pectiné. Source : Rol R., *Flore des arbres, arbustes et arbrisseaux,* Paris, 1981, La Maison rustique.

Des fiches signalétiques apportent des informations sur les caractères biologiques et morphologiques, sur les biotopes de ces espèces.

2 - MÉTHODE

A/ Objectifs

- Une analyse de chorologie spécifique (ou autochorologie) comprend deux étapes :
  – la description géographique de l'aire de chaque espèce ;
  – la recherche des facteurs qui expliquent les distributions.
- Analyse de synchorologie. Plusieurs de ces arbres peuvent-ils se trouver dans une même forêt ? Si oui, le cortège floristique formé a une aire de distribution (dite synchorologique) définie comme l'intersection des aires des espèces qui le composent.

B/ Problématique et préparation des documents

Le fond départemental visible sur les cartes sert de repérage. L'analyse est menée sur chaque carte, puis sur des calques de superposition, dont un exemple est proposé pour l'aire Pin maritime + P. sylvestre.

a/ *Picea abies* : Épicéa commun (*Norway Spruce)*

Caractères morphologiques

Grand arbre pouvant dépasser 50 m de haut. Port régulier, conique, tronc élancé et droit jusqu'au sommet de la cime, toujours pointu. Les races de haute montagne ont un port columnaire, aux branches courtes et retombantes ; les races de plaine sont coniques, aux branches arquées (image archétypique du « sapin » de Noël). Aiguilles de 15 à 25 cm, persistantes, assez piquantes, insérées une par une sur le rameau par des coussinets, à la différence des pins (caractère diagnostique, CD). Enracinement superficiel.

Caractères biologiques

Espèce monoïque. Les cônes allongés, bruns, pendants, tombent entiers sur le sol (CD). Longévité de 300 à 400 ans. Ne rejette pas de souche et ne drageonne pas.

Habitat

Espèce peu exigeante qui croît sur des sols variés, carbonatés ou acides, secs ou humides, même tourbeux. Préfère les sols profonds, frais et égouttés. Très résistant au froid.

b/ *Pinus pinaster* : Pin maritime (*Maritime Pine*)

Caractères morphologiques

Hauteur moyenne 25 m. Port conique puis cylindrique dans la jeunesse, irrégulier à l'âge mûr (cime fourchue). Écorce crevassée verticalement, brun rougeâtre. Aiguilles persistantes, groupées par deux (CD des Pins).

Caractères biologiques

Espèce monoïque. Gros cônes ovoïdes, bruns qui persistent sur l'arbre plusieurs années en libérant les graines ailées (anémochorie). L'espèce compte de nombreuses races géographiques, considérées souvent comme des sous-espèces. Notons *Pinus pinaster pinaster,* le Pin mésogéen, au caractère méditerranéen marqué, et *P. pinaster atlantica,* le Pin des Landes, à caractère atlantique.

Habitat

Espèce frugale et sensible au froid. Exige des sols non carbonatés et beaucoup de lumière. Le Pin des Landes préfère les milieux tempérés plus humides que le P. mésogéen.

c/ *Pinus sylvestris* : Pin sylvestre (*Scots Pine*)

Caractères morphologiques

Aiguilles courtes et épaisses groupées par 2. L'écorce du tronc est à grandes plaques grisâtres, celle du houppier à petites écailles ocre rose (CD). Espèce très polymorphe. Races génétiquement différentes aux ports très variés ; troncs droits, élancés jusqu'à 40 m, 1 m de diamètre (race des Vosges), tronc court, noueux, bas-branchu (Alpes du Sud, Champagne (essence de reboisement).

Caractères biologiques

Espèce monoïque. Cônes petits, ovoïdes coniques, bruns, qui s'ouvrent sur l'arbre pour libérer les graines ailées.

Habitat

Essence frugale, très tolérante, à forte amplitude écologique : accepte les sols très secs à très humides, carbonatés à très acides. Résiste au froid, espèce de lumière, pionnière, mais résiste mal à la concurrence, comme beaucoup d'espèces frugales.

d/ *Abies alba* : Sapin pectiné (*Common Silver Fir*)

Caractères morphologiques

Atteint les plus grandes tailles : plus de 45 m de haut, diamètre jusqu'à 2 m. Conique jeune, puis aplatit son houppier mais la tige reste toujours droite. Écorce écailleuse, gris argenté. Courtes aiguilles persistantes insérées autour du rameau, mais disposées dans un plan (*pecten* = peigne, CD) avec deux lignes blanchâtres à la face inférieure. Enracinement puissant, profond, pivotant.

Caractères biologiques

Espèce monoïque. Grande longévité, plus de 500 ans. Les cônes, allongés dressés, se désarticulent sur l'arbre sans jamais tomber sur le sol (CD). Régénération naturelle aisée.

Habitat

Besoins contrastés. Espèce indifférente à la richesse chimique du sol (niveau trophique) ; craint les sols trop superficiels ; exige une humidité atmosphérique élevée et constante ; craint la sécheresse estivale. Tolère les hivers rigoureux, mais est sensible aux gelées tardives. Résiste bien au vent.

C/ Mise en garde

Pour être pertinent, le commentaire chorologique qui s'appuie sur les fiches signalétiques demande le recours à un atlas. On utilisera, entre autres, des cartes du relief, des précipitations, des températures, des types de climats et une carte départementale.

3 - ANALYSE ET COMMENTAIRE

A/ Étude des cartes de distribution

L'analyse des cartes de France est précédée d'un aperçu sur la distribution européenne des espèces.

- L'Épicéa est fréquent dans le nord de l'Europe. En plaine, il monte au-delà du cercle polaire en Norvège, Suède, Finlande, Pays baltes et Russie du Nord-Ouest. En Centre-Europe, c'est une montagnarde qui peuple la Thuringe, les Sudètes, les Carpates et les Alpes. En France, la carte présente trois types d'aires. L'aire naturelle est montagnarde et médio-européenne (Alpes, Jura et quelques sites dans les Vosges). L'Épicéa a été largement introduit en moyenne montagne, par reboisement ou boisement de terres agricoles, dans les Pyrénées, le Massif central, dont le Morvan ; et aussi en plaines et plateaux, dans le nord-est, sur le littoral breton et bas-normand de la Manche et dans les collines de Normandie et du Perche.

- Le Pin maritime est originaire du sud-ouest de l'Europe (France, Espagne et Portugal, Ligurie italienne). En France, les deux sous-espèces se partagent trois territoires naturels. Le Pin mésogéen marque les massifs des Maures et de l'Esterel (Var), l'arrière-pays niçois (Alpes-Maritimes) et les Corbières (Aude) ; le Pin des Landes habite le littoral aquitain. Ce dernier fut, avec le Pin sylvestre, l'essence des grandes vagues de forestation par enrésinement à partir de la seconde moitié du XIXe siècle, landes humides de Gascogne, de Sologne et de Brenne (Loir-et-Cher, Indre), landes sèches de Touraine (Indre-et-Loire). Il est introduit de manière plus dispersée sur les coteaux de Guyenne et d'Aquitaine, en Bretagne.
- Le Pin sylvestre a une distribution semblable à celle de l'Épicéa, mais plus étendue. Présent aussi dans les montagnes de l'ouest et du sud de l'Europe, il reste rare dans celles de la région méditerranéenne. En France, son aire naturelle est montagnarde et orientale. Il est l'essence la plus répandue dans les Alpes du Sud (plus de 25 % de la superficie boisée des Alpes de Haute-Provence). Il peuple les Vosges du Nord et une belle race, le Pin de Haguenau, occupe le nord de la plaine d'Alsace. Il descend bas dans l'étage subméditerranéen. Sa grande plasticité écologique explique l'ampleur de l'aire d'introduction, tout le nord de la France en plaines et collines et une partie du piémont pyrénéen.
- Le Sapin pectiné est une espèce centre-orientale, surtout montagnarde. Son aire est moins vaste que celles de l'Épicéa et du Pin sylvestre. Il peuple les montagnes de l'Europe occidentale, France, Suisse, Allemagne, Espagne (Pyrénées), Italie (dorsale apennine), et de l'Europe centre-orientale, Alpes, Alpes dinariques et balkaniques, monts de Bohême, Carpates. En France, sa distribution naturelle est montagnarde, avec un beau développement dans le Jura et dans les Vosges. Il se situe plus haut sur le flanc des chaînes, comme le montre le dessin de son aire, plus réduit et contourné que celui du Pin sylvestre. Le rapprochement avec la carte de distribution du Hêtre (cf. chap. 9, document commenté, p. 385) révèle la présence commune des deux espèces dans une grande partie de l'espace montagnard. Elles y forment les forêts mixtes dites hêtraies-sapinières.

B/ Étude d'aires synchorologiques

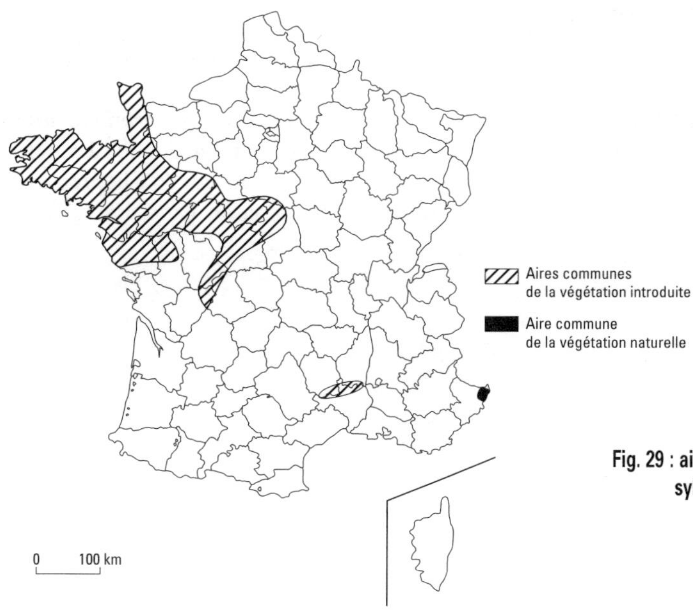

Fig. 29 : aires communes aux Pin sylvestre et Pin maritime

La carte montre la distribution du cortège Pin sylvestre - Pin maritime, suivant les aires naturelle et d'introduction. L'aire naturelle du cortège ne couvre qu'une petite surface dans les collines littorales des Alpes-Maritimes. L'aire d'introduction du cortège, en revanche, couvre un large arc atlantique qui va du littoral du Finistère à la Sologne. Quelles conclusions en tirer ? D'une part, les autécologies très différentes créent des aires disjointes qui n'ont que de rares intersections dans les collines méditerranéennes. D'autre part, l'existence de sous-espèces et de races géographiques (écotypes), qui assure une plasticité certaine à ces deux espèces par ailleurs frugales, a permis au forestier de les utiliser pour boiser des terres ingrates ou délaissées. Nature et société conjuguent leurs actions pour expliquer la chorologie du cortège.

L'exercice peut continuer par la construction d'une série de calques pour d'autres cortèges, à deux, trois, puis quatre espèces. L'analyse précédente implique que le cortège complet ne peut exister que dans les collines méditerranéennes des Alpes-Maritimes. Ce qui est le cas. Mais une telle réalité, rappelons-le, n'est vraie que dans la contingence d'une échelle spatiale et de critères cartographiques. À petite échelle, les limites cartographiques sont grossières et les phénomènes locaux, comme l'étagement par exemple, masqués.

4 - SYNTHÈSE ET PROLONGEMENTS

A/ Signification de l'exemple

Ces quatre espèces sont les premières essences résineuses de la forêt française. Elles sont prépondérantes sur plus de 3, 8 millions d'hectares, pour un total de 4,8 millions d'hectares de résineux, soit 79 %. Un tel exercice permet d'aborder la phytogéographie par le biais des distributions d'espèces. L'analyse explore les caractères botaniques, biologiques, écologiques des plantes, les relations avec les milieux et les poids des sociétés.

B/ Application du canevas

L'exercice s'applique facilement à d'autres espaces pour d'autres espèces. Les principes du commentaire sont les mêmes, et s'adaptent à des sources cartographiques qui peuvent être très différentes (Cf. document commenté, p. 341).

C/ Pour aller plus loin

Outre la *Flore forestière française* (biblio) et les flores d'initiation ou de vulgarisation proposées par de nombreux éditeurs, on consultera :

- BECKER, M., PICARD, J.F., TIMBAL, J., *Larousse des Arbres et arbustes,* Paris, 1982, Larousse.
- JACAMON, M., *Guide de dendrologie,* Nancy, 1984, éd. de l'Engref.
- LANIER, L., *Précis de sylviculture,* Nancy, 1986, éd. de l'Engref.
- ROL, R., *Flore des arbres, arbustes et arbrisseaux,* Paris, 1981, La Maison rustique.

9

LES GRANDES FORMATIONS VÉGÉTALES

Le géographe fait de l'analyse physionomique la clef de voûte de sa lecture des formations végétales. Stratification et recouvrement, type biologique et forme de croissance, composition floristique sont les variables couramment utilisées. Une typologie peut être construite par le croisement de deux critères. Le premier, qui combine la morphophysionomie et la stratification, dégage les plantes herbacées et les plantes ligneuses frutescentes ou arborescentes, exclusives ou dominantes, dans une combinaison de mono - ou de pluristrates. Le second relève de la densité, formation ouverte, fermée, punctiforme. La césure cardinale se place entre les formations arborescentes et les formations herbacées. La perception des premières change selon la position de l'observateur ; elles ont un dedans et un dehors, séparés par un « mur » et un « toit », pour reprendre des termes de forestiers. C'est dire la constante référence à l'architecture et au bâti. Les secondes formations offrent une perception plus continue, sans césure nette. Mais la nature est *continuum* structural, spatial et temporel. L'existence de multiples faciès de transition illustre le vaste champ des interférences, des conditions naturelles qui imposent leurs contraintes aux interventions de facteurs relevant des champs sociétaux. Il existe aussi des seuils d'apparition ou d'effacement des processus qui marquent la dynamique des formations et conditionnent leur genèse, leur maintien ou leur disparition.

La biogéographie enquête dans deux directions majeures, celle de l'établissement d'une typologie et d'une cartographie des formations végétales, celle de la compréhension des parts respectives de la nature et de la société dans la structure et la répartition des formations végétales actuelles.

La diversité est, d'une certaine façon, une question d'échelle. Un objet n'existe pour un observateur qu'aux échelles spatiale et temporelle compatibles avec son observation. Durant un voyage de sept fuseaux horaires dans le Transsibérien, la physionomie de la forêt boréale de conifères est constante à la moyenne échelle de la vision du voyageur. Les ressemblances l'emportent sur les différences inscrites à la grande échelle du biotope. La forêt boréale de conifères est un biome (Cf. définition *infra, p. 354*). L'aspect de nombreuses formations végétales varie avec l'échelle. Ainsi les *cerrados* des plateaux brésiliens sont en fait une mosaïque de formations qui s'imbriquent à l'échelle du kilomètre : la forêt (*cerradâo*), la prairie pâturée ou la savane herbeuse (*campo limpo*) et la savane arbustive (*campo cerrado*) qui lui donne son nom ; des galeries forestières, les *veradas*, tissent souvent des liens entre ces groupements.

Les limites entre formations posent une autre série de difficultés. Certaines de ces limites sont bien visibles à toute échelle car déterminées par une donnée édaphique circonscrite, comme les végétations littorales ou riveraines des cours d'eau, ou par des données sociétales, comme les structures agraires ou de nombreuses lisières forestières. Mais la plupart sont progressives ; telle steppe, bien individualisée par son homogénéité pour le troupeau qui la parcourt, est en revanche, à l'échelle du continent qui l'abrite, un faciès de transition, occupant un gradient bioclimatique, quantifié par une valeur de biomasse à l'hectare ou de productivité. Pour une cartographie à très petite échelle, les limites de biome sont assez faciles à tracer. À la moyenne échelle (dizaine de kilomètres), les biomes s'interpénétrent et dessinent une zone qui, si elle n'est pas considérée comme un biome distinct, prend valeur d'unité de transition (écotone).

La planète verte est très artificialisée. Beaucoup de végétations, l'*ager* bien sûr, mais aussi le *saltus* et la *sylva,* pour reprendre la célèbre trilogie méditerranéenne, résultent d'interactions entre des flores, des végétations, des répartitions naturelles et des sociétés humaines. Le recul de la végétation primaire (autochtone, naturelle) de la Nouvelle-Calédonie, qui n'occupe plus aujourd'hui que la moitié du territoire, a été rapide. Mangroves, marais, forêts denses humides sempervirentes, forêts sclérophylles, ont laissé la place à des terres cultivées et des végétations secondarisées, savanes herbeuses, savanes arborées, maquis miniers, fourrés divers. Une savane pâturée est-elle savane ou pâturage ? La grande prairie américaine est-elle un écosystème naturel ou une formation de remplacement de la forêt disparue sous les actions humaines ?

BIBLIOGRAPHIE GÉNÉRALE DU CHAPITRE

Ouvrages de référence

BIROT, P., *Les Formations végétales du globe,* Paris, 1965, Sedes.
HUETZ de LEMPS, A., *Les Paysages végétaux du globe,* Paris, 2e éd. 1994, Masson.
OZENDA, P., *Végétation du continent européen,* Lausanne-Paris, 1994, Delachaux et Niestlé.
ROUGERIE, G., *Les Milieux forestiers,* Paris, 1983, PUF.
ROUGERIE, G., *Géographie de la biosphère,* Paris, 1988, Armand Colin.
ROUGERIE, G., *Biogéographie des milieux aquatiques,* Paris, 1993, Armand Colin.
RIOU, G., *Savanes. L'herbe, l'arbre et l'homme en terres tropicales,* Paris, 1996, Masson.
SCHNELL, R., *Introduction à la phytogéographie des pays tropicaux,* volume II, *Les milieux — Les groupements végétaux,* Paris, 1971, Gauthier-Villars.

Ouvrages spécialisés

BRUNET, P., dir., *L'Atlas des paysages ruraux de France,* Paris, 1992, J.P. de Monza.
COLLECTIF, *La Forêt — Les savoirs et le citoyen,* Paris, 1995, éd. ANCR, diff. Hatier.
GADANT, J., dir., *L'Atlas des forêts de France,* Paris, 1991, J.P. de Monza.
PITTE, J. R., *Histoire du paysage français,* Paris, 1983, Taillandier
STEFULESCO, C., *L'Urbanisme végétal,* Paris, 1993, Institut pour le développement forestier.
MAILLET, L., BOURGERY, C., *L'Arboriculture urbaine,* Paris, 1993, Institut pour le développement forestier.

A

LES FORÊTS

Dans la biosphère, la forêt serait le dernier monde à receler des richesses encore inexplorées. Le milieu forestier est mal connu ; il s'inscrit, dans les mentalités des sociétés, en négatif des mondes ouverts et policés du champ et du pré. Bien que la plupart des peuples l'aient maintenu aux marges des communautés, il est ancré au profond de leur histoire et de leurs mythes. Pour 43 % des Français, la forêt, travaillée, contrôlée, aménagée, évoque pourtant spontanément la nature. Ne parle-t-on pas, par métaphore et antiphrase, de la jungle urbaine ? La forêt est le domaine des arbres ; n'est-elle pas aussi celui des hommes qui la font ? L'arbre domine les paysages forestiers. Ce constat fait, la diversité s'installe. Plus de 95 % des mêmes personnes sondées déclarent savoir reconnaître un sapin, un pin ou un chêne, mais seulement 28 % le charme. La complexité forestière est révélée par le jeu des dénominations qui laisse une impression de foisonnement mal maîtrisé. Les qualificatifs apposés à « forêt » sont innombrables, destinés à définir des unités homogènes. Le critère de zonalité propose les forêts boréale, tempérée, tropicale, équatoriale ; le critère physionomique, la futaie, le mélange futaie-taillis, la forêt claire, la plantation. Forêts de feuillus, chênaie ou bétulaie, forêts de conifères, pinède ou pessière, relèvent de l'analyse floristique. La variable écologique distingue la forêt pluvieuse de la forêt sèche ; la phénologie souligne les rythmes saisonniers, forêts décidues (caducifoliées), semi-décidues ou sempervirentes.

État des lieux. À tout instant sur le globe, ici on abat des arbres par la hache ou le feu, là on éclaircit, on coupe des peuplements, on replante des parcelles ou des terres abandonnées par l'agriculture. L'homme accompagne ou contrecarre les éléments naturels pour changer les surfaces et les périmètres forestiers, pour modifier les structures des peuplements. Les estimations qui tentent de saisir, à un moment donné, la répartition des formations végétales à la surface du globe et leur dynamique sont souvent discordantes. Nous citerons une source de la FAO, en soulignant la place des forêts dans l'ensemble des **biomes** mondiaux.

Tableau 1 : évolution de la surface des principaux biomes

Principaux biomes	Avant l'agriculture Surfaces (millions de km²)	Avant l'agriculture Proportion (%)	À l'heure actuelle Surfaces (millions de km²)	À l'heure actuelle Proportion (%)	Évolution (%)
Forêts tropicales humides	12,8	9,6	12,3	9,3	– 3,8
Autres forêts fermées	33,5	25,3	27	20,4	– 19,5
Forêts claires (*woodland*)	15,2	11,5	13,1	9,9	– 14,0
Toutes forêts	61,5	46,4	52,4	39,5	– 14,9
Fruticées	13	9,8	12,1	9,1	– 6,7
Prairies et steppes (*grassland*)	33,9	25,6	27,4	20,7	– 19,1
Toundras	7,3	5,5	7,3	5,5	0
Déserts	15,8	11,9	15,6	11,7	– 1,6
Terres cultivées	0,9	0	17,7	13,3	+ 1 788
Total	132,4	100	132,4	100	

D'après C.C. Park, *Tropical Rainforests*, Londres et New-York, Routledge, 1993.

Un biome (*bios*, vie) est une unité de paysage associant une formation végétale – cette composante visuellement dominante lui donne souvent son nom, comme la savane ou la toundra – et des populations d'animaux, de mycètes et de micro-organismes qui lui sont adaptées et plus ou moins inféodées. Les biomes font référence aux milieux naturels et sont définis à l'échelle du globe (la biosphère). Terrestres ou aquatiques, les biomes se répartissent suivant la disposition des zones bioclimatiques. Les variations les plus visibles au sein d'un biome associent souvent physionomie et composition floristique. De ce fait, les représentations, graphiques ou photographiques, rendent difficilement compte de la réalité statistique qu'elles illustrent. Le biome est aussi une unité fonctionnelle dont les composantes sont en interaction dynamique. Les biomes des espaces transformés par les sociétés sont considérés comme des unités potentielles. Quel est le biome des terres agricoles des plaines de l'Europe du Nord-Ouest ? Les stades de végétation qui se succèdent après l'abandon des cultures marquent le retour à la forêt caducifoliée. On pourrait dire que tout espace conserve, plus ou moins enfouie, la mémoire d'un biome.

C'est la forêt qui a payé le plus lourd tribut à l'extension des terres cultivées. Toutes les sources semblent montrer que la **régression des surfaces** forestières s'accélère, dévoilant la menace de disparitions d'écosystèmes entiers.

La Réunion, une forêt en lambeau. Les forêts originelles de la Réunion couvraient 225,4 milliers d'hectares au moment de la découverte de l'île à la fin du XVIe siècle. Aujourd'hui, les forêts des plaines littorales n'occupent plus que 1 % des 56,8 milliers d'ha des origines, la forêt humide de basse altitude, 1,5 % de ses 45,1 milliers d'ha, celle de moyenne altitude, 14 % de ses 40,9 milliers d'ha. La forêt pluviale de montagne, moins soumise à la pression humaine, a conservé encore 61 % de ses 82,6 milliers d'ha.

La FAO suggère ainsi que la moitié de la perte de surface forestière, soit 9,1 millions de km^2, s'est produite depuis 1950. À ce rythme, où et quels seront, dans un siècle, les témoins des écosystèmes forestiers ? Les sombres visions prospectives sont à tempérer. La forêt française a doublé de surface depuis le début du XIXe siècle, alors qu'une majorité de Français persiste à penser le contraire. Mais, dans le même temps, elle s'est modifiée ; le taillis simple disparaît, le mélange futaie-taillis régresse, la futaie augmente, les plantations se diversifient.

Le cycle sylvigénétique

Le chablis est un arbre ou un groupe d'arbres renversé, déraciné ou cassé à la suite d'un accident climatique, vent, neige, givre… ou mort sous le poids des ans.

La forêt vit. Elle n'attend pas l'homme pour se régénérer et l'équilibre climacique n'est pas l'immobilité. Le renouvellement des structures et des populations forestières est surtout assuré par le processus universel de la trouée, qui ouvre la canopée. ***Le chablis*** est à l'origine de la plupart des trouées. Ce processus domine dans la forêt tropicale ombrophile. Incendies, attaques parasitaires s'y associent dans la forêt boréale, beaucoup plus fragile car les ouvertures sont plus grandes et le milieu plus contraignant. Les trouées modifient les microclimats. Elles enclenchent ou hâtent les fructifications et les germinations ; elles suscitent l'arrivée et la prolifération des essences héliophiles, puis l'installation des juvéniles des grands arbres de la phase de maturation, qui lancent la cicatrisation de la canopée. Ces ouvertures se répètent en des endroits différents de la forêt et, à des intervalles plus ou moins longs, aux mêmes endroits. La stabilité est dynamique, la sylvigenèse est continue. Le suivi des réserves biologiques des forêts tempérées, dont la biodiversité se situe entre celle des forêts tropicales et celle des forêts boréales, montre le rôle déterminant de la trouée dans le renouvellement. La forêt est et peut demeurer un écosystème durable, pour reprendre un mot à la mode.

Fig. 1 : sylvigenèse par trouée

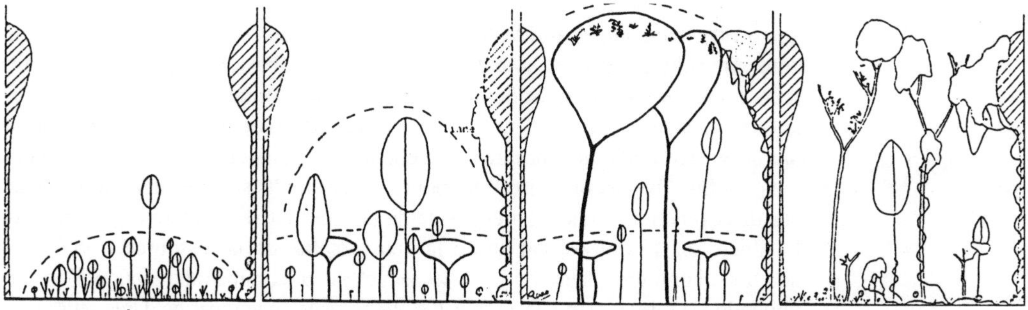

A — Dans une trouée de chablis, s'installe une jeune génération de ligneux qui crée vite une voûte basse.

B — Les arbres grandissent, le groupement se structure, la voûte s'élève, la trouée se ferme.

C — La phase de maturité est atteinte, la trouée est cicatrisée.

D — Plus loin dans la forêt, quelques arbres moribonds sont prêts à tomber ; une trouée s'amorce. Le cycle reprend.

Arbre de l'avenir — Arbre du présent — Arbre du passé

D'après R. A. A. Oldeman, *Forests : elements of sylvology*, Spring verlag, 1990.

Les grands types de forêts

Tableau 2 : végétations forestières

	Milieu naturel				Milieu transformé
	Végétation				
		Surfaces (millions de km)			
Climat	Type	potentielle	actuelle	%	
Tempéré continental	boréale de conifères	17	16,8	98,8	exploitation
Tempéré océanique	tempérée caducifoliée	8,7	5,6	64,3	agriculture
Méditerranéen	sclérophylle	2,6	1,4	53,8	agriculture, dégradation, feu, animaux
Intertropical à saisons alternées	tropicale sèche	13,9	11,5	82,7	savanisation par le feu
	mésophile	6,5	4,8	73,8	déforestation
Équatorial	ombrophile	12,8	12,3	96,1	déforestation ou plantations
	Total	61,5	52,4	85,2	

Les sources statistiques sont nombreuses, mais les données difficiles à faire concorder, même au sein d'un même organisme. La FAO hésite entre des pertes totales de 17 millions d'hectares par an en moyenne sur 10 ans (le tiers de la surface de la France) et un recul de 20 millions pour les seules forêts tropicales (soit Danemark, Pays-Bas et Autriche réunis). On peut évaluer, à partir des données de la Banque mondiale, le déboisement annuel moyen à 15,4 millions d'hectares. À elles seules les forêts tropicales auraient perdu 14,4 millions d'hectares, passant de 1 910 à 1 766 millions dans la décennie 1980-1990.

Le plan suivi pour la présentation de ces mondes si divers distingue les types de contraintes qui diversifient les flores et modèlent les structures. Aux sylves tropicales humides des milieux d'excellence, s'opposent les forêts contrôlées par le froid, par la sécheresse et les peuplements soumis à la gestion de l'homme.

1 Des forêts sans contrainte bioclimatique

Les **forêts tropicales humides** croissent dans des milieux sans contrainte bioclimatique où la chaleur et l'eau sont constamment disponibles. Leur phénologie obéit aux seuls cycles biologiques, découplés de cycles astronomiques très peu marqués. Dans le foisonnement des espèces et leur luxuriance, ces forêts fabriquent une quantité de biomasse sans commune mesure avec celle produite ailleurs sur la planète. Tout nutriment mobilisable est mobilisé, à tel point que ces forêts s'affranchissent même d'une des deux fonctions du sol, le recyclage de la nécromasse (matière organique morte). La litière en décomposition abrite la quasi-totalité de la ressource trophique. Les horizons humifères sont minces, le recyclage a comme abandonné l'enveloppe minérale ; la forêt vit sur elle-même. Ce phénomène engendre une dangereuse illusion visuelle. Sous sa luxuriance, sa diversité, sa productivité, la forêt tropicale est fragile, un « colosse aux pieds d'argile », comme la qualifie G. Rougerie (Cf. chap. 5, p. 198).

Ces forêts s'étendent de part et d'autre de l'équateur ; elles dominent en Amérique du sud, avec plus de 5 millions de km², dont le gigantesque bassin de l'Amazone, 40 % du total mondial. L'Asie suit avec 28 %, surtout l'Indonésie, puis l'Océanie (Nouvelle-Guinée), l'Afrique et l'Amérique centrale.

Le monde de la luxuriance végétale

Tous les vocables qui répertorient la forêt tropicale humide, forêt ombrophile, pluvisylve, *tropical rainforest,* soulignent l'omniprésence de l'eau ; c'est la pluie chaude et continue, l'air saturé d'humidité, les arbres qui s'égouttent, l'éponge des sols. La constance des offres hydrique et thermique définit l'excellence des milieux d'accueil, comme le montrent les stations de Cayenne (Cf. chap. 8, p. 315) ou de Kribi.

Tableau 3 : Kribi, Cameroun, 3° N, 10° E, alt. 0 m, forêt tropicale humide

	Janv.	Fév.	Mars	Avril	Mai	Juin	Juil.	Août	Sept.	Oct.	Nov.	Déc.	Ann.
T°C	26,3	26,3	26,2	26,0	25,7	25,0	23,7	23,9	24,0	24,4	22,5	25,9	
Pmm	104	148	280	329	262	255	93	298	657	461	255	64	
P/T	4	5,6	10,7	12,5	10	10	4	12,5	27	20	11	2,5	

PAVP > 15 °C ; feuillus tropicaux ; Σ des T° : 312 °C

9 mois d'optimum hydrique largement dépassé

Phytomasse : 600/700 t/ha ; jusqu'à 1 100 t/ha

Avec l'offre radiative quasi constante dans le monde intertropical (montagne exclue), c'est surtout l'abondance et le rythme des précipitations qui créent les conditions nécessaires au développement de la forêt humide. On peut admettre que son aire est limitée par l'association de l'isohyète 1 500 mm par an et un minimum mensuel de 100 mm d'abat (ce seuil limite la partie supérieure, représentée en noir, des diagrammes ombro-thermiques de Walter et Lieth). Le tamponnement intermensuel est donc la règle. Beaucoup de ces forêts reçoivent entre 1 700 et 2 500 mm de pluie, avec des maxima dépassant 10 m. Beaucoup ne connaissent pas de mois en dessous de 200 mm ; latitude et altitude introduisent certes des variations.

La physionomie de la forêt tropicale humide est assez homogène. C'est la forêt sempervirente (*semper virens,* toujours verte), l'« enfer vert ». Non que les arbres soient éternels ou que leurs organes ne se renouvellent pas, mais, dans le même houppier, voisinent des rameaux aux feuilles jeunes et tendres, des bourgeons qui débourrent, des rameaux dénudés, des fleurs qui s'épanouissent, des fruits matures. La floraison est permanente dans les houppiers, certaines plantes fleurissent même continûment.

Le paysage associe de multiples communautés locales qui présentent, pour les espèces ligneuses, de fortes convergences morphologiques et des éléments structuraux constants et répétitifs. Citons la grande hauteur des arbres de l'étage supérieur, la forme hémisphérique des cimes, l'élancement et la rectitude des fûts, l'ordinaire présence de **contreforts** puissants (fig. 2) et celle, fréquente, de racines aériennes formant **échasses**, la **monotonie foliaire** (fig. 3), où dominent les formes ovales acuminées. Deux ou trois étages de végétation se superposent, entremêlant grandes lianes et épiphytes nichées dans les enfourchements et les houppiers. La forte densité et la persistance du feuillage font un couvert opaque. La luminosité est faible en sous-bois, entraînant l'absence ou le faible développement de la végétation herbacée. L'échelle phanérophytique est grande, associant les méga- (hauteur > 30 m), méso- (10-30 m), micro- (2-10 m) et nanophanérophytes (0,4-2 m).

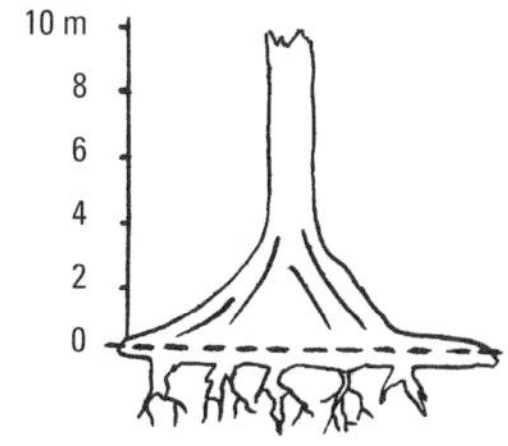

Fig. 2 : contrefort
(Fromager)

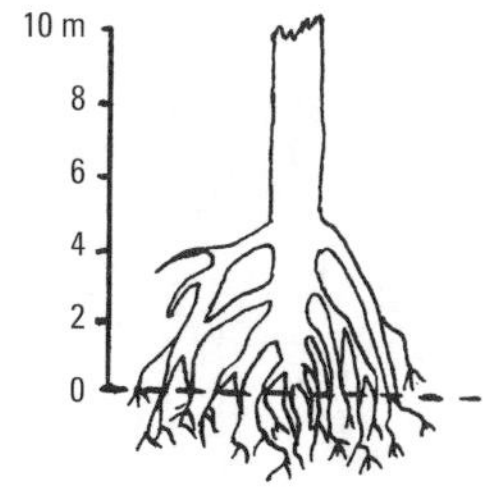

Fig. 3 : échasses
(Piptadenastrium africanum)

Fig. 5 : stratification de la forêt ombrophile

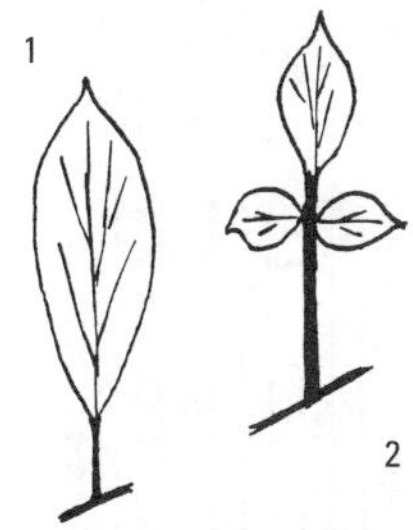

Fig. 4 : morphologies foliaires convergentes
1/ Feuille simple
2/ Feuille composée tripennée

La pluri-stratification marque l'architecture de la forêt ombrophile primaire. Trois strates arborescentes en moyenne dominent les strates des arbrisseaux, des hautes herbes et des herbes courtes. Mais les combinaisons dendrologiques sont tellement complexes et imbriquées qu'il est souvent difficile de différencier et de nommer les strates. À grande échelle, la stratification est réduite à un simple découpage géométrique en classes de hauteurs. La canopée se situe au niveau où toutes les couronnes d'arbres de même hauteur sont jointives, en contrebas des plus hauts spécimens. Une partition structurale fondée sur la dynamique biologique est plus pertinente, qui scinde la masse des ligneux en arbres du présent, arbres du passé et arbres de l'avenir. C'est faire entrer le temps dans l'espace. Stable, immobile et comme intemporelle à moyenne et petite échelle, la forêt ombrophile se renouvelle constamment à grande échelle. Le moteur de cette dynamique sylvigénétique est le chablis, à la fois destruction localisée et point de départ de la cicatrisation rapide et variée du couvert (Cf. fig. 1).

L'extraordinaire **diversité des espèces** ligneuses participe de l'exubérance biologique des forêts tropicales ombrophiles. Alors que l'Europe compte 120 espèces d'arbres pour 10 millions de km², la Malaisie en abrite 2 200 sur 100 000 km². Les ***richesses aréales*** sont sans commune mesure.

La richesse aréale d'une région est le nombre d'espèces pour une surface de référence de 10 000 km² (un carré de 100 km de côté). Elle croît avec la température et les précipitations. La richesse aréale de la seule flore phanérogamique passe de 100 (Nouvelle-Zemble au nord du cercle polaire) à 300 (Sahara), 2 000 (Espagne), 40 000 (Amérique centrale).

On avance plusieurs causes pour expliquer cette **diversité spécifique** : la permanence, à l'échelle géologique, des conditions optimales de vie ; la fragmentation des masses forestières durant le quaternaire (périodes pluviales et interpluviales dérivées des glaciations polaires) accompagnée de processus de spéciation dans ces isolats ; l'hétérogénéité intrinsèque de la forêt, formée d'ensembles disposés en mosaïques, qui favorise une constante évolution de milieux variés et riches sous une impression d'unité due à la luxuriance, la touffeur, la fermeture de la canopée.

Les forêts ombrophiles abritent deux mondes bien tranchés, définis par leur relation avec le soleil. Dans aucune autre forêt le contraste entre mésoclimat et microclimat sous couvert n'est aussi net. L'image vulgarisée du radeau des cimes s'applique bien à cette mer verte. De la canopée, la plongée dans la masse forestière est une aventure bioclimatique.

Tableau 4 : caractères microclimatiques de la forêt ombrophile

Variables	Sol	Voûte
Altitude relative	40 m	0 m
Température moyenne	27 °C	32 °C
Amplitude thermique	5 °C	10 °C
Humidité relative	80 %	30 %
Éclairement	100 - 200 lux	100 000 lux
Vitesse du vent	nulle	7 m /s

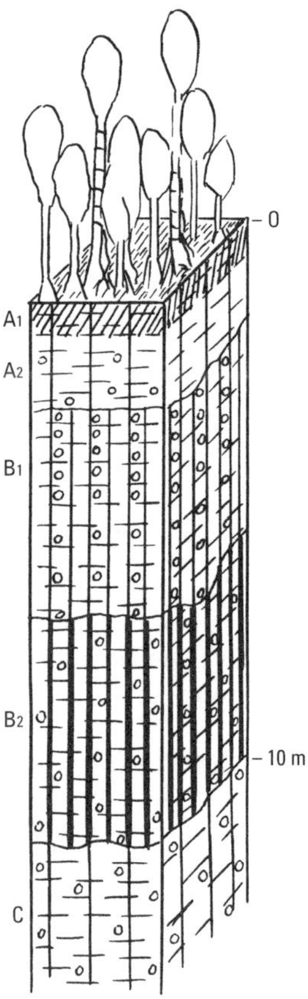

Fig. 6 : sol ferrallitique

Litière quasi-inexistante. Faible épaisseur de l'horizon A1 par rapport aux horizons B.
N.B. La végétation figurée n'est pas à l'échelle.
(Cf. légende fig. 15, p. 330)

Au sol, le sous-bois ne reçoit que quelques pour cents de l'éclairement solaire ; l'humidité relative est toujours supérieure à 80 % et les amplitudes thermiques nycthémérales sont quasi nulles (de l'ordre de 5 ° entre 20 et 25 °). On comprend les difficultés de vie d'une strate herbacée.

La canopée est exposée au mésoclimat, moins tamponné ; elle recueille 100 % de l'éclairement solaire, des amplitudes thermiques d'une vingtaine de degrés (20-40 ° au plus fort du jour). Alors l'humidité peut descendre à moins de 40 % pour remonter à 100 % la nuit suivante. Dans la cheminée évapotranspiratoire qui menace de s'emballer, l'arbre régule ses pertes, contracte ses stomates ; l'activité photosynthétique faiblit quelque peu. La surface de la canopée est un monde agressif comparé au cocon bioclimatique qui règne au-dessous. Mais la vie – fleurs, fruits, animaux – foisonne sur cette interface. Ces biotopes constituent un front pionnier. Ils abritent des écosystèmes fonctionnant à grande échelle, qui posent de très nombreuses questions et avivent la recherche scientifique. C'est là, *mutatis mutandis,* une source de grandes découvertes. Pour combien d'années encore ? Car les forêts ombrophiles sont des masses fragiles et menacées.

L'envers du décor, la fragilité

La luxuriance occulte la fragilité intrinsèque de ces milieux forestiers.

Fragilité des sols. Les apports d'eau sont supérieurs aux besoins de la végétation. La part infiltrée de précipitations abondantes et tièdes provoque une hydrolyse très active et quasi continue du matériau parental. Le manteau d'altérite dépasse couramment 10 m et peut atteindre une trentaine de mètres au-dessus du plancher de la roche saine ; il est témoin de la très longue évolution en climat tropical humide. Cette altérite n'est pas un sol, puisque le recyclage de la matière organique se réalise dans le premier mètre du profil. Le lessivage des bases échangeables et du fer est intense. La précipitation de ce dernier en oxydes ferriques donne ces colorations rouges caractéristiques des **sols ferrallitiques**(Cf. chap. 5, p. 198).

Fragilité des écosystèmes. Il faut faire son deuil de l'idée d'une sylve protégée par son étendue même. On estime que 80 % des forêts originelles ont disparu du continent africain. Le développement moderne du percement de routes illustre bien le processus de la dégradation forestière. La Panaméricaine atlantique, qui relie Caracas à Belém, traverse la Guyane. Un court tronçon de 90 km, entre Regina sur l'Approuague et Saint-Georges sur l'Oyapock à la frontière brésilienne, fait peser une lourde menace directe sur 1 500 ha de forêt primaire : la pénétration de la chasse, de l'exploitation forestière, de la cueillette de plantes ornementales ou commerciales (Orchidées, Broméliacées), la multiplication d'abattis sauvages perpétrés par des milliers de migrants clandestins font reculer le couvert et dégradent la biodiversité.

La conversion des forêts denses en lignicultures modifie les microclimats ; pluie et soleil pénètrent directement sous des couverts éclaircis ; les sols sont exposés à l'érosion et à l'assèchement. Un diptyque apparemment contradictoire associe inondations et sécheresses. La baisse de l'humidité a un brutal effet de retour ; des boucles de rétroaction négative s'enclenchent vite, comme l'ont montré les récents incendies au Kalimantan (Indonésie) à la suite de la conversion des forêts pluviales en plantations d'eucalyptus et d'acacias.

Une variante, la forêt de montagne

La forêt pluviale escalade les flancs des montagnes tropicales. Elle constitue le paysage dominant des versants de la Réunion, entre 1 000 et 2 000 m d'altitude. Les conditions thermiques changent ; de 20 -26 °C sur les plaines, la moyenne annuelle des températures descend entre 14 et 17 °C. Dans une humidité constante, sous des abats d'eau de 2 000 à 8 000 mm par an, le foisonnement de la strate arborescente multiplie les biotopes. Les enfourchements, les houppiers se chargent d'épiphytes, de coussins denses de bryophytes, de fougères, d'orchidées. Entre les arbres ramassés, tortueux, d'autres fougères percent la canopée et conquièrent la strate arborescente. Au-dessus de 2 000 m d'altitude, celle-ci s'abaisse au-dessous de 7- 6 m, s'ouvre largement et la forêt cède le terrain à une fruticée dense où dominent les Éricacées.

Dans la province du Sabah, partie septentrionale de l'île de Bornéo appartenant à la Malaisie, la forêt pluviale offre une biodiversité inégalée, 250 espèces d'arbres à l'ha, 10 000 plantes à fleur. Dans un fouillis de fougères, de Pandanus, de Bambous, les cimes s'ornent de centaines d'espèces d'Orchidées. La **nebelwald,** ou forêt des brouillards, drape les flancs du mont Kinabalu, le plus haut sommet du Sud-Est asiatique qui culmine à 4 175 m au pic de Low. À partir de 1 800 m sur ce massif surgi au quaternaire s'épanouit un sauna exubérant ; rhododendrons et pins tapissés de mousses épaisses, grandes fougères arborescentes perlées d'eau baignent dans un brouillard permanent. Les forêts de bambous croissent à une vitesse impressionnante. Vers les sommets, théiers, arbustes noueux et rabougris se partagent les versants.

La Malaisie est, avec 1,18 millions de tonnes en 1993, le troisième producteur mondial de caoutchouc naturel derrière la Thaïlande (1,58 Mt) et l'Indonésie (1,36 Mt). Ces trois pays représentent 74 % de la production mondiale (5,57 Mt).

Ailleurs, la forêt primaire a été remplacée par d'immenses ***plantations d'hévéas,*** où les sols, mal protégés, manifestent de nombreux signes d'érosion. Cette région du Sabah a connu en 1983 les plus grands feux de forêts enregistrés par la mémoire humaine : plusieurs mois d'incendie ont dévasté 30 000 km^2 (la surface des Pays Bas).

Une variante, la forêt inondée

La forêt inondée couvre 150 000 des 5 millions de km^2 de la forêt amazonienne (soit 3 % un tiers de la France). Cette forêt dite de *varzea* baigne dans l'eau qui recouvre les strates basses quand l'épaisseur de la lame atteint plusieurs mètres, dix mètres durant la saison des crues, qui dure jusqu'à sept mois par an. Mais il lui faut une ***période sèche,*** si courte soit-elle, pour survivre. Elle abrite des écosystèmes de grande biodiversité, parmi les plus riches du monde. Les espèces ligneuses diffèrent de celles de la forêt de terre ferme, la *selva,* en étant souvent des ***vicariantes*** spécifiques. Un palmier très abondant, *Astrocaryum,* est ainsi représenté par deux espèces exclusives. Des adaptations biochimiques sont nécessaires pour vivre en milieu anaérobie et asphyxiant durant de longs mois. Les arbres fructifient surtout pendant la saison des crues, les graines, hydrochores, sont dispersées par les courants. La faune, en particulier celle des poissons tropicaux d'eau douce, est estimée à près de 3 000 espèces pour environ 1 800 recensées et connues. Ces régions sont considérées comme de remarquables réserves génétiques végétales, et sont l'objet de multiples recherches en ethnobotanique et pharmacologie. La mangrove (Cf. *infra,* p. 376) s'étend sur le littoral de l'estuaire.

Cette ***période sèche*** apparaît bien à Manaus, à la confluence de l'Amazone et du Rio Negro. Sur un total annuel de 2 096 mm, les mois de juillet, août et septembre reçoivent respectivement 61, 41 et 62 mm de pluie, soit des rapports P/T de 2,3, 1,5 et 2,2, constituant une saison subsèche.

Une ***vicariante*** est une espèce qui, dans une région donnée, en remplace une autre en occupant le même biotope dans les mêmes groupements végétaux.

Les dévastations provoquées par les éleveurs et les cultivateurs sont récentes. Les deux derniers milliers de kilomètres de l'Amazone ont ainsi perdu près de 80 % de leurs forêts humides riveraines, qui s'étendaient sur plus de 200 km de largeur de plaine inondable.

L'apparition de trois à quatre mois secs dans le bilan hydrique, donc l'alternance de la saison humide et d'une courte saison sèche, provoque une transformation progressive de la forêt ombrophile, qui s'efface au profit de la **forêt mésophile,** ou *seasonal rainforest.* La caducité des feuilles apparaît alors. Cette forêt couvre 2 millions de km^2 environ en Afrique, flanquant au nord et au sud la forêt ombrophile. En Asie, elle porte le nom de forêt de mousson (cf. carte de partie 3). (Nous ne développerons pas ici l'analyse de ces forêts.)

2 Des forêts sous contrainte du froid

Les forêts sous contrainte du froid groupent deux ensembles bien distincts, les forêts boréales de conifères et les forêts tempérées caducifoliées. Elles occupent une large bande zonale dans les latitudes moyennes et hautes de l'hémisphère nord, sur l'Amérique et l'Eurasie. Dans l'hémisphère austral, elles sont, à cette échelle, ponctuelles du fait de la configuration des continents. Ces forêts sont sous l'influence de deux saisons thermiques contrastées, la saison froide, qui induit la morte-saison végétale, et la saison chaude, période d'activité végétale potentielle. La longueur et la vigueur de la saison froide contrôlent la limite ente les deux formations. La disparition des phanérophytes dans les hautes latitudes (comme aux altitudes élevées) résulte de conditions associant longueur du jour, températures et précipitations. Elle est effective pour les stations ayant moins de deux mois à température moyenne supérieure à 10 °C. La biodiversité est faible et diminue, en règle générale, suivant les mêmes gradients. La simplicité et la monotonie des structures, la pauvreté en espèces naissent de la difficulté à mobiliser des ressources trophiques inextractibles une grande partie de l'année. La richesse trophique est fort éloignée de la ressource.

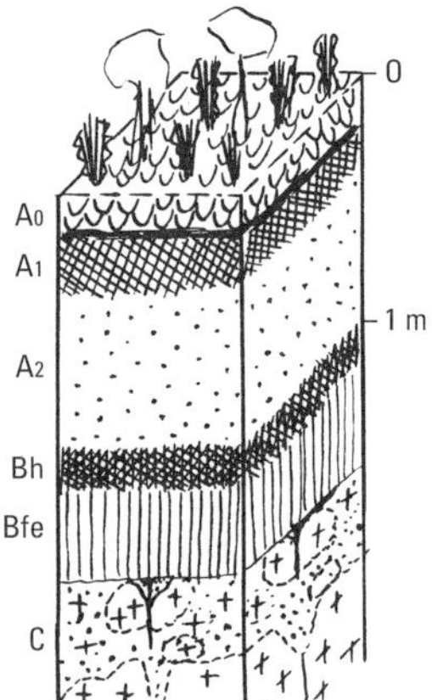

Fig. 7 : podzol humo-ferrugineux

Le podzol est marqué par l'existence d'un horizon cendreux et très appauvri (A2). Dans les podzols évolués comme celui-ci apparaissent des horizons d'accumulation bien tranchés Bh et Bfe. Humus mor très épais.
(Cf. légende fig. 15, p. 330)

Les forêts boréales de conifères

Observées à l'échelle régionale où s'inscrit la marqueterie contrastée de nos forêts d'Europe occidentale, les forêts boréales (ou *Aciculisylvae*) dégagent l'indicible monotonie d'innombrables et similaires bataillons de conifères. Elles couvrent des surfaces considérables entre le 45° et le 57° nord. Elles atteignent le cercle polaire en Scandinavie et en Alaska, sur les façades occidentales des continents. La taïga, mot russe souvent employé pour désigner ces forêts, couvre 12 millions de km^2. La forêt boréale canadienne occupe 240 millions d'hectares ; la finlandaise, 20 millions. La zone boréale est forestière pour 72 % en Finlande, 45 % au Canada.

Le cortège dendrologique est maigre, variant son bouquet autour de quelques espèces. Les Épicéas, Sapins et Pins dominent dans l'Eurosibérie, le Mélèze, conifère caducifolié, dans la Sibérie orientale. En Amérique du Nord, Pins et Épicéas l'emportent de la Colombie-Britannique à l'Alaska, Mélèze, Sapins et Épicéas du pied des Rocheuses au Labrador. Ces forêts ne sont jamais sombres, car les couronnes sont rarement jointives. La croissance des ligneux est lente, la productivité, faible (8 t par ha et par an). Les sols jeunes, souvent des **podzols,** sont peu épais.

Acides et pauvres, les sols sont figés 9 à 10 mois par an par le gel. L'été ne dégèle que la couche superficielle, le mollisol, qui reste gorgé d'eau et sature la réserve hydrique. Le blocage de l'infiltration par le pergélisol profond s'ajoute au faible pouvoir évaporant de l'air. L'économie de l'eau est paradoxale ; ces régions sont à la fois sèches (par l'atmosphère) et humides (par le sol). Quand le mollisol s'amenuise ou disparaît, comme en Asie du Nord-Est, le réservoir hydrique diminue jusqu'à provoquer la disparition de l'arbre : on passe brutalement de la taïga à la steppe.

Les réserves naturelles de Pechora-Illych, à l'ouest des monts Oural par 62° N et 57° E, sont bien représentatives de la taïga de la Russie du Nord.

Tableau 5 : Tobolsk, Sibérie occidentale, 58° N, 68° E, alt. 44 m, taïga

	Janv.	Fév.	Mars	Avril	Mai	Juin	Juil.	Août	Sep.	Oct.	Nov.	Déc.	Ann.
T °C	– 19	– 16	– 9	0,5	9	15	18	15,5	9,5	– 0,1	– 10	– 16	– 0,2
Pmm	14	12	13	14	41	56	72	58	49	31	22	22	405
P/T					4,6	3,7	4	3,7	5,2				

PAVP ≥ 3 °C, conifères sempervirents ; Σ des T : 67 °C.

2 mois d'optimum hydrique

Phytomasse : 110 - 280 t/ha

Une futaie pure de pins sylvestres couvre les plateaux monotones parcourus de plaines alluviales à peine incisées typiques de la Russie d'Europe. Une strate arborescente supérieure de classe d'âge 180 -200 ans domine une inférieure plus jeune, sur une strate muscinale, dont l'épais tapis de lichens (*Cladonia*) couvre le sol et forme l'essentiel des sous-bois. Les ressources nutritives des sols sablonneux soumis à une longue période de gel de 7 à 8 mois sont faibles (oligotrophes). Sur les étroits corridors des rives alluviales la richesse spécifique augmente. Les épicéas dominent, les aulnes et les bouleaux se mêlent aux mélèzes. Le sous-bois est plus riche ; les chaméphytes, airelles et framboisiers, créent une strate sous-arbustive, fougères et graminées densifient la strate herbacée.

La sylvigenèse des pinèdes est sous un double contrôle. ***L'incendie*** d'abord, qui passe avec une périodicité moyenne de 60 ans, allant de 10 à plusieurs centaines d'années. Les attaques cryptogamiques, ensuite, qui touchent les pins juvéniles (inférieurs à 8 ans), au stade où ils ne dépassent pas le manteau neigeux. Elles sont si puissantes qu'elles déterminent cette stratification simple par classes d'âge où la futaie mûre domine une ou deux classes d'âge de régénération.

Durant l'été très sec de 1915, 150 000 km² de taïga furent anéantis par les flammes ; la fumée de ***l'incendie*** couvrit plus de 6 millions de km², soit les deux tiers de l'Europe.

Sur la ceinture d'environ 3 millions d'ha des collines et plateaux du piedmont de l'Oural, la forêt se développe jusqu'à 700 m d'altitude, puis laisse la place aux toundras. Une futaie mixte d'épicéas et de bouleaux abrite 10 % environ de pins, de sapins de Sibérie et de mélèzes. La structure horizontale présente une mosaïque de peuplements variés. Dans les ouvertures fréquentes du couvert se développent les prairies, pâturage des élans. Les sous-bois sont riches en Éricacées, la strate lichénique est moins développée. La régénération de la forêt est contrôlée par les chablis, les incendies, les attaques parasitaires, la fluctuation de la nappe phréatique.

La **forêt boréale hudsonnienne** est la deuxième au monde derrière la taïga. Elle forme une écharpe de plus de 4 000 km sur une largeur moyenne de 800 km. La dureté des conditions de vie maintient la strate arborescente à faible hauteur. Les arbres dépassent rarement les 10 m. Les sols, récemment libérés des glaces, sont de jeunes podzols comparables à ceux de l'Eurasie. Dans les peuplements pauvres, les conifères dominent largement. Les physionomies forestières sont rythmées par la répartition des épicéas (appelés épinettes ou sapinettes). Les épinettes blanche (*Picea glauca*) et noire (*Picea mariana*), abondantes dans les forêts de la baie d'Hudson, créent des peuplements plus denses et sombres que la seule pinède grise (*Pinus banksiana*), située plutôt sur les croupes sableuses. L'épinette rouge marque la région des Grands Lacs. Le frugal bouleau apporte la note blanche de ses troncs. Peupliers, saules et érables égayent de trouées claires les rives des cours d'eau méridionaux. Quand les rayons solaires arrivent au sol, les strates arbustive et sous-arbustive sont denses, plus riches en arbustes à baies comme les airelles, les framboisiers, qui offrent aux animaux une nourriture abondante. Ce tableau végétal assez monotone est rehaussé par une vie animale qui apparaît intense et diversifiée. Les grandes hardes de caribous migrent sur de longues distances, tributaires des lichens. La saisonnalité du monde des insectes est d'une brutalité inconnue ailleurs. Les pullulations d'été sont partout considérées comme une plaie.

Le fonctionnement naturel des systèmes forestiers est spectaculaire ; la dynamique est assurée par des trouées de régénération, parfois très grandes, provoquées par des cataclysmes à la dimension du continent : aux chablis de tempête et incendies s'ajoutent des épizooties et des maladies cryptogamiques d'autant plus foudroyantes que les peuplements sont pauvres en espèces. Pendant les années 1980, 12,2 millions d'hectares (soit 3 % de la superficie boisée canadienne) ont été touchés gravement par les insectes, la maladie et le feu. Cela représente 30 % de plus que les surfaces concernées par les récoltes de bois. Après ces incendies les reconquêtes ligneuses sont d'autant plus fragiles que la régénération est lente malgré l'intense production de graines anémochores ; le froid ne facilite guère la fabrication de biomasse, et les forêts secondaires présentent des peuplements clairs et rabougris.

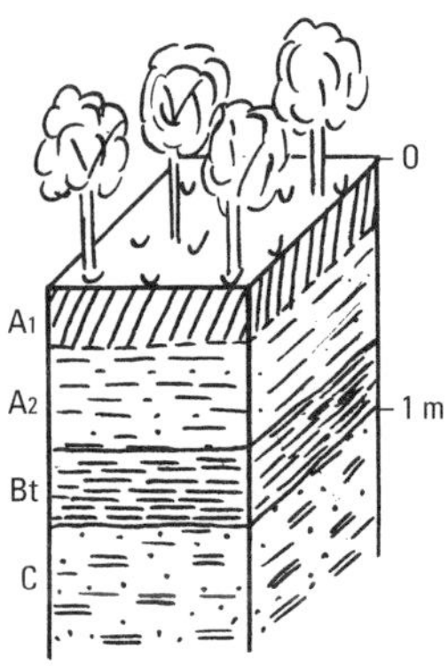

Fig. 8 : sol brun lessivé

Sol classique des forêts caducifoliées tempérées à humus mull, de couleur brune dominante (oxydes de fer hydratés). Le lessivage entraîne les argiles en profondeur dans un horizon d'accumulation Bt. (Cf. légende fig. 15, p. 330)

Cet immense biome se réduit vers le nord et vers le sud à des formations de transition. Vers le nord, la forêt s'ouvre et se transforme en une toundra boisée qui, par taches de plus en plus larges, laisse la place à la toundra arbustive subarctique. Ces formations de transition avec la vraie toundra ont une profondeur de quelques dizaines à une centaine de kilomètres. Vers le sud-est, jusqu'à la frontière des États-Unis et de la Nouvelle-Angleterre, la forêt devient mixte. Aux résineux se mêlent les feuillus, de plus en plus nombreux vers le sud ; des érables, des chênes, des bouleaux affirment leur présence puis leur suprématie à la frontière américaine ; on pénètre insensiblement dans la forêt tempérée caducifoliée.

L'exploitation des forêts boréales joue sur deux registres. Le rôle économique traditionnel reste important. La forêt assure le maintien de la viande sur pied, car la strate lichénique nourrit les troupeaux de rennes en hiver ; elle pourvoit aux besoins de la vie quotidienne en bois de chauffage et de construction, en gibier et en cuir, en fruits d'Éricacées, en champignons. La forêt a aussi engendré une industrie sylvicole et papetière performante et de taille internationale.

La forêt boréale de conifères a un équivalent altitudinal ; c'est, dans les Alpes, la forêt claire de pins à crochet (*Pinus uncinata*) du haut de l'étage subalpin.

Les forêts caducifoliées tempérées

Les forêts caducifoliées – ou décidues – tempérées posent un problème de biogéographie car elles ne sont plus guère naturelles. Depuis des siècles, les géosystèmes ont remplacé les écosystèmes ; l'entrée sociétale de la gestion sylvicole est déterminante pour les physionomies comme pour les cortèges dendrologiques.Ces forêts sont commandées par la succession équilibrée de deux saisons thermiques contrastées du cycle astronomique annuel. La pédogenèse dominante conduit à des ***sols bruns.***

Tableau 6 : Boston, États-Unis, 42° N, 71° O, alt. 10 m, forêt caducifoliée tempérée de feuillus

	Janv.	Fév.	Mars	Avril	Mai	Juin	Juil.	Août	Sept.	Oct.	Nov.	Déc.	Ann.
T °C	– 2,8	– 2,2	1,6	7,4	13,7	18,8	21,8	20,5	17,1	11,2	5,1	– 0,2	
Pmm	97	99	104	97	94	81	91	109	86	97	109	99	
P/T				13,1	6,9	4,3	4,2	5,3	5	8,7			

PAVP ≥ 7 °C, feuillus caducifoliés tempérés ; Σ des T : 110,5 °C — 5 mois d'optimum hydrique

Phytomasse : 400 à 600 t/ha

La station de Boston représente le mésoclimat de la forêt tempérée de l'est des États-Unis, défrichée en plaine lors de la première vague de la conquête, résiduelle dans la montagne appalachienne. Les ***feuillus caducifoliés*** dominants assurent la ressemblance physionomique avec la forêt européenne (Cf. chap. 7, station de Nancy, p. 315). Les taxons les plus importants appartiennent à l'ordre des Fagales qui groupe la famille des Fagacées, Chênes, Châtaigniers et Hêtres, et celle des Bétulacées, Noisetiers, Bouleaux, Aulnes. Genres et espèces sont plus nombreux dans la forêt américaine, dont la luxuriance a frappé les voyageurs. Certains genres sont inconnus en Europe, tels le Magnolia ou le Tulipier (aujourd'hui acclimatés). La flore est plus riche car les influences tropicales ne sont pas absentes, dues à une histoire quaternaire différente. Lors des glaciations, la forêt a pu descendre dans le Sud, puis remonter sans que s'interposent les barrages que furent la Méditerranée, les Alpes et les Pyrénées pour la flore française. On retrouve ces caractères dans la forêt tempérée chinoise, elle aussi de façade orientale des continents.

Quand s'arrête l'activité photosynthétique des feuilles, la chlorophylle laisse peu à peu la place à d'autres pigments : caroténoïdes jaunes très tenaces (chez les peupliers, les bouleaux, les ormes), anthocyanes rouges, en solution dans le suc cellulaire de la plante (chênes et érables). Pigments, soleil et premiers froids sont les musiciens de la symphonie automnale des forêts tempérées caducifoliées.

Lire la célèbre description des rives du Meschacebé (le Mississippi), brossée par Chateaubriand d'après des récits de voyageurs dans *Atala* (1801).

Aujourd'hui, ces forêts n'offrent plus guère de paysages et de structures climaciques, exceptés en de rares sites. Les sylves originelles sont des vestiges pieusement conservés en réserves, comme celle de Bielowieza, à la frontière de la Pologne et de la Biélorussie, une des dernières traces de la forêt caducifoliée des plaines européennes. Les limites actuelles des surfaces forestières sont celles du défrichement. Leurs fluctuations historiques traduisent des rapports de force socio-économiques, politiques ou militaires. L'homme, par la sylviculture, a profondément transformé les peuplements qu'il a conservés. Loin d'être les espaces naturels qu'ont vus nos vieilles sociétés rurales puis urbaines, les forêts tempérées sont en fait une mosaïque de peuplements au degré de transformation variable. Elles forment, pour prendre une comparaison cosmologique, le « bruit de fond » de ce qui fut la sylve primitive à l'aube de la néolithisation des groupes humains.

La richesse spécifique varie dans le même sens que la richesse trophique. À l'échelle continentale, on rencontre les plus diversifiées de ces forêts près des grands fleuves, Rhin ou Danube et les cortèges dendrologiques les plus pauvres au contact septentrional avec la forêt boréale ou en montagne, dans l'étage subalpin. À l'échelle kilométrique du massif forestier, la diversité biologique s'inscrit dans le découpage stationnel du milieu : topographie, exposition, formations superficielles, sols, économie de l'eau induisent des mésoclimats qui contrôlent les biofaciès stationnels.

La ronde phénologique. Les forêts caducifoliées sont profondément marquées par la rythmicité saisonnière. Le raccourcissement automnal de la période diurne provoque l'arrêt des fonctions chlorophylliennes, avant que les froids naissants provoquent l'abscission des feuilles et la descente de sève, prélude à l'endormissement hivernal. les feuillages des grands feuillus s'enflamment alors ; le fond de l'exceptionnelle palette chromatique de l'été indien de la forêt laurentienne est dominé par les feuilles de feu des érables ; l'incendie s'installe au Japon en septembre, puis écharpe le globe par l'Ontario et le Québec, au Canada, où éclatent les cuivres de l'érable à sucre et de l'érable rouge, ensuite la Norvège, la Suède, la Finlande et la Russie, dans des tons plus clairs. À la mi-octobre enfin, virent au rouge les érables de nos forêts d'Europe septentrionale, de l'Amérique du Nord, de la Chine du Nord et de l'Est, de la Corée, tandis que l'écharpe s'étend sur la Nouvelle-Angleterre.

Peu riches en espèces, les forêts tempérées sont néanmoins **mélangées**. Les hêtraies sont présentes des régions tempérées froides aux montagnes tropicales. Les érables et le charme, espèces tolérant l'ombre, sont souvent présents en sous-étage. Cette trilogie se manifeste dans tous les continents par des taxons spécifiques vicariants. Au Japon, *Fagus crenata, Acer mono* et *Carpinus cordata* ; en Amérique du Nord, *Fagus grandifolia, Acer saccharum,* l'Érable à sucre, et *Carpinus cardiniana* ; en Europe occidentale, *Fagus sylvatica, Acer pseudoplatanus,* le Sycomore, et *Carpinus betulus.*

Dans les régions tempérées très arrosées des façades maritimes de la côte Pacifique des Rocheuses aux États-Unis et au Canada s'épanouit un type particulier de forêt pluvieuse, où prospèrent les conifères géants comme les séquoias, popularisés par le cinéma et les parcs naturels. On trouve des milieux identiques dans le Chili tempéré, dans l'île méridionale de la Nouvelle-Zélande entre le 40 e et le 50 e sud, au sud-est de l'Australie, où les eucalyptus géants sont les arbres les plus grands, dépassant 125 m de hauteur, de la flore mondiale. La richesse spécifique de ces forêts est élevée et les biomasses peuvent dépasser 2 000 t/ha.

3 Les forêts sous contrainte de la sécheresse

Les milieux où la période d'activité végétale potentielle étendue sur la plus grande partie de l'année est marquée par une carence en eau portent des forêts aux caractères bien marqués par le poids de la sécheresse. Des valeurs de P/T inférieures à 2, voire à 1 pour plusieurs mois de l'année traduisent un état de sécheresse physiologique. Dans les régions tropicales, les forêts sèches denses s'étendent entre les forêts mésophiles, tolérant jusqu'à 4 mois de saison sèche, et les forêts claires aux canopées ouvertes, qui résistent jusqu'à 9 mois avec P/T ≤ 2. Morphologies et physiologies s'adaptent aux contraintes ; les équilibres écologiques sont fragiles et les peuplements, souvent appauvris. Les faciès de dégradation anthropiques sont nombreux.

Forêt sèche tropicale (forêt tropophile)

La forêt tropophile (*Hiemisylva*) est la plus répandue dans les milieux tropicaux où elle couvre environ 27 % des surfaces, dont 5,5 millions de km² en Afrique. Elle occupe une partie de la zone orientale de la péninsule du Deccan. Elle est marquée par la caducité de la saison sèche et des croissances biologiques bien plus faibles que dans la forêt mésophile.

Tableau 7 : Sikasso, Mali, 11,2° N, 6° O, alt. 375 m, forêt tropicale sèche

	Janv.	Fév.	Mars	Avril	Mai	Juin	Juil.	Août	Sept.	Oct.	Nov.	Déc.	Ann.
T °C	24,4	26,9	29,7	20,9	30,3	27,9	26,3	25,7	26,3	28,0	26,9	24,3	27,3
Pmm	1	7	17	41	122	162	273	338	246	105	15	2	1329
P/T	0	0,3	0,6	2	4	5,8	10,4	13,2	9,4	3,7	0,6	0,1	

PAVP ≥ 15 °C, feuillus tropicaux ; Σ des T : 318 °C — 4 mois d'optimum hydrique, 5 mois d'aridité

Phytomasse : 200 - 250 t/ha

Grande pourvoyeuse de terres agricoles et de bois d'énergie, la forêt sèche a payé un lourd tribut à l'anthropisation, depuis le XIXe siècle surtout. Sensible à l'irrégularité intra - et intersaisonnière des pluies, la forêt sèche craint le feu. La savane est ainsi, pour une large part, le résultat des brûlis de défrichement conduits par les agriculteurs.

La forêt domaniale de Niénendougou se situe dans le sud du Mali, sur le Baoulé, affluent de rive droite du Niger, sur le 12 ° N. Dans un milieu très anthropisé, elle abrite encore des peuplements assimilables aux formations naturelles de forêts sèches du domaine soudano-guinéen. 1 193 mm de précipitations, pluies d'été, maximum en août (251 mm), ETP de 1 358 mm (maximum en novembre avec 152 mm). Les plateaux cuirassés et les glacis de versant sont couverts de forêts claires à trois strates, considérées ici comme climaciques. La strate arborescente porte une futaie à *Pterocarpus, Isoberlinia* et *Combretum,* de 10 à 15 m de hauteur, dominant une strate arbustive très buissonnante et une strate herbacée graminéenne. Une forêt galerie à strate haute de *Pterocarpus* et *Terminalia* occupe les berges et les terrasses des vallées alluviales à écoulement temporaire. De vastes savanes boisées, terme général qui rassemble des formations hétérogènes de ligneux médiocres dominant une strate herbacée graminéenne assez dense, sont des formations de dégradation ou de substitution. L'agriculture sèche, avec ou sans jachère, est l'activité principale à la périphérie de la forêt classée. La recherche de bois de feu en direction du couvert ligneux est une activité constante des populations. L'autoconsommation rurale est estimée, au niveau national, à 1,5 kg de bois par jour et par habitant. La réserve globale de bois de feu exploitable est estimée à 200 ans, pour une population stable.

Sur ses limites, cette forêt passe à la forêt sèche épineuse (*Durisylva*). Ces formations sont bien représentées à Madagascar, avec la curieuse famille endémique (11 espèces) à port cactiforme des Didiéracées.

Forêt sclérophylle méditerranéenne

Les forêts sclérophylles, type de *Durisylva,* habitent les climats de type méditerranéen, en particulier sur le pourtour du bassin méditerranéen occidental, France, Espagne, Portugal, Afrique du Nord. Les physionomies ne sont ni très puissantes, ni très luxuriantes, plus grises que vertes, à la vie ralentie sous les chaleurs brutales de l'été après un printemps de vive activité biologique. Les végétaux développent des stratégies d'adaptation pour lutter contre la déshydratation de la saison sèche. Les ligneux présentent des feuilles raides et coriaces, persistantes, à cuticules épaisses ; ce sont des xérophytes.

Les caractères du bilan d'eau sont le décalage entre la période chaude et celle des précipitations, la brutalité des abats, l'irrégularité spatiale et l'irrégularité interannuelle.

Tableau 8 : Valence, Espagne, 39,5° N, 4° O, alt. 20 m, maquis de dégradation de la forêt de chêne vert

	Janv.	Fév.	Mars	Avril	Mai	Juin	Juil.	Août	Sept.	Oct.	Nov.	Déc.	Ann.
T °C	10,5	11,3	13,2	15,1	18,2	21,3	24,2	24,5	22,6	18,5	14,3	11,2	17,1
Pmm	28	32	32	38	23	23	10	25	48	103	40	44	446
P/T	2,7	2,8	2,4	2,5	1,3	1,1	0,4	1	2,1	5,6	2,8	3,9	

PAVP ≥ 10 °C, feuillus tempérés sempervirents ; Σ des T : 205 °C

1 mois d'optimum hydrique, 4 mois de sécheresse

Phytomasse : 200-350 t/ha

Trois espèces de chênes dominent les cortèges dendrologiques et définissent trois types de forêts nettement différenciées dans les plaines, les collines et les parties basses des montagnes.

La **chênaie pubescente** (chênaie blanche, *Quercus pubescens*) est la plus haute, les troncs sont droits, les houppiers larges. En France, elle assure la transition, en Périgord, dans le Quercy et la vallée du Rhône, avec les chênaies caducifoliés à *Quercus petraea* et *Q. robur* de la France du Nord. Elle est souvent réduite à un taillis dense, signe de son exploitation multiséculaire.

La **chênaie de Chêne vert** (iliçaie, *Quercus ilex*) est largement dominante, au point d'être considérée comme la forêt climacique la plus probable du monde méditerranéen. **L'arbre** est tortueux, exclusif dans une strate arborescente qui ne s'élève guère à plus de 15 m. La strate arbustive est particulièrement riche et à fort recouvrement ; cohabitent dans le désordre des ligneux xéromorphes dont la densité et la rugosité rendent la marche pénible : l'Arbousier, le Lentisque, le Cade (Genévrier oxycèdre), l'Alaterne, et une liane agressive à épines crochues, la Salsepareille.

Photo 1 : Chêne-liège démasclé
Albères, alt. 150 m, août

Le chêne vert, l'yeuse provençale, symbolise les paysages méditerranéens. Haut de 5 à 20 m, le tronc est trapu, l'écorce finement fissurée avec l'âge. Les feuilles d'un vert terne et luisant sont coriaces et polymorphes. Comme leur durée de vie est de deux ans, et la répartition par âge aléatoire sur les rameaux, l'arbre est sempervirent, à la différence de ses cousins avec qui il voisine, le chêne pubescent et, dans le Sud-Est européen, le chêne chevelu. Il déborde l'aire méditerranéenne dans les régions à été sec et hiver sans gelée, du littoral aquitain à la Vendée. En situation de compensation de facteurs écologiques, on le trouve encore en forêt de Fontainebleau, avec *Q. pubescens* sur les versants sud, secs et rocailleux sur calcaire. Acceptant tous les sols grâce à un enracinement pivotant, le chêne vert est adapté aux contraintes estivales de chaleur et de sécheresse ; il assimile surtout en hiver. Sa conquête de l'espace méditerranéen s'est faite après celle du chêne pubescent, qu'il a remplacé dans beaucoup de sites secs ou dégradés par les sociétés agro-pastorales néolithiques, après 2 500 BP.

La **chênaie de Chêne-liège** (subéraie, *Quercus suber*) occupe les secteurs les plus chauds, sur matériau parental siliceux, sols acides et frais. Une strate arborescente de futaie claire, dont les troncs gris s'ornent des plaques orange du **démasclage** (exploitation du liège de l'écorce), domine une strate arbustive dense et hirsute où foisonnent la bruyère arborescente, l'arbousier et la clématite, liane arborescente.

Fatalité ou responsabilité humaine ? ***Le feu de forêt*** frappe tous les étés en France. 6 000 feux recensés en 1993 pour 18 000 ha brûlés. Les départs de feu : 2 %, naturels ; 13 %, involontaires dus au travail ; 15 %, imprudences liées au loisir. Les origines criminelles sont peu nombreuses. 70 % des incendies sont déclarés « cause inconnue ». En Corse, le mode d'élevage est responsable de la majorité des mises à feu.

Une grande partie de la montagne méditerranéenne reçoit plus de 600 mm de précipitations, sur 75 à 100 jours, ménageant une saison sèche estivale inférieure à 4 mois : Atlas d'Afrique du Nord, massifs littoraux du Levant, bordures montagneuses du Plateau anatolien, versant occidental du Zagros, de l'Elbourz et, aux limites de l'aire, de l'Hindu Kuch. Là, aux chênes sempervirents s'ajoutent les conifères, le pin d'Alep sur les biofaciès chauds de versants sud, les pins maritime et pignon, les cèdres (de l'Atlas, du Liban) qui ne forment plus de vraies forêts que dans le Taurus. Sur ces terres hautes, comme en plaine, les forêts originelles ne sont plus que des lambeaux, la dégradation en *matorrales* est généralisée.

La plupart des paysages méditerranéens actuels sont bien loin de donner l'image d'une sylve dense et protectrice. L'action millénaire de l'homme sur ces milieux physiques fragiles, par le déboisement, le pâturage et le ***feu,*** a provoqué appauvrissement et érosion des sols qui ont longtemps échappé à tout contrôle. Les abandons humains d'aujourd'hui font de ces régions des terrains d'expérience et des laboratoires de dynamique végétale pour les décennies à venir.

4 Des forêts au sceau de l'homme

Sur la carte forestière du globe, l'Europe est un confetti malgré ses 72 millions d'hectares boisés ; ces 2 % de la superficie mondiale représentent 4 % de la récolte annuelle de bois. Ce résultat est l'œuvre des forestiers qui, au fil des siècles, ont marqué la forêt et l'ont pliée à produire.

Deux peuplements socialisés, le taillis et le mélange futaie-taillis

Le taillis, ou taillis simple des forestiers, est un peuplement classique des forêts de l'Europe occidentale. Les essences ligneuses ne s'y présentent pas en arbre franc de pied mais en **cépée.**

La cépée (*cippus*, pied) est une morphologie artificielle que l'homme impose à certaines essences. C'est un arbuste formé de brins de même âge, courbés à leur base, issus d'une souche créée et entretenue par l'homme. La cépée est « rajeunie » à période régulière, tous les 20 à 30 ans en moyenne ; une parcelle de taillis est régulièrement recépée ; elle porte des cépées du même âge, tandis que celles de la parcelle voisine sont d'un an plus jeunes ou plus vieilles. L'intervalle de retour à la coupe de la cépée définit la rotation du taillis.

Des essences* se prêtent naturellement à cette « torture », les chênes, les tilleuls, les bouleaux, le charme et le châtaignier, et le hêtre, quand il est montagnard. Le taillis assure la production de tiges à usages variés et du bois de feu. En 1870, la production forestière française se partageait en 19 % de bois d'œuvre et 81 % de bois de chauffage qui alimentait, avant la révolution du « charbon de terre », des feux domestiques et des feux industriels, verreries, forges, tuileries, salines, fours à chaux. Les chênaies pubescentes méditerranéennes furent surexploitées en taillis (telle la « blache » des Alpes du Sud) et régressèrent au profit, entre autres espèces, du Chêne vert. Le fruit comestible du châtaignier a nourri pendant des siècles les hommes comme les animaux. Mais cet « arbre à pain » du Limousin fut surtout traité en **cépée** pour fournir les petits bois façonnés : le piquet, le pieu, la claie, le ***feuillard*** (tige de 6 à 9 ans), fendu sur toute sa longueur et aplani du côté de la coupe pour confectionner les cercles de tonneaux et de barriques, des casiers à langoustes, des caisses.

Dans le pays des ***feuillardiers,*** au sud-ouest de la Haute-Vienne, le châtaignier représente 75 % des essences feuillues. Dans ces forêts peuplées, feuillardiers et charbonniers vivaient dans des cabanes proches. Cette activité des petits bois façonnés, riche en main-d'œuvre, a marqué de nombreux terroirs au point de leur donner son nom.

Fig. 9 : les types de forêts gérées

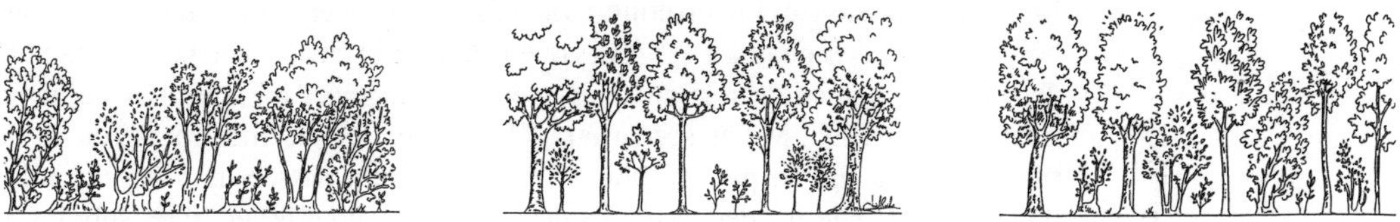

1 Le taillis : les arbres, multiples brins de cépées, sont issus de rejets nés sur les souches (plusieurs types).

2 La futaie : les arbres en fûts sont des francs de pied issus de graines.

3 Le mélange futaie-taillis : combinaison des deux types.

D'après D. Carbiener, *Les arbres qui cachent la forêt, la gestion forestière à l'épreuve de l'écologie,* Edisud, 1995.

Le mélange futaie-taillis associe dans le même peuplement une strate arborescente supérieure d'arbre de fût et une strate arbustive ou arborescente inférieure de cépées. Cette physionomie, qui représente 30 % des peuplements de la forêt française, correspond en général au régime forestier dit du taillis sous futaie. Les brins de cépée du taillis vivent de 25 à 30 ans au rythme des rotations de coupe. La vie de la futaie s'étale sur plus d'une dizaine de rotations. Les arbres francs de pied qui la composent sont, d'éclaircie en éclaircie, surveillés, appréciés, désignés, coupés pour les moins bien conformés ; les survivants constituent peu à peu la réserve ; ils ne sont coupés qu'au terme de leur croissance, à l'âge d'exploitation qui varie selon les essences. La conversion en futaie touche aujourd'hui la majorité des taillis sous futaie.

Photo 2 : cépée de châtaignier

Châtaigneraie limousine, alt. 400 m, juin.

Forêts, enjeu stratégique

Donnons quelques coups de projecteur sur les enjeux que représentent les forêts du globe en cette fin de millénaire, alors que, comme pour la plupart des domaines de la pensée et de l'action, la Terre devient un « village » forestier.

Une nouvelle Europe forestière. L'entrée dans l'Union européenne de la Suède, de la Finlande et de l'Autriche a doublé la surface forestière de l'Union, qui est passée de 45 à 90 millions d'ha. La part de la France, 14 millions d'ha, est ainsi passée de 31 à 15 % du total. Au-delà de la superficie, tout change pour l'économie forestière. La production de bois passe de 120 à 220 millions de m^3/an (+ 83 %) ; celle de pâte à papier, de 9 à 29 millions de tonnes/an (+ 222 %) ; celle de papiers et cartons, de 43 à 63 millions de tonnes, + 46 % ; l'autosuffisance passe de 67 à 95 %. La forêt nordique devient un « gisement incontournable » pour les Européens du Centre et du Sud. Les grandes manœuvres financières et industrielles battent leur plein. Les frontières s'estompent un peu plus chaque jour ; le marché du bois est de plus en plus international.

La forêt nourricière. Les produits forestiers, nourriture et fourrage, furent toujours présents dans les systèmes d'alimentation traditionnels. Dans les pays tropicaux, des espèces d'origine forestière sont devenues des plantes cultivées capitales : banane, plantain, cacao, noix de cola, café. Manguier, papayer, goyavier, avocatier sont des arbres forestiers. En Inde, 80 % des habitants des États du Bihar, de l'Orissa, du Madhya Pradesh dépendent de la forêt pour 25 % à 50 % de leurs besoins nutritionnels.

La Chine et le reboisement. En 1993, la Chine accéléra le programme de reforestation des régions septentrionales lancé dans les années 70 (programme des Trois Nords de 1978) destiné à ralentir l'avancée du désert. Des centaines de milliers d'arbres ont été plantés ; une véritable ceinture verte est née, qui a été comparée à la Grande Muraille. Longue de 4 480 km pour une surface de 17,9 millions d'hectares, elle a permis la protection de 13,4 millions d'hectares de terres agricoles dans le nord du pays. 40 000 km^2 de déserts ont été transformés en forêts. Malgré ces efforts colossaux, la désertification continue à avancer au rythme de 1 500 à 2 000 km^2 par an.

Le bois de la survie. Le territoire rwandais était naguère boisé à 80 %. Le taux de boisement est descendu à 7 %. Alors que le bois et le charbon de bois assurent 89 % des besoins énergétiques, la population est passée de 6,1 à 7,4 millions d'habitants entre 1986 et 1993. Même scénario en Haïti, taux de boisement passé en un demi-siècle de 60 à 0,8 %, part du bois 85 %, population passée de 5,4 à 6,5 millions d'habitants. Les terres dénudées des deux pays ont, pour 40 et 70 %, subi les effets de l'érosion, des inondations, des glissements de terrain. D'année en année augmentent les surfaces abandonnées. Déséquilibres écologiques, exode rural, explosion urbaine, recherche accrue du bois de chauffage, érosion, abandon dessinent la chaîne hélas très classique d'une boucle de rétroaction positive. Trois à quatre millions de foyers en Inde, 830 000 aux Philippines vivent de l'industrie du bois de chauffage.

B

FORMATIONS VÉGÉTALES NON FORESTIÈRES

Au monde clos de la forêt s'oppose celui, ouvert et clair, des formations basses non forestières, dans lesquelles le regard de l'observateur porte au loin. Le microclimat se déplace ; il n'est plus sous la voûte des arbres, mais plus bas, au ras du sol presque.

Le flottement et la diversité de la terminologie, *campos, pampas, plains, prairies, steppes, veld,* rendent difficiles la définition et, donc, le recensement de ces formations végétales. Nous retiendrons une classification soit aux deux niveaux structural et physionomique, soit, dans un autre registre, à celui du référentiel géographique. Interviennent donc la stratification – la strate herbacée est exclusive ou partage l'espace avec une strate arbustive ou arborescente, puis le recouvrement – la strate herbacée est fermée ou ouverte, les autres strates toujours très ouvertes.

Le référentiel géographique est fondamental du fait de l'extension suprazonale des formations et de la linguistique qui entraînent, à la traduction, des risques de confusions. Ainsi nous définirons les steppes comme des formations monostrates herbacées *ouvertes basses,* les unes hémicryptophytiques, les autres chaméphytiques, alors que les végétations des régions où s'applique l'éponyme russe *stepj* sont des prairies, formations monostrates herbacées *fermées hautes,* hémicryptophytiques. À ce groupe des prairies se rattachent les savanes herbacées. La définition inclut une variable zonale : la savane est tropicale, la prairie, tempérée. L'imprécision des définitions, la diversité des nomenclatures, le poids des transformations humaines rendent périlleux, plus encore que pour les forêts, les exercices d'évaluation des surfaces occupées par ces formations non forestières. Le total est évalué à une soixantaine de millions de km^2 ; sont exclus les déserts (environ 15,6 millions de km^2) et les terres cultivées (17,7 millions de km^2).

1 Prairies et savanes

L'aire de répartition des prairies et des savanes, formations végétales herbacées fermées, est vaste et recoupe plusieurs zones géographiques. Croissant sur des sols variés, suivant un large gradient altitudinal, elles n'ont pas de bioclimat type. Souvent homogènes sur de grandes surfaces, elles forment aussi des mosaïques avec certaines forêts. Cette distribution pose le problème de leur origine. L'origine anthropique est souvent avancée face au déterminisme bioclimatique.

Les prairies

Les prairies sont monostrates, fermées et denses. Les herbacées vivaces dominent, cespiteuses ou stolonifères. La hauteur du couvert est la variable physionomique principale. Par leur nature même, ces formations ont aiguisé la convoitise de l'agriculteur et de l'éleveur ; elles ont considérablement régressé tant en Amérique du Nord que sur le continent eurasiatique, avec pour conséquence la disparition de la grande faune herbivore associée.

Pour le dictionnaire Robert, la prairie est une « surface couverte de plantes herbacées qui fournit du fourrage au bétail » pour le Petit Larousse, « terrain couvert d'herbe destiné à l'alimentation du bétail, par pâture ou après fenaison ». L'usage économique s'impose dans la définition. On est, avec les formations prairiales, dans la biogéographie de l'anthropisé. Dans nos régions agricoles, la *prairie* regroupe tous les herbages fauchés ou pâturés. On distingue les prairies naturelles, ou permanentes, les moins perturbées par l'action humaine, la prairie temporaire, ensemencée par l'homme (souvent graminées et légumineuses), les prairies artificielles, véritables champs d'herbes à couper, trèfles, luzernes, etc. Les graminées jouent un rôle essentiel, grâce à leurs deux qualités : un pouvoir de multiplication végétative considérable, une puissante production de graines. Les Légumineuses apportent des enrichissements aux sols grâce à leurs nodules mycorhiziens.

En montagne, sous le nom de pelouse alpine, la prairie occupe l'étage alpin, au-dessus de la limite des forêts. **Graminées et Cypéracées** se partagent l'essentiel de la flore.

Graminées et Cypéracées sont deux familles de monocotylédones herbacées, de quelques centimètres à quelques mètres de hauteur, thérophytes ou géophytes à rhizome. La tige des Cypéracées est pleine et trigone, creuse (sauf aux nœuds) et cylindrique pour les Graminées. Les souches des espèces vivaces sont grêles ou cespiteuses, uniques ou stolonifères, isolées ou gazonnantes, conçues pour conquérir et occuper l'espace de surface et de subsurface. Les Graminées (ou Poacées, de *Poa,* Pâturin) comptent 500 genres et 8 000 espèces. Les morphologies des chaumes sont très variables : le chaume herbacé du blé contraste avec celui du bambou, lignifié, qui peut dépasser 10 m de haut et constituer des forêts. Les Graminées jouent un rôle de premier plan dans les agricultures. Les Cypéracées, dont les genres *Cyperus* (600 espèces tropicales, quelques-unes en Europe) et *Carex* (le plus représenté de la flore française avec 110 espèces) vivent souvent dans les sols humides et les marais.

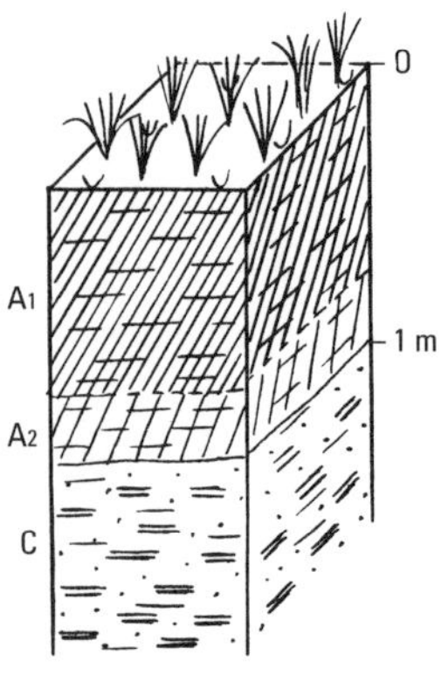

Fig. 10 : chernozem
(Cf. légende fig. 15, p. 330)

Phénologie. La phytomasse visible ne représente qu'une part limitée de la phytomasse totale car le monde endogé est remarquablement développé. Les racines, les organes pérennants, rhizomes et bulbes, s'enfoncent profondément ; la décomposition annuelle de la rhizosphère fournit une matière organique morte abondante et uniformément répartie. L'humification l'emporte sur la minéralisation, et l'évaporation sur les précipitations. Il en résulte que le lessivage est absent ou très faible, que les agrégats argilo-humiques sont bien structurés et le complexe absorbant saturé. Les sols sont riches. Leur nom de **chernozem** vient de la couleur noir des horizons humifères.

Les prairies euro-sibériennes couvrent de vastes surfaces. Les « steppes herbeuses » ukrainiennes sont ainsi des prairies. Cette nappe graminéenne dessine une grande écharpe, large de 500 km sur 5 000 km de long, centrée sur le 50° N, s'abaissant au 45° N vers l'ouest (nord de la péninsule de Crimée) et montant jusqu'au 55 ° dans les plaines de Sibérie occidentale limitées vers l'est par la vallée de l'Ob. Largement transformées par l'agriculture, ces régions de chernozem sont le grenier à blé de la Russie. Selon une direction méridienne, la baisse des précipitations, la hausse des températures, l'allongement de la saison sèche provoquent l'appauvrissement de la phytomasse et de la teneur en matière organique des horizons humifères.

Les prairies nord-américaines des Grandes Plaines occupent la partie occidentale de la dépression centrale qui se déploie du pied des Rocheuses au Mississippi. La « Grande Prairie », ou *grassland,* domaine de l'herbe, règne sur cette région naturelle la plus vaste des États-Unis, 3 600 km du nord au sud, de l'Alberta central aux portes de Mexico, et 1 500 km de l'Indiana aux Rocheuses. Elle s'oppose avec force aux forêts du secteur oriental et des montagnes de l'ouest. Cette formation (« vastes steppes de l'Amérique du Nord [*Far West*]) » dit le Robert) est, pour les biogéographes et écologues américains, l'association d'une prairie à hautes herbes à l'est (*tall grass land*) et d'une steppe vers l'ouest (*short grass land*), sur les piémonts des Rocheuses, vers 1 000 m d'altitude, sous climat tempéré froid et semi-aride.

Tableau 9 : Kansas City, Kansas, États-Unis, 39° N, 95° O, alt. 350 m, prairie à grandes herbes

	Janv.	Fév.	Mars	Avril	Mai	Juin	Juil.	Août	Sept.	Oct.	Nov.	Déc.	Ann.
T °C	– 1,2	0,2	6,4	13	18,3	23,3	26,4	25,4	21,1	14,7	7,0	1,1	13
Pmm	33	42	65	80	122	120	102	103	115	70	47	33	932
P/T			10,2	6,2	6,7	5,2	3,9	4,1	5,4	4,8	6,7		

PAVP ≥ 5 °C, herbacées ; Σ des T : 155,6 ° C. Phytomasse : 20-30 t/ha — 7 mois d'optimum hydrique

Dans ces secteurs orientaux, la forêt est absente alors que le bioclimat lui serait favorable. Deux types d'hypothèses sont avancées, d'où découlent deux définitions : si les incendies occasionnels et les parcours des grands mammifères contrecarrent l'implantation des ligneux, alors la prairie est un écosystème. Si le défrichement est la cause déterminante de la substitution de l'herbe à la forêt, alors la prairie est un géosystème.

Tableau 10 : Pueblo, Colorado, États-Unis, 38° N, 105° O, alt. 1 300 m, prairie à herbes courtes

	Janv.	Fév.	Mars	Avril	Mai	Juin	Juil.	Août	Sept.	Oct.	Nov.	Déc.	Ann.
T °C	– 0,9	0,8	5,5	10	15,3	20,6	23,6	22,8	18,4	11,7	4,5	0,0	
Pmm	8	15	17	40	40	32	50	45	23	15	10	12	307
P/T			3	4	2,6	1,6	2,1	2	1,3	1,3			

≥ 5 °C, herbacées vivaces ; Σ des T : 128 °C. Phytomasse : 5-8 t/ha — Pas d'optimum hydrique

Ce climat semi-aride est, lui, défavorable à l'arbre.

Les savanes

Les savanes des régions tropicales sont des formations à l'allure de prairies de hautes herbes, fermées en période végétative, fréquemment parsemées d'arbustes, parfois arborées. Tous les stades de transition existent avec la forêt tropicale d'un côté (savane arbustive, arborée, savane-parc), les steppes tropicales semi-arides de l'autre. Nous sommes dans une formation complexe, un terme englobant dont la classification repose sur une composante quantitative. Sur leurs marges, forêt claire et savane arborée se confondent.

Les Graminées dominent, genre *Andropogon.* Dans les domaines les plus humides, deux strates graminéennes se distinguent ; entre 2 et 3 m les hauts et vivaces *Andropogon* et *Pennisetum* ; autour de 0,80 m, un monde d'hémicryptophytes à bulbes ou rhizomes qui densifient la formation en saison humide. Les synusies saisonnières sont toujours spectaculaires.

Tableau 11 : Ouagadougou, Mali, 12,4° N, 68° E, alt. 44 m, savane arbustive

	Janv.	Fév.	Mars	Avril	Mai	Juin	Juil.	Août	Sept.	Oct.	Nov.	Déc.	Ann.
T °C	24	24	30	31	30	27	26	25	26	27	27	24	
Pmm	0	0	2	46	63	115	157	270	128	32	1	0	814
P/T	0	0	0,1	1,5	2,1	4,3	6	10,8	4,9	1,2	0	0	

PAVP ≥ 15 °C, feuillus sempervirents tropicaux ; Σ des T : 321 °C. — 3 mois d'optimum hydrique, 5 mois d'aridité.

Phytomasse : 20-40 t/ha

Sans la déforestation, la courte saison humide de quatre mois entretiendrait une forêt sèche claire aux équilibres fragiles.

Photo 3 : Andropogon

(Nord Côte-d'Ivoire - août)

Haute graminée cespiteuse de la savane en saison des pluies.

Les savanes subissent de fortes contraintes. Le lourd déficit hydrique d'une saison sèche et chaude implique une longue phase de repos biologique et des ressources trophiques faibles liées à la pauvreté édaphique des sols. S'y ajoutent les feux, dits « de brousse » en Afrique. La variabilité temporelle intra-annuelle de la formation est grande et les paysages saisonniers présentent de forts contrastes. Le fonctionnement des savanes obéit donc à une rythmicité annuelle où dominent l'imprévisibilité et la variabilité.

Physionomies. Le monde des savanes présente une extrême hétérogénéité structurale caractérisée par la variation de l'équilibre entre les herbes et les arbres. La savane boisée présente un couvert arborescent continu mais clair ; l'insolation arrive facilement au sol. C'est la savane parc naturelle, celle des grands mammifères, de l'Afrique orientale et australe. La savane arborée est piquetée de ligneux disséminés ; la savane arbustive, les *campos cerrados* de l'Amérique latine, est seulement parsemée de petits ligneux. Dans la savane herbeuse, *campo limpo, llanos bajos* du Venezuela, les ligneux sont très rares ou absents.

Distribution. La savane, au sens large, est une mosaïque. Toute généralisation à partir d'échantillons de formations est d'autant plus difficile que l'origine est discutée. Les deux positions extrêmes sont l'écosystème naturel qui s'intercale entre forêt et désert, et la création anthropique (Cf. G. Riou, bibliographie). Les savanes bioclimatiques sont à distinguer des savanes stationnelles, liées à des combinaisons locales de facteurs du milieu bloquantes pour l'arbre. Elles couvrent des surfaces importantes dans le monde intertropical. On peut citer les savanes de basses plaines inondables au cœur du domaine équatorial : littoral de Côte-d'Ivoire, *llanos* vénézuéliens, bouches de l'Amazone ou du Congo ; les savanes strictement herbeuses des plateaux indurés à cuirasses bauxitiques ou ferrugineuses, comme les bowés africains. Les savanes sont aussi des formations secondaires de substitution anthropique, sous les effets des feux de brousses, qui s'accompagnent d'une dégradation du sol qui peut être irréversible (bowalisation et cuirassement). Le retour à la forêt est, dans ce cas, bloqué.

2 Steppes et marges arides

Dans les steppes de l'Asie centrale : d'immenses étendues arides couvertes d'une végétation basse et clairsemée, parcourues de troupeaux, domestiques de chèvres et de moutons, ou sauvages de chevaux. Les espèces végétales dominantes sont vivaces, adaptées à des conditions de contraintes rudes, la sécheresse et/ou le froid.

La définition de la steppe, formation monostrate herbacée ouverte basse, est large. Elle implique une différenciation selon les types biologiques dominants. Dans la steppe *stricto sensu,* dominent les plantes herbacées, graminées surtout, comme, en Afrique du nord, l'alfa et le sparte. La steppe buissonnante est peuplée de ligneux sous-frutescents comme les armoises. La steppe arbustive se dessine aux marges de tolérance de l'arbre, et de nombreux faciès sont définis par la densité de la strate arbustive, voire arborescente. À l'inverse, quand la sécheresse s'accentue, le couvert herbacé s'étire, la répartition des végétaux devient aléatoire, nous sommes sur les marges des déserts. Une variante édaphique, la steppe succulente, abrite des euphorbes et des arbustes crassulescents adaptés à la présence de sel. Tous ces types peuvent dominer sur de grandes surfaces ou s'imbriquer en mosaïques.

Les steppes herbacées d'Afrique du Nord

Sur les hauts-plateaux algériens, les steppes présentent une strate herbacée ouverte où dominent des espèces graminéennes en touffes denses, l'Alfa (*Stipa tenacissima*), le Sparte (*Lygeum spartum*), accompagnés du drinn (*Aristida pungens*) sur sol sableux. Ces régions reçoivent de 100 à 400 mm de précipitations, les minima du mois le plus froid oscillent entre – 1,7 et + 1,8 °C, les maxima du mois le plus chaud, entre 33 et 41 °C. Les amplitudes sont fortes, avec des extrêmes de – 12 °C et + 45 °C. Sur les montagnes, la forêt méditerranéenne est dégradée en *matorrales* arborés à pin d'Alep, genévrier de Phénicie et chêne vert. Le climat, sec et chaud, des vastes plateaux est marqué d'influences sahariennes. Le Jujubier et le Pistachier apparaissent dans les dayas, dépressions fermées limoneuses. Sur les sols à texture fine, l'Armoise, *Artemisia herba alba,* remplace le drinn ; elle offre d'excellents pâturages de parcours pour les troupeaux. La steppe devient halophytique dans les chotts, dont les sols sont calcimagnésiques en bordure des sebkhas, avec les soudes (*Suaeda sp.*), et les arroches (*Atriplex sp.*).

Le tableau suivant montre la dynamique de trois indicateurs des sociosystèmes développés dans les milieux steppiques de l'Afrique du Nord.

Tableau 12 : indicateurs sociétaux de la transformation des steppes d'Afrique du Nord

	Population, en millions d'habitants	Superficies cultivées en céréales, en milliers d'hectares	Cheptel ovin, en millions de têtes adultes
1950	42,1	8,8	20,0
1993	118,7	12,5	51,3
Accroissement	76,6 (+ 182 %)	3,7 (+ 42 %)	31,3 (+ 156 %)

Soumises à de fortes pressions anthropiques, les steppes nord-africaines sont en cours de dégradation rapide.

La steppe continentale semi-aride

Un exemple est la steppe kazakhe, marquée d'un tapis rugueux de chaméphytes dans lequel dominent les armoises (Rougerie). Elle naît sur la bordure de la Caspienne, s'enfonce loin en Asie, s'épanouit en Mongolie où elle forme une part du désert de Gobi. Son bioclimat est bien représenté par la station de Krasnovodsk.

Tableau 13 : Krasnovodsk, Kazakhstan, 40° N, 53° E, alt. 0 m, steppe à armoise

	Janv.	Fév.	Mars	Avril	Mai	Juin	Juil.	Août	Sept.	Oct.	Nov.	Déc.	Ann.
T°C	2,1	3,0	6,0	12,6	19,3	24,1	27,6	27,5	22,3	15,3	8,2	4,1	14,3
Pmm	11	13	15	12	7	2	2	3	3	6	9	11	94
P/T			2,5	0,9	0,4	0,1	0,1	0,1	0,1	0,4	1,1	2,7	

PAVP ≥ 5 °C, bioclimat chaméphytique, arbrisseaux et herbacées ; Σ des T : 172,1 °C — 7 mois arides

Phytomasse : 3-5 t/ha

Le Sahel, rivage de la transition tropicale

Sur la grande surface plane du bouclier ouest-africain, le Sahel (le rivage) appartient au domaine bioclimatique tropical semi-aride. Le tapis végétal, qui pourrait paraître d'une grande monotonie, se différencie en groupements caractéristiques ; physionomie et répartition de la végétation reflètent des contraintes climatiques draconiennes, dominées par le manque d'eau pendant la plus grande partie de l'année. Alors que le tapis végétal est à mode diffus avec ses touffes distribuées suivant une large maille, une compétition exacerbée s'exerce dans la phytomasse cachée du pain racinaire ; les plantes ont rendu leur système racinaire très étendu apte à une exploration maximale du réservoir hydrique. Ici aussi, formation naturelle se confond depuis longtemps avec pâturage.

Tableau 14 : Atar, Mauritanie, 20,3° N, 13° O, alt. 250 m, steppe très ouverte

	Janv.	Fév.	Mars	Avril	Mai	Juin	Juil.	Août	Sept.	Oct.	Nov.	Déc.	Ann.
T °C	20	21	25	28	30	34	34	34	33	30	25	21	28
Pmm	1	1	1	0	2	9	6	31	30	4	6	2	93
P/T	≈ 0	≈ 0	≈ 0	0	≈ 0	0,3	0,2	0,9	0,9	0,1	0,2	≈ 0	

PAVP ≥ 15 °C, feuillus tropicaux, Σ des T : 335 °C — 12 mois arides

Phytomasse : 2-3 t/ha

Tableau 15 : Tombouctou, Mali, 16,4° N, 4° O, alt. 200 m, steppe arbustive

	Janv.	Fév.	Mars	Avril	Mai	Juin	Juil.	Août	Sept.	Oct.	Nov.	Déc.	Ann.
T °C	23	25	28	32	34	34	31	29	31	32	28	23	29
Pmm	0	0	0	1	3	19	65	95	37	5	0	0	225
P/T	0	0	0	≈ 0	≈ 0	0,5	2	3,2	1,2	0,2	0	0	

PAVP ≥ 15 °C , feuillus tropicaux, Σ des T : 350 °C — 9 mois arides, 2 mois subsecs

Phytomasse : 10 -15 t/ha

Le gradient bioclimatique sahélien explique la distinction phytogéographique entre deux types de steppes.

Les steppes du **Sahel nord** sont très ouvertes, herbacées ou sous-frutescentes, voisines des végétations diffuses du désert. Le végétal représente moins de 30 % de la surface édaphique, entre de larges plages de sol nu. Dans ces steppes dominent trois graminées. *Panicum turgidum,* dont les bourgeons sortent de dormance dès les premières petites pluies, verdit en quelques jours. Les rejets, retenant le sable à la base de la touffe, demeurent verts plus longtemps que la plante mère. *Aristida longiflora,* qui se conserve bien sur pied à l'état sec, fournit un fourrage longtemps disponible. *Aristida acutiflora,* qui occupe plutôt le fond des dunes, marque la limite avec le désert ; elle fournit un fourrage apprécié par les chameaux, les gazelles, les addax. Sur le bord des oueds apparaissent de rares arbres et arbustes, Jujubier (*Ziziphus mauritania*), *Acacia raddiana, Balanites aegyptica, Combretum aculeatum.*

On pénètre dans le **Sahel sud** là où les arbres commencent à quitter leur habitat ripicole pour se disséminer dans le paysage des interfluves. Les steppes plus ou moins arborées prennent parfois l'aspect de fourrés clairs. Des espèces sempervirentes comme *Balanites aegyptica,* épineux, et *Maerua crassifolia,* inerme, voisinent avec des espèces à feuilles caduques. Certaines, le jujubier, *Commiphora africana, Combretum aculeatum,* perdent leur feuillage en début de saison sèche, d'autres le conservent une partie de cette saison, *Acacia raddiana* ou le tamarinier. Les arbres ont beaucoup souffert de l'intense phase sèche des années 70 ; leur disparition a accéléré la désertification. La biomasse herbacée augmente vers le sud, elle atteint 1 300 kg/ha sous une pluviosité de 430 mm. Les contrastes saisonniers sont profonds. Durant la saison des pluies, dans la strate basse qui atteint 100 % de recouvrement dominent des plantes annuelles, souvent hygrophytes, exigeant une humidité permanente ; elles sont les bons pâturages. Mais durant plus de la moitié de l'année, la steppe est sèche, marquée par les chaumes grisâtres des Graminées.

4 Les toundras

On a coutume de grouper sous le terme générique d'origine russe **toundra** des biomes correspondant à des formations végétales à physionomies variées mais dont le trait commun est l'existence d'une seule strate basse, rase, dominante. La toundra se déploie au-delà de la limite naturelle de l'arbre, en latitude comme en altitude. L'absence de l'arbre a deux causes : d'une part, la période d'activité végétale potentielle est trop courte et trop froide pour que le phanérophyte puisse à la fois relancer la production des feuilles, construire ses tissus ligneux et conduire à maturité fleurs et graines ; d'autre part, le manteau neigeux qui protège des froids glacials est peu épais, le vent qui, lui, dessèche et refroidit souffle avec une rare constance. Ces deux caractères imposent un port prostré. *Betula alba* cède la place à *Betula nana,* le Bouleau nain. Les biomasses varient de 6 à 30 t/ha et la faible production primaire atteint avec peine 1,4 t/ha/an.

Tableau 16 : Barrow, Alaska, 71° N, 156° O, alt. 0 m, toundra

	Janv.	Fév.	Mars	Avril	Mai	Juin	Juil.	Août	Sept.	Oct.	Nov.	Déc.	Ann.
T °C	– 27	– 28	– 26	– 18	– 8	0,5	4	3,5	– 1	– 9	– 18	– 24	– 12
Pmm	5	4	3	3	3	9	20	23	10	13	6	4	110
P/T							5	6,6					

PAVP : 2 mois proches de 4 °C ; limite du bioclimat chaméphytique ; Σ des T positives : 7,5 °C. — 2 mois d'optimum hydrique

Phytomasse : 7 -10 t/ha

Le critère écologique dominant de la typologie physionomique est le bilan hydrique du mésoclimat. Les bilans radiatifs du sol sont, eux, d'importants facteurs de différenciation stationnelle.

L'optimum hydrique est lié, malgré les faibles précipitations, aux très basses valeurs de l'évapotranspiration. L'hyperhumidité est aussi édaphique, accentuée par le dégel de surface du sol.

La morphologie des plantes dominantes, herbacées ou sous-frutescentes, commande la différenciation physionomique. Dans les toundras vraies dominent les lichens et les mousses accompagnés de sous-arbrisseaux nains (bouleaux, saules, Éricacées). La typologie classique distingue : – La **toundra sèche,** formation en général fermée, où les mousses et les lichens, surtout foliacés du genre *Cladonia,* sont la nourriture du renne. Les ligneux sont des chaméphytes rampants, bouleaux et bruyères. Cette toundra se développe sur un permafrost en profondeur, transformé en mollisol de surface lors du dégel estival. – La **toundra tourbeuse** est riche en Graminées et Cypéracées, accompagnées de saules nains. – La **toundra arborée,** est un faciès de transition avec la forêt boréale résineuse, en position fréquente d'écotone de la taïga.

La toundra présente une grande extension au Canada. Les végétaux sous-frutescents, airelles, thé du Labrador et bouleaux sont dispersés, mousses et lichens égayent les paysages. La toundra accompagne le climat polaire, avec des températures moyennes des mois d'été toujours inférieures à 10 °C. Les facteurs limitants sont l'agressivité du froid, l'absence de chaleur estivale, la sécheresse du milieu, la présence du permafrost sans dégel qui bloque la pénétration des racines et l'exploration du sol par le pain racinaire des arbres. Les sols sont peu évolués, pelliculaires ou absents (**lithosols**). Les forts contrastes thermiques (exposition), hydriques (confinement des cuvettes, ressuyage des croupes) et éoliens (site d'abri ou d'exposition au vent) fractionnent les biotopes. Les biocénoses en mosaïque créent des paysages compartimentés. Aux avant-postes en position d'abri, la toundra buissonnante monte vers le nord dans les platitudes désolées de la toundra rase polaire. La transition toundra-forêt boréale est très progressive. La limite des deux formations court du delta du Mackenzie à la baie d'Hudson, qu'elle traverse en son milieu pour se diriger vers la pointe du Labrador. C'est plus une bande mélangée qu'une limite franche. La forêt reste claire, parsemée de plages de toundra.

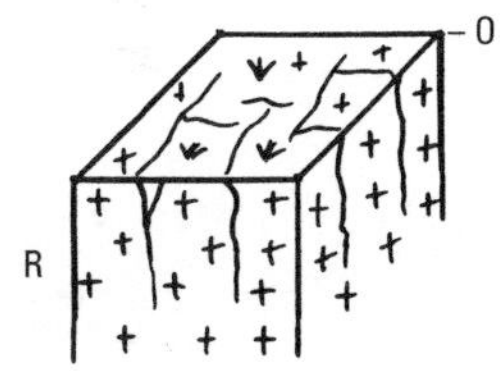

Fig. 11 : lithosol sur granite diaclasé

Les surfaces minérales sont appelées sols bruts. Lithosol sur matériau cohérent, régosol sur matériau meuble
(Cf. légende fig. 15, p. 330).

C

DES VÉGÉTATIONS D'INTERFACE

Nous groupons sous l'expression de végétations d'interface des formations qui doivent leur existence à des équilibres instables mettant en jeu des paramètres imposant de fortes contraintes. Sur le plan physionomique, ces formations sont souvent des fruticées, épanouies entre le monde à toit de la forêt et celui sans toit des végétations basses. Sur le plan spatial, elles se développent aux dépens ou aux marges des grands biomes, grâce à l'irruption de facteurs stationnels, naturels (hydromorphie, vent, salinité) ou sociétaux (gestion, remplacements, drainage) ; tous, facteurs à fort gradient ou intervenant lors du franchissement de seuils (sociaux, par exemple).

1 Mangroves entre sel et terre

Les lieux de rencontre entre la terre, l'air et l'eau sont azonaux. Leurs biocénoses offrent une extraordinaire « interface ambiguë sinon ambivalente » (Rougerie, *Biogéographie des milieux aquatiques*) où la vie semble toujours en suspens, comme en hésitation, prête à basculer des eaux à la terre ferme.

La zone intertidale des estrans à sédimentation fine forme les marais maritimes. Dans les secteurs littoraux en position d'abri, fonds de baie, flèches littorales, estuaires, la végétation colonise ces marais salés. Elle y est soumise à l'influence interdépendante du rythme de recouvrement marin et de la salinité. La **slikke,** ou vasière, est inondée à toutes les marées hautes. La surface lisse et brillante de la vase à marée basse laisse une trompeuse impression de minéralité ; elle abrite une végétation algale microscopique de diatomées et d'algues vertes. Sur la **haute slikke,** qui n'est pas inondée quotidiennement, les phanérogames prennent le relais de la colonisation, puis se structurent en formations forestières, les mangroves propres à la zone intertropicale, ou en groupements herbacés et prairiaux, les herbus ou schorres des littoraux tempérés.

La mangrove, terme d'origine malaise, est un trait marquant du monde tropical. Elle occupe une superficie estimée à 300 000 km^2. De la mer, le continent ou les îles se découvrent par une barrière verte et dense, comme maintenue par un filet à marée basse. Peuplée d'espèces arbustives et arborescentes, les palétuviers, la mangrove colonise, stabilise et structure les estrans vaseux mobiles formant marais maritimes et lagunes. Les populations végétales se disposent en bandes parallèles au rivage selon un gradient spatio-temporel, combinaison d'une distance à la mer libre et d'une durée de submersion par la marée. Sur tout site où elle s'épanouit, la mangrove présente deux façades contrastées marquées par l'instabilité sur la face exposée à la mer, par la stabilité vers l'intérieur. Les biomasses sont très variables, 200 t/ha en Afrique, jusqu'à 350 t en Nouvelle-Guinée ; la productivité est de 7 à 10t/ha/an.

Le pneumatophore (litt. porteur de souffle) est une excroissance tubulaire de la racine. Des orifices, protégés par une écorce subéreuse, ouvrent sur des lacunes tissulaires. Fermés à marée haute par la pression de l'eau, ils s'ouvrent à l'air libre pour permettre la respiration. Présent sur les palétuviers, cet organe existe aussi sur les arbres des marécages d'eau douce tropicaux, le cyprès chauve de Louisiane ou les raphias (palmiers).

L'écologie de la mangrove est fort intéressante à étudier pour comprendre les déterminismes du milieu et les réponses des végétaux. Les palétuviers, arbres halophiles, exigent des eaux chaudes (T > 20° C) et une salinité contrôlée par les eaux marines, pures ou mélangées aux eaux douces continentales. Les échanges entre la plante et les eaux exigent une régulation cellulaire osmotique. Comme les transferts sont lents et les besoins hydriques de l'organisme difficiles à satisfaire, des formes de xéromorphisme affectent les feuilles, réduction de taille, duvet ou cire, parfois crassulescence. La phytogenèse se fait dans un contexte doublement difficile d'instabilité morphodynamique et d'asphyxie du milieu. L'oxygénation déficiente induit une activité respiratoire racinaire réduite, une absorption lente de l'eau et des éléments minéraux. Ce contexte exerce une pression de sélection et d'adaptation. 1) La respiration est assurée par des tiges – racines (**rhizophores**) nées nombreuses à la base des troncs hors de l'atteinte des marées et formant un « arc biologique » avec le substrat (*Rhizophora*), des racines arquées (*Ceriops*), des ***pneumatophores,*** « tubas » reliés au réseau racinaire (*Avicennia, Rhizophora*), émergent de la vase à marée basse. 2) La fixation et la sustentation sont réalisées dans le même temps. Les haubans en arceaux (les mêmes échasses de *Rhizophora*), les anses des longs cordons traçants et brosses des pneumatophores (*Ceriops* et *Avicennia*) ralentissent les courants, favorisent la sédimentation et assurent la **pérennité** de la formation.

Dans le milieu mobile de la mangrove, les parents des espèces pionnières assurent les meilleures chances à leurs descendances par des adaptations visant à raccourcir où à contrôler la phase de la germination. Le fruit flottant d'*Avicennia* contient une plantule déjà formée qui flotte et respire dans l'eau comme une hydrophyte. C'est à une sorte de « mise bas » que nous convie la viviparie des Rhizophoracées (genres *Rhizophora, Bruguiera* et *Ceriops*) : le fruit encore fixé sur le rameau expulse la plantule, qui se détache lorsque son hypocotyle (axe sous les cotylédons) est assez fort pour assurer, comme le ferait une pointe de flèche, sa fixation dans la vase.

Dynamique. Le marnage (amplitude de la marée) et la sédimentation littorale sont déterminants pour l'installation et l'extension de la mangrove. Ainsi, la côte occidentale de Madagascar, au marnage de 4 m environ et aux nombreux deltas vaseux, se distingue par ses mangroves continues de la côte orientale, au sable balayé par la dérive littorale, au faible marnage de 60 cm, sans mangrove. La mangrove matérialise un équilibre dynamique entre phytogenèse et morphogenèse. Elle progresse en général vers l'aval des estuaires et des deltas, en suivant l'alluvionnement. Mais d'un site à l'autre les dynamiques peuvent varier. L'aspect de la formation côté mer dépend de l'activité morphodynamique : peuplements pionniers sur les sites de formation de bancs de vase, forêt déchaussée et abattue dans les zones de dévasement attaquées par la houle. Ainsi, les **mangroves guyanaises** sont en équilibre dynamique entre la genèse et la destruction.

Photo 4 : mangrove (Sénégal - février)

Rhizophora à marée basse dans la mangrove de Casamance.

L'alternance d'envasement et de dévasement dans les mangroves de Guyane résulte des apports sédimentaires des fleuves, des ondes d'incidence et de réfraction de la houle, du courant côtier orienté SE-NO (courant chaud sud-équatorial devenu courant des Caraïbes). Au total, le déplacement des sédiments vers le nord-ouest est de 1,3 km/an et la longueur d'onde moyenne entre deux bancs de vase est de 40 km. La longueur du cycle genèse-destruction de la mangrove en un point de la côte est évaluée à trente ans.

Chorologie. La mangrove étire son ruban côtier entre le 30 ᵉ parallèle Nord et le 30 ᵉ parallèle Sud (Cf. carte de partie 3). Surtout développée dans les régions humides, où elle est riche en espèces et luxuriante, elle s'amincit, se segmente et s'appauvrit vers le nord. En Afrique orientale, la mangrove fermée du littoral kenyan et somalien méridional, haute d'une quinzaine de mètres, déploie, de la mer vers la côte, des rubans de *Sonneratia,* puis de *Rhizophora,* enfin d'*Avicennia.* Au nord, l'océan Indien bat une mangrove moins dense, plus basse, 5 ou 6 m, avec *Rhizophora* et *Ceriops.* Elle s'amenuise en remontant les côtes de la mer Rouge jusqu'au 18° N et se résout, sur la côte de l'Égypte, à de petits ensembles ouverts d'*Avicennia* arbustifs présents jusqu'à la presqu'île du Sinaï. En Afrique occidentale, la mangrove atteint le cap Timiris, en Mauritanie, un peu au nord du 19° N, où elle forme une « oasis » de verdure. La distribution varie suivant les continents. La station la plus septentrionale est japonaise à la pointe de Kyushu (32° N). Dans l'hémisphère austral, la mangrove pousse des pointes jusqu'au 10° S. Le plus grand ensemble du monde est le complexe deltaïque Gange-Brahmapoutre. Notons que les marais maritimes du domaine tempéré, baie du Mont-Saint-Michel ou côte picarde par exemple, abritent des formations herbacées homologues de la mangrove : les herbus (Cf. chap. 10, p. 212).

2 Des végétations de la coalition homme-milieu

Garrigues et maquis de l'histoire méditerranéenne

Garrigues et maquis sont des fruticées secondaires des milieux méditerranéens. Ces formations arbustives ou sous-arbustives sempervirentes, qui composent des paysages d'une grande beauté visuelle, olfactive et sonore considérés parfois comme emblématiques, traduisent un stade régressif des forêts climaciques méditerranéennes, chênaies sclérophylles d'yeuses et de chênes pubescents. Les cortèges sont formés d'espèces xérophiles. La biogéographie de ces formations trahit la longue histoire des interactions entre un milieu difficile et des agressions humaines anciennes et profondes.

Le **maquis** est une formation fermée, qui s'épanouit en un fourré dense dans la strate arbustive, autour de 4 m de hauteur. Il est riche en Éricacées, Bruyère arborescente et Arbousier, auxquels se joignent arbustes et arbrisseaux du cortège méditerranéen, l'Alaterne, le Lentisque, le Genêt épineux ou le Ciste à feuille de sauge. Étouffée, la strate herbacée est rare. Stade intermédiaire des séries de végétation du chêne vert et du chêne-liège, le maquis rappelle souvent son origine forestière par la présence de représentants de ces deux espèces. Certains phytogéographes restreignent l'emploi du mot aux fruticées des terrains siliceux, tels les maquis de Corse, de Sardaigne ou des Maures.

« Sur toutes les pentes des sierras basses s'accrochait une végétation griffue, un **maquis** buissonneux, à demi calciné, d'une texture frisée et crépue, mais sans les odeurs entêtantes qui montent de la *macchia* corse. Plus proche par la hauteur de la *garrouille* du Quercy que de la lande. Roussie comme un jet de flammes, avec quelque chose, sous le soleil, de la tristesse de nos taillis de chênes en hiver, garnis de leurs feuilles sèches pendantes » (Julien Gracq, *Carnets du grand chemin,* Paris, 1992, José Corti).

La **garrigue** est une formation ouverte dont la physionomie se différencie de celle du maquis par un taux de recouvrement plus faible de la strate sous-arbustive, qui présente des plaques de sol dénudé. La dégradation des sols, provoquée par l'agressivité du climat et la forte érosion hydrique, est corrélative de cette régression végétale. Les cortèges floristiques montrent que les dégradations successives ont favorisé, à partir du stock des forêts, les espèces et les groupements les plus xériques qui ont dominé avec l'installation de la fruticée de substitution : **chêne kermès,** ciste de Montpellier, thym ou romarin ; les Labiées à feuilles épaisses et odorantes abondent, sauges, lavandes, hysope, ainsi que les géophytes à bulbe, iris, tulipe, crocus, et les thérophytes.

Le chêne kermès, ou garic (*Quercus coccifera*), est un nanophanérophyte buissonnant, haut en moyenne de 1,5 m, aux rameaux rigides et enchevêtrés, aux petites feuilles persistantes, coriaces, souvent épineuses. « Chiendent » de la garrigue à laquelle il a donné son nom, il en est souvent le ligneux dominant. Il est présent dans tout le domaine phytogéographique méditerranéen sauf en Italie péninsulaire et en Corse. Il affectionne les milieux chauds et secs, pierreux et ensoleillés. Dans les forêts, son aire est limitée aux topoclimats arides des rochers, corniches calcaires et éboulis. Il s'est répandu dans les autres milieux à la faveur de la disparition du couvert arborescent et de sa propre résistance au feu car ce pyrophyte est doté d'un système racinaire puissant, aux nombreux bourgeons dormants que le passage du feu active ; sa souche dense se renforce, par un effet de rétroaction, à chaque feu courant. Les cocciferaies sont des garrigues épineuses, « armées », peu pénétrables.

Selon le principe de différenciation par l'espèce dominante, on parlera de cocciferaie (garrigue à chêne kermès), de cistaie (à cistes), de bussière ou buxaie (à buis). La garrigue peut se piqueter de chênes verts (Provence, Garrigues montpelliéraines), mais la reconquête d'une strate arborescente est très lente, voire impossible. Elle peut aussi continuer à se dégrader, par le feu ou le surpâturage, en une pelouse rase à graminées, ou erme, avec le caractéristique Brachypode rameux, hémicryptophyte à rhizome. Le stade terminal de la dégradation est, pour nombre de phytoécologues, la pelouse, ou steppe, à Asphodèles (géophyte à bulbe inappétent) et thérophytes, au tapis discontinu et roche affleurante, formation précédant la minéralisation générale du milieu. Certains auteurs groupent maquis et garrigues sous le terme de *matorral* – mot castillan au sens premier de fourré –, fruticée xérophile basse sans strate herbacée. Malgré la convergence physionomique, ce terme est à distinguer de celui de *chaparral*, considéré comme une formation naturelle. Ces mondes sont nés sur les débris fumants ou abroutés de l'ancien biome de la chênaie sclérophylle qui couvrait encore la mésogée, du Maroc à l'Iran, durant la protohistoire. Cette forêt ne couvre plus aujourd'hui que 5 % de sa surface originelle en Europe et Turquie. À ce monde appartenaient aussi les vastes forêts du Maghreb et du Proche-orient, steppes aujourd'hui ; les éléphants d'Hannibal n'étaient pas capturés au Kenya ou en Inde, mais dans les forêts du Sud tunisien. La déforestation était déjà bien engagée dans la Berbérie de l'Empire romain. D'innombrables ruines en témoignent sur les cartes topographiques à moyenne échelle d'Afrique du Nord, habitats, restes d'aqueducs ou de canaux sur les piémonts atlasiques ou sur les chaînons méridionaux de Tunisie (djebel Mhrila, par exemple). Dans le nord-est du Péloponnèse, la forêt de chêne disparut il y 4 000 ans, au profit de la vigne et des pâturages, à leur tour abandonnés à la garrigue, la pelouse et la steppe. Les pollens du chêne blanc et du chêne tauzin se trouvent à 7 m de profondeur dans les vallées, preuves des puissants alluvionnements corrélatifs de furieuses vagues érosives.

La haie et l'îlot forestier, entre biogéographie et économie

La haie est la composante essentielle des paysages de bocages. Elle cloisonne les parcelles, introduit la dimension verticale dans les physionomies rases de la prairie et du champ. Les boisements linéaires (haies, bosquets, arbres isolés et d'alignement) jouent un rôle considérable dans les circulations de matière et d'énergie dans les milieu naturels, de l'échelle du biotope d'un arbre de haie à celle du corridor vert interrégional. Haies vives, lisières forestières, berges des cours d'eau, bords de routes et de chemins sont autant d'éléments linéaires utilisés comme corridors par la faune et la flore. S'y ajoutent les boqueteaux et les garennes au milieu des champs dans les structures agraires d'openfiels. Ces lieux d'échanges génétiques, ces relais et étapes des migrations à longue distance dessinent un réseau, qui peut être modifié, démaillé ici, remaillé là. Ces formations sont **fongibles.**

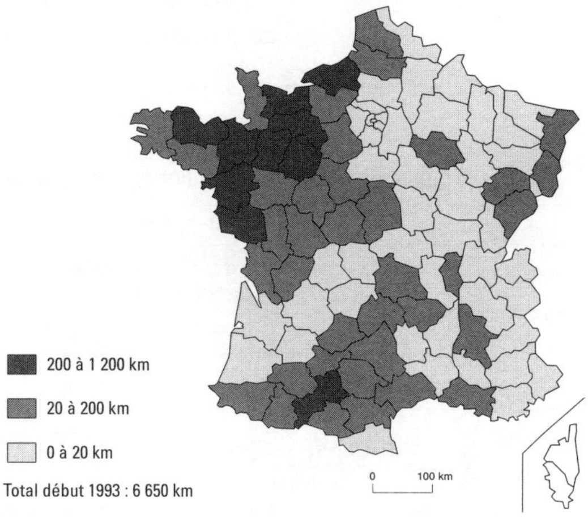

Fig. 12 : plantation de haies en France (1985-1993)
(non compris les plantations routières et privées)

Les haies ont connu une forte régression dans les régions d'élevage de l'Europe occidentale. En France, où plus de 600 000 km linéaires ont disparu en trente ans, elles ne représentaient plus que 8 % de la surface boisée nationale en 1990, soit 1,3 million d'hectares, contre 20 % au début du siècle. Les paysages de bocage ont fort

La déprise est un mécanisme de déstabilisation des économies rurales, donc des paysages. Elle traduit un mouvement d'abandon progressif de la terre dont le terme ultime serait la friche. Elle enclenche des dynamiques végétales renouvelées, sous l'effet de processus naturels et sociétaux, qui peuvent conduire à la réinstallation de la végétation potentielle.

changé avec le remembrement qui a touché 14 millions d'ha depuis 1945, soit 50 % de la SAU. Une inversion de tendance se dessine aujourd'hui. À côté des 5 000 kilomètres arrachés par an en moyenne depuis 10 ans, 11 000 km ont été replantés depuis 1980 dans quarante départements (fig. 12). Les objectifs définis sous-tendent une volonté d'aménagement du territoire et de protection paysagère : abris contre le vent et le froid, ralentissement de l'érosion, fixation des nitrates en bas de pentes, production ligneuse (bois de chauffage, d'œuvre, plantes, fruits), maintien, voire remontée, de la biodiversité. Pour cela, la reconstitution d'une trame verte est souhaitable, surtout en terre de grande culture ou dans les régions parcourues par de denses réseaux de communication. La ***déprise*** rurale pourrait fournir une partie des espaces nécessaires. L'optimum se situerait entre 10 et 15 % de l'espace occupé par les bois linéaires dans les régions où se pratiquent des utilisations intensives des sols.

D

VÉGÉTATIONS URBAINES

Trois Français sur quatre vivent dans les agglomérations urbaines. L'urbanisation consomme près de 50 000 ha par an. Même si cette surface comprend les pelouses de l'habitat individuel, les golfs, les aires d'activité de loisirs de plein air, la ville est, par essence, un univers minéral, épigé, hypogé et endogé. Espace de la pierre et de la brique, du béton, du bitume, de l'acier et du verre. Mais jamais elle ne fut que cela ; la biogéographie urbaine se penche de plus en plus sur le cadre de vie de plus de trois milliards de citadins du monde. On dit de l'urbanisation qu'elle est galopante. L'image n'est pas vaine.

Tableau 17 : la population urbaine

Population urbaine (en millions) et part de la population urbaine dans la population totale (en %)

	1960		1992		2000[1]	
France	28,3	62 %	42,2	74 %	45,3	77 %
Pays industrialisés	567	61 %	895	74 %	1 092	78 %
PED	455	22 %	1 484	35 %	2 416	49 %
Monde	1 020	34 %	2 398	44 %	3 608	57 %

1. Estimations.

Source, *Rapport mondial sur le développement humain*, PNUD, 1994, Paris, éd. Economica.

Plus de la moitié de la population du globe (57 % ici, 52 % pour d'autres estimations) sera urbaine en l'an 2000. Dans les pays industrialisés, 61 % des hommes étaient citadins en 1960. Tous les indicateurs montrent que l'urbanisation amoindrit, estompe les relations de l'homme avec le milieu naturel. En France, enquêtes et sondages révèlent le changement de la vision qu'a le citadin de la nature, et les besoins en espaces verts changent. Une biogéographie urbaine est-elle possible, et dans quelle mesure peut-elle aider le citadin à répondre aux problèmes de la gestion des espaces non urbanisés ? Ces questions justifient cette dernière partie du chapitre.

1 Le végétal dans la ville

Trifonctionnalité

La végétation urbaine, arbres d'alignement, parcs et jardins, assume, comme la forêt, une trifonctionnalité introduite dans la cité à la Renaissance. Une **fonction sociale** était jadis symbolique de la distinction sociale – quartiers arborés et parcs des demeures nobles, des couvents ou des palais – comme de l'organisation militaire ; on plantait les glacis des fortifications pour montrer aux assaillants la richesse de la réserve en bois, pour mettre à profit l'effet de protection des houppiers. Les espaces verts sont aujourd'hui lieux de promenade, de détente, d'échanges et de jeux, de pédagogie par le contact avec des éléments de la nature.

Une **fonction urbanistique.** L'espace vert crée, dans un tissu urbain fait de coupures, visuelles, sonores, fonctionnelles, un paysage. Il permet une respiration, lie des éléments disparates, gomme des discontinuités ; on voit moins les dévoiements de façades et les brisures dans le bâti derrière un alignement d'arbres de rue.

Une **fonction écologique,** dont le rôle est devenu irremplaçable dans le sociosystème urbain. Le végétal assure la fixation de l'azote, de l'oxyde de carbone ; il retient de l'atmosphère 400 t de poussières par an. Il joue un rôle dans l'épuration microbienne, dans la **régulation thermique**, la régularisation du cycle de l'eau. C'est aussi un écran phonique.

Espaces verts et climat urbain. Les arbres contribuent à rafraîchir l'air des villes car l'évapotranspiration est une réaction endothermique. Les 500 ha du parc de Chapultepec modifient dans un rayon de 2 km le mésoclimat de la ville de Mexico. La température moyenne baisse de 2 à 3 °C dans les parties proches ; à 700 m du parc, la baisse est de 1 °C en saison humide, 4 °C durant les mois secs. L'évaporation de la rosée abaisse les températures matinales. Alors que la retenue des eaux par les espaces verts est de 99 % pour les pluies inférieures à 5 mm, qui s'évaporent vite sur les surfaces minéralisées, elle n'est plus que de 50 % pour les fortes pluies (d'après G. Escourrou, Le Climat et la ville, Cf. biblio). Les variations de températures induites par les espaces verts engendrent des courants d'air qui contribuent à la ventilation de la ville. À Paris, les températures moins élevées en bordure du bois de Boulogne créent des écoulements d'air vers les sections chaudes des rues riveraines (16e arrondissement), où l'on enregistre des teneurs en oxydes de carbone plus de trois fois supérieures à celles des secteurs opposés.

Le cosmopolitisme végétal urbain ne cesse de croître, peut-être en parallèle avec le cosmopolitisme ethnique et culturel. Il est peu de grandes villes en France qui n'aient leurs serres tropicales ou leur jardin d'acclimatation, qui ne se dotent de pépinières spécialisées, fréquemment ouvertes au public. Source d'échanges monétaires, techniques, intellectuels, artistiques, ce brassage végétal planétaire peut être un facteur de compréhension, si ce n'est de rapprochement, entre les habitants des villes du monde.

Le monde vert des citadins

La végétation marque une ville, la personnalise, parfois l'ennoblit car elle véhicule une part de son ***image de marque.*** La végétation diversifie les quartiers. Il n'est point besoin de grande surface verte pour que le végétal donne une impression d'ouverture, de détente. La télédétection satellitaire apporte de précieuses indications sur la répartition et la dynamique de cette biomasse. Elle quantifie la verdure dans un monde minéral et humain très dense. Elle permet de définir le degré de végétalisation, mesuré par un indice de végétation, de toute unité spatiale, quelle que soit l'échelle. Associée à des enquêtes de terrain, elle précise les disponibilités en **espaces verts.**

Pour les Beyrouthins, ***le bois de pins*** de la ville, cité dès le XIIe siècle par le chroniqueur Guillaume de Tyr, a toujours été un parc urbain porteur de la mémoire de la forêt littorale du Liban. La guerre dévasta 90 % de ses 30 ha, étendus sur la ligne de démarcation. La réhabilitation créera une forêt parc, à mi-distance d'une forêt naturelle et d'un jardin historique.

Les espaces verts de Paris couvrent 2 530 ha, un quart environ de la surface de la ville. Les bois de Boulogne (846 ha) et de Vincennes (995 ha) comptent 300 000 arbres ; 403 parcs, jardins et promenades occupent 484 ha ; 14 cimetières, 92 ha tandis que les talus du périphérique couvrent 51 ha et comptent 10 000 arbres. Ainsi, les Parisiens disposent de 8,5 m^2 d'espaces verts par hab. Le déséquilibre communal dans l'agglomération est fort. Le ratio descend à 0,05 m^2/hab.

La typologie des espaces verts s'est affinée. La légende de la carte des modes d'occupation du sol en région Île-de-France retient huit entrées : « promenade », « square », « parc public », « jardins familiaux », « allées plantées », « arbres d'alignements », « vasques », « balcons et terrasses fleuris ». Vient d'être publié le recensement des espaces verts et des jardins privés de la Ville de Paris, considérés comme des refuges de biodiversité faunistique et floristique.

Jalons d'une conquête

*Le **mail*** est un espace souvent quadrangulaire dégagé, rythmé par des arbres d'alignement. Le sens de jardin planté vient, par métonymie, du jeu de mail, qui fit fureur du XVIe au XVIIIe siècle. Il se pratiquait avec un maillet, sur des aires aménagées et plantées.

La végétation urbaine est bien loin aujourd'hui du ***mail*** planté du seul orme, bel arbre au feuillage à la fois dense, uniformément réparti et léger comme une résille, exemple type de l'espèce indigène, héliophile, de tout temps abondante sur les lisières forestières et dans les haies, et pour ces raisons adaptable en ville. Les premiers ligneux introduits dans nos villes provenaient surtout des forêts voisines. La régionalisation était de ce fait naturelle : le tilleul dans l'Est, le micocoulier ou l'olivier sur le pourtour méditerranéen. Mais les modes, les maladies, dont la redoutable graphiose qui a décimé l'orme, les essais économiques, les échanges intercontinentaux ont conduit les pépiniéristes à prendre en compte les avantages d'un catalogue d'espèces sans cesse élargi. Henri IV introduisit le Mûrier blanc et développa sa culture. Au XVIIIe siècle, les serres, les arboretums des villes portuaires étaient des lieux de contact, d'échanges, d'essais d'acclimatation et d'hybridation entre des flores du monde entier ; Nantes en est un bel exemple. Dans le Paris d'Haussmann et d'Alphand, platane et marronnier, qui ne sont ni arbres de forêts ni espèces indigènes, remplacent l'orme. Avec eux, de plus lointaine origine, le Catalpa, le Vernis du Japon, le Paulownia imposent leur robustesse et leur résistance.

2 Éléments de biogéographie urbaine

Des morphologies sculpturales

L'arbre urbain n'a plus de forme définie ; le contrôle strict et continu de sa croissance le rend polymorphe. Le jardinier et l'élagueur tirent de la plasticité des ligneux une variété de silhouettes beaucoup plus grande que dans les forêts gérées ou naturelles, et mettent au point des types de tailles qui permettent d'inventer avec peu d'espèces de nombreux paysages. Les structures des végétations urbaines n'obéissent pas aux mêmes contraintes que celles des formations naturelles. La fonctionnalité doit répondre aux besoins d'environnement, d'ambiance esthétique, de beauté ou de plaisir. On privilégie des règles de composition qui associent des phénologies, des vitesses de croissance et d'itération différentes ; on maîtrise les expressions du port et la plasticité. On introduit les arbres qui fleurissent avant de feuiller, comme les catalpas ou les cerisiers du Japon, ou les floraisons spectaculaires des fruitiers, du paulownia, de l'arbre de Judée ; on redistribue les espèces drapantes, Ormes, Érables, Saules, Frêne. L'interface nature-société est passée sous le contrôle total de la société, même pour les jardins qui paraissent les plus naturels.

Des biotopes aux contraintes exacerbées

L'artificialisation du milieu urbain affecte les domaines épigé et endogé (canalisations, souterrains routiers, tunnels ferroviaires, parcs de stationnement) dont elle accentue l'isolement par des surfaces imperméabilisées, bétonnées, asphaltées. Les biotopes les plus fréquents, hors les parcs et jardins en pleine terre, sont des délaissés, sans horizon humifère, sans profil pédologique : liserés de contact dans le cas des caniveaux, des pieds d'immeuble, du réseau polygonal des pavés, ou décombres, friches industrielles, terrains nus divers. Les microclimats sont tous marqués par l'ombre forte ou le plein soleil, les réserves hydriques sont faibles, voire nulles. La flore urbaine, sans parler de la faune, est adaptée. Dans ces conditions critiques et ces équilibres fort fragiles, seules des pionnières très frugales s'installent et prospèrent. Elles se recrutent dans tous les types biologiques, annuelles et vivaces, sarmenteuses et grimpantes, adventices. La plupart sont héliophiles, certaines sont sciaphiles. Citons tous les groupes de lichens, les mousses, des hémicryptophytes comme les Saxifrages (de *saxum,* rocher, et *frangere,* briser, car les racines de ces plantes s'insinuent dans les fissures), et les Crassulacées comme les *Sedum* (Joubarbes ou Orpins). Renouées, plantains et pâturins sont les herbacées pionnières des bases de mur et des caniveaux. Parmi les ligneux conquérants, s'imposent l'Ailante, originaire du sud et de l'est de l'Asie, naturalisé dans la région parisienne, le *Buddleia,* le Sumac de Virginie (qui émet des drageons puissants prospectant les interstices). La glycine envahit les « sols » plus épais des friches urbaines.

Les souffrances de l'arbre en ville

Le bilan édaphique de la végétation urbaine est établi sur de délicats équilibres de forces contraires. Ainsi, la captation de la biomasse morte qu'exige la propreté urbaine interdit le recyclage de la matière organique et le développement de véritables humus. L'arbre d'alignement souffre un vrai martyre. Comme pour la plante en pot, les racines sont compressées ; l'humus est inexistant, la réserve hydrique vite épuisée. Les arbres les mieux adaptés à cette faiblesse de la ressource trophique, comme le tilleul et le platane, explorent de leurs racines toutes les sources de nutriments minéraux, fissures de trottoir, proximités de canalisations. Les pieds d'arbres sont aujourd'hui traités comme de petits jardins : murets, grilles de protection et tuyaux d'arrosage ou d'aération pour éviter le tassement, l'asphyxie, la transformation en poubelle. La pollution est agressive, un enduit de poussière grasse enrobe les feuilles, obstrue les stomates et ralentit la photosynthèse. Les dégagements gazeux des multiples combustions, le sel de déneigement répandu sur la chaussée ont des effets retard ; les toxiques se répandent dans les tissus, le chlore dans les feuilles, le sodium dans les racines et les troncs. Nécroses, chutes de feuillage sont fréquentes. L'espérance de vie de l'arbre d'alignement est faible. Les règlements de protection s'amplifient. À Paris, l'usage du sel de déneigement sur les trottoirs plantés est interdit en 1981 ; l'introduction de la taille douce pour les platanes d'émonde est obligatoire depuis 1985 ; en 1986, l'élagage doit respecter le houppier. En 1990 est constitué un fichier individuel ; l'entretien et l'abattage sont informatisés. L'arbre est devenu, dans les grandes métropoles des pays développés, un élément du **capital urbain.** Sa valeur monétaire n'est plus strictement économique (produits ligneux divers), elle est devenue patrimoniale.

Cher platane. Trente et un platanes étaient concernés par le chantier de construction du parc de stationnement souterrain des Champs-Élysées à Paris. Vingt et un ont été maintenus en place, isolés dans un caisson individuel de grande dimension ; le plafond du parc a été coulé directement en place sous le fond du caisson. Puis le parc lui-même creusé sous les arbres. La technique a un coût : 375 000 F par arbre conservé, soit, au total, 7,8 millions de francs pour des arbres de 70 ans dont la durée moyenne de vie en centre-ville est estimée à 80 ans.

Les espaces verts dans la cité, gestion biologique et paysagère

Haussmann et Alphand furent les initiateurs de la première politique de création d'une trame verte parisienne : 90 ha de parcs, de jardins et de squares, 1 750 ha de bois aménagés, plantation de 45 000 arbres d'alignement.

Le végétal est un outil de composition urbaine. Les massifs végétaux de la capitale sont alimentés par une production annuelle de 2,7 millions de plantes de serres ; 200 essences d'arbres et d'arbustes sont répertoriées et disponibles. Mais la ***verdure planifiée*** laisse de plus en plus la place à la fantaisie, à l'originalité. Les jardins deviennent plus naturels, thématiques et initiatiques aussi.

Les grandes métropoles développent des actions qui rassemblent des acteurs fort différents, privilégiant l'association de la ville et de ses marges périurbaines et rurales dans la cohérence d'un **plan d'ensemble.** L'Île-de-France a lancé en multi-partenariat l'opération « 40 millions d'arbres » en mars 1993. Les prévisions sont de planter au moins 1,6 million d'arbres dans le double dessein d'augmenter la surface des espaces verts et de réhabiliter des milieux dégradés : reconquête des berges de fleuve et des îles ; sauvegarde des espaces agricoles subsistants ; régénération des massifs forestiers actuels ; création de la ceinture verte, résorption des « points noirs », carrières, ballastières, décharges sauvages, corridors électriques. La plantation d'arbres privilégie les espèces autochtones régionales, introduit des essences exotiques répondant à des besoins précis.

Le plan vert de l'Île-de-France comprend quatre volets. – a) La **trame verte** de l'agglomération centrale concerne la presque totalité des quatre départements de la petite couronne, soit plus de 100 communes dans un rayon de 15 km de Notre-Dame. Sur 5 % de la superficie de l'Île-de-France vivent près de 6 millions d'habitants, plus de 50 % de la population régionale, soit 94 hab./ha. Forêts domaniales, bois et parc parisiens, grands ordonnancements plantés, sont un héritage royal, puis haussmannien. – b) La **ceinture verte** de la métropole comprend les forêts, les parcs périurbains et les coulées et axes qui devraient à terme les réunir. – c) Sur la **couronne rurale** sont préservés exploitations agricoles et paysages ruraux. – d) Les **vallées et liaisons vertes** ont pour vocation de désenclaver et d'ouvrir le territoire urbain vers les espaces ruraux. L'aménagement des berges des cours d'eau, des canaux, prolonge les axes de la ville. Chaque unité relève de réflexion, de cahier des charges et de modes d'intervention particuliers.

Le cap rocheux du mont Boron, qui, sur la commune de Nice, ferme vers l'est la baie des Anges, est couvert de 50 ha de pinède. Ce site, fortement approprié par les Niçois, est devenu un parc urbain à la fonction paysagère primordiale. Son aménagement forestier commença en 1865, après l'annexion du comté de Nice à la France. Un reboisement en Pin d'Alep concerna toute la colline qui avait porté durant des siècles une garrigue de dégradation de la subéraie. Dans un mésoclimat exceptionnel en France, où l'hiver très doux est la saison végétative des herbacées (cycle inversé), une futaie ouverte d'arbres âgés abrite aujourd'hui un puissant recru arbustif du cortège thermoméditerranéen, avec l'oléastre (olivier sauvage), le caroubier et le rare palmier nain, toutes espèces protégées. Le plan d'aménagement proposé par l'Office national des forêts prévoit un renouvellement de la futaie au rythme de 3,5 ha par an. La protection de la biodiversité doit aller de pair avec le remplacement du Pin d'Alep souhaité par les habitants et l'inéluctable développement de la fréquentation et de la fonction d'accueil.

Document commenté

Le hêtre et les hêtraies

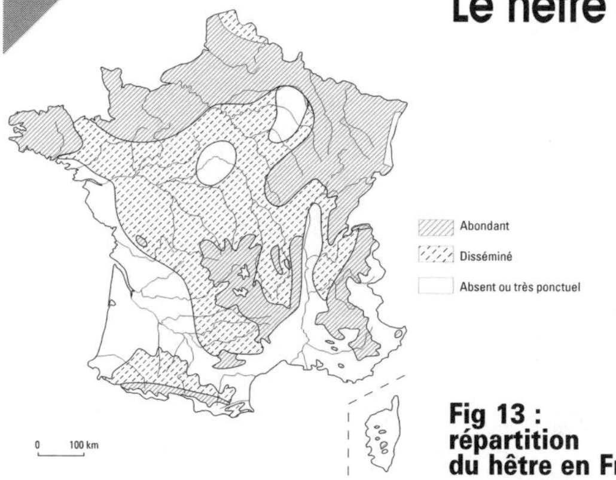

Fig 13 : répartition du hêtre en France
(*Fagus sylvatica*)

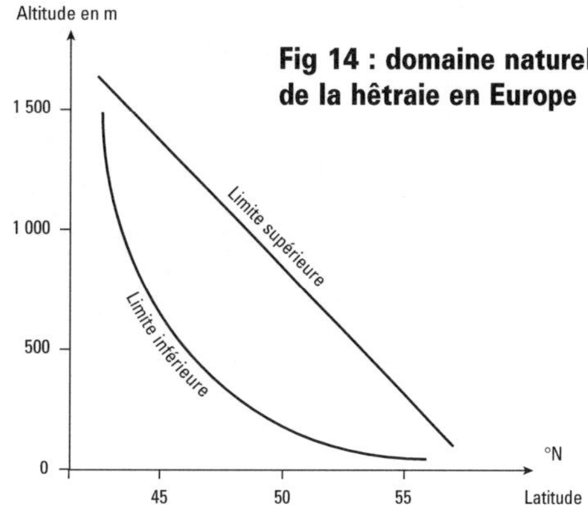

Fig 14 : domaine naturel de la hêtraie en Europe

Tableau 18 : Les types de hêtraies en France

	Strate A	Strate arb.	Strate herb.	Localisation
Hêtraies (-chênaies) des plaines et collines (*étage collinéen*)				
	Hêtre avec :	Hêtre avec :	Hêtre avec :	
Hêtraie calcicole de milieu sec et chaud Hêtraie calcicole de milieu froid et frais	Chêne pubescent, Alisier blanc Érable sycomore, Tilleul, Orme de montagne	Viorne, Troène, Cornouiller, Églantier Noisetier, Cornouiller	Céphalantère, Laîche blanche Dentaire pennée, Actée en épi	Plateaux calcaires secs, versants secs Versant nord, nébulosité
Hêtraie mésotrophe	Chêne sessile et chêne pédonculé, charme	Aubépine, noisetier	Anémone sylvie, Aspérule odorante, Millet diffus, Mélique à une fleur, Jacinthe des bois (France de l'Ouest)	Plateaux et versants à sols limoneux, faiblement acides
Hêtraie acidophile	Chêne sessile, charme	Myrtille, Chèvrefeuille	Canche flexueuse	idem, sur sols sableux, acides
Hêtraies de montagne, *étage montagnard...*				
... inférieur : Hêtraie	Espèces issues de l'étage collinéen : Chêne sessile, Ch. pubescent (sud), Alisier blanc	Sureau à grappes, Noisetier	Prénanthe pourpre, Anémone sylvie, Aspérule odorante, Dentaire pennée	Vosges lorraines, 350-450 m ; Morvan, > 700 m
... moyen : Hêtraie-sapinière	Hêtre et Sapin avec : Frêne, Tilleul, Érable sycomore, Épicéa	Sureau à grappes, Noisetier, Sorbier des oiseleurs	Prénanthe, Dentaire, Mercuriale, Aspérule	Vosges, 550-900 m Grenoble, 700-800 m à 1 500-1 600 m ; Foix, 650-1 700 m
... supérieur : Hêtraie	Sycomore	Camérisier noir, Sorbier des oiseleurs	Faciès acide : Canche, Myrtille	Vosges, 900-1 300 m

D'après les coupures Alsace, Amiens, Autun, Dijon, Digne, Foix, Gap, Grenoble et Nancy de la *Carte de la végétation de la France* (cf. biblio), P. Roisin, *Le Domaine phytogéographique atlantique d'Europe*, mémoire n° 7 des Presses agronomiques de Gembloux, 1969, P. Ozenda , *Végétation du continent européen* (cf. biblio).

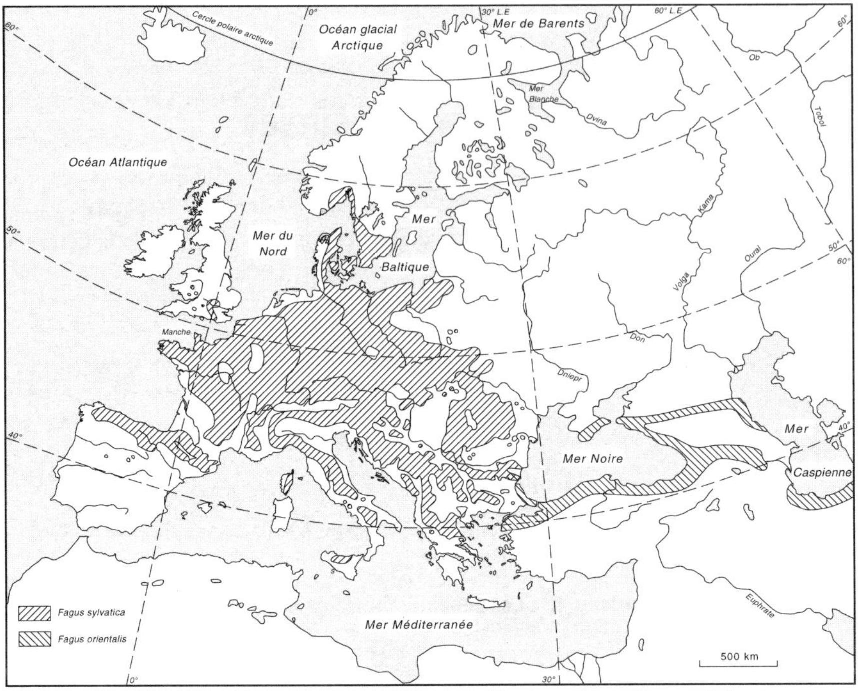

Fig 15 : Répartition du genre Hêtre en Europe et au Moyen-Orient

(d'après L. Lannier, *Précis de sylviculture,* Paris, 1986, Engref, p. 41
et M. Becker et alii, Larousse des arbres, 1982, Larousse, p. 205)

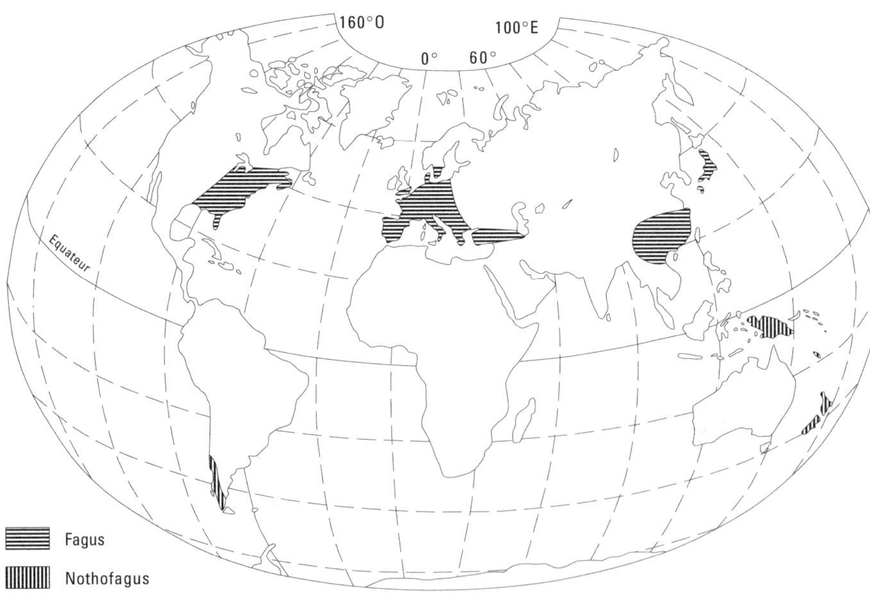

Fig. 16 : répartition sur le globe de deux genres de Fagacées, Fagus et Nothofagus

1 - PRÉSENTATION DES DOCUMENTS

Titre et source des documents

Figure 13 : « Répartition du Hêtre en France », d'après R. Rol, *Flore des arbres...* (cf. biblio).

Figure 14 : « Domaine naturel de la hêtraie en Europe », *in : Le Hêtre,* Paris, 1981, INRA.

Figure 15 : « Répartition du Hêtre en Europe », d'après L. Lanier, *Précis de sylviculture* (cf. biblio).

Figure 16 : « Répartition sur le globe de deux genres de Fagacées, *Fagus* et *Nothofagus* », R. Braque, *Biogéographie des continents* (cf. biblio).

Nature des documents

Les trois cartes présentent la distribution des genres *Fagus* et *Nothofagus* et celle de l'espèce *Fagus sylvatica* sur des territoires emboîtés. Les légendes sont qualitatives (en présence/absence du taxon) et quantitative (Hêtre abondant, disséminé, ponctuel).

Le graphe délimite l'aire naturelle de la hêtraie en Europe, définie par les variables d'altitude et de latitude. Les lignes sont les courbes de régression de deux séries de points d'observations situés aux limites inférieure et supérieure de la hêtraie. Une figure plus complète est présentée dans Ozenda, *Végétation du continent européen.*

Le tableau a été obtenu par l'analyse comparée des notices des *Cartes de la végétation de la France* citées. Ne sont notées, par strates principales, que quelques espèces abondantes ou caractéristiques.

2 - MÉTHODE

A/ Objectifs

Commenter et exploiter des cartes de répartition de taxons botaniques à différentes échelles de l'analyse biogéographique. Dégager les facteurs de chorologie selon l'échelon taxonomique et le niveau de résolution spatiale.

B/ Problématique et préparation des documents

Les cartes sont emboîtées, sur les plans taxonomique et géographique. Le tableau des données est une construction raisonnée à partir de plusieurs documents du même type, ici des cartes de végétation. Ne pas oublier d'évaluer la résolution spatiale des cartes. Un millimètre carré représente environ 45 160 km^2 sur le planisphère pour le continent africain, 625 km^2 sur la carte d'Europe et 11 km^2 sur la carte de France.

C/ Mise en garde

La taille et la nature du « lieu » de présence du taxon « Hêtre » défini par le poste de légende (par exemple, présence de l'espèce) est fonction de la résolution. Considérons la grande échelle du 1/25 000, courante pour les travaux pratiques de géographie. Sur tel secteur des plateaux lorrains, alors que la carte de France porte la trame continue de la « présence abondante », la localisation réelle du hêtre se cantonne à quelques lambeaux de forêts aux limites des finages communaux.

3 - ANALYSE ET COMMENTAIRES

A/ Les taxons étudiés

Le Hêtre, macrophanérophyte caducifolié, est un des arbres les plus importants de la forêt européenne. *Fagus sylvatica* appartient à la famille des Fagacées, apparue il y a 90 millions d'années durant le crétacé supérieur dans les régions tropicales chaudes d'alors. De nombreux botanistes considèrent que cette famille est la plus représentative des forêts de la zone tempérée boréale. À cette famille appartiennent, entre autres genres, *Quercus,* les Chênes (plus de trois cents espèces), *Castanea,* les Châtaigniers (dix espèces), *Nothofagus* (quelques dizaines d'espèces). Le genre *Fagus* compte d'autres espèces dans la flore française et européenne. Son nom français est de vieille origine gauloise *haistr* ; le latin *fagus* a dérivé en fayard, foyard, fage, fau, faou, futeau... (plus de cinquante noms de villages et hameaux de racine « *fagus* » sont répertoriés dans le *Dictionnaire étymologique des noms de lieux de France* de A. Dauzat, Ch. Rostaing, Paris, 1963, Larousse). La longévité biologique de l'arbre est d'environ 300 ans. Mais comme sa longévité économique ne dépasse pas 150-180 ans, début du vieillissement, il est rare de trouver de très vieux hêtres dans nos forêts.

Le genre *Nothofagus* (*nothos*, croisement bâtard) est une sorte de réplique en miroir de *Fagus* dans l'hémisphère austral. Deux espèces dominent, *Nothofagus antarctica,* arbre de taille moyenne à feuilles caduques du sud du Chili et de l'Argentine, et *N. betuloides,* aux feuilles sempervirentes, apparaissant à des latitudes moins basses.

B/ Autécologie

a/ L'humidité

Le hêtre demande des précipitations assez abondantes (total annuel supérieur à 750 mm) bien réparties durant la PAVP, un degré hygrométrique de l'air d'autant plus élevé qu'il fait chaud. Il se raréfie donc vers le Midi, où il devient strictement montagnard (cf. chap. 8, p. 322, exemple de la Massane). Ainsi, sur les versants sud de la Montagne Noire, le hêtre se développe sous des précipitations supérieures à 1 200 mm et une nébulosité de double origine, atlantique et méditerranéenne. Quand les précipitations sont inférieures, il se cantonne aux versants en exposition nord.

b/ La température

L'arbre craint les froids rigoureux. Sa limite septentrionale en Suède et Norvège est proche de l'isotherme moyen – 5 °C en janvier. Sa limite altitudinale s'abaisse aussi vers le nord.

c/ La lumière

Le Hêtre est une espèce d'ombre, sciaphile, surtout dans sa jeunesse. Sur sol riche, il peut rester dominé, dans une chênaie-hêtraie par exemple, sans que sa croissance soit affectée.

d/ Le sol

L'arbre est assez indifférent à la richesse édaphique. Il se rencontre sur des matériaux variés, du calcaire aux sables acides, supporte les sols maigres, où il développe un enracinement superficiel, tout en préférant les sols fertiles, assez profonds, meubles même pierreux, mais toujours frais. Il aime les sols filtrants, fuit les milieux engorgés. Il accepte une large palette d'humus, du mull carbonaté au moder acide, mais préfère les humus doux. C'est une espèce à très large amplitude écologique.

C/ Le Hêtre en France, commentaire de la figure 13

Le hêtre est commun en France, mais pas ubiquiste. Abondant dans les forêts des plaines et collines de l'arc nord-est et de la façade maritime de la Manche, il est absent du littoral de la Bretagne méridionale et en Sologne, très ponctuel en Champagne sèche. Sa fréquence est forte dans les forêts des plateaux lorrains et bourguignons, dans les montagnes des Vosges et du Jura. Il est rare dans le sud, très ponctuel en Aquitaine, absent des plaines méditerranéennes. En revanche, il est présent dans toutes les montagnes du pays jusque vers 1 700 m d'altitude. Le hêtre avance vers les Alpes méridionales et franchit la vallée de la Durance à la faveur des Massifs préalpins ; il couvre tout le Massif central, occupe la Montagne Noire et les chaînons qui dominent les plaines du bas Languedoc et du Lauragais mais ne fait qu'effleurer les Cévennes. Il écharpe les Pyrénées, de la frange littorale des Albères à l'est aux collines occidentales de la Navarre.

Le commentaire fait appel à l'autécologie à travers les deux principales variables du biotope, le bioclimat et la ressource trophique. La grande indifférence du hêtre aux conditions édaphiques conduit à retenir l'hypothèse que le bioclimat est le facteur principal de localisation. Une carte des précipitations annuelles (avec un atlas) montre la forte relation entre l'aire du hêtre disséminé et celle des précipitations annuelles comprises entre 800 et 600 mm. Ainsi, le corridor Saint-Malo/Saint-Brieuc, l'isolat de la Bretagne finistérienne autour des crêtes des monts d'Arrée et de Cornouaille se retrouvent sur les deux cartes. De même, la « dépression » pluviométrique du centre du Bassin parisien (< à 600 mm) se traduit-elle par l'absence ou la présence disséminée de l'espèce. Le schéma est identique en Alsace.

Le Hêtre s'identifie à l'étage montagnard. Les feuillus de l'étage collinéen (Chênes sessile et pédonculé) disparaissent vers 500-600 m dans les Préalpes du Nord, 700-900 m en Dauphiné ; ceux de l'étage subméditerranéen (Chêne pubescent), vers 1 000-1 100 m dans les Préalpes du Sud.

Les nets contrastes des distributions pyrénéenne et alpine ont deux origines. Le hêtre n'atteint la frontière dans la haute chaîne pyrénéenne que dans l'avancée du val d'Aran, secteur le plus bas de celle-ci. La seule altitude n'explique pas l'absence de l'arbre dans les massifs internes des Alpes où les grandes vallées (Durance, Ubaye...) remontent vers la frontière italienne. Là, l'effacement des influences océaniques crée des ambiances plus sèches. Ainsi, la station de Mens, dans le Trièves, reçoit 830 mm de pluie à 780 m d'altitude, celle d'Embrun, 70 km au sud-est, sur la Durance en amont de Serre-Ponçon, 716 mm à 830 m. Dans l'étage montagnard, le Hêtre a cédé la place au Pin sylvestre (carte de la Végétation de Gap). Proposant un indice de continentalité simple, le rapport P/A (Précipitations annuelles en mm, Altitude en m), Gams, botaniste allemand, a montré que le Hêtre est, dans les Alpes orientales, exclu des stations où P/A < 1. Qu'en est-il pour nos deux stations ? Mens, P/A, 830/780 = 1,06 ; Embrun, 716/871 = 0,82. Comparons avec la station de Bouvante (Vercors occidental, hêtraie montagnarde) : P/A = 1 557/1 080 = 1,44.

D/ Le Hêtre en Europe, commentaire de la figure 15

Fagus sylvatica ne dépasse pas le 60° N. Le 30° E limite l'aire en Europe orientale. On note le parallélisme, à quelques dizaines de kilomètres de distance, entre cette limite et l'isotherme moyen – 2 °C de janvier (carte *in* Ozenda, *op. cit.*). Seule la compensation de la latitude par l'altitude permet la descente méridionale jusqu'au 38° N. Présent sur le littoral de Scanie et du golfe d'Oslo, le hêtre apparaît à plus de 1 500 m en Sicile (chaîne de Madonie et le Nébrodi, 1 800-1 900 m). Il écharpe les Pyrénées, des monts Cantabriques à l'ouest aux massifs catalans des Albères (1 200 m, France et Espagne) et du Montseny (1 600 m, Espagne). En Italie, la langue qui descend la dorsale des Apennins jusqu'au 40°N, au sud de Naples, se fragmente dans les monts du Basilicate (2 000 m) et en Sicile. Le hêtre est absent des plaines littorales au sud du Finistère breton, hormis les rivages de la Galice, des Asturies et du Pays basque. Prolongeant le cas français, l'arc alpin interne est un croissant exempt de hêtre. En conclusion, nous dirons que le Hêtre est une espèce européenne à tendance subatlantique (Cf. fiche descriptive du Hêtre, J. Cl. Rameau, *Flore forestière française*).

E/ Les genres *Fagus* et *Nothofagus* dans le monde, commentaire de la figure 16

À l'échelle du globe, la répartition des deux genres proches *Fagus* et *Nothofagus* est bipartite et circumterrestre. L'aire de *Fagus* est boréale. Onze espèces occupent quatre ensembles. *Fagus sylvatica* et *F. orientalis* prolongent le faisceau est-européen en Asie Mineure et en Iran. Une espèce nord-américaine, *Fagus grandifolia,* occupe l'est du Canada et des États-Unis, de l'estuaire du Saint-Laurent au golfe du Mexique. Trois espèces peuplent les forêts de la Chine de l'Ouest, du Centre et du Sud, la Corée et le Japon. Cette distribution est dite circumboréale.

La distribution de *Nothofagus* est, elle, circumaustrale. Le genre compte une quarantaine d'espèces, la plupart sempervirentes, qui peuplent les forêts montagnardes de la Nouvelle-Guinée, la forêt subtropicale de Tasmanie, et dominent en Nouvelle-Zélande (île sud). Les espèces caducifoliées composent la forêt tempérée sud-américaine, sur la façade pacifique du Chili, entre 37 ° et 40 ° S. Au sud de Valdivia, entre les 41° et 43° S, les espèces sempervirentes réapparaissent dans les forêts du pied des grands versants de la chaîne des Andes, alors qu'en altitude se déploie une forêt de *Nothofagus* caducifoliés de l'étage montagnard supérieur. Sur ce thème, cf. trois cartes au moins, « Carte bioclimatique de l'Amérique du Sud australe », *in* P. Birot, *Les Régions naturelles du globe* (cf. bibliographie), « Profil schématique de la couverture végétale dans la région valdivienne », *in* H. Elhaï, *Biogéographie* (cf. bibliographie), « Coupe schématique de la végétation du nord au sud du Chili », *in* A. Huetz de Lemps, *Les Paysages végétaux du globe* (cf. biblio).

F/ Les forêts de hêtres, commentaire du tableau 18

Le Hêtre est la troisième essence « prépondérante » de la forêt française derrière les chênes pédonculé et sessile (est dite prépondérante dans un peuplement l'essence qui occupe la plus grande surface dans la strate dominante). Il couvre 1,23 million d'hectares, soit 9,2 % de la surface forestière. Il s'associe souvent à d'autres ligneux pour composer des forêts mélangées ou mixtes. La grande amplitude écologique du hêtre et du chêne sessile explique la large extension des peuplements mélangés de feuillus de l'étage collinéen dans lesquels ces essences dominent, Bretagne, Normandie, Nord et Nord-Est. L'éventail est large, hêtraies où *Fagus sylvatica* l'emporte sur *Quercus petraea,* hêtraies-chênaies, puis chênaies-hêtraies dans lesquelles il lui est subordonné. La dominance du hêtre est d'autant plus forte que la pluviosité est élevée. Ces peuplements, « fleurons » des massifs forestiers de la France des plaines et des collines, relèvent depuis longtemps de la gestion sylvicole ; ils furent de tous temps protégés, domaines royaux, seigneuriaux ou ecclésiastiques devenus forêts domaniales à la Révolution. La hêtraie pure s'observe peu en plaine ; elle s'épanouit dans l'étage montagnard. L'association Hêtre et Sapin pectiné y crée aussi de magnifiques forêts mixtes, les hêtraies-sapinières, à forte productivité.

On rencontre en France quatre types principaux de hêtraies. La première entrée de la classification est bioclimatique. L'étagement distingue les hêtraies des collines et plateaux des hêtraies montagnardes. Dans le domaine atlantique, entre 0 et 400 m, la hêtraie typique se développe dans des fourchettes de températures moyennes annuelles de 8 à 10 °C et des précipitations de 900 à 1 500 mm ; la chênaie-hêtraie, de 10 à 11 °C et 700 à 900 mm. Si les Chênes dominent dans l'étage collinéen supérieur et le Hêtre, dans le montagnard inférieur, la limite n'est pas brutale ; une hêtraie-chênaie occupe une bande transitionnelle rattachée en général au collinéen supérieur. Les trois sous-étages montagnards sont souvent regroupés (cas des cartes de Grenoble, Gap ou Foix). La progression altitudinale de l'étage montagnard est bien souligné par les cartes de Gap, 800-1 000 m à 1 600-1 700 m et de Digne, 1 000-1 200 m à 1 600-1 700 m (cf. aussi l'exemple cité en cours, entre Nancy et les Albères). Des espèces à affinités montagnardes apparaissent dans les cortèges. Le Sureau à grappes (*Sambucus racemosa*), arbuste ou arbrisseau, le Camériser noir (*Lonicera nigra*), arbrisseau microphanérophyte assez rare, vrai montagnard (600-1 800 m) ; le Prénanthe pourpre (*Prenanthes purpurea*), hémicryptophyte vivace présent entre 100 et 2 000 m d'altitude, a son optimum dans l'étage montagnard ainsi que la Dentaire pennée (*Dentaria pinnata*), géophyte à rhizome, qu'on trouve aussi à basse altitude sur les versants nord (hêtraie froide).

La variable édaphique concerne surtout les hêtraies de l'étage collinéen, qu'elle scinde en hêtraies calcicoles, mésotrophes et acidophiles. Outre les humus et les sols, les cortèges floristiques sont différents, surtout les herbacés. Une carte qui pourrait illustrer ce tableau à l'échelle européenne est présentée par Ozenda (*La Végétation de la chaîne alpine, op. cit. p. 325*).

4 - Synthèse et prolongements

A/ Signification de l'exemple

L'abondance et la grande dispersion d'une essence forestière ne doivent pas occulter les règles de sa distribution. Les documents présentés concernent surtout les faits d'autécologie et les répartitions naturelles, à différentes échelles. Sur un stock floristique acquis par une évolution de longue durée (carte du globe) ou par une dynamique postglaciaire (carte de l'Europe), l'homme intervient, de manière plus ou moins brutale et durable. La géographie instantanée du Hêtre et des hêtraies est le résultat dynamique d'interactions entre des faits de nature et des faits de société.

B/ Application du canevas

Pour préciser l'étude du jeu complexe des interactions entre les facteurs limitant l'extension du Hêtre en France, on consultera avec profit les cartes des « Indices d'aridité pour l'année et pour le mois de juillet » de Martonne (cf. bibliographie), qui écrit : « On saisit dans ce mois d'été [juillet] l'aridité quasi désertique de la façade méditerranéenne et on voit qu'elle s'étend même aux montagnes de la Haute-Provence et aux Cévennes. » Ces cartes sont reprises et commentées par P. Ozenda, *Les Végétaux dans la biosphère* (cf. bibliographie) et *La Cartographie écologique et ses applications,* Paris, 1986, Masson.

Un tel exercice peut être mené pour de nombreuses espèces d'arbres ou d'autres plantes.

C/ Pour aller plus loin

De nombreuses cartes à d'autres échelles peuvent être consultées. Citons la carte de la répartition du Hêtre dans les Pyrénées, in *Végétation des Pyrénées, Notice des cartes pyrénéennes de la carte de la végétation de la France,* Paris, 1985, CNRS, la carte « Étages de végétation de la chaîne alpine », *in* P. Ozenda, *La Végétation de la chaîne alpine, op. cit.,* hors-texte. Un commentaire de la carte de Perpignan est proposé par H. Elhaï, *op. cit.*

Les recherches bibliographiques peuvent être étendues aux autres secteurs des aires des deux genres.

Bibliographie complémentaire : *Apprendre la forêt. Introduction à l'écologie forestière par l'étude des cycles du Hêtre en Lorraine.* Ch. Haguenauer, CRDP Nancy-Metz, 1986, 3 fascicules.

Document commenté

Images du désert

Photo 5 : le massif de l'Aïr (Niger), février

Tableau 19 : Iférouane, Niger, 19° N, 8°4'E

	Janv.	Fév.	Mars	Avril	Mai	Juin	Juill.	Août	Sept.	Oct.	Nov.	Déc.	Année
T°C	17,6	20,7	24,4	29,4	31,7	37,3	31,8	30,9	30,8	28,2	23	19,2	27,2
Pmm	0	0	0	2,8	4,1	4,8	11,4	25,7	6,8	0	0	0	59
ETP	230	259	371	442	503	471	444	358	384	365	283	237	4346

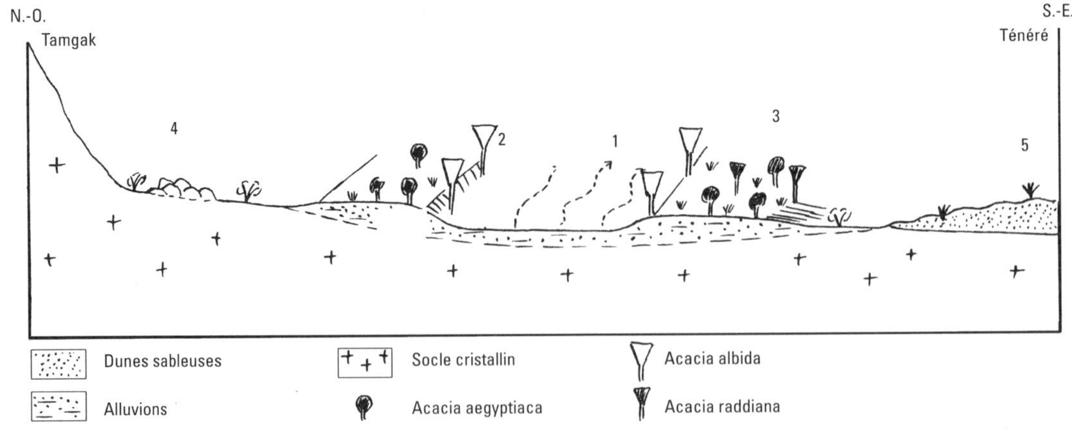

Fig. 17 : les rubans végétaux de fond de vallée

1 - PRÉSENTATION DES DOCUMENTS

Titre et source des documents

Photo 5 : Contact massif de l'Aïr - plaine du Ténéré, au nord-est d'Iférouane (Niger), avril (cliché J.M. Amat-Roze).

Tableau 19 : données climatiques du poste d'Iférouane (Niger, 19° N, 8,4° E)

Source : A. Morel, *Les Hauts Massifs de l'Aïr (Niger) et leurs piémonts. Étude géomorphologique.* Thèse d'État, Presses universitaires de Grenoble, 1985.

Figure 17 : transect de végétation : les rubans végétaux de fond de vallée. Adapté de Morel, *op. cit.*

Nature des documents

Les relevés climatiques P et T (période 1955-1970) concernent une petite agglomération nichée à 850 m dans une vallée qui entaille le massif de l'Aïr, au pied occidental des monts Tamgak. L'ETP est calculée pour la période 1951-1980. La photo est prise à une soixantaine de kilomètres au nord-est d'Iférouane, elle regarde vers l'extérieur du massif. Sa résolution spatiale au plan médian est de l'ordre du mètre. Le transect est représentatif d'un état moyen du couvert végétal de l'Aïr et de ses bordures.

2 - MÉTHODE

A/ Objectifs

Photographie, tableau et transect sont des documents de nature et de facture très différentes, que l'exposé doit rendre complémentaires. Pour cela, il faut que leur mise en œuvre réponde à un objectif précis, ici l'analyse d'un paysage de milieu aride.

B/ Problématique et préparation des documents

Les milieux arides sont marqués par une sécheresse étalée sur l'année. Comment l'exprimer ? Le tableau climatique montre qu'Iférouane, avec 59 mm de pluie par an, est à la limite des climats aride et hyperaride. Il permet de calculer le rapport P/T, le déficit climatique D = ETP – P (arrondi à l'unité) et l'indice de déficit climatique IDs = D/ETP x 100. Le tableau obtenu fournit les éléments pour l'analyse du biofaciès stationnel (cf. chap. 8).

	Janv.	Fév.	Mars	Avril	Mai	Juin	Juill.	Août	Sept.	Oct.	Nov.	Déc.	Année
P/T	0	0	0	0,1	0,1	0,1	0,4	0,8	0,2	0	0	0	0,2
D	230	259	371	439	499	466	433	332	377	365	283	237	4 291
IDs	100	100	100	99,3	99,2	98,9	97,5	92,7	98,1	100	100	100	98,7

La station présente une période d'activité végétale potentielle (PAVP) de 12 mois supérieurs à 15° C (favorable aux feuillus tropicaux) pour une somme des températures de 325° C. Le bioclimat thermique est très chaud (≥ à 320° C). Mais les douze mois sont arides, la période d'activité végétale réelle (PAVR) est donc très réduite. L'IDs mensuelle est proche de 100, valeur de la sécheresse absolue. La notion de biomasse n'a ici guère de sens.

C/ MISE EN GARDE

Les moyennes n'ont pas le même sens pour P et T. La variation d'une année sur l'autre est faible pour T. En revanche, l'irrégularité interannuelle de P, caractère très important de ces milieux, est masquée.

3 - ANALYSE ET COMMENTAIRES

A/ Analyse bioclimatique et définition du biofaciès

Éléments du calendrier climatique. La saison d'« hiver » dure de novembre à mars. Les nuits sont fraîches, il ne pleut pas, l'harmattan du nord-est domine. D'avril à la fin juin s'étend la saison sèche et chaude ; le temps devient instable car les masses d'air de la mousson se glissent sous celles de l'harmattan. De début juillet au 15 septembre, la saison chaude et humide voit les pluies de mousson s'abattre sous forme de tornades orageuses éclatant sur la montagne. C'est la période des crues. Le type de temps de nord-est se réinstalle pendant une phase de transition qui reste humide et chaude, fin septembre et octobre.

Le contact méridien Aïr-Ténéré est marqué par le jeu combiné de deux gradients ouest-est. Le premier est topographique, les escarpements du massif ont un commandement de plus de 800 m ; le second, pluviométrique, l'isohyète 150 mm, court sur les secteurs montagneux à plus de 1 200 m, alors que la plaine reçoit moins de 20 mm, déterminant un climat hyperaride.

Les valeurs prises par les variables mesurant le déficit, IDs annuel voisin de 100, P/T mensuelles toujours inférieures à 1, montrent l'énorme différence entre l'offre climatique et la demande hydrique du végétal. L'aridité est continue sur l'année. Le biofaciès stationnel est aride chaud.

Pour souligner les caractères du bioclimat aride saharien, comparons la valeur de l'IDs annuel d'Iférouane, 98,7, à celles de sept stations situées sur un transect nord-sud de 5 000 km environ : Reims (France, tempéré, 48° N, IDs = 39), Tanger (Maroc, méditerranéen, 36° N, 47), Marrakech (Maroc, méditerranéen sec, 32° N, 61), Agadir (Maroc, méditerranéen semi-aride, 30° N, 69), Bamako (Mali, tropical, 12° N, 42), Bouaké (Côte d'ivoire, tropical humide, 7° N, 24) et Abidjan (Côte-d'Ivoire, subéquatorial, 5° N, 22).

Mais la végétation existe, même si le tapis est très discontinu avec des taux de recouvrement extrêmement faibles. L'ajustement de la demande végétale à l'offre climatique passe par des adaptations biologiques et géographiques à cette aridité. Le rôle des oueds est fondamental.

B/ Commentaire de la photographie

Les paysages portent la marque des interactions entre morphogenèse, écoulement et couverture végétale en milieu aride. Pour la commodité de l'analyse, les registres morphologique et biogéographique sont abordés successivement.

a/ Morphologie

Ce panorama montre la base du contact entre les monts Tamgak (Aïr septentrional, 1 800 m d'altitude) et l'immense plaine sableuse du Ténéré (600-700 m). Cette région est bien visible sur l'image Météosat proposée en introduction (commentaire morphologique), où les structures annulaires de l'Aïr apparaissent en noir. La photo est prise au milieu des rochers d'un amas ruiniforme (ou *castle kopje*, cf. chapitre 5) qui domine de quelques dizaines de mètres un pédiment cuirassé dégagé dans le socle cristallin. Ce pédiment est incisé par l'oued Tézizerk, « coulant » vers l'est (gauche), qui se perd dans les sables de la plaine, endoréique. Le lit mineur, plan, argileux et compact, apparaît nettement en gris plus clair, comme une route. Derrière se devine la surface tendue du pédiment, saupoudrée de sable. À l'arrière-plan, s'impose la silhouette de l'Adrar Sirret, inselberg circulaire éventré et empâté de dépôts éoliens. À sa droite et vers le sud, le vent a remanié en dunes les dépôts sableux de la plaine.

b/ Biogéographie

La photo 5 montre deux ensembles de végétations (Cf. fig. 17).

- Un ensemble lié à la présence de l'oued. Il juxtapose trois types de groupements linéaires :
- Le lit mineur (1) est presque totalement nu, les écoulements spasmodiques qui le balayent empêchent les fixations végétales ; ne se maintiennent que quelques arbustes, parfois déchaussés.

En retour, l'absence de couvert ne ralentit pas les ondes de crue qui entretiennent l'effet de balayage.

– Les berges (2) portent un groupement ripicole, qui souligne souvent une terrassette haute de 10 à 20 cm. Il est composé de plantes vivaces, quelques herbacées hémicryptophytes, surtout des phanérophytes et des chaméphytes ; une caractéristique est *Acacia albida.* La végétation protège les berges contre les sapements des flots de crue.
– Les basses terrasses du lit majeur sableux (3) sont colonisées par une bande boisée ouverte, large de quelques dizaines à quelques centaines de mètres. La strate arbustive et/ou arborescente est plus diversifiée avec *Balanites aegyptiaca, Acacia albida, A. raddiana* ; la strate herbacée abrite des Graminées vivaces, comme les touffes denses, ramifiées en buissons, de *Panicum turgidum,* et des annuelles. Biomasse et biovolume s'épanouissent après les crues, au point que certains auteurs parlent d'un ruban riverain de « savane désertique ». Ces rubans végétaux de fond de vallée forment localement de véritables oasis denses (cas du site d'Iférouane).

- Hors vallée, la couverture végétale est fort lâche, le recouvrement est aléatoire, dans le temps et l'espace.

Sur le pédiment bordier de l'Aïr et les flancs des inselbergs (4), des plantes des rochers (saxicoles) dessinent des liserés qui soulignent les diaclases et les ravines des versants (peu visibles à l'échelle de la photographie), des formations à touffes graminoïdes occupent les accumulations éoliennes fines des fissures, des creux et des bas de versant.

Sur les dunes du Ténéré (5), la végétation est très diffuse, la biomasse est quasi inexistante et les contrastes phénologiques sont forts. Les Graminées dominent, caractéristiques des groupements psammophiles (des sables). Ce sont surtout des hémicryptophytes vivaces, aux appareils aérien sclérifié et souterrain hypertrophié. Ils se plient aux contraintes édaphiques dominantes, l'instabilité des sols minéraux et mobiles (régosols) et la précarité des réserves hydriques. Ces plantes sont édificatrices, piègent les dépôts meubles et construisent des formes élémentaires comme les nebkhas ; morphogenèse et phytogenèse sont liées.

4 - INTERPRÉTATION BIOGÉOGRAPHIQUE

- Le massif de l'Aïr, qui culmine à 2 000 m, est un pont entre les empires* floraux tropical et arctique. Il abrite des espèces tropicales (56 % de la flore), Graminées comme le cram-cram (*Cenchrus biflorus*), Mimosées comme les Acacias, *A. nilotica, A. albida* et *A. seyal* ; sahariennes (30 %), phanérophytes comme les *Tamarix* ou le hadh (*Cornulaca monancantha*), herbacées cespiteuses comme les *Aristida,* buissonnantes comme *Panicum turgidum* ; méditerranéennes (2,5 %), avec l'Olivier (*Olea laperrinei*) dans quelques vallées à plus de 1 500 m ; les cosmopolites comptent pour 9 %, les endémiques pour 1 %. Comme dans tout désert, la richesse aréale est faible, 150 espèces pour 10 000 km^2 au Sahara (contre 3 000 à 4 000 sous les tropiques humides).
- Sur les plans biogéographique et synécologique, l'adaptation fondamentale au manque d'eau est le desserrement des couverts, allant jusqu'à l'extrême dispersion. Les adaptations spécifiques à la sécheresse sont nombreuses. Outre les physiologies, les morphologies foliaires et les systèmes racinaires s'adaptent aux modes de disponibilité en eau. Citons l'hypertrophie, pour l'exploration du plus grand volume possible de « sol », donc de réservoir hydrique (on a compté jusqu'à 80 km de racines et radicelles pour un coussinet de hadh de 1,5 m de diamètre) et l'enracinement pivotant qui permet d'atteindre les nappes phréatiques (inféroflux). *Acacia albida* allonge une racine-pivot qui peut dépasser 10 m avant de commencer sa croissance en hauteur. Il est alors plus ou moins indépendant du calendrier des précipitations, de l'eau superficielle, de la fertilité des horizons supérieurs. La saisonnalité des appareils végétatifs est une autre forme d'adaptation, fondamentale pour la biogéographie des déserts comme des steppes. Cette photo de saison sèche ne laisse pas imaginer l'explosion végétale de la période des pluies ; éphémérophytes des sables, thérophytes plus longévives des rives créent une strate herbacée fugace dont le taux de recouvrement peut dépasser 50 %.

5 - SYNTHÈSE ET PROLONGEMENTS

A/ Signification de l'exemple

Cet exemple saharien montre une combinaison de groupements végétaux très classique dans les milieux arides. Ces taches de verdure jouent un rôle écologique considérable, bien supérieur à ce que laisserait penser leur faible emprise dans les paysages (Cf. chap. 5, p. 221). Elles abritent et entretiennent une certaine richesse floristique, elles participent à l'élaboration et à l'équilibre des formes de relief, elles sont des relais pour les déplacements des animaux et des hommes.

B/ Application du canevas

Les exercices de biogéographie s'appuient souvent sur le commentaire conjoint et complémentaire de documents du type de ceux présentés. La démarche proposée est applicable à toute formation végétale. Peuvent s'y adjoindre des cartes topographiques, des images satellitaires, des photographies aériennes qui précisent structures et recouvrements et permettent mesure et comptages.

C/ Pour aller plus loin

Les données hydrologiques (régimes, bassins versants, crues, écoulements) non abordées, les relations entre la morphogenèse et la couverture végétale, le rôle des sociétés humaines sont des compléments indispensables à la compréhension des processus, des formes et des évolutions. On pourra consulter la bibliographie complémentaire.

J. Dresch, *Géographie des régions arides,* Paris, 1982, PUF. L'auteur propose une intéressante traduction en noir et blanc de la carte de base, « Carte de la répartition mondiale des régions arides », Unesco, *Notes techniques du MAB,* n° 7, 1979.

P. Ozenda, *Flore du Sahara,* Paris, 1983, éd. du CNRS.

X. de Planhol et P. Rognon, *Les Zones tropicales arides et subtropicales,* Paris, 1970, Armand Colin.

10

HISTOIRE DE RIVIÈRES

Les fleuves acheminent vers les mers une partie des eaux répandues par les pluies à la surface des terres. Ils forment ainsi un maillon essentiel du cycle de l'eau sur les continents : entre les circuits atmosphériques et le stockage océanique, les cours d'eau assurent le retour des eaux précipitées. Les rivières sont alimentées par les eaux infiltrées dans les nappes phréatiques et restituées par les sources ; elles recueillent également les eaux ruisselées sur les versants pendant les fortes pluies. Les modalités d'écoulement répondent ainsi aux conditions du milieu : car le régime hydrologique ne reflète pas directement les apports météorologiques, il traduit également les paramètres du sol et des couvertures végétales qui commandent le ruissellement, l'infiltration et l'évapotranspiration.

Les cours d'eau représentent donc en quelque sorte **une résultante linéaire des données physiques.** Mais la synthèse des diverses composantes naturelles ne se fait pas de manière identique suivant l'échelle du bassin-versant.

Dans le cas de rivières élémentaires drainant de petites unités topographiques, presque homogènes, les relations entre les paramètres du climat, du sol et de la végétation peuvent être définies, voire modélisées. S'opposent ainsi des cours d'eau pérennes, c'est-à-dire à débit permanent, nourris par des sources, et des rivières à écoulement spasmodique, comme les oueds, essentiellement alimentés par le ruissellement de surface lors des fortes averses.

En revanche, les organismes fluviaux sont des systèmes complexes qui cumulent les apports d'affluents variés aux inerties différentes. La présence de lacs et de retenues d'eau peut interrompre le flux liquide et contribue à la régulation des débits. Les régimes hydrologiques composites des grands fleuves combinent les réponses de sous-bassins différents qui présentent des interrelations variables. Par exemple, le Rhône associe, à l'échelle régionale, une alimentation glaciaire et nivale dans son cours alpin, les apports pluvio-nivaux de l'Ain et de la Saône, puis les écoulements subméditerranéens des affluents issus des Alpes du Sud et de la bordure cévenole. Ainsi nombre de rivières issues de montagnes bien arrosées font rouler des eaux rapides, et souvent turbides, vers des piémonts* et des basses plaines aux climats plus secs ; c'est le cas des puissants fleuves de l'arc himalayen comme l'Indus, le Gange et le Brahmapoutre.

À l'échelle continentale, quelques fleuves **allogènes** acheminent d'importants volumes d'eau en dehors de leur domaine bioclimatique d'origine : le Nil, alimenté par les précipitations sur les plateaux d'Afrique orientale, traverse une partie du Sahara, où il est soumis à une intense évaporation, avant d'atteindre la Méditerranée ; la crue annuelle qui affecte le delta entre août et octobre résulte moins des fortes pluies tropicales responsables des hautes eaux du lac Victoria entre avril et juin que de la crue du Nil Bleu éthiopien en début d'été. D'autres fleuves peuvent être définis comme **transzonaux** : les grands fleuves sibériens ou le Mackenzie canadien conduisent les eaux des moyennes latitudes jusqu'à l'océan Arctique ; le Mississippi traverse le domaine « tempéré » d'Amérique du Nord pour atteindre les régions subtropicales du golfe du Mexique ; ou encore le Niger, décrivant une large boucle entre les régions humides et le domaine sahélien de l'Ouest africain. Ces fleuves créent sur leurs rives des milieux originaux par rapport aux espaces traversés.

En effet, les rivières, quelle que soit leur taille, ne représentent pas seulement un flux hydraulique, elles entretiennent des **conditions naturelles particulières** dans leur lit, sur leurs berges et sur leur plaine d'inondation. Les rivières déterminent donc des milieux spécifiques : le lit fluvial et sa flore sont remaniés au rythme des étiages et des crues qui modèlent les formes du chenal ; les rives accueillent une végétation dense fixée par l'abondance de l'eau ; les plaines et les basses terrasses exposées à des submersions temporaires enregistrent par l'alluvionnement les modifications de l'environnement régional.

Enfin, **les rivières font l'objet d'aménagements** multiples et variés. Les modifications apportées aux chenaux et le contrôle des écoulements sont destinés à maîtriser la ressource en eau pour l'irrigation, pour la production énergétique ou pour la régulation de voies navigables. Les transformations visent également à réduire le risque d'excès ou de pénurie, c'est-à-dire à limiter les inondations ou soutenir les étiages. Le développement d'une agriculture irriguée, tant dans le monde asiatique que dans le domaine méditerranéen ou aride, implique la maîtrise de l'eau, et sa dérivation vers des terres productives. À l'inverse, les travaux de drainage cherchent à restituer les eaux vers des chenaux évacuateurs. Les ouvrages sont divers : les endiguements latéraux visent à contenir les débits de crues et éviter les submersions, tandis que les barrages construits dans le lit des rivières créent des retenues d'eau qui bouleversent le régime d'écoulement. Si l'ampleur des modifications apportées aux cours d'eau varie suivant les besoins et les moyens techniques des sociétés, la nature même des aménagements répond largement aux types de conditions naturelles.

BIBLIOGRAPHIE GÉNÉRALE DU CHAPITRE

BETHEMONT J., *L'eau et les hommes*, Paris, Bordas, 1977.
BETHEMONT J., *Les richesses naturelles du globe*, Paris, Masson, 1987.
De MARSILLY G., *L'eau*, Paris, Flammarion (coll. Dominos), 1995.
DURAND DASTES F., *Les systèmes d'utilisation de l'eau dans le monde*, Paris, SEDES, 1977.
DURAND DASTES F., *Les eaux douces : abondances, sécheresses et conflits*, Paris, Rageot, 1992.
CHATELIN Y. et RIOU G., *Milieux et paysages : essai sur les diverses modalités de la connaissance*, Paris, Masson, 1986.
FRECAULT R., et PAGNEY P., *Dynamique des climats et de l'écoulement fluvial*, Paris, Masson, 1983.
RIOU G., *L'eau et les sols dans les géosystèmes tropicaux*, Paris, Masson, 1990.
ROCHEFORT M., *Les fleuves*, Paris, PUF (Que sais-je ?), 1963.

A

LES RÉSEAUX HYDROGRAPHIQUES

Les cours d'eau s'organisent en réseaux plus ou moins complexes et hiérarchisés. Au fil des confluences, les fleuves collectent les eaux de rivières secondaires, elles-mêmes grossies par des petits affluents. La densité du drainage reflète l'alimentation par la pluviométrie et les conditions d'infiltration ; elle répond également à l'organisation des systèmes de pente qui commandent la configuration des bassins versants.

La hiérarchie des cours d'eau se définit à partir des sources vers l'émissaire principal : on désigne les ruisseaux élémentaires comme des cours d'eau de premier ordre, leur confluence donne naissance à des rivières de second ordre, classées par ordre croissant jusqu'au fleuve. Ainsi, les réseaux simples sont constitués de rivières alimentant directement un collecteur, tandis que des systèmes très hiérarchisés présentent de multiples confluences intermédiaires entre les petits ruisseaux et le fleuve.

Plusieurs indices morphométriques ont été proposés pour caractériser la géométrie des réseaux, ils reposent sur le rapport entre la longueur des drains et la surface du bassin-versant, en tenant compte du relief : les indices linéaires prennent en compte la longueur cumulée du réseau, des taux de confluence et l'orientation des segments ; les indices de surface définissent la densité du drainage, la fréquence des drains et l'allongement du réseau ; quant aux données du relief, elles apparaissent dans des indices de déclivité et de rugosité.

Fig. 1 : réseau parallèle

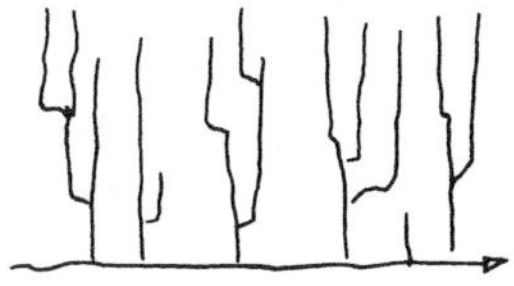

Dans les petits bassins-versants, le chevelu hydrographique peut se lire suivant trois types principaux :

Fig. 2 : réseau dendritique

Un réseau parallèle présente des ruisseaux orientés dans le sens général de la pente et reliés par de courts segments ; les drains sont peu hiérarchisés.

Un réseau dendritique s'organise par de multiples confluences vers un collecteur ; ce type est en général bien hiérarchisé, il peut présenter une trame lâche ou prendre l'aspect d'un treillis serré suivant la densité du drainage ; enfin, le relief peut déterminer des systèmes radiaux convergents en cuvette ou divergents autour d'un bombement.

Fig. 3 : réseau désorganisé par les dépôts glaciaires

Fig. 4 : perte et résurgence karstique

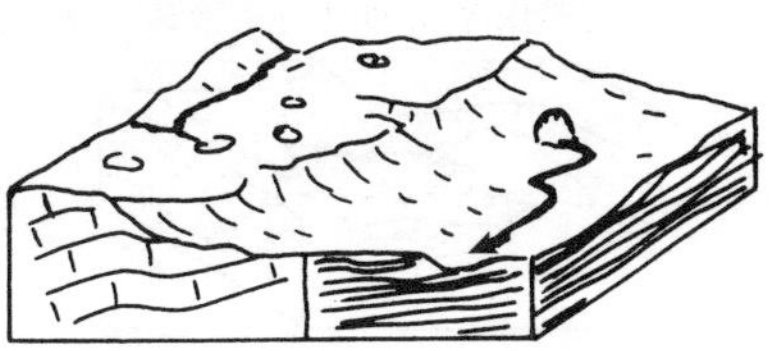

Un réseau est dit anarchique lorsqu'il se décompose en de multiples petits bassins aux caractères différents : c'est le cas des plaines déglacées, où les écoulements sont totalement désorganisés par les dépôts morainiques* qui enferment une infinité de lacs et de marécages ; mais aussi de régions arides, dont le drainage intermittent ne suffit pas à relier de petites unités confinées dans chaque cuvette. Les régions karstiques* offrent d'autres exemples de réseaux irréguliers, puisque les écoulements de surface peuvent disparaître dans des « pertes », menant à des réseaux souterrains, puis à des résurgences.

À l'échelle continentale, les réseaux hydrographiques reflètent la diversité des apports climatiques mais aussi les contraintes imposées par le relief.

Les réponses au climat sont à l'origine de contrastes simples : les grands systèmes fluviaux comme l'Amazone, le Congo ou le Zambèze drainent d'immenses espaces bien arrosées du domaine tropical, qui assurent des débits puissants ; à l'inverse, dans les régions de marge aride, les écoulements spasmodiques empruntent des chenaux hérités* de phases plus humides, mais le manque d'eau ne permet pas la connexion des affluents ou **l'acheminement jusqu'à la mer,** tel le fleuve Orange, entre Namibie et Afrique du Sud, qui n'atteint l'Atlantique que quelques jours par siècle. En outre, peut-on parler de systèmes hydrographiques en Antarctique ou au Groenland ?

Les configurations de relief peuvent favoriser la convergence des rivières dans des cuvettes, comme les bassins sédimentaires de Paris, du Tchad, du Congo, les gouttières du Mississippi ou du Paraguay. Au contraire, les chaînes de montagnes constituent des lignes de partage des eaux : les lignes de crêtes ou de simples cloisons séparent des réseaux divergents ; les montagnes sont exceptionnellement traversées par les cours d'eau, comme la percée de la rivière Columbia à travers la chaîne des Cascades, ou les défilés du haut Indus vers le Karakorum et les gorges du moyen Brahmapoutre.

Les réseaux endoréiques* sont isolés de l'océan : ils correspondent à de vastes cuvettes d'évaporation où se perdent les rivières en milieu aride comme les bassins du lac Tchad, du lac Eyre australien, ou de la mer d'Aral ; ou bien il s'agit de systèmes emprisonnés par une barrière de relief comme les cuvettes de l'Altiplano bolivien et le plateau tibétain, ou encore les fossés tectoniques de l'ouest des États-Unis, ou du rift africain.

À l'échelle régionale, les réseaux s'inscrivent dans les formes de relief. Naturellement, certaines rivières de plaine peuvent divaguer lors de crues importantes, comme ce fut le cas en 1932 pour le Houang-Ho qui a déplacé son cours de plus de 200 km à travers la plaine chinoise. En effet, dans les zones d'accumulation alluviale, le lit des fleuves peut migrer dans une immense plaine d'inondation, abandonnant des bras morts, des méandres recoupés, comme les *bayous* du bas Mississippi.

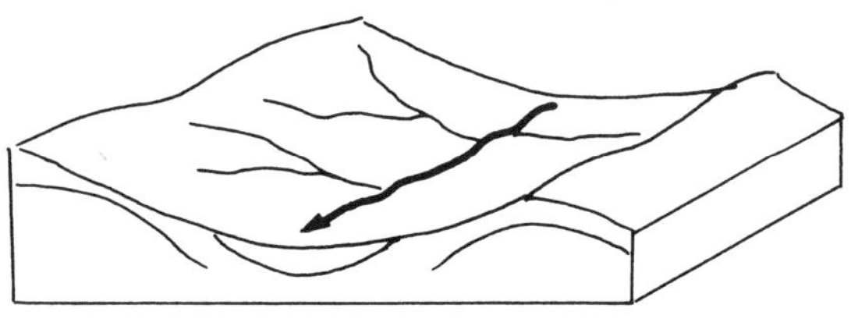

Fig. 5 : réseau adapté

En revanche, les systèmes incisés en vallées répondent aux contraintes de la topographie. On remarque des rivières au cours **adapté,** qui drainent des vallées excavées dans des substrats peu résistants. Dans ces cas, les drains principaux suivent largement les dispositifs morphostructuraux, exploitant les couloirs tectoniques, les cuvettes évidées, les dépressions monoclinales... D'autres rivières sont dites inadaptées lorsqu'elles traversent des obstacles de relief incisés en gorges, ou lorsqu'elles entaillent des bancs résistants ; on utilise le terme d'**épigénie**.

Fig. 6 : inadaptation par surimposition

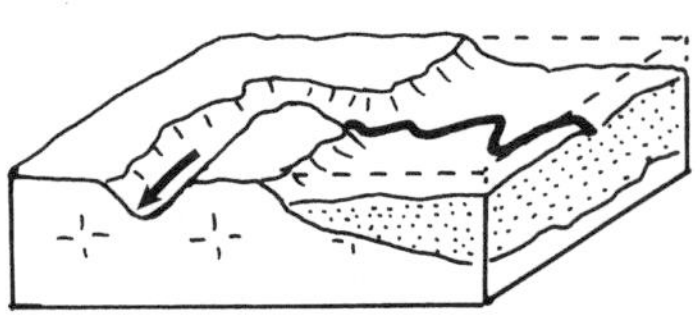

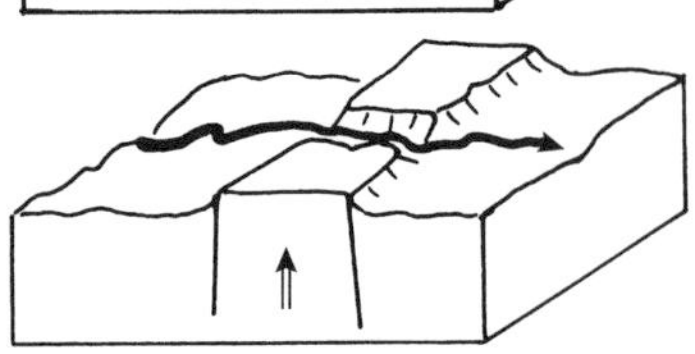

Fig. 7 : inadaptation par antécédence

Les cas d'**inadaptation** correspondent à des rivières profondément incisées à travers un relief en saillie, ils traduisent une évolution géomorphologique en plusieurs étapes.

Un réseau établi sur un plan incliné uniforme (surface d'érosion ou de remblaiement) peut, à la suite d'un relèvement général, s'encaisser dans un substrat différencié ; on parle alors de **surimposition** : à une large vallée évidée dans des matériaux plus tendres, succède une gorge épigénique sciée dans des roches résistantes, comme le montrent les défilés successifs de la vallée moyenne du Rhône. Dans d'autre cas, c'est une déformation locale, suffisamment lente, qui provoque l'enfoncement du cours d'eau installé au préalable ; il s'agit d'**antécédence** : quelques cluses du piémont alpin ou du piémont himalayen des Siwaliks ont ainsi été tranchées à mesure du plissement.

Enfin, les **captures** qui résultent de la conquête d'un réseau par un système hydrographique plus actif produisent une inadaptation locale : elles peuvent être provoquées par des variations de débit et de charge, liées aux oscillations climatiques, comme la célèbre capture de la haute Moselle dans le secteur de Toul, ou bien par un appel tectonique comme le déversement du Rhin vers la plaine d'Alsace subsidente au début du quaternaire.

Ainsi la conformation des réseaux de rivières s'explique suivant trois échelles spatio-temporelles :

Les réseaux hydrographiques se placent dans l'évolution à long terme du relief. Les rivières sont un agent d'érosion responsable de transferts considérables : l'accumulation de sédiments ou la construction de deltas représentent la décharge de matériaux évacués des volumes saillants de l'amont. Les cours d'eau s'inscrivent également dans des systèmes de pentes et appartiennent aux formes d'échelle moyenne : l'incision de vallées répond à la géométrie des déformations verticales comme aux conditions structurales.

Les modelés des vallées résultent des variations morphoclimatiques à moyen terme : les terrasses* alluviales témoignent des changements du régime des eaux provoquées par les oscillations climatiques ; l'alluvionnement* actuel qui caractérise les plaines d'inondation de la plupart des régions cultivées reflète la modification des conditions environnementales sur les pentes.

Le lit de la rivière évolue au rythme des crues* et des étiages*. Il répond aux conditions de régime, de pente et de transit des matériaux. Ses formes enregistrent les variations saisonnières du débit, mais aussi les événements exceptionnels de forte intensité qui peuvent bouleverser la physionomie du cours d'eau.

B

DES MILIEUX HUMIDES

Les rivières sont à l'origine de milieux spécifiques sur le lit fluvial, les berges et les zones humides voisines.

Le lit fluvial est façonné par l'écoulement de l'eau qui commande le transit des sédiments ; le chapitre 4 (page 162) expose le rôle des flux liquides et solides dans les chenaux. Le lit mineur comme le lit majeur sont remaniés par les crues. Naturellement, les réponses sont différentes dans les secteurs d'amont, où le régime hydrologique suit directement les changements climatiques saisonniers, et les secteurs situés à l'aval, où les variations de débit cumulent les apports des différents affluents. La variation de pente longitudinale induit également le changement de style entre des hauts bassins où dominent les processus de sapement et de transit et les zones d'alluvionnement où se déposent les sédiments fins sur les plaines d'inondation. Au terme du cheminement, ce sont les accumulations des deltas, espaces amphibies où les eaux marines favorisent la précipitation des boues.

Les berges et les terrasses constituent des milieux originaux : non seulement leur surface est exposée à des submersions temporaires lors des fortes crues, mais encore la proximité permanente de la nappe phréatique assure aux plantes une disponibilité constante en eau. D'où la profusion végétale, quel que soit l'environnement climatique. Ainsi, en milieu aride, le lit des oueds, balayé par intermittence par les eaux, est souvent ponctué de buissons capables de puiser dans les sous-écoulements ; en revanche, dans des conditions moins extrêmes, se développent des rubans de forêts le long des rivières.

Les forêts de rives, ou ripisylves (*ripa,* la rive), groupent l'ensemble des forêts linéaires inféodées aux cours d'eau : ce sont les forêts-galeries du monde tropical, et les complexes végétaux de plaine alluviale du domaine tempéré.

La végétation des vallées fluviales, des terrasses, des lits majeurs répond à l'abondance d'eau du sol, qui peut fluctuer en fonction du régime de la rivière. C'est pourquoi les rythmes saisonniers des végétations de rive contrastent parfois avec ceux de leur environnement, en particulier si les bilans hydriques sont opposés. Ainsi, les vallées du Nil ou de l'Indus forment des oasis linéaires soumises à des inondations régulières, provoquées par des pluies copieuses sur un amont lointain. Dans une moindre mesure les forêts humides du *ried* alsacien, qui occupent de larges lits alluviaux, bénéficient de la montée printanière des nappes phréatiques précédant les pluies d'orages de l'été qui arrosent la plaine cultivée.

Fig. 8 : forêt-galerie en domaine de savane

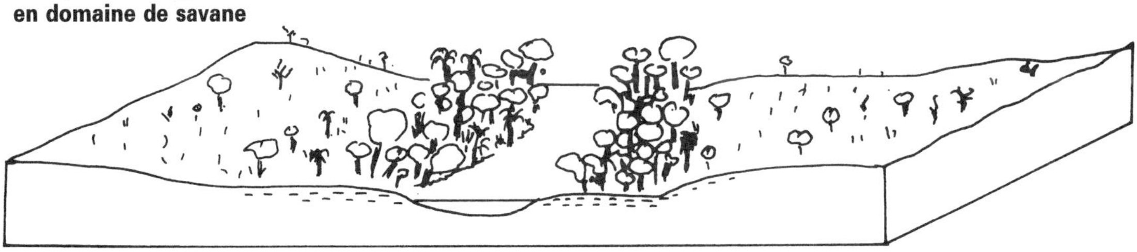

Photo 1 : « forêt-galerie » (Madagascar)

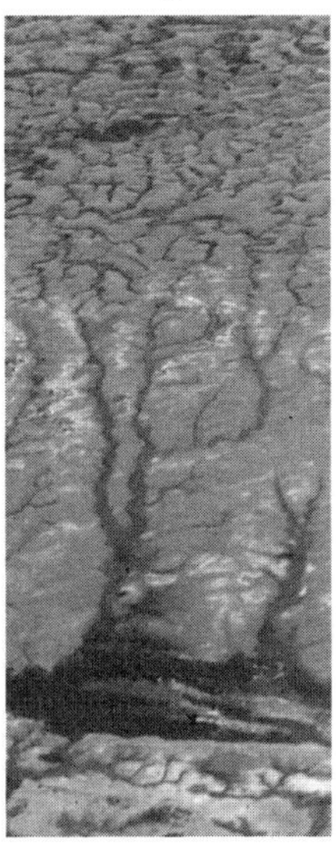

Les forêts-galeries tropicales caractérisent les vallées des domaines à saison sèche ; elles déploient leur ruban vert le long des cours d'eau permanents. Elles sont larges de quelques dizaines, voire des centaines de mètres, et se ramifient en galeries de plus en plus étroites, continues puis discontinues à mesure de l'assèchement des plaines alluviales vers l'amont. En Afrique occidentale, elles portent les ambiances de forêt mésophile loin à l'intérieur du domaine des savanes auxquelles les lignes d'arbres donnent une physionomie marquée. Ces milieux riches en eau fixent des écosystèmes variés et à forte biomasse. Mais l'humidité constante du sol et de l'air de ces biotopes favorise la remontée de biocénoses forestières riches de populations d'insectes vecteurs de maladies parasitaires, comme les mouches *simulies* pour l'onchocercose ou les *glossines* pour la maladie du sommeil.

Les forêts alluviales appartiennent aux écosystèmes forestiers les plus diversifiés d'Europe, quand les hommes ne les ont pas remplacées par des peupleraies ou n'en ont pas asséché les rives. Ces forêts sont plurispécifiques et offrent une grande diversité biologique visible en particulier dans l'abondance des lianes. Elles balancent leurs frondaisons au-dessus de la rivière tandis que les racines contribuent à consolider les berges. Naturellement, les crues peuvent déstabiliser les rives et emporter des arbres arrachés, formant autant de barrages précaires. Ces milieux fermés abritent des biotopes très divers qui justifient, comme pour la forêt rhénane, un classement en réserve naturelle.

Les barthes de l'Adour offrent un bel exemple de **complexe de plaine alluviale** contrôlé par l'hydraulique du fleuve côtier ; elles représentent une superficie de 7 500 hectares étirés le long des 70 km qui séparent Dax et Bayonne. Les paysages associent prairies, bois et cultures, imbrication des écosystèmes et des sociosystèmes dans l'espace. La levée du fleuve dessine une **barthe haute**, submergée seulement lors des grandes crues ; elle porte des prairies de fauche traditionnelle et sur les parties les plus hautes une chênaie pédonculée. La **barthe basse** occupe le lit majeur : de vastes prairies humides sont un pâturage pour les bovins et les chevaux. Saulaies et aulnaies tressent deux cordons boisés sur les rives du fleuve. Ces barthes sont aujourd'hui intégrées au programme de préservation des zones humides car elles abritent une grande biodiversité floristique et faunistique : ces lieux accueillent et nourrissent des oiseaux d'eau comme les cigognes, milans noirs, hérons cendrés, spatules blanches et grues cendrées en migration ou hivernage.

Fig. 9 : les barthes de l'Adour

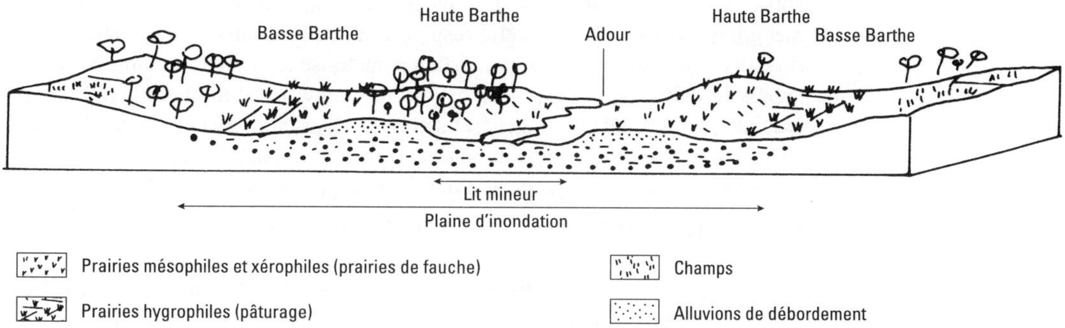

C

DES RIVIÈRES AMÉNAGÉES

Les rivières représentent un élément important de l'environnement à la fois comme ressource et comme facteur de risque.

Les cours d'eau constituent **une ressource renouvelée**, utilisable tant pour l'agriculture que pour l'énergie, le transport, le ravitaillement urbain ou industriel. C'est pourquoi la maîtrise de l'eau est devenue très tôt un aspect essentiel du contrôle physique des territoires ; elle a nécessité des aménagements souvent complexes dès le néolithique. Les grandes civilisations antiques de l'Orient asiatique rizicole mais aussi de la Mésopotamie, d'Égypte et de Grèce ont su capter des sources, dériver des chenaux, répandre les eaux sur les cultures. Les vestiges de grands ouvrages, canaux, aqueducs, révélés par l'archéologie témoignent de techniques aussi ingénieuses que diverses.

Ressource essentielle, la rivière comporte aussi ***des risques.*** Éviter ou limiter l'inondation demande la construction d'endiguements latéraux sur les fleuves de plaine, comme la Loire, le Pô ou les fleuves chinois. Réduire la crue ou stocker des eaux pour soutenir le flux et limiter l'étiage implique la création de retenues d'eau par des barrages capables de réguler en partie le régime fluvial.

Les aménagements, petits ou grands, ***éloignent le risque*** sans toutefois l'exclure totalement, comme le montrent les cas de débordements provoqués par des phénomènes climatiques exceptionnels, comme la formidable montée des eaux du Mississippi de l'été 1995 ou les crues brutales méditerranéennes. En outre, la rupture accidentelle des ouvrages, digues latérales ou barrages, est une autre menace possible.

Les « corrections » apportées aux cours d'eaux perturbent les transferts : ce sont les rivières rectifiées, dont le flux accéléré peut saper des berges fragilisées ; ce sont des réservoirs progressivement comblées par les sédiments piégés, comme le montrent les retenues d'eau d'Afrique du Nord ou dans une moindre mesure les biefs artificiels de la Durance, comme la retenue de Château-Arnoult. En aval, les deltas privés des apports sédimentaires par des barrages maigrissent ou reculent, provoquant plus loin la déstabilisation des rivages. L'aménagement récent du Nil ou de la Volta en sont de bons exemples. Les perturbations indirectes ne sont pas négligeables, et l'on connaît désormais les répercussions sur les nappes phréatiques de la dérivation de grands fleuves comme le Rhin, le Rhône ou le Danube.

À ces modifications directes s'ajoutent les effets de l'activité humaine sur les versants. Les défrichements, et plus particulièrement les pratiques agricoles qui mettent les sols à nu peuvent être responsables de l'exhaussement progressif des lits fluviaux ; un alluvionnement important caractérise les vallées d'Europe occidentale depuis le début de l'holocène c'est-à-dire depuis le néolithique, avec une phase cruciale correspondant à la généralisation de l'agriculture vers 2 500 BP*. La ville enfin apporte ses endiguements et ses effluents : l'épuration des eaux n'exclut pas le rejet de matières en suspension qui finiront par décanter dans le lit…

Les aménagements hydrauliques sont très variés en fonction des besoins des sociétés et de techniques qu'elles mettent en œuvre. Si les ouvrages sont assez proches par nature, les systèmes hydrauliques s'organisent de manière très différente suivant les domaines bioclimatiques, c'est-à-dire suivant les types de rivières.

Les rivières des régions froides sont caractérisées par un engel saisonnier et des débâcles qui découragent tout aménagement. Pendant la saison froide, les écoulements de surface sont nuls, les rivières sont figées, à l'exception de minces flux cheminant sous la glace. Avec le dégel, la libération soudaine des eaux entraîne des inondations impressionnantes : la rupture brutale de barrages de glace ou débâcle, provoque des chasses d'eau dévastatrices. Les grands fleuves sibériens (Ob, Ienisseï, Léna) ou canadiens (Mackenzie) qui prennent leur source dans des régions plus méridionales inondent les plaines sur plusieurs dizaines de kilomètres. Les barrages de glace peuvent faire monter le niveau de plus de 20 m et les débâcles viennent labourer des berges armées par un pergélisol épais ; le flot saisonnier charrie des volumes solides considérables qui s'accumulent dans de larges plaines alluviales et deltas. Ces rivières ne sont praticables que quelques mois par an, les sites habités se tiennent à l'écart, sur des hauteurs. Seul, le réseau de la Grande Rivière, encaissé dans les plateaux de la baie James au Canada, a fait l'objet d'un programme d'aménagement hydroélectrique.

Fig. 10 : rivière du Grand Nord (débâcle)

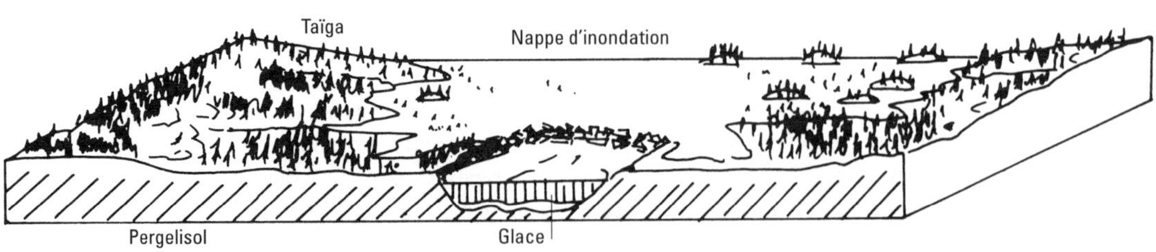

Les rivières de montagnes sont alimentées par des pluies copieuses sur les reliefs, mais aussi par la fusion printanière des manteaux de neige ou par la fonte des carapaces glaciaires pendant les mois chauds. Les écoulements sont rapides dans les talwegs à forte déclivité, mais divisés par des systèmes de pentes très cloisonnés. Les sociétés rurales ont parfois dérivé les eaux pour irriguer des systèmes de terrasses, champs exigus sur des versants raides. C'est surtout l'énergie des torrents qui a fait l'objet de grands aménagements : **barrages,** conduites forcées, turbines hydroélectriques. Désormais, de grands programmes regroupent les eaux de plusieurs bassins-versants par adduction souterraine vers des lacs-réservoirs haut perchés afin d'assurer de hautes chutes à gros débit régularisé. Le régime des rivières s'en trouve complètement modifié.

Fig. 11 : rivière de montagne (aménagement hydroélectrique)

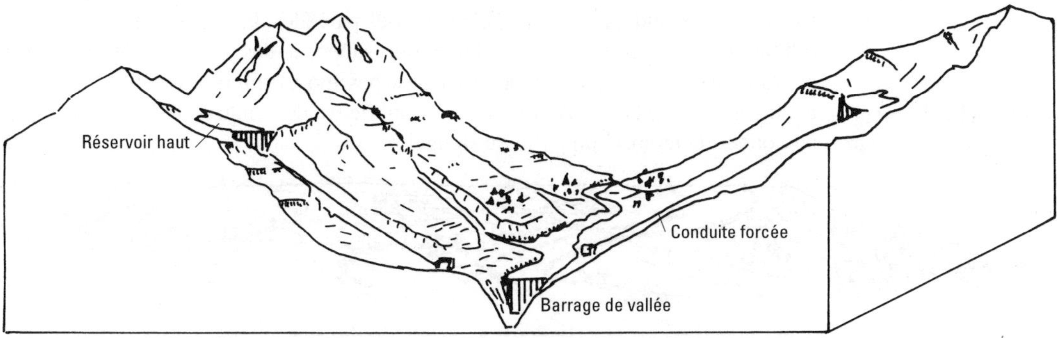

L'ancrage des **barrages** s'appuie souvent sur les parois rocheuses des gorges sciées dans les verrous glaciaires. L'instabilité de certaines pentes raides, le risque sismique et la brutalité de certains épisodes climatiques impliquent des précautions redoublées et une surveillance des ouvrages.

Les rivières du domaine méditerranéen et des marges arides constituent une ressource précieuse pour l'agriculture. En effet, l'irrigation peut compenser le déficit hydrique du sol, qu'il soit saisonnier ou permanent. La difficulté est de réguler le régime des eaux qui est généralement commandé par la répartition saisonnière des pluies. D'une part, les rivières issues des montagnes tarissent moins en raison de précipitations plus abondantes et du stockage nival ; d'autre part, les massifs calcaires absorbent les eaux dans les cavités karstiques et les restituent par des résurgences en général pérennes ; enfin, des barrages réservoirs, bien qu'ils soient progressivement colmatés par les sédiments arrachés aux versants, peuvent assurer une **irrigation** régulière. Les plaines alluviales protégées des crues par des digues ont été quadrillées par des réseaux de chenaux d'adduction et de distribution d'eau, dont le type est la *huerta* espagnole, tandis que la mise en valeur des marais littoraux requiert un aménagement du drainage vers les estuaires.

Fig. 12 : rivière méditerranéenne (irrigation)

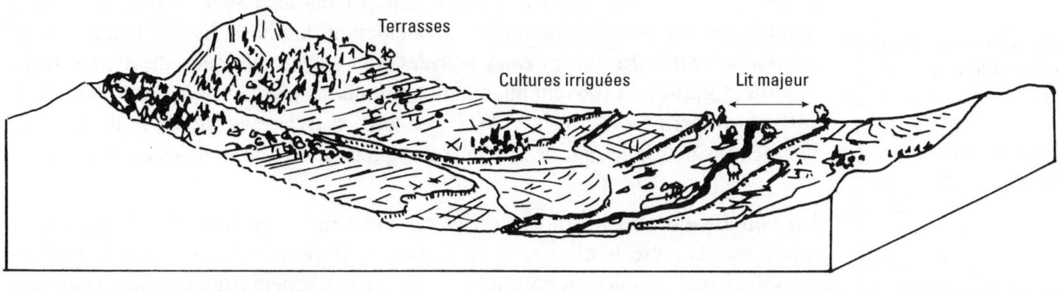

La mise en irrigation de grands périmètres dans les steppes d'Asie centrale par dérivation de l'Amou Daria et le Syr Daria, fleuves issus des montagnes englacées du Pamir, a provoqué l'assèchement progressif de la mer d'Aral, mais aussi la salinisation des terres : l'accroissement de l'évaporation favorise la remontée en surface de nappes saumâtres et la formation de croûtes salines.

Les deltas tropicaux constituent des milieux privilégiés de profusion végétale naturelle ou cultivée, en particulier dans l'Asie des moussons. Ce sont en général d'immenses accumulations alluviales déposées par les grands fleuves chargés d'argiles d'altération. La forêt dense bénéfice d'une eau abondante dans le sol, et les inondations périodiques assurent le développement de sous-bois riches ; la mangrove littorale se ramifie vers l'intérieur le long des chenaux d'eau saumâtre. Certains deltas sont peu aménagés, tandis que les plaines rizicoles offrent des milieux largement transformés. Les surfaces défrichées par les sociétés rurales constituent des terres riches, capables de fournir plusieurs récoltes par an. La maîtrise de l'eau est assurée par des systèmes de digues et des réseaux de chenaux permettant l'inondation ou l'assèchement des parcelles. Paysages construits à main d'homme dans un univers amphibie qui supporte des densités de population considérables. Ces espaces plats n'en sont pas moins fragiles, comme le delta du Brahmapoutre, exposé aux crues du puissant fleuve descendu de l'Himalaya comme aux ondes de tempête du golfe du Bengale.

Fig. 13 : delta tropical
(paysage de rizières)

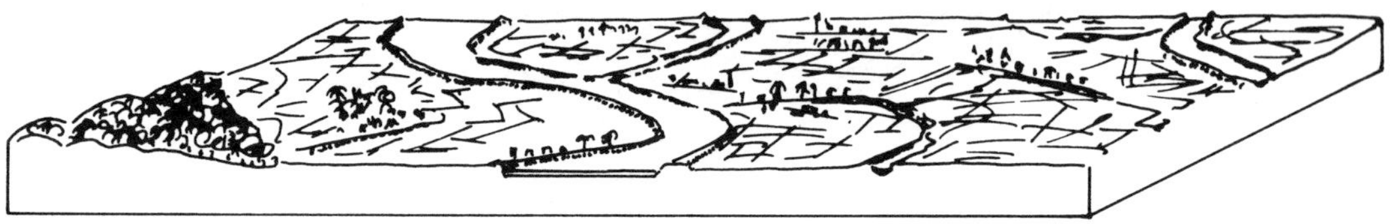

Les rivières sont également **un élément de la ville.** Car les cités anciennes sont le plus souvent établies le long des fleuves : sites de ponts, sites de confluence, sites de méandre, la rivière fait partie du décor urbain. Les aménagements ont d'abord visé à préserver l'espace bâti de l'inondation : les villes ont construit des digues, faisant parfois office de remparts, comme à Avignon. Et la hauteur des levées est à la mesure du risque, comme les berges de la Garonne à Toulouse, ou de la Loire à Tours. Mais en concentrant les eaux dans un chenal, les digues entraînent une élévation de la ligne d'eau de crue. Quelques inondations urbaines sont restées dans les annales : crues de la Loire en 1846, 1856, 1866 et de la Seine à Paris en 1910, de l'Arno à Florence en 1966... L'importance des enjeux a conduit à des aménagements de prévention : construction de retenues sur l'ensemble du bassin-versant, comme les lacs de Champagne et du Morvan en amont de Paris.

La rivière est également utilisée par la ville pour ses besoins en eau. L'image des foules massées sur les rives du Gange contraste avec celle des installations modernes de filtrage et de traitement prélevant l'eau autour des villes des pays développés. Les pompages industriels ont parfois abaissé le niveau des nappes phréatiques au point de menacer localement l'équilibre hydrostatique du sol, comme à Venise. Enfin, les ***eaux rejetées*** font partie intégrante du régime fluvial modifié. Celui-ci est souvent augmenté par les eaux pluviales qui ruissellent sur les surfaces imperméables de la ville. Là encore, la rivière atteste de la diversité des interactions naturelles sur des milieux complètement transformées par les sociétés.

Les ***rejets*** urbains modifient profondément le fleuve : les rivières secondaires transformées progressivement en cloaques ont souvent été recouvertes en égouts. La construction de réseaux d'assainissement, de stations d'épuration limite les rejets polluants autour des métropoles des pays industriels, mais ces équipements restent toujours insuffisants dans les grandes villes du tiers monde. Ainsi, les rejets organiques peuvent provoquer l'eutrophisation du cours d'eau, entraînant son asphyxie progressive.

En conclusion, ces histoires de rivières nous montrent toute la complexité des interférences entre le climat, la végétation et le relief. Certes, il existe quelques combinaisons simples, reposant sur des enchaînements directs de dynamiques caractérisant les grands milieux. Cependant, la plupart des cours d'eau reflètent aussi la singularité des lieux. L'imbrication des phénomènes évoluant suivant des rythmes très différents, la multiplication des relais et des interactions, ou encore les perturbations induites par les pratiques sociales, nous conduisent à rechercher la synthèse dans **les paysages,** c'est-à-dire des formes ou des formations identifiables par le regard ou figurées sur la carte. En définitive, cet ouvrage se propose d'être un guide de lecture des paysages à travers une observation raisonnée et l'expérience des beautés « naturelles » de notre planète.

Document commenté

Le Nil, un fleuve allogène

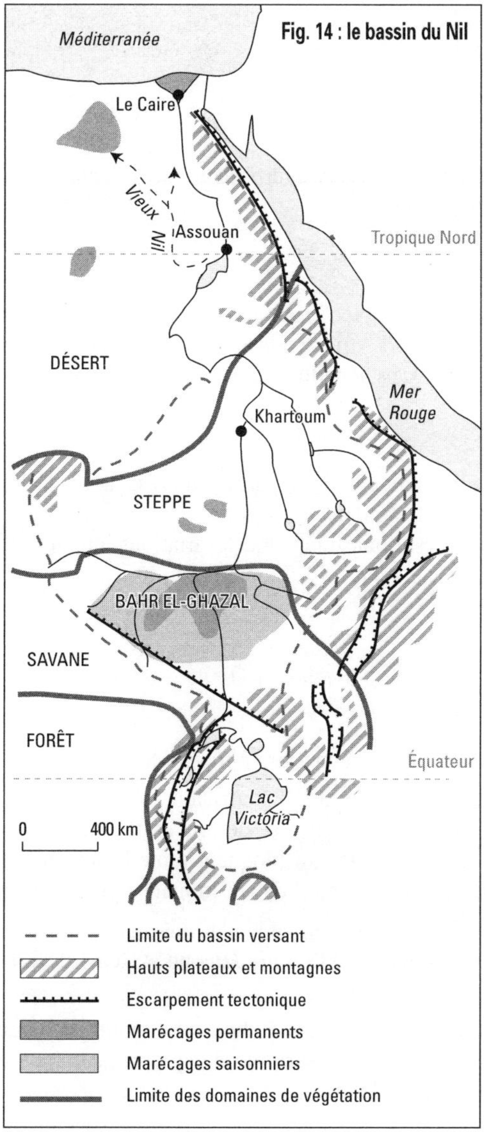

Fig. 14 : le bassin du Nil

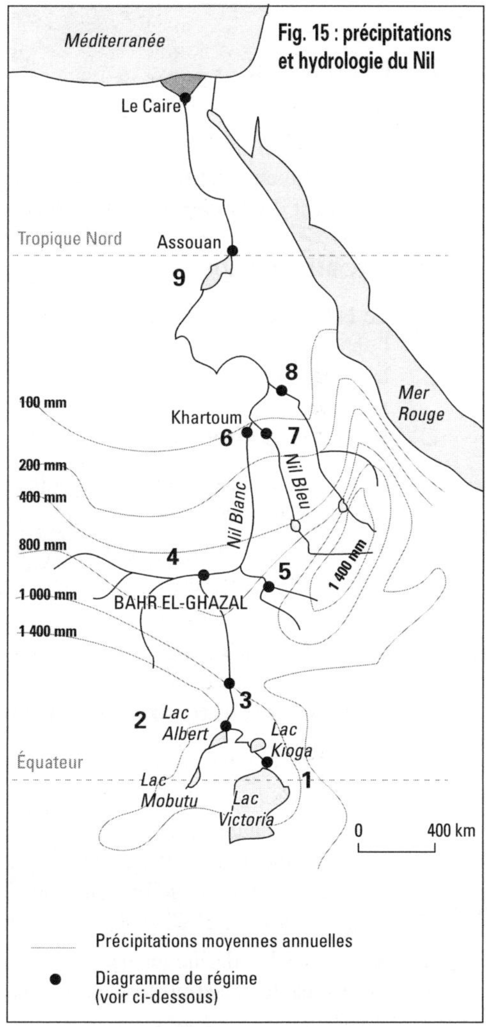

Fig. 15 : précipitations et hydrologie du Nil

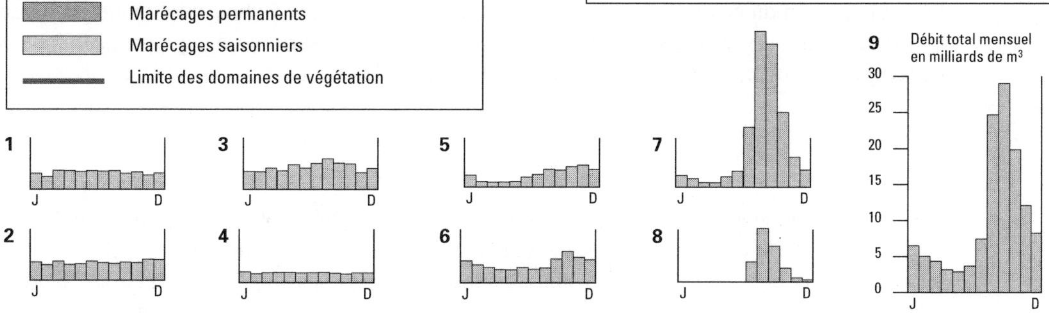

D'après M. Bakre, 1980.

1 - PRÉSENTATION DES DOCUMENTS

- Cartes du bassin du Nil :
– Figure 14 **:** agencement du relief et types de couvertures végétales (adaptée du *Grand Atlas du continent africain,* 1973, et Rognon, P., 1989) ;
– Figure 15 : pluviométrie moyenne et débit du fleuve (adaptée de Bakre, M., 1980).

On se reportera également à l'image Météosat (pp. 16 et 17), présentée au début de l'ouvrage.

2 - MÉTHODE

A/ Objectif

Ces documents permettent d'analyser l'organisation d'un réseau hydrographique à l'échelle continentale et d'étudier l'alimentation d'un fleuve transzonal.

B/ Problématique

Le Nil est long de 6 670 km, il traverse plusieurs domaines bioclimatiques. Les deux cartes montrent l'opposition entre la partie amont, située sur les hautes terres d'Afrique orientale aux pluies abondantes, et les cours moyen et inférieur du fleuve traversant le désert sans apport latéral jusqu'à la Méditerranée.

C/ Mise en garde

Les isohyètes présentent des valeurs moyennes ; elles sont établies à partir d'un réseau très lâche de stations ; or la variabilité de la pluviométrie dépasse 40 % dans les régions à saison sèche prolongée et 70 % en domaine aride. L'alimentation du Nil est donc sujette à des variations interannuelles importantes provoquées par des sécheresses sur les hauts pays d'Éthiopie ou du Kenya.

3 - COMMENTAIRE

A/ Le réseau hydrographique du Nil

Il est constitué par deux vastes bassins supérieurs et un long émissaire à travers le désert.

- Le bassin du Nil Blanc correspond à une partie des plateaux de l'Est africain, située sous l'équateur ; les hautes terres sont disposées en large cuvette autour du lac Victoria et découpées par les escarpements du rift occidental (lac Mobutu et lac Albert), qui bloquent toute évacuation vers l'est ; les eaux recueillies dans les lacs se déversent vers le nord dans l'immense plaine marécageuse du Bahr el-Ghazal, périodiquement inondée.
- Le Nil Bleu draine les eaux des hauts plateaux éthiopiens (3 000 m) dans un système de vallées à fortes pentes et profondément encaissées.
- Le cours moyen du collecteur est guidé vers le nord par le revers du bourrelet montagneux de la mer Rouge ; il s'écoule dans une gouttière sinueuse, en partie surimposée, qui présente une série de sept rapides ou cataractes avant d'atteindre un large delta.

B/ Le bilan hydrologique du fleuve

Il est composite.

- Le Nil Blanc recueille les eaux des pluies équatoriales, abondantes et réparties sur l'année ; les lacs constituent de grands réservoirs régulateurs et des bassins de décantation. C'est pourquoi les hautes eaux de juin à septembre sont nettement décalées par rapport aux maxima de précipitation ; une large partie des eaux s'évapore sur la plaine d'inondation du Bahr el-Ghazal, qui connaît une saison sèche prolongée.

- Le Nil Bleu présente un régime plus contrasté, qui répond à la durée de la saison des pluies, entre juin et septembre, sur les montagnes d'Éthiopie. L'écoulement des eaux sur des pentes raides et peu boisées provoque la montée rapide de la crue : le débit mensuel passe de 3 à 23 milliards de m^3 en quelques semaines. Puis l'arrêt des pluies entraîne la baisse des eaux.
- Les cours moyen et inférieur combinent ces deux apports. Le débit d'étiage, correspond au flux du Nil Blanc, régulé par les lacs, et aux basses eaux du Nil Bleu ; il est considérablement appauvri par l'évaporation des marais du Bahr el-Ghazal et par les pertes dans l'air chaud et sec du désert. La crue, entre juillet et novembre, correspond directement aux apports du Nil Bleu, chargé de limon par le ruissellement sur des hauts versants peu protégés. L'inondation des berges et du delta assure depuis quarante siècles la prospérité des cultures en Égypte. Le niveau des eaux s'élevait ainsi de 8 à 10 m à Assouan, et de plus de 6 m au Caire, avant la construction du barrage d'Assouan.

4 - PROLONGEMENTS

Des aménagements colossaux ont été entrepris pour limiter les variations interannuelles du régime, puisque le module moyen peut varier dans une proportion de 1 à 3. Le barrage d'Assouan, construit entre 1960 et 1975 sur la première cataracte, régule le débit dans la partie inférieure du fleuve. Haut de 110 m, il crée une retenue de 6 500 km^2. Le volume stocké disponible est de 84 milliards de m^3, mais il est réduit de 10 milliards de m^3 par l'évaporation. Il permet une amélioration de la navigation fluviale, une importante production hydroélectrique et assure un flux suffisant pour irriguer en toutes saisons et accroître la production agricole. L'extension des surfaces irriguées procure de nouvelles ressources pour une population en augmentation rapide. Ce réservoir a réduit le risque de pénurie d'eau en Égypte lors de la décennie de sécheresses sur l'Afrique orientale (1979-1989). En contrepartie, la décantation des limons dans le lac prive le delta de sédiments qui assuraient l'équilibre du littoral, mais aussi d'éléments fertiles pour les cultures comme pour les écosystèmes estuariens.

EXERCICE PROPOSÉ

Les relations hydrologie/météorologie

Application au bassin-versant de l'Agout en amont de Castres

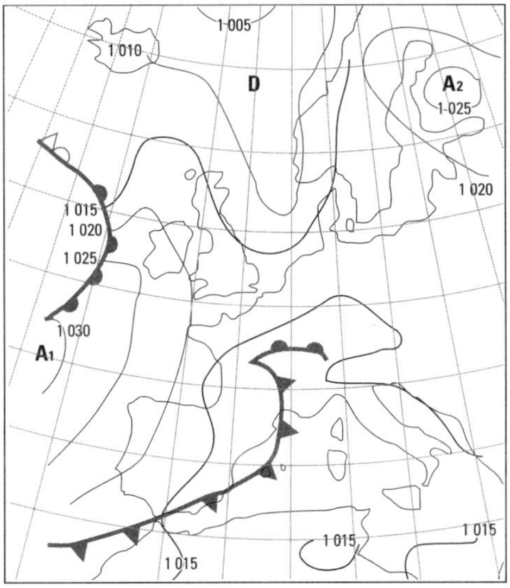

Fig. 16 : situation en surface le 6/8/1963 à 6 h

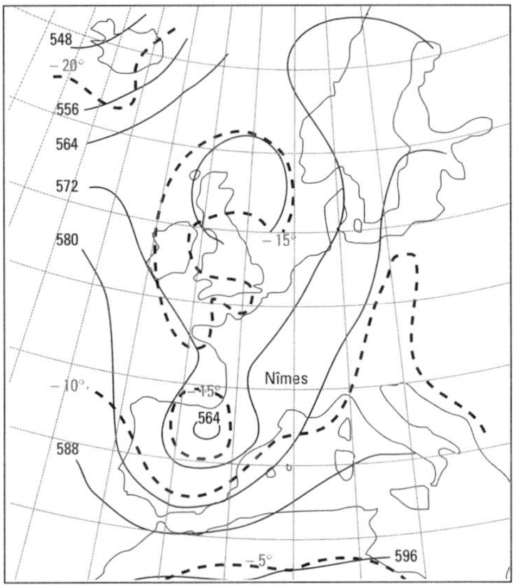

Fig. 17 : situation à 500 hPa, le 6/8/1963 à 0 h
Le sondage de Nîmes, le 6/8 à 12 h,
révèle une forte épaisseur d'air humide et instable.

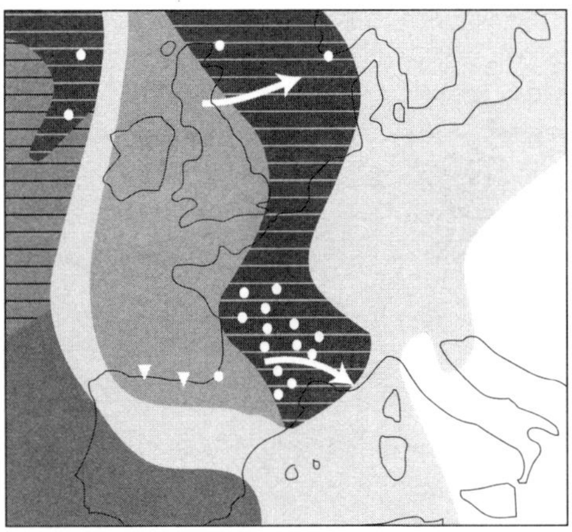

Fig. 18 : système nuageux le 6/8 1963 à 6 h

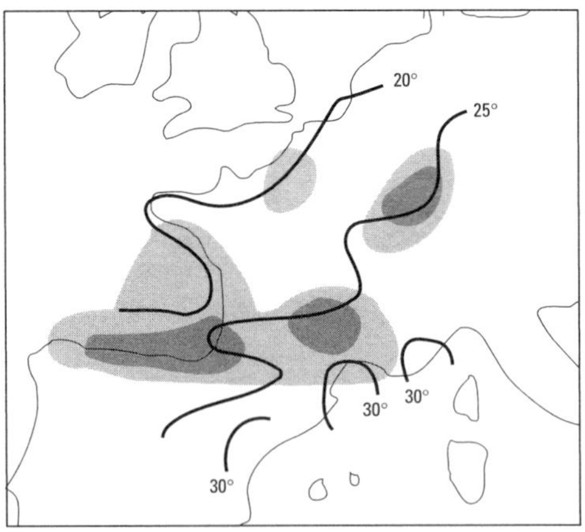

Fig. 19 : le temps sur la France et ses marges

— 20 Températures maximales du 6/8/1963 en °C

Hauteurs de précipitations relevées entre le 5 à 18 h et le 7 à 6 h

De 1 à 10 mm

de 10 à 50 mm (sauf à Biarritz : 160 mm!)

D'après les cartes du *BQE* et du *BQR* de la Mét. nat., simplifiées.
Se reporter à la légende des documents chap. 3.

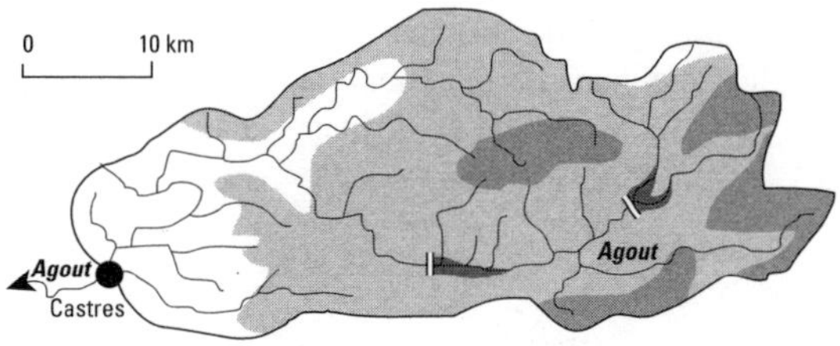

Fig. 20 : le chevelu hydrographique de l'Agout et de ses affluents en amont de Castres (sud-ouest du Massif central)

- Station de jaugeage
- Barrage

Altitude
- < 500 m
- de 500 m à 1 000 m
- > 1 000 m

D'après l'Annuaire hydrologique de la France et stations de jaugeage.

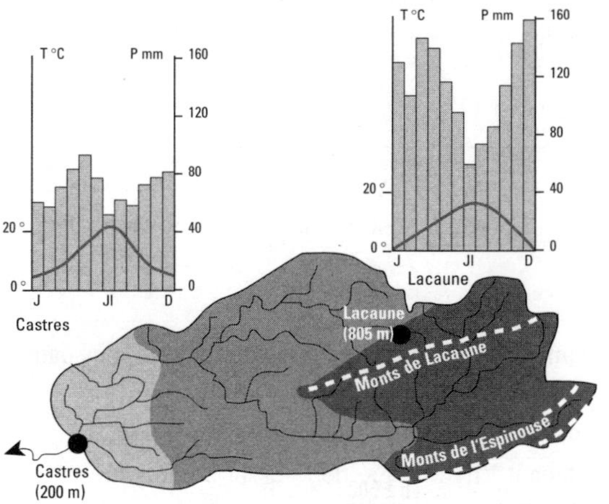

Fig. 21 : les conditions climatiques moyennes

Les diagrammes ombrothermiques sont établis d'après les valeurs fournies dans J. Sanson, Mém. n° 30, Mét. nat., Paris (période 1891-1930)
Les créneaux représentent la tranche pluviométrique mensuelle moyenne ; la ligne continue figure l'évolution mensuelle moyenne de la température.

- Climat aquitanien de plaine
- Climat aquitanien des plateaux
- Climat sub-montagnard
- Axe orographique (développant des effets d'exposition ou d'abri)

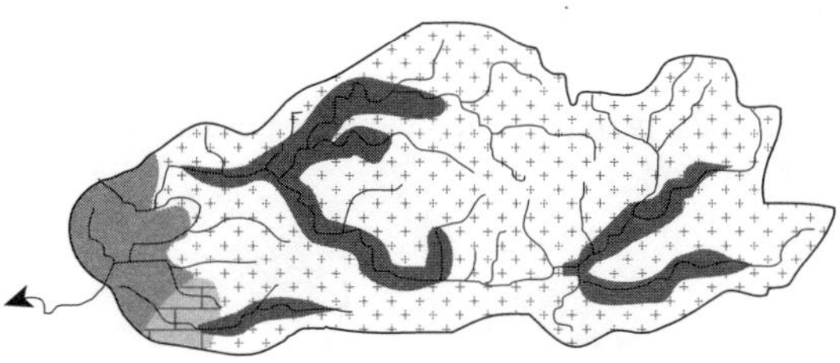

Fig. 22 : données géomorphologiques

- Socle cristallin (granite et gneiss)
- Molasses (argiles et marnes)
- Calcaires (plateau karstique)
- Pentes fortes (> 10 %, pouvant atteindre 40 à 50 %

D'après cartes topographiques et géologiques.

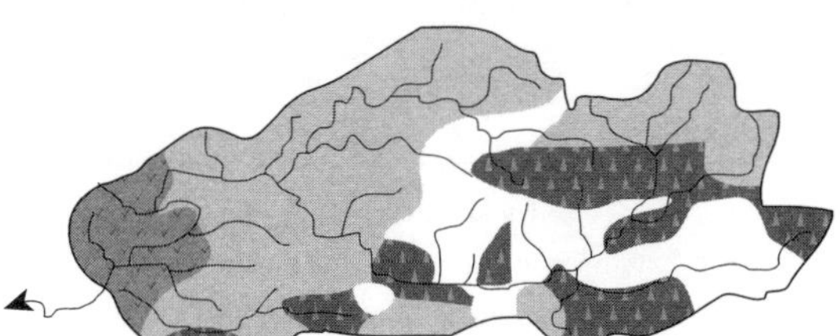

Fig. 23 : la couverture végétale

- Forêts (résineux, chênes, hêtres ...)
- Landes, broussailles, roches à nu
- Prairies permanentes
- Cultures (céréales, vignobles ...)

D'après *Carte de la végétation de la France*, CNRS, simplifiée.

Quelle est la nature des documents présentés ?

- Classez les divers types de documents selon des rubriques qui correspondent aux différents domaines de la géographie physique.
- Remarquez les différences d'échelles, tant spatiales que temporelles, entre les phénomènes cartographiés : distinguez clairement les événements météorologiques des données concernant le climat et justifiez la nécessité d'envisager la situation atmosphérique générale pour analyser un phénomène très localisé (en amont de Castres, le bassin-versant de l'Agout et de ses affluents couvre seulement 920 km^2).

Quels sont leurs centres d'intérêt ?

- Essayez de les répertorier.
- Analysez la situation météorologique en soulignant les facteurs qui expliquent le renforcement des précipitations dans certains secteurs, notamment sur la haute-vallée de l'Agout.
- Étudiez le comportement hydrologique de l'Agout au cours de cette séquence pluvieuse, sachant que les débits journaliers moyens, mesurés à la station de jaugeage de Castres entre les 4 et 9 août 1963, ont été les suivants :

Date des mesures	4/9	5/9	6/9	7/9	8/9	9/9
Débit journalier moyen (en m^3/s)	5,9	7,0	13,1	13,1	20,4	17,5

On précise que des averses sporadiques mais d'importance limitée ont marqué les 8 et 9 août dans cette même région.

Synthèse et prolongement

- Ce travail analytique vous fait aborder tous les thèmes de la géographie physique développés dans ce manuel. Les acquisitions théoriques trouvent donc ici un champ d'application pratique.
- Traduisez vos résultats sous la forme d'une conclusion synthétique.
- Prolongez vos investigations en considérant maintenant l'hydrologie de l'Agout à une autre période. Ainsi, en 1963, la hauteur mensuelle des précipitations, en avril, sur le bassin considéré, a été grossièrement identique à celle du mois d'août. Or, le débit moyen d'avril 1963, mesuré à Castres, a été de 57 m^3/s, contre 11 m^3/s seulement en août 1963. Quels facteurs vous semblent susceptibles d'expliquer cette différence du débit moyen entre ces deux mois ?

Remarque

On notera la présence de deux barrages dont les retenues perturbent les débits naturels ; toutefois, ces aménagements ne concernent qu'un tiers du bassin environ.

LEXIQUE

A

Adaptation : l'adaptation est, pour un organisme, le processus et le résultat d'un changement de structure ou de fonction, génétiquement fixé. Dans un environnement qui évolue, l'adaptation favorise la survie de l'organisme et de l'espèce.

Adiabatique : taux de variation thermique en fonction de la pression se manifestant dans l'air non saturé sans échange d'énergie avec son environnement.

Adret : versant exposé au soleil ; souvent appelé « endroit » dans les Alpes et « soulane » dans les Pyrénées.

Advection : déplacement horizontal d'une masse d'air.

Albedo : cf. p. 25

Alizé : vent à composante d'est de la zone intertropicale, soufflant dans les basses couches, des anticyclones subtropicaux vers l'équateur (vent de N-E dans l'hémisphère boréal, de S-E dans l'hémisphère austral).

Alluvions : sédiments déposés en nappes accumulées par les rivières.

Amplitude thermique : écart séparant les valeurs extrêmes d'un paramètre ; à propos de la température, différence entre des températures extrêmes, à l'échelle diurne, saisonnière…

Angiospermes : de *aggeion,* capsule, et *sperma,* semence. Groupe de plantes supérieures dont les fleurs possèdent un ovaire enfermant un ou plusieurs ovules. La double fécondation produit une ou des graine(s), et un fruit. Chez les gymnospermes (de *gymnos*, nu), l'ovule est nu.

Anthroposphère : domaine des sociétés humaines.

Apicale (croissance) : croissance d'un organe par des cellules situées à son extrémité (*apex*). On parle de la croissance apicale du sapin ou de l'épicéa.

B

Banquise : glace de mer faite de morceaux jointifs, blocs de glace agglomérés, le *pack ice.*

Bilan hydrique stationnel : cf. p. 319.

Biocénose : cf. p. 333.

Biodiversité : cf. p. 339.

Biomasse : cf. p. 297.

Biome : cf. p. 351.

Biotope : cf. p. 332.

Bioturbation : déplacement de matière dans et hors des sols ou des formations superficielles meubles, dû à l'action des animaux terricoles (vivant dans la terre).

BP (*Before Present*) : date de référence retenue comme origine pour les datations absolues ; la date est arbitrairement fixée à 1950.

C

Canopée : de l'anglais *canopy,* ensemble végétal formé par les houppiers des arbres d'une formation fermée.

Chaleur latente : énergie absorbée au cours de l'évaporation et libérée lors de la condensation.

Champ : en physique, espace où se manifeste un phénomène (champ thermique), où s'exerce une force (champ de pression).

Chinook : sorte de fœhn soufflant sur les versants orientaux des Rocheuses canadiennes.

Climat : cf. p. 19.

Climax : cf. p. 334.

Complexe argilo-humique : cf. p. 326.

Condensation : cf. p. 38.

Convection : mouvement à composante verticale qui permet des échanges de masse et de chaleur au sein d'un fluide (air, eau).

Convergence intertropicale (CIT) : zone d'affrontement des alizés des deux hémisphères.

Cortège floristique : cf. p. 283.

Crue : montée des eaux en réponse à un accroissement rapide du débit d'un cours d'eau. La crue est provoquée par un apport massif d'eau sous l'effet de fortes pluies déclenchant le ruissellement ou de la fonte des neiges ou de débâcles ; elle se propage d'amont en aval, et peut provoquer l'inondation des berges. Par extension, une crue glaciaire désigne l'avancée rapide d'une langue de glace.

Cryosphère : (de *kruos*, froid) ; désigne, dans cet ouvrage, les régions du globe couvertes de neige et de glace.

Cuirasse : formation superficielle indurée par des oxydes de fer et d'aluminium largement présente dans les régions intertropicales.

Cytoplasme : partie semi-liquide de la cellule eucaryote comprise entre l'enveloppe du noyau et la membrane cellulaire. Le cytoplasme abrite des organites spécialisés.

D

Dendrochronologie : cf. p. 286.

Dendroclimatologie : science qui étudie les relations entre la croissance des arbres et le climat.

Dissémination : cf. p. 286.

Doldrums : mot anglais signifiant abattement, langueur ; ce sont les secteurs de la zone intertropicale où la déficience des alizés entraîne l'absence de vent (« pot au noir » en français).

E

Édaphique (facteur) : facteur du sol (*edaphos*, sol) qui intervient dans la vie des plantes. Par exemple, la composition chimique, la nature de l'humus ou la texture du matériau parental.
Effet de serre : cf. p. 25.
Émagramme : cf. pp. 85 et 86.
Empire floral : taxon de premier ordre de la division floristique du globe, qui compte six empires, délimités selon un dispositif zonal. Chacun possède en propre de grandes familles ou genres.
Endémisme : cf. p. 289.
Endoréique : bassin-versant sans communication avec l'océan ; il correspond à une cuvette enfermée par le relief ou à un bassin d'évaporation en milieu sec.
ENSO (*El Niño-Southern Oscillation*) : cf. p. 139.
Essence forestière : terme de sylviculture désignant les arbres forestiers qui ont un intérêt économique. Celui-ci dépend souvent de l'organisation ligneuse. Attention à la confusion espèce-essence. Ainsi, le Pin noir d'Autriche et le Pin laricio de Corse, sous-espèces du Pin noir (*Pinus nigra*), sont deux essences résineuses.
Équateur météorologique (ou thermique) : frontière mouvante conférant à chaque hémisphère météorologique son autonomie énergétique et qui est matérialisée par la convergence intertropicale (CIT).
Érosion : ensemble des processus physico-chimiques assurant les transferts de matière à la surface de la Terre. L'érosion tend à réduire les volumes saillants par ablation et à combler les creux par sédimentation.
Escarpement : forme caractérisée par un versant à forte pente séparant deux unités topographiques, il a pour origine le rejet vertical d'une faille (escarpement de faille) ou l'action de l'érosion différentielle (escarpement d'érosion).
Estran : espace littoral découvrant entre hautes mers et basses mers ; il peut être rocheux, caillouteux, sableux ou vaseux.
Étagement : cf. p. 208 (géomorphologie) ; p. 321 (biogéographie)
Étiage : niveau le plus bas d'un cours d'eau, associé aux faibles débits.
Évaporation : cf. p. 316.
Évapotranspiration : cf. p. 37.

F

Faille : plan de rupture dans les roches, correspondant à un déplacement vertical (rejet) ou latéral. Le mouvement tectonique implique la libération des contraintes par des séismes.
Fluvio-glaciaire : alluvions sablo-graveleuses triées mises en place par les eaux proglaciaires.
Forme de relief : agencement des systèmes de pentes. Leur géométrie reflète soit le jeu des déformations tectoniques, soit l'action de l'érosion sur des dispositifs structuraux variés.
Fossé tectonique (ou *graben*) : compartiment affaissé entre deux systèmes de failles en régime distensif.
Forêt boréale de conifères : cf. p. 360.
Forêt caducifoliée : cf. p. 362.
Forêt ombrophile (tropicale humide) : cf. p. 356.
Forêt de mousson : cf. p. 360.
Formation végétale : cf. p. 275.
Frigories : calories négatives (stockage du froid).
Front intertropical (FIT) : lieu d'affrontement des alizés des deux hémisphères (peut être grossièrement assimilé à la CIT).
Fruticée : cf. p. 275.

G

Gélifraction : fragmentation des roches sous l'effet du gel.
Glaciations : périodes froides (probablement une dizaine pendant l'ère quaternaire), caractérisées par l'extension de puissantes nappes glaciaires sur les moyennes latitudes et sur les massifs montagneux.
Gradient : taux de variation d'un paramètre dans l'espace (ex.: différence de température entre le sol et l'altitude).

H

Hectopascal (hPa) : unité légale de mesure de la pression.
Héritage : forme ou formation superficielle développée au cours d'une phase plus ancienne sous des conditions morphoclimatiques différentes des conditions actuelles.
Horst (ou bloc soulevé) : compartiment relevé entre des failles.
Humus : cf. p. 330.
Hydrodynamique : partie de la physique qui étudie les relations entre l'énergie, la pression et l'écoulement au sein des fluides.
Hydrostatique : partie de la physique qui traite plus spécialement de l'équilibre dans les liquides.

I

Inlandsis : glacier continental étendu et épais.
Isallobare : cf. p. 128.
Isobare : cf. p. 68.
Isohypse : cf. p. 128.

K

Karst : système de modelés résultant principalement de la dissolution des calcaires. Il est caractérisé par des formes de corrosion de surface, mais aussi par le développement de cavités par les circulations souterraines.

L

Liber : cf. p. 293.
Litière : cf. p. 329.
Littoral : domaine de contact entre terre et mer, où

s'exercent les actions marines. Il s'y développe de manière étagée une végétation marine résistant à une émersion temporaire et une végétation continentale exposée aux embruns salés.

Lit fluvial : chenal d'écoulement d'un cours d'eau. Il oppose le lit d'étiage, le lit mineur occupé en permanence et le lit majeur envahi par les hautes eaux.

Lit glaciaire : plancher d'écoulement d'une nappe de glace. Il est caractérisé par les processus d'abrasion et d'arrachement.

M

Mangrove : cf. p. 376.

Matière organique : cf. p. 331.

Métabolisme : cf. p. 294.

Météorisation : ensemble des actions physico-chimiques de surface contribuant à la fragmentation et à la désagrégation des roches.

Modelé : forme de versant répondant à des combinaisons de processus caractéristiques d'une lithologie ou de conditions morphoclimatiques : modelés dans les argiles, dans les grès, modelés glaciaires ou arides ; ils sont associés à des formations superficielles.

Moraine : dépôt sablo-argileux à blocs de toutes tailles, abandonné sur le lit glaciaire (moraine de fond) ou à l'extrémité d'une langue glaciaire (moraine terminale).

Mousson : a le sens de « saison » (à caractère pluviométrique) dans le domaine intertropical et désigne également l'alizé qui franchit l'équateur pour envahir l'autre hémisphère.

N

Nappe aquifère : eau d'infiltration remplissant les interstices d'une formation poreuse superficielle ou profonde. Le niveau des nappes varie suivant le régime des pluies qui les alimentent. L'eau des nappes libres s'écoule vers des lignes de sources.

Nébulosité : fraction de ciel couvert de nuages.

Normale (en climatologie) : cf. p. 20.

O

Onde d'altitude : courbure du flux, grossièrement sinusoïdale, qui se développe dans le courant des westerlies, alors ralenti.

Onde d'est : perturbation affectant le courant d'altitude dans le domaine intertropical.

Orbite : trajectoire immatérielle d'un corps céleste.

Organisation structurale de végétation : cf. p. 276.

Ozone : gaz (oxygène triatomique) concentré principalement dans la stratosphère où il absorbe une partie des UV solaires.

P

Pack (*pack ice*) : ensemble de blocs de glace marine qui se soudent pour former la banquise et qui se disjoignent lors de sa débâcle.

Pain racinaire : cf. p. 325.

Pédogenèse : processus physico-chimiques contribuant à la formation de sols, par altération de la roche, enrichissement en matière organique et migration d'éléments à l'intérieur des profils.

pH : cf. p. 327.

Péplopause : sommet de la couche atmosphérique turbulente .

Pergélisol (ou *permafrost*) : sol toujours gelé en profondeur. Il caractérise les régions froides aux conditions périglaciaires.

Permafrost : sous-sol gelé en permanence.

Phénologie : cf. p. 281.

Phénotype : cf. p. 288.

Photosynthèse : cf. p. 294.

Piémont : zone basse située autour d'une chaîne de montagnes, et constituée par l'accumulation de sédiments détritiques provenant de la démolition du relief élevé.

Plaque : méga-compartiments de matière rigide, constitués par la croûte terrestre et le manteau supérieur, les plaques sont des unités individualisées et soumises aux mouvements de translation produits par la dynamique interne du globe.

Pli : ondulation d'une couche géologique provoquée par des contraintes en compression. La déformation est caractérisée par un axe, une charnière haute ou anticlinal, une charnière basse ou synclinal.

Population : cf. p. 332.

Port (d'un arbre) : cf. p. 287.

Prairie : cf. p. 369.

Pseudoadiabatique : taux de variation thermique en fonction de la pression affectant l'air saturé, sans échange d'énergie avec son environnement.

Psychromètre : cf. p. 91.

R

Régime forestier : mode de reproduction d'une forêt gérée. Le forestier distingue le régime de la futaie, celui du taillis et un régime mixte. Pour diriger un peuplement dans le cadre d'un régime donné, il lui applique un traitement, ensemble d'opérations qui sont organisées dans un plan d'aménagement.

Règne végétal : cf. p. 283.

Réserve en eau : cf. p. 317.

Rift : couloir profond dans la croûte terrestre, correspondant à des lignes de distension majeures entre les plaques (rift océanique) ou à l'intérieur d'une masse continentale. Les rifts sont associés à une activité volcanique importante.

S

Saison végétative : cf. p. 316

Saturation : cf. p. 38.

Savane : cf. p. 371.

Sclérophyte : plante dont l'adaptation à la sécheresse (xérophytisme) est réalisée par des feuilles durcies, cireuses, ou réduites à des épines, par des lignifications poussées, par des tiges courtes. Un autre xérophytisme est la mise en réserve de l'eau dans les parenchymes (plantes grasses).

Série de végétation : cf. p. 334.

Sève : cf. p. 293.

Sol : formation meuble de surface entre le substrat rocheux (sous-sol) et la couverture végétale ; le sol est en général constitué de plusieurs horizons superposés.

Solifluxion : mouvement de glissement élémentaire d'une couverture meuble sur une pente. Elle peut être provoquée par une forte imprégnation d'eau (solifluxion boueuse) ou par le dégel partiel du sol (gélifluxion).

Spéciation : cf. p. 288.

Spectre biologique : cf. p. 281.

Steppe : cf. p. 372.

Stratification : cf. p. 276.

Stratosphère : couche atmosphérique située au-dessus de la troposphère.

Surface : étendue plane ou peu inclinée présentant une topographie régulière. Une surface peut être structurale (ou substructurale) lorsqu'elle correspond au toit d'une couche sédimentaire résistante mise à nu par l'érosion. Une surface d'érosion tranchant les structures géologiques a une extension régionale, de l'ordre de la centaine de kilomètres ; elle traduit une érosion continue pendant une très longue phase de stabilité (plusieurs millions d'années).

T

Taïga : cf. p. 360.

Talweg : ligne de points bas déterminant le fond de vallée ; le talweg est occupé par le lit d'écoulement des rivières pérennes ou temporaires.

Taxinomie : cf. p. 283.

Tectonique : ensemble des déformations affectant le substrat rocheux. La tectonique des plaques organise les grandes discontinuités à l'échelle du globe ; la tectonique régionale se traduit dans le canevas des déformations verticales et horizontales sur les continents ; la tectonique locale s'inscrit dans les systèmes de failles et de déformations souples (plis, bombements, flexures).

Temps (météorologique) : cf. p. 20.

Terrasse : replat de vallée, situé au-dessus du lit majeur et constitué par une nappe alluviale. Les terrasses étagées témoignent de variations importantes du régime du cours d'eau ; elles indiquent parfois un abaissement progressif du lit de la rivière.

Thermodynamique : partie de la physique qui étudie les relations entre les phénomènes thermiques et les phénomènes mécaniques.

Toundra : cf. p. 374.

Tropopause : limite séparant la troposphère de la stratosphère, généralement située entre 7 et 16 km, selon la latitude.

Troposphère : couche basale de l'atmosphère, de 7 à 16 km d'épaisseur, caractérisée par une décroissance thermique plus ou moins régulière de sa base vers son sommet.

Type biologique : cf. p. 280.

U

Ubac : versant condamné, par son exposition, à rester à l'ombre ; encore désigné par l'« envers » ou l'« ombré » dans les Pyrénées.

Unité de végétation : trois termes sont fréquemment utilisés pour définir une unité de végétation, groupement végétal, formation et association. Ils ne sont pas équivalents. Le groupement a une définition spatiale : ensemble des plantes vivant dans un milieu donné. Un critère physionomique, le type biologique dominant, transforme le groupement en formation (forêt, lande...) ; un critère floristique simple, le(s) taxon(s) du type biologique dominant, précise (nt) la formation, pessière, hêtraie-chênaie (forêts), fougeraie, callunaie (landes) ; critère plus complexe, qui exige des relevés floristiques complets et l'apprentissage de la langue des phytosociologues, la composition stable d'espèces définit l'association, comme le *Melico Fagetum*, hêtraie atlantique mésotrophe à Mélique, ou l'*Ericetum tetralicis*, lande subatlantique humide et très acide à *Erica tetralix*.

Upwelling : terme anglais, emprunté au vocabulaire technique désignant, en milieu océanique, des remontées d'eaux froides en surface.

V

Végétation héritée : cf. p. 292.

Versant : unité élémentaire de relief, présentant une surface inclinée entre une ligne de faîte et un talweg. La forme des versants est très variée, leur géométrie peut être convexo-concave, rectiligne, marquée par des inflexions comme une corniche ou un replat.

Verticille : tout ensemble de pièces qui s'insèrent dans un axe à un même niveau. L'Épicéa a des verticilles de branches, l'Aspérule odorante, des feuilles verticillées par 6-8.

W

Westerlies : terme anglais désignant les vents d'ouest qui s'organisent en un vaste courant, aux latitudes moyennes.

Z

Zénith : direction verticale ascendante d'un lieu.

Zonalité : cf. p. 321.

Imprimé en France par I.M.E. - 25110 Baume-les-Dames
Dépôt légal : Juillet 1996 - N° d'impression : 11229